环境空气质量模型应用技术指南

（环境影响评价法规模型应用篇）

李时蓓　丁　峰　易爱华　陈陆霞　等/编著

中国环境出版集团·北京

图书在版编目（CIP）数据

环境空气质量模型应用技术指南 ： 环境影响评价法规模型应用篇 / 李时蓓等编著. -- 北京 ： 中国环境出版集团, 2024. 7. -- ISBN 978-7-5111-5881-9

Ⅰ. X831-62

中国国家版本馆 CIP 数据核字第 2024R2Z568 号

出 版 人 武德凯
责任编辑 李兰兰
封面设计 岳 帅

出版发行 中国环境出版集团
（100062 北京市东城区广渠门内大街 16 号）
网 址：http：//www.cesp.com.cn
电子邮箱：bjgl@cesp.com.cn
联系电话：010-67112765（编辑管理部）
发行热线：010-67125803，010-67113405（传真）

印 刷 北京鑫益晖印刷有限公司
经 销 各地新华书店
版 次 2024 年 7 月第 1 版
印 次 2024 年 7 月第 1 次印刷
开 本 787×1092 1/16
印 张 38.5
字 数 800 千字
定 价 180.00 元

《环境空气质量模型应用技术指南（环境影响评价法规模型应用篇）》编写组

主　编：李时蓓

副主编：丁　峰　陈陆霞

编　委：易爱华　于华通　李　晨　吴文军　伯　鑫
赵亚丽　吴成志　李　飒　马根慧　刘　菲
胡翠娟　牛晓静　王　刚

前　言

随着经济的快速发展和工业化进程的加速，环境空气质量问题已成为制约可持续发展的关键因素。为应对这一挑战，准确评估和管理环境空气质量变得尤为重要。环境空气质量模型作为一种常见的科学评估工具，在环境影响评价、规划与管理中扮演着至关重要的角色。然而，现有模型在法规化与标准化方面依然存在一些不足，进而限制了其在环境管理决策中的广泛应用和效能。本书旨在提供一个全面的技术指南，分析国内外环境空气质量模型法规化的发展历程与建设现状，并详细介绍 3 种常用的环境空气质量模型的基础理论及其应用。

全书共分三篇 7 章，4 个附录。第一篇共 1 章，主要介绍环境空气质量法规模型建设现状、模型分类体系、法规模型遴选方法，以及我国已推荐的法规模型等；第二篇共 3 章，主要介绍 AERMOD、ADMS、CALPUFF 三大推荐模型的基础理论，包括各模型的发展历程、理论基础以及主要功能模块；第三篇共 3 章，主要介绍 AERMOD、ADMS、CALPUFF 三大推荐模型的应用指南，包括各模型运行基础数据要求、文件格式、模型参数设置以及详细操作命令说明。附录提供了国内外主要环境空气质量模型列表，以及 AERMOD、CALPUFF、ADMS 模型的常用命令及参数速查手册。

本书第一篇第 1 章由李时蓓、丁峰、胡翠娟编写；第二篇第 2 章由丁峰、吴文军、于华通、胡翠娟编写，第 3 章由马根慧、刘菲、李晨编写，第 4 章由赵亚丽、伯鑫、易爱华、吴成志、王刚编写；第三篇第 5 章由丁峰、于华通、牛晓静、李飒、吴文军编写，第 6 章由马根慧、刘菲、李晨编写，第 7 章由易爱华、吴成志、赵亚丽、王刚编写。全书由丁峰、陈陆霞统稿。

由于编者水平有限，书中不足和疏漏之处在所难免，敬请读者多提宝贵意见。

编著者

2024年5月

目　录

第一篇　总　论

第二篇　模型基础理论

第三篇 常用环境空气质量模型应用指南

第一篇

总　论

第 1 章　国内外环境空气质量模型法规化发展历程

1.1　法规模型建设现状

1.1.1　美国环境空气质量模型法规化现状

美国在模型法规化建设方面处于世界领先地位。1978 年，为了在空气质量管理中体现一致性和公平性，美国首次以美国联邦法规附录的形式颁布了环境空气质量模型导则（40 CFR Part 51 Appendix W，Guideline on Air Quality Models），基本确立了环境空气质量模型的法规地位。经过 40 多年的发展，美国在模型管理机构、模型分类体系、模型法规化程序等方面积累了丰富的经验，建立了较为先进的环境空气质量模型法规化制度。

美国环保局（U.S. Environmental Protection Agency，EPA）为环境空气质量法规模型的主要管理机构，下设空气质量标准和规划办公室（Office of Air Quality Planning and Standards，OAQPS），主要职责包括预防空气质量恶化和改善空气质量、组织实施与环境空气质量相关的项目，涉及空气质量监测、污染源排放系数、环境空气质量模型等多个方面。其中，环境空气质量模型主要由环境空气质量模型工作组（Air Quality Modeling Group，AQMG）负责，AQMG 通过建立模型信息交换中心（Model Clearinghouse，MC）、定期举办环境空气质量模型会议/研讨会、建立法规化的推荐模型与模型导则，不断完善模型导则，指导各州、各地区正确选择并使用环境空气质量法规模型，对于拟作为推荐模型的环境空气质量模型，AQMG 还将负责组织专家进行同行审查。此外，AQMG 还负责配合 EPA 研究和发展办公室（Office of Research and Development，ORD）发展新的预测模型和新的预测技术，并为空气质量规划、标准制（修）订、政策/法规的制定提供环境空气质量模拟服务。AQMG 在法规模型的建立、应用推广方面起到了重要作用。

为统一发布模型相关信息，EPA 设立法规大气模型技术中心（Support Center for Regulatory Atmospheric Modeling，SCRAM），主要负责在 EPA 网站（https：//www.epa.gov/scram）发布法规模型，提供模型应用工具，发布模型导则并给予技术支持、提供气象数据和气象处理工具，组织模型研讨，以及发布相关的研究报告和论文等。

SCRAM 发布的环境空气质量模型可分为三大类，即扩散模型、光化学模型和受体模型。扩散模型主要用于制（修）订州实施计划（State Implementation Plan，SIP）、新源许可（New Source Review Permit，NSR）和预防显著恶化许可（Prevention of Significant Deterioration Permit，PSD）；光化学模型主要用于政策评估等区域性空气质量管理；受体模型主要用于解析污染来源。

扩散模型有推荐（首选）模型、替代模型、筛选（估算）模型等，均由环境空气质量模型导则发布和指导使用。一般情况下，推荐模型为首选模型，包括 AERMOD 系列模型、CTDMPLUS、OCD 等。AERMOD 是定场的高斯烟流模型，模拟大气边界层的湍流和输送，也包括对点源、面源、线源、体源等污染源以及简单、复杂地形等的处理。CTDMPLUS 是适用于山丘地形的点源模型。OCD 是岸边高斯模型，可以模拟点源、面源或线源。SCRAM 在网站上提供推荐模型的实施指南、模型源代码与执行程序、用户手册、模型历次修订内容、模型修订及评估文件、测试案例、安装手册、模型技术支持文件、模型验证数据库等。

在推荐模型不适用的情况下，可使用替代模型。替代模型包括 ADAM、ADMS、AFTOX、ASPEN、BLP、CAL3QHC/CAL3QHCR、CALINE3、CALPUFF、DEGADIS、HGSYSTEM、HOTMAC/RAPTAD、HYROAD、ISC3、ISC-PRIME、OBODM、OZIPR、Panache、PLUVUEII、SCIPUFF、SDM 和 SLAB。

筛选（估算）模型通常在采用推荐模型之前使用，以确定是否需要采用更精确的推荐模型进一步预测。筛选模型包括 AERSCREEN、COMPLEX1、CTSCREEN、RTDM3.2、SCREEN3、TSCREEN、VALLEY 和 VISCREEN。其中，AERSCREEN 是 AERMOD 的估算模型。

另外，SCRAM 在网站上不仅提供模型技术导则和用户指南，还提供规范化的模型数据，如气象数据等。

EPA 通过定期举办或参加模型会议，收集各界对环境空气质量法规模型的发展建议，并及时掌握其他先进模型的发展动态，以便更新和完善环境空气质量法规模型。参会机构包括美国国家科学院，各州/各地方空气污染防治机构，美国国家科学基金会、美国国家海洋和大气管理局以及美国国家标准与技术研究院等相关联邦机构，还有行业相关咨询公司、社会团体等。

EPA 法规模型认证程序如图 1-1 所示。其中，模型开发过程和法规模型认证过程中都包括同行审查（Peer Review）的环节，前者由模型开发者组织开展，后者由 EPA 组织开展。EPA 组织开展的同行审查是法规模型认证流程中非常重要的一环。

EPA 拟进行法规模型认证时，筛选审查专家 3～4 人，组成审查小组，并同时将同行审查项目的协调工作委托给第三方公司；由第三方公司将模型代码及技术文档提供给各审查专家，并确定审查费用、审查内容等；审查专家按照分工对模型各项内容进行审查，包括模型公式、模型技术文档和用户指南等文档资料，模型性能评估以及用户友好性，各审查专家提交审查意见后由审查小组组长汇总后发送至各审查专家，并开会讨论；会后，各审查专家对审查意见进一步修改和确定，返回审查小组组长，由审查小组组长统一汇总递交第三方公司；第三方公司汇总审查意见、审查专家简历等各项内容后形成最终的审查报告，提交 EPA。

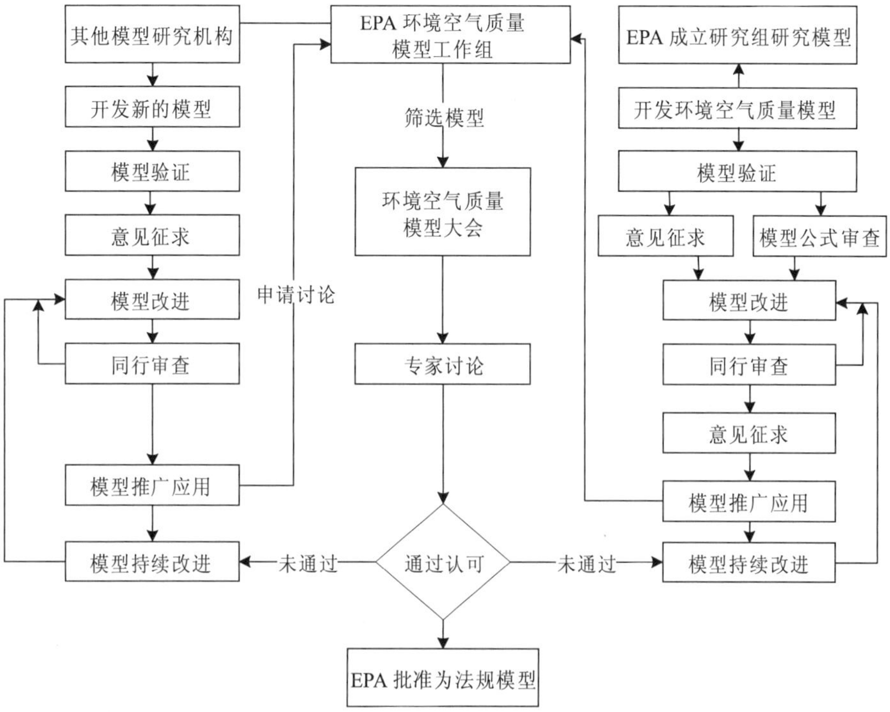

图 1-1 EPA 法规模型认证程序

1.1.2 英国环境空气质量模型法规化现状

英国环境、食品和农村事务部（Department for Environment Food & Rural Affairs，DEFRA）和地方政府使用空气质量模型评估对欧盟指令的遵守情况，并为政策变化谈判提供相关信息。DEFRA 根据需求选择合适的模型，并委托一个独立的专家指导小组开展模型审查工作。目前 DEFRA 使用的主要模型包括 PCM（污染气候测绘模型）、CMAQ（区域多尺度空气质量模拟系统模型）、FRAME（高分辨率大气多污染物交换模型）、EMEP4UK（European Monitoring and Evaluation Program Unified Model for the UK，欧洲监测与评估计划英国统一模型）、OSRM（臭氧污染源受体模型）、UKIAM（英国综合评估模型）。

其中，PCM 用于模拟英国欧盟指令（the UK's EU Directive，2008/50/EC）中特定大气污染物的浓度；CMAQ 用于进行空气质量预报，DEFRA 资助了 CMAQ-UK 项目，以调查和研究 CMAQ 模型在英国空气质量政策建模和评估方面的适用性，针对相关需求进行开发和优化配置；拉格朗日统计轨迹模型 FRAME 用于计算 SO_x、NO_x、NH_x 干沉降和湿沉降的年均浓度值；EMEP4UK 用于进行临界负荷超标评估；源受体拉格朗日轨迹模型 OSRM 用于进行臭氧浓度与前体物排放变化（特别是涉及 NO_x 和 VOC 排放变化）相关政策的影响评估；UKIAM 用于模拟包含多种污染物减排措施的影响，模拟温室气体排放变化、空气污染暴露、城市空气质量以及自然生态系统的影响。

同时，DEFRA 还使用其他模型为上述模型提供输入数据或验证数据，这些模型包括但不限于：ELMO（Edinburgh-Lancaster Model for Ozone，爱丁堡-兰开斯特臭氧模式）、PTM（Photochemical Trajectory Model，光化学轨迹模型）、TRACK（TRajectory model with Atmospheric Chemical Kinetics，大气化学动力学轨迹模型）。

大气扩散模型联络委员会（Atmospheric Dispersion Modeling Liaison Committee，ADMLC）成立于 1977 年，由政府部门（包括 DEFRA、英格兰环境署、爱尔兰环保署、苏格兰环保署等）、公共事业单位和研究机构组成，并于 1995 年进行了重组。ADMLC 主要职责是对模型技术原理、模拟结果等模型适用性进行评估，审查环境空气质量评价模型技术导则，定期举办大气模型研讨会，积极促进成员机构之间的交流。ADMLC 在英国环境空气质量模型的规范化使用、促进各界交流等方面发挥了重要作用。2004 年，ADMLC 在英国皇家气象学会（RetMS）扩散模型研究基础上进行修订更新，发布扩散模型评估导则 *Guidelines for the Preparation of Dispersion Modeling Assessments for Compliance with Regulatory Requirements –An Update to the 1995 Royal Meteorological Society Guidance*（ADMLC/2004/3），2021 年 ADMLC 考虑建模和监管的变化再次对上述导则进行修订更新（ADMLC-R12，2021）；并在网站公布，供相关机构和公众免费下载。扩散模型评估导则对具体应用过程中的模型选择和使用做了详细说明，帮助咨询机构正确选取和使用大气扩散模型。

1.1.3 欧洲环境空气质量模型法规化现状

欧洲空气污染与气候变化减缓专题中心（European Topic Centre on Air Pollution and Climate Change Mitigation，ETC/ACM）于 2011 年建立，其前身为欧洲空气与气候变化专题中心（European Topic Centre on Air and Climate Change，ETC/ACC）。

为规范环境空气质量模型的使用，ETC/ACM 建立了模型档案系统（Model Documentation System，MDS）。该系统收录了 142 种环境空气质量模型，涵盖了从正常污染物排放模拟到突发性大气污染事故泄漏模拟，从中小尺度到大尺度模拟等多种模型，并提供了各模型的适用性，包括污染源类型、空间范围等，以及各模型的验证情况等多方面的信息，以最大限度协助使用者挑选最适宜的环境空气质量模型。

值得注意的是，ETC/ACM 强调对系统中的模型不进行任何强制性的推荐或指定，模型的选取原则主要根据项目的需要，结合 MDS 提供的模型信息进行合理选择。ETC/ACM 鼓励模型研发人员或研发团队向其提交新的模型，模型研发人员可登录 MDS 模型提交系统，按照系统提示填入模型相关信息，ETC/ACM 审核通过后，即被收录进入 MDS。

1.1.4 新西兰环境空气质量模型法规化现状

根据 1991 年资源管理法［*The Resource Management Act*（1991）］的规定，新西兰环境部不负责各区域的空气质量管理，而是由各区域委员会和地方当局自行管理。新西兰环境部主要负责制定环境空气质量导则（Ambient Air Quality Guidelines）和《环境空气质量模型恰当使用指南》（*Good Practice Guide for Atmospheric Dispersion Modeling*），以及提供一些相应的研究报告，为各地区提供指导，并协助开展公众教育活动。

新西兰目前常用模型包括 ISCST3、AERMOD、CTDMPLUS、CALPUFF、AUSPLUME、TAPM 等，国家不对模型的使用进行强制规定，而是通过制定《环境空气质量模型恰当使用指南》，指导模型使用者如何正确选择和使用模型。该指南的发布旨在提高环境空气质量模拟的一致性和准确性。但值得注意的是，这些建议并不是强制要求，实际使用时可以根据需要灵活选择。

1.1.5 中国环境空气质量模型法规化现状

1.1.5.1 中国内地

中国内地对环境空气质量模型的需求起源于有关环境影响评价的相关法律要求，1979 年《中华人民共和国环境保护法（试行）》确立了环境影响评价制度，1998 年《建设项目环境保护管理条例》和 2003 年《中华人民共和国环境影响评价法》在法律层面进一步明确了建设项目要进行环境影响预测。

1991 年，国家环境保护局发布了《制定地方大气污染物排放标准的技术方法》（GB/T 3840—1991），第一次在标准附录补充件中推荐了扩散模式。1993 年，国家环境保护局发布了《环境影响评价技术导则　大气环境》（HJ/T 2.2—1993，以下简称 93 版大气导则），首次以环境影响评价为目的在标准正文中推荐了有风、小风、长期平均、熏烟、岸边熏烟、面源、体源、非正常源、颗粒物源 9 类扩散模式。尽管 93 版大气导则推荐了各种环境空气质量预测模式，但均以公式的方式表达，实际应用中，需要编程计算，不同编程人员采用的方法不同即会产生不同的计算结果，另外，模式中的大部分参数需要通过现场观测和监测获得，决定参数的不确定因素较多，导致结果代表性的不确定性较大。此外，93 版大气导则推荐模式的大气边界层理论比较陈旧，因此，本书作者研究团队即导则编制组主要成员在 2000 年启动了大气导则的修订工作，2008 年，环境保护部发布了《环境影响评价技术导则　大气环境》（HJ 2.2—2008，以下简称 2008 版大气导则）。

2008 版大气导则引入了国际广泛应用的主流模型，并采用美国法规模型库中的验证数据对引进模型 AERMOD、ADMS 与 93 版大气导则中模型开展了比较研究，保证了推荐模型的一致性和可靠性。导则中首次以推荐模式清单的方式给出了具有法规意义的开放源代码、带有执行文件的环境空气质量模型。推荐模式清单包括估算模式、AERMOD、ADMS、CALPUFF 以及大气环境防护距离计算模式，并规定了各模式的适用条件。清单附件包括模型的运行程序、技术说明书、用户使用手册、典型应用案例等，并在国家环境保护环境影响评价数值模拟重点实验室依托的生态环境部环境工程评估中心重点实验室网站上提供了可下载的与推荐模式有关的电子文档。

推荐模式清单中的估算模式、AERMOD 和 CALPUFF 属于 EPA 提供的免费软件系统，得到 EPA 许可，可供我国用户下载使用；ADMS 模式由英国剑桥环境研究公司提供 ADMS-EIA 共享版，该版本为无数据录入界面版本，已授权我国环境影响评价单位免费使用（该软件版权归英国剑桥环境研究公司所有，如需获取有数据录入界面的程序或在此软件上进行二次开发需得到该公司许可）。

2013—2016 年，本书作者研究团队承担了 2013 年环保公益性行业科研专项经费项目“国家环境质量模型法规化与标准化研究”（201309062），在对国内外法规模型制度建设现状研究的基础上，开展了国内环境质量模型应用现状和法规化需求调研，首次构建了中国环境质量法规模型体系框架和中国环境质量模型认证制度，编制了《环境质量模型规范化管理暂行办法》（建议稿）、《环境空气质量推荐模型遴选技术指南》（建议稿），确定了法规模型的评价指标、验证案例、评价标准、综合评价方法等，制订了我国环境质量法规模型认证的程序及要求；推荐了环境空气质量法规模型，并结合典型案例在环境影响评价、环境规划及总量控制领域形成应用技术指南。

2010 年后，灰霾等环境问题凸显，随着《环境空气质量标准》（GB 3095—2012）的发布实施，区域环境空气质量预测与评价工作对 $PM_{2.5}$ 及 O_3 等二次污染物提出了更高的要求。而 2008 版大气导则推荐的模型清单基本上是小尺度的模型，比较擅长对一次污染物进行环境影响评价，不适用于区域性二次污染物的精确预测，已不能满足环境管理的需求。2015 年起，本书作者研究团队即导则编制组主要成员又一次启动了大气导则修订工作。2018 年，生态环境部发布了《环境影响评价技术导则　大气环境》（HJ 2.2—2018），在 2008 版大气导则的基础上又增加了 CMAQ 等光化学网格模型、AUSTAL2000（烟塔合一源）、EDMS/AEDT（机场源）、AERSCREEN 估算模型等，并规范化了气象、空气质量、地形等模型所需的参数和数据。至此，环境影响评价模型法规化与标准化建设又上了一个新台阶。

1.1.5.2 中国香港

香港环保署全面负责香港的环境空气质量模型法规化工作。香港环保署就各类空气质量评估制定了评估方法和技术指南，包括 *Guidelines on Choice of Models and Model Parameters*（《模型选取和模型参数指南》）、*Guidelines on Assessing the 'Total' Air Quality Impacts*（《空气质量影响评估指南》）、*Guidelines on the Use of Alternative Computer Models in Air Quality Assessment*（《使用其他模型进行空气质量评估的指南》）。这些指南介绍了常用模型及其适用范围，以及模型预测和参数选择等有关事项。

香港环保署在 *Guidelines on Choice of Models and Model Parameters* 中发布的环境空气质量法规模型包括 CALINE4、AERMOD 与自行研发的 PATH 模型。

香港环保署在 *Guidelines on the Use of Alternative Computer Models in Air Quality Assessment* 中指出，没有一个模型能处理环境监管中的所有问题。换言之，迄今为止还不存在"万金油"型的模型。因此，为了确保在环境监管中能采用最适用的模型，且模型不被滥用，项目建设单位或环境咨询公司需评估可获取的不同模型以筛选出最适用的模型。

采用非法规模型的替代模型应符合两种情况，一种情况是被模拟的情况已经远超出了法规模型的适用范围，另一种情况是替代模型的性能与法规模型的性能相当或者更好。

采用的替代模型需要经过香港环保署的批准。项目建设单位或环境咨询公司需提供以下材料：

①模型的详述、技术细节文档，包括模型的数学公式和数据要求、模型性能的评估材料、一套完整的常用电子格式的输入和输出文件；

②模型的性能评估。

基于以上信息，香港环保署判断是否允许使用替代模型。需要强调的是，提供充足材料的责任完全在于项目建设单位或环境咨询公司，并且应保证材料的正确性。

1.2 环境空气质量模型分类体系

1.2.1 欧洲环境空气质量法规模型分类体系

欧洲环境空气质量模型根据环境空气质量模型研究对象的不同，计算方法的差异等进行分类，涉及具体的模型时，可以从不同的角度以及采取不同标准进行分类。

①以空间尺度为分类标准，可以分为全球尺度、大陆尺度、区域尺度和局地尺度等。

②以时间尺度为分类标准，可以分为短期情景模型、长期统计学模型等。

③以输送方程描述方法为分类标准，可以分为欧拉模型、拉格朗日模型等。

④以研究的大气环境问题为分类标准，可以分为酸沉降模型、光化学烟雾模型、气溶胶模型等。

表 1-1 总结了目前各尺度的模型在不同领域的应用情况。

表 1-1 环境空气质量模型的应用领域划分

大气运动的尺度 / 扩散尺度 / 模型类型	小尺度	中尺度		大尺度
	局地尺度	局地—区域尺度	区域—大陆尺度	全球尺度
烟羽抬升模块	1，2，4	—	—	—
高斯模型	1，2，4	1，2	—	—
半经验模型	1，2，3，4	1，2，4	—	—
欧拉模型	1，2，4	2，3，4	2，4	2，4
拉格朗日模型	4	4	2，4	—
化学模块	1，2，4	2，3，4	2，4	2，4
受体模型	—	2，4	—	—
随机模型	—	2，4	—	—

注：①大气运动的尺度中，小尺度（microscale）为 2 km 以下，中尺度（mesoscale）为 2～2 000 km，大尺度（macroscale）为 2 000 km 及以上。

②表中数字 1 代表适用于环境监管领域（法规应用），2 代表适用于政策支持，3 代表适用于公众信息发布，4 代表适用于科学研究。

在环境监管（法规应用）方面，几乎所有欧洲国家都应用环境空气质量模型作为技术支撑。模型预测的结果通常用于发放排污许可或环境影响评价，如新建工厂或高速公路的环境影响评价。概括而言，在环境监管领域，模型的主要作用是提供长期的污染物空间分布和平均浓度值，以便与空气质量标准进行比较。

模型模拟的污染物种类包括 SO_2、NO_2、颗粒物，以及一些有毒物质（如重金属和有机化合物等），在某些情况下还要求模型能输出臭气成分的相关信息。在欧洲，作为法规应用的大气扩散模型要经过一系列的标准化评估，已开发的模型评估工具包括参考验证数据集、软件以及模型评估的程序等。

如前所述，欧洲并未指定某种或某些模型作为强制性或者推荐性的法规应用，但根据表 1-1 可以看出，从空间尺度而言，适用于环境监管目的（法规应用）的模型为局地尺度和区域尺度的模型，大陆尺度和全球尺度的模型在欧洲并不推荐作为法规应用；从模型类型而言，建议作为法规应用的模型包括烟羽抬升模块、高斯模型、半经验模型、欧拉模型和化学模块。这主要是因为从法规应用角度而言，模型需要具备发展成熟、简便易用、所需基础数据可获得等特点。

表 1-2 总结了目前欧洲常用的 57 种模型的分类情况。

表 1-2 欧洲常用模型分类

序号	模型名称	尺度	模型类别	是否包含化学反应
1	2-D OSLO	全球	2D-欧拉	是
2	3-D OSLO	全球	3D-欧拉	是
3	AUSTAL86	局地	高斯	否
4	CALGRID	局地—区域	3D-欧拉	是
5	Cambridge model	全球	2D-欧拉	是
6	CAR	局地	半经验	否
7	CAR-FMI	局地	高斯	是
8	CIT	局地—区域	3D-欧拉	是
9	CONTILINK	局地	高斯	否
10	CTDMPLUS	局地	高斯	否
11	CTMK	全球	3D-欧拉	是
12	DISPERSION	局地—区域	半经验	否
13	DMU	区域—大陆	2D-欧拉	是
14	DRAIS	局地—区域	3D-欧拉	是
15	ECHAM	全球	3D-欧拉	是
16	EKMA/OZIPM4	局地—区域	化学	是
17	EMEP/MSC-E	全球	2D-欧拉	是
18	EMEP/MSC-E/acid deposition	区域—大陆	2-layer-欧拉	是
19	EMEP/MSC-W	全球	3D-欧拉	是
20	EMEP/MSC-W/photochemistry	区域—大陆	2D-拉格朗日	是
21	EMEP/MSC-W/acid rain	区域—大陆	2D-拉格朗日	是
22	EMEP/MSC-W/sulphur	区域—大陆	3D-欧拉	是
23	EPISODE	局地—区域	3-layer-欧拉	是
24	EURAD	区域—大陆	3D-欧拉	是
25	HARM	区域—大陆	2D-拉格朗日	是
26	HARWELL	全球	2D-欧拉	是
27	HPDM	局地	高斯	否
28	HYPACT	局地—区域	3D-欧拉	否
29	IFDM	局地	高斯	否
30	IMAGES	全球	3D-欧拉	是
31	INPUFF	局地	高斯	否

序号	模型名称	尺度	模型类别	是否包含化学反应
32	ISCST2	局地	高斯	否
33	IVL	区域—大陆	2-layer-拉格朗日	是
34	Liège model	全球	2D-欧拉	是
35	LOTOS	区域—大陆	3D-欧拉	是
36	Mainz model	全球	2D-欧拉	是
37	MARS	局地—区域	3D-欧拉	是
38	MATCH	局地—区域	3D-欧拉	是
39	MEMO	局地—区域	3D-欧拉	否
40	MERCURE	局地—区域	3D-欧拉	否
41	MOGUNTIA	全球	3D-欧拉	是
42	OML	局地	高斯	否
43	OSPM	局地	—	否
44	PLUIMPLUS	局地	高斯	否
45	RAMS	局地—区域	3D-欧拉	否
46	REM3	区域—大陆	3D-欧拉	是
47	ROADAIR	局地	高斯	是
48	SCALTURB	局地	高斯	否
49	STOCHEM	全球	3D-拉格朗日	是
50	TREND	区域—大陆	统计	是
51	TVM	局地—区域	3D-欧拉	否
52	UAM	局地—区域	3D-欧拉	是
53	UDM-FMI	局地—区域	3D-欧拉	否
54	UiB	区域—大陆	2D-欧拉	是
55	UiB model	全球	2D-欧拉	是
56	UK photochemical model	区域—大陆	2-layer-拉格朗日	是
57	UK-ADMS	局地	高斯	否

1.2.2 美国环境空气质量法规模型分类体系

美国常用的环境空气质量模型分类方法与欧洲大致相同，是按照空间尺度、空间维数、输送方程描述方法、研究的大气环境问题等进行划分的。

EPA 法规大气模型技术中心（SCRAM）按照研究的大气环境问题将环境空气质量法规模型分为三大类共计 31 种模型，包括扩散模型、光化学模型和受体模型。由于美国环境空气质量法规模型大部分由 EPA、能源部以及其他美国研究所开发或支持开发，因此美国对环境空气质量模型类型的划分按照模型发展历程还可分为第一代、第二代、第三代模型（表 1-3）。

表 1-3 美国环境空气质量法规模型分类

模型类型	第一代	第二代	第三代
扩散模型	AERMOD，CALPUFF，BLP，CALINE3，CAL3QHC/CAL3QHCR，CTDMPLUS，OCD，ADAM，ADMS，AFTOX，ASPEN，DEGADIS，HGSYSTEM，HYROAD，HOTMAC/RAPTAD，ISC3，ISC-PRIME，OBODM，OZIPR，Panache，PLUVUE Ⅱ，SCIPUFF，SDM，SLAB	—	—
光化学模型	—	UAM-V，REMSAD	CMAQ，CAMx，WRF-CHEM

第一代环境空气质量模型主要包括了基于质量守恒定律的箱式模型、基于湍流扩散统计理论的高斯模型和拉格朗日轨迹模式。当时的模型一般以 Pasquill 和 Gifford 等研究者建立的非连续的稳定度对应的大气扩散参数曲线，以及以 Pasquill 方法确定的扩散参数为基础，采用简单的、参数化的线性机制描述复杂的大气物理过程，适用于模拟惰性污染物的长期平均浓度。高斯模式（如 ISC、AERMOD、ADMS）由于其结构简单，对输入数据的要求不高以及计算简便，20 世纪 60 年代以后，在大气环境模拟中得到了最为广泛的应用。但近年来城市及区域环境问题如细颗粒物、光化学烟雾等往往与污染物在大气中的化学反应紧密相关，而第一代模型没有或仅有简单的化学反应模块，这使其应用受到了很大限制。但是这些模型结构简单、运算速度快、长期浓度模拟的准确度高，至今仍在常规污染物模拟方面被广泛使用。值得注意的是，第一代环境空气质量模型的划分并不是非常明确，如 ADMS、AERMOD、CALPUFF 模型应用了 20 世纪 90 年代以来大气物理研究的最新成果，与传统的第一代模型已有很大不同。

20 世纪 70 年代末至 80 年代初，随着对大气边界层湍流特征的研究，研究者开展了大量室内试验、数值试验和现场野外观测等工作，发现高斯模型对许多问题都无法解答，这逐渐推动了第二代环境空气质量模型的发展。第二代欧拉数值环境空气质量模型中加入了比较复杂的气象模式和非线性反应机制，并将被模拟的区域分成许多三维网格单元。模型将模拟每个单元格大气层中的化学变化过程、云雾过程，以及位于该网格周边的其他单元格内的大气状况，包括污染源对网格区域内的影响以及所产生的干沉降、湿沉降作用等。这类模型在 1980—1990 年被广泛应用。这一时期一些三维城市尺度光化学污染模式（如 CIT、UAM 等）、区域尺度光化学模式（ROM）以及酸沉降模式（RADM、ADOM、STEM 等）开始研究应用。

第二代环境空气质量模型在设计上仅考虑了单一的大气污染问题，对于各污染物间的相互转化和相互影响考虑不全面，而实际大气中各种污染物之间存在复杂的物理、化学反应。因此，20 世纪 90 年代末，EPA 基于“一个大气”的理念，设计研发了第三代环境空气质量模型系统 Medels-3/CMAQ，CMAQ 是一个多模块集成、多尺度网格嵌套的三维欧拉模型，突破了传统模型针对单一物种或单相物种的模拟，考虑了实际大气中不同物种之间的相互转换和互相影响，开创了模型发展的新理念。当前主流的第三代环境空气质量模型还包括 CAMx、WRF-CHEM 等。特别是美国国家大气研究中心（NCAR）开发的 WRF-CHEM 模型考虑了气象和大气污染的双向反馈过程，在一定程度上代表了区域大气模型未来发展的主流方向。

1.2.3 中国环境空气质量法规模型分类体系

目前，中国环境空气质量模型基本按模型模拟的污染源、污染物性质、排放方式，以及适用的区域尺度、地形、功能等进行分类。环境空气质量模型大部分是由各种功能模块搭建的综合性模型，模型体系中每类模型的功能是相互交叉的，模型分类体系框架见图 1-2。

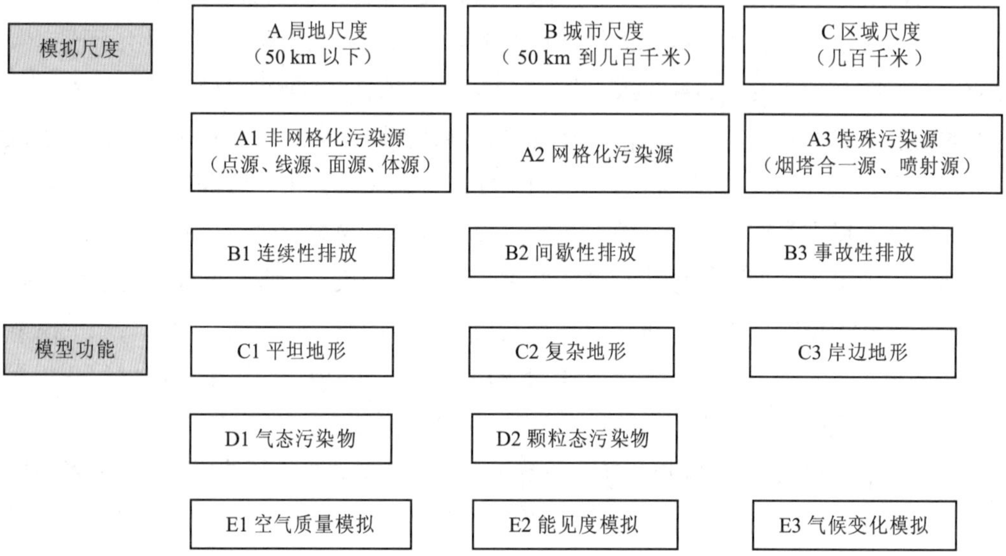

图 1-2 环境空气质量模型分类体系框架

①按模拟尺度分类，可将模型（模块）划分为适用于局地尺度（50 km 以下）、城市尺度（50 km 到几百千米）、区域尺度（几百千米）等类别。

②按模拟污染源进行分类，可将模型（模块）划分为适用于模拟点源、面源、线源、体源、网格化污染源、特殊污染源等类别。

③按污染物性质分类，可将模型（模块）划分为适用于模拟气态污染物（含重气体）、颗粒态污染物等类别。

④按排放方式分类，可将模型（模块）划分为适用于模拟连续性排放、间歇性排放、

事故性排放。

⑤按模拟地形分类，可将模型（模块）划分为适用于平坦地形、复杂地形、岸边地形等类别。

⑥按功能分类，可将模型（模块）划分为适用于模拟空气质量、能见度、气候变化等类别。

1.3 中国环境空气质量法规模型的遴选

1.3.1 模型遴选方法

法规模型的遴选一般采用案例验证、专家评审相结合的方法，从模型模拟大气物理和化学过程的科学性、模拟结果的准确性、软件的应用性能等方面对环境空气质量模型进行综合评价。成为被推荐的法规模型应达到推荐模型指标的要求，并在性能上达到或超过已有的法规模型。

模型遴选指标体系包括科学性评价、准确性评价和软件性能评价等指标。针对局地尺度和城市尺度的环境空气质量模型的遴选指标见表 1-4。

表 1-4 局地尺度和城市尺度的环境空气质量模型遴选指标

一级指标	二级指标	三级指标	评价标准
模型科学性	模型理论基础（高斯模型）	边界层和大气稳定度处理方式	• 能很好地处理昼间对流、夜间逆温：A • 能较好地处理昼间对流、夜间逆温：B • 能基本处理昼间对流、夜间逆温：C • 不能处理昼间对流、夜间逆温：D • 其他（需说明理由）：E
		烟气抬升	• 能很好地处理所有气象条件的抬升，并能处理不同浮力和出口速度（包括射流条件）：A • 能较好地处理所有气象条件的抬升，并能处理不同浮力和出口速度（包括射流条件）：B • 能基本处理所有气象条件的抬升，并能处理不同浮力和出口速度（包括射流条件）：C • 不能处理所有气象条件的抬升，不能处理不同浮力和出口速度（包括射流条件）：D • 其他（需说明理由）：E
		化学转化	• 能很好地处理一次气体污染物转化，并能处理所有 PM 组分，能处理臭氧：A • 能较好地处理一次气体污染物转化，并能部分处理所有 PM 组分，能部分处理臭氧：B

一级指标	二级指标	三级指标	评价标准
模型科学性	模型理论基础（高斯模型）	化学转化	• 能基本处理一次气体污染物转化，并能处理硫酸盐、硝酸盐等 PM 组分，不能处理臭氧：C • 不能处理一次气体污染物转化，不能处理所有 PM 组分，不能处理臭氧：D • 其他（需说明理由）：E
		复杂地形和建筑物下洗	• 能很好地处理所有复杂地形和建筑物下洗：A • 能较好地处理所有复杂地形和建筑物下洗：B • 能部分处理复杂地形和建筑物下洗：C • 不能处理复杂地形和建筑物下洗：D • 其他（需说明理由）：E
		污染源的适用性	• 能很好地处理点、线、面、体所有类型污染源：A • 能较好地处理点、线、面、体所有类型污染源：B • 能较好地处理点、线、面、体部分类型污染源：C • 不能处理所有类型污染源：D • 其他（需说明理由）：E
	模型研发和应用情况	研发历史	• 研发历史悠久，持续研发、更新：A • 研发历史较久，持续研发、更新：B • 研发历史较短，持续研发、更新：C • 研发历史很短，未持续研发、更新：D • 其他（需说明理由）：E
		应用范围	• 应用国家多，用户数量多：A • 应用国家较多，用户数量较多：B • 应用国家数量较少或用户数量较少：C • 应用国家数量很少，且用户数量少：D • 其他（需说明理由）：E
		应用案例	• 模型在国内外各领域应用推广情况良好，行业熟悉程度高：A • 模型在国内外各领域应用推广情况较好，行业熟悉程度较高：B • 模型在国内外各领域应用推广情况一般，行业熟悉程度一般：C • 模型在国内外各领域应用推广情况差，行业熟悉程度差：D • 其他（需说明理由）：E
模型准确性	验证案例验证	公开发布的验证案例	• 与多个验证案例具有很好的吻合度，或能很好地反映污染物浓度变化趋势，符合准确性评价标准：A • 与部分验证案例具有较好的吻合度，或能较好地反映污染物浓度变化趋势，基本符合准确性评价标准：B • 与多个验证案例吻合度一般，或对污染物浓度变化趋势反映一般，部分符合准确性评价标准：C • 与验证案例吻合度很差，或完全不能反映污染物浓度变化趋势，不符合准确性评价标准：D • 其他（需说明理由）：E

一级指标	二级指标	三级指标	评价标准
模型准确性	验证案例验证	自行提供的验证案例	• 与多个验证案例具有很好的吻合度，或能很好地反映污染物浓度变化趋势，符合准确性评价标准：A • 与部分验证案例具有较好的吻合度，或能较好地反映污染物浓度变化趋势，基本符合准确性评价标准：B • 与多个验证案例吻合度一般，或对污染物浓度变化趋势反映一般，部分符合准确性评价标准：C • 与验证案例吻合度很差，或完全不能反映污染物浓度变化趋势，不符合准确性评价标准：D • 其他（需说明理由）：E
	模型比较验证	已发布的推荐模型	• 与已发布的推荐模型进行对比，其结果优于推荐模型的结果：A • 与已发布的推荐模型进行对比，其结果与推荐模型的结果一致：B • 与已发布的推荐模型进行对比，其结果与推荐模型的结果基本一致：C • 与已发布的推荐模型进行对比，其结果与推荐模型的结果不一致：D • 其他（需说明理由）：E
		同类主流模型	• 与同类主流模型进行对比，其结果优于同类主流模型的结果：A • 与同类主流模型进行对比，其结果与同类主流模型的结果一致：B • 与同类主流模型进行对比，其结果与同类主流模型的结果基本一致：C • 与同类主流模型进行对比，其结果与同类主流模型不一致：D • 其他（需说明理由）：E
模型软件性能	模型易用性	前处理	• 可读入绝大多数格式的气象数据、地形数据、土地利用/地表覆盖数据、污染源数据等：A • 可读入部分格式的气象数据、地形数据、土地利用/地表覆盖数据、污染源数据等：B • 可读入少数格式的气象数据、地形数据、土地利用/地表覆盖数据、污染源数据等：C • 仅能读入特定格式的气象数据、地形数据、土地利用/地表覆盖数据、污染源数据等：D • 其他（需说明理由）：E
		后处理	• 模型本身具有优秀的后处理功能，且输出文档为可交换的标准格式（能在 surfer/ArcGIS 等常用图形处理软件中进一步处理）：A • 模型本身不具有后处理功能，但输出文档为可交换的标准格式（能在 surfer/ArcGIS 等常用图形处理软件中进一步处理）；或模型本身具有较优秀的后处理功能，但输出文档不是可交换的标准格式（不能在 surfer/ArcGIS 等常用图形处理软件中进一步处理）：B • 模型本身后处理功能一般，输出文档不是可交换的标准格式（不能在 surfer/ArcGIS 等常用图形处理软件中进一步处理）：C • 模型本身不具有后处理功能，且输出文档不是可交换的标准格式（不能在 surfer/ArcGIS 等常用图形处理软件中进一步处理）：D • 其他（需说明理由）：E

一级指标	二级指标	三级指标	评价标准
模型软件性能	模型易用性	计算效率	选择已发布的推荐模型或同类主流模型，按同样的基础数据与网格设置，在相同配置的计算机上运行： • 计算耗时≤推荐模型/主流模型的 0.5 倍：A • 推荐模型/主流模型的 0.5 倍＜计算耗时≤推荐模型/主流模型的 1.5 倍：B • 推荐模型/主流模型的 1.5 倍＜计算耗时≤推荐模型/主流模型的 5 倍：C • 计算耗时＞推荐模型/主流模型的 5 倍：D • 其他（需说明理由）：E
	模型使用友好性	用户交互	• 有良好的用户交互界面：A • 有较为良好的用户交互界面：B • 用户交互界面一般：C • 用户交互界面较差：D • 其他（需说明理由）：E
		编程规范与代码开源	• 与同类模型编程语言一致，代码开放，编程说明详细，可扩展：A • 与同类模型编程语言一致，代码开放，无编程说明，扩展比较困难：B • 与同类模型编程语言不一致，代码开放：C • 与同类模型编程语言不一致，代码不开放：D • 其他（需说明理由）：E
		共享程度	• 免费：A • 同类模型中，费用合理：B • 同类模型中，费用较高：C • 同类模型中，费用高：D • 其他（需说明理由）：E
	技术支持度	模型技术文档	• 对模型原理等内容描述细致清晰，能很好地用于指导相关工作的开展：A • 对模型原理等内容描述较为细致清晰，能较好地用于指导相关工作的开展：B • 对模型原理等内容描述较为粗略，对相关工作开展指导程度一般：C • 对模型原理等内容描述十分简单粗略，对相关工作开展指导程度较差：D • 其他（需说明理由）：E
		用户手册	• 内容翔实，能很好地用于指导相关工作的开展：A • 内容较为翔实，能较好地用于指导相关工作的开展：B • 内容较为粗略，对相关工作开展指导程度一般：C • 内容十分粗略，对相关工作开展指导程度较差：D • 其他（需说明理由）：E
		交流平台	• 有权威技术支持机构，并提供良好的技术支持和交流平台：A • 有权威技术支持机构，并提供较好的技术支持和交流平台：B • 有权威技术支持机构，并提供简单的技术支持服务和交流平台：C • 无权威技术支持机构，无相关交流平台：D • 其他（需说明理由）：E

1.3.2 模型科学性评价

1.3.2.1 模型理论基础

高斯模型的理论基础评价指标包括边界层和大气稳定度处理方式、烟气抬升、化学转化、复杂地形和建筑物下洗、污染源的适用性。

1.3.2.2 模型研发和应用情况

模型研发和应用情况评价指标包括研发历史、应用范围和应用案例 3 项指标。

①研发历史：从模型发展、研发过程、模型成熟度等方面进行评价。

②应用范围：从模型用户数量、应用流行度等方面进行评价。

③应用案例：根据模型在国内外各领域的案例应用推广情况、行业熟悉程度进行评价。

1.3.3 模型准确性评价

1.3.3.1 验证案例验证

验证案例应包括一定时间段的高时空分辨率空气污染物或示踪剂的浓度分布、污染源排放数据、气象数据、土地利用类型和地形数据等一整套验证数据。

目前已建立的验证案例和借鉴的验证案例共 18 个，详见表 1-5。其中内蒙古正蓝旗——平坦地形验证案例，为本书作者研究团队承担的 2013 年环保公益性行业科研专项经费项目“国家环境质量模型法规化与标准化研究”（201309062）的成果，并已通过环境保护部验收，其余 17 个是由美国环保局发布的，主要用于局地尺度模型的验证。

18 个验证案例包括平坦地形、复杂地形和海岸，涉及农村和城市两种土地利用类型，污染源排放高度从近地面源到 240 m 不等，污染源有单点源和多点源，监测污染物种类有 SO_2、SF_6 等，监测点范围为 0.2～50 km，监测时间从 26 h 到 1 年。

表 1-5 验证案例一览表

序号	数据库名称	地形	土地利用类型	污染源数/个	污染源排放高度/m	污染物类型	监测点范围/km	监测时间	数据来源
1	AGA	平坦	农村	1	9.75～24.4	SF_6	0.2	63 h	美国环保局
2	Alaska	平坦/海岸	农村	1	39.2	SF_6	3	44 h	美国环保局
3	Baldwin	平坦	农村	1	184.4	SO_2	10	1 年	美国环保局
4	Bowline	平坦/海岸	农村	2	86.87、86.87	SO_2	0.85	1 年	美国环保局

序号	数据库名称	地形	土地利用类型	污染源数/个	污染源排放高度/m	污染物类型	监测点范围/km	监测时间	数据来源
5	Clifty Creek	平坦	农村	1	207.9	SO_2	15	1年	美国环保局
6	DAEC	平坦	农村	3	1、23.5、45.7	SF_6	1	30 h	美国环保局
7	EOCR	平坦	农村	1	1～30	SF_6	1.6	246 h	美国环保局
8	Indianapolis	平坦	城市	1	83.8	SF_6	12	170 h	美国环保局
9	Kincaid	平坦	农村	1	187	SF_6	50	375 h	美国环保局
10	Kincaid	平坦	农村	1	187	SO_2	20	4 613 h	美国环保局
11	Lee Wind Tunnel	平坦	农村	1	64.8	SF_6	0.9	291 h	美国环保局
12	Lovett	复杂	农村	1	145	SO_2	3	1年	美国环保局
13	Martin's Creek	复杂	农村	8	60～183	SO_2	8	1年	美国环保局
14	Millstone	平坦/海岸	农村	2	29.1、48.3	SF_6	1.5	26 h、36 h	美国环保局
15	Prairie Grass	平坦	农村	1	0.46	SO_2	0.8	44 h	美国环保局
16	Tracy	复杂	农村	1	90.95	SF_6	8	128 h	美国环保局
17	Westvaco	复杂	农村	1	189.7	SO_2	3	1年	美国环保局
18	内蒙古正蓝旗	平坦	农村	1	240	SO_2	5	320 h	中国环保部

（1）AGA 案例说明

AGA 试验于 1980 年春夏在得克萨斯州（Texas）和堪萨斯州（Kansas）进行，试验所在区域周边为平坦地形农村区域。试验采用 SF_6 示踪气体，每次试验均为 1 个污染源，高度分别为 9.75 m、14.48 m、24.4 m。

得克萨斯州开展的试验中，气象数据包括一个地面气象站（坐标：29.967°N，95.350°W；1978 年 1 月 1 日—1978 年 12 月 31 日，逐日逐时观测）、一个探空站（坐标：28.850°N，96.917°W；全年逐日观测），一个实地近地气象观测点（坐标：29.00°N，96.00°W；1978 年 1 月 1 日—1978 年 12 月 31 日观测 23 h，观测高度为 10 m）。

堪萨斯州开展的试验中，气象数据包括一个地面气象站（坐标：37.650°N，97.433°W；1978 年 1 月 1 日—1978 年 12 月 31 日，逐日逐时观测）、一个探空站（坐标：37.767°N，99.967°W；全年逐日观测），一个实地近地气象观测点（坐标：38.2°N，98.3°W；1978 年 1 月 1 日—1978 年 12 月 31 日观测 12 h，观测高度为 10 m）。

得克萨斯州监测站点位于距排放源 0.2 km 范围内，监测时间为 1978 年 3 月 30 日—1978 年 5 月 11 日，监测小时平均浓度（23 h）。

堪萨斯州监测站点位于距排放源 0.2 km 范围内，监测时间为 1978 年 7 月 28 日—1978 年 8 月 10 日，监测小时平均浓度（12 h）。

（2）Alaska 案例说明

阿拉斯加（Alaska）北坡场地研究试验所在区域周边为平坦/海岸地形农村区域。1 个排放烟囱，高度为 39.2 m，监测污染因子为 SF_6，污染源排放速率为随小时变化数据。

气象数据包括附近一个地面气象站（坐标：71.30°N，156.78°W；1987 年 10 月 23 日—1987 年 11 月 8 日逐日逐时观测）、一个探空站（坐标：71.30°N，156.78°W；全年逐日一日两次 0 时和 12 时观测数据，最大观测高度约 15 566 m）、一个实地近地气象观测点（坐标：70.3°N，149.3°W；1987 年 10 月 23 日—1987 年 11 月 8 日逐日逐时观测，观测高度为 33 m）。

监测站点共 41 个，位于距试验区域 3 km 范围内，监测时间为 1987 年 10 月 23 日—1987 年 11 月 8 日，监测其中的 44 h，监测小时平均浓度。

（3）Baldwin 案例说明

Baldwin 电站所在区域周边为平坦地形农村区域，烟囱基座海拔高度 130 m。1 个排放烟囱（坐标：38.20°N，84.14°W），高度为 184.4 m，监测污染因子为 SO_2，污染源排放速率为随小时变化数据。

气象数据包括附近一个地面气象站（坐标：38.55°N，89.85°W；全年逐日逐时观测）、一个探空站（坐标：38.65°N，88.97°W；全年逐日一日两次 0 时和 12 时观测数据，最大观测高度约 16 284 m）、一个实地近地气象观测点（坐标：38.2°N，89.86°W；全年逐日逐时观测，观测高度为 91 m）。

监测站点共 10 个，位于距电站 10 km 范围内，监测时间为 1982 年 4 月 1 日—1983 年 3 月 31 日，持续 1 年，监测小时平均浓度、3 h 平均浓度、24 h 平均浓度。

（4）Bowline 案例说明

Bowline 电站所在区域周边为平坦/海岸地形农村区域。共 2 个排放烟囱，高度为 86.87 m，监测污染因子为 SO_2，污染源排放速率为随小时变化数据。

气象数据包括附近一个地面气象站（坐标：40.70°N，74.17°W；全年逐日逐时观测）、一个探空站（坐标：42.75°N，73.80°W；全年逐日一日两次 0 时和 12 时观测数据，最大观测高度约 15 892 m）、一个实地近地气象观测点（坐标：41.2°N，73.97°W；全年逐日逐时观测，观测高度为 100 m）。

监测站点共 4 个，位于距电站 0.85 km 范围内，监测时间为 1981 年 1 月 1 日—1981 年 12 月 31 日，持续 1 年，监测小时平均浓度、3 h 平均浓度、24 h 平均浓度。

（5）Clifty Creek 案例说明

Clifty Creek 电站所在区域周边为平坦地形农村区域，烟囱基座海拔高度 143 m。烟囱（坐标：38.74°N，88.58°W）高度为 207.9 m，监测污染因子为 SO_2，污染源排放速率为随小时变化数据。

气象数据包括附近一个地面气象站（坐标：39.05°N，84.67°W；全年逐日逐时观测）、一个探空站（坐标：39.87°N，84.12°W；全年逐日一日两次 0 时和 12 时观测数据，最大观测高度约 16 344 m）、一个实地近地气象观测点（坐标：38.71°N，85.42°W；全年逐日逐时观测，观测高度为 10 m 和 60 m）。

监测站点共 6 个，位于距电站 15 km 范围内，监测时间为 1975 年 1 月 1 日—1975 年 12 月 31 日，持续 1 年，监测小时平均浓度、3 h 平均浓度、24 h 平均浓度。

（6）DAEC 案例说明

DAEC 试验区所在区域周边为平坦地形农村区域，烟囱基座海拔高度 228.72 m。共 3 个排放烟囱（坐标分别为 42.10°N，94.22°W；42.10°N，94.22°W；42.10°N，94.22°W），高度分别为 1 m、23.5 m、45.7 m，监测污染因子为 SF_6，污染源排放速率为随小时变化数据。

气象数据包括附近一个地面气象站（坐标：42.55°N，92.40°W；全年逐日逐时观测）、一个探空站（坐标：40.67°N，89.68°W；全年逐日一日两次 0 时和 12 时观测数据，最大观测高度约 16 016 m）、一个实地近地气象观测点（坐标：42.101°N，91.777°W；1978 年 7 月 1 日—1978 年 7 月 19 日中 7 d 每天观测 4 h，观测高度为 10 m、23.5 m 和 50 m）。

监测站点共 44 个，位于距试验区域 1 km 范围内，监测时间为 1978 年 7 月 1 日—1978 年 7 月 19 日，监测小时平均浓度。

（7）EOCR 案例说明

EOCR 试验区所在区域周边为平坦地形农村区域。试验采用 SF_6 示踪气体，每次试验均为 1 个污染源，高度分别为 1 m、25 m、30 m。

气象数据包括附近一个地面气象站（坐标：42.920°N，112.571°W；全年逐日逐时观测）、一个探空站（坐标：40.78°N，111.97°W；全年逐日一日两次 0 时和 12 时观测数据，最大观测高度约 16 138 m）、一个实地近地气象观测点（坐标：43.522°N，112.899°W；1975 年 7 月 8 日—1976 年 7 月 22 日逐日逐时观测）。

监测站点共 132 个，位于距试验区域 1.6 km 范围内，监测时间为 1975 年 7 月 8 日—1975 年 7 月 22 日，监测小时平均浓度。

（8）Indianapolis 案例说明

印第安纳波利斯（Indianapolis）试验所在区域周边为平坦地形城市区域，烟囱基座海拔高度 220 m。排放烟囱高度为 83.8 m，监测污染因子为 SF_6，污染源排放速率为随小时变化数据。

气象数据包括附近一个地面气象站（坐标：39.733°N，86.267°W；全年逐日逐时观测）、一个探空站（坐标：39.87°N，84.12°W；全年逐日一日两次 0 时和 12 时观测数据，最大观测高度约 16 671 m）、一个实地近地气象观测点（坐标：39.733°N，86.267°W；1985 年 9 月 16 日—1985 年 10 月 12 日每天 11：00—19：00 进行逐时观测，观测高度为 10 m）。

监测站点共177个，位于距试验区域12 km范围内，监测时间为1985年9月16日—1985年10月12日，监测小时平均浓度。

（9）Kincaid案例说明（SF_6）

Kincaid SF_6试验区所在区域周边为平坦地形农村区域。1个排放烟囱，高度为187 m，监测污染因子为SF_6，污染源排放速率为随小时变化数据。

气象数据包括附近一个地面气象站（坐标：39.850°N，89.683°W；1980年4月20日—1980年5月10日、1980年7月9日—1980年7月29日、1981年5月9日—1981年6月1日逐日逐时观测）、一个探空站（40.67°N，89.68°W；全年逐日一日两次0时和12时观测数据，最大观测高度约16 016 m）、一个实地近地气象观测点（坐标：39.5915°N，89.4885°W）。

监测站点共140个，位于距试验区域50 km范围内，监测时间为1980年4月20日—1980年5月10日、1980年7月9日—1980年7月29日、1981年5月9日—1981年6月1日，监测小时平均浓度。

（10）Kincaid案例说明（SO_2）

Kincaid SO_2试验区所在区域周边为平坦地形农村区域。共1个排放烟囱，高度为187 m，监测污染因子为SO_2，污染源排放速率为随小时变化数据。

气象数据包括附近一个地面气象站（坐标：39.850°N，89.683°W；1980年4月2日—1980年8月31日、1981年3月10日—1981年6月17日逐日逐时观测）、一个探空站（坐标：40.67°N，89.68°W；全年逐日一日两次0时和12时观测数据，最大观测高度约16 016 m）、一个实地近地气象观测点（坐标：39.5915°N，89.4885°W；1980年4月2日—1980年8月31日、1981年3月10日—1981年6月17日每天逐时观测，观测高度为10 m、30 m、50 m和100 m）。

监测站点共28个，位于距试验区域20 km范围内，监测时间为1980年4月2日—1980年8月31日、1981年3月10日—1981年6月17日，监测每小时、3 h、24 h平均浓度和年均浓度。

（11）Lee Wind Tunnel案例说明

Lee Wind Tunnel电站所在区域周边为平坦地形农村区域，烟囱基座海拔高度228.72 m。1个排放源，高度为64.8 m，监测污染因子为SF_6，污染源排放速率为随小时变化数据。

（12）Lovett案例说明

洛维特（Lovett）电厂所在区域周边为复杂地形农村区域，周边海拔高程在0～1 169 m，其中电厂烟囱基座海拔高度1.8 m。电厂共1个排放烟囱（坐标：41.259°N，76.021°W），高度为145 m，监测污染因子为SO_2，污染源排放速率为随小时变化数据。

气象数据包括附近一个地面气象站（坐标：42.75°N，73.8°W；全年逐日逐时观测）、一个探空站（坐标：42.75°N，73.8°W；全年逐日一日两次 0 时和 12 时观测数据，最大观测高度约 16 059 m）、一个实地近地气象观测点（坐标：41.3°N，74.02°W；全年逐日逐时观测，观测高度为 10 m、50 m、100 m）。

监测站点共 12 个，位于距电厂 2～3 km，监测时间为 1987 年 12 月—1988 年 12 月，持续 1 年，监测每小时、3 h、24 h 平均浓度和年均浓度。

（13）Martin's Creek 案例说明

美国宾夕法尼亚州 Martin's Creek 电厂所在区域周边为复杂地形农村区域，周边海拔高程在 0～619 m。电厂共 8 个排放烟囱（坐标分别为 40.794°N，74.893°W；40.795°N，74.895°W；40.796°N，74.896°W；40.906°N，74.921°W；40.906°N，74.921°W；40.840°N，74.929°W；40.818°N，74.988°W；40.818°N，74.988°W），烟囱基座海拔高度分别为 73.2 m、73.2 m、73.2 m、91.4 m、91.4 m、103.6 m、173.7 m、173.7 m，高度分别为 182.9 m、182.9 m、182.9 m、121.9 m、121.9 m、59.4 m、76.2 m、76.2 m，监测污染因子为 SO_2，污染源排放速率为随小时变化数据。

气象数据包括附近一个地面气象站（坐标：40.65°N，75.43°W；全年逐日逐时观测）、一个探空站（坐标：42.75°N，73.80°W；全年逐日一日两次 0 时和 12 时观测数据，最大观测高度约 16 512 m）、一个实地近地气象观测点（坐标：40.79°N，745.14°W；全年逐日逐时观测，观测高度为 10 m）。

监测站点共 7 个，位于距电厂 8 km 范围内，监测时间为 1992 年 4 月—1993 年 4 月，持续 1 年，监测每小时、3 h、24 h 平均浓度和年均浓度。

（14）Millstone 案例说明

美国康涅狄格州 Millstone 核电站所在区域周边为平坦/海岸地形农村区域。电厂共 2 个排放烟囱，高度分别为 48.3 m、29.1 m，监测污染因子为 SF_6，污染源排放速率为随小时变化数据。

气象数据包括附近一个地面气象站（坐标：41.17°N，73.13°W；全年逐日逐时观测）、一个探空站（坐标：41.67°N，69.97°W；全年逐日一日两次 0 时和 12 时观测数据，最大观测高度约 16 030 m）、一个实地近地气象观测点（坐标：41.309°N，72.168°W；1974 年 10 月 12 日—1974 年 11 月 20 日其中 8 d 逐时观测，观测高度为 10 m）。

监测站点共 38 个，位于距核电厂 1.5 km 范围内，监测时间为 1974 年 10 月—1974 年 11 月其中的 8 d，监测小时平均浓度。

（15）Prairie Grass 案例说明

美国 Prairie Grass 试验区所在区域周边为平坦地形农村区域。电厂共 1 个排放烟囱，高度为 0.46 m，监测污染因子为 SO_2，污染源排放速率为随小时变化数据。

气象数据包括附近一个地面气象站（坐标：41.13°N，100.68°W；全年逐日逐时观测）、一个探空站（坐标：41.13°N，100.68°W；全年逐日一日两次 0 时和 12 时观测数据，最大观测高度约 16 679 m）、一个实地近地气象观测点（坐标：42.466°N，98.533°W；1956 年 7 月 10 日—1956 年 8 月 27 日其中 19 d 逐时观测）。

监测站点共 545 个，位于距电厂 0.8 km 范围内，监测时间为 1956 年 7 月—1956 年 8 月其中的 19 d，监测小时平均浓度。

（16）Tracy 案例说明

美国 Tracy 电厂所在区域周边为复杂地形农村区域，周边海拔高程在 1 152～3 244 m，其中电厂烟囱基座海拔高度 1 300 m。电厂共 1 个排放烟囱（坐标：39.561°N，114.477 7°W），高度为 90.95 m，监测污染因子为 SF_6，污染源排放速率为随小时变化数据。

气象数据包括附近一个地面气象站（坐标：39.50°N，119.78°W；1984 年 8 月 1 日—1984 年 8 月 31 日逐日逐时观测）、一个探空站（坐标：40.90°N，117.80°W；全年逐日一日两次 0 时和 12 时观测数据，最大观测高度约 16 712 m）、一个实地近地气象观测点（坐标：39.56°N，119.52°W；全年逐日逐时观测，观测高度为 10 m、50 m、75 m、100 m、125 m、150 m、175 m、200 m、225 m、250 m、275 m、300 m、325 m、350 m、375 m、400 m）。

监测站点共 106 个，位于距电厂 8 km 范围内，监测时间为 1984 年 8 月 6 日至 8 月 27 日，128 h 的小时平均浓度。

（17）Westvaco 案例说明

Westvaco 试验区所在区域周边为复杂地形农村区域，周边海拔高程在 115～1 317 m，其中电厂烟囱基座海拔高度 288 m。电厂共 1 个排放烟囱（坐标：39.47°N，82.94°W），高度为 189.7 m，监测污染因子为 SO_2，污染源排放速率为随小时变化数据。

气象数据包括附近一个地面气象站（坐标：40.53°N，80.23°W；全年逐日逐时观测）、一个探空站（坐标：40.53°N，80.23°W；全年逐日一日两次 0 时和 12 时观测数据，最大观测高度约 16 243 m）、一个实地近地气象观测点（坐标：39.47°N，79.05°W；全年逐日逐时观测，观测高度为 30 m、210 m、326 m、366 m、416 m）。

监测站点共 11 个，位于距电厂 3 km 范围内，监测时间为 1980—1981 年，监测每小时、3 h、24 h 平均浓度和年均浓度。

（18）内蒙古正蓝旗案例说明

内蒙古正蓝旗案例选择内蒙古自治区正蓝旗的上都电厂所在区域为试验场地，试验所在区域周边为平坦地形农村区域，3 个排放烟囱（其中 1 号烟囱坐标：42°13′31.333″N、116°1′39.935″E），地形高程 1 320 m，高度为 240 m，监测污染因子为 SO_2，污染源排放速率为随小时变化数据。

气象数据包括电厂内架设一个地面气象站（试验期间逐日逐时观测）、一个探空站（试验期间每天观测 6 次，按 4 时、8 时、12 时、14 时、20 时、24 时的观测时段进行，最大观测高度约 3 000 m）。

监测站点共 12 个，位于距电厂 5 km 范围内，监测时间为 2013 年 8 月 11 日—2013 年 8 月 26 日，持续 15 d，监测小时平均浓度、24 h 平均浓度。

1.3.3.2 模型比较验证

（1）案例验证

环境空气质量模型验证时，首先选择验证案例所给定的模型输入数据（包括污染源、气象数据、土地利用/地表覆盖数据、地形数据等）进行建模和模拟；然后采用统计方法对模型模拟结果与验证案例中的实测监测值进行对比分析；评估其对平均值、峰值、时间变化、空间分布、空气污染级别和重污染事件模拟的准确性，历史和未来的模拟和预测效果；形成模型验证报告。

（2）现有推荐模型的比较和替代

在遴选现有技术导则推荐模型中的同类模型时，应根据模型模拟对象、模拟尺度及模拟污染物要求，选择适合的模型验证案例进行对比。拟推荐模型应比现有推荐模型具有更好的适用性和模拟验证结果。

（3）准确性统计与评价标准

对环境空气质量模型模拟的污染物浓度序列与对应的实际验证监测浓度序列进行比较时，应考虑以下统计指标要求。

对于高斯模型，计算模型模拟值 $M_{i,t}$ 与实际监测值 $O_{i,t}$ 之间的高端值比值（Ratio of Modeled/Observed Robust Highest Concentrations，RRHC）和平均百分比偏差（Fractional Bias，FB）评价模型准确性。其中，i 为空间点位，i=1，2，…，N；t 为时次，t=1，2，…，K。$M_{i,t}$ 和 $O_{i,t}$ 使用相同的单位。

①高端值比值（RRHC），是指模型模拟值与实际监测值之间的高端值比值，计算公式为

$$\mathrm{RRHC}=\frac{\mathrm{RHC_m}}{\mathrm{RHC_o}} \tag{1-1}$$

式中，$\mathrm{RHC_m}$——模拟值的高端值统计结果，μg/m³；

$\mathrm{RHC_o}$——监测值的高端值统计结果，μg/m³。

其中，高端值（Robust Highest Concentrations，RHC）指前 N 个最大浓度值（N 一般取 26）的统计结果，计算公式为

$$\mathrm{RHC}=X(N)+\left[(\bar{X})-X(N)\right]\ln\left[\frac{3N-1}{2}\right] \tag{1-2}$$

式中，RHC——前 N 个最大浓度的高端值统计结果，μg/m^3；

$X(N)$——第 N 个最大浓度值，μg/m^3；

$\bar{X}$——从第 N 个最大浓度值算起的前 N–1 个最大浓度值的平均值，μg/m^3。

高斯模型模拟准确性的评价标准，原则上应满足模型高端值比值（RRHC）在 0.5～2.0。

②平均百分比偏差（FB），是指模拟平均值 $\bar{M}$ 和监测平均值 $\bar{O}$ 的差值与模拟平均值和监测平均值之和比值的 2 倍的百分比，计算公式为

$$\mathrm{FB}=2\times\frac{\bar{M}-\bar{O}}{\bar{M}+\bar{O}}\times 100\% \tag{1-3}$$

$$\bar{M}=\frac{1}{N\times K}\sum_{i=1}^{N}\sum_{t=1}^{K}M_{i,t} \tag{1-4}$$

$$\bar{O}=\frac{1}{N\times K}\sum_{i=1}^{N}\sum_{t=1}^{K}O_{i,t} \tag{1-5}$$

式中，$\bar{M}$——特定污染物对应模拟结果的算数平均值；

$\bar{O}$——特定污染物对应监测结果的算数平均值。

高斯模型模拟准确性的评价标准，原则上应满足模型 FB 值在–67%～67%。

1.3.4 模型软件性能评价

1.3.4.1 模型易用性

模型易用性分为模型前处理、模型后处理和计算效率 3 项指标。

①模型前处理：根据模型参数输入过程中对气象数据、地形数据、土地利用/地表覆盖数据、污染源数据等输入数据的可编辑性及对不同数据源数据格式的兼容性、原始数据的自动错误检查功能进行评价。

②模型后处理：根据模型是否有对输出结果的数据处理及可视化功能，以及输出结果与第三方软件的数据兼容性进行评价。

③计算效率：选择已发布的推荐模型或同类主流模型，按同样的基础数据与网格设置，在相同配置的计算机上运行计算，根据模型运行所需要的时间和计算效率进行评价。

1.3.4.2 模型使用友好性

模型使用友好性分为用户交互、编程规范与代码开源、共享程度 3 项指标。

①用户交互：从用户交互界面的友好程度、用户调整和运行模型计算的便捷性等方面进行评价。

②编程规范与代码开源：从与同类模型编程语言的一致性、代码开放性、编程可读

性和可扩展性等方面进行评价。

③共享程度：从模型计算源代码是否公开、模型软件是否收费及软件收费情况等方面进行评价。

1.3.4.3 技术支持度

技术支持度分为模型技术文档、用户手册和交流平台 3 项指标。

①模型技术文档：从模型技术文档中所包括的模型原理、技术说明、系统开发等内容的详尽和专业化程度等方面进行评价。

②用户手册：从模型使用手册等文档内容的详尽程度等方面进行评价。

③交流平台：从模型应用与技术培训途径、技术支持和交流平台以及交流平台的友好性、普及性等方面进行评价。

1.3.5 模型综合评价

依据模型的科学性、准确性和软件性能评价结果，对表 1-4 局地尺度和城市尺度的环境空气质量模型遴选指标进行评定，每项评价指标分为 A、B、C、D、E 五个等级。编制模型综合评价报告，评价报告一般包括模型资料真实性审核、模型指标测评、模型验证结果核查及模型评价指标评定等模型评价过程，以及指标综合评价结论等内容。

1.3.6 推荐与发布

专家结合模型原理、功能、适用性、应用情况以及模型评价报告进行综合评审，专家提出个人推荐意见，并以投票的方式给出同意推荐或不同意推荐进入推荐模型名录的结论。同意推荐的人数应不低于 2/3，否则为不同意推荐。经专家推荐的模型，由生态环境主管部门采用技术导则等标准形式发布。

1.4 中国已推荐的环境空气质量法规模型

1.4.1 环境空气质量法规模型应用领域

环境空气质量模型可应用于多个领域，如政策制定、应急响应、科学研究、环境影响评价等。应用于编制具有法律效力文件或发布全国范围统一要求的相关文件等方面时，要求模拟结果具有较好的一致性，能被相互借鉴、参考与比较，尽量减少因模型差异而造成的差别化管理等不公平因素，这些应用领域即为模型的法规应用领域。法规模型是指政府部门在导则或规范等法规性文件中推荐或指定的模型。目前，法规模型应用领域主要包括环境影响评价、环境规划以及空气污染预报预警等。

1.4.1.1 环境影响评价领域

根据《中华人民共和国环境影响评价法》，对国务院有关部门、设区的市级以上地方人民政府及其有关部门组织编制的土地利用的有关规划，区域、流域、海域的建设、开发利用规划，以及工业、农业、畜牧业、林业、能源、水利、交通、城市建设、旅游、自然资源开发的有关专项规划应当进行环境影响评价。除此之外，还要求对建设项目实行环境影响评价制度，根据建设项目对环境的影响程度实行分类管理。建设项目对环境可能造成重大影响的，应当编制环境影响报告书，对建设项目产生的环境影响进行全面评价；建设项目对环境可能造成轻度影响的，应当编制环境影响报告表，对建设项目产生的环境影响进行分析或者专项评价；建设项目对环境影响很小、不需要进行环境影响评价的，应当填报环境影响登记表。编制规划环境影响评价文件和建设项目环境影响评价文件都有可能用到环境空气质量模型，而形成的文件具有法律效力，因此需使用法规模型，以保证公平性和一致性。

1.4.1.2 环境规划领域

环境规划属于国民经济和社会发展规划中的专项规划，按照国务院出台的《国务院关于加强国民经济和社会发展规划编制工作的若干意见》相关精神，专项规划由各级人民政府有关部门组织编制。环境规划具有公定力，也就是说，环境规划一经批准实施即具有法律效力。作为具有法律意义的文件，在其编制过程中所采用的模型也需要经过严格论证，需使用具有法规意义的推荐模型，以保持各项环境规划具有公平性。

1.4.1.3 空气污染预报预警

空气污染预报预警是指根据气象条件和污染源排放情况，对某个区域未来的污染浓度及空间分布作出预测，若有严重污染出现或污染浓度超过某一限值时则发出预警，供有关部门采取措施防止污染事件发生。空气污染预报预警内容作为向公众发布的信息，支撑其使用的模型技术同样需要经过论证，并在同领域内保持一定的统一性，避免出现发布的信息有较大差异的问题，这就要求使用性能效果一致的法规模型。

1.4.2 法规模型的选取

1.4.2.1 了解模型适用性

环境空气质量模型是否适用，主要取决于 4 个因素：①该区域气象和地形的复杂程度；②模拟或预测结果所需的准确程度及具体输出要求；③模型使用者的经验是否充足；④基础数据的完整性和准确性，基础数据主要包括排放清单、气象数据和土地利用类型等。

在判断模型是否适用之前，必须先进行基础数据分析，若基础数据不充分，则不应使用对数据要求较高的模型，否则将导致输出结果出现较大误差。然而，若基础数据充分且易于获取，模型所考虑的排放及气象条件的时空变化越精细，其评估污染源产生的大气环境影响和采用不同控制措施所产生的作用的能力就越强。

通常而言，模型应用于模拟简单地形条件下区域的长期平均浓度值相对准确，其产生的不确定性也较小。对于受地形影响较大的区域，其污染物浓度分布的准确模拟相对较难，因此，在缺乏较为适宜的模型时，可粗略采用简单地形条件下模型对长期浓度进行预测。

同时，由于模型的使用专业性较强，因此，在选用模型之前，必须对模型使用人员进行评估，有经验或者专业背景较强的模型使用人员是成功应用模型进行模拟的首要条件。否则，由于人为因素导致的参数选取错误等因素对预测结果的影响可能远大于模型本身的不确定性。

1.4.2.2 确定模型复杂度

根据应用复杂程度，模型一般分为筛选模型与进一步预测模型。筛选（估算）模型相对简单，通常采用预设的、最不利气象条件来反映污染源对空气质量的影响，其估计偏于保守。采用筛选模型的主要目的是考虑部分项目污染物排放量较小，不会导致超过环境空气质量标准或者增量标准时，将不必对其进行更详细的模拟或预测。若筛选模型预测表明污染源浓度贡献超过环境空气质量标准或者增量标准，则需要使用进一步预测模型。

进一步预测模型可对污染物的物理化学反应进行更为细致的处理，同时可提供更多输出选项，可实现对大气影响和控制措施有效性进行分析，但相应地，其所需的输入数据，如气象数据、污染源参数等要求也更高。因此，在模型使用过程中，首先采用筛选模型进行分析，当预测结果证明影响较大时，采用进一步预测模型进行预测分析是一种国际公认较为合理的做法。

1.4.2.3 追求最佳模型的使用

在模型使用过程中，推荐模型并非具有唯一性或排他性，针对具体项目，不同的地形条件，可寻求更优的模型进行模拟。值得注意的是，在应用于法规需求时，若采用的模型并非推荐模型，建设单位应在项目开始初期，尽早与地方生态环境部门、公众及其他利益相关者进行沟通讨论，就使用的数据、应用的模型、采用的模拟技术等方面达成协议，有效避免误解，减少后续补充分析预测的可能。

1.4.2.4 替代模型的使用原则

导则中给定的推荐模型清单不可能涵盖所有情况，推荐的模型也并非所有情况下的最佳模型。鼓励最佳模型的使用是模型应用的基本原则之一，因此，在部分特殊情况下，可能需选用替代模型作为最佳模型。在选用模型的同时，还应注意国家层面或地方层面保持一致性，这种一致性并非指要采用某一特定模型，而是指根据具体情况选用最佳模型时，其选择标准、选择方法应具有一致性。

使用替代模型代替推荐模型的情况一般有 3 种：

①针对特定项目或者情况，若推荐模型明显不适用，或者有更适用的模型时，则可能采用替代模型，但最终决定某项目是否能采用某个模型应经生态环境主管部门认可。

②替代模型使用前应从基础理论和模型性能两方面进行评估。若满足以下 3 个条件即可使用：a. 替代模型与推荐模型预测浓度基本相等（±2%范围内）；b. 当使用实测数据对模型进行评估时，替代模型表现优于推荐模型；c. 推荐模型不适用或者无推荐模型。

③替代模型经过同行评审，模型理论分析认为合理可用，且其所需的基础数据易于获取。

1.4.2.5 法规模型的选取原则

（1）预测范围

模型选取需考虑所模拟的范围。模型按模拟尺度可分为 3 类，即局地尺度（50 km 以下）、城市尺度（50 km 到几百千米）、区域尺度（几百千米）模型。

在模拟局地尺度环境空气质量影响时，一般选用推荐的估算模型、AERMOD、ADMS、AUSTAL2000 等；在模拟城市尺度环境空气质量影响时，一般选用推荐的 CALPUFF 模型；在模拟区域尺度环境空气质量影响，或需考虑对二次 $PM_{2.5}$ 及 O_3 有显著影响的排放源时，一般选用推荐的包含有复杂物理、化学过程的区域光化学网格模型。

（2）污染源的排放形式

模型选取需考虑所模拟污染源的排放形式。污染源从排放形式上可分为点源（含火炬源）、面源、线源、体源、网格源等；污染源从排放时间上可分为连续源、间断源、偶发源等；污染源从排放的运动形式上可分为固定源和移动源，其中移动源包括道路移动源和非道路移动源。此外，还有一些特殊排放形式，如烟塔合一源和机场源。

AERMOD、ADMS 及 CALPUFF 等模型可直接模拟点源、面源、线源、体源，AUSTAL2000 可模拟烟塔合一源，EDMS/AEDT 可模拟机场源，对于光化学网格模型，还需要使用网格化的污染源清单作为污染源输入。

（3）污染物性质

模型选取需考虑评价项目和所模拟污染物的性质。污染物从性质上可分为颗粒态污染物和气态污染物，也可分为一次污染物和二次污染物。

当模拟 SO_2、NO_2 等一次污染物时，可依据预测范围选用适合尺度的模型。

当模拟二次 $PM_{2.5}$ 时，可采用系数法进行估算，或选用包括物理过程和化学反应机理模块的城市尺度模型。

对于规划项目需模拟二次 $PM_{2.5}$ 和 O_3 时，也可选用区域光化学网格模型。

（4）特殊气象条件

①岸边熏烟。当在近岸内陆建设高烟囱时，需要考虑岸边熏烟问题。由于水陆地表的辐射差异，水陆交界地带的大气由地面不稳定层结过渡到稳定层结，当聚集在大气稳定层内的污染物遇到不稳定层结时将发生熏烟现象，在某固定区域将形成地面的高浓度污染。在缺少边界层气象数据或边界层气象数据的精确度和详细程度不能反映真实情况时，可选用大气导则推荐的估算模型获得近似的模拟浓度，或者选用 CALPUFF 模型。

②长期静、小风。长期静、小风的气象条件是指静风和小风持续时间达几个小时到几天，在这种气象条件下，空气污染扩散（尤其是来自低矮排放源）可能会形成相对高的地面浓度。CALPUFF 模型对静风湍流速度做了处理，模拟城市尺度以内的长期静、小风气象条件下的环境空气质量时，可选用大气导则推荐的 CALPUFF 模型。

1.4.3　推荐的法规模型

目前已具备法规模型地位的是由《环境影响评价技术导则　大气环境》（HJ 2.2—2018）推荐的模型，包括估算模型 AERSCREEN、进一步预测模型 AERMOD、ADMS、AUSTAL2000、EDMS/AEDT、CALPUFF，以及 CMAQ 等光化学网格模型。模型的适用情况见表 1-6。推荐模型的说明、执行文件、用户手册以及技术文档可到环境质量模型技术支持网站（http：//www.eiacloud.com 和 http：//www.craes.cn）下载。

表 1-6　推荐模型适用情况

模型名称	适用性	适用污染源	适用排放形式	推荐预测范围	适用污染物	输出结果	其他特性
AERSCREEN	用于评价等级及评价范围判定	点源（含火炬源）、面源（矩形或圆形）、体源	连续源	局地尺度（≤50 km）	一次污染物、二次 $PM_{2.5}$（系数法）	短期浓度最大值及对应距离	可以模拟熏烟和建筑物下洗

模型名称	适用性	适用污染源	适用排放形式	推荐预测范围	适用污染物	输出结果	其他特性
AERMOD	用于进一步预测	点源（含火炬源）、面源、线源、体源	连续源、间断源	局地尺度（≤50 km）	一次污染物、二次 $PM_{2.5}$（系数法）	短期和长期平均质量浓度及分布	可以模拟建筑物下洗、干湿沉降
ADMS		点源、面源、线源、体源、网格源					可以模拟建筑物下洗、干湿沉降，包含街道窄谷模型
AUSTAL2000		烟塔合一源					可以模拟建筑物下洗
EDMS/AEDT		机场源					可以模拟建筑物下洗、干湿沉降
CALPUFF		点源、面源、线源、体源		城市尺度（50 km 到几百千米）	一次污染物和二次 $PM_{2.5}$		可以用于特殊风场，包括长期静、小风和岸边熏烟
光化学网格模型（CMAQ 或类似模型）		网格源	连续源、间断源	区域尺度（几百千米）	一次污染物和二次 $PM_{2.5}$、O_3		网格化模型，可以模拟复杂化学反应及气象条件对污染物浓度的影响等

注：①生态环境部模型管理部门推荐的其他模型，按相应推荐模型适用情况进行选择。

②对光化学网格模型（CMAQ 或类似模型），在应用前应根据应用案例提供必要的验证结果。

1.4.4 法规模型参数规范化要求

1.4.4.1 污染源参数

估算模型应采用满负荷运行条件下排放强度及对应的污染源参数。

进一步预测模型应包括正常排放和非正常排放下排放强度及对应的污染源参数。

对于源强排放有周期性变化的，还需根据模型模拟需要输入污染源周期性排放系数。

1.4.4.2 污染源清单数据及前处理

光化学网格模型所需污染源包括人为源和天然源两种形式。其中，人为源按空间几何形状分为点源（含火炬源）、面源和线源。道路移动源可以按线源或面源形式模拟，非道路移动源可以按面源形式模拟。点源清单应包括烟囱坐标、地形高程、排放口几何高度、出口内径、烟气量、烟气温度等参数。面源应按行政区域提供或按经纬度网格提供。

点源、面源和线源需要根据光化学网格模型所选用的化学机理和时空分辨率进行前处理，包括污染物的物种分配和空间分配、点源的抬升计算、所有污染物的时间分配以及数据格式转换等。模型网格上按照化学机理分配好的物种还需要进行月变化、日变化和小时变化的时间分配。

光化学网格模型需要的天然源排放数据由天然源估算模型按照光化学网格模型所选用的化学机理模拟提供。天然源估算模型可以根据植被分布资料和气象条件，计算不同模型模拟网格的天然源排放。

1.4.4.3 气象数据

（1）估算模型 AERSCREEN

模型所需最高和最低环境温度，一般需选取评价区域近 20 年以上资料统计结果。最小风速可取 0.5 m/s，风速计高度取 10 m。

（2）AERMOD 和 ADMS

地面气象数据选择距离项目最近或气象特征基本一致的气象站的逐时地面气象数据，要素至少包括风速、风向、总云量和干球温度。根据预测精度要求及预测因子特征，可选择观测资料包括湿球温度、露点温度、相对湿度、降水量、降水类型、海平面气压、地面气压、云底高度、水平能见度等。其中对观测站点缺失的气象要素，可采用经验证的模拟数据或采用观测数据进行插值得到。

高空气象数据选择模型所需观测或模拟的气象数据，要素至少包括一天早晚两次不同等压面上的气压、离地高度和干球温度等，其中离地高度 3 000 m 以内的有效数据层数应不少于 10 层。

（3）AUSTAL2000

地面气象数据选择距离项目最近或气象特征基本一致的气象站的逐时地面气象数据，要素至少包括风向、风速、干球温度、相对湿度，以及采用测量或模拟气象资料计算得到的稳定度。

（4）CALPUFF

地面气象资料应尽量获取预测范围内所有地面气象站的逐时地面气象数据，要素至少包括风速、风向、干球温度、地面气压、相对湿度、云量、云底高度。若预测范围内地面观测站少于 3 个，可采用预测范围外的地面观测站进行补充，或采用中尺度气象模拟数据。

高空气象资料应获取最少 3 个站点的测量或模拟气象数据，要素至少包括一天早晚两次不同等压面上的气压、离地高度、干球温度、风向及风速，其中离地高度 3 000 m 以内的有效数据层数应不少于 10 层。

（5）光化学网格模型

光化学网格模型的气象场数据可由 WRF 或其他区域尺度气象模型提供。气象场应至少涵盖评价基准年 1 月、4 月、7 月、10 月。气象模型的模拟区域范围应略大于光化学网格模型的模拟区域，气象数据网格分辨率、时间分辨率与光化学网格模型的设定相匹配。在气象模型的物理参数化方案选择时应注意和光化学网格模型所选择参数化方案的兼容性。非在线的 WRF 等气象模型计算的气象数据提供给光化学网格模型应用时，需要经过相应的数据前处理，处理的过程包括光化学网格模拟区域截取、垂直差值、变量选择和计算、数据时间处理以及数据格式转换等。

1.4.4.4 地形数据

地形数据的原始数据分辨率不得小于 90 m。

1.4.4.5 地表参数

估算模型 AERSCREEN 和 ADMS 的地表参数根据模型特点取项目周边 3 km 范围内占地面积最大的土地利用类型来确定。

AERMOD 地表参数一般根据项目周边 3 km 范围内的土地利用类型进行合理划分，或采用 AERSURFACE 直接读取可识别的土地利用数据文件。

AERMOD 和 AERSCREEN 所需的区域湿度条件划分可根据中国干湿地区划分进行选择。

CALPUFF 采用模型可以识别的土地利用数据来获取地表参数，土地利用数据的分辨率一般不小于模拟网格分辨率。

1.4.4.6 城市/农村选项

当项目周边3 km半径范围内一半以上面积属于城市建成区或者规划区时，选择城市，否则选择农村。

当选择城市时，城市人口数按项目所属城市实际人口或者规划的人口数输入。

1.4.4.7 岸边熏烟选项

对于估算模型 AERSCREEN，当污染源附近 3 km 范围内有大型水体时，需选择岸边熏烟选项。

1.4.4.8 计算点和网格点设置

①估算模型 AERSCREEN 在距污染源 10 m～25 km 处默认为自动设置计算点，最远计算距离不超过污染源下风向 50 km。

②AERMOD 和 ADMS 预测网格点的设置应具有足够的分辨率以尽可能精确预测污染源对预测范围的最大影响。网格点间距可以采用等间距或近密远疏法进行设置，距离源中心 5 km 的网格间距不超过 100 m，5～15 km 的网格间距不超过 250 m，大于 15 km 网格间距不超过 500 m。

③CALPUFF 模型中需要定义气象网格、预测网格和受体网格（包括离散受体）。其

中气象网格范围和预测网格范围应大于受体网格范围，以保证有一定的缓冲区域考虑烟团的迂回和回流等情况。预测网格间距根据预测范围确定，应选择足够的分辨率以尽可能精确预测污染源对预测范围的最大影响。预测范围小于 50 km 的网格间距不超过 500 m，预测范围大于 100 km 的网格间距不超过 1 000 m。

④光化学网格模型模拟区域的网格分辨率根据所关注的问题确定，并能精确到可以分辨出新增排放源的影响。模拟区域的大小应考虑边界条件对关心点浓度的影响。为提高计算精度，预测网格间距一般不超过 5 km。

1.4.4.9 建筑物下洗

如果烟囱实际高度小于根据周围建筑物高度计算的最佳工程方案（Good Engineering Practice，GEP）烟囱高度时，且位于 GEP 的 5*L* 影响区域内时，则要考虑建筑物下洗的情况。GEP 烟囱高度计算见式（1-6）。

$$\text{GEP 烟囱高度}=H+1.5L \quad (1\text{-}6)$$

式中，*H*——从烟囱基座地面到建筑物顶部的垂直高度，m；

L——建筑物高度（BH）或建筑物投影宽度（PBW）的较小者，m。

GEP 的 5*L* 影响区域：每个建筑物在下风向会产生一个尾迹影响区，下风向影响最大距离为距建筑物 5*L* 处，迎风向影响最大距离为距建筑物 2*L* 处，侧风向影响最大距离为距建筑物 0.5*L* 处，图 1-3 虚线范围即为建筑物影响区域。不同风向下的影响区域是不同的，所有风向构成的一个完整的影响区域，称为 GEP 的 5*L* 影响区域，即图 1-4 外层虚线范围，也即建筑物下洗的最大影响范围。图 1-4 中烟囱 1 在建筑物下洗影响范围内，而烟囱 2 则在建筑物下洗影响范围外。

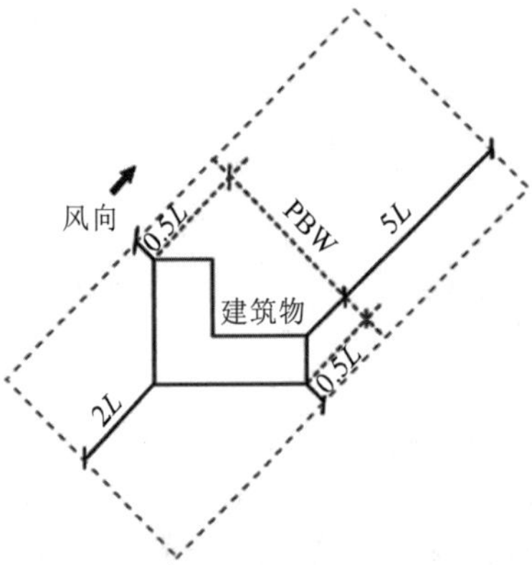

图 1-3　建筑物影响区域

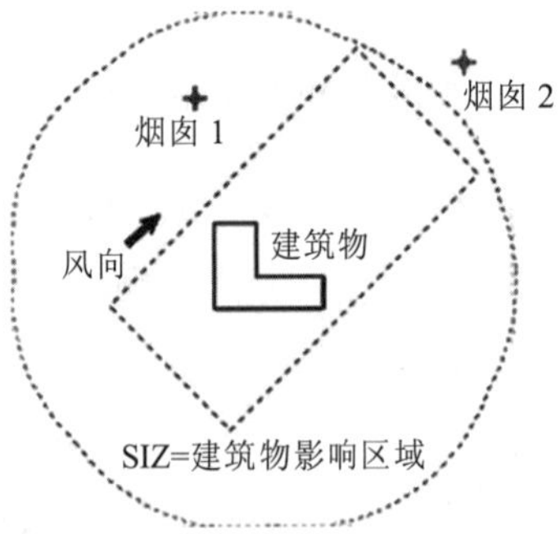

图 1-4　GEP 的 5*L* 影响区域

进一步预测考虑建筑物下洗时，需要输入建筑物角点横坐标和纵坐标，建筑物高度、宽度与方位角等参数。

1.4.4.10 物理化学过程选项

（1）AERMOD 模型

①颗粒物干沉降和湿沉降。

当 AERMOD 计算考虑颗粒物湿沉降时，地面气象数据中需要包括降雨类型、降雨量、相对湿度和站点气压等气象参数。

考虑颗粒物干沉降需要输入的参数是干沉降速度，用户可根据需要自行输入干沉降速度，也可输入气体污染物的相关沉降参数和环境参数自动计算干沉降速度。

②气态污染物转化。

AERMOD 模型的 SO_2 转化算法，模型中采用特定的指数衰减模型，需输入的参数包括半衰期或衰减系数。通常半衰期和衰减系数的关系为衰减系数（s^{-1}）=0.693/半衰期（s）。AERMOD 模型中缺省设置的 SO_2 指数衰减的半衰期为 14 400 s。

AERMOD 模型的 NO_2 转化算法，可采用 PVMRM（烟羽体积摩尔率法）、OLM（O_3 限制法）或 ARM2（环境比率法 2）算法。对于能获取到有效环境中 O_3 浓度及烟道内 NO_2/NO_x 比率数据时，优先采用 PVMRM 或 OLM 方法。如果采用 ARM2 选项，对 1 h 浓度采用内定的比例值上限 0.9，年均浓度内置比例下限 0.5。当选择 NO_2 化学转化算法时，NO_2 源强应输入 NO_x 排放源强。

（2）CALPUFF 模型

CALPUFF 在考虑化学转化时需要 O_3 和 NH_3 的现状浓度数据。O_3 和 NH_3 的现状浓度可采用预测范围内或邻近的例行环境空气质量监测点监测数据，或其他有效现状监测资料进行统计分析获得。

（3）光化学网格模型

①初始条件和边界条件。光化学网格模型的初始条件和边界条件可通过模型自带的初始边界条件处理模块产生，以保证模拟区域范围、网格数、网格分辨率、时间和数据格式的一致性。初始条件使用上一个时次模拟的输出结果作为下一个时次模拟的初始场；边界条件使用更大模拟区域的模拟结果作为边界场，如子区域网格使用母区域网格的模拟结果作为边界场，外层母区域网格可使用预设的固定值或者全球模型的模拟结果作为边界场。

②参数化方案选择。针对相同的物理、化学过程，光化学网格模型往往提供几种不同的算法模块。在模拟中根据需要选择合适的化学反应机理、气溶胶方案和云方案等参数化方案。在对流条件下，对垂直方向上的扩散模拟，CMAQ 采用非对称的垂直对流扩

散模型（ACM2），而水平扩散和非对流条件下的垂直方向扩散采用基于大气相似性理论的湍流扩散系数计算。在模拟过程中，包括 CMAQ 模型在内的网格模型在设置过程中需要保证化学反应机理、气溶胶方案以及其他参数之间的相互匹配。

在应用中，应根据使用的时间和区域，对不同参数化方案的光化学网格模型应用效果进行验证比较。

第二篇

模型基础理论

第 2 章　AERMOD 模型基础理论

2.1　AERMOD 模型概述

2.1.1　发展历程

（1）发展背景

1991 年，美国气象学会（American Meteorological Society，AMS）和美国环保局（EPA）发起一项将行星边界层（Planetary Boundary Layer，PBL）理论引入法规扩散模型的合作项目。为此，形成一个由 AMS 和 EPA 多名科学家组成的工作组，称为 AMS/EPA 法规模型改进委员会，即 AERMIC（AMS/EPA Regulatory Model Improvement Committee）。

PBL 厚度的典型范围从夜间的数百米到白天的 1～2 km。这个贴近地球表面的湍流空气层，被地表热量、地表摩擦力和内部分层（垂直分层）控制。在 PBL 研究方面，主要发展始于 20 世纪 70 年代数值模拟、现场观察和实验室模拟。1972 年，Deardorff 的数值模拟揭示了对流边界层（Convective Boundary Layer，CBL）的垂直结构和重要的紊流尺度。对于稳定边界层（Stable Boundary Layer，SBL）的认知过程更缓慢，到 20 世纪 80 年代中期才出现重要的地面源扩散的理论和实验框架，以及高架源的处理方法。

20 世纪 80 年代初期，研究者开始将边界层理论应用于简单的扩散模型，包括将涡旋稀释技术用于地面源、统计理论和 PBL 厚度用于扩散参数估算、一个新的概率密度函数（Probability Density Function，PDF）方法用于对流边界层、湍流参数化中取得气象变量（如地表热通量）的简化技术等。到 80 年代中期，在这些技术基础上发展出的新的扩散应用模型包括 PPSP、OML、HPDM、TUPOS、CTDMPLUS；此后，英国开发的 ADMS 以及 SCIPUFF 也加入进来。AERMIC 中某些成员也参与了 PPSP、CTDMPLUS 和 HPDM 这 3 个模型的开发。

到 20 世纪 80 年代中后期，PBL 的科学理论基础以及建立于其上的新的扩散计算方法均已成熟，但仍未用于法规模型。当时所用的模型技术已远落后于研究成果，导致计算结果与实测值不符。需要对 EPA 基本法规模型进行全面检查，使 PBL 理论在法规模型中得到更好的应用。

1991 年 2 月，EPA 联合 AMS 举办了一个研讨会，议题是 PBL 湍流的参数化和扩散模型的最新进展。这次会议的一个成果就是 AERMIC 的形成。AERMIC 的一个目标就是在总结早期模型应用的基础上，提出一种反映最新研究成果的法规模型。考虑现行法规模型的性质，AERMIC 除了研究 PBL 湍流的参数化改进外，对其他问题，如烟羽与地形的相互影响、地面源、建筑物下洗和城市内扩散等，也做了重点关注。

AERMIC 开发的新模型定位于固定工业源的短距离扩散计算，这与 EPA 于 1985 年推出的工业源复杂模型 ISC3 模型有相同应用对象。这项工作显然受益于 20 世纪 80 年代的模型开发活动，特别是在平均风速和 PBL 湍流的参数化、CBL 中的扩散方法和烟羽/地形相互影响的处理方法等方面。在新模型中，PBL 参数化方法和 CBL 扩散方法的处理技术与那些早期的模型相似。对流边界层中的湍流特征采用“对流尺度”，这个方法为 Deardorff 1972 年提出，已被上面提到的大多数模型（如 PPSP、OML、HPDM）采用，并做了一些改进。

（2）作为 ISC3 的更新替代模型

在此前的 25 年时间里，EPA 用于近地面的法规模型基本上没有改动过（特殊情况除外），ISC3 作为国家重大建设工程、新建污染源、风险评估和有毒气体的暴露分析等的基本法规模型，且具备程序代码可被修改的优势。因此，AERMIC 的目标是开发 ISC3 的全新替代产品，采用 ISC3 的输入输出结构，用最新的模型技术替换 ISC3 中经验性、陈旧的模型算法，并确保 ISC3 中能处理的污染源和大气过程在进行改进之后，在 AERMIC 的新模型（AERMOD）中，仍能被处理。

AERMOD 模型系统由两个预处理模块和一个扩散模块组成。气象预处理模块（AERMET）为 AERMOD 提供参数化 PBL 所需的气象数据。地形预处理模块（AERMAP）将地形特征化，同时为扩散模块生成预测点网格。

AERMET 用气象观测数据和地表特征来计算边界层参数（如混合层高度，摩擦速度等），提供给 AERMOD 使用。气象数据可以是现场观测数据（如常规气象站）或模拟数据，但都要求能代表模拟区域内的气象特征。AERMAP 用模拟区域的网格化高程数据来计算出各预测点的地形高度尺度（或称地形控制高度），提供给 AERMAP 的高程数据采用 DEM 数据格式（USGS1994）。

在开发 AERMOD 过程中，AERMIC 确定了一个好的法规模型必须要有的要素：①能在各种条件下（包括一些不太严重的数据缺失情况）得到合理的浓度估算；②像 ISC3 一样易于使用，对输入数据和计算机资源的要求比较低；③能抓住物理过程的本质，但尽量保持简洁；④随着科学的发展，易于更新。

与 ISC3 相比，AERMOD 当前包括的新的或改进的算法有：

①对流和稳定边界层中都能进行扩散计算；

②烟羽抬升和浮力计算；

③烟羽可穿透上部逆温层；

④风、湍流强度和温度的垂直廓线计算；

⑤城区的夜间边界层计算；

⑥能处理各类地形上的预测点，包括地面点到高于烟羽高度的地形上的点；

⑦能处理建筑物尾迹；

⑧对基本的边界层参数化方法进行了改进；

⑨考虑了烟羽弯曲过程。

（3）开发过程

AERMIC 经过 7 个模型推进步骤，最终将 AERMOD 模型作为 ISC3 的改进法规模型颁布。这 7 个步骤为：

①初始模型公式；

②开发评估；

③内部对比和 beta 测试；

④改进模型公式；

⑤运行表现评估和敏感性测试；

⑥外部对比评述；

⑦提交到 EPA 的空气质量规划和标准办公室（OAQPS）进行法规模型的认可。

AERMOD 的初始模型公式由皮里（Perry）等在 1994 年和西莫拉里（Cimorelli）等在 1996 年进行了总结，而后采用各种实地测量数据进行测试，以找出需要改进之处。

开发评估工作采用了五套数据。三套为示踪试验数据，另两套则是一整年的连续 SO_2 实测数据。这些实验包括高架源和地面源、复杂地形和简单地形、农村和城区边界层。然后是全面的结果对比评述，之后对初始模型公式进行许多改进，并进行了测试。

此外，还对 AERMOD 进行了一次综合性评估，用不同数据系列来评估 AERMOD 浓度计算结果，并评估其作为法规模型的适用性。采用了五套不同的数据（两套为简单地形，三套为复杂地形），每套数据包括一整年的连续 SO_2 实测数据。同时，还采用 EPA 1992 年颁布的《最佳模型表现规则》，对 AERMOD 与另外 4 个应用模型和法规模型（ISC3、CTDMPLUS、RTDM 和 HPDM）进行了对比。

2000 年 4 月 21 日，在《环境空气质量模型导则》（联邦法规 1997）附录 A 中，EPA 提议 AERMOD 作为 ISC3 的替代模型。2000 年 6 月 EPA 第七届环境空气质量模型大会上，展示了模型运行评估和对比实验报告，并同步收集了公众建议。在这些建议的基础上，AERMOD 再次进行修订，使之与 PRIME 的建筑物下洗算法相一致，去掉了复杂地形公式中对模拟区域范围的依赖性，并做了一些其他小的改动，最终于 2003 年完成了 AERMOD 最终正式版。

2.1.2 模型概述

AERMOD 对 ISC3 进行了彻底的替代。AERMIC 采用新的沉降公式，将干颗粒、湿颗粒和气体沉降与污染源或烟羽的损耗结合到一起。此外，为了使输入参数的微小变化不至于导致计算浓度的巨大变化，在避免模型的公式不连续性方面也做了很大的努力。因此，AERMOD 模型可应用于农村和城市地区、平坦和复杂地形、地面源和高架源、多源类型（包括点源、面源和体源等）。

AERMOD 是一种稳态烟羽模型。在稳定边界层 SBL 中，模型假定在垂直和水平方向的浓度分布都是高斯分布。在对流边界层 CBL 中，水平分布也假定是高斯分布，但是垂直分布用双高斯概率密度函数来描述。此外，在 CBL 中，AERMOD 考虑一种“烟羽浮顶”现象：从浮力源出来的一部分烟羽物质，先是升到对流边界层顶部附近并停留一段时间，然后才混合进入对流边界层内部。AERMOD 还跟踪穿透进入上部稳定层的那部分烟羽，允许其在某些情况下重返回边界层内。无论是在 CBL 中还是在 SBL 中，AERMOD 都考虑了弯曲烟羽导致的水平扩散加强现象。

AERMOD 使用一种相对简单的方法，将关于风场的当前概念和复杂地形扩散结合起来。将扩散过程分为烟羽穿透、烟羽沿着地形走两种情况，分别采用合适的烟羽进行模拟。这种方法避免了其他法规模型要求区别简单、一般和复杂地形的过程，易于实现，也贴近真实的物理过程。因此，AERMOD 中取消了复杂地形的定义，把地形都当作一致和连续的来处理，同时要考虑稳定气象条件的划分概念。

AERMOD 的一个主要改进是能通过地面特征和混合层尺度来参数化 PBL。AERMOD 用实测数据和根据相似尺度关系从实测数据得到的外推数据，来得到所需气象变量的垂直廓线。风速、风向、湍流强度、温度和温度梯度的垂直廓线是用全部有效的气象观测数据来估算的。AERMOD 的设计尽量采用最少的气象观测数据来运行，地面数据至少包括一个点位的地面风速（在 $7z_0$ 和 100 m 高处，z_0 为地面粗糙度）、风向和环境气温的测量数据，以及云量数据即可，且能够直接采用国家气象站（NWS）的数据格式。如果没有云量观测数据，则可用两个不同高度的气温（一般是 2 m 和 10 m）和一个太阳辐射强度来代替。同时，为了计算出全天的对流混合层高度，还需要有一天两个时刻的探空数据。需要的地表特征参数主要为地表粗糙度、波文比、反照率，主要用于建立相应 PBL 参数的相似廓线。

AERMOD 在扩散计算中需要考虑 PBL 垂直分布的不均匀性，方法是将实际的垂直不均匀的 PBL 参数“平均化”，成为一个等效的垂直均匀分布的 PBL 的“有效性”参数。图 2-1 显示了 AERMOD 中数据的流向和处理。模型系统包括主程序（AERMOD）和两个预处理程序（AERMET 和 AERMAP）。AERMET 的主要目的是计算 AERMOD 所需的边界层参数，AERMOD 内部的气象接口得到这些边界层参数后，生成所需的气象变量的廓线。此外，AERMET 也将全部气象观测数据传递给 AERMOD。

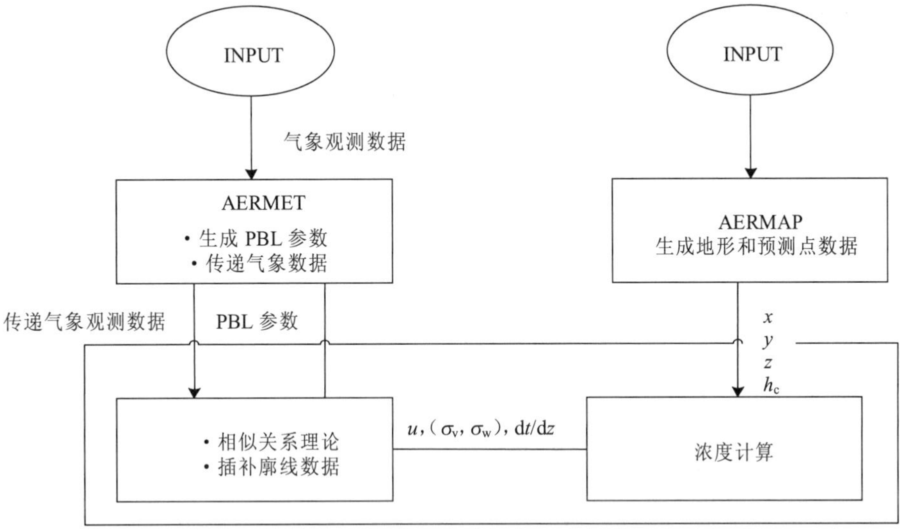

图 2-1　AERMOD 模型结构示意

地表特征参数包括地表粗糙度、波文比和反照率，以及标准气象观测数据（风速、风向、温度、云量），都输入 AERMET，计算出 PBL 参数：摩擦速度（u_*），莫宁-奥布霍夫长度（L），对流速度尺度（w_*），温度尺度（θ_*），混合层高度（z_i）和地表热通量（H）。这些参数传给 AERMOD 内核下的 INTERFACE，结合测量数据，采用相似理论方法计算出风速（u）、水平和垂直湍流强度（σ_v，σ_w）、位温梯度（dθ/dz）和位温（θ）的垂直廓线。

AERMIC 的地形预处理程序 AERMAP 使用网格地形数据来计算出表征地形影响高度的 h_c，也称作地形高度尺度或地形控制高度。每个不同的预测点有唯一的 h_c，用来计算分界线高度。AERMAP 所需的网格地形数据可从 DEM 数据得到。AERMAP 也可用于生成预测点网格，每一个特定预测点的高程都是由 AERMAP 自动计算的。对每个预测点，AERMAP 传递以下信息给 AERMOD：位置（x_r，y_r），海平面高程（z_r），以及地形高度尺度 h_c。

本书对 AERMOD 扩散模型，包括 INTERFACE、AERMET 和 AERMAP 的基本公式进行了简单介绍。包括：

①对 AERMET 算法的描述，AERMET 用于定量的小时 PBL 参数计算；

②进行了地形调整后的浓度公式的一般形式；

③同时适用于对流层和稳定层的烟羽抬升和扩散算法；

④不均匀边界层的处理；

⑤计算必需的气象参数的垂直廓线的算法；

⑥夜间城区边界层的处理；

⑦建筑物下洗的处理（与 PRIME 结合）；

⑧烟羽弯曲引起的水平扩散的增强。

本章基本理论描述的是 04300 版本的 AERMOD、AERMET 和 AERMAP，其参数和变量所用到的全部符号的意义及单位，均可从模型自带技术文档“符号列表”中查询。

2.2 基本概念

2.2.1 最小莫宁-奥布霍夫长度

莫宁-奥布霍夫长度用来度量大气的稳定程度。在白天，由于地表受热使得大气不稳定，这时它是负值；而在夜间，地表冷却使得大气处于稳定状态，这时它是一个正值。如果其绝对值接近于零，表明气象非常不稳定（负值时）或非常稳定（正值时）。Hanna 和 Chang（1991）指出，在城市区域由于地表障碍物（如建筑物）产生的机械扰动会使得边界层趋向中性。因此，在城市区域的稳定时间段（夜间），估算的莫宁-奥布霍夫长度值可能比实际情况要偏小，即偏稳定。考虑这个因素，建议在稳定时间段设置一个最小的莫宁-奥布霍夫长度值。根据障碍物高度和流场影响区域的大体关系，提出以下不同类型地表的最小莫宁-奥布霍夫长度值：农业区，2 m；居住区，25 m；居住/工业混合区，50 m；商业区（19～40 层），100 m；商业区（＞40 层），150 m。

2.2.2 云量和云底高

云量用于热通量计算，进而计算稳定度莫宁-奥布霍夫长度，也用于 AERMOD 中的干沉降计算。因此，如无云量数据，则可用如下的巴克・里查得森法用来计算一个等效云盖度，该方法是基于范武登（van UIden）和霍茨拉格（Holtslag）1985 年提出的经验式：

$$n_{eq} = \left(\frac{1 - \theta_* / 0.09}{0.5} \right)^{0.5} \tag{2-1}$$

式中，θ_*——计算得出的温度尺度。

全部有云覆盖的天空，其最低云层（不管是离散的还是完整的）的离地高度称为云底高。但部分有云覆盖的天空，则没有云底高，这意味着云底高是一个动态参数。在 AERMET 中，每小时的大气稳定度等级，用 Turner（1964）方法来估算，即用当地时间、地面风速、观察云量和云底高来估算。

2.2.3　混合层高度

混合层高度是污染物得到混合、分散的大气层的高度，由当地的地表粗糙率、风速和太阳辐射强度决定。它的数值越大，表明污染物的稀释空间越大。最大混合层高度（Max Mixing Depth，MMD）可用大气温度的绝热递减率（Dry Adiabatic Lapse Rate，DALR）和温度递减率（dt/dz）曲线的交点来估算。

对于 AERMET 来说，如果有晨间温度探空数据，可采用此法来查找白天的对流混合层高度，否则只能采用一种估算法来处理。

2.2.4　白天混合层高度调整

AERMET 当前使用的混合层高度计算，使用晨间（12Z）探空和累积显热通量来决定对流边界层的成长。这个方案没有考虑白天探空数据的变化。目前忽略了一半的常规探空数据（00Z 的数据）。通过使用 00Z（对 USA）来调整基于晨间探空数据的计算结果，下午混合层高度的预测精度将得到提高。

为进行这个调整，需要设计出一个客观的算法来找出 00Z 探测线发生上部逆温的高度位置。这个算法应忽略近地逆温，如果探测是在日落前后进行，这种近地面逆温很可能刚形成。搜索并检查一定高度间距的位温梯度，是否超过用户给定的一个梯度。检查的高度间距应跨越至少三层探测点，这样一个坏点不至于导致错误的检查结果。关于高度间距初步建议为 200 m。对应于上部逆温的位温梯度应至少如中性一样稳定。

如果按以上方法能得到有效的下午混合层高度，AERMET 用它来调整从晨间探测和各小时显热通量估算出的混合层高度。若不能从 00Z 探测取得有效的下午混合层高度，就不进行调整，仍按当前计算值。否则，以 00Z 取得的混合层高度作为下午最大混合层高度（时间为日出到日落之间，离日出 75%的位置），这个高度将保持到日落。而最大混合层高度出现以前，则用线性调整：早晨首次向上显热通量出现时不调整，到下午最大混合层出现时调整为 00Z 探测中得到的混合层高度。调整将限制于两因素其中之一。

2.2.5　人为热通量和城市效应

人为热通量是因人类活动（包括机动车和取暖系统）引起的地表热量，城区之外的区域，此值可设为 0。美国环保局推荐，对农村地区可取 0.0 W/m^2，而对洛杉矶这样的大城市其年均值可取 20 W/m^2。世界上一些城市的人为热通量值可见表 2-1。

AERMET 使用一个能量平衡公式来决定：①当前是稳定还是不稳定状态；②若为不稳定状态，则定量计算出地表热通量和其他边界层参数。

适用于农村地区的一个简单公式：

$$R_n = Q_h + Q_e + Q_g \tag{2-2}$$

式中，R_n——净辐射率；

Q_h——显热通量；

Q_e——潜热通量；

Q_g——土壤热通量。

AERMET 中目前Q_g已用 0.1R_n表示，Q_h和Q_e则用白天波文比（Q_h/Q_e）来计算。净辐射用于确定莫宁长度。这个选择对于 AERMOD 很重要，因为要由此选择扩散算法。

考虑了人为热通量（Q_a）并允许Q_g为 R_n 的一个可变部分（C_g），更通用的能量平衡方程为$R_n + Q_a = Q_h + Q_e + C_g R_n$。

白天入地热通量可用净辐射率的一个分部（范围 0～1.0）来表示。Holtslag 和 van Ulden（1983）在荷兰得到草地覆盖面 C_g取值为 0.1。Oke（1982）指出 C_g的典型范围：农村 0.05～0.25，城郊 0.20～0.25，城市 0.25～0.30。

除了高度城市化区域，人类热通量可忽略。表 2-1 来自 Oke（1978），提供了一些城市的估算值。

表 2-1　几个城市的平均人类热通量（Q_a）和净辐射率（R_n）

城市	纬度	时段	人口/10^6人	人口密度/（人/km^2）	人均能耗/（10^3MJ/a）	Q_a/（W/m^2）	R_n/（W/m^2）
曼哈顿	40°N	年均	1.7	28 810	128	117	93
		夏季				40	
		冬季				198	
蒙特利尔	45°N	年均	1.1	14 102	221	99	52
		夏季				57	92
		冬季				153	13
布达佩斯	47°N	年均	1.3	11 500	118	43	46
		夏季				32	100
		冬季				51	−8
谢菲尔德	53°N	年均	0.5	10 420	58	19	56
西柏林	52°N	年均	2.3	9 830	67	21	57
温哥华	49°N	年均	0.6	5 360	112	19	57
		夏季				15	107
		冬季				23	6
香港	22°N	年均	3.9	3 730	34	4	约 110
新加坡	1°N	年均	2.1	3 700	25	3	约 110
洛杉矶	34°N	年均	7.0	2 000	331	21	108
费尔班克斯	64°N	年均	0.03	810	740	19	18

除人类热通量外，根据城市地表粗糙度的准确定义，会得到莫宁-奥布霍夫长度增加的效果，从而考虑了建筑物阻挡对近地的剪切效应。各类城市环境的地表粗糙度代表值见表 2-2。

表 2-2 各类城市环境地表粗糙度（Stull，1988）

环境	地表粗糙度/m
多树和树篱，少有建筑物	0.2～0.5
城镇外围	0.4
小城镇中心	0.6
大城镇中心和小城市	0.7～1.0
大城市中心，有高建筑物	1.0～3.0

2.2.6 城市混合层高度

对于城市区域，人类活动导致的额外热量会在白天产生一个更高的对流混合层。这一效应将通过在改进的 Carson′模型中输入一个更高的显热通量，体现在未来的 AERMET 版本中。在夜间（此时净辐射为负值），各种大小城市的建成区上面都可观察到充分混合层的存在。这是由于建筑物的存在减少了向上热辐射以及人类的热通量共同作用生成的。观察到的这个混合层的高度，小城市为 50～100 m，中等城市为 150～200 m，大城市为 300～400 m。这一结果与萨默斯在 1965 年提出的式（2-3）符合：

$$h_{\text{urban}} = \left\{2H_{\text{a}}x / \left[c_{\text{p}}\rho\left(\text{d}\theta / \text{d}z\right)\right]\right\}^{1/2} \tag{2-3}$$

式中，H_a——人类热通量；

x——生成混合层高的城区上风向长度；

$\mathrm{d}\theta/\mathrm{d}z$——混合层顶的垂直位温梯度。

在 AERMET 后续的版本中，H_a 和 x 由用户按月和风向扇形（对于 x）输入。$\mathrm{d}\theta/\mathrm{d}z$ 值可用边界层参数化方法，从城外农村稳定的 θ_* 值导出。

2.2.7 混合层高度以上的位温梯度

AERMET 用以下方法计算 z_i 以上空间的 $\mathrm{d}\theta/\mathrm{d}z$：

①若探测高度超出 z_i 500 m 以上，则使用 z_i 以上 500 m 的数据来计算 $\mathrm{d}\theta/\mathrm{d}z$；

②若探测高度超出 z_i 250 m 以上（但不到 500 m），则这部分超出空间的全部有效数据用来计算 $\mathrm{d}\theta/\mathrm{d}z$；

③AERMOD 限定 z_i 以上空间的 $\mathrm{d}\theta/\mathrm{d}z$ 最小值为 0.005 K/m；

④若探测高度超出 z_i 的部分不到 250 m，则取 $\mathrm{d}\theta/\mathrm{d}z$=0.005 K/m（缺省值）。

2.2.8 湍流强度测量值

若某个小时的数据没有丢失，则所有实测湍流数据都传递到 AERMOD 中。即便在风速小于u_{th}的层中也是如此。基于研究级仪器得到测量数据，非静风状态下的垂直湍流（σ_w）和水平湍流（σ_v）的最小值被 AERMOD 分别设置为 0.02 m/s 和 0.2 m/s。尽管这个最小值限制应用于实测湍流数据，但对估算出的σ_w和σ_v的廓线值却不受此限制。我们不限制这些估算出的廓线数据是因为这样会使湍流等效值的计算产生偏差，因为等效值是用预测点和烟羽高度之间空间的平均值求出的，是用于描述烟羽扩散能力的。

2.2.9 PBL 高度增长的限制

AERMET 为 z_i 设定了一个合理的上限 4 000 m。这个限制同时用于计算的和测量的混合层高。尽管在沙漠地区偶尔会发生混合层高超过 4 000 m 的情况，但它对地面浓度的影响也很小。

2.2.10 风速和湍流限制

在计算等效参数时设置以下限制：

$$\sigma_w\{z\} = \mathrm{Max}\left[\sigma_w\{z\}; 0.02\ \mathrm{m/s}\right]$$

$$\sigma_v\{z\} = \mathrm{Max}\left[\sigma_v\{z\}; 0.05u\{h_s\}; 0.2\ \mathrm{m/s}\right] \tag{2-4}$$

这些限制也应用到烟羽抬升计算对湍流参数的选择中。

烟羽的稀释能力由给定时间段内风矢量大小（绝对值）的平均值相对应的风速决定。但测量值给矢量的仅是风速平均值，即便稀释风速不为 0 时也可能为 0。可假设矢量风u_v表达成式（2-5）来估算稀释风：

$$u_v = \left(\bar{u} + u', v'\right) \tag{2-5}$$

式中，$\bar{u}$ 为测量风速平均值，主体部分指代湍流波动。这里假定了$\bar{u}_v = \bar{u}$。如果我们假设测量的风速波动只对应于常量u_v的角度变化，可从式（2-5）中得出：

$$u_v^2 = \bar{u}^2 + \sigma_v^2 + \sigma_u^2 \tag{2-6}$$

在这个简单的模型中，u_v即为稀释风速。若取$\sigma_u = \sigma_v$，稀释风可写成：

$$u\{h_s\} = \sqrt{u\{h_s\}^2 + 2\sigma_v^2} \tag{2-7}$$

上式保证只要$\bar{u}$或σ_v有一个非零，稀释风速就不为零。同样，在烟羽抬升计算中，有效湍流和有效风速也用式（2-6）和式（2-7）来计算，高度取烟囱出口的高度。

2.2.11　气象廓线的内插

当有观测值时，AERMOD 使用相似廓线函数来插值相邻的观测值。图 2-2 显示了 AERMOD 的 INTERFACE 如何用气象廓线期望的形状来插值相邻的观测值。

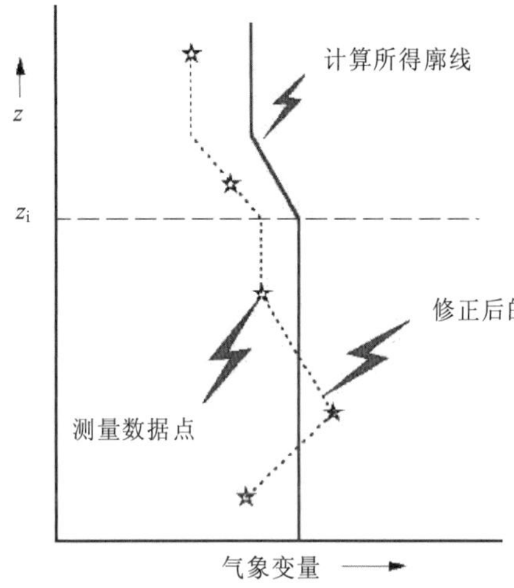

图 2-2　AERMOD 用观察值内插来构建连续气象廓线

对一个处于两个廓线观察高度之间的网格廓线高度处的气象参数，最终值是用观察值来内插同时保持相似廓线的形状。具体做法如下：

①用观察值来线性内插出网格廓线高度处的气象参数值；

②用相似函数估算出网格廓线高度处的气象参数值；

③用相似函数估算出网格廓线高度上、下相邻廓线观察点高度处的气象参数值，再用它们线性内插出网格廓线高度处的值；

④②中得到值与③中得到值的比率，乘以①中得到的结果，得到最终值。

如果网格廓线高度大于最高观察高度，过程要稍加修改：

①最高观察高度以上的观察值认为与最高观察位置处相同；

②用相似函数估算出网格廓线高度处的气象参数值；

③用相似函数估算出最高观察高度处的气象参数值；

④②中得到值与③中得到值的比率，乘以①中得到的结果，得到最终值。

同样的方法也应用到网格廓线高度小于最低观察高度的情况。

2.2.12 实测混合层高度的用法

若有实测混合层高度，则用以下方法处理：若 $L>0$（SBL），则实测混合层高度定义为 z_{ie}，并视作与计算的机械混合层高度一样。若 $L<0$（CBL），实测混合层高度定义为 z_{ic}，而 z_{ie} 用公式计算，然后光滑化，然后采用与 z_{ic} 和已经平滑处理的 z_{im} 相同的计算方法计算结果值。

如果选择了使用实测的混合层高度，AERMET 缺省地用计算的混合层高度代替丢失实测混合层高度的情况，并给出替代发生的消息。用户也可选择用计算的混合层高度代替丢失的实测混合层高度。

2.2.13 烟羽抬升

最常见的固定污染源为烟囱点源。从烟囱排出的烟气会从烟囱出口上升到一定的高度，引起这种烟羽抬升的主要物理作用如图 2-3 所示。

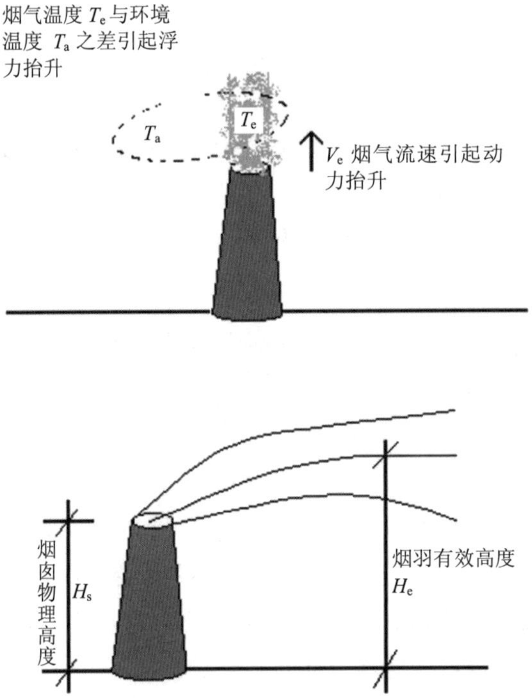

图 2-3 烟羽抬升的主要物理作用

烟羽的最终高度（烟羽有效高度）由烟气与环境的温差和烟气出口流速决定。烟羽有效高度是烟囱设计和空气污染控制的重要参数。

2.2.14 清除系数

运用清除系数来模拟气态物和颗粒物的湿除过程。在这个方法中，污染物通过湿除到地面的通量 F_w 是清除系数与浓度的积在垂直方向的积分：

$$F_w(x,y)=\int_0^{\infty}\Lambda \mathrm{X}(x,y,z)\mathrm{d}z \quad (2\text{-}8)$$

式中，Λ——清除率，s^{-1}。

清除率 Λ 可用清除系数 λ 和降水量 R 计算出来（Scire et al.，1990）：

$$\Lambda=\lambda\cdot R \quad (2\text{-}9)$$

式中，λ——系数，h/（s·mm）；

R——降水量，mm/h。

清除系数λ与污染物的属性（如气态物的溶解性和化学反应、颗粒物的粒径分布）和降水的性质（如是液态水还是冰）有关。

2.2.15 建筑物下洗及 5L 影响区概念

把周围建筑物引起的空气紊流，导致高烟囱排出的污染物迅速扩散至地面的情况，称为建筑物下洗。它将导致地面出现高浓度。

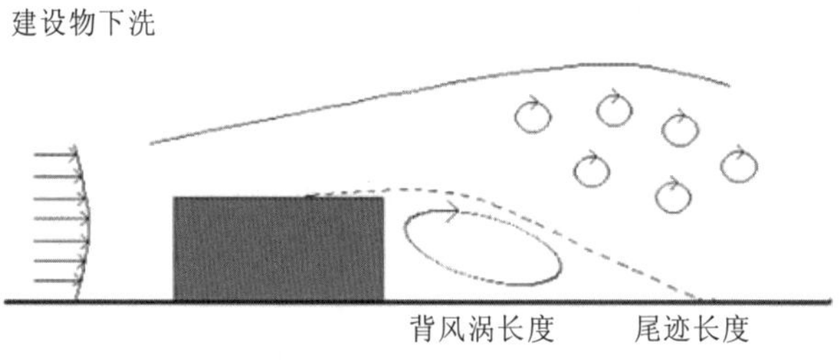

图 2-4 建筑物下洗

“对新建或已建的烟囱，如果发现其高度小于 GEP 高度（用 EPA 修正公式计算），则计算其对空气质量的影响时必须考虑周围建筑物引起的背风涡及伴流尾迹的影响”（EPA，1986）。

EPA 计算 GEP 高度的修正公式为

$$\text{GEP 烟囱高度}=H+1.5L \quad (2\text{-}10)$$

式中，H——建筑/层高度（从地面到最高点）；

L——BH 和 PBW 中的小者；

BH——建筑物高度；

PBW——建筑物投影宽（在垂直风向上）；

GEP——优良工程规范。

对 GEP 的 $5L$ 影响区域内的点源，应考虑建筑物下洗影响，这时相关的信息（与风向相关的建筑物高度和宽度）应输入 ISC3 模型中。可用 BPIP 来计算这些与风向相关的建筑物高度和宽度。

GEP 的 $5L$ 影响区域：每个建筑物在背风向产生一个尾迹影响区，影响区最远处离建筑背风面为 $5L$。当风向转一圈时，不同风向下的影响区是不同的，它们结合成一个完整的影响区域，称为 GEP 的 $5L$ 影响区域。对于某些风向或风向范围，在这个区域内（包括区域线上）的所有烟囱都将受下洗影响。

2.2.16 预测点的高度尺度 h_c 和烟羽分界线 H_c

每一个预测点有一个地形高度尺度（或地形控制高度），用 h_c 表示，算法是：DEM 每个节点高程，与该点高程相连，形成的连线的上升斜率，如果有大于或等于 10%的，取其中高程绝对值最大的数为 h_c；如果均小于 10%，则取该点 h_c 为地面高程。地形预处理程序 AERMAP 使用了 DEM 数据来计算每一个预测点的地面高程和 h_c，传给 AERMOD 后，结合有效烟羽高 h_e，才能计算出真正有用的 h_c 值。

h_c 的作用是用来计算烟羽分界线高度 H_c。对复杂地形，AERMOD 在处理稳定气象条件扩散时引入了分界线（临界高度）的概念。烟羽的模拟看作由两部分组成：一部分是地形冲击烟羽，另一部分是地形引导烟羽。这样，AERMOD 就用同样的模型框架来处理平坦和复杂地形的污染物影响。一般在稳定条件下，用两层的结构，下层保持水平扩散，上层则沿山体上升。两层烟羽的结构，以及两层烟羽的划分线用临界高度 H_c 来确定。由 h_c 计算 H_c 的有关公式详见 2.5.1 节。

2.3 边界层参数化理论

AERMET 的基本目的是使用能代表模拟区域的气象测量数据计算所需的边界层参数，用以估算风速、湍流强度和温度的廓线。廓线的估算在 AERMOD 的气象模块中进行，具体在下一节描述。

AERMET 构架是以已有的法规模型气象预处理器（MPRM）为基础的，因此它对气象数据的实际处理方法与 CTDMPLUS 和 HPDM 模型相似。大气边界层的生成和结构均由热通量和动量驱动，实际上最终由地表特征决定。边界层的高度和在其中的扩散过程受所在地面特征的影响，如地表粗糙度、波文比和反射率。AERMET 计算出的地面气象参数有莫宁-奥布霍夫长度（L）、表面摩擦速度（u_*）、表面粗糙度（z_0）、表面热通量（H）和对流速度尺度（w_*）。此外，估算出的参数还有对流和机械混合层高度 z_{ic} 和 z_{im}。AERMET 用 H 的符号来划分 PBL 的稳定度类型，$H>0$ 为对流边界层，$H<0$ 为稳定边界层。AERMOD 既可以用至少一个测量高度的数据来估算气象廓线，也能利用用户所能提供的尽可能多的数据来定义边界层的垂直结构。除 PBL 参数外，AERMET 也将风速、风向、温度和湍流的测量数据换成 AERMOD 所需的格式，传递给 AERMOD。

2.3.1 边界层的能量平衡

热通量和动量决定了 PBL 的生成和结构。为正确描述 PBL，首先要有能反映实际情况的表面显热通量（H），而 H 决定于净辐射率（R_n）和地面特征参数，如波文比（B_0）。在对流边界层中用能量平衡方程来导出计算 H 的表达式。下式为 PBL 中的简化能量平衡方程：

$$H + \lambda E + G = R_n \tag{2-11}$$

式中，H——显热通量；

λE——潜热通量；

G——土壤热通量；

R_n——净辐射率。

为了估算出 H，对 G 和 λE 两项参数进行简化：$G=0.1R_n$，$\lambda E=H/B_0$。代入式（2-11）中，可得到：

$$H = \frac{0.9R_n}{1+1/B_0} \tag{2-12}$$

2.3.1.1 净辐射强度

对 R_n，如无有效测量值，可用太阳辐射强度 R 和地面热辐射平衡法导出：

$$R_n = \frac{\left(1-r\{\phi\}\right)R + c_1T_{\text{ref}}^6 - \sigma_{\text{SB}}T_{\text{ref}}^4 + c_2n}{1+c_3} \tag{2-13}$$

式中，c_1——取 5.31×10^{-13} W/（$\text{m}^2\cdot\text{K}^6$）；

c_2——取 60 W/m^2；

c_3——取 0.12；

σ_{SB}——斯太芬·波茨曼常数，取 5.67×10^{-10} W/（$\text{m}^2\cdot\text{K}^4$）；

T_{ref}——温度参照高度处的环境气温；

R_n——净辐射率。

反照率 $r\{\phi\}$为太阳高度角ϕ的函数：$r\{\phi\}=r'+(1-r')\exp(a\phi+b)$，其中$a=-0.1$，$b=-0.5\times(1-r')^2$，$r'=r\{\phi-90^\circ\}$。在本书中，{}均指变量的函数式。

太阳辐射强度 R，用云盖度来校正。

$$R=R_o(1-0.75n^{3.4})\tag{2-14}$$

式中，n——云量分子；

R_o——晴天辐射强度，$R_o=990\sin\phi-30$，$\phi=\dfrac{\phi\{t_p\}+\phi\{t\}}{2}$为太阳高度角（$t_p$和 t 为前一个小时和当前小时的时间）。

注意当无有效云盖度观测数据时，式（2-13）可取常数 0.5，同时需要有太阳辐射强度的实测值。

2.3.1.2 CBL 和 SBL 的转换

当边界层从对流状态转换到稳定状态时，热通量从正值变成负值。在转换过程中某点热通量应该消失，即要求净辐射为 0。在式（2-13）中将R_n设为 0，求出$\sin\phi$，则从 CBL 到 SBL 间转换的临界太阳高度角ϕ_{crit}就可以从式（2-15）得到：

$$\sin\phi_{crit}=\frac{1}{990}\left[\frac{-c_1T^6+\sigma_{SB}T^4-c_2n}{(1-r\{\phi\})(1-0.75n^{3.4})}+30\right]\tag{2-15}$$

因此，定义 CBL 和 SBL 之间（白天和夜间）的转换临界点为太阳高度角$\phi=\phi_{crit}$。平均来说，在晴天无云或少云时，从稳定到对流状态转换临界点为ϕ_{crit}=13°左右，而对于多云全覆盖情况，ϕ_{crit}增加到大约 23°。

不过，如果有实测的太阳辐射强度值，一般用云盖度而不是 R 实测值来估算ϕ_{crit}。在式（2-15）中的云盖度 n 用等效云盖度n_{eq}来替代，而n_{eq}可用式（2-14）来计算，即$n_{eq}=\left(\dfrac{1-R/R_o}{0.75}\right)^{1/3.4}$。

2.3.2 对流边界层参数推导

本节讨论在对流边界层中计算 PBL 参数的方法。首先估算显热通量 H，其次是摩擦速度u_*，最后是莫宁-奥布霍夫长度 L。再用这 3 个参数计算出混合层高度和对流速度尺度w_*。

2.3.2.1 摩擦速度和莫宁-奥布霍夫长度

在对流边界层中，采用式（2-12）中计算出的 H 值来计算地表摩擦速度u_*和莫宁-奥

布霍夫长度 L。因 u_* 和 L 是相互引用的，要采用一种迭代算法（与 CTDMPLUS 中使用的相似）来计算。迭代初值假定为中性状态（取 $L=\infty$）。经过迭代计算达到收敛后，可得到符合要求的 u_* 和 L 值（迭代误差采用 1%的相对误差）。u_* 的表达式为

$$u_* = \frac{ku_{\text{ref}}}{\ln\left(z_{\text{ref}} / z_0\right) - \psi_{\text{m}}\left\{z_{\text{ref}} / L\right\} + \psi_{\text{m}}\left\{z_0 / L\right\}} \tag{2-16}$$

式中，k——范·卡门（von Karman）常数，取 0.4；

u_{ref}——参考高度处风速；

z_{ref}——地面风速的测风高度；

z_0——粗糙度。

式（2-16）中的稳定度项（$\psi_{\text{m}}\{\}$）用式（2-17）计算：

$$\begin{aligned}
\psi_{\text{m}}\left\{z_{\text{ref}} / L\right\} &= 2\ln\left(\frac{1+\mu}{2}\right) + \ln\left(\frac{1+\mu^2}{2}\right) - 2\tan^{-1}\mu + \pi / 2 \\
\psi_{\text{m}}\left\{z_0 / L\right\} &= 2\ln\left(\frac{1+\mu_0}{2}\right) + \ln\left(\frac{1+\mu_0^2}{2}\right) - 2\tan^{-1}\mu_0 + \pi / 2
\end{aligned} \tag{2-17}$$

式中，$\mu = \left(1 - 16z_{\text{ref}} / L\right)^{1/4}, \mu_0 = \left(1 - 16z_0 / L\right)^{1/4}$。

迭代的第一步是假定 $\psi_{\text{m}}=0$（中性）并取 $u = u_{\text{ref}}$，用式（2-16）求出 u_* 的初值。得到 u_* 的初值后，L 可从式（2-18）求出：

$$L = \frac{\rho c_{\text{p}} T_{\text{ref}} u_*^3}{kgH} \tag{2-18}$$

式中，g——重力加速度；

c_{p}——空气定压比热容；

ρ——空气密度；

T_{ref}——地面环境温度。

然后，对 u_* 和 L 用式（2-16）、式（2-17）、式（2-18）进行循环迭代，直到 L 值的变化率小于 1%为止。

用于计算摩擦速度和莫宁-奥布霍夫长度的风速和温度的测量高度，首选能代表相似理论已形成并有实验数据支持的地面层高度。一般采用 10 m 高度（典型高度为 2～10 m）作为风速和温度测量高度。不过，对于大粗糙地面（比如城区，z_0 可超过 1 m），为增加适用性，能够接受测风高度的范围为 $7z_0$～100 m。在 $7z_0$（大体上 $7z_0$ 是代表障碍物或植物高度）以下，测量值一般不能代表整个区域情况。对温度测量也有类似限制，不过对温度测量高度低至 z_0 也是允许的。在 100 m 以上，风和温度测量值一般不能代表地面层，特别是在稳定边界层中。因此，对用于逐时的相似理论摩擦速度和莫宁-奥布霍夫长

度计算的风速和温度的测量高度，规定了 100 m 的上限。此外，其他 EPA 导则中关于气象测量位置方面的规定也要考虑。

2.3.2.2　对流速度尺度

AERMOD 用对流速度尺度来描述对流边界层中湍流的对流部分。研究表明，对流边界层中的大湍流涡旋，其速度与对流速度尺度（u_*）成比例。因此，为估算出对流边界层中的湍流强度，先要得到 w_*。从 w_* 的定义式中，得到式（2-19）：

$$w_* = \left(\frac{gHz_{ic}}{\rho c_p T_{ref}} \right)^{1/3} \tag{2-19}$$

式中，z_{ic}——对流混合层高度。

2.3.3　稳定边界层参数推导

本节讨论的是描述 SBL 边界层的参数及其计算方法。当边界层处于稳定状态期间，与地面辐射有关的能量项对位置有很强的依赖性。在白天，地面辐射只占总净辐射约 10%，而在夜间，却与净辐射值相当。因此，在白天，地面辐射估算误差一般可被接受，但夜间则不行。为了避免使用要求有精确地面热辐射计算的夜间能量平衡方法，AERMIC 采纳了简单得多的半经验法来计算 u_* 和 L。

2.3.3.1　SBL 中的摩擦速度（u_*）

u_* 采用经验公式计算。温度尺度 θ_* 定义为

$$\theta_* = -H / \rho c_p u_* \tag{2-20}$$

在夜间 θ_* 变化很小。按照 Venkatram（1980a）的推理，将式（2-18）和式（2-20）结合，可得到 SBL 中莫宁-奥布霍夫长度的表达式：

$$L = \frac{T_{ref}}{kg\theta_*} u_*^2 \tag{2-21}$$

Panofsky 和 Dutton（1984）指出，稳定状态下风速廓线有以下形式：

$$u = \frac{u_*}{k} \left[\ln\left(\frac{z}{z_0} \right) + \frac{\beta_m z_{ref}}{L} \right] \tag{2-22}$$

式中，β_m=5；z_{ref} 为风速测量高度。

将式（2-21）代入式（2-22），并定义拖拽系数 $C_D = k / \ln(z_{ref} / z_0)$（Garratt，1992），可得

$$\frac{u}{u_*}=\frac{1}{C_D}+\frac{\beta z_{ref} g\theta_*}{T_{ref} u_*^2} \quad (2\text{-}23)$$

将式（2-22）乘以$C_D u_*^2$，整理后可以得一个u_*的二次方程式：

$$u_*^2 - C_D u u_* + C_D u_0^2 = 0 \quad (2\text{-}24)$$

式中，$u_0^2=\beta_m z_{ref} g\theta_* / T_{ref}$。正像在 HPDM 和 CTDMPLUS 中应用过一样，此方程有如下解：

$$u_*=\frac{C_D u_{ref}}{2}\left\{-1+\left[1+\left(\frac{2u_0}{C_D^{1/2} u_{ref}}\right)^2\right]^{1/2}\right\} \quad (2\text{-}25)$$

只有当风速大于或等于临界风速$u_{cr}=[4\beta_m z_{ref} g\theta_* / T_{ref} C_D]^{1/2}$时，式（2-25）有实解。如果风速小于临界风速，则u_*和θ_*采用以下线性表达式：$u_*=u_*\{u=u_{cr}\}(u/u_{cr})$，$\theta_*=\theta_*(u/u_{cr})$。

为了从式（2-25）中计算出u_*，需要估算出θ_*。如果有云盖度观察值，则 SBL 中的温度尺度可用 van UIden 和 Holtslag（1985）提出的经验式计算：

$$\theta_*=0.09\left(1-0.5n^2\right) \quad (2\text{-}26)$$

式中，n 为云量。如果无云盖度观察值，AERMET 用两个不同高处层实测温度和一层的风速实测值来计算θ_*。此方法称为 Bulk Richardson 方法，其推导始于位温的相似理论表达式

$$\theta\{z\}-\theta_0=\frac{\theta_*}{k}\left(\ln\frac{z}{z_0}+\beta_m\frac{z}{L}\right) \quad (2\text{-}27)$$

式中，$\beta_m \approx 5$；k 为范卡门常数，取 0.4。将式（2-27）应用到两层温度测量实测值中，整理可得

$$\theta_*=\frac{k(\theta_2-\theta_1)}{\left(\ln\frac{z_2}{z_1}\right)+\beta_m\frac{(z_2-z_1)}{L}} \quad (2\text{-}28)$$

因为u_*［式（2-22）］和θ_*［式（2-28）］引用L，而L［式（2-21）］又引用u_*和θ_*，因此需要用迭代法来求解u_*。给定一个初始的L值，再用式（2-28）和式（2-21）迭代直到收敛，以求出u_*和θ_*。在迭代中，u_*的表达式由 Holtslag（1984）提出，与大气稳定度有关。当$z/L \leqslant 0.5u_*$时，采用式（2-22），否则（其他更稳定条件），采用式（2-29）计算：

$$u_*=\frac{ku}{\ln\frac{z}{z_0}+7\ln\frac{z}{L}+\frac{4.25}{(z/L)}-\frac{0.5}{(z/L)^2}+\frac{\beta_m}{2}-1.648} \quad (2\text{-}29)$$

2.3.3.2 SBL 中的显热通量

计算出稳定条件下u_*和θ_*后，可从式（2-20）中得到计算地面热通量的公式为

$$H = -\rho c_p u_* \theta_* \tag{2-30}$$

AERMET 限制下垫面所能损失的最大热能为 64 W/m^2。这个值基于 Hanna 等（1986）对u_*和θ_*计算所设的限制，在一般情况下，Hanna 发现式（2-31）成立：

$$[\theta_* u_*]_{\max} = 0.5\ \mathrm{m \cdot K/s} \tag{2-31}$$

当用式（2-30）算出的热通量，有$\theta_* u_* > 0.05$ m·K/s 时，AERMET 将式（2-16）中的θ_*用 $0.05/u_*$代入，重新计算u_*［式（2-25）中u_0是θ_*的一个函数］。

2.3.3.3 SBL 中的莫宁-奥布霍夫长度

用式（2-30）计算出显热通量，式（2-25）计算出u_*，然后就可用式（2-18）计算出 SBL 层中的莫宁-奥布霍夫长度了。

2.3.4 混合层高度

对流边界层的混合层高度（z_i）与机械和对流过程都有关，可取机械混合层高度（z_{im}）和对流混合层高度（z_{ic}）中较大者。不过，在稳定边界层中，混合层高度只与机械的（或剪切力引起的）湍流过程有关，因此直接取为z_{im}即可。对流边界层和混合边界层采用同样的公式计算z_{im}。下面两节分别描述z_{ic}和z_{im}的计算方法。

2.3.4.1 对流混合层高度（z_{ic}）

对流边界层的高度是计算 PBL 参数廓线和污染物浓度所需的。如果有实测的对流边界层高度值，将直接被选用到模型中。如果无实测值，则用一个简单的一维能量平衡模型计算 z_{ic}。这个模型使用早晨（日出前）的位温探测值，以及不同时间的地面热通量，来计算对流边界层随时间的变化过程。

$$z_{ic}\theta\{z_{ic}\} - \int_0^{z_{ic}} \theta\{z\}\,\mathrm{d}z = (1+2A)\int_0^t \frac{H\{t'\}}{\rho c_p}\mathrm{d}t' \tag{2-32}$$

式中，θ——位温；

A——取 0.2（Deardorff et al.，1980）；

t——日出后的小时数。

Weil 和 Brower 发现，用这个方法计算出的 z_{ic}与观察值符合良好。

2.3.4.2 机械混合层高度（z_{im}）

在凌晨对流混合层很低，PBL 的总体高度由机械湍流决定。AERMET 估算对流状态下的 PBL 高度时，取对流边界层高度 z_{ic} 的估算值（或测量值）和机械混合层高度的估算值（或测量值）中的较大者。采用这种方法，AERMET 能确保在凌晨时不会低估了 PBL 的高度，因为那时虽然 z_{ic} 很小但存在机械混合作用。如果无有效的机械混合层高度的测量值，z_{im} 采用 Zilitinkevich（1972）给出的空气达到平衡时的高度：

$$z_{\text{ie}} = 0.4\left(\frac{u_* L}{f}\right) \tag{2-33}$$

式中，z_{ie}——平衡机械混合层高度；

f——地球柯氏力参数。

Venkatram（1980a）指出，在中纬度地区，式（2-33）能用以下经验式表达：

$$z_{\text{ie}} = 2\,300 u_*^{3/2} \tag{2-34}$$

式中，z_{ie}——计算出的未光滑化的机械混合层高度。

如果有机械混合层高度的测量值，则测 z_{ie} 应采用测量值。

为了避免估算湍流层的剪切-诱导深度时出现突然和不真实的降低，机械混合层高度（无论是测量值还是计算值）的时间变化率用计算值与当前小时 z_{ie} 计算，采用 Venkatram（1982）所用公式：

$$\frac{\mathrm{d}z_{\text{im}}}{\mathrm{d}t} = \frac{z_{\text{ie}} - z_{\text{im}}}{\tau} \tag{2-35}$$

时间尺度τ，决定高度的变化率，它与湍流混合层和表面摩擦速度的商呈比例关系，即$\tau = z_{\text{im}} / \left(\beta_{\text{t}} u_*\right)$。AERMOD 取 β_{t} 为常数 2。例如，如果u_*为 0.2 m/s，z_{im} 为 500 m，则这个时间尺度为 1 250 s，这个值与机械混合层高度达到平衡值所需的时间有关。注意，当 $z_{\text{im}} < z_{\text{ie}}$ 时，机械混合层高度增加至当前的平衡值；反过来，当 $z_{\text{im}} > z_{\text{ie}}$ 时，机械混合层高度减少至它的平衡值。

因为摩擦速度随时间变化，当前光滑化的 $z_{\text{im}}\{t+\Delta t\}$ 值可用式（2-35）的数值积分得到：

$$z_{\text{im}}\left\{t+\Delta t\right\} = z_{\text{im}}\{t\}\mathrm{e}^{(-\Delta t/\tau)} + z_{\text{ie}}\left\{t+\Delta t\right\}\left[1-\mathrm{e}^{(-\Delta t/\tau)}\right] \tag{2-36}$$

式中，$z_{\text{im}}\{t\}$——前一小时光滑后的值。

在式（3-36）中计算时间尺度时，z_{im} 取前一小时的估值，而u_*为当前小时的值。采用这种办法，当平衡混合层高度快速增加时，时间尺度（以及缓和时间）是短的；当平衡混合层高度快速减少时，时间尺度是长的。

尽管式（2-34）和式（2-36）是用于 SBL 中，但在 CBL 中为正确计算 PBL 高度，也可用于以机械湍流为主导的短暂的凌晨转换期。AERMET 所用的计算过程，在有足够对流情况发生时，确保可以使用对流混合层高度来表述，尽管在对流条件时机械混合层高度也进行了计算。因 AERMET 采用式（2-36）来计算 SBL 中混合层高度，从而避免了 z_i 从夜间到白天的不连续性。

AERMOD 中，混合层高度 z_i 的功能比它在 ISC3 中的功能有了扩展。在 AERMOD 中，混合层高度是上部的反射/穿透面，一个重要的高度尺度，在 w_* 的定义式（2-19）中作为输入项。对流和稳定边界层的混合层高度 z_i 定义：

$$z_i = \begin{cases} \mathrm{MAX}\left[z_{ic}; z_{im}\right] & L<0(\mathrm{CBL}) \\ z_{im} & L>0(\mathrm{SBL}) \end{cases} \tag{2-37}$$

既然用于 SBL 和 CBL 的廓线计算的算法是不同的，PBL 的稳定性是需要判断的。因此，L 的符号用于判断稳定性，$L<0$ 时，认为 PBL 为对流性边界层（CBL），否则为稳定边界层（SBL）。

2.4 边界层垂直结构理论和气象接口算法

由一系列子过程组成的 AERMOD 接口程序，使用边界层参数、实测气象参数和 AERMET 提供的其他与位置相关特定信息的近似拟合曲线来计算以下参数的垂直廓线：风向、风速、温度、垂直位温梯度、垂直湍流强度（σ_w）和水平湍流强度（σ_v）。

对于这 6 个变量（或参数）中的每一个，在计算廓线时，接口程序用每个需要计算气象变量的高度，与有观测值的各高度进行对比。如果低于最小观测高度，或高于最大观测高度，或只有一个有效的观测高度，则接口用 PBL 相似廓线关系计算出一个合适的值。如果某个高度处的上、下均有有效实测值，就用实测值和计算出的廓线形状进行内插。因此，这个计算廓线的方法，同时利用了测量值和参数的相似性。下文会提到，至少要有一层高度的风速、风向和温度的测量值。不过，湍流廓线的参数化可以没有直接的湍流测量值。

以下各节对 AERMOD 的廓线方程，以及怎样用这些廓线取得相应层的气象参数并应用到输送和扩散计算中，进行了全面的论述。还建立了两个廓线例子作为演示，一个是 CBL，一个是 SBL。CBL 假定为 z_i=1 000 m，L= –10 m，z_0=0.1 m（z_0=0.000 1z_i，L= –0.01z_i）。SBL 假定为 z_i=100 m，L=10 m，z_0=0.1 m（z_0=0.001z_i，L=0.1z_i）。

2.4.1 一般廓线方程

2.4.1.1 风速廓线

AERMOD 的风速廓线方程，为常见的对数形式：

$$u=\begin{cases}u\{7z_0\}\left[\dfrac{z}{7z_0}\right] & z<7z_0\\ \dfrac{u_*}{k}\left[\ln\left(\dfrac{z}{z_0}\right)-\psi_m\left\{\dfrac{z}{L}\right\}+\psi_m\left\{\dfrac{z_0}{L}\right\}\right] & 7z_0\leqslant z\leqslant z_i\\ u\{z_i\} & z>z_i\end{cases} \quad (2\text{-}38)$$

对于 AERMOD 的每次模拟来说，至少要有一个风速测量值，并且能代表地面层风速。因为对数公式不能描述障碍物或植物高度以下的风速，式（2-38）采用了线性递减的方法来计算 $7z_0$ 以下的风速。

对于 CBL 边界层，ψ_m 函数采用式（2-17）计算，式中 z_{ref} 用 z 代入；而对于稳定边界层，则用 van Ulden 和 Holtslag（1985）提出的式（2-39）计算：

$$\begin{aligned}\psi_m\left\{\frac{z}{L}\right\}&=-17\left[1-\exp\left(-0.29\frac{z}{L}\right)\right]\\ \psi_m\left\{\frac{z_0}{L}\right\}&=-17\left[1-\exp\left(-0.29\frac{z_0}{L}\right)\right]\end{aligned} \quad (2\text{-}39)$$

当 z/L 值很小时（$\ll 1$），随着指数项的逐渐增大，式（2-39）中第一式简化成 $\psi_m=-\beta_m z/L$，β_m=5。在 SBL 中，由于 z/L 很大（>1）且高度大于 200 m 时，式（2-39）的 ψ_m 计算式更符合实测值（van Ulden and Holtslag，1985）。图 2-5 和图 2-6 显示了用以上例子中参数建立的，在 AERMOD 内部使用的高于和低于 $7z_0$ 的风廓线形状。

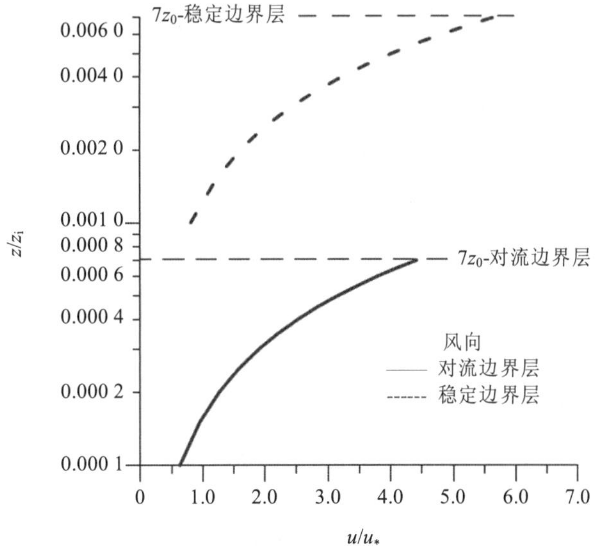

图 2-5 风向廓线（CBL 和 SBL，低于 $7z_0$ 区域）

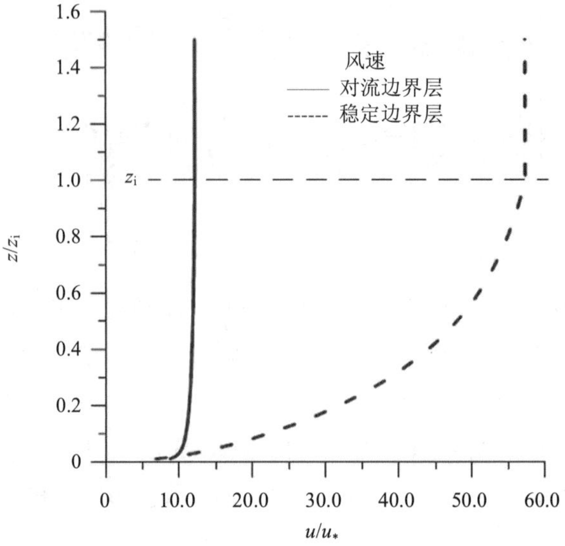

图 2-6　风向廓线（CBL 和 SBL，高于 $7z_0$ 区域）

2.4.1.2　风向廓线

对高于最大测量高度和低于最小测量高度的区域，在 CBL 和 SBL 中风向均作为常数。而对于中间高度，AERMOD 用相邻测量值线性插值。对每次模拟，应至少有一个风向测量值。

2.4.1.3　位温梯度廓线

在相对较薄的超绝热表面层之上，混合良好的 CBL 中的位温梯度给定为 0。在混合层之上的稳定层界面处的梯度从凌晨温度探测中得到。这个温度梯度，是决定浮力烟羽穿透哪个分界层的能力的重要因素。

在分界层之上，温度梯度一般为常数，且为轻微稳定。尽管分界层的厚度是随时间变化的，为判别上部稳定层的强度，AERMET 用一个 500 m 的固定厚度以确保采集足够的晨间探测数据。CTDMPLUS 模型（Perry，1992）也采用了同样的 500 m 厚度。这就避免了采集到这些数据中常出现的过大的梯度。对一个典型的 1 000 m 高的混合层而言，一个 500 m 的分界层厚度与 Deardorff（1979）所指出的是一致的。对分界层之上的梯度采用了 Hanna 和 Chang（1991）建议的常数 0.005 K/m。采用晨间探测来计算分界层的梯度是假定白天混合层增大时，在 z_i 之上高层中的温度廓线与晨间相对改变很小。当然，这是假定高层中没有发生沉降和冷、热空气的输送。全天的野外实测廓线数据支持了这个方法，实测数据表明，即便在表面加热强烈的时段，上部温度廓线也保持相对恒定。

在 100 m 以下，AERMOD 采用 Dyer（1974）以及 Panofsky 和 Dutton（1984）建议的位温梯度定义式：

$$\frac{\partial\theta}{\partial z}=\begin{cases}\frac{\theta_*}{k(2)}\left[1+5\frac{(2)}{L}\right] & z\leqslant 2\text{ m}\\ \frac{\theta_*}{kz}\left[1+5\frac{z}{L}\right] & 2\text{ m}<z\leqslant 100\text{ m}\end{cases}\tag{2-40}$$

式（2-40）与 Businger 等（1971）提出的相似。100 m 以上的位温梯度，用 Stull（1983）、van Ulden 和 Holtslag（1985）提出的公式：

$$\frac{\partial\theta}{\partial z}=\frac{\partial\theta\{z_{mx}\}}{\partial z}\exp\left[-\frac{z-z_{mx}}{0.44z_{i\theta}}\right]\tag{2-41}$$

式中，z_{mx} =100 m，$z_{i\theta}$ =MAX[z_{im} ；100 m]，常数 0.44 是从 Wangara 实验的典型廓线中推导出来的。对于所有 z ，$\partial\theta/\partial z$ 的最小值取 0.002 K/m。

在 SBL 中，如果在 100 m 以下，z_0 以上有实测的$\partial\theta/\partial z$ 值，则 θ_* 可用式（2-40）来计算，$\partial\theta/\partial z$ 采用最低层实测值，z_{ref} 采用$\partial\theta/\partial z$ 的测量高度。垂直温度梯度测量高度的上限设为 100 m，这与 AERMET 为获得摩擦速度、莫宁-奥布霍夫长度等相似理论参数所引用的风速、温度数据所设的限制是一致的。同样，垂直温度梯度测量高度的下限 z_0 也与温度引用数据要求一致。如果在那个高度范围没有有效的$\partial\theta/\partial z$ 实测值，则 θ_* 可用式（2-18）和式（2-30）联合来解。在 CBL 中则用不到 θ_*。

图 2-7 显示了 SBL 中$\partial\theta/\partial z$ 对高度的负相关性。这个图形的曲线假设：z_{im} =100 m，因此 $z_{i\theta}$ =100 m; L=10 m; u_* =0.124（符合 100 m 混合层高度）；T_{ref} =293K; 因此从式（2-21）可得 θ_* =0.115 K。选择这些参数是代表了一个强稳定的边界层。在 2 m 以下，$\partial\theta/\partial z$ 为 2 m 处的 0.228 K/m，在 100 m 以上$\partial\theta/\partial z$ 则以高度的指数形式衰减。

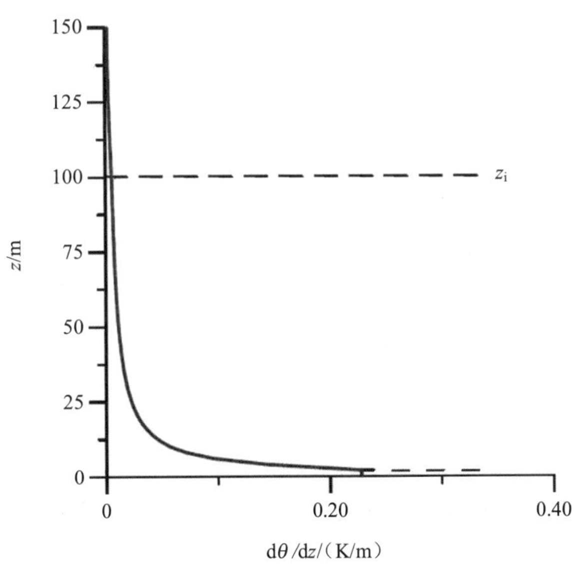

图 2-7 SBL 中的位温梯度廓线

2.4.1.4 位温廓线

为了满足烟羽抬升计算的需要，AERMOD 从温度梯度廓线估算结果中提取位温的垂直廓线。首先模型用下式计算引用温度（z_{ref}）高度处的位温：

$$\theta\{z_{\text{ref}}\} = T_{\text{ref}} + \frac{g z_{\text{msl}}}{c_{\text{p}}} \tag{2-42}$$

式中，$z_{\text{msl}} = z_{\text{ref}} + z_{\text{base}}$，$z_{\text{base}}$ 为用户定的温度廓线（气象观测塔）的基础高程。然后，在 CBL 或 SBL 中，位温都可用式（2-43）计算：

$$\theta\{z+\Delta z\} = \theta\{z\} + \left.\frac{\bar{\partial}\theta}{\partial z}\right|_{\bar{z}} \Delta z \tag{2-43}$$

式中，$\frac{\bar{\partial}\theta}{\partial z}$——层$\Delta z$ 内的平均位温梯度。

注意，当 $z < z_{\text{ref}}$ 时，Δz 为负值。

2.4.1.5 垂直湍流计算

在 CBL 中，垂直速度方差或湍流强度（σ_{wT}^2）采用一个机械或中性稳定限制（$\sigma_{\text{wT}} \propto u_*$），和一个强对流限制（$\sigma_{\text{wc}} \propto w_*$）作为变量来表示，公式为

$$\sigma_{\text{wT}}^2 = \sigma_{\text{wc}}^2 + \sigma_{\text{wm}}^2 \tag{2-44}$$

这个公式与 Panofsky 等 1977 年引进的相似，也被其他扩散模型（如 Hanna and Paine，1989；Weil，1985）使用。

对流部分（σ_{wc}^2）用式（2-45）计算：

$$\sigma_{\text{wc}}^2 = \begin{cases} 1.6\left(\dfrac{z}{z_{\text{ic}}}\right)^{2/3} \cdot w_*^2 & z \leqslant 0.1 z_{\text{ic}} \\ 0.35 w_*^2 & 0.1 z_{\text{ic}} < z \leqslant z_{\text{ic}} \\ 0.35 w_*^2 \exp\left[-\dfrac{6(z - z_{\text{ic}})}{z_{\text{ic}}}\right] & z > z_{\text{ic}} \end{cases} \tag{2-45}$$

式中，$z \leqslant 0.1 z_{\text{ic}}$ 的表达式为自由对流限制（Panofsky et al.，1977），$0.1 z_{\text{ic}} < z \leqslant z_{\text{ic}}$ 的表达式则为混合层值（Hicks，1985），最后一式为连接混合层的σ_{wc}^2 到假定的 CBL 之上的近似为 0 的值的参数化公式。图 2-8 显示了式（2-45）所描述的对流垂直湍流廓线的一个例子。

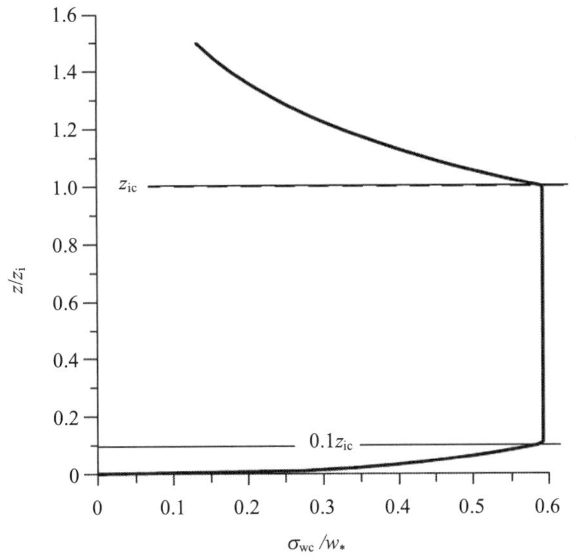

图 2-8　CBL 中的垂直湍流中的对流部分

机械湍流σ_{wm}认为是由边界层的贡献σ_{wml}和边界层之上（$z > z_i$）的一个“残留层”的贡献σ_{wmr}组成，因此有

$$\sigma_{wm}^2 = \sigma_{wml}^2 + \sigma_{wmr}^2 \tag{2-46}$$

这样做是为了符合设想中的上部湍流（$z > z_i$）和 CBL 剪切层表面湍流之间的去耦，并维护当 z 靠近 z_i 过程中σ_{wm}^2变化的连续性。

σ_{wml}的表达式采用 Brost 等（1982）公式：

$$\sigma_{wml} = \begin{cases} 1.3u_*\left(1-\dfrac{z}{z_i}\right)^{1/2} & z<z_i \\ 0.0 & z \geqslant z_i \end{cases} \tag{2-47}$$

式中，z=0 处的σ_{wml}=1.3u_*，与 Panofsky 等（1977）所提出的一致。

在混合层高度之上σ_{wmr}设为 z_i 之上的残留层的测量值的平均值。若无有效测量值，则σ_{wmr}取缺省值 $0.02u\{z_i\}$。常数 0.02 为假定存在于 z_i 上一个非常稳定的状态的湍流强度 i_z（$=\sigma_{wm}/u$）（Briggs，1973）。在混合层内残留层湍流强度σ_{wmr}从 z_i 处的值线性地减到地面上的 0。图 2-9 为 CBL 中垂直湍流的机械部分的廓线。结合了残留层和边界层机械湍流［式（2-46）］的效果可从图 2-9 看出。

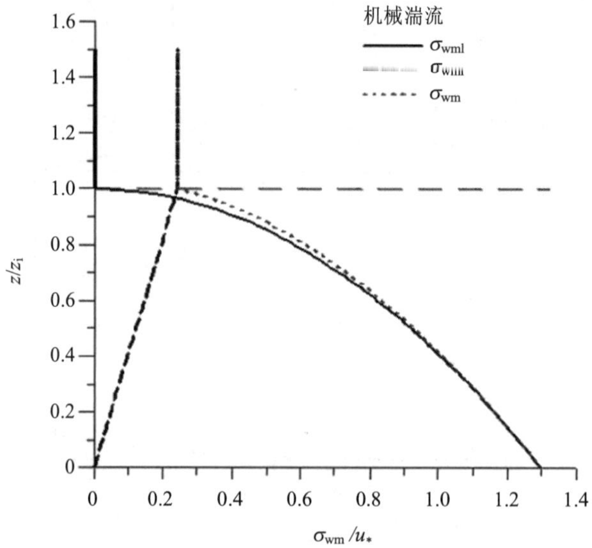

图 2-9　CBL 中垂直湍流的机械部分

在 SBL 中垂直湍流只含机械部分，如式（2-46）所表述。SBL 和 CBL 都用同样的 σ_{wm}^2 表达式以确保中性状态时的湍流的连续性。图 2-10 展示了 AERMOD 中所用的 SBL 层的垂直湍流廓线。此廓线与 CBL 相似，但 σ_{wmr} 值有一个显著的增加。因为 σ_{wmr} 是基于 z_i 处的风速大小确定的，所以这个差别主要是 CBL 例子中设定了 z_0=0.000 1 z_i，而 SBL 中 z_0=0.001 z_i 造成的。

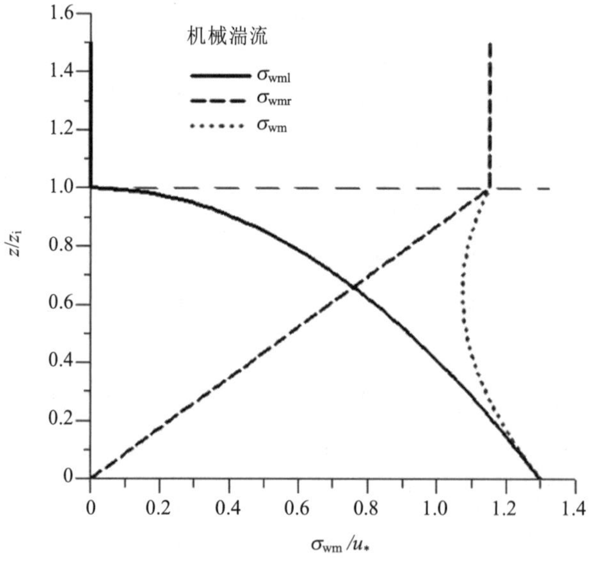

图 2-10　SBL 中垂直湍流廓线

2.4.1.6　接口中计算的水平湍流

在 CBL 中总的水平湍流σ_{vT}^2由机械湍流σ_{vm}和对流湍流σ_{vc}组成：

$$\sigma_{vT}^2 = \sigma_{vc}^2 + \sigma_{vm}^2 \tag{2-48}$$

在 SBL 中总的水平湍流仅含机械部分。AERMOD 对 CBL 和 SBL 都用相同的σ_{vm}表达式。这是为了在中性时保持σ_{vm}的连续性。以下内容描述了水平湍流的机械和对流廓线。

（1）水平湍流的机械部分

水平湍流机械部分随高度的变化范围，限制在地面值和机械混合层顶部的假定残留值之间。这两个限值之间假定为线性变化。从大量野外观测实验中，Panofsky 和 Dutton（1984）报告指出，在纯机械湍流中，贴近地面的水平湍流变化形式为

$$\sigma_{v0}^2 = Cu_*^2 \tag{2-49}$$

式中，常数 C 取 3～5。按照 Izumi（1971）和 Hicks（1985）对堪萨斯州数据的研究结果，式（2-49）中 C 值取 3.6。

在地面和机械混合层顶部之间，σ_{vm}^2假设为线性变化：

$$\sigma_{vm}^2 = \begin{cases} \left[\dfrac{\sigma_{vm}^2\{z_{im}\} - \sigma_{v0}^2}{z_{im}}\right] z + \sigma_{v0}^2 & z \leqslant z_{im} \\ \sigma_{vm}^2\{z_{im}\} & z > z_{im} \end{cases} \tag{2-50}$$

式中，$\sigma_{vm}^2\{z_{im}\} = \mathrm{MIN}\left[\sigma_{v0}^2;\ 0.25\ \ \mathrm{m^2/s^2}\right]$，水平湍流的地面值$\sigma_{v0}^2$等于$3.6u_*^2$。$\sigma_{vm}^2$的线性变化与野外观测相吻合（如 Brost et al.，1982）。在 SBL 中总的水平湍流仅含有机械部分，计算方法为式（2-50）。

在混合层之上，水平湍流认为是保持一种温和的残留状态。Hanna 1983 年分析了稳定条件下的水平湍流环境测量值。他发现即便在最轻微的风速条件下，σ_{vc}的典型测量值也有 0.5 m/s，但观察到的最小值为 0.2 m/s。AERMOD 采用 0.2 m/s 的下限作为σ_{vc}的近地面值（下文详细讨论），而采用更典型的 0.5 m/s 作为混合层之上的残留层水平湍流强度。在 CBL 高度之上，模型将σ_{vc}^2从$\sigma_{vc}^2\{z_{ic}\}$线性地减少到 1.2 z_{ic}处的 0.25，在 1.2 z_{ic}之上则维持σ_{vc}^2为一个常数。不过如果$\sigma_{vc}^2\{z_{ic}\} < 0.25\ \mathrm{m^2/s^2}$，$\sigma_{vc}^2\{z_{ic}\}$在$z_{ic}$以上为垂线直线（保持为 0.25 $\mathrm{m^2/s^2}$）。开发过程中的评估结果还表明，对烟羽大体在z_{im}之上的情况，σ_{vc}^2取 0.25 $\mathrm{m^2/s^2}$左右，模型表现良好。

图 2-9 显示了水平机械湍流的垂直廓线如何在整个机械混合层高度内变化，以及相关的摩擦速度的变化。用于生成此曲线的u_*值与式（2-34）中所表明的z_{im}和u_*的关系是一致的。对 SBL 情况，图 2-11 代表了总的水平湍流的廓线。但在 CBL 中，这些曲线只描述了总的水平湍流中的机械部分。需要注意的是，z_{im}=300 m 时在 100 m 处的σ_{vc}^2小于 0.25 m^2/s^2，因此这些廓线不随高度变化。

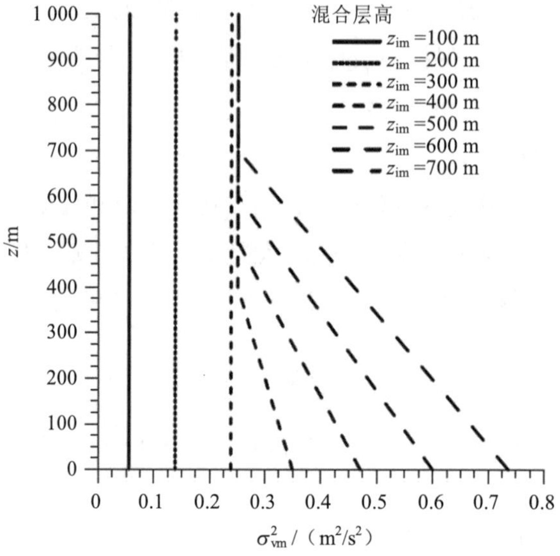

图 2-11 机械混合层高度范围的水平机械湍流廓线

（2）水平湍流的对流部分

混合层内水平湍流的对流部分是一个常量，用式（2-51）计算：

$$\sigma_{vc}^2 = 0.35 w_*^2 \tag{2-51}$$

这个常量$\sigma_{vc}^2 / w_*^2 = 0.35$由明尼苏达州数据，以及在英格兰 Ashchurch 收集的数据所支持。当$z > z_{ic}$时，模型将σ_{vc}^2从$\sigma_{vc}^2\{z_{ic}\}$线性地减少到 1.2 z_{ic}处的 0.25，在 1.2 z_{ic}之上则维持σ_{vc}^2为一个常数。不过如果$\sigma_{vc}^2\{z_{ic}\}$<0.25 m^2/s^2，$\sigma_{vc}^2\{z_{ic}\}$在z_{ic}以上为垂直直线（保持为 0.25 m^2/s^2）。

2.4.2 INTERFACE 处理的边界层垂直不均匀性

AERMOD 能处理风和湍流的垂直变化对扩散的影响。模拟在大的垂直梯度层中的排放时，或取得烟羽可能垂直扩散到大气层中的气象影响效果时，或在 CBL 层中提供一种考虑在混合层上部稳定层中排放或穿透进入稳定层、最终又重新进入混合层的机制时，都必须考虑气象垂直变化的重要性。然而，AERMOD 本身是一个稳定场烟羽模型，因此只能使用一个单一值来代表实际气象参数是变化的层的每个气象参数。因此，模型需要将这些不均匀的值“转换”成等效均匀值。这个方法应用于u、σ_{vT}、σ_{wT}、$\partial\theta/\partial z$和拉格朗日时间尺度等参数。本书中等效参数用字符上加波浪线的方式表示（如等效风速用$\tilde{u}$表示）。

这个方法的基本理论是，对于预测点浓度来说，最重要的扩散层为烟羽物质直接从源到预测点所穿行的层。AERMOD 处理等效参数是用包含了烟羽物质的扩散层中烟羽质心高度［$H_p(x)$，简化地代表烟羽质量中心的高度］和预测点高度（z_r）之间的那部分空间的参数的平均值求出。换句话说，用于平均的空间层取烟羽垂向厚度的一半（$2.15\sigma_z\{x_r\}$，式中x_r为预测点到污染源的距离），但上限和下限分别为$H_p\{x_r\}$和z_r。AERMOD 用于平均计算的数据来自垂直廓线。

因$\sigma_z\{x_r\}$与σ_{wT}和u的等效值有关，可先用烟羽高度处的$\sigma_z\{H_p\}$和$u\{H_p\}$来计算出$\sigma_z\{x_r\}$，即可得出烟羽大小。然后$\sigma_z\{x_r\}$用于划分$\tilde{\sigma}_{wT}\{x_r\}$和$\tilde{u}\{x_r\}$计算的层宽。对一个给定的烟羽和预测点，一旦用于计算平均值的层宽确定了，$\tilde{\alpha}$可用以下的简单平均方法计算：

$$\tilde{\alpha}=\frac{1}{h_t-h_b}\int_{h_b}^{h_t}\alpha\{z\}\mathrm{d}z \tag{2-52}$$

式中，h_b和h_t分别为关键层的底部和顶部高度。

$$h_b=\begin{cases}H_p\{x_r,y_r\} & H_p\{x_r,y_r\}\leqslant z_r\\ \mathrm{MAX}\{[H_p\{x_r,y_r\}-2.15\sigma_z\{x_{sr}\}],z_r\} & H_p\{x_r,y_r\}>z_r\end{cases}$$

$$h_t=\begin{cases}\mathrm{MIN}\{[H_p\{x_r,y_r\}+2.15\sigma_z\{x_{sr}\}],z_r\} & H_p\{x_r,y_r\}\leqslant z_r\\ H_p\{x_r,y_r\} & H_p\{x_r,y_r\}>z_r\end{cases} \tag{2-53}$$

对所有烟羽，其范围均受z_r和H_p限制。对直接源或间接源来说，式（2-53）中的h_t都不允许超过z_i，如果$h_b\geqslant z_i$，则$\tilde{\alpha}=\alpha\{z_i\}$。

对于稳定条件下的烟羽和 CBL 中的穿透源，H_p等于烟羽中心线高度(Δh_s+h_s)，其中h_s为经过烟囱出口下沉校正后的烟囱高度，Δh_s为稳定条件的烟羽抬升高度，可用 2.5.6.2 节中的公式计算。

对流条件下，H_p的定义更复杂。由于 CBL 中的受限混合，烟羽质量的中心应该是，在靠近源处为烟羽中心本身的高度，在充分混合处为 PBL 的中点。在最终烟羽抬升稳定后，H_p在这两者之间线性变化。

在烟羽抬升稳定之前，即$x<x_f$（x_f为烟羽抬升稳定距离，即烟羽在此处达到最高

处），$H_p = h_s + \Delta h_{d,p}$，式中，$\Delta h_d$ 为直接源的抬升，$\Delta h_p = h_{ep} - h_s$ 为穿透源的抬升，h_{ep} 为穿透源的烟羽高度。

烟羽抬升达到稳定所需的距离 x_f，用布里格斯公式计算（1975，1971）：

$$x_f = \begin{cases} 49F_b^{5/8} & F_b < 55 \\ 119F_b^{2/5} & F_b \geqslant 55 \end{cases} \tag{2-54}$$

式中，浮力通量 F_b 可用式（2-67）计算。

当 F_b=0 时，x_f 可用 ISCST3（EPA，1995）中公式计算：

$$x_f = \frac{8r_s\left(w_s + 3u_p\right)^2}{w_s u_p} \tag{2-55}$$

式中，u_p——源高处风速；

r_s——烟囱出口内径；

w_s——烟气流出速度。

在烟羽达到稳定之外的距离（$x > x_f$），H_p 在最终烟羽高度 $H\{x_f\}$ 和混合层中点 $z_i/2$ 之间线性变化。设 x_m 为污染物在混合层内垂直向首次混合均匀的距离，则在 x_f 和 x_m 之间这段距离，都采用这种插值方法确定。

x_m 用混合层内平均风速和混合时间尺度 $z_i / \bar{\sigma}_{wT}$ 的积来求出，即

$$x_m = \frac{\bar{u}z_i}{\bar{\sigma}_{wT}} \tag{2-56}$$

式中，计算 u 和 σ_{wt} 的平均值时采用整个混合层高度的数据。

在 x_f 和 x_m 之间，H_p 假定在烟羽的最终高度 $H\{x_f\}$ 和混合层中点 $z_i/2$ 之间线性变化，因此有

$$H_p = H\{x_f\} + \left(\frac{z_i}{2} - H\{x_f\}\right) \times \frac{x - x_f}{x_m - x_f} \tag{2-57}$$

注意在 CBL 中，直接源和间接源都有同样的 α 值（等效参数）。式（2-53）中 σ_z 为上升气流和下沉气流 σ_z 的均值，h_t 最大为 z_i，当 $h_b \geqslant z_i$ 时，$\alpha = \alpha\{z_i\}$。

正如前文所述，当有多个不同高度的风向测量值时，风向廓线用相邻测量值内插，但超出测量高度的区域分别用最高和最低点的测量值。然而从廓线中选择一个输送风向的方法却与此不同。风向选用了烟囱高度和稳定烟羽高度的中点处的风向。

2.5　污染扩散理论

AERMOD 是一个稳态烟羽模型，这就假定在给定的模拟小时内，无论多远所有网格点浓度都用这个小时的平均气象来计算。这个稳态的假设是合理的，因为我们最关心的是浓度分布的统计结果，而不是某个时间和位置的特定浓度。AERMOD 能在统一的模型框架下处理平坦地形和复杂地形，这样就没有必要依照烟囱高度来划分地表类型（平坦地形、简单地形或复杂地形），因为不同高度处的预测点都用同样的气象数据来处理。为了得到 AERMOD 的浓度方程式，有必要同时讨论地形的处理方法。

在稳定边界层（SBL）中，浓度分布在垂直和水平方向上都可用高斯分布来表示。在对流边界层（CBL）中，水平方向浓度分布可以用高斯分布表示，但在垂直方向上的分布，则用双高斯概率密度函数来表示。此外，在 CBL 中，AERMOD 还会处理“烟羽悬浮”现象，即一部分烟羽质量，从浮力源释放后，在垂直混合到整个 CBL 层前，先上升到并停留在边界层顶部的现象。模型也能跟踪穿透进入上部稳定层中的烟羽质量，并且允许它们在适合的时候重新进入混合层中。

在城区中，AERMOD 把夜间气象下形成的“类对流”边界层的扩散特征，归因于邻近的农村区域的稳定边界层的湍流增强现象。湍流增强是由于城市热通量和相关混合层引起的，其强度可用城乡温度差来估算。

对复杂地形，AERMOD 在处理稳定气象条件扩散时引入了分割线（临界高度）的概念。烟羽的模拟看作由两部分组成：一个水平烟羽（地形冲击型烟羽）和一个地形引导烟羽（地形反应型烟羽）。这样，AERMOD 就用同样的模型框架来处理平坦和复杂地形的污染物影响。一般在稳定条件下，用两层的结构，下层保持水平扩散，上层则沿山体上升。两层烟羽的结构，以及两层烟羽的划分线用临界高度（H_c）来确定。在中性或不稳定条件下，则认为 H_c=0。

在 H_c 之下的流场中的烟羽倾向保持水平，它可能绕过山体或冲击到山体表面。而高于 H_c 的烟羽则可以爬过山体。与此相关的还有一个趋势，烟羽被压向山体表面，导致流速加快，垂直湍流强度增加。这一对流场垂直结构的影响，已在一些模型中考虑，如复杂山体扩散模型（CTDMPLUS），但是 CTDMPLUS 太过复杂，模型的输入参数量很大。EPA 政策要求在 CTDMPLUS 法规应用中，要收集烟羽高度处的风和湍流数据。前文已经说明，AERMOD 的模型开发目标，既包括能抓住本质物理过程的方法，又能得到可以接受的估算结果，有一个合理的参数输入需求，但仍尽可能保持简单。因此，AERMIC 在 AERMOD 中采用了一个地形公式，既考虑烟羽中垂直流的变异效应，又避免了 CTDMPLUS 模型方法的繁复性，但 AERMOD 不考虑烟羽的侧流渠道效应。

为反映出在分界线之上和之下的扩散效应，AERMOD 将烟羽浓度用两种可能的极端边界层状态（水平烟羽和地形引导烟羽）的加权平均来表示。正如前文所述，这两种烟羽的相对权重取决于：①大气稳定的强度；②风速；③烟羽与山体的相对高度。在稳定状态下，水平烟羽占主导，将得到较大的权重；而在中性和不稳定状态，则是地形引导烟羽的权重更大。

2.5.1　AERMOD 地形处理的总体构架

AERMOD 用两个受限条件烟羽组合来模拟一个烟羽：一个水平的地形冲击烟羽和一个地形引导烟羽。因此，在所有情况下，预测点的总浓度，是这两种烟羽的贡献浓度之和。在平坦地形上，这两种情况的贡献是相等的。在高地上，引入分界线高度的概念，采用两个受限条件烟羽的浓度的加权和来求出总的浓度。

AERMOD 的地形预处理程序（AERMAP）用网格高程数据计算出每个预测点的表征地形影响高度（h_c），AERMOD 再用它计算出该点的 H_c 值。通过这种方法，可用相同的模型框架来计算平坦和复杂地形下的浓度，而避免了像以前的法规模型那样对简单地形和复杂地形分别用一套计算公式。

可用于稳定和对流条件下的一般浓度公式为

$$C_{\mathrm{T}}\{x_{\mathrm{r}},y_{\mathrm{r}},z_{\mathrm{r}}\}=fC_{\mathrm{c,s}}\{x_{\mathrm{r}},y_{\mathrm{r}},z_{\mathrm{r}}\}+(1-f)C_{\mathrm{c,s}}\{x_{\mathrm{r}},y_{\mathrm{r}},z_{\mathrm{p}}\} \tag{2-58}$$

式中，$C_{\mathrm{T}}\{x_{\mathrm{r}},y_{\mathrm{r}},z_{\mathrm{r}}\}$——总浓度；

$C_{\mathrm{c,s}}\{x_{\mathrm{r}},y_{\mathrm{r}},z_{\mathrm{r}}\}$——来自水平烟羽的贡献（下标 c 和 s 分别代表对流和稳定条件）；

$C_{\mathrm{c,s}}\{x_{\mathrm{r}},y_{\mathrm{r}},z_{\mathrm{p}}\}$——来自地形引导烟羽的贡献；

f——烟羽状态权重函数；

$\{x_{\mathrm{r}},y_{\mathrm{r}},z_{\mathrm{r}}\}$——预测点的坐标（$z_{\mathrm{r}}$ 为相对烟囱基座的高度）；

z_{p}——预测点的离地高度，$z_{\mathrm{p}}=z_{\mathrm{r}}-z_{\mathrm{t}}$；

z_{t}——预测点的地面高度（也是相对烟囱基座）。

在平坦地形中，$z_t=0$，$z_p=z_r$，此时式（2-58）的浓度公式简化为单个水平烟羽的形式。要特别注意，在所有浓度计算中，所有的高度值（z）都是相对于烟囱基座的高度。图 2-12 展示了实际烟羽和 AERMOD 的概化烟羽之间的关系。

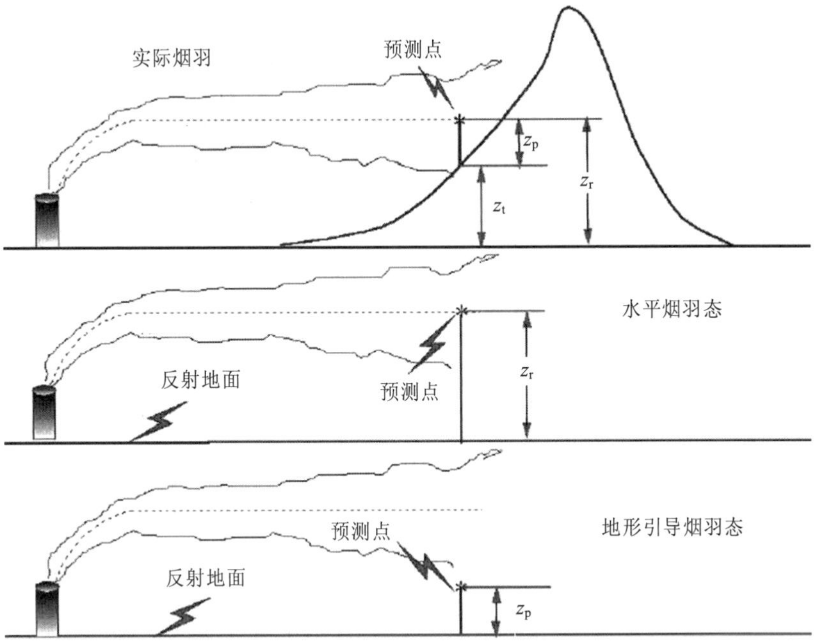

图 2-12 AERMOD 的双态法

预测总浓度为两种极端状态烟羽浓度的加权和权重因素的计算需要有 H_c 的计算值。使用 AERMAP 提供每个点的地形高度尺度 h_c，H_c 可用 CTDMPLUS 一样的方法来计算：

$$\frac{1}{2}u^2\{H_c\}=\int_{H_c}^{h_c}N^2\left(h_c-z\right)\mathrm{d}z \tag{2-59}$$

式中，$u\{H_c\}$——高度 H_c 处的风速；

N——Brunt-Vaisala 频率，$N=\left[\frac{g}{\theta}\times\frac{\partial\theta}{\partial z}\right]^{1/2}$；

h_c——高度尺度，表征了预测点周围最能决定其流场的山体高度。

两种状态烟羽之间权重的确定，依赖于 H_c 和预测点的垂直浓度分布之间的关系。假定风速随高度而增加，H_c 可看作这样一个参数，在稳定气象中空气流在这样的高度下将有足够的动能克服空气分层而上升到山体之上。但是，在计算某个预测点的地形引导状态下的烟羽的物质的量时，只需要知道这样一个最低的高度，空气流在该高度之上有足够的动能使分界线保持在地面之上前行，即地形引导型流动。在确定地形引导烟羽对这个预测点有影响的烟羽物质的量方面，是否烟羽还会偏离更多，是否能到达某个山体的顶部，都是不重要的。Venkatram 等（2001）首次提出，对于实际地形，常概化为一系列不规则形状的山体，H_c应该定义为与每一个预测点位置的地形引导高度相关的参数。与此相对比，以前的传统做法是将H_c定义成与一个孤立的代表山体高相关的参数，在这个山体上定义了许多预测点。

在 AERMOD 算法中，烟羽高度、预测点高程以及H_c共同决定每种状态的烟羽中物质的量的多少。如果一个预测点地面高程为z_t，有效烟羽高为h_e，则达到地形引导状态的分界线的高度为z_t+h_e，这时地形高度尺度h_c（用来决定H_c）直接取该点的地形引导状态的分界线高度。任何高于$H_c=z_t+h_e$的地形对该点的浓度均无影响。这种依赖于预测点和烟羽高度计算H_c的方法，是假设有足够的地形会影响靠近预测点处的气流，垂向使分界线上升到地形引导的高度。如果周围的实际地形没有达到地形引导状态的所需高度，h_c则用预测点周围实际的山体最高点来计算。因此，对任何一个预测点，h_c定义为实际的山体最高点和该点地形引导高度中的小者。已知h_c后，分界线高度可用 CTDMPLUS 模型中同样的积分式来计算。

在H_c之下的烟羽质量分数用式（2-60）计算：

$$\phi_p=\frac{\int_0^{H_c}C_s\{x_r,y_r,z_r\}\mathrm{d}z}{\int_0^{\infty}C_s\{x_r,y_r,z_r\}\mathrm{d}z} \tag{2-60}$$

式中，$C_s\{x_r,y_r,z_r\}$——稳定条件下没有山体时的浓度。

在对流条件下，H_c=0，$\phi_p=0$。

正如 Venkatram 等（2001）所描述的，烟羽状态权重因子f计算式为$f=0.5(1+\phi_p)$。当整个烟羽都在H_c之下时（$\phi_p=0.1$，f=1.0），浓度只与水平烟羽有关。当整个烟羽都在H_c之上，或者大气为中性或对流状态时，$\phi_p=0$，f=0.5。因此，在对流气象下，在山体上的预测点浓度为两种状态烟羽贡献的平均值。当在H_c之上的烟羽碰到山体时，在垂直方向产生偏离，烟羽有接触到山体表面的趋势，并沿山体表面扩展。为了考虑这种情况，预测浓度中总是要求包含来自水平烟羽的贡献。因此，没有一种情况是只单独考虑地形引导烟羽的。对于平坦地形，来自两种状态的烟羽的贡献是相等的，有同样的权重。

图 2-13 展示了权重因子是如何构成的，以及它在浓度计算中作为两种状态烟羽加权和的方式。

式（2-58）中各项要素的浓度一般表达式，在 CBL 和 SBL 均可写成：

$$C\{x,y,z\}=(Q/\tilde{u})P_y\{y;x\}P_z\{z;x\} \tag{2-61}$$

式中，Q——源排放率；

$\tilde{u}$——等效风速；

P_y和P_z——概率密度函数，分别用于描述水平和垂向的浓度分布。

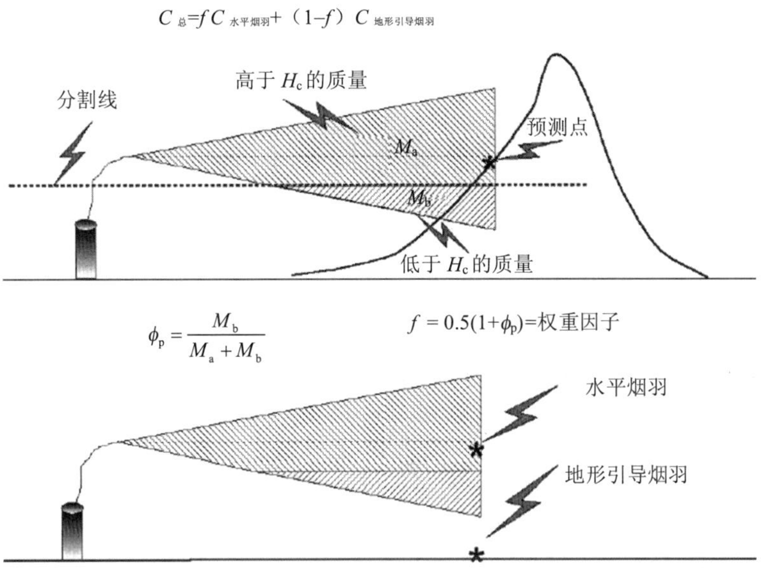

图 2-13 AERMOD 中地形的处理方法及计算总浓度的权重因子的结构

AERMOD 认为在 SBL 中，水平和垂向分布均符合传统的高斯分布，而在 CBL 中只有水平方向符合这一分布。CBL 中的烟羽物质的垂直分布，体现了对流混合层中垂向速度分布的明显的非高斯特征。CBL 中浓度分布的特殊形式体现在式（2-64）中，式中用了 $C_c\{x_r,y_r,z_r\}$ 符号。同样，在 SBL 中，浓度公式采用式（2-77），用了 $C_s\{x_r,y_r,z_r\}$ 符号。

AERMOD 依据大气稳定度等级和烟羽的位置是在混合层内还是混合层上等情况，模拟五种不同的烟羽类型：直接、间接、穿透、注射、稳定。这五种烟羽都将在下文进行详细说明。在稳定条件下，烟羽用大家熟悉的水平和垂直高斯公式模拟。在对流条件下（$L<0$），水平分布仍是高斯分布，垂直浓度分布则来自三种烟羽的组合：①混合层内的直接烟羽，初始时没有与混合层顶发生作用的部分；②混合层内的间接烟羽，初始时上升并飘浮在混合层顶附近的部分；③穿透烟羽，是混合层内排放的，但由于浮力作用，穿透进入了上部稳定层中的部分。

在对流条件下，AERMOD 也处理一种所谓注射源的特殊情况，即烟囱顶（或排放高度）大于混合层顶的情况。注射源用稳定状态下的烟羽来模拟，但在进行烟羽物质穿过混合层到达预测点的不均匀气象计算过程中，也考虑了混合层内的湍流和风的影响。

如上所述，AERMOD 通过使用风速、湍流和拉格朗日时间尺度的等效值，从而考虑了气象的垂直不均匀性。作为一个稳态烟羽模型，在每一个模拟时间段（一般为 1 h）里，

AERMOD 用单个的气象变量的值来描述扩散层的状态。特别之处在于，这些等效参数，是用烟羽质心和预测点之间的这层空间的气象廓线的平均值所确定。参数的等效值用上标波浪线来表示（如等效风速 $\tilde{u}$ ）。

2.5.2　CBL 中的浓度预测

AERMOD 中的对流边界层扩散公式，是该模型比已有法规模型先进的一个重要代表。假设烟羽段是排入一个由对流空气段——向上流和向下流组成的旅行链中，以平均风速运行。在每个空气段中的垂直和水平的速度，假设为随机变量，用它们的概率密度函数（PDF）来概化。平均浓度为从源排出的“粒子”的位置的 PDF 中求出；而位置 PDF 则来自于水平和垂直的速度分布 PDF。

在 CBL 中，垂直速度（w）的 PDF 是正向倾斜的，由此得到一个非高斯的垂向浓度分布 F_z。正向斜率与向下流的发生频率大于向上流的发生频率的事实相符；对于一个高架的无浮力源，这个斜率将导致烟羽中心线的下倾，烟羽中心线定义为最大浓度的轨迹线。图 2-14 为对流边界层中的一个瞬时烟羽及对应的总体平均烟羽的示意图。AERMOD 的基本浓度预测为 1 h 平均值。瞬时烟羽的大部分因受到向下流的影响，总体平均烟羽有向下的趋势。因为向下流比向上流次数更多，为了保持质量平衡，向下流的平均速度就相应地比向上流的小一些。在 AERMOD 中，一个倾斜的垂直速度 PDF 用一个双高斯分布来描述，实验室对流实验数据证实了这是一个很好的简化。与垂直部分不同，侧向速度 PDF 则符合高斯分布，由此导致浓度分布 F_y 也认为是高斯分布。

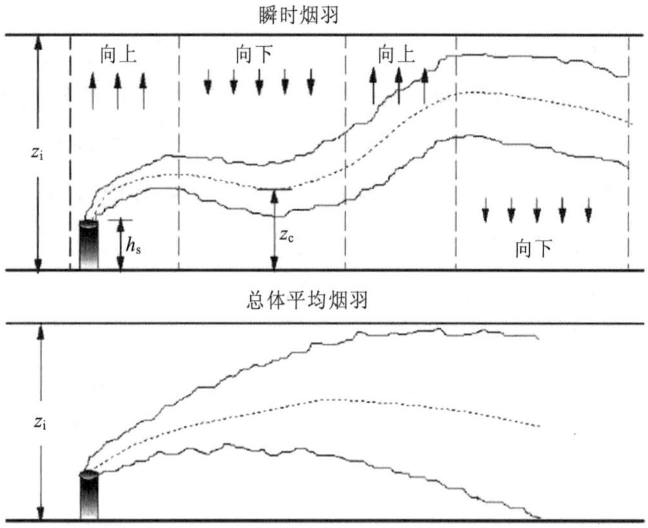

图 2-14　CBL 中的瞬时烟羽和对应的总体平均烟羽

除了非高斯的垂直分布 F_z，AERMOD 还有如下特性。对浮力源，没有“最终”的烟羽抬升假设。烟羽或粒子轨道，由距离相关的烟羽抬升和垂直速度 w 的垂直分布引起垂直的随机移动共同决定。当负值或向下的速度大到超过烟羽上升的速度，使烟羽接触到地面时，地面浓度首次出现。烟羽物质的直接输送到地面的过程，用烟囱位置处的“直接源”来处理。即直接源处理的是这样一些烟羽物质，首先它们到达地面，接着在 $z=z_i$ 和 $z=0$ 间反射（z_i 为 CBL 中的混合层高）。对于一开始就在上升流中的这部分烟羽或粒子，采用一个“间接源”的或修正的映象源（在混合层之上）来描述这些物质在 z_i 处的初始反射。这部分物质并未穿透到上部逆温层中，这个源称为“间接源”，它不是一个真正的映象源（如 ISC 中的则是映象源），因为它不是完全从 z_i 处反射回来。因此，间接源处理的烟羽部分，先是到达 z_i，接着在 z=0 和 z_i 间反射。为了延后物质从 CBL 顶部向下扩散过程，引入一个烟羽上浮高度（Δh_i），增加到间接源混合层高度中（图 2-15），这样能反映烟羽在顶部的飘浮行为，即浮力烟羽临时保持在 z_i 附近不易向下混合的趋势。对于非浮力源，间接源简化为在 $z=z_i$ 处反射的首个映象源（如 ISCST3 那样）。此外，引入一个“穿透源”（位于 CBL 顶部之上），用来描述首先穿透进入上部逆温层，然后在混合层增高过程中又进入并在其中扩散的物质。

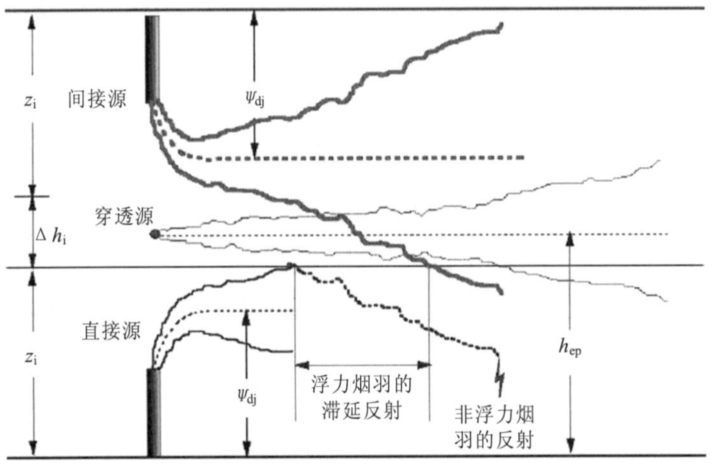

图 2-15　AERMOD 用三种烟羽来处理 CBL 中的扩散过程

与上述概念相对应，对模拟浓度的贡献由三个主要的数学源组成：直接源（在烟囱处）、间接源和穿透源。直接源的源强为 f_pQ，其中 Q 为源的排放率，f_p 为烟羽物质被对流混合层所捕捉的部分（$0\leqslant f_p\leqslant 1$）。同样，间接源源强也是 f_pQ，因为这个修正的映象源是为了描述混合层内这部分物质在 $z=z_i$ 处的无通量边界层反射。穿透源的源强为（$1-f_p$）Q，表征从一开始就直接穿透进入上部稳定层的那部分物质。除这三个主要的源外，还增加了其他一些映象源，用以描述在 $z=0$ 和 $z=z_i$ 处无通量边界的反射。

对于在对流层内部扩散的物质，示意图（图 2-14）展示了一段在混合层内运行的烟羽，这个混合层内有上升气流和下沉气流，其强度足以引起烟羽段的上下移位。空气中粒子（或空气包）的高度 z_c 与垂向速度 w 之间的关系，可用烟羽上升高度 Δh 和 w 引起的垂直位移的叠加来表示，即

$$z_c = h_s + \Delta h + \frac{wx}{u} \tag{2-62}$$

式中，h_s——烟囱高（已进行出口下洗修正）；

u——平均风速（整个混合层高度的垂直平均）；

x——下风向距离；

Δh——包括动量和浮力引起的抬升，用下文式（2-101）计算。F_z 或称为 z_c 的 PDF，可从垂直速度的 PDF，即 P_w 中得到。在 CBL 中，对 P_w 的较好近似是用两个高斯分布的叠加来表示：

$$p_w = \frac{\lambda_1}{\sqrt{2\pi}\sigma_{w1}} \exp\left(-\frac{(w-\overline{w}_1)^2}{2\sigma_{w1}^2}\right) + \frac{\lambda_2}{\sqrt{2\pi}\sigma_{w2}} \exp\left(-\frac{(w-\overline{w}_2)^2}{2\sigma_{w2}^2}\right) \tag{2-63}$$

式中，λ_1 和 λ_2 为两曲线的权重，$\lambda_1 + \lambda_2 = 1$（下标 1 和 2 分别代表上升气流和下沉气流分布）。PDF 参数（w_1，w_2，σ_{w1}，σ_{w2}，λ_1，λ_2）为 σ_w（垂直速度的均方根）的函数，垂直速度斜率 $s = \overline{w}^3 / \sigma_w^3$，式中 $\overline{w}^3$ 为 w 的第三势差，参数 $R = \sigma_{w1}\sqrt{w_1} = -\sigma_{w2}\sqrt{w_2} = 2$。关于 PDF 参数更详细的讨论由 Weil 等（1997）给出。

瞬时烟羽假设它的随机变化中心符合高斯浓度分布。平均浓度用所有随机中心移位导致的浓度之和来求出。这个平均过程导致一个倾斜分布，AERMOD 用双高斯来代表（一个为上升气流，另一个为下沉气流）。图 2-16 示意了用双高斯方法来近似 CBL 中的倾斜垂直浓度分布。图中所示的两个平均轨迹，每个代表了多个释放进上升气流或下沉气流的空气包轨迹的平均值。决定了这些平均轨迹的速度为：①平均水平风速（u）；②烟羽浮力引起的垂直速度（v_{buoy}）；③平均上行（$\overline{w}_1$）或下行（$\overline{w}_2$）气流速度。各轨迹平均高度 $\overline{z}_{c1}$ 和 $\overline{z}_{c2}$，可用式（2-63）的平均值计算。这些空气包（或粒子）的高度分布因此与浓度相关联，并用 $\sigma_{z1}\left(=\sigma_{w1}x/u\right)$ 和 $\sigma_{z2}\left(=\sigma_{w2}x/u\right)$ 来概化。σ_{z1} 和 σ_{z2} 为 Weil 等（1997）等导出的组成双高斯形式的双浓度分布的标准偏差。

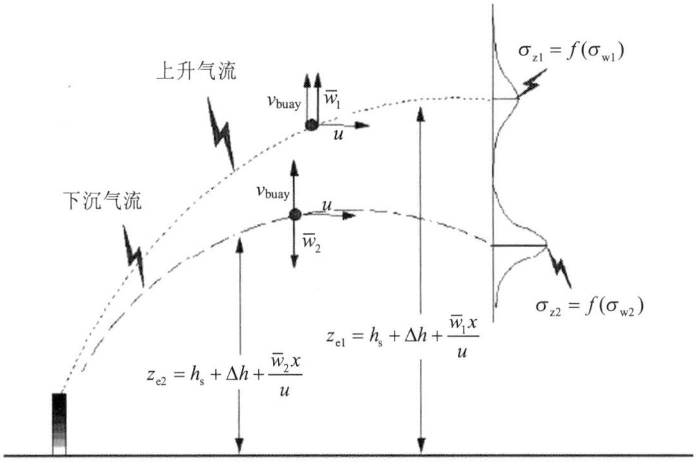

图 2-16　AERMOD 处理烟羽在 CBL 中扩散的 PDF 方法

AERMOD 将倾斜分布用两个高斯分布（上升和下沉气流分布）的叠加来近似。图 2-17 对比了双高斯 PDF 和高斯分布，高斯分布是关于 $w=0$ 对称的。由图 2-17 可见，双高斯 PDF 与高斯分布相比，p_w 值在负方向尾部要小一些，而在正方向的尾部则大一些。此外，对于双高斯形式，p_w 曲线下大约 60%的面积在 w 轴的正侧，40%在负侧。这与数值模拟的结果和野外实测值一致。

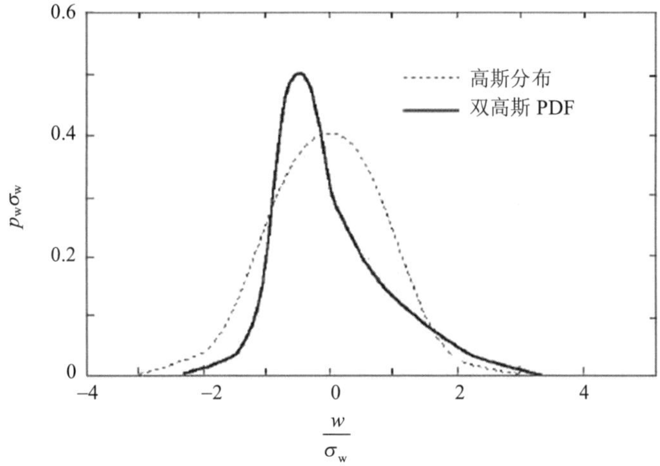

图 2-17　垂向速度的概率密度函数

这里所使用的 PDF 方法，正如前文提过的，模拟浓度主要由三个源组成：①在源位置处的“直接”的或真实源；②位于 CBL 顶部上方的“间接源”，描述“飘浮”或滞留在 z_i 下方附近的浮力烟羽，向下缓慢扩散的过程；③一个“穿透源”，描述穿透进入 z_i 上面的稳定层的这部分物质。直接源描述从源出来在向下流作用下直接接触地面的烟羽扩散过程。间接源用来处理“上升流”烟羽与上部逆温层的首次反应，即在上升流中首次上升到 CBL 顶部的部分，然后在下降流中回到地面的烟羽段。再引入映象源来处理接下来的烟羽与地面、上部逆温层的反射，以满足在 $z=0$ 和 $z=z_i$ 处的无物质通量反射现象。间接源相当于标准高斯模型中 z_i 处的第一个映象源，但对浮力烟羽则不同。对浮力烟羽的间接源，采用了一个修正的反射方法，在 $z=z_i$ 处以垂向速度进行反射，但用一个“间接”的烟羽抬升 Δh_i 来滞延烟羽从 CBL 顶向下扩散过程，以此模仿其“飘浮”行为。穿透源则用来描述这样一些物质，一开始穿透进入上部逆温层，但接下来经由烟羽的湍流混合重新进入 CBL，最终进入 CBL 内部。图 2-16 显示了这三个烟羽特征，即 AERMOD 对流模型的基本特性。在 AERMOD 中，CBL 中的总浓度 C_c 由这三个源的贡献组成。对水平烟羽状态，C_c 由式（2-64）计算：

$$C_c\{x_r,y_r,z_r\}=C_d\{x_r,y_r,z_r\}+C_r\{x_r,y_r,z_r\}+C_p\{x_r,y_r,z_r\} \tag{2-64}$$

式中，C_d、C_r 和 C_p 分别为直接、间接和穿透源的贡献。对于地形引导烟羽状态的总浓度公式，与式（2-64）相同，但 z_r 用 z_p 替代。

排放物质留在 CBL 内的分子数 f_p 为

$$f_p=\begin{cases}0 & \Delta h_h<0.5\Delta h_{eq}\\ 1 & \Delta h_h>1.5\Delta h_{eq}\\ \dfrac{\Delta h_h}{\Delta h_{eq}}-0.5 & 0.5\Delta h_{eq}\leqslant\Delta h_h\leqslant1.5\Delta h_{eq}\end{cases} \tag{2-65}$$

式中，$\Delta h_h=z_i-h_s$，Δh_{eq} 为在稳定状态下的等效烟羽抬升。Δh_{eq} 用式（2-66）计算：

$$\Delta h_{eq}=\left[2.6^3P_s+(2/3)^3\right]^{1/3}\Delta h_h \tag{2-66}$$

式中，$P_s=F_b/uN_h^2\Delta h_h^3$，为穿透参数，而浮力通量 F_b 和 Brunt-Vaisala 频率 N_h 分别由式(2-67)、式（2-68）给出：

$$F_b=gw_sr_s^2\frac{\Delta T}{T_s} \tag{2-67}$$

$$N_h=\left[\frac{g}{\theta\{z_i\}}\frac{\partial\theta}{\partial z}\bigg|_{z>z_i}\right]^{1/2} \tag{2-68}$$

式中，u 为烟囱高度出风速；g 为重力加速度；w_s、r_s、T_s 分别为烟囱出口流速、内径和烟气温度；θ 为环境位温。式（2-68）中 N_h 为基于上部稳定层的位温梯度，由 AERMET 提供。这个稳定层覆盖于 CBL 之上，一般从 z_i 到 z_i+500 m 的高度。

2.5.2.1　在 CBL 浓度计算中的直接源的贡献

根据 Weil 等（1997），直接烟羽的浓度贡献为

$$C_{\mathrm{d}}\left\{x_{\mathrm{r}}, y_{\mathrm{r}}, z_{\mathrm{r}}\right\}=\frac{Q f_{\mathrm{p}}}{\sqrt{2 \pi} \tilde{u}} F_{\mathrm{y}} \times \sum_{j=1}^{2} \sum_{m=0}^{\infty} \frac{\lambda_{j}}{\sigma_{\mathrm{zj}}}\left[\begin{array}{l}\exp \left(-\dfrac{\left(z-\psi_{\mathrm{dj}}-2 m z_{\mathrm{i}}\right)^{2}}{2 \sigma_{\mathrm{zj}}^{2}}\right)+ \\ \exp \left(-\dfrac{\left(z+\psi_{\mathrm{dj}}+2 m z_{\mathrm{i}}\right)^{2}}{2 \sigma_{\mathrm{zj}}^{2}}\right)\end{array}\right] \tag{2-69}$$

$$\psi_{\mathrm{dj}}=h_{\mathrm{s}}+\Delta h_{\mathrm{d}}+\frac{\bar{w}_{j} x}{u} \tag{2-70}$$

式中，u 为烟囱出口风速；$F_{\mathrm{y}}=\dfrac{1}{\sqrt{2 \pi} \sigma_{\mathrm{y}}} \exp \left(\dfrac{-y^{2}}{2 \sigma_{\mathrm{y}}^{2}}\right)$ 为带曲流的水平分布函数；$\bar{w}_{j}=a_{j} w_{*}$，a_{j} 在式（2-72）中定义；Δh_{d} 为直接源抬升，用式（2-101）计算；$z=z_{\mathrm{r}}$ 和 z_{p} 为水平或地形引导；ψ_{dj} 和 σ_{zj} 为有效源高和垂直分布参数，对应于式（2-63）中两个分布的每一个。对上升气流下标 j 为 1，下降气流 j 为 2。水平和垂直分布参数（σ_{y} 和 σ_{zj}），是环境、浮力引导和建筑物引导湍流的综合影响结果。σ_{zj}（j=1 或 2）为垂直扩散参数，对应于双高斯 PDF 中的各个高斯分布。而 λ_{j} 为式（2-63）中各分布的权重系数，用 Weil 等（1997）公式计算：

$$\begin{aligned}\lambda_{1}&=+\frac{\bar{w}_{2}}{\bar{w}_{2}-\bar{w}_{1}}=+\frac{a_{2}}{a_{2}-a_{1}} \\ \lambda_{2}&=-\frac{\bar{w}_{1}}{\bar{w}_{2}-\bar{w}_{1}}=-\frac{a_{1}}{a_{2}-a_{1}}\end{aligned} \tag{2-71}$$

其中：

$$\begin{aligned}a_{1}&=\frac{\tilde{\sigma}_{\mathrm{wT}}}{w_{*}}\left[\frac{\alpha S}{2}+\frac{1}{2}\left(\alpha^{2} S^{2}+\frac{4}{\beta}\right)^{1/2}\right] \\ a_{2}&=\frac{\tilde{\sigma}_{\mathrm{wT}}}{w_{*}}\left[\frac{\alpha S}{2}-\frac{1}{2}\left(\alpha^{2} S^{2}+\frac{4}{\beta}\right)^{1/2}\right]\end{aligned} \tag{2-72}$$

式中，$\tilde{\sigma}_{\mathrm{wT}}$ 为总体有效垂直湍流，由式（2-44）计算。式（2-72）中其他参数由式（2-73）计算：

$$\frac{\overline{w}^3}{w_*^3}=\begin{cases}0.125 & H_p\{x\}\geqslant 0.1z_i \\ 1.25\dfrac{H_p\{x\}}{z_i} & H_p\{x\}<0.1z_i\end{cases} \tag{2-73}$$

式中，

$$\alpha=\frac{1+R^2}{1+3R^2}$$

$$\beta=1+R^2$$

$$S=\frac{\overline{w}^3/w_*^3}{\left(\tilde{\sigma}_{wT}/w_*\right)^3}\equiv \text{斜率因子} \tag{2-74}$$

其中 R 设为 2.0。同样，式（2-70）中的 $\overline{w}_j x/u$ 项，可从 F_z 推导过程和双高斯形式中的 w_j［参见式（2-63）讨论］中得出。水平扩散参数（σ_y）可从式（2-85）中算出。

式(2-69)中，引用一个映象源来描述在地面处的无物质通量过程，此源在 $z=-h_s$ 处，在式（2-69）中体现为右侧中包括 $z+\psi_{dj}$ 的指数项。这个映象源导致了 $z=z_i$ 处的物质正通量，因此引入一系列的映象源，高度为 $z=2z_i+h_s$、$-2z_i-h_s$、$4z_i+h_s$、$-4z_i-h_s$ 等，来描述发生在 $z=0$ 和 $z=z_i$ 处的一系列无通量状态（反射）。

2.5.2.2 在 CBL 浓度计算中的间接源的贡献

来自间接源的浓度贡献用式（2-75）计算：

$$C_r\{x_r,y_r,z\}=\frac{Qf_p}{\sqrt{2\pi}\tilde{u}}F_y\times\sum_{j=1}^{2}\sum_{m=1}^{\infty}\frac{\lambda_j}{\sigma_{zj}}\left[\exp\left(-\frac{\left(z+\psi_{rj}-2mz_i\right)^2}{2\sigma_{zj}^2}\right)+\exp\left(-\frac{\left(z-\psi_{rj}+2mz_i\right)^2}{2\sigma_{zj}^2}\right)\right] \tag{2-75}$$

式中，$\psi_{rj}=\psi_{dj}-\Delta h_i$，$z$ 可能为 z_r（水平烟羽状态）或 z_p（对地形引导烟羽状态）。如图 2-15 所示，间接源是用直接源的反射源经过烟羽高度的一个修正［式（2-102）计算出的 Δh_i］后来模拟的，这个修正是为了考虑烟羽飘浮在边界层顶部导致向下混合时的延滞现象。

2.5.2.3 在 CBL 浓度计算中的穿透源的贡献

对穿透源，浓度分布在垂向和水平（侧向）均符合高斯分布，其浓度为

$$C_p\{x_r,y_r,z\}=\frac{Q\left(1-f_p\right)}{\sqrt{2\pi}\tilde{u}\sigma_{zp}}F_y\times\sum_{m=-\infty}^{\infty}\left[\exp\left(-\frac{\left(z-h_{ep}+2mz_{ieff}\right)^2}{2\sigma_{zp}^2}\right)+\exp\left(-\frac{\left(z+h_{ep}+2mz_{ieff}\right)^2}{2\sigma_{zp}^2}\right)\right] \tag{2-76}$$

式中，z_{ieff} 为在上部稳定层中的反射界面的高度，z 取 z_r（水平烟羽状态）或 z_p（地形引导状态）。垂向扩散参数 σ_{zp} 用 2.5.5 节的方法计算。

穿透烟羽高度 h_{ep}，取混合层之上的烟羽质心的高度，用式（2-104）计算。

2.5.3　SBL 中的浓度预测

对于稳定条件，AERMOD 浓度表达式［式（2-58）中 C_s］为高斯形式，与其他许多稳态烟羽模型相似（如 HPDM）。C_s 用式（2-77）计算：

$$C_s\{x_r, y_r, z\} = \frac{Q}{\sqrt{2\pi}\tilde{u}\sigma_{zs}} F_y \times \sum_{m=-\infty}^{\infty}\left[\exp\left(-\frac{(z-h_{es}-2mz_{ieff})^2}{2\sigma_{zs}^2}\right)+\exp\left(-\frac{(z+h_{es}+2mz_{ieff})^2}{2\sigma_{zs}^2}\right)\right] \tag{2-77}$$

式中，z_{ieff}——有效机械混合层高度；

σ_{zs}——SBL 中的总的垂直扩散；

h_{es}——烟羽高度（烟囱高度加上烟羽抬升）。

在机械混合层高度 z_{im}［式（2-35）］之上，湍流强度一般较小，因此烟羽的垂向混合能力不强。在 SBL 中 AERMOD 设计了一个有效混合层顶盖 z_{ieff}，它能延缓烟羽物质扩散进入机械混合层上部的区域。当最终烟羽高度小于 z_{im}，则烟羽不与 z_{im} 作用。当烟羽虽然在 z_{im} 之下，但稳态烟羽的“上边缘”（烟羽质心高加上 $2.15\sigma_{zs}$）达到 z_{im} 高度，则有效混合层顶盖允许增高，使其高度靠近烟羽上边缘。采用这种方法，AERMOD 允许烟羽向下扩散，但由于高处湍流较弱，用了一个只折回垂向扩散烟羽最尾部的有效反射面，来限制其垂向的扩散。这样就不会像固定的混合层顶盖的反射那样产生很大的叠加浓度。向下扩散的主要因子 σ_w 取预测点与烟羽高度之间的平均值。如果烟羽高度在混合层之上，则有效的 σ_w 计算将包含 σ_w 值较小的区域，这样会导致延缓烟羽成长情况受到 z_{im} 之上的烟羽量的显著影响。因此，不管烟羽分布在 z_{im} 之上或之下，z_{im} 之上的低湍流区域对于混合层内浓度分布产生合理的影响。

当烟羽浮力携带上升烟羽进入 z_{im} 之上的湍流相对偏弱的区域时，反射界面依然设于有效烟羽高度之上 $2.15\sigma_{zs}$ 的位置，因为此处仍将有因烟羽浮力引起的烟羽扩散，并且向下混合过程仍然是重要的。因此，在 SBL 中，烟羽物质是假设为从这样一个上部界面来反射的，其高度为

$$z_{ieff} = \mathrm{MAX}\left[h_{es} + 2.15\sigma_{zs}\{h_{es}\}; z_{im}\right] \tag{2-78}$$

式中，σ_{zs} 由 h_{es} 中的 σ_{wT} 和 u 来确定，并非有效参数。要注意 z_{ieff} 与下风向距离有关，因为 σ_{zs} 是由下风向距离决定的。实际上，正如式（2-78）所建议的，这个有效反射面只反

射回上部分布中的最尾部分。另外，如果预测点高度 $z_r \geqslant z_{ieff}$，则这个有效反射面不作考虑。这个方法也应用在穿透源中。对穿透源和注射源，z_{ieff} 也用式（2-78）计算，但 σ_{zs} 和 h_{zs} 分别用 σ_{zp} 和 h_{ep} 代替。

2.5.4 水平烟羽弥递的处理

在 AERMOD 中考虑了这样的现象，即低频率、无弥散的旋涡（弥递）是无烟羽浓度的。弥递，即烟羽缓慢地水平前后移位，使烟羽经过长时间行进后减少了完整性。此现象对烟羽浓度的影响，最好可用粒子轨迹模型来模拟，因为这些模型用预测点处一定体积内粒子的出现次数来估算其浓度。然而，作为一个简单的稳态模型，AERMOD 却不能得到这样的信息。AERMOD 采用以下两种情况的浓度内插来处理弥递：一是连续烟羽（假设风向沿明确定义的平均方向分布，只有由水平湍流引起一些变动）；二是随机烟羽（假设任何风向有相同的概率）。

对于连续烟羽，水平分布函数（F_{yC}）有如下高斯形式：

$$F_{yC} = \frac{1}{\sqrt{2\pi}\sigma_y} \exp\left(\frac{-y^2}{2\sigma_y^2}\right) \tag{2-79}$$

式中，σ_y——水平扩散参数。

对于随机烟羽，风向以及烟羽物质为沿一个 2π的角度均匀分布。因此，水平分布函数 F_{yR} 采用如下简单形式：

$$F_{yR} = \frac{1}{2\pi x_r} \tag{2-80}$$

式中，x_r——到预测点的径向距离。

尽管这两种烟羽的垂向分布函数形式保持不变，它们的量级是基于下风距离（对连续烟羽）或径向距离（对随机烟羽）。

一旦这两个浓度（连续烟羽浓度 C_{ch} 和随机烟羽浓度 C_R）计算出，稳定或对流条件下的总浓度 $C_{c,s}$ 可由内插得到。在连续和随机烟羽浓度之间的插值，假定的基础是总水平“能量”是在层流和湍流分量之间分布，即

$$C_{c,s} = C_{ch}\left(1-\sigma_r^2/\sigma_h^2\right) + C_R\left(\sigma_r^2/\sigma_h^2\right) \tag{2-81}$$

式中，σ_h^2——总的水平风能量的度量；

σ_r^2——风能量的随机分量。

因此，比率 σ_r^2/σ_h^2 表征了随机分量的重要性，可用于权衡两浓度的比例，正如式（2-81）那样。

水平风由平均分量$\bar{u}$和随机分量σ_u、σ_v组成。这样，总的水平风“能量”的度量（假设顺风向和横风向波动相等，即$\sigma_u=\sigma_v$），可用式（2-82）表示：

$$\sigma_h^2=2\tilde{\sigma}_v^2+\bar{u}^2 \tag{2-82}$$

式中，$\bar{u}=(\tilde{u}^2-2\tilde{\sigma}_v^2)^{1/2}$。随机能量分量初始为$2\tilde{\sigma}_v^2$，但烟羽经过很长距离后，源位置处的平均风信息对其位置的预测变得不相关时，则变成等于σ_h^2。水平风能量的随机分量的演变可表达为

$$\sigma_r^2=2\tilde{\sigma}_v^2+\bar{u}^2\left[1-\exp\left(\frac{-x_r}{\tilde{u}T_r}\right)\right] \tag{2-83}$$

式中，T_r为时间尺度（=24 h），表征在此时间后，源位置处的平均风信息与下风向预测点处的烟羽定位不再相关。对风统计的自相关性分析结果表明，经过大约一整天时间后，烟羽输送被“随机化”了。式（2-83）表明，时间很短时，$\sigma_r^2=2\tilde{\sigma}_v^2$，而长时间后（长距离后），$\sigma_r^2=2\tilde{\sigma}_v^2+\bar{u}^2$，这即是流体的总水平动能$\sigma_h^2$。因此，连续和随机分布函数的相对贡献［式（2-81）］，是基于系统中随机能量部分所占的比例（σ_r^2/σ_h^2）。

在 SBL 中式（2-81）的应用比较直接。既然在 SBL 中浓度可用单个烟羽表示，C_s可直接用式（2-81）计算。而在对流条件下，因考虑烟羽穿透，情况要复杂些。由于σ_r^2决定于有效参数［式（2-83）］，式（2-81）中的浓度权重因子在无穿透烟羽和在 CBL 中的穿透烟羽条件下是不同的。这里将有穿透和无穿透的权重因子（$\sigma_r^2/\sigma_h^2\big|_P$和$\sigma_r^2/\sigma_h^2\big|_{NP}$）合并成一个有效因子（$\sigma_r^2/\sigma_h^2\big|_{CBL}$）来处理。即

$$\sigma_r^2/\sigma_h^2\Big|_{CBL}=f_p\times\sigma_r^2/\sigma_h^2\Big|_P+\left(1-f_p\right)\times\sigma_r^2/\sigma_h^2\Big|_{NP} \tag{2-84}$$

式中，f_p［参见式（2-65）］为 CBL 捕捉到的烟羽物质的分子。使用式（2-84），CBL 中的浓度C_c可用式（2-81）来计算，只需将σ_r^2/σ_h^2替代为$\sigma_r^2/\sigma_h^2\big|_{CBL}$。

2.5.5　扩散系数的计算

水平和垂直浓度分布的总体标准偏差（$\sigma_{y,z}$）由两个扩散组成，一个是由环境湍流导致的扩散（σ_{ya}和σ_{za}），另一个是由烟羽浮力引起的湍流导致的扩散（σ_b）。此处没有包括建筑物引起的影响，因为已采用特定的方法来处理建筑物尾迹对扩散的影响。环境湍流引起的扩散的显著之处是随高度变化而变化很大，在贴近地面处比变化最强。与当前的法规模型不同，AERMOD 能考虑随高度而变化的湍流对扩散的影响，采用的是“等效参数”的方法，参数用上加波浪线的方式表示，如$\tilde{\sigma}_{wT}$。

AERMOD 用地面扩散的特殊处理方法和高架扩散的传统 Taylor（1921）法的组合，

来处理环境湍流引起的垂直扩散参数σ_{za}。SBL 中采用这种方法模拟结果与实际观测结果符合性良好。但在 CBL 中，模拟结果表明近地面的水平扩散的处理是有问题的，可以采用全套（CBL 和 SBL 状态下）的 Prairie Grass 实测数据得到的近地面的σ_{ya}经验关系进行修正。下一节将描述σ_{ya}和σ_{za}的计算式。

假定以上两种贡献是相互独立的，总扩散由以上两种影响共同组成。因此，总的扩散系数，在不包括建筑物下洗影响的情况下，可用式（2-85）计算：

$$\sigma_{y,z}^2=\sigma_{ya,za}^2+\sigma_b^2 \tag{2-85}$$

式中，σ_b的下标 y 和 z 已略去，因为这里假定$\sigma_{yb}=\sigma_{zb}$。式（2-85）可用于除 CBL 的穿透源以外的所有 CBL 或 SBL 中的源，只是在 SBL 中$\sigma_{y,z}$换成$\sigma_{ys,zs}$，而$\sigma_{ya,za}$换成$\sigma_{yas,zas}$，在 CBL 中$\sigma_{y,z}$换成$\sigma_{yjs,zj}$，而$\sigma_{ya,za}$换成$\sigma_{yajs,zaj}$。对于穿透源，总的扩散假设只包括环境和浮力湍流的影响，而不考虑建筑物尾迹的影响。对于注射源，总的扩散参数计算方法与源在 SBL 中的情况相同。

注意：式（2-85）用于 SBL 和 CBL 中的水平和垂直扩散。对于 SBL，σ_z用σ_{zs}表示，σ_{za}用σ_{zas}表示。对于 CBL，σ_z对于直接源或间接源用σ_{zj}表示，对于穿透源则用σ_{zp}表示，而σ_{za}可用σ_{aj}表示。

2.5.5.1 环境湍流引起的扩散

（1）环境湍流引起的水平扩散

水平扩散的环境湍流部分一般用 Taylor（1921）表示：

$$\sigma_{ya}=\frac{\tilde{\sigma}_v x}{\tilde{u}\left(1+\dfrac{x/\tilde{u}}{2T_{Ly}}\right)^P} \tag{2-86}$$

式中，$P=0.5$；u为风速；σ_v为水平湍流速度的均方根；T_{Ly}为水平湍流的拉格朗日积分时间。

在 AERMOD 的早期版本中，使用 Prairie Grass 实施的验证数据，式（2-86）计算结果预测浓度与实测结果相差较大，特别是水平扩散符合性较差。因此，后期对水平扩散式进行了修改以符合 Prairie Grass 的经验拟合值。

采用类似于 Venkatram 等（1984）的方法，T_{Ly}表示成l/σ_v，l为水平湍流的一个适量的长度尺度。式（2-86）可写成无量纲的下风距离X和无量纲的高度尺度α的函数：

$$\sigma_{ya}=\frac{\tilde{\sigma}_v x}{\tilde{u}(1+\alpha X)^P} \tag{2-87}$$

式中，X（$=\tilde{\sigma}_v x/\tilde{u}z_i$）为无量纲的距离；$u$和$\sigma_v$均采用有效参数；$\alpha=z_i/l$，$z_i$为混合层高度。

用 Prairie Grass 数据中选出的稳定和对流情况，初步对比分析σ_{ya}［式（2-87)］，得到α=78，P=0.3。这样，α 作为一个恒定参数处理。在进一步对比分析全套的布拉里数据过程中，式（2-87）趋向于高度分散的实测数据图的下边缘（图 2-18，即水平扩散预测值位于实测分布图的下侧边缘）。但是，由于采用初步估计值（α=78，P=0.3）产生的 AERMOD 预测浓度与观察值符合良好，因而 AERMOD 中采用了这些初步估计值，式（2-87）可用于 SBL 和 CBL 中所有烟羽中计算σ_{ya}值。

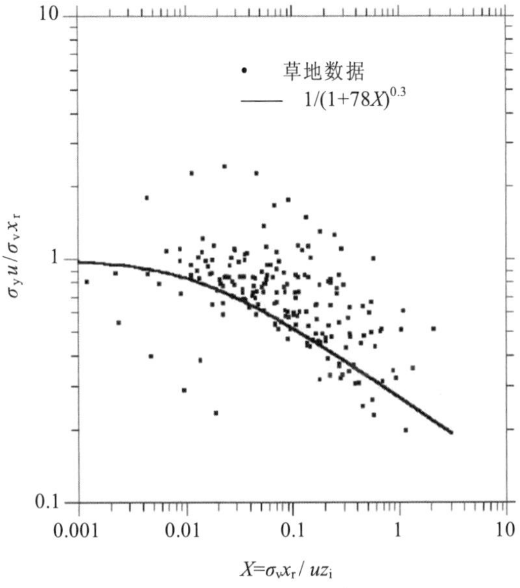

图 2-18　水平扩散参数（σ_y）为无量纲距离 X 的函数（数据来自布拉里草原实验）

对于穿透源（在 z_i 之内释放，但穿透到 z_i 上面），水平扩散参数的环境部分采用式（2-87）计算时，h_{es} 取 h_{ep}（取穿透源的高度）。然而，对于注射源（在 z_i 之上释放的源），无须进行任何替换可直接用式（2-87）计算，因为都是作为稳定源来模拟。

在释放高度大于 Prairie Grass 的情况，为考虑湍流尺度的增加，以及由此引起的拉格朗日时间尺度的增加，α可用式（2-88）调整：

$$\alpha = 78\left(\frac{z_{PG}}{z_{max}}\right) \tag{2-88}$$

式中，z_{PG}=0.46 m（布拉里释放高度）；z_{max}=MAX[z; z_{PG}]。为避免地面释放时α值过大，z 值不允许小于 z_{PG}（0.46 m）。在 SBL 中，$z = h_{es}$；在 CBL 中，$z = h_s$；对穿透源，$z = h_{ep}$。对于大的释放高度，随着α值的变小，σ_{ya} 趋向于随下风距离而线性增大。

（2）环境湍流引起的垂直扩散

对于 SBL 中的源以及 CBL 中直接排入混合层上部稳定层中的源，垂直扩散参数

（σ_{zas}）由高架（σ_{zes}）和地面（σ_{zgs}）两部分组成。当 $h_{es} < z_i$ 时，可用简单的内插法光滑化这两部分之间的过渡。

$$\sigma_{zas} = \left(1 - \frac{h_{es}}{z_i}\right)\sigma_{zgs} + \left(\frac{h_{es}}{z_i}\right)\sigma_{zes} \tag{2-89}$$

对于 $h_{es} \geqslant z_i$ 的情况，σ_{zas} 等于 σ_{zes}。应该注意到，对于 SBL 中的源，σ_{zas} 为垂直扩散参数的环境部分的特殊形式［式（2-85）中 σ_{za}］。

在 SBL 中，垂直扩散参数的高架部分符合式（2-86）的形式：

$$\sigma_{zes} = \frac{\tilde{\sigma}_{wT}\left(x/\tilde{u}\right)}{\left(1 + \dfrac{x/\tilde{u}}{2T_{Lzs}}\right)^{1/2}} \tag{2-90}$$

式中，σ_{wT}——机械混合引起的垂直湍流。

与水平扩散相似，垂直湍流的拉格朗日时间尺度（T_{Lzs}）可写作如下格式：

$$T_{Lzs} = \frac{l}{\tilde{\sigma}_{wT}} \tag{2-91}$$

长度尺度 L 为中性和稳定两种状态的长度尺度界限的插值。中性状态有 l_n =0.36 h_{es}，稳定状态有 $l_s = 0.27\dfrac{\tilde{\sigma}_{wT}}{N}$，因此有

$$\frac{1}{l} = \frac{1}{l_n} + \frac{1}{l_s} \tag{2-92}$$

在非常稳定状态，或在很高的高度，l 接近于 l_s。当接近于中性状态时，N 非常小，l 接近于 l_n。

结合式（2-90）、式（2-91）和式（2-92）可得到 AERMOD 用于计算稳定源垂直扩散参数的高架部分 σ_{zes}，公式如下：

$$\sigma_{zes} = \frac{\tilde{\sigma}_{wT}t}{\left[1 + \dfrac{\tilde{\sigma}_{wT}t}{2}\left(\dfrac{1}{0.36h_{es}} + \dfrac{N}{0.27\tilde{\sigma}_{wT}}\right)\right]^{1/2}} \tag{2-93}$$

最后，式（2-89）中，SBL 中的垂直扩散参数的地面部分（σ_{zgs}），可用 Venkatram（1992）公式计算：

$$\sigma_{zgs} = \sqrt{\frac{2}{\pi}}\left(\frac{u_* x}{\tilde{u}}\right)\left(1 + 0.7\frac{x}{L}\right)^{-1/3} \tag{2-94}$$

对于 CBL 中的直接源和间接源，垂直扩散参数的环境部分［式（2-85）中的 σ_{za}］表示成 σ_{zaj}（j=1，2）以区分上升气流和下沉气流。σ_{zaj} 由空中（σ_{zej}）和地面（σ_{zg}）两部分组成，计算式如下：

$$\sigma_{\rm zaj}^2 = \sigma_{\rm zej}^2 + \sigma_{\rm zg}^2 \tag{2-95}$$

式中，空中部分（$\sigma_{\rm zej}$）用 Weil 等（1997）所给公式计算：

$$\sigma_{\rm zej} = \alpha_{\rm b} \frac{\sigma_{\rm wj} x}{\tilde{u}} \tag{2-96}$$

式中，$\sigma_{\rm wj}$——双高斯 PDF 的一个参数，式（2-63）。

表达式$\alpha_{\rm b} = {\rm Min}(0.6 + 4H_{\rm p} / z_{\rm i};1.0)$，当在地面层以上时（$H_{\rm p}>0.1z_{\rm i}$）等于 1.0，而当中性边界层中地面源的垂直扩散时则应符合 Venkatram（1992）结果。

对于 CBL 中在地面层内释放的源（$H_{\rm p}\{x\}<0.1z_{\rm i}$）的垂直扩散参数，可用式（2-97）表示：

$$\sigma_{\rm zg} = b_{\rm c}\left[1-10\left(\frac{H_{\rm p}}{z_{\rm i}}\right)\right]\left(\frac{u_*}{\tilde{u}}\right)^2\left(\frac{x^2}{|L|}\right) \tag{2-97}$$

式中，$b_{\rm c}$=0.5；u_*为摩擦速度；L 为莫宁-奥布霍夫长度；在地面层以上（$H_{\rm p}>0.1z_{\rm i}$），$\sigma_{\rm zg}$可设为 0。在地面释放条件时（$H_{\rm p}$=0），式（2-97）与 Venkatram（1992）对不稳定地面层垂直扩散参数的公式相符合，即$\sigma_{\rm z} \propto \left(\frac{u_*}{\tilde{u}}\right)^2\left(\frac{x^2}{|L|}\right)$。本式的设计原则为：①要求与 Venkatram 关于地面源的结果一致；②要求与 Prairie Grass 实测结果符合良好；③在地表层时随源的高度而下降，到达地表层以上时最终消失。常数$b_{\rm c}$用于满足以上第②点要求。在中性边界层条件下，$\sigma_{\rm zg}$=0。

穿透源的总的垂直扩散参数$\sigma_{\rm zp}$［式（2-84）中为$\sigma_{\rm z}$］由环境和浮力两部分组成。环境部分只包括空中部分$\sigma_{\rm zes}$（$\sigma_{\rm zss}$），因为它位于$z_{\rm i}$之上，受地表面影响可略。穿透源的环境垂直扩散参数，是用稳定源的空中部分［式（2-93）中的$\sigma_{\rm zes}$］取$N=0$且不考虑地面部分贡献来计算出来的。Brunt-Vaisala 频率 N 设为 0，因为穿透烟羽需要穿过混合良好的层（这个层中 N=0），然后才能扩散到混合层内的接受点处。

2.5.5.2　浮力引起的扩散（BID）部分

对于所有烟羽，浮力引起的扩散用 Pasquill（1976）和 Weil（1988b）提出的式（2-98）计算：

$$\sigma_{\rm b} = \frac{0.4\Delta h}{\sqrt{2}} \tag{2-98}$$

式中，Δh 对应各类烟羽的抬升高度（直接烟羽、间接烟羽、穿透烟羽和稳定烟羽）。直接源烟羽抬升用式（2-101）计算，稳定源烟羽抬升$\Delta h_{\rm s}$用式（2-105）计算，穿透源烟羽抬升$\Delta h_{\rm p} = h_{\rm ep} - h_{\rm s}$，式中，$h_{\rm ep}$用式（2-104）计算。

2.5.5.3 建筑物下洗的处理

AERMOD 结合了烟羽抬升模型增强器（PRIME）算法，来处理建筑物尾迹引起的烟羽增强抬升或受限抬升（EPA，1995）。PRIME 基于计算结果划分烟羽物质在回旋空腔区和尾迹区的比例，用来截取空腔区边界的烟羽物质的比例。回旋空腔区边界从水平和垂直分离线的位置估算中得出。空腔区物质的扩散，是基于建筑物几何形状，并假定垂直方向混合均匀。在空腔区的边缘，空腔中物质流出进入尾迹区，并与未进入空腔区的烟羽物质混合，然后以一个增强的速率扩散，这个速率与源位置、释放高度、建筑物几何形状有关。尾迹区的湍流增强随距离逐渐减弱，在较远处湍流强度平滑过渡到环境中的原有强度。一个概率密度函数模型和一个涡流稀释模型分别用于近尾迹区和远尾迹区的扩散计算。受建筑物影响的烟羽抬升，是用一个数值模型进行计算，考虑了建筑物附近的流线偏转效应，垂直风速剪切，以及湍流尾迹和速度弱化引起的稀释增强。总体来说，相比无建筑物的情况，这些因建筑物引起的影响起了限制抬升的作用。

PRIME 起初设计为用于处理 Pasquill Gifford（PG）扩散中的烟羽增强抬升。AERMOD 对烟羽高度的计算是基于湍流廓线中得出的扩散参数，而不是像 PG 方法那样的是基于辐射的湍流。将 PRIME 结合进 AERMOD 的一个基本设计原则为，在尽量忠实于 PRIME 公式的同时保证：①用 AERMOD 的环境扩散参数代替 PG 扩散参数；②在尾迹区之外较远处，建筑物的影响已不明显，浓度接近于用 AERMOD 的计算结果。因此，在尾迹区内，只用 PRIME 来计算浓度，但从 AERMOD 中取得环境湍流强度作为输入项。为使得尾迹内用 PRIME 估算的浓度，与远距离处用 AERMOD 计算的浓度之间平滑过渡，在靠近尾迹区之外的区域的浓度由这两部分浓度的加权和计算。即尾迹区外侧总浓度（C_{total}）用式（2-99）计算：

$$C_{\text{total}} = \gamma C_{\text{PRIME}} + (1-\gamma) C_{\text{AERMOD}} \tag{2-99}$$

式中，C_{PRIME}——使用 PRIME 算法得出的浓度（其气象参数来自 AERMOD）；

C_{AERMOD}——未考虑建筑物尾迹影响和 AERMOD 算法得出的浓度；

γ——权重系数。

权重系数设计成来自 PRIME 计算的浓度贡献，会随着相对尾迹的垂直、水平和下风距离增大而指数下降，即有

$$\gamma = \exp\left(\frac{-\left(x-\sigma_{\text{xg}}\right)^2}{2\sigma_{\text{xg}}^2}\right)\exp\left(\frac{-\left(y-\sigma_{\text{yg}}\right)^2}{2\sigma_{\text{yg}}^2}\right)\exp\left(\frac{-\left(z-\sigma_{\text{zg}}\right)^2}{2\sigma_{\text{zg}}^2}\right) \tag{2-100}$$

式中，x——从建筑物迎风侧到预测点外的下风向距离；

y——水平向（横风向）建筑物中线与测点的距离；

z——预测点离地高度；

σ_{xg}——尾迹的纵向（下风向）长度；

σ_{yg}——尾迹的横风向从建筑中心线到侧面的距离；

σ_{zg}——尾迹在预测点处的高度。

2.5.6 AERMOD 中的烟羽抬升计算

2.5.6.1 CBL 中的烟羽抬升

直接源的烟羽抬升为烟气动量和浮力影响的叠加，按 Briggs（1984）公式计算：

$$\Delta h_{\mathrm{d}} = \left(\frac{3F_{\mathrm{m}}x}{\beta_1^2 u_{\mathrm{p}}^2} + \frac{3}{2\beta_1^2} \times \frac{F_{\mathrm{b}}x^2}{u_{\mathrm{p}}^3} \right)^{1/3} \tag{2-101}$$

式中，F_{m}——烟气动量通量，$F_{\mathrm{m}} = (T/T_{\mathrm{s}})w_{\mathrm{s}}^2 r_{\mathrm{s}}^2$；

F_{b}——浮力通量，$F_{\mathrm{b}} = g w_{\mathrm{s}} r_{\mathrm{s}}^2 (\Delta T/T_{\mathrm{s}})$；

r_{s}——烟囱出口半径且已经过出口下洗校正；

β_1——夹带系数，一般取 0.6。

需要说明，u_{p} 为用于计算烟羽抬升的风速，在 CBL 中设为 $u\{h_{\mathrm{s}}\}$。

间接源用来处理 $z = z_{\mathrm{i}}$ 处的无物质通量情况，模拟成一个直接源的反射源，并且对反射源的烟羽高加上一个调整高度 Δh_{i} 以反映烟羽在边界层顶部悬浮导致的垂直混合的迟滞现象。调整高度用式（2-102）计算：

$$\Delta h_{\mathrm{i}} = \left(\frac{2F_{\mathrm{b}} z_{\mathrm{i}}}{\alpha_{\mathrm{r}} u_{\mathrm{p}} r_{\mathrm{y}} r_{\mathrm{z}}} \right)^{1/2} \frac{x}{u_{\mathrm{p}}} \tag{2-102}$$

式中，r_{y}，r_{z}——分别为悬浮烟羽的水平和垂直半宽；

u_{p}——用于烟羽抬升的风速；

α_{r}——取 1.4。

烟羽椭圆形截面的横风向尺寸用 Weil 等（1997）所荐公式计算：

$$r_{\mathrm{y}} r_{\mathrm{z}} = r_{\mathrm{h}}^2 + \frac{a_{\mathrm{e}} \lambda_{\mathrm{y}}^{3/2}}{4} \times \frac{w_*^2 x^2}{u_{\mathrm{p}}^2} \tag{2-103}$$

式中，$r_{\mathrm{h}} = \beta_2(z_{\mathrm{i}} - h_{\mathrm{s}})$，$\beta_2 = 0.4$；$\lambda_{\mathrm{y}} = 2.3$；$a_{\mathrm{e}} = 0.1$（无量纲夹带系数）；$\Delta h_{\mathrm{i}}$ 的推导和讨论见 Weil 等（1997）。

穿透源在 z_i 之上能达到的高度用稳定状态下的平衡烟羽抬升来计算，即由源的浮力通量、z_i 以上的稳定等级和平均风速来决定。按照 Weil 等（1997）所述，穿透源烟羽高度 h_{ep} 用上部逆温层中的烟羽质心位置来表示。对于完全穿透（f_p=0），$h_{ep}=h_s+\Delta h_{eq}$，但部分穿透（f_p>0）时，h_{ep} 为烟羽的上边缘 $h_s+1.5\Delta h_{eq}$ 和 z_i 的平均值，即

$$h_{ep}=\frac{h_s+z_i}{2}+0.75\Delta h_{eq} \tag{2-104}$$

式中，Δh_{eq} 的定义见式（2-66）。

2.5.6.2 SBL 中的烟羽抬升

SBL 中的烟羽抬升计算来自 Weil（1988b），此算法用与 Perry 等（1989）类似的迭代法进行了改进。在具有正值的位置梯度的空气中（稳定气象）的烟羽抬升时，烟羽浮力是减少的，因为环境位温随其高度而增加。考虑这个因素，烟羽抬升公式必须进行改进，改进后，AERMOD 用 Weil 法来计算稳定状态的抬升 Δh_s，如式（2-105）所示。

$$\Delta h_s=2.66\left(\frac{F_b}{N^2u_p}\right)^{1/3}\left[\frac{N'F_m}{F_b}\sin\left(\frac{N'x}{u_p}\right)+1-\cos\left(\frac{N'x}{u_p}\right)\right]^{1/3} \tag{2-105}$$

式中，N'=0.7N，N 用式（2-68）计算。初始 N 和 u 用烟囱高度处计算。当抬升计算出后，再用烟囱高度处和 $h_s+\Delta h_s/2$ 处的平均 u 和 N 值来计算下一个抬升（迭代直到收敛）。式（2-105）是用于计算下风向距离在最大抬升距离（x_f）之内的抬升。在 x_f 之外，Δh_s 为恒定值。稳定烟羽达到最终抬升值的距离为

$$x_f=\frac{u_p}{N'}\arctan\left(\frac{-F_mN'}{F_b}\right) \tag{2-106}$$

将式（2-106）代入式（2-105）的 x，可得到稳定烟羽的最大抬升值为

$$\Delta h_s\{x_f\}=2.66\left(\frac{F_b}{u_pN^2}\right)^{1/3} \tag{2-107}$$

正如式（2-105），式（2-107）中的速度 u_p 和 N 初值用烟囱高度处来计算，然后开始迭代。

当大气接近于中性时，Brunt-Vaisala 频率 N 趋近于 0，式（2-105）得出过大的烟羽抬升。在这些条件下，稳定烟羽抬升［式（2-107）］用 Weil（1985）的中性抬升公式计算：

$$\Delta h_s=1.2L_n^{3/5}\left(h_s+1.2L_n\right)^{2/5} \tag{2-108}$$

式中，中性长度尺度 $L_n=F_b/(u_pu_*^2)$。

当风速接近于 0 时，式（2-105）将得出偏离事实的结果。在这种准静风条件时的稳定烟羽抬升［式（2-107）］受限于静风抬升结果，采用 Morton 等（1956）和 Briggs（1969）的算法：

$$\Delta h_s = \frac{4F_b^{1/4}}{N^{3/4}} \tag{2-109}$$

最后，稳定烟羽抬升还受限于不稳定气象的抬升结果。

2.5.7　污染源的抽象化

AERMOD 由用户决定一个源抽象成点源、面源还是体源。此外，AERMOD 还有抽象不规则形状面源的能力。

点源的概化法与 ISC3 模型完全一样（EPA，1995a）。要输入模型的参数有位置、基座高程、排放率、烟囱高度、烟气温度、烟气速度、内径。温度、流出速度和内径是计算抬升高度所需。

同样地，体源输入需求与 ISC3 模型也相同。包括位置、基底高程（可选）、释放高度、排放率、初始水平烟羽尺寸（σ_y）和初始垂直烟羽尺寸（σ_z）。AERMOD 对体源的处理与 ISC3 的不同之处仅在于对初始烟羽尺寸的处理有所不同。ISC3 是用虚拟源技术来考虑初始烟羽尺寸，而 AERMOD 则用平方和的方式，将初始烟羽尺寸加入环境烟羽尺寸后求出：

$$\sigma_y^2 = \sigma_{yl}^2 + \sigma_{yo}^2 \tag{2-110}$$

式中，σ_{yo}——初始水平烟羽尺寸；

σ_{yl}——计入初始体积前的烟羽尺寸（环境烟羽尺寸）；

σ_y——计入了初始体积的烟羽尺寸。

对面源的处理比 ISC3 有所加强。除可作为正方形或长方形输入外，还可用圆形或多边形输入。多边形最多可有 20 个顶点。圆形源用输入其中心和半径来定义，AERMOD 程序中用一个 20 个顶点、具有相同面积的近似圆形的多边形来等效。

与 ISC3 一样，AERMOD 允许进行简单半衰期衰减计算。

2.5.8　为适应城市边界层进行的调整

尽管城市地面特征（地表粗糙度、反射率等）影响所有时间段的边界层参数，但边界层结构中的城市地面层效应在夜间相对于白天比较明显（Oke，1998）。在夜间，当城郊的稳定层空气流入暖和的城市地面时，城市“类对流”边界层开始形成。日落之后，由于城区中的建筑吸收了外溢的热辐射，以及城区表面有巨大的热容，使得城市地表变凉的速度比郊区更慢。为考虑这一现象，相对于城郊的稳定边界层，AERMOD 增强了上部的湍流强度（一个类对流的城市效应贡献增加到总的城市 SBL 湍流中）。这个对流贡献是对流速度尺度的函数，后者又依赖于表面热通量和城区混合层高度。向上的热通量是城市和郊区温差的函数。

城郊温差的影响因素很多，不易在诸如 AERMOD 这样的应用模型中得到反映。为简化，用 Oke（1973，1982）报告中的数据来总结一个经验公式。Oke 展示了人口为 1 000～2 000 000 的一系列城市的实测的城郊温差数据，这些数据可代表这些城市的最大城市效应，因为它们是在理想条件如晴天、低风速和低湿度时收集到的。对这些数据的经验拟合得到了式（2-111）：

$$\Delta T_{u-r}=\Delta T_{max}\left[0.1\ln\left(\frac{P}{P_o}\right)+1.0\right] \tag{2-111}$$

式中，$\Delta T_{max}=12$ ℃；

P_o=2 000 000（Oke 数据中与最大温差相对应的城市人口）；

P——被模拟城市的城市人口数。

既然城区中的夜间环境温度高于周边的郊区，则城区中就有向上的地面热通量。假设这个热通量与城郊温差存在以下关联：

$$H_u=\alpha\rho c_p\Delta T_{u-r}u_* \tag{2-112}$$

式中，α——一个经验常数；

ρ——空气密度；

c_p——定压比热容。

式（2-112）类似于一个均匀地表面的热通量参数化的体积转换，α 定义为体积转换系数。对 α 的选择，应使得向上热通量与一般最大测量值 0.1 m·s^{-1}·℃相一致。因为 ΔT_{u-r} 的最大值为 10℃左右，而 u_* 大约为 0.1 m/s，α 的最大值应在 0.1 左右。尽管我们假定 α 的最大值（城市中心）为 0.1 左右，AERMOD 用的是等效值，即整个城区的平均 α 值。假定城区边缘为 0 线性增加到中心位置的 0.1，这样整个区域的平均值等于中心位置的 1/3（因为锥形的体积为等高圆柱体体积的 1/3）。因此，AERMIC 对印第安纳波利斯数据采用面积平均值 α 为 0.03 来测试。这种 α 选择法与 Oke 报告对加拿大城市群的向上热通量测量值是一致的。开发性测试结果表明，这种 α 选择法导致的 AERMOD 预测结果与观察值符合良好。

城市边界层中的夜间混合层高度 z_{iu}，在 Oke 报告中有经验证据表明符合以下关系：

$$z_{iu}\approx R^{1/2}\qquad R\approx P^{1/2} \tag{2-113}$$

式中，R——城区大小；

P——城市人口。

前一个关系式是基于水岸线附近的内对流边界层的增长的观测数据（Venkatram，1978）。后一关系式暗示不同城市人口密度的变化不大。

式（2-113）可导出只由对流效应引起的夜间城市边界层高度为

$$z_{\text{iuc}} = z_{\text{iuo}} \left(P / P_{\text{o}} \right)^{1/4} \tag{2-114}$$

式中，z_{iuo}——对应于人口 P_{o} 的边界层高度。

基于印第安纳波利斯 1991 年测的激光雷达测量结果和 Bornstein（1968）对纽约市所做的一项研究中对 z_{iu} 得出的算法，AERMOD 中将 z_{iuo} 设为 400 m。

此外，由于城市热效应引起的 z_{iu} 不应小于机械混合层高度，z_{iu} 应限制不能小于 z_{im}。因此，夜间城市边界层的混合层高度应用式（2-115）计算：

$$z_{\text{iu}} = \max\left[z_{\text{iuc}}; z_{\text{im}} \right] \tag{2-115}$$

一旦城市混合层高度计算出来，一个替代的对流速度尺度（对应于当前对流湍流强度）可用 z_{iu} 和 H_{u} 代入 w_* 的定义式中算出（Deardorff，1970），即

$$w_{*\text{u}} = \left(\frac{g H_{\text{u}} z_{\text{iuc}}}{\rho c_{\text{p}} T} \right)^{1/3} \tag{2-116}$$

式中，$w_{*\text{u}}$——城市夜间的对流速度尺度；

T——近地气温。

算出 $w_{*\text{u}}$ 后，夜间城市的湍流可用 2.4.1.5 节中的公式增强。但是对于低矮源，由于 σ_{wT} 主要是由 u_* 决定［见式（2-43）、式（2-45）］，就不能用 $w_{*\text{u}}$ 来直接增强 σ_{wT}。因此，在城市 PBL 的低矮部分计算中引入等效摩擦速度（$u_{*\text{eff}}$）代替 $w_{*\text{u}}$。我们定义 $u_{*\text{eff}}$ 为摩擦速度，一致性要求为在 $z = 7z_0$ 处有 $\sigma_{\text{wm}} = \sigma_{\text{wc}}$。假设 $z = 7z_0$ 总是小于 $0.1\,z_{\text{iuc}}$，$u_{*\text{eff}}$ 可用 σ_{wc}［式（2-45）］等于 σ_{wm}［式（2-46）］然后解出 u_* 来求出。算出 $u_{*\text{eff}}$ 后，夜间条件下的城市摩擦速度（$u_{*\text{u}}$）可用最大 $u_{*\text{eff}}$ 和郊区或城区白天摩擦速度 u_* 来算出。

应用增强速度尺度 $u_{*\text{u}}$ 和 $w_{*\text{u}}$，夜间城市边界层湍流的对流部分可用 2.4.1.5 节中的湍流公式计算出来。即 σ_{wc} 和 σ_{wm} 分别用式（2-45）和式（2-46）计算出来，但白天的对流速度尺度（w_*）用 $w_{*\text{u}}$ 代替，郊区 u_* 用 $u_{*\text{u}}$ 代替。此外，为保持连续性，城市夜间的莫宁-奥布霍夫长度用式（2-19）重算，u_* 用 $u_{*\text{u}}$ 代替，H 用 H_{u}［式（2-112）］代替。

最后，城市边界层的总的夜间湍流强度为对流和机械两部分之和（积分）。考虑了这些增强因素后，城市边界层中因环境湍流引起的垂直扩散参数（σ_{za}）可用式（2-93）来

计算（SBL 中的σ_{za}计算公式），这里假定了城市 PBL 为中性（N=0）。而对城市边界层中的水平扩散参数，σ_{ya} 则用 SBL 计算式［式（2-86）］来计算。

对于 z_{iu} 以上高度，城市边界层的位温梯度均设为上风向的郊区廓线数据；对于 z_{iu} 以下高度则假定等于一个小的正数，即

$$\partial\theta / \partial z = \begin{cases} 10^{-5} & z \leqslant z_{iu} \\ \text{郊区值} & z > z_{iu} \end{cases} \tag{2-117}$$

对于 z_{iu} 以下烟羽，有效反射界面设为城市边界层的高度（$z_{ieff} = z_{iu}$）。升到 z_{iu} 以上的烟羽（$h_{es} > z_{iu}$）所用的 z_{ieff} 则是用式（2-78）来计算，并用 z_{iu} 来代替 z_{im}。在城市稳定边界层中的烟羽抬升，可用式（2-105）至式（2-109）来计算，其中 $\partial\theta / \partial z$ 可从式（2-117）得出。

使用这些 $\partial\theta / \partial z$ 值可得到所需的合适的夜间城市边界层的准中性烟羽抬升计算公式。不过这些条件下的烟羽高度不应超过 1.25 z_{iu}。

城区在白天条件（L<0）时，AERMOD 采用与郊区一样的计算公式（对边界层特征化不采取与城区相关的这些调整）。

第 3 章　ADMS 模型基础理论

3.1　引言

3.1.1　模型概述

ADMS（Atmospheric Dispersion Modeling System）大气扩散模型由英国剑桥环境研究公司（Cambridge Environmental Research Consultants，CERC）开发。CERC 成立于 1985 年，是国际环境软件开发和研究的领先机构，致力于世界先进的大气环境科研成果的应用与产业化，其研究领域包括大气扩散、边界层结构、空气环流、高浓度危险气体扩散、空气质量预报等。

1988 年在英国气象局和 Surrey 大学等机构的资助下，CERC 开始进行 ADMS 模型开发，于 1993 年完成第一版模型，随后由于政策推动、项目需求等因素，根据大气环境模拟的不同应用领域和层次需求开发了多版本 ADMS 模型，包括常规大气扩散模型（包括城市、机场、环评、工业、道路等版本）、大气污染事故模型（包括短期事故排放模型、高浓度气体扩散模型、液体泄漏模型等）和相关模型辅助功能模块等，同时将污染源处理、气象预处理、扩散计算以及输出数据分析和图形化展示模块集成于简单易用的软件界面中，提高模型的易用性和用户友好度。CERC 团队还随着大气环境理论研究的深入，不断进行模型算法优化和功能模块升级。

ADMS 模型为三维高斯模式，以高斯分布为主，但在非稳定条件下的垂直扩散使用了倾斜式的高斯模式。模型使用莫宁-奥布霍夫长度和边界层高度对边界层结构参数化，定义边界层结构的物理参数可通过测量直接得到，能更真实地表现扩散过程随高度变化的特征，使预测结果更为准确。

经过多年发展，ADMS 模型的各个模块均已经过广泛严密的验证，在世界各地广泛应用于城市空气质量管理、环境影响评价、环境政策措施评估、工业规划许可评估等方面。

3.1.2 ADMS 系列模型

3.1.2.1 大气扩散模型

大气扩散模型包括 ADMS-环评、ADMS-城市、ADMS-工业、ADMS-机场、ADMS-道路以及 ADMS-筛选模型。

（1）ADMS-环评（ADMS-EIA）

ADMS-环评模型是 ADMS 模型系列中较为综合全面的系统，可以综合模拟城市区域内工业、民用生活和道路交通污染源产生的污染物在大气中的扩散，模拟从单个污染源到多污染源多污染物的综合影响。模型适用于建设项目环境影响评价、道路交通环境影响评价、城市区域空气质量详细评估、环境管理规划政策评估、大气环境容量核定等。

（2）ADMS-城市（ADMS-Urban）

ADMS-城市模型适用于进行城市尺度范围的大气环境质量评估，模拟城市区域内工业、道路交通和民用生活等污染源产生的污染物在大气中的扩散影响，在 ADMS-环评模型的基础上可以处理数量更多的污染源，模拟更为复杂的化学反应，考虑更为复杂的城市下垫面影响，如城市建成区建筑物群的影响。ADMS-城市模型广泛应用于环境影响评价、城市空气质量管理、环境管理政策措施评估、城市规划战略评估等领域。

（3）ADMS-工业（ADMS 5）

ADMS-工业模型用于对工业污染源进行详细模拟与评价，包括模拟常规工业污染源扩散，如烟囱排放；模拟污染物特殊属性，如烟羽能见度、放射性核素衰变和伽马剂量、气味、温度、湿度等；还可以考虑多种污染物特殊扩散条件，如烟团扩散、海岸线、海洋边界层多烟道烟囱、风力涡轮机对污染物扩散的影响等。模型适用于工业建设项目和工业园区的环境影响评价、环境风险评价，以及对工业污染源扩散特性进行研究的相关科研项目。

（4）ADMS-机场（ADMS-Airport）

ADMS-机场模型是城市与机场空气质量管理的全面、综合模拟工具，既可以模拟城市常规污染源，又可以有效模拟高温、高速排放条件下的飞机源。ADMS-机场模型已应用于世界多个机场评估项目中，是国际民航组织（ICAO）《机场空气质量手册》（*Airport Air Quality Manual*）推荐模型之一，用于进行机场空气质量的详细模拟。在英国交通部《希斯罗机场可持续发展项目》（*Project for the Sustainable Development of Heathrow*）的模型评估报告中被推荐为最适宜模型。

（5）ADMS-道路（ADMS-Roads）

ADMS-道路模型用于对道路机动车污染源排放污染物扩散进行详细模拟与评价，模型内嵌街谷模块和隧道模块，可以模拟路旁建筑物、隧道对道路污染物扩散的影响。目前已应用于世界各地不同地区、不同类型路网的模拟。

（6）ADMS-筛选（ADMS-Screen）

ADMS-筛选模型是简单易用的单一工业污染源快速评价工具。模型使用少量的基本数据输入，模拟各种气象条件下的污染物扩散情况，确定浓度最大值和出现位置，适用于进行污染源初步评价，以确定下一步评价详细程度与范围。

3.1.2.2　大气环境事故排放模型

ADMS 大气环境事故排放模型包括 GASTAR、ADMS-Puff、ADMS-STAR、LSMS 模型。

GASTAR（高浓度气体扩散模型）适用于模拟低温泄漏、储罐毁灭性破坏、管道断裂以及多相喷射等突发性工业事故，评估应急预案实施效果，或者用于发生过可燃物或有毒物质泄漏的工业事故现场的安全状况调查。

ADMS-Puff（应急模型）可以同时模拟高浓度和被动释放扩散，使用随时间和空间变化的气象数据，并考虑复杂地形的影响，可以计算污染物的瞬时浓度和累积浓度。

ADMS-STAR（短期事故排放模型）模拟短期内爆炸或泄漏释放的化学物质或放射性物质在大气环境中的扩散，可以计算物质的浓度和沉降量。模型既可以模拟排放源详细信息已知的情景，也能根据采样数据反算估算源强进行模拟，适用于事故风险评估时短期内难以得到较为准确污染源源强的情景。

LSMS（液体泄漏模型）是用于计算液体池扩散与蒸发的一维浅水层模型，与积分模型相比能提供更详细的液体泄漏扩散和蒸发信息，输出结果可以作为源强直接输入 GASTAR 模型中，进行蒸发气体扩散影响研究。

3.1.2.3　模型辅助功能模块

EMIT 工具是高效排污清单管理工具，用于进行不同情景下、多种类型污染源的存储、管理和编辑，具有以下特点：采用树形清单存储结构，能方便有效地进行污染源的编辑与管理；内置多种污染源排污因子，可以快速估算污染物排放量；快速、方便地进行各种情景设定下的评估分析；与 ADMS 模型整合，实现数据快速交换；内嵌 EMIT Mapper 工具，并可与外部 GIS 软件连接使用。

FLOWSTAR 复杂气流模型，可以模拟大气边界层中复杂情形下风场与湍流场的变化，包括山地地形效应、层叠效应以及地表粗糙度变化的影响。FLOWSTAR 可以用于规划预测风力发电厂风场强度、评估确定森林中最容易受到强风破坏的区域、预测风力敏感构筑物附近的风力流动、计算复杂地形下烟羽轨迹和扩散过程。目前该模型已经整合到了 ADMS 大气扩散模型中。

3.2 气象模块

本节介绍 ADMS 大气扩散模式中气象输入模块的工作原理、可以输入的各类气象数据，以及通过气象预处理模块由原始气象数据计算得出的边界层参数。

3.2.1 气象输入

ADMS 模型一般通过气象文件或界面输入气象数据，气象输入模块通过读入数据估算扩散模型运行需要的各种气象参数值。气象文件中输入的数据代表一个或多个小时的气象条件，并假设每个小时内的气象条件保持不变。模型每小时读取一次气象数据，并进行参数缺失和有效性检查，在气象参数不能代表扩散场地情况时进行参数修正。

通过气象文件可以输入大量的气象参数，但一般情况下仅使用小部分参数。假设所有气象参数均为同一地点（“气象场地”）观测值。如果在气象文件中输入了扩散计算需要的气象参数，一般情况下气象预处理模块输出值与该值相同，但在该参数值与模型假设物理现象矛盾或需要进行气象场地与扩散场地参数修正时，模型会对该值进行修改。

模型输入的气象数据可以是统计气象数据（一系列气象数据，且每条气象数据都有相应的权重或频率），或者是连续气象数据（按时间顺序排列的小时连续气象数据），或者是一条或多条气象条件（没有权重）。

ADMS 模型带有气象预处理模块，可以根据数据可得性、项目需求等灵活输入多种气象数据。在输入数据类型上，一般情况下可输入常规地面观测气象数据，在有较好边界层参数观测值或估算值时可以输入边界层参数，同时还可以补充输入高空气象数据和本地垂直廓线观测数据，进一步修正气象预处理结果；从输入形式上，可以是连续气象数据、一系列时间不相关数据或统计气象数据；从输入上，分为气象文件输入和界面手动输入两种方式。

3.2.1.1 输入参数

ADMS 模型输入的气象数据可以包含多种气象参数。表 3-1 列出了模型所有可以输入的气象参数。表 3-1 前三列是在气象文件中使用的参数名称，第三列是在气象文件中使用的替代参数名，模型通过识别第一列或第三列来判断参数。用户可从不同的列里选取参数名，如在同一个文件里可以使用 U 代表风速、CLOUD 代表云量。气象文件中可以包含大量的参数，但是通常情况下模型只使用其中一小部分参数进行运算。

表 3-1 可输入的气象参数

缩写名称	原名称	代名称	符号	单位	插值[①]
WIND SPEED	风速	U	U	m/s	R
UG/USTAR	地转风速/摩擦速度	UGSTAR	U_{g*}	—	N
WIND DIRN	风向（度）	PHI	ϕ	°	R
DIRN CHANGE	地转风与地表风风向差（度）	DELTAPHI	$\Delta\phi$	°	N
HEAT FLUX	感热通量	FTHETA0	$F_{\theta 0}$	W/m^2	N
1/LMO	莫宁-奥布霍夫长度倒数	RECIPLMO	$1/L_{MO}$	m^{-1}	N
BL DEPTH	边界层高度	H	h	m	N
CLOUD	云量（OKTAS）	CL	c_L	oktas	R
SOLAR RAD	入射太阳辐射	SOLAR RAD	K^+	W/m^2	N
TEMPERATURE	温度	T0C	T_0^C	℃	Y
N ABOVE BL	边界层上浮力频率	NU	N_u	s^{-1}	Y
DELTA THETA	越过边界层顶的温度跳跃	DELTATHETA	$\Delta\theta$	℃	N
PRECIP	降雨速率	P	P	mm/h	Y
SEA TEMP[②]	海平面温度	TSEA	T_{sea}	℃	Y
DELTA T[②]	陆地与海平面温差	DELTAT	ΔT	℃	Y
SIGMA THETA	SIGMA THETA	SIGMATHETA	σ_θ^{deg}	°	Y
S HUMIDITY[②]	比湿	S HUMIDITY	q_0	kg/kg	Y
R HUMIDITY[②]	相对湿度	RHUM	r_{h0}	%	Y
RH ABOVE BL[②]	边界层上相对湿度	RH ABOVE BL	r_{hu}	%	Y
DRH/DZ[②]	相对湿度/边界层上高度	DRH/DZ	$(dr_h/dz)_u$	%/m	N
LAT HT FLUX[②]	潜热通量	LAT HT FLUX	λE	W/m^2	N
Z0（M）	地表粗糙度长度（气象场地）	Z0（M）	z_0	m	Y
Z0（D）	地表粗糙度长度（扩散场地）	Z0（D）	z_{0d}	m	Y
ALBEDO（M）	反射率（气象场地）	R	r	—	Y
ALBEDO（D）	反射率（扩散场地）	ALBEDO（D）	r_d	—	Y
ALPHA（M）	修正的 RIESTLEY-TAYLOR 参数（气象场地）	ALPHA	α	—	Y
ALPHA（D）	RIESTLEY-TAYLOR 参数（扩散场地）	ALPHA（D）	α_d	—	Y
HOUR	小时	THOUR	$hour$	—	R
DAY	日	TDAY	day	—	R
YEAR	年	YEAR	$year$	—	R
FREQUENCY	频率	FR	f_r	—	N
FREQUENCY FOR MONTHS××TO××，HOURS×××××TO×××××（GMT+×××××）[②]	××时至××时，××月至××月频率	MONTHS××TO××，HOURS××TO××	—	—	N

注：① 插值关键指标，R=需要插值，Y=可插值，N=不可插值。

② 可输入模型，但在运行时不会使用。

需要注意的是，Pasquill-Gifford 稳定度级别不能直接输入模型（虽然可输入 U、ϕ、L_{MO} 和 h），模型也不能输出稳定度级别。在模型中，边界层结构由两个参数定义：h 和 L_{MO}，这两个参数与 Pasquill-Gifford 稳定度级别的对应关系见表 3-2。

表 3-2 风速、莫宁-奥布霍夫长度（L_{MO}）和边界层高度（h）与 Pasquill-Gifford 稳定度级别的对应关系

U/（m/s）	L_{MO}/m	$1/L_{MO}$/m^{-1}	h/m	h/L_{MO}	Pasquill-Gifford 稳定度级别
1	−2	−0.5	1 300	−650	A
2	−10	−0.1	900	−90	B
5	−100	−0.01	850	−8.5	C
5	∞	0	800	0	D
3	100	0.01	400	4	E
2	20	0.05	100	5	F
1	5	0.2	100	20	G

边界层参数（h、L_{MO}）与 Pasquill-Gifford 稳定度间并没有准确的对应关系，但不同的 h 与 L_{MO} 的值可能对应某一个稳定度级别。

稳定度 稳定：$h/L_{MO}>1$；

中性：$-0.3\leqslant h/L_{MO}\leqslant 1$；

对流：$h/L_{MO}<-0.3$。

3.2.1.2 输入参数处理

气象输入参数按以下情况处理：①同时输入 L_{MO} 和 $F_{\theta 0}$ 值时，优先使用 L_{MO} 值，忽略 $F_{\theta 0}$ 值。②当输入 $F_{\theta 0}$ 值表示稳定条件时，并与下文中物理假设稳定条件下热通量范围不符时，与物理假设一致的值将取代该 $F_{\theta 0}$ 值。③当输入 L_{MO} 和/或 $F_{\theta 0}$ 值，但气象条件表现为比变量 $1/L_{MOmax}$ 所允许的范围更为稳定时，此时 L_{MO} 将会被设定为限制值。如果未输入 h，将采用新的 L_{MO} 值重新估算 h。如果输入了 h，比较原值与采用新 L_{MO} 值重新计算得到的 h，使用两者中较大值。h 值的计算本身不受 L_{MO} 限制，这样处理的目的主要是使包含 h 值的数据集得益于 L_{MO} 值的限制。但如果要将 h 固定为特定值时，这样的算法就不太适用，此时需要保证 L_{MO} 的限制是合理的，以避免 h 被修改。

当气象文件中不包含上述②时，气象输入模块使用若干物理假设、近似值以及模型的估算值。其中许多假设是不严格的，有一定的局限性和不确定性。下面列出了一些特殊的难点，同时还列出了一些一般性问题。第一，忽略了地形和非均匀性表面特性的影响。第二，一般假设所有时刻的边界层参数使用同时刻的表面变量表示，但是实际上边界层受到历史气团的影响，气团会诱导大气垂直运动、影响静力稳定度和斜压性。这些

难点在假设地转风和表面应力的关系或者假设 h 值时很重要。一般情况下，这些难点没有更大的复杂性时不能忽略，无论何时采用改进的方案需要使用比通常情况更多的数据信息。但在增长的日间边界层情况下预测 h 值时是一个例外，此时可以考虑历史影响和空中静力稳定度。第三，描述稳定状态下边界层结构的一般性难点。这是由于稳定状态下气流对小幅度的倾斜、地形、地表性质的细节非常敏感。气象预处理后输出气象参数见表 3-3，所有参数均输出保存在*.mop 文件中（mop 文件格式说明详见附录 D.3.8）。

表 3-3 气象模块输出参数

参数	描述
u_*	摩擦速度（m/s）
U_g	地转风速（m/s）
U_g^*	由摩擦速度归一化的地转风
ϕ_0	地面风向，与正北方向的顺时针夹角，如 270 指的是西风（°）
ϕ_g	地转风的风速，与正北方向的顺时针夹角（°）
$\Delta\phi$	地转风向与地面风风向差（°）
ϕ	风向（气象输入文件）（°）
ϕ_{sec}	长期计算时模型模拟使用的风向，如果风向为按角度划分时可能与输入值不同（°）
w_*	对流速度范围［如果 $F_{\theta0}$>0，则 $w_* = (gF_{\theta0}h / \rho C_p T_0)^{1/3}$；如果 $F_{\theta0} \leqslant 0$，则 $w_* = 0$］(m/s)
$F_{\theta 0}$	地表热通量（W/m^2）
K	入射太阳辐射（W/m^2）
$1/L_{MO}$	莫宁-奥布霍夫长度倒数（m^{-1}）
h	边界层高度（m）
N_u	边界层上浮力频率（s^{-1}）
$\Delta\theta$	越过边界层顶的温度跳跃（K）
T_0^c	近地面温度（℃）
P	降雨速率（mm/h）
ΔT	陆地近地面与海平面温差（℃）
σ_θ	平均风向的标准偏差（°）
q_0	表面比湿度（kg/kg）
λ_E	表面潜热通量（W/m^2）
RH_u	边界层以上的相对湿度（%）
$d(RH_u)/dz$	边界层以上相对湿度下降速率（%/m）

如果没有输入相应的气象数据，输出中将省略参数P、ΔT 、q_0、λ_E、RH_u和 d（RH_u）/dz。这些数据可以应用于其他模型，特别是边界层结构模型。

3.2.1.3 高空气象数据

除常规的地面观测气象数据外，ADMS 模型用户还可以根据项目的特点和数据可得性使用高空气象数据和垂直气象数据（见 3.2.1.4 节）。高空气象数据用于计算边界层上的浮力频率N_u，通过气象文件输入 ADMS 模型中。浮力频率N_u计算通过模型的气象文件转换工具实现。

ADMS 模型中可输入一天两次观测的高空气象数据，观测时间分别为 0 时和 12 时（国际时间）。观测数据参数包括大气压、高度、温度、露点温度、风速和风向，用于计算每小时的浮力频率，每条参数计算前 6 h 和后 6 h 的浮力频率。

各个高度层的位温由式（3-1）计算。

$$\theta = T\left(\frac{1\,000}{P}\right)^{0.285\,7} \tag{3-1}$$

式中，T——开尔文温度，K；

P——大气压，100 Pa。

不同高度层间的位温梯度计算公式如下：

$$\left.\frac{\partial\theta}{\partial z}\right|_j = \frac{\theta_i - \theta_{i-1}}{z_i - z_{i-1}} \tag{3-2}$$

式中，i=1，2，…，M，表示每一个观测层；j=1，2，…，M–1，表示每一观测层半高位置；z 表示观测层的高度。

在半高位置（观测高度的一半），位温和浮力频率计算公式如下：

$$H_j = \frac{H_i + H_{i-1}}{2} \tag{3-3}$$

$$\theta_j = \frac{\theta_i + \theta_{i-1}}{2} \tag{3-4}$$

$$N_j = \sqrt{\frac{g}{\theta_j}\left.\frac{\partial\theta}{\partial z}\right|_j} \tag{3-5}$$

平均浮力频率通过下列范围内的半高位置值计算：100 m≤H_j≤2 000 m。

该值为通过气象文件输入 ADMS 模型的浮力频率N_u，表示边界层上的浮力频率。

如果在 ADMS 模型输入文件中包括了边界层上浮力频率参数，这些数据将通过气象预处理模块计算模型需要的其他参数。

3.2.1.4 垂直气象数据

模型用户可以输入观测风速、湍流系数、温度和湿度的垂直廓线数据。垂直廓线数据的每行气象数据按高度顺序依次输入。计算某一特定高度处的廓线数据时，使用下列算法对已知数据进行插值。

气象数据插值算法为线性插值，基于输入垂直气象数据文件中的数据和标准的 ADMS 廓线进行计算。垂直气象数据文件中最大高度以上的气象数据认为是恒定不变的，最小高度以下的垂直廓线数据以指数方式递减到 0。

模型采用用户输入数据线性插值与标准 ADMS 边界层结构算法结合的方法，生成与用户输入数据相符同时与标准廓线近似的值，进一步得出模型计算所需的特定点参数值。插值过程如下所述。

第 1 步：在规定高度进行用户输入数据的线性插值；

第 2 步：在规定高度计算标准 ADMS 值；

第 3 步：在规定高度紧邻上方和下方的输入数据点计算标准 ADMS 值，并线性插值到规定高度；

第 4 步：第 2 步和第 3 步计算结果的比例应用于第 1 步的计算，即高度 Z 处的值 Y 由式（3-6）计算：

$$Y(Z)=\frac{Y_{\mathrm{ADMS}}(Z)}{W\times Y_{\mathrm{ADMS}}(Z_{\mathrm{u}})+(1-W)Y_{\mathrm{ADMS}}(Z_{\mathrm{l}})}[W\times Y_{\mathrm{PRF}}(Z_{\mathrm{u}})+(1-W)Y_{\mathrm{PRF}}(Z_{\mathrm{l}})] \tag{3-6}$$

式中，Y_{ADMS}——ADMS 边界层结构函数；

Y_{PRF}——用户输入廓线值；

Z_{u}——规定高度上方最近用户输入点；

Z_{l}——规定高度下方最近用户输入点；

W——由式（3-7）得出的权重值。

$$W=\frac{Z-Z_{\mathrm{i}}}{Z_{\mathrm{u}}-Z_{\mathrm{l}}} \tag{3-7}$$

用户数据输入点上方最高点值为

$$Y(Z)=\frac{Y_{\mathrm{ADMS}}(Z)}{Y_{\mathrm{ADMS}}(Z_{\max})}Y_{\mathrm{PRF}}(Z_{\max}) \tag{3-8}$$

式中，$Z_{\max}$——用户输入数据最高高度。

同样，用户输入数据点下方最低高度值为

$$Y(Z)=\frac{Y_{\mathrm{ADMS}}(Z)}{Y_{\mathrm{ADMS}}(Z_{\min})}Y_{\mathrm{PRF}}(Z_{\min}) \tag{3-9}$$

式中，$Z_{\min}$——用户输入数据最低高度。

对于式（3-9）有一种情况例外，地表风速总是假设为 0。

注意：在扩散计算过程中同样需要风速随高度的变化 dU/dz，为避免数值错误，该值使用标准 ADMS 廓线而不是用户输入数据。

3.2.2 边界层参数化

3.2.2.1 边界层结构

ADMS 使用边界层高度 h 和莫宁-奥布霍夫长度 L_{MO} 描述边界层结构。莫宁-奥布霍夫长度定义如下：

$$L_{\mathrm{MO}} = \frac{-u_*^3}{\left(\dfrac{\kappa g F_{\theta 0}}{\rho c_{\mathrm{p}} T_0}\right)} \tag{3-10}$$

式中，u_*——地表摩擦速度；

κ——Karman 常数，为 0.4；

g——重力加速度；

$F_{\theta 0}$——地表热通量；

ρ——空气密度；

c_{p}——空气比热容；

T_0——近地面温度。

在不稳定或者对流条件下，莫宁-奥布霍夫长度值为负，也就是说，此时由热对流引起的对流湍流强于由地表摩擦力引起的机械湍流。

在稳定条件下，莫宁-奥布霍夫长度为正值，此时垂直湍流明显受到稳定层流的抑制。

边界层不同区域，湍流的产生机制不同：

①地表热量或对流产生的湍流（对流涡旋上升穿过边界层时能量增加）；

②地表剪应力产生机械湍流；

③局部剪应力，如边界层顶部的局部剪应力，其产生的湍流能量较弱。

ADMS 模型中使用变量 z/L_{MO} 和 z/h 确定边界层稳定度及其结构，在描述边界层随高度增加的变化时与 Pasquill-Gifford 公式有很大差异。

图 3-1 显示的是 h/L_{MO} 与 Pasquill-Gifford 稳定度之间的近似对应关系。注意，Pasquill-Gifford 稳定度级别不是 h/L_{MO} 的简单函数，特别是在稳定状态气象条件下。

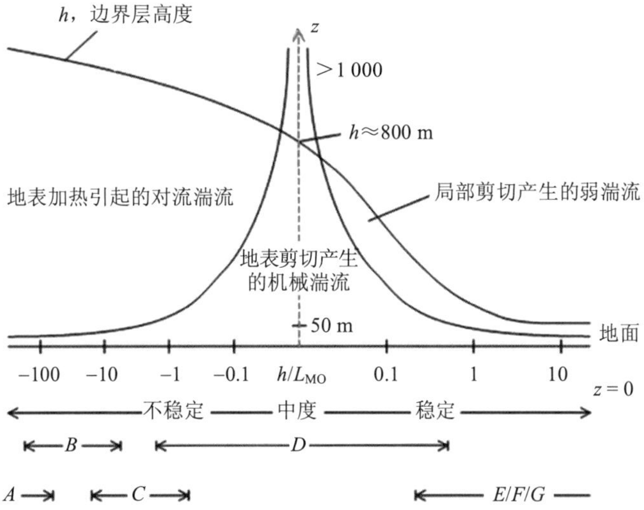

图 3-1　h/L_{MO} 范围与 Pasquill-Gifford 稳定度级别大致对应示意

3.2.2.2　边界层参数确定

ADMS 模型边界层模块的输入输出数据如图 3-2 所示。

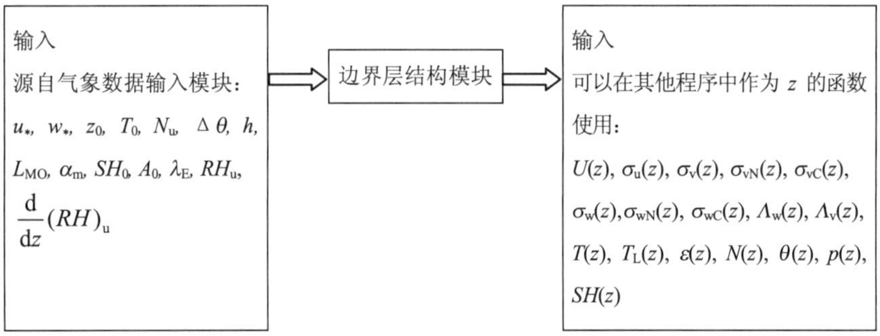

图 3-2　ADMS 模型边界层模块的输入输出数据示意

ADMS 模型边界层模块输出参数见表 3-4。

表 3-4　ADMS 模型输入的边界层参数

参数	描述
u_*	摩擦速率
w_*	对流速率范围
T_0	近地表温度（K）

参数	描述
N_u	边界层上浮力频率
$\Delta\theta$	跨中层逆温温度步长
h	边界层高度
L_{MO}	莫宁-奥布霍夫长度
α_m	风随高度最大转向
q_0	地表比湿
λ_E	地表潜热通量
r_u	边界层上相对湿度
$\frac{d(r_u)}{dz}$	边界层上相对温度递减率
z_0	地表粗糙度长度，由用户输入

表 3-5 中，这些参数可以用于其他模型。垂直廓线数据是 z/L_{MO} 和 z/h 的函数，来自实验数据（Caughey and Palmer，1979；van Ulden and Holtslag，1985；Hunt et al.，1988）。

表 3-5　ADMS 计算的边界层参数

参数	描述
U（z），$\frac{dU}{dz}$，$\frac{d^2U}{dz^2}$	平均风速（m/s）及其对高度的一阶和二阶导数（s′），（m′ s′）
σ_u（z），σ_v（z），σ_w（z）	湍流速度的均方根（m/s）
Λ_v（z），Λ_w（z）	湍流长度范围（m）
ε（z）	能量扩散速率（m^2/s^3）
T_L（z）	拉格朗日时间范围（s）
N（z）	浮力频率（s^{-1}）
T（z）	温度（K）
ρ（z）	密度（kg/m^3）
P（z）	压力（100 Pa）

注意，计算烟羽扩散参数σ_y和σ_z时需要用到表 3-5 中所列的边界层参数，因此它们的值随着污染源高度和烟羽高度而变化。使用 Pasquill-Gifford 稳定度级别的模型中，σ_y和σ_z的值由实际测量的廓线数据得出与烟羽的高度无关。

考虑城市地区（L_{MO}最小值较大）总是存在湍流，气象条件不会非常稳定，湍流速度σ_u、σ_v和σ_w的最小值取决于用户输入的 L_{MO} 最小值，数值介于 0～0.2 m/s。

（1）平均风廓线

平均风速廓线由式（3-11）给出：

$$U(z)=\begin{cases}\dfrac{u_*}{\kappa}\left\{\ln\left(\dfrac{z+z_0}{z_0}\right)-\psi\left(\dfrac{z+z_0}{L_{\mathrm{MO}}},\dfrac{z_0}{L_{\mathrm{MO}}}\right)\right\} & z\leqslant h\\ \dfrac{u_*}{\kappa}\left\{\ln\left(\dfrac{h+z_0}{z_0}\right)-\psi\left(\dfrac{h+z_0}{L_{\mathrm{MO}}},\dfrac{z_0}{L_{\mathrm{MO}}}\right)\right\} & z>h\end{cases} \tag{3-11}$$

κ 为 Von Karman 常数为 0.4，莫宁-奥布霍夫长度 L_{MO} 由式（3-12）计算：

$$L_{\mathrm{MO}}=-u_*^3\left(\frac{\rho_{\mathrm{a}}c_{\mathrm{p}}T_0}{\kappa gF_{\theta 0}}\right) \tag{3-12}$$

在对流条件下，$h/L_{\mathrm{MO}}<0$（Panofsky and Dutton，1984），

$$\psi=\ln\left[\frac{(1+x)^2(1+x^2)}{(1+x_0)^2(1+x_0^{\ 2})}\right]-2\left[\tan^{-1}(x)-\tan^{-1}(x_0)\right]$$

$$x=\left(1-\frac{16(z+z_0)}{|L_{\mathrm{MO}}|}\right)^{1/4} \tag{3-13}$$

$$x_0=\left(1-\frac{16z_0}{|L_{\mathrm{MO}}|}\right)^{1/4}$$

在稳定条件下 $h/L_{\mathrm{MO}}\geqslant 0$（van Ulden and Holtslag，1985），

$$\psi=a\frac{z_0}{L_{\mathrm{MD}}}+b\left(\frac{z_0}{L_{\mathrm{MD}}}-\frac{c}{d}\right)\mathrm{e}^{-d_{z_0}/L_{\mathrm{MD}}}-\left\{a\frac{z+z_0}{L_{\mathrm{MD}}}+b\left(\frac{z+z_0}{L_{\mathrm{MD}}}-\frac{c}{d}\right)\mathrm{e}^{-d_{(z+z_0)}/L_{\mathrm{MD}}}\right\} \tag{3-14}$$

其中，常数 $a=0.7$，$b=0.75$，$c=5.0$，$d=0.35$。

根据 van Ulden 和 Holtslag（1985），当风向随高度转变时（顺时针方向），采用式（3-15）：

$$\alpha(z/h)=\alpha_{\mathrm{m}}[1-\exp(-z/h)] \tag{3-15}$$

式中，α_{m} 为气象输入模块输出参数，但并未用于模型中。

（2）湍流廓线

在 Hunt 等（1988a）中对湍流廓线公式进行了详细说明，$h/L_{\mathrm{MO}}\leqslant -0.3$［不稳定（对流）状态］、$-0.3<h/L_{\mathrm{MO}}\leqslant 1$（接近中性气流状态）和 $h/L_{\mathrm{MO}}>1$（稳定状态）三种情况，对应三套公式，这些公式在模型湍流计算时分别用于 $(z+z_0)/h$ 的值小于 1.2、大于 1.2 和设定为 1.2 的情况。

在不稳定状态时（$h/L_{\mathrm{MO}}\leqslant -0.3$），混合层速度由式（3-16）给出：

$$w_*^3=\frac{hu_*^3}{\kappa|L_{\mathrm{MO}}|} \tag{3-16}$$

$$\sigma_{\mathrm{u}}^{2}=0.3w_{*}^{2}+6.25\left[T_{\mathrm{wN}}\left(z\right)\right]^{2}u_{*}^{2}$$

$$\sigma_{\mathrm{v}}^{2}=0.3w_{*}^{2}+4.0\left[T_{\mathrm{wN}}\left(z\right)\right]^{2}u_{*}^{2}\equiv\sigma_{\mathrm{vC}}^{2}+\sigma_{\mathrm{vN}}^{2} \tag{3-17}$$

$$\sigma_{\mathrm{w}}^{2}=0.4w_{*}^{2}\left[T_{\mathrm{wC}}(z)\right]^{2}+\left[1.3T_{\mathrm{wN}}(z)u_{*}\right]^{2}\equiv\sigma_{\mathrm{wC}}^{2}+\sigma_{\mathrm{wN}}^{2}$$

$$T_{\mathrm{wC}}\left(z\right)=2.1\left(\frac{z+z_{0}}{h}\right)^{1/3}\left[1-0.8\frac{\left(z+z_{0}\right)}{h}\right] \tag{3-18}$$

$$T_{\mathrm{wN}}\left(z\right)=1-0.8\frac{\left(z+z_{0}\right)}{h} \tag{3-19}$$

σ_{C} 和 σ_{N} 分别表示对流湍流和机械湍流的贡献。

在中性状态下（$-0.3<h/L_{\mathrm{MO}}\leqslant1.0$）：

$$\begin{aligned}\sigma_{\mathrm{u}}&=2.5u_{*}T_{\mathrm{wN}}\left(z\right)\\ \sigma_{\mathrm{v}}&=2.0u_{*}T_{\mathrm{wN}}\left(z\right)\\ \sigma_{\mathrm{w}}&=1.3u_{*}T_{\mathrm{wN}}\left(z\right)\end{aligned} \tag{3-20}$$

在稳定状态下（$h/L_{\mathrm{MO}}>1.0$）：

$$\sigma_{\mathrm{u}}=2.5u_{*}\left(1-\alpha_{\mathrm{s}}z/h\right)^{3/4}$$

$$\sigma_{\mathrm{v}}=2.0u_{*}\left(1-\alpha_{\mathrm{s}}z/h\right)^{3/4} \tag{3-21}$$

$$\sigma_{\mathrm{w}}=1.3u_{*}\left(1-\alpha_{\mathrm{s}}z/h\right)^{3/4}$$

除在有限时间内释放、横向释放的情况下，不使用σ_{u}^{2}。

参数α_{s} 用于代表条件是否是理想情况（没有波动或不稳定性）下的变化特征，下列条件应用于不考虑建筑物影响的平坦地形。

$$\alpha_{\mathrm{s}}=\begin{cases}0.9 & z_{0}\leqslant0.01\\ 0.9-0.4\left(\dfrac{z_{0}-0.01}{0.09}\right) & 0.01<z_{0}<0.1\\ 0.5 & z_{0}\geqslant0.1\end{cases} \tag{3-22}$$

当考虑复杂地形、建筑物和海岸线影响时，所有 z_0 取值条件下$\alpha_{\mathrm{s}}=0.5$。

在城市地区，由于局部地形影响，即使在接近稳定状态下仍会有湍流存在，模型中通过最小值$\sigma_{\min}$对湍流参数σ_{u}、σ_{v}和σ_{w}的限制来体现，而$\sigma_{\min}$决定于最小莫宁-奥布霍夫长度 L_{MOmin}。

$$\sigma=\begin{cases}0 & L_{\text{MOmin}}\leqslant 10\\ 0.01\left(L_{\text{MOmin}}-10\right) & 10<L_{\text{MOmin}}<30\\ 0.2 & L_{\text{MOmin}}\geqslant 30\end{cases} \tag{3-23}$$

进一步，当地形高度发生变化时，即使上风向风速非常低也不应忽略湍流。因此当模拟复杂地形时，限制σ_u、σ_v和σ_w最小值为 0.1 m/s。同样，用户也可指定一个$\sigma_{\min}$值，将覆盖 L_{MOmin}和复杂地形的默认值。

（3）湍流长度、时间尺度和能量损耗率

假设垂直长度范围由地表局地剪应力和阻塞效应决定，受到边界层深度限制，因此在平坦地形下：

$$\varLambda_w(z)=\begin{cases}\left(\dfrac{2.5}{Z}+\dfrac{4}{h}+\dfrac{N(z)}{\sigma_w(z)}+\dfrac{1}{z_u}\right)^{-1} & h/L_{\text{MO}}\geqslant 0\\ \left(\dfrac{0.6}{Z}+\dfrac{\partial U/\partial z}{\sigma_w}+\dfrac{2}{h}+\dfrac{1}{z_u}\right)^{-1} & h/L_{\text{MO}}<0\end{cases} \tag{3-24}$$

其中长度范围 z_u 由式（3-25）得出：

$$z_u=\begin{cases}\max\left[0,(h-z),\dfrac{\sigma_w}{N_u}\right] & N_u>0\\ \max\left[0,(h-z)\right] & \text{其他}\end{cases} \tag{3-25}$$

$$Z=\min\left(z+z_0,h+z_0\right) \tag{3-26}$$

假设：中性和稳定条件下 $h/L_{\text{MO}}\geqslant -0.3$，$\varLambda_v=h/5$；对流条件下 $h/L_{\text{MO}}<-0.3$，$\varLambda_v=h/3$。拉格朗日时间尺度 T_L 和能量损耗率ε的计算公式如下：

$$T_L=\frac{\varLambda_w(z)}{1.3\sigma_w(z)} \qquad h/L_{\text{MO}}\geqslant 0 \tag{3-27}$$

$$T_L=\left(\frac{\left|\dfrac{h}{L_{\text{MO}}}\right|+\dfrac{1}{1.3}}{\left|\dfrac{h}{L_{\text{MO}}}\right|+1}\right)\frac{\varLambda_w(z)}{\sigma_w(z)} \qquad h/L_{\text{MO}}<0 \tag{3-28}$$

$$\varepsilon(z)=\begin{cases}\dfrac{1}{\varLambda_w(z)}\left[\dfrac{\sigma_{wN}(z)}{1.3}\right]^3+0.4\dfrac{w_*^3}{h} & h/L_{\text{MO}}\leqslant 1\\ \dfrac{1}{\varLambda_w(z)}\left[\dfrac{\sigma_w(z)}{1.3}\right]^3 & h/L_{\text{MO}}>1\end{cases} \tag{3-29}$$

（4）浮力频率

边界层中浮力频率由式（3-30）得出：

$$N^2 = \frac{g}{T_0} \times \frac{\partial \theta}{\partial z} \tag{3-30}$$

在稳定条件下 $h/L_{MO} \geqslant 0$，量纲一温度梯度 ϕ_H 近似于量纲一风切变，即

$$\phi_H = -\frac{Kz\rho_a c_p u_*}{F_{\theta 0}} \times \frac{\partial \theta}{\partial z} \approx \phi_m \tag{3-31}$$

因此，通过式（3-11）和式（3-22）得出：

$$N^2(z) = \frac{u_*^2}{\kappa^2 L_{MO}} \left\{ \frac{1}{z+z_0} + \frac{a}{L_{MO}} + \left[\frac{b}{L_{MO}} - b\left(\frac{z+z_0}{L_{MO}} - \frac{c}{d} \right) \frac{d}{L_{MO}} \right] e^{-d(z+z_0)/L_{MO}} \right\} \tag{3-32}$$

该公式仅在边界层最底处有效，即 $z \leqslant z_{su}$ 时。

假设 z_{su}= min（100，h），当 $z > z_{su}$ 时采用式（3-33）计算：

$$N(z) = \begin{cases} N(z_{su}) & z_{su} < z \leqslant h \\ N_u & z > h \end{cases} \tag{3-33}$$

（5）位温

位温廓线计算假设在 z_s =1.22 m 时，温度 T（z_s）等于位温。

稳定和中性条件下（$h/L_{MO} \geqslant 0$）：

$$\theta(z) = \begin{cases} \theta(z_s)\left\{1 + \beta\left[\ln\left(\frac{z+z_0}{z_0+z_s}\right) - \psi\left(\frac{z+z_0}{L_{MO}}, \frac{z_0+z_s}{L_{MO}}\right)\right]\right\} & z \leqslant z_{su} \\ \theta(z_{su}) + \frac{\theta(z_{su})}{g} N^2(z_{su})(z - z_{su}) & z_{su} < z < h \\ \theta(z_{su}) + \Delta\theta + \frac{\theta(z_{su})}{g}\left[N^2(z_{su})(h - z_{su}) + N_u^2(z-h)\right] & z > h \end{cases} \tag{3-34}$$

其中，$\beta = u_*^2/\kappa^2 g L_{MO}$，$\psi$ 由式（3-14）得出。

对流条件下，量纲一温度梯度 ϕ_H 与量纲一风切变 ϕ_m 的值的关系近似于 $\phi_H \approx \phi_m^2$。因此由式（3-20）、式（3-21）和式（3-22）得出位温廓线：

$$\theta(z) = \begin{cases} \theta(z_s)\left\{1 + \beta\left[\ln\left(\frac{z+z_0}{z_0+z_s}\right) - \ln\frac{(1+y)^2}{(1+y_s)^2}\right]\right\} & z \leqslant h \\ \theta(h_-) + \Delta\theta + \frac{\theta(h_-)}{g} {N_u}^2 (z-h) & z > h \end{cases} \tag{3-35}$$

其中，$y = [1-16(z+z_0)/L_{MO}]^{1/2}$，$y_s = [1-16(z_0+z_s)/L_{MO}]^{1/2}$。

（6）气温

由式（3-32）、式（3-33）和式（3-35）可计算得到温度廓线，同时做如下假设

$$\theta(z)=T(z)+\gamma_d(z+z_0-z_s) \tag{3-36}$$

其中，$\gamma_d=g/c_p\approx0.01℃/m^{-1}$ 为绝热温度递减率［$g=9.807\ m/s^2$；$c_p=1\ 000\ J/(kg\cdot℃)$］。因此

$$T(z)=\theta(z)-\gamma_d(z+z_0-z_s) \tag{3-37}$$

（7）压强

压强单位为毫巴（1 mbar =100 Pa），由绝对温度和位温通过理想气体关系得出：

$$p(z)=p_0\left[\frac{T(z)}{\theta(z)}\right]^{\frac{c_P}{R}} \tag{3-38}$$

其中，p_0 是 z_s 处的压强，当 $z<z_s$，$p=p_0$ 取 1 013.0 mbar。

（8）比湿

边界层结构模块输出湿度形式为比湿 q。在边界层最易于进行比湿的直接参数化。在此采用与位温相同的边界层廓线，并进行以下替换。

$$\begin{gathered}\theta(z_s)\to q_0\\ \beta\to\frac{\lambda_E}{q_0\kappa u_*\rho\lambda}\\ \frac{\theta(z_{su})}{g}N^2(z_{su})\to\left(\frac{\partial q}{\partial z}\right)_{z=z_{su}}\end{gathered} \tag{3-39}$$

此处取汽化比潜热为（$2.500\ 8\times10^6-2.3\times10^3T_0^{\ C}$）J/kg（Gill，1982），$q_0$ 为筛选水平比湿，λ_E 为地表潜热通量。

边界层上将相对湿度 r_h 直接参数化为

$$r_h=r_{hu}+\left(\frac{\partial r_h}{\partial z}\right)_u(z-h) \tag{3-40}$$

然后采用下述方法将相对湿度转化为比湿。首先由 Wexler A（1976）中公式得到饱和蒸汽压 r_h，并采用式（3-41）转化为饱和混合率 r_w：

$$r_w=\frac{\varepsilon e'_w/p}{1-e'_w/p} \tag{3-41}$$

其中，$\varepsilon=0.621\ 97$，是水和干燥空气分子量的比值。混合率由式（3-42）得出：

$$r=r_w\frac{r_h}{100} \tag{3-42}$$

并转化为比湿：

$$q=\frac{r}{1+r} \tag{3-43}$$

3.3 ADMS 扩散模式

3.3.1 烟羽及烟团扩散模式

研究和现场实验表明，扩散参数自污染源起始位置随下风向距离变化的关系取决于大气边界层的状态（高度 h）、污染源高度（z_s）和烟羽在下风向增长的高度。

大气稳定状态下（$-1\,000<h/L_{MO}<30$，从污染源到下风向大致 30 km 距离的范围内），各种高度污染源的扩散目前尚没有成熟理论。

ADMS 采用的方式是针对参数 z_s/h、h/L_{MO}、x/h 的特定范围，先利用已有的并被广泛接受认可的公式，然后建立内插公式覆盖整个范围。模型还包括一个针对对流状况的非高斯模型。

ADMS 模型的一个重要特点是它所预测的地面浓度能反映辐射影响、化学反应影响以及复杂地形影响。在边界层内，浓度分布考虑地表和逆温层底反射，为高斯烟羽，其一般表达式为

$$\begin{aligned}C=\frac{Q_s}{2\pi\sigma_y\sigma_z U}\exp\left(\frac{-y^2}{2\sigma_y^2}\right)\Bigg\{&\exp\left(\frac{-(z-z_s)^2}{2\sigma_z^s}\right)+\exp\left(\frac{-(z+z_s)^2}{2\sigma_z^s}\right)+\exp\left(\frac{-(z-2h+z_s)^2}{2\sigma_z^s}\right)\\&+\exp\left(\frac{-(z+2h-z_s)^2}{2\sigma_z^s}\right)+\exp\left(\frac{-(z-2h-z_s)^2}{2\sigma_z^s}\right)\Bigg\}\end{aligned} \tag{3-44}$$

$$\sigma_y^2=\frac{\int_{-\infty}^{\infty}\int_0^{\infty}y^2c\mathrm{d}z\mathrm{d}y}{\int_{-\infty}^{\infty}\int_0^{\infty}c\mathrm{d}z\mathrm{d}y} \tag{3-45}$$

就浓度分布的其他动量或独立得出的量而言，高斯烟羽公式中的垂直分布参数并没有一个精确的定义。但是，当$\sigma_z \ll z_s$时：

$$\sigma_y^2=\frac{\int_{-\infty}^{\infty}\int_0^{\infty}(z-z_s)^2c\mathrm{d}z\mathrm{d}y}{\int_{-\infty}^{\infty}\int_0^{\infty}c\mathrm{d}z\mathrm{d}y} \tag{3-46}$$

上式按接近污染源时的σ_z定义。

边界层顶部存在逆温层的情况下，烟羽被有效封闭在边界层内，不过由于烟羽抬升

影响，有些物质会从边界层飘移。在这种情况下，ADMS 把释放看作两个独立的烟羽，一个存在于烟羽层之中，另一个处于边界层以上的稳定空间。两个烟羽的污染源长度分别为（1–p）Q_{S0}和 pQ_{S0}，其中 Q_{S0}是释放的污染源烟羽，p 是侵入逆温层的烟羽。

稳定状态时，边界层顶部可能没有逆温层。在这种情况下，释放被当作一次烟羽，可能会自由地扩散出边界层。

扩散参数σ_y 和σ_z 的值随与污染源的距离、边界层高度（h）、污染源高度（z_s）以及烟羽在下风向的高度变化而变化。

3.3.1.1 稳定和中性边界层

稳定边界层内的所有湍流都是机械湍流。通常湍流强度随高度和层结阻尼的增加而减弱，但是由于边界层顶部的波动又会导致湍流强度增强。

（1）垂直扩散参数σ_z

烟羽垂直扩散参数σ_z 可通过湍流垂直分量σ_w（垂直湍流速度均方根）、扩散时间 t、浮力频率 N 求得（Weil，1985；Hunt，1985），其关系式如下：

$$\sigma_z = \sigma_w t \left(\frac{1}{b^2} + \frac{N^2 t^2}{1 + 2Nt} \right)^{-1/2} \tag{3-47}$$

式中，N 和σ_w 取烟羽平均高度 z_m 处的值，系数 b 为 z_s/h 的函数：

$$b = \begin{cases} \dfrac{1 + \dfrac{0.4u_* t}{z_s}}{1 + \dfrac{u_* t}{z_s}} & z_s/h \leqslant 0.05 \\ \left[1 - \left(z_s/h - 0.05\right)/0.1\right] \left(\dfrac{1 + \dfrac{0.4u_* t}{z_s}}{1 + \dfrac{u_* t}{z_s}} \right) + \left(z_s/h - 0.05\right)/0.1 & 0.05 < z_s/h < 0.15 \\ 1 & z_s/h > 0.15 \end{cases} \tag{3-48}$$

考虑近地表位置（$z_s/h<0.1$）的烟羽扩散受平均速度剪变的影响较大，因此在 $0.05<z_s/h<0.15$ 的范围内，采用线性插值，以得到 $z_s/h<0.1$ 和 $z_s/h>0.1$ 之间的平滑过渡。在整个分析过程中，都利用了 x 和 t 的关系式：$U = dx/dt$，U 是在 z_m 点处的本地风速值。

（2）横向扩散参数σ_y

横向扩散参数σ_y由下式给出：

$$\sigma_y^2 = \sigma_{yt}^2 + \sigma_{yw}^2 \tag{3-49}$$

$$\sigma_{yt} = \sigma_v t\left(1+\sqrt[3]{15.6\frac{u_* t}{h}}\right)^{-1/2} \tag{3-50}$$

$$\sigma_{yw} = \begin{cases} \sigma_\theta x & \text{用户指定}\sigma_\theta \\ 0.065x\sqrt{\dfrac{7T}{U_{10}}} & \text{其他情况} \end{cases} \tag{3-51}$$

式中，u_*——地表摩擦速度；

σ_v——侧风湍流速度均方根；

σ_θ——平均风向的标准偏差；

T——平均时间，h；

U_{10}——10 m 处平均风速。

σ_{yt}考虑湍流作用影响，在稳定气流中，认为这一项是线性的，在烟羽扩散过程中，烟羽尺度随着下风向距离增加而增大；在中性状态，以 Briggs 公式为依据。σ_{yw}考虑风向的大尺度变化影响。

（3）平均烟羽高度

在中性或者稳定状态下，存在逆温层时，通过式（3-52）计算边界层参数的烟羽平均高度：

$$z_m(x) = \frac{\int_{-\infty}^{\infty}\int_0^h zC(x,y,z)\mathrm{d}z\mathrm{d}y}{\int_{-\infty}^{\infty}\int_0^h C(x,y,z)\mathrm{d}z\mathrm{d}y} \tag{3-52}$$

注意，z 积分的上限为 h，因为飘移出边界层的物质是单独考虑的，当 x 值较大时，z_m 趋近于 $h/2$。

边界层顶部没有稳定的逆温层时，平均烟羽高度通过式（3-53）获得

$$z_m(x) = \frac{\int_{-\infty}^{\infty}\int_0^{\infty} zC(x,y,z)\mathrm{d}z\mathrm{d}y}{\int_{-\infty}^{\infty}\int_0^{\infty} C(x,y,z)\mathrm{d}z\mathrm{d}y} \tag{3-53}$$

3.3.1.2 对流边界层

对流边界层中高架源扩散的现场实验（Briggs，1985）已证明了早期的实验结果和数值预测：浓度垂直廓线形状是非对称的，而且在一定程度上是非高斯模式，这就改变了用高斯模式假设的浓度分布，对其他模拟过程也非常重要。考虑这种影响，ADMS 采用

了新一代“非高斯廓线模式”模拟地面浓度。

（1）垂直扩散参数

在对流边界层 CBL 中，垂直速度的概率密度函数（PDF）是非高斯分布 p_w（w）。在接近源的位置（$z = z_s$），排放粒子沿直线从源（t 远小于 T_L）向外迁移，T_L 是拉格朗日时间尺度，因此粒子排放后在高度 z 时间 t 的概率为 p（z，t；z_s）$\propto p_w[w(z)]$，其中 w（z）=（$z-z_s$）/t。ADMS 通过概率密度函数的归一化确定比例因子。对于连续线源：

$$\bar{C}=C_0=\frac{Q_s}{U}P\left(z,t;z_s\right) \tag{3-54}$$

式中，$\int_0^{\infty}\bar{C}U\mathrm{d}z=Q_s$，$\int_0^{\infty}p\mathrm{d}z=1$；$Q_s$ 表示每单位长度的排放率，C_0 表示来自孤立源排放率为 Q_s 的横风积分浓度。因此，

$$C_0=\frac{Q_s}{U}p_w\left(\frac{z-z_s}{t}\right)\frac{\sigma_w}{\sigma_w t} \tag{3-55}$$

注意，如果 p_w 是高斯性的：

$$p_w=\frac{\mathrm{e}^{-w^2/2\sigma^2 w}}{\sqrt{2\pi}\sigma_w} \tag{3-56}$$

因此，

$$C_0=\frac{Q_s}{U}\frac{\mathrm{e}^{-(z-z_s)^2/2\sigma_z^2}}{\sqrt{2\pi}\sigma_z} \tag{3-57}$$

式中，

$$\sigma_z=\sigma_w t=\left[\overline{\left(z-z_s\right)^2}\right]^{1/2} \tag{3-58}$$

热对流中垂直速度的非高斯密度函数为

$$p_w\left(w\right)=a_+H\left(w^*\right)\frac{\mathrm{e}^{-w^{*2}/2\sigma_{w+}^2}}{\sqrt{2\pi}\sigma_{w+}}+a_-[1-H(w^*)]\frac{\mathrm{e}^{-w^{*2}/2\sigma_{w-}^2}}{\sqrt{2\pi}\sigma_{w-}} \tag{3-59}$$

式中，H（w^*）是阶梯函数，$w^*=w-\hat{w}$，$\hat{w}$ 为模数，σ_{w+}、σ_{w-}、a_+、a_-定义向上和向下速率概率密度函数。注意，在 CBL 中，存在典型关系：$\hat{w}\approx -1/2\sigma_w<0$，$w^{*3}\sim\sigma_w^3$。

模型选择 a_+、a_-、σ_{w+}、σ_{w-}，因此 p_w 是连续的，$\hat{w}=\sigma_{wc}/2$，平均垂直速度为 0，方差是正确的，$\int_{-\infty}^{\infty}p_w(w)\,\mathrm{d}w=1$。$\sigma_{wc}$是湍流垂直项的对流项。

这些约束条件导致下列结果：

$$\frac{\sigma_{w_-}}{\sigma_w}=-\sqrt{\frac{\pi}{32}}\frac{\sigma_{wc}}{w}+\frac{1}{k}$$

$$\frac{\sigma_{w_+}}{\sigma_w} = +\sqrt{\frac{\pi}{32}}\frac{\sigma_{wc}}{w} + \frac{1}{k} \tag{3-60}$$

$$a_+ = k\sigma_{w_+} / \sigma_w$$

$$a_- = k\sigma_{w_-} / \sigma_w \tag{3-61}$$

式中，

$$k = \left\{1 + \left(\frac{1}{4} - \frac{3\pi}{32}\right)\left(\frac{\sigma_{wc}}{\sigma_w}\right)^2\right\}^{-1/2} \tag{3-62}$$

当$\sigma_w \to \sigma_{wc}$（无机械湍流）时，

$$\frac{\sigma_{w_-}}{\sigma_w} = 0.664, \quad \frac{\sigma_{w_+}}{\sigma_w} = 1.29 \tag{3-63}$$

$$a_+ = 1.32, \quad a_- = 0.68$$

$$\overline{w}^3 = 0.48\sigma_w^3$$

强对流状态下，非对称性有时比观测到的值低（$0.6\sigma_w^3$ 从 HKG 估算），但是包含这种不对称性在很大程度上改善了浓度预测的准确性。

在对流状态（$u_* = 0$）下，σ_w得自边界层结构模块，则有

$$\hat{w} = -0.5\left(2.1\sqrt{4}\right)\left(\frac{z}{h}\right)^{1/3}\left(1 - 0.8\frac{z}{h}\right)w_* \tag{3-64}$$

$$\overline{w}^3 = 0.48\left[0.4\left(2.1\right)^2\right]^{3/2}\left(\frac{z}{h}\right)\left(1 - 0.8\frac{z}{h}\right)^3 w_*^3 \tag{3-65}$$

使用$\sigma_w\left(1 + \frac{t}{2T_L}\right)^{-1/2}$代替浓度项中有关$\sigma_w$的具体值，式中 T_L是拉格朗日时间尺度。这样垂直速度σ_z可通过式（3-66）计算：

$$\sigma_z = \sigma_w t\left(1 + \frac{t}{2T_L}\right)^{-1/2} \tag{3-66}$$

（2）横向扩散参数

横向扩散参数（σ_y）通过三部分计算，对流引起的扩散（σ_{yc}）、机械力引起的湍流（σ_{yn}）以及风向变化因素的影响（$\sigma_{yw} = \sigma_\theta x$）：

$$\sigma_{yc} = \sigma_{vc} t\left(1 + \frac{t}{h}\sqrt[3]{0.75 w_*}\right)^{-1/2} \tag{3-67}$$

$$\sigma_{yn} = \sigma_{vn} t\left(1 + \frac{t}{h}\sqrt[3]{15.6 u_*}\right)^{-1/2} \tag{3-68}$$

式中，σ_{vc}和σ_{vn}分别为对流和机械力引起的湍流水平速度的均方根。

总横向扩散参数为

$$\sigma_{\mathrm{y}}^2=\sigma_{\mathrm{yc}}^2+\sigma_{\mathrm{yn}}^2+\sigma_{\mathrm{yw}}^2 \tag{3-69}$$

（3）平均烟羽高度

在对流状态下，可利用中性状态平均烟羽高度计算式（3-52）中相同的项来计算其平均烟羽高度。

3.3.1.3　边界层之上

（1）垂直扩散参数

在边界层之上，垂直扩散参数σ_z通过式（3-70）确定：

$$\sigma_{\mathrm{z}}=\sigma_{\mathrm{w}}t\left\{1+\frac{N^2t^2}{1+2Nt}\right\}^{-1/2} \tag{3-70}$$

式中，t是自源起始的传输时间；N是边界层之上的浮力频率，平均烟羽高度处的σ_w通过边界层结构模块计算。

（2）横向扩散参数

横向扩散参数σ_y由下列公式确定：

$$\sigma_{\mathrm{y}}^2=\sigma_{\mathrm{yt}}^2+\sigma_{\mathrm{yw}}^2 \tag{3-71}$$

$$\sigma_{\mathrm{yt}}=\sigma_{\mathrm{v}}t \tag{3-72}$$

$$\sigma_{\mathrm{yw}}=0.065\times\sqrt{\frac{7T}{U(h)}} \tag{3-73}$$

式中，t是自源排放起始的传输时间，利用边界层结构模块计算在平均烟羽高度处的σ_v；T是以小时为单位的采样时间（平均时间）；U（h）是边界层高度h处的风速。

（3）平均烟羽高度

在边界层顶部没有逆温层的稳定状态下，不考虑边界层顶部的反射，可以使用中性状态平均烟羽高度［式（3-53）］计算平均烟羽高度。如果是存在逆温层的稳定状态，或者中性和对流状态，边界层之上的烟羽局地平均高度通过式（3-74）计算：

$$z_{\mathrm{m}}(x)=\frac{\int_{-\infty}^{\infty}\int_h^{\infty}zC(x,y,z)\,\mathrm{d}z\mathrm{d}y}{\int_{-\infty}^{\infty}\int_h^{\infty}C(x,y,z)\,\mathrm{d}z\mathrm{d}y} \tag{3-74}$$

3.3.2 平均浓度

3.3.2.1 近距离模式和远距离模式的应用

在边界层顶部存在逆温层的情况下，烟羽被有效控制在边界层之内，到达边界层顶部的物质被向下反射（除去烟羽抬升造成部分漂移出边界层的情况，这种情况视为单独烟羽处理）。在距离污染源足够远的位置，部分烟羽可能在地面、边界层顶部，或同时在两个地点被反射之后，污染物浓度在垂直方向上变化非常小，以致可以被忽略，大致$\sigma_z \geqslant 1.5\ h$。然后可认为烟羽横向扩散，成为垂直的楔形而不是一个锥体。在这一点的顺风和逆风方向，使用不同的模式计算，分别认为是近距离和远距离模式。稳定状态下，如果没有逆温层，则假设烟羽以锥体的形状持续无限扩散。

3.3.2.2 近距离模型——稳定/中性边界层（$h/L_{MO} \geqslant -0.3$）

计算机实验表明，为了取得令人满意的结果，需要 4 个反射项。存在逆温层时，浓度计算如下：

$$C = \frac{Q_s}{2\pi\sigma_y\sigma_z U(Z_m)}\exp\left(\frac{-y^2}{2\sigma_y^2}\right)\left\{\exp\left[\frac{-(z-z_s)^2}{2\sigma_z^s}\right]+\exp\left[\frac{-(z+z_s)^2}{2\sigma_z^s}\right]\right.$$
$$+\exp\left[\frac{-(z-2h+z_s)^2}{2\sigma_z^s}\right]+\exp\left[\frac{-(z+2h-z_s)^2}{2\sigma_z^s}\right] \tag{3-75}$$
$$\left.+\exp\left[\frac{-(z-2h-z_s)^2}{2\sigma_z^s}\right]\right\}$$

式中，Q_s为考虑通过逆温层造成物质损耗的源强；式中从左到右 z 的指数项依次表示实际烟羽的扩散、地平面的反射、边界层顶部的反射、边界层上镜像源的地面反射，以及地平面之下对流层之上镜像源的反射。

在稳定状态下，如果没有逆温层，不会产生边界层顶部的反射，污染物浓度通过式（3-76）得到：

$$C = \frac{Q_s}{2\pi\sigma_y\sigma_z U(Z_m)}\exp\left(\frac{-y^2}{2\sigma_y^2}\right)\left\{\exp\left(\frac{-(z-z_s)^2}{2\sigma_z^s}\right)+\exp\left(\frac{-(z+z_s)^2}{2\sigma_z^s}\right)\right\} \tag{3-76}$$

3.3.2.3 近距离模型——中性对流边界层（$h/L_{MO} < -0.3$）

污染物平均浓度为对流边界层浓度 $C_{CBL}^{(U)}$ 和稳定边界层浓度 $C_{NBL}^{(U)}$ 两项贡献的加权之

和。对于中性-稳定边界层，利用式（3-76）得出每单位源强的浓度值。对于从对流边界层 CBL 到稳定边界层 NBL 的转化，可令

$$c = Q_{\mathrm{s}}\left[C_{\mathrm{CBL}}^{(U)}\left|\frac{h}{L_{\mathrm{MO}}}\right| + C_{\mathrm{CBL}}^{(U)}\right] / \left(1+\left|\frac{h}{L_{\mathrm{MO}}}\right|\right) \tag{3-77}$$

与

$$c = \frac{1}{2\pi\sigma_{\mathrm{y}}U(z_{\mathrm{m}})}\exp\left(\frac{-y^2}{\sigma_{\mathrm{y}}^2}\right)\left\{\frac{a_+}{a_{z_+}}H\left(z-z_{\mathrm{s}}-\widehat{wt}\right)\exp\left[\frac{-\left(z-z_{\mathrm{s}}-\widehat{wt}\right)^2}{2\sigma_{z_+}^2}\right]\right\}$$

$$+\frac{a_-}{\sigma_{z_-}}\left[1-H(z-z_{\mathrm{s}}-\widehat{wt})\right]\exp\left[\frac{-(z-z_{\mathrm{s}}-\widehat{wt})^2}{2\sigma_{z_-}^2}\right]$$

$$+\frac{a_+}{\sigma_{z_+}}H(-z-z_{\mathrm{s}}-\widehat{wt})\exp\left[\frac{-(-z-z_{\mathrm{s}}-\widehat{wt})^2}{2\sigma_{z_+}^2}\right]$$

$$+\frac{a_-}{\sigma_{z_-}}\left[1-H(-z-z_{\mathrm{s}}-\widehat{wt})\right]\exp\left[\frac{-(-z-z_{\mathrm{s}}-\widehat{wt})^2}{2\sigma_{z_-}^2}\right]$$

$$+\frac{a_+}{\sigma_{z_+}}H(z+2h-z_{\mathrm{s}}-\widehat{wt})\exp\left[\frac{-(z+2h-z_{\mathrm{s}}-\widehat{wt})^2}{2\sigma_{z_+}^2}\right]$$

$$+\frac{a_-}{\sigma_{z_-}}\left[1-H(z+2h-z_{\mathrm{s}}-\widehat{wt})\right]\exp\left[\frac{-(z+2h-z_{\mathrm{s}}-\widehat{wt})^2}{2\sigma_{z_-}^2}\right]$$

$$+\frac{a_+}{\sigma_{z_+}}H(-z+2h-z_{\mathrm{s}}-\widehat{wt})\exp\left[\frac{-(-z+2h-z_{\mathrm{s}}-\widehat{wt})^2}{2\sigma_{z_+}^2}\right]$$

$$+\frac{a_-}{\sigma_{z_-}}\left[1-H(-z+2h-z_{\mathrm{s}}-\widehat{wt})\right]\exp\left[\frac{-(-z+2h-z_{\mathrm{s}}-\widehat{wt})^2}{2\sigma_{z_-}^2}\right]$$

$$+\frac{a_+}{\sigma_{z_+}}H(z-2h-z_{\mathrm{s}}-\widehat{wt})\exp\left[\frac{-(z-2h-z_{\mathrm{s}}-\widehat{wt})^2}{2\sigma_{z_+}^2}\right]$$

$$+\frac{a_-}{\sigma_{z_-}}\left[1-H(z-2h-z_s-\widehat{wt})\right]\exp\left[\frac{-(z-2h-z_s-\widehat{wt})^2}{2\sigma_{z_-}^2}\right]$$

（3-78）

其中：

$$\sigma_y^2=\sigma_{y_C}^2+\sigma_{y_N}^2$$

$$\sigma_{z_+}=\sigma_{w_+}t\left(1+\frac{t}{2T_L}\right)^{-1/2} \quad (3\text{-}79)$$

$$\sigma_{z_-}=\sigma_{w_-}t\left(1+\frac{t}{2T_L}\right)^{-1/2}$$

假设 $w_*=0$，得到 $C_{NBL}^{(U)}$。

3.3.2.4 远距离模型

当烟羽充满边界层并以垂直楔形的形状向水平方向扩散时，其扩散与垂直线源的扩散类似，主要区别是风速沿线源（垂直方向）是变化的。当$\sigma_z \geqslant 1.5h$ 时，可过渡为远距离模式。为了使线源扩散具有代表性并简化计算，统一取边界层中等高度处的风速 u（$h/2$）。这样，稳定和对流条件下的浓度 C（x，y）可统一表示为

$$C(x,y)=\frac{Q_s'}{\sqrt{2\pi}\sigma_y hU(h/2)}\exp\left(\frac{-y^2}{2\sigma_y^2}\right) \quad (3\text{-}80)$$

式（3-80）是远距离浓度的比较合理的近似值。为使地表浓度与烟羽中线以下的浓度一致，达到光滑过渡，需要确定一个调整过的源强Q_s'。这是因为计算只用了 4 个反射项，少计入了一些物质，当$\sigma_z=1.5h$ 时，垂直浓度不是完全均匀的，Q_s' 和 Q_s之间有比较微小的区别。因此在下述范围内做一些调整：$x_{trans}<x<1.5x_{trans}$，当$\sigma_z=1.5h$ 时，$x=x_{trans}$；当 $x>1.5x_{trans}$ 时，$Q_s'=Q_s$。

3.3.2.5 边界层之上

稳定状态下，如果边界层的顶部没有逆温层，烟羽可能会自由地扩散到边界层之上，通过式（3-76）计算得到浓度。在逆温层存在的情况下，或者在中性或者对流状态下，边界层以上烟羽浓度为

$$C(x,y,z)=\frac{Q_s}{2\pi\sigma_y\sigma_z U(z_m)}\exp\left(\frac{-y^2}{2\sigma_y^2}\right)\left\{\exp\left(\frac{-(z-z_s)^2}{2\sigma_z^2}\right)+\exp\left(\frac{-(z-2h+z_s)^2}{2\sigma_z^2}\right)\right\} \quad (3\text{-}81)$$

3.3.2.6 对静风条件的特殊处理

默认设置下，ADMS 模型不会处理 10 m 高度处风速小于 0.75 m/s（ADMS-环评中为 0.3 m/s）的气象数据。但在 ADMS-工业模型中可以通过.aai 文件的特殊设置模拟静风状态。

平均风速较低时，风向更为多变。在非常不稳定条件下，即使能明确定义地转风，由于气流中湍流波动较大或与平均风速相当，静风频率也会增加。在稳定条件下，当地转风很小时，平均风和湍流风都可能非常小并难以测量，但通常的情况是，不管风向在温度梯度和地形的影响下变化或保持不变，在地表测得的风速都是非常小的。

ADMS 模型计算静风条件下浓度是通过计算常规的“高斯”类烟羽（C_g）和径向烟羽（C_r）的权重平均获得，权重根据 10 m 处风速（U）确定。

径向烟羽作为被动源模拟，源高与标准烟羽抬升计算得到的最大烟羽高度相同，并假设风向在所有方向的概率相同。如果模拟建筑物，C_r不包括建筑物的影响。

当气象数据中 U 低于$U_{g_{min}}$（该值为常规高斯类烟羽的最低有效值）时，将仅模拟 C_r。$U_{g_{min}}$ 的缺省值为 0.5 m/s，但可通过.aai 文件修改。

当气象数据中 U 值大于临界值 U_{crit} 时，模型将仅计算 C_g。由式（3-82）确定

$$U_{crit}^2=U_{calm}^2+\frac{{\sigma_u}^2}{1+\dfrac{t}{2T_L}} \quad (3\text{-}82)$$

式中，σ_u——10 m 处纵向湍流速度的均方根；

t——排放开始后时间；

T_L——10 m 处拉格朗日时间尺度；

U_{calm}——默认值为 1.0，但可通过.aai 文件修改。

当气象数据 U 值在$U_{g_{min}}$ 和 U_{crit}之间时，模型将计算 C_g和 C_r的权重平均。

3.3.3 烟羽抬升模式

ADMS 模型使用顶盖积分模式预测气态烟羽抬升，通过质量、动量、焓、排放物质守恒方程求解，考虑由于烟羽和环境湍流的相对运动引起的卷夹，用卷夹速度描述。ADMS 烟羽抬升模式可以模拟穿透逆温层以及在逆温层之下的烟羽，适用于向上任意方向的排放。烟羽抬升模式可以预测烟羽轨迹、由抬升引起的附加扩散、浮力喷射、烟羽对逆温层的穿透，适用于任何与理想气体相似的气态物质的排放。图 3-3 是大气中烟羽抬升示意。

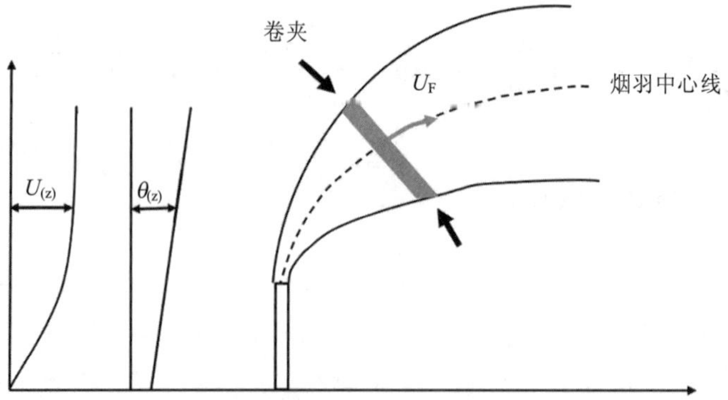

图 3-3 烟羽抬升模式

烟羽抬升模式基于以下主要假设：

①烟羽对环境特征不产生任何影响；

②烟羽是连续的、细长的，具有圆形横切面；

③烟羽内特征是均匀的；

④卷夹是由于烟羽与环境气流的相对运动产生的；

⑤环境湍流会稀释烟羽；

⑥忽略潜热影响和辐射性自热；

⑦湍流和分子扩散受平均流输送控制。

ADMS 烟羽抬升模式可以应用于任何与上述假设一致的烟羽抬升计算，前提是能够恰当地确定环境气流的状态。模式不适用于与地面有接触的烟羽或者位于气流分离区的烟羽（如障碍物近尾流处）。此外，当预测的轨迹绕自身交叉（如一股非浮力的射流排放到另一股气流中）或者位于烟羽半径范围内（如在微风条件下的负浮力烟羽向上排放）时，也违反了模拟假设，在这两种状态下模型不会失效，但不能确定其模拟准确性。总之，将模式应用于其限定条件之外时，不能确定模拟准确性。

3.3.3.1 烟羽轨迹线公式

烟羽轨迹由以下运动方程计算：

$$\begin{aligned}\frac{\mathrm{d}x_p}{\mathrm{d}t} &= u_p \xi(t) \\ \frac{\mathrm{d}\xi}{\mathrm{d}t} &= u_\xi = |u_p|\end{aligned} \tag{3-83}$$

式中，x_p——烟羽中心线；

t——自源算起的传输时间；

ξ——沿烟羽轴的距离；

u_p——烟羽速度。

上述公式可通过以下积分守恒式推算：

$$
\begin{aligned}
&(\text{mass})\frac{dF_m}{d\xi}=E_m \\
&(\text{momentum})\frac{dF_M}{d\xi}=G_M+B-D \\
&(\text{heat})\frac{dF_h}{d\xi}=G_h \\
&(\text{species})\frac{dF_\Gamma}{d\xi}=0
\end{aligned}
\tag{3-84}
$$

上述公式中的积分通量为

$$
\begin{aligned}
&F_m=\pi b^2\rho_p u_\xi \\
&F_M=(u_p-u_a)F_m \\
&F_h=(h_{\theta p}-h_{\theta a})F_m \\
&h_\theta=c_p\theta \\
&F_r=\Gamma F_m
\end{aligned}
\tag{3-85}
$$

环境气流梯度项为

$$
\begin{aligned}
&G_M=-F_m\frac{dU}{d\xi} \\
&G_h=-F_m c_{pa}\frac{d\theta_a}{d\xi}
\end{aligned}
\tag{3-86}
$$

浮力为

$$B=\pi b^2 g(\rho_p-\rho_a) \tag{3-87}$$

阻力为

$$D=\frac{1}{2}\rho_a(2\pi b)\Delta u_N|\Delta u_N|C_D \tag{3-88}$$

式中，b 为烟羽半径；$\Delta u=u_p-U$ 为烟羽的相对速度；Δu_ξ 和 Δu_N 分别为沿烟羽轴和垂直于烟羽轴方向的分量；下标 p 表示烟羽变量；下标 a 表示环境气流变量；c_p 为质量定压热容；m 为相对分子质量。

总卷夹率 E_{m} 由卷夹速度 u_{e} 计算，u_{e} 是由于烟羽和环境湍流的相对运动造成的，这一相对运动可以分解为沿着和垂直于烟羽轴线的两个分量，因此，

$$E_{\mathrm{m}} = 2\pi b \rho_{\mathrm{a}} u_{\mathrm{e}} \tag{3-89}$$

$$u_{\mathrm{e}} = u_{\mathrm{e}}^{(\mathrm{rise})} + u_{\mathrm{e}}^{(\mathrm{turb})}$$

$$u_{\mathrm{e}}^{(\mathrm{rise})} = \alpha_1 \left|\Delta u_{\xi}\right| + \alpha_2 \left|\Delta u_{\mathrm{N}}\right| \tag{3-90}$$

$$u_{\mathrm{e}}^{(\mathrm{turb})} = \alpha_3 \min\left\{ (\varepsilon b)^{1/3}, \sigma_{\mathrm{w}} \left(1 + \frac{t}{2T_{\mathrm{L}}}\right)^{-1/2} \right\}$$

式中，ε——湍流耗散率；

σ_{w}——垂直速度脉动均方根。

ADMS 模型考虑由于烟羽抬升（以及源直径是有限的）所造成的附加烟羽扩散σ_0，从而引入一个附加质量守恒方程：

$$\frac{\mathrm{d}F_{\mathrm{m0}}}{\mathrm{d}\xi} = E_{\mathrm{m}}^{(\mathrm{rise})} \tag{3-91}$$

其中：

$$F_{\mathrm{m0}} = \pi b_0^2 \rho_{\mathrm{p}} u_{\xi}$$

$$E_{\mathrm{m}}^{(\mathrm{rise})} = 2\pi b_0 \rho_{\mathrm{a}} u_{\mathrm{e}}^{(\mathrm{rise})} \tag{3-92}$$

在源位置 $b=b_0$，σ_0 为任意横风方向的扩散参数均方根，$\sigma_0=b_0/2$。根据式（3-93），平均浓度模式中的扩散参数增强：

$$\begin{aligned} \sigma_{\mathrm{y}}^2 &= \sigma_{\mathrm{y}}^2 + \sigma_0^2 \\ \sigma_{\mathrm{z}}^2 &= \sigma_{\mathrm{z}}^2 + \sigma_0^2 \end{aligned} \tag{3-93}$$

在推导烟羽公式的过程中，假设贯穿整个烟羽横截面的环境特性是均匀的。这一假设在有些情况下是不合适的，在浓度剧烈变化区或逆温层中尤其明显，此时，应对受影响的各项进行修正，考虑环境参量的实际分布。

3.3.3.2 对逆温层的处理

对于抬高的逆温层可以简化为定常浮力频率为 N_{u} 时逆温层底高度 h_{I} 处的位温差 $\Delta\theta$。如果浮力烟羽非常薄，是否穿透逆温层，取决于 $\theta_{\mathrm{p}}-\theta_{\mathrm{a}}$ 是否大于 $\Delta\theta$。但实际上，烟羽具有一定高度，在烟羽轴到达高度 h_{I} 之前，烟羽已经触及逆温层了。

在烟羽抬升积分模式中，如果将烟羽横截面的环境位温场是均匀的这一条件放宽（虽

然烟羽内的温度和速度场仍然与以前一样，是均匀的），就可以将上述观点纳入模式中。因此，当烟羽和逆温层相交时（$z_p-b\times\cos\alpha<h_1<z_p+b\times\cos\alpha$，$\alpha$ 为烟羽轴线与水平方向的夹角），修正烟羽轨线积分守恒公式中的 G_h 和 B 项，以考虑逆温层的变化，其表达式如下：

$$G_h=\int_p c_{pa}\rho u.\nabla\theta_a \mathrm{d}A\approx c_{pa}F_m\frac{\mathrm{d}z_p}{\mathrm{d}\xi}\left[(1-\Pi)\left(\frac{\mathrm{d}\theta_a}{\mathrm{d}z}\right)_1+\Pi\left(\frac{\mathrm{d}\theta_a}{\mathrm{d}z}\right)_2\right]-c_{pa}\rho_p w_p\left(2b_y\right)\Delta\theta \quad (3\text{-}94)$$

$$B=\pi b^2 g\left[(1-\Pi)\left(\rho_p-\rho_{a1}\right)+\Pi\left(\rho_p-\rho_{a2}\right)\right] \quad (3\text{-}95)$$

式中，b_y 是烟羽跨越逆温层时烟羽横截面的半宽度；下标 1 和下标 2 分别表示环境状态在逆温层以下和以上的估计值；穿透因子 P 是界面之上烟羽横截面占总横截面的比例（图 3-4）。

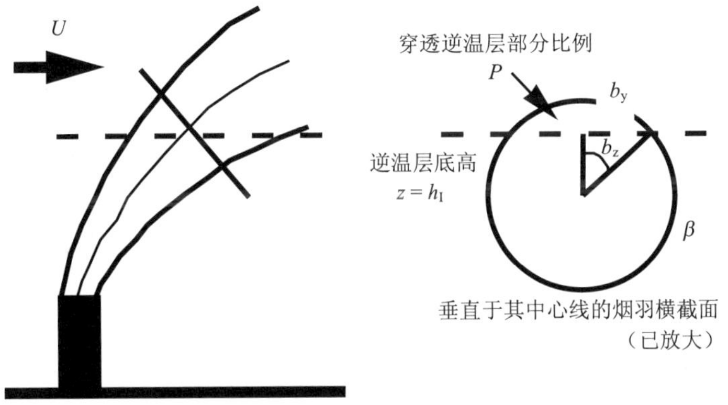

图 3-4　烟羽穿透逆温层示意

3.3.3.3　烟囱下洗修正

烟囱附近的流场和气压场会影响烟囱的有效高度，使排放源下风向烟羽的平均高度降低，不过只有小部分上升动量较小的排放会受到影响，大部分排放物质快速上升会迅速离开受影响区域。

ADMS 模型中预测烟囱下洗的算法也应用在许多其他模型中，当排放速率 $w_s/U_H<1.5$ 时，使用 Δz_s 修正烟囱高度：

$$\Delta z_s=\begin{cases}2\left(\dfrac{w_s}{U_H}-1.5\right)D_s & \dfrac{w_s}{U_H}<1.5\\ 0 & \dfrac{w_s}{U_H}>1.5\end{cases} \quad (3\text{-}96)$$

式中，D_s——烟囱直径；

U_H——烟囱顶部迎风气流速度；

w_s——排放速度；

Δz_s——烟囱高度修正值。

这一算法只适用于烟囱排放，根据需要也可以用于其他情况，如冷却塔的汽羽。严格地说，烟囱的横断面应该是圆形的，但是也可以根据需要修正为其他形状，如方形横断面。本模式不是建筑物下洗模式，不适用于建筑物下洗预测。

Snyder 和 Lawson（1991）对烟囱下降气流现象进行了详细的风洞测试，发现仅用一个烟囱高度修正并不是完全准确的做法。他们通过实验发现，在某些情况下，烟羽轨线被调整到自烟囱起 $30D_s$ 的距离处，其影响为烟囱雷诺数的函数，并针对次临界和超临界流两种情况，以排放速率函数的形式展示了烟羽中心线在 $30D_s$ 位置的高度。次临界阶段和超临界阶段根据 $Re<2\times10^5$ 和 $Re>2\times10^5$ 确定。表 3-6 列出了部分典型烟囱的雷诺数。

表 3-6　烟囱雷诺数

烟囱直径/m	风速/（m/s）	雷诺数	阶段
0.2	2	27×10^3	次临界
0.2	5	67×10^3	次临界
1	2	130×10^3	次临界
1	5	330×10^3	超临界
5	2	670×10^3	超临界
5	5	1.7×10^6	超临界
25	2	3.3×10^6	超临界
25	5	8.3×10^6	超临界

湍流状态下，雷诺数较低时，临界状态开始起作用，自由湍流和烟囱表面粗糙度将临界雷诺数降低到一个未知程度，但在实际中，超临界状态起决定作用。强风状态下最有可能发生烟囱下洗，这一现象强化了上述尝试性说法。

Snyder 和 Lawson（1991）得出如下结论：

①排放速率一定时，次临界状态下烟囱下洗影响最大；

②无论是次临界状态还是超临界状态，本节描述的算法都是守恒的（它倾向于过度预测烟囱的下洗）。

3.3.4　波动模块（ADMS 5）

波动模块用于计算污染物浓度的波动。湍流和气象条件的变化会引起污染物浓度在其平均值附近发生变化，即波动。波动模块考虑这两个因素的影响，但对气象条件变化仅考虑了平均风的弥散。如果计算时间小于 1 h，引起波动的主要因素为边界层湍流，而对于长期计算，平均风向的变化可能成为主要影响因素。在计算时间内，假设除风向外的其他气象参数是恒定的。

模型使用用户输入的平均时间 t_s 及波动平均时间 t_{avf} 计算平均浓度。平均时间 t_s 决定由平均风向变化引起的侧向扩散，不包括把弥散 σ_θ 作为气象变量输入的情况。因此，t_s 应反映气象观测频率，一般为每小时一次。波动的计算结果由 t_s、t_{avf} 和释放类型（如烟羽、时间积分烟团、时间相关烟团）决定。

3.3.4.1 烟羽（连续释放）

波动模块估算 t_{avf} 时间段内浓度平均值超过某特定值 c 的概率，输出结果是（x，y，z，c）的函数，该函数有多种表达方式。计算结果等同于在平均时间 t_s 内，以波动平均时间 t_{avf} 进行多次测量，测量时段内为气象条件稳定，但边界层湍流变化的情况。

如果用户选择计算 p_{dose} 次幂的毒性反应，那么模块将计算平均浓度的 p_{dose} 次幂的总体均值。此功能经常用于计算毒性物质的浓度波动（Griffiths，1991）。

3.3.4.2 时间积分烟团

波动模块计算一段时间内累积浓度超过某特定值 $\hat{c}$ 的概率，输出结果是（x，y，z，$\hat{c}$）的函数。这个结果等同于在同一气象条件、不同边界层湍流时，多次测量同一烟团的情况。注意，此时计算的是时间积分浓度，不需要 t_{avf}。

对于时间积分烟团，计算毒性剂量波动没有意义。

3.3.4.3 时间相关烟团

波动模块计算瞬时浓度超过某特定值 $\hat{c}$ 的概率，即 t_{avf}=0，计算结果是（x，y，z，t，$\hat{c}$）的函数。结果等同于在同一气象条件、不同边界层湍流时，多次计算相同瞬时烟团释放浓度的情况。

毒性反应是瞬时浓度的 p_{dose} 次幂的总体均值。

注意，由于验证数据有限，时间相关烟团波动模拟的误差要大于前两者。

3.3.5 污染源模式

3.3.5.1 工业源

（1）点源

圆形点源由污染源中心位置、直径和高度定义，并假设圆形位于同一水平面。污染物排放速率单位为 g/s。ADMS 模型中点源的计算公式见式（3-97），点源中心坐标为（0，0，Z_s），x 为下风向距离，C 为浓度。

$$C(x,y,z)=\frac{Q_s}{2\pi\sigma_y\sigma_z U}\exp\left(\frac{-y^2}{2\sigma_y^2}\right)\exp\left[\frac{-(z-z_s)^2}{2\sigma_z^2}\right]+\text{反射项} \tag{3-97}$$

式中，σ_y——横向烟羽扩散参数，m；

σ_z——垂向烟羽扩散参数，m；

U——风速，m/s；

Q_s——源强，质量单位/s。

（2）面源、体源和线源

ADMS 模型可以模拟有限宽度的线源、多边形底面的面源和体源。这些污染源类型都作为凸面多边形处理。三类源的处理方式相似，每类源的几何参数按下面的方式定义：

①线源由其两端中心点的位置（X_1，Y_1）和（X_2，Y_2）、高度 Z_s 和线源宽度 L_L 定义。线源假设为水平源（端点高度一致），宽度必须大于 0.001 m；

②面源通过底面多边形顶点的位置（X_n，Y_n），n=1，2，3…和高度 Z_s 定义，假设面源底面为水平多边形，顶点为 3～50 个；

③体源底面顶点定义为（X_n，Y_n），n=1，2，3…，体源垂直方向深度为 L_l，体源高度 Z_s 为 $0.5L_l$。假设体源底面为水平多边形，顶点为 3～50 个。体源不考虑烟羽抬升。从建筑物持续释放的速度可忽略的逃逸性气体，以及持续释放的采矿扬尘，释放速度可忽略不计，都可按体源处理。

线源、面源和体源的污染物排放单位为质量单位/（m/s）、质量单位/（m^2/s）和质量单位/（m^3/s）。

面源、体源和线源的计算方法如下所述。

每个污染源可以分解为最多 10 个污染源单元，分解方法根据受体点的位置确定。单元源和每个受体沿气流方向的距离差别不宜变化太快，这取决于单元源的总数。受体点的浓度由各单元源贡献值相加得到。

线源或面源的分解单元近似为一系列长度有限的侧风线源。每个长度为 L_s、源强为 $\bar{Q}_s$［质量单位/（m/s）］的侧风向线源的浓度 $\bar{C}(x,y,z)$ 为

$$\bar{C}(x,y,z)=\frac{\bar{Q}_s}{2\sqrt{2\pi}\sigma_z(x)U}\exp\left[-\frac{(z-z_s)^2}{2\sigma_z^2}\right]\times \left[\operatorname{erf}\left(\frac{y+L_s/2}{\sqrt{2}\sigma_y}\right)-\operatorname{erf}\left(\frac{y-L_s/2}{\sqrt{2}\sigma_y}\right)\right]+\text{反射项} \tag{3-98}$$

体源每个单元的贡献是通过有限长度和高度的侧风垂直单元源近似得出。长 L_s、高 L_1、源强 $\bar{Q}_s$［质量单位/（m^2/s）］的侧风垂直单元源的浓度 $\bar{C}(x,y,z)$ 为

$$\bar{C}(x,y,z)=\frac{\bar{Q}_s}{4U}\left[\mathrm{erf}\left(\frac{y+L_s/2}{\sqrt{2}\sigma_y}\right)-\mathrm{erf}\left(\frac{y-L_s/2}{\sqrt{2}\sigma_y}\right)\right]\times \left[\mathrm{erf}\left(\frac{z+L_1/2-z_s}{\sqrt{2}\sigma_z}\right)-\mathrm{erf}\left(\frac{z-L_1/2-z_s}{\sqrt{2}\sigma_z}\right)\right]+\text{反射项} \tag{3-99}$$

计算步骤如下（针对每一种气象条件）：

①计算平均烟羽高度位置的近流场扩散参数σ_{y10}，点源下风向 10 m 处的横向扩散，即$\sigma_{y10}=\sigma_y$（$z=z_m$，x=10 m）/10。假如源存在烟羽抬升特性，计算时将考虑。对于每个输出点按下述各步骤进行。

②去除源中对浓度计算没有贡献的多余部分，这一点由扩散参数σ_{y10}决定。

③将源分解成一系列单元源。

④用侧风线源的等价线源源强替代每个单元源源强。

⑤用式（3-100）计算每个单元源的贡献，得出受体点浓度。

$$\begin{aligned} F_m &= \pi b^2\rho_p u_\xi \\ F_M &= (u_p-u_a)F_m \end{aligned} \tag{3-100}$$

距受体点侧风距离足够远的污染源的贡献值很小，为提高计算速度，这些单元源可以忽略。当受体点在 $y=\pm 0.4\,x\,\sigma_y$（$z=z_m$，x =10 m）之外时，单元源可以忽略。

（3）喷射源和方向性释放（ADMS 5）

ADMS 5 模型可以模拟顺风向、侧风向速度不为零以及垂直速度分量大于或等于零的排放。ADMS-机场模型中的飞行源即采用类似于喷射源的处理方式。

顺风向、侧风向、垂直方向的速度均为时间排放的函数，出口数值模拟为平均流量。初始顺风向速度为负值表示排放方向为上风向。初始顺风向速度大于或等于零，则时间与距污染源顺风向的距离为一对一映射关系。但是如果初始顺风向速度为负值，同一距离则对应两个时间值。

喷射源释放通常主要为特定物质，空气量较少，因此确定释放相关的摩尔质量或密度时需要输入此物质的相关数据。方向性释放是空气和某种污染物的混合物质，空气占主要成分，使用时需要输入空气的摩尔质量或密度。

方向性释放由出口速度 w_{tot} 及两个释放角 θ_1 和 θ_2（图 3-5）定义。图 3-5 中顺风向速度 u 大于零，从西向东。侧风向速度 v 大于零，从南向北。

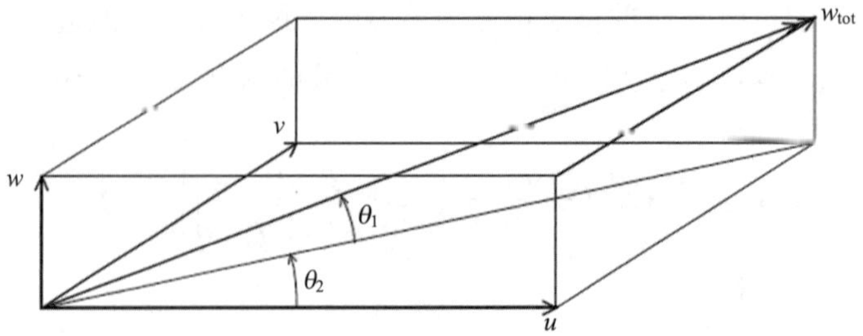

图 3-5 释放角 θ_1 和 θ_2 定义

出口速度的顺风向、侧风向、垂直分量 u、v、w 分别由式（3-101）计算：

$$
\begin{aligned}
u &= w_{\text{tot}} \cos\theta_1 \cos\theta_2 \\
v &= w_{\text{tot}} \cos\theta_1 \sin\theta_2 \\
w &= w_{\text{tot}} \sin\theta_1
\end{aligned}
\tag{3-101}
$$

3.3.5.2 路源

通常情况下，路源的处理方式与一条或多条线源相同，以下情况除外：①假设没有烟羽抬升现象；②考虑机动车排放高度范围的影响对初始垂直湍流和排放高度进行修正；③考虑交通流量产生额外湍流对水平湍流进行修正；④选择使用“街谷”模块时[见 3.3.5.2 节中（2）基础街谷模块]。

（1）交通引起的湍流

当风向近似平行于道路时，平坦、繁忙路段会产生额外湍流。模拟路源时，引入额外组分 $\sigma_{y_{\text{vehicle}}}$ 模拟此现象（注意，使用“街谷”模块时不考虑此额外湍流，“街谷”模块对交通引起的湍流有单独的处理方法）。公式如下（D. J. Carruthers）：

$$\sigma_{y_{\text{road}}} = \sigma_{v_{\text{road}}} t \left[1 + \left(\frac{t}{t_{\text{d}}}\right)^2\right]^{-1/2} \tag{3-102}$$

其中：

$$\sigma_{v_{\text{road}}} = b\left(\frac{\sum_{i=1}^{n_v} N_i U_i A_i}{W}\right)^{1/2} \tag{3-103}$$

湍流衰减时间 t_{d} 公式如下：

$$t_{\text{d}} = \left(\frac{W}{\tau}\right) / \sigma_{v_{\text{road}}} \tag{3-104}$$

式中，t——从源传输到该点的时间，s；

b——常数（0.3），依据 OSPM 街谷模型；

τ——常数（0.1），CERC 测试后选择；

n_v——车辆种类数；

N_i——每分钟该车型车辆数；

U_i——该车型车辆的车速，m/s；

A_i——该车型车辆覆盖的有效区域，m^2；

W——道路宽度，m。

当 $t \to 0$ 时，$\sigma_{y_{road}} / \sigma_{v_{road}} \to 0$；当 $t \to \infty$ 时，$\sigma_{y_{road}} / \sigma_{v_{road}} \to t_d$。

（2）基础街谷模块

ADMS 模型包括“基础”和“高级”两种模拟街谷影响的模块。高级街谷模块介绍见 3.4.12 节。

ADMS 模型基础街谷模块基于丹麦国家环境研究所（NERI）开发的 OSPM 模型，使用简化的气流扩散模型和一个高斯烟羽模型。街谷模块用于计算道路两侧有高于 0.5 m 建筑物时道路内侧的污染物浓度。街谷外输出点浓度与街谷无关。模型忽略末端效应，如连接处。模型假设道路为直线，宽度为 L，两侧排列建筑物高度相等，为 H_B。

图 3-6 显示街谷内涡流产生的原理。道路内涡流所在区域称为环流区，风速为 u_b，道路顶部风速 u_t，二者方向相反。如果道路顶部风向与道路方向夹角不小于 10°，将产生涡流。

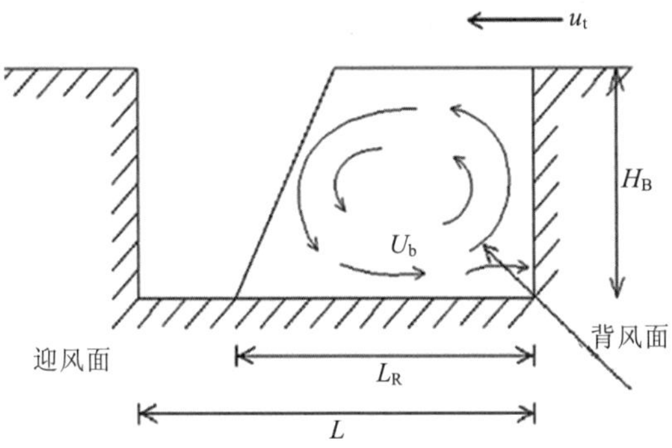

图 3-6　街谷中的环流区

某些情况下，环流区范围可能会扩展到整个街道，除非位于街道背风处。环流区宽度 L_R 是街道顶部风速和街谷高度的函数。

$$L_R = 2rH_B \tag{3-105}$$

其中：

$$r=\begin{cases}1 & u_{\mathrm{t}}\geqslant 2\mathrm{m/s}\\ u_{\mathrm{t}}-1 & 1\,\mathrm{m/s}<u_{\mathrm{t}}\leqslant 2\,\mathrm{m/s}\\ 0 & u_{\mathrm{t}}\leqslant 1\,\mathrm{m/s}\end{cases}$$

假设环流区内空气充分混合，污染物浓度相同。通过车辆排放流入气流和街道顶部流出气流的平衡计算污染物浓度。

（3）隔声屏模块

由于隔声屏存在影响道路源扩散的高度，该模块计算修正后的高度 H_{S}。模块计算结果与 TNO 开发模型（Wesseling and Visser，2003）的计算结果一致。

隔声屏作用会降低下风向、近距离处的地面浓度值。ADMS 模型通过模拟抬高的道路源降低地面浓度。使用式（3-106）修正道路源高度 H_{S}（m）：

$$H_{\mathrm{S}}=\alpha_0 H_{\mathrm{B}}+h_{\mathrm{s}} \tag{3-106}$$

式中，H_{B} 为隔声屏高度，m；α_0=0.494，为观测得到的常数；h_{s} 为不考虑隔声屏时的道路高度。图 3-7 所示为两侧分布隔声屏的道路，隔声屏间的区域浓度不受隔声屏影响。道路西北方向输出点受到隔声屏 A 的影响，道路西南方输出点受到隔声屏 B 的影响。

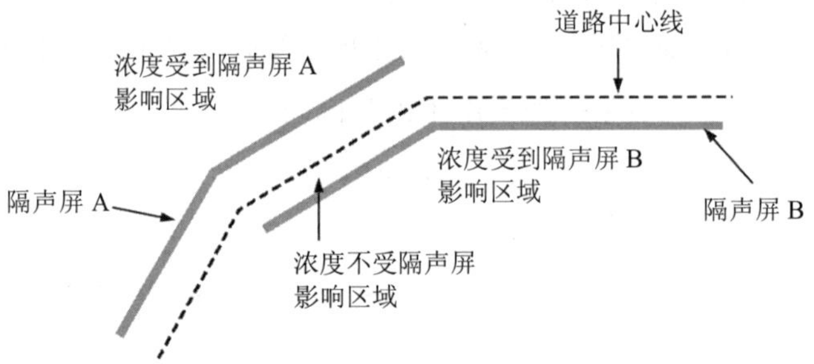

图 3-7 隔声屏影响区域

3.3.5.3 飞机源（ADMS-机场）

（1）飞机源扩散模拟

飞机发动机排放废气的速度通常比周围风速高很多，模拟飞机源的传统方法是将飞机源排放模拟为一个体源，ADMS-机场则将其模拟为移动喷射源，并考虑浮力、动量、飞机运动对排气中污染物扩散的影响。喷射源模拟详见 3.3.5.1 节（3）。

飞机拥有多个发动机，每个发动机的位置也不同，一般位于机翼和机身，如果有第三个发动机则位于机身垂直尾翼上。ADMS-机场模型可以分别模拟每个发动机的污染物排放。

模拟飞机源需要输入发动机、飞机、污染物释放的参数。发动机参数包括排气状况（出口速度、温度）、推力设置等，可以用文件指定。模拟时一般将飞机加速度视为恒定或为 0，用户也可以用文件指定模拟起飞阶段加速度不恒定的情况。飞机源参数包括发动机类型，污染源几何位置（沿飞机飞行航线直线的起点、终点位置），飞机起始、终点速度。污染物释放参数包括飞机喷射源排气出口速度、温度、直径。

（2）飞机移动对喷射烟羽扩散的影响

飞机喷射源运动时污染物的扩散情况与静止状态不同。

ADMS-机场模拟喷射源扩散可以考虑两个参照系：随着污染源移动的参照系和静止不动的参照系。烟羽抬升部分在移动参照系下模拟，使用移动参照系对空气速度进行修正，修正后的有效风速包含了污染源移动导致的额外风速。烟羽扩散和污染物浓度分布与周围气象条件密切相关，此时模拟计算使用静止参照系。

（3）非恒定加速度起飞

一般情况下，飞机源模拟视加速度恒定或为 0。实际上飞机起飞过程中的加速度是不恒定的，飞机源排放污染物强度也是不恒定的。ADMS-机场用户可以指定飞机非恒定加速以及此过程中的污染物扩散变化。

①起飞过程中的加速。

起飞过程中的加速取决于下面的公式：

$$V = V_{t0}\left[A_s\left(\frac{t}{T_{t0}}\right)^2 + B_s\frac{t}{T_{t0}} + C_s\right]\left[D_s\tanh\left(E_s\frac{t}{T_{t0}} + F_s\right) + G_s\right] \tag{3-107}$$

式中，V——飞机速度，m/s；

V_{t0}——飞机起飞速度，m/s；

t——飞机飞行时间，s；

T_{t0}——飞机起飞时间，s；

A_s，B_s，C_s，D_s，E_s，F_s，G_s——速度增加系数。

②起飞过程中的排放增加。

起飞过程中排放增加可针对起飞类型和污染物定义。起飞过程中排放增加取决于下面的公式：

$$Q_{factor} = \left[A_E\left(\frac{t}{T_{t0}}\right)^3 + B_E\left(\frac{t}{T_{t0}}\right)^2 + C_E\frac{t}{T_{t0}} + D_E\right]\left[E_s\tanh\left(F_E\frac{t}{T_{t0}} + G_E\right) + H_{sE}\right] \tag{3-108}$$

式中，Q_{factor}——排放因子；

V_{t0}——飞机起飞速度，m/s；

t——飞机飞行时间，s；

T_{t0}——飞机起飞时间，s；

A_E，B_E，C_E，D_E，E_E，F_E，G_E——归一化排放增加系数。

注：（t/T_{t0}）与 Q_{factor} 曲线下部的面积必须为 1。

3.3.6 浓度计算与统计分析

每种污染物浓度计算的平均时间 t_s 可在模型输出界面设置。

3.3.6.1 平均时间为 1 h 或者更长

如果污染物浓度计算平均时间长于 1 h，则必须是 1 h 的整数倍，而且气象数据必须为小时连续数据。模型将每小时的平均值依次相加来计算所求时间段的平均浓度或统计浓度。

模型还可以计算滑动平均值。例如，计算 24 h 浓度数据，$\{C_i，i = 1，2，\cdots，24\}$：

（1）短期 8 h（非滑动）平均值计算

8 时气象数据：

$$C\left(t_s = 8\ \mathrm{h}\right) = \frac{\sum_{i=1}^{8} C_i}{8} \tag{3-109}$$

16 时气象数据：

$$C\left(t_s = 8\ \mathrm{h}\right) = \frac{\sum_{i=9}^{16} C_i}{8} \tag{3-110}$$

24 时气象数据：

$$C\left(t_s = 8\ \mathrm{h}\right) = \frac{\sum_{i=17}^{24} C_i}{8} \tag{3-111}$$

（2）长期（24 h 内）8 h（非滑动）平均值计算

$$C\left(t_s = 24\ \mathrm{h}\right) = \frac{\dfrac{\sum_{i=1}^{8} C_i}{8} + \dfrac{\sum_{i=9}^{16} C_i}{8} + \dfrac{\sum_{i=17}^{24} C_i}{8}}{3} \tag{3-112}$$

（3）短期 8 h 滑动平均值

8 时前气象数据：

$$C\left(t_s=8\,\mathrm{h}\right)=\text{无值} \tag{3-113}$$

8 时气象数据：

$$C\left(t_s=8\,\mathrm{h}\right)=\frac{\sum_{i=1}^{8}C_i}{8} \tag{3-114}$$

9 时气象数据：

$$C\left(t_s=8\,\mathrm{h}\right)=\frac{\sum_{i=2}^{9}C_i}{8} \tag{3-115}$$

10 时气象数据：

$$C\left(t_s=8\,\mathrm{h}\right)=\frac{\sum_{i=3}^{10}C_i}{8} \tag{3-116}$$

以此类推……

（4）长期（24 h 内）8 h 滑动平均

以上 8—24 时，17 个短期滑动平均值的平均。

3.3.6.2 平均时间短于 1 h

如果未将水平风向的标准差σ_θ指定为气象变量，小于 1 h 的平均时间通常用于计算平均风向变化引起的烟羽横向扩散；大于 1 h 的平均时间，气象数据中每小时平均风向变化按 1 h 平均计算。

3.3.6.3 每日最大浓度值

任何平均时间段均可输出每日最大浓度值。如果选择输出每日最大值，模型会计算每一日至结束时的浓度最大值。

3.3.6.4 浓度长期统计值

浓度长期小时平均值和百分位值可以用统计分析气象数据进行计算。统计分析气象数据中，每种气象条件都有对应的频率或权重。长期计算也可以使用非统计的原始数据，原始数据可以为连续数据或一系列不相关的气象条件，这时每条气象条件的频率和权重相同。不过使用不相关的气象数据计算得到的长期平均没有实际意义。

模型计算的长期平均值包括长期平均浓度、长期平均沉降通量、长期平均浓度百分位值以及长期平均年超标次数。

模型针对每组气象条件及其发生频率 f（除以频率总和进行归一化，$0<f<1$）计算每个输出点的浓度 C（x，y，z）。然后对所有气象条件下的计算求和（C_f）得到某一点长期平均浓度 C_{LT}（x，y，z）。注意，使用统计气象数据时，如果气象文件各行只有风向或降水速率（如果不计算湿沉降）变化，模型对输出点不会重复计算。

模型计算地面上每个计算点的某一百分位浓度值 C_p（x，y，z）时，会同时考虑该点在某气象条件下的浓度 C（x，y，z）与该气象条件发生的频率 f，首先将所有浓度值及其对应频率 f 降序排列，然后从浓度最高值开始累加各个频率对应的值，累计值为（$100-p$）/100 时停止。计算百分位值可能需要大量的磁盘空间和较长的运行时间，主要取决于所用气象数据的量。

模型可以计算浓度超标次数。按照上述百分位的计算方法，对浓度和累计频率进行排序，计算浓度超过某个设定浓度值的次数，输出为“年超标次数”。

如果长期计算中选择输出日最大浓度值，此值会用于计算百分位值和超标量，但不用于计算长期平均浓度。长期平均浓度值为所有平均时间段的均值，近似于整个时间段均值。

3.4　模型功能模块

3.4.1　复杂地形模块

3.4.1.1　概述

ADMS 复杂地形模块模拟山地和地表粗糙度变化区域的污染物扩散。地形模块计算复杂地形上空的流场和湍流场，修正平坦地形模式计算出的烟羽高度和烟羽扩散参数。模块考虑了流场由平均风主导时所有的一般情况，但是没有考虑热成风。气象条件不同，复杂地形对气流扩散的影响也不同。图 3-8 显示了随着分层作用逐渐增强，气流以及受气流影响的污染物扩散（流线表示烟羽路径）的变化，当分层效应增强时，首先到来的气流产生了较强的垂直剪应力，接着产生强烈的上坡运动弱、下坡运动强的不对称性；图 3-8（d）中非常稳定的气流没有足够的动能整体越过山体顶部，气流较低部分绕过山体。图 3-9 为复杂地形如何影响山体尾迹区的扩散。

ADMS 复杂地形模块通过两个步骤考虑复杂地形对污染扩散的影响：①采用 FLOWSTAR 模型考虑地形抬升、地表粗糙度和分层效应变化的影响；②计算烟羽平均流轨迹、烟羽平均流扩散以及湍流和污染物浓度。当局部气流（上升风或下降风）很弱或不存在时，模型不考虑由于地形导致的热成风。

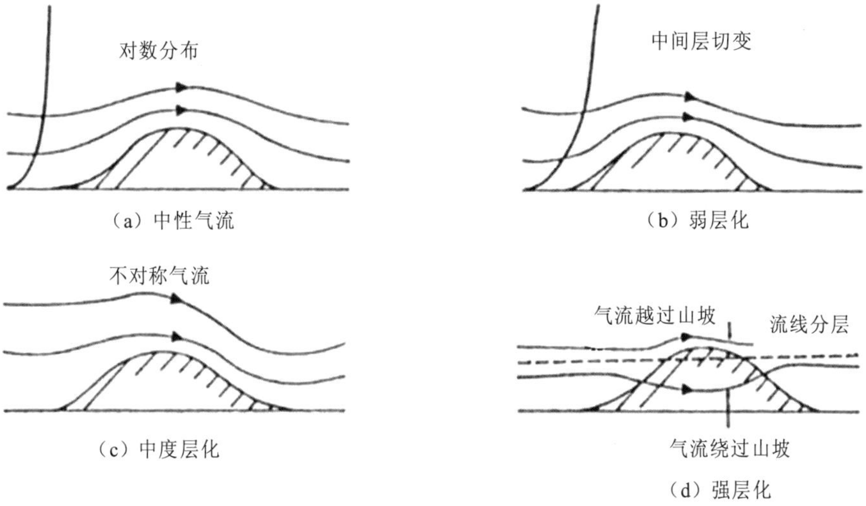

图 3-8　气流越过山体时，稳定的层结对气流形态的影响

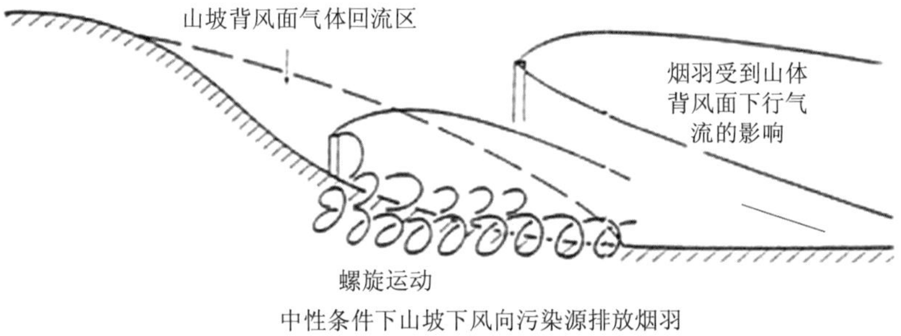

图 3-9　山体背风面不同区域的影响

ADMS 模型复杂地形模块使用三维流场与湍流场模拟污染物扩散。模拟地形高度变化时根据气象条件选择。临界参数分流面高度 H_c（参考 3.4.1.3 节）临界高度为 20 m。表 3-7 总结了分流面最大高度与复杂地形模块计算方法的关系。注意，当模拟复杂地形条件下非常稳定气流时，不考虑地表粗糙度的空间变化。

表 3-7　复杂地形模块处理方法总结

复杂地形模拟选项	$H_c>20$ m	$H_c\leqslant 20$ m
考虑地形高程变化，是否考虑地表粗糙度变化均可	当 $F_r\to 1$ 时，非常稳定流场（假设地表粗糙度不变）	FLOWSTAR-D 流场
仅考虑地表粗糙度变化	FLOWSTAR-D 流场	FLOWSTAR-D 流场

3.4.1.2 FLOWSTAR-D 方法

FLOWSTAR 模型模拟复杂地形条件下地表粗糙度变化时的气流运动和扩散，用线性化的动量和连续方程的分析解法计算复杂地形上空的流场与湍流参数，考虑气流层化的影响。FLOWSTAR 模型已经过实验和现场数据的充分验证。

FLOWSTAR 需要的输入数据有地形高度和地表粗糙度，运算时使用与 ADMS 主程序相同的气象数据。其边界层参数用 ADMS 边界层结构模块计算。

为了与模式中的假定一致，地形坡度不应过大（不超过 1/3），但即使不满足这一条件时，模式仍可运行。山地坡度小于或等于 1/10 时，不建议使用该模式。模式可分别模拟粗糙度与地形的影响。

对于每一种风向，在刻画地形点的周围画一个带有风向箭头的矩形。矩形的顶点代表用户输入区域边界内的平均地形高度。在矩形内设置内部计算网格，网格设置具有一定间隔，可以在模型界面选择，水平方向最多可以有 256×256 个点。计算网格点的数量影响模型的运算速度、内存需求和模型的解。如果模拟区域不是很大（不超过 10 km × 10 km），坡度不大于 1/3，推荐使用 64×64 网格分辨率。垂直方向上的网格从最小地表粗糙度的 1.3 倍到 5 km 范围分为 17 层。输入地形和粗糙度数据后，ADMS 复杂地形模块对其进行傅里叶变换，再通过傅里叶逆变换计算气流。计算时将大气分为三层：第一层为内层，接近地表，必须考虑切应力的扰动，层结不重要；第二层为中层，远离地表，切应力不重要，但应力效应重要，层结也不重要；第三层为外层，该层应力不重要，必须考虑层结。

ADMS 中考虑了两种层结：密度梯度均匀的稳定层结、中性或者不稳定状态层结（其特征为在某个高度 h 上密度发生改变和不连续，在 h 以下密度均匀，在 h 以上密度梯度均匀）。模式输出以下数据用于修正平坦地形模式计算的烟羽参数：

①当地平均风速分量（$U+u$，v，w）；

②当地速度尺度均方根 σ_u、σ_v、σ_w；

③垂直和水平长度尺度 L_w 和 L_v；

④拉格朗日时间尺度 T_L；

⑤能量耗散率 ε。

3.4.1.3 非常稳定气流条件（地形高度变化，H_c>20 m）

非常稳定条件下，当气流经过一座孤立山体时，气流可能在某个高度 H_c（分流面高度或临界高度）上分流，高层气体爬越山体，底层气体绕过山体，形成一个二维流场，如图 3-10 所示。

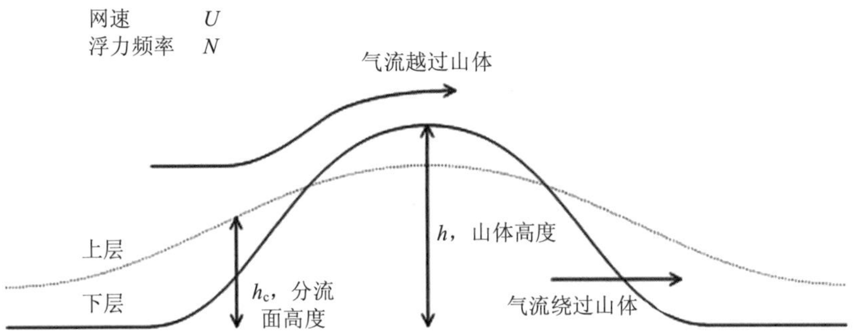

图 3-10　非常稳定条件下山体对气流的影响（H_c为分流面最大高度）

流场计算时将地形数据简化为圆形截面的单一高斯形状山体。高度为最高山体的高度，水平长度尺度是 FLOWSTAR 计算出的地形特征长度尺度。之后基于理想化的单一高斯形状山体确定分流面。

分流面最大高度 H_c 根据能量平衡方程得出，从低处向山体运动气体的动能等于气体从该点爬升后所得的势能：

$$\frac{1}{2}U^2\left(H_c\right)=\int_{h_c}^{h_{\max}} N^2(z)\times(h_{\max}-z)\mathrm{d}z \tag{3-117}$$

分流面下的气流是与上游气流分离的二维潜流，为贴近地形的薄层。分流面以上气流使用 FLOWSTAR-D 方法，近地面气流采用随地形运动流场和 FLOWSTAR-D 流场权重平均（分别加权后加和）的方法。

3.4.1.4　环流区

ADMS 模型可以模拟环流区烟羽的扩散。当风速分量与上风向平均风速相反时会出现环流区。环流区有时出现在复杂地形中山体的上升流或下降流区域，受气象条件和坡度综合影响。FLOWSTAR 模型输出的风场数据可以显示出现环流的区域。位于环流区的污染源可能导致在其上游出现污染物高浓度区。

ADMS 中假定排放到环流区的烟羽在此区域充分混合。这种情况表示虚拟源在环流区下风向排放。这种处理方法类似于 ADMS 建筑物模块中烟羽被夹带进入建筑物近尾迹区的处理方法。与建筑物模块不同的是，此模块目前仅考虑烟羽排放到环流区的情况，不考虑烟羽排放后部分进入环流区的情况。

首先考虑浮力和动量的初始影响，定义一个“有效源高”。如果有效源下风向风速分量方向相反（有效源位于环流区），据此找出环流区的整个范围，然后定义一个“有效环流区”（图 3-11），假定此区域内污染物充分混合，即“有效环流区”内污染物浓度均匀分布。有效环流区可能是回流区，也有可能是回流区的一部分（如回流区覆盖范围很广时）。

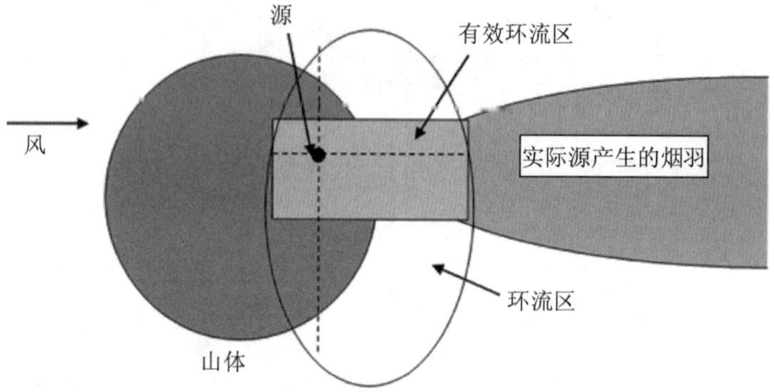

图 3-11 环流区和有效环流区

在有效环流区下游边界，根据环流区的横截流尺寸估计烟羽扩散参数（σ_y和σ_z）。这些参数随后用于计算烟羽扩散，模拟一个或者若干虚拟源（如果初始源有很大的侧风向范围）的扩散。假定虚拟源排放的烟羽被动扩散。

环流区外的有效源，仅当烟羽中心线进入环流区时，烟羽扩散计算才受到该环流区的影响。模型假定不发生烟羽部分进入的情况。如果烟羽中心线进入环流区，烟羽高度增加，直至烟羽进入下游未受干扰的气流之中。

3.4.1.5 浓度计算

ADMS 模型用计算出的流场和湍流场调整烟羽高度和烟羽传输参数，之后用与平坦地形模块相同的方法计算复杂地形区域的污染物浓度。

（1）烟羽中心线高度

ADMS 平坦地形模块中，下风向计算点 x_1 和 x_2 之间烟羽高度的变化包括烟羽抬升和重力沉降的影响。在复杂地形模块计算中，增加了地形的影响。地形影响的计算从烟羽初始位置沿着流线向下风向计算。通过对 FLOWSTAR 计算网格点进行线性插值，计算烟羽中心线初始位置（x_1，y_1，z_1）的风速场。然后沿气流下风向方向到 x_2 位置，计算调整后的侧向烟羽位置 y_2 和烟羽中心线高度 z_2。当地表粗糙度变化时，地表附近粗糙度值高度的风速廓线调整为 0。

（2）烟羽扩散参数

此处使用的方法类似于 ADMS 建筑物模块中所用的方法。首先计算平坦地形上的烟羽扩散参数。然后用平坦地形计算出的值输入微分方程计算烟羽扩散参数，微分方程考虑由地形影响引起的平均风速和湍流的变化：

$$\frac{\mathrm{d}}{\mathrm{d}x}\left(\sigma_{\mathrm{yh}}\right)=\frac{\left\{1+\frac{\Delta\sigma_{\mathrm{v}}^{2}}{\sigma_{\mathrm{v0}}^{2}}\right\}^{1/2}}{\left\{1+\frac{\Delta u}{U_{0}}\right\}}\frac{\mathrm{d}}{\mathrm{d}x}\left(\sigma_{\mathrm{yf}}\right)$$
$$\frac{\mathrm{d}}{\mathrm{d}x}\left(\sigma_{\mathrm{zh}}\right)=\frac{\left\{1+\frac{\Delta\sigma_{\mathrm{w}}^{2}}{\sigma_{\mathrm{w0}}^{2}}\right\}^{1/2}}{\left\{1+\frac{\Delta u}{U_{0}}\right\}}\frac{\mathrm{d}}{\mathrm{d}x}\left(\sigma_{\mathrm{zf}}\right) \tag{3-118}$$

其中：

$$\Delta u=U-U_{0}$$
$$\Delta\sigma_{\mathrm{v}}{}^{2}=\sigma_{\mathrm{vh}}^{2}-\sigma_{\mathrm{v0}}^{2} \tag{3-119}$$
$$\Delta\sigma_{\mathrm{w}}^{2}=\sigma_{\mathrm{wh}}^{2}-\sigma_{\mathrm{w0}}^{2}$$

式中，U_0——未受干扰的风速；

U——自由气流方向上受地形影响的风速分量；

σ_{v0}，σ_{w0}——未受干扰时的湍流参数；

下标 f——平坦地形；

下标 h——复杂地形。

3.4.2　建筑物模块

建筑物模块用于计算大型建筑物附近点源排放污染物的扩散。ADMS 的建筑物模块有如下特点：

①用户最多可定义 25 个方形或圆形建筑物，需要输入的建筑物参数包括高度、长度、宽度和方向（圆形建筑物不输入后两个参数）。可以为每个污染源定义一个主要建筑物，在每个风向上，建筑物被简化为一个方形的有效建筑物，其高度是主要建筑物高度的函数。

②受干扰流场在建筑物背风面形成循环流场和空腔区，下风向湍流尾迹逐渐减小。

③循环流场内物质充分混合，浓度均匀分布，浓度根据污染物被气体卷夹部分计算。

④污染源下风向浓度由两部分组成：卷夹部分形成的地面烟羽和其余部分形成的抬升烟羽。

⑤建筑物内部污染物浓度和沉降值为 0。

建筑物模块与 ADMS 的其他模块相互作用，使用基础浓度廓线、修正的烟羽高度和烟羽扩散参数。建筑物效应分析步骤如图 3-12 所示。图 3-13 展示的是模型对一组复杂建筑物的处理。

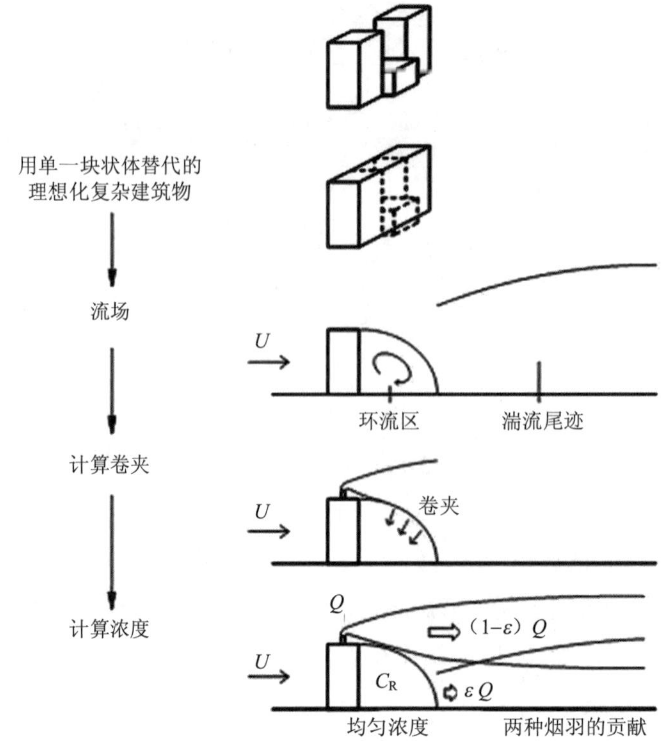

图 3-12 建筑物影响分析过程

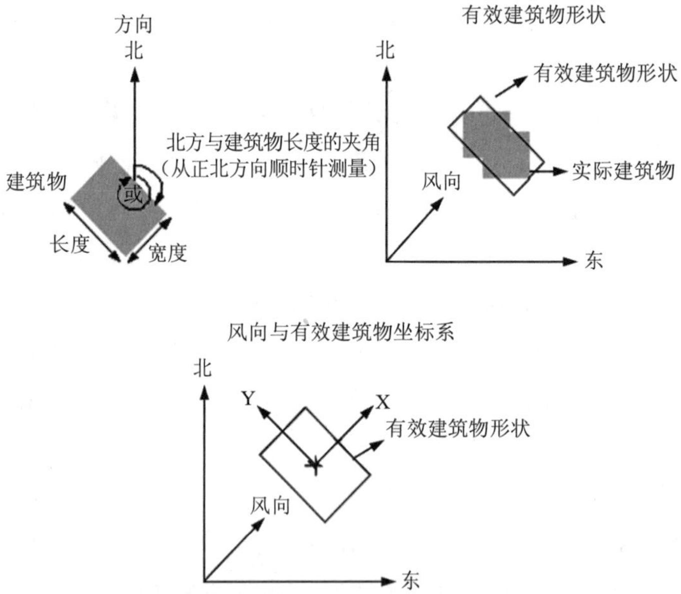

图 3-13 有效建筑物定义

有效建筑物计算方法如下：

①圆形建筑物转化为中心相同、边长为$D_i/\sqrt{2}$、与风向垂直的正方形建筑物。

②高度小于污染源高度1/α的建筑物忽略不计，α采用式（3-120）计算：

$$\alpha = 1 + 2\min\left(1, \frac{W_i}{H_i}\right) \quad (3\text{-}120)$$

式中，W_i为建筑物i侧风向宽度。

③在侧风向，与烟羽中心线距离超过一定范围的建筑物忽略不计。

具体来说，侧风向一个建筑物所有顶点与烟羽中心线的距离均超过0.5σ_y（$|x|$）时，忽略不计。其中x为顺风向与污染源的距离，σ_y（x）为污染源下风向x处的烟羽水平扩散距离（不包括建筑物影响），如图3-14所示。

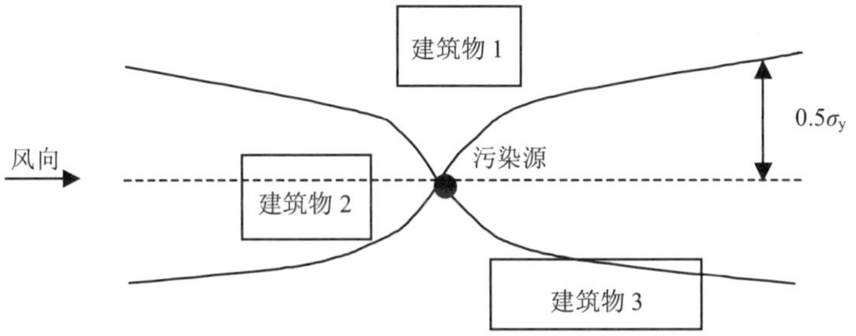

图3-14 污染源与建筑物分布示例（建筑物2、3为有效建筑物，建筑物1不是）

④用户指定一个主要建筑物，其高度和朝向分别为H_B和θ_B（$-45° < \theta_B \leqslant 45°$）。不同污染源的主要建筑物可不同。如果某污染源主要建筑物高度满足前述第2点的要求，不考虑建筑物对该污染源的影响。如果主要建筑物距离烟羽中心线过远，根据③，模型自动选定另外一个主要建筑物，新选定的主要建筑物中心距污染源最近，并满足③的要求。

⑤用集合Σ表示主要建筑物及满足下列两个条件的其他建筑物：（a）最低高度为0.5 H_B;（b）该建筑物在另一个集合的侧风向和顺风向的投影分别不能超过主要建筑物在侧风向投影宽度的一半。

⑥一般情况下，Σ包含不止一个建筑物。W_E为侧风向的投影宽度，L_E是顺风向从最远的上风面中点到最远的下风面中点间的投影距离（图3-15）。

⑦特殊情况下，当Σ包括一个建筑物时，$L_E = \min$（L_F，L_D），其中L_D为建筑物顺风方向长度，L_F为顺风向最远的上风面中点到最远的下风面中点间的投影距离（图3-16）。

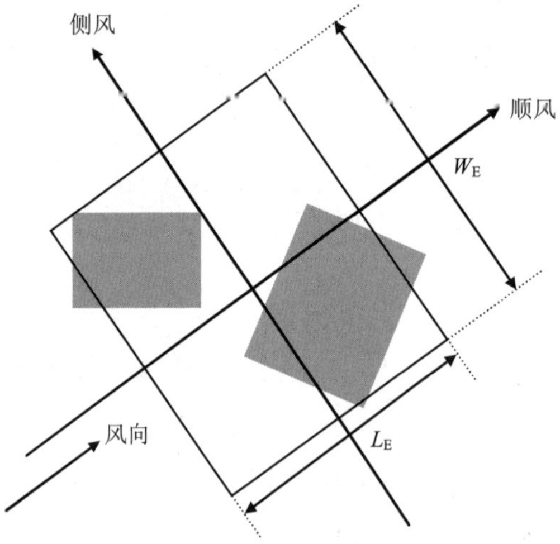

图 3-15 集合∑包含 2 个建筑物（灰色实心长方形为用户输入建筑物；外部空心长方形为有效建筑物）

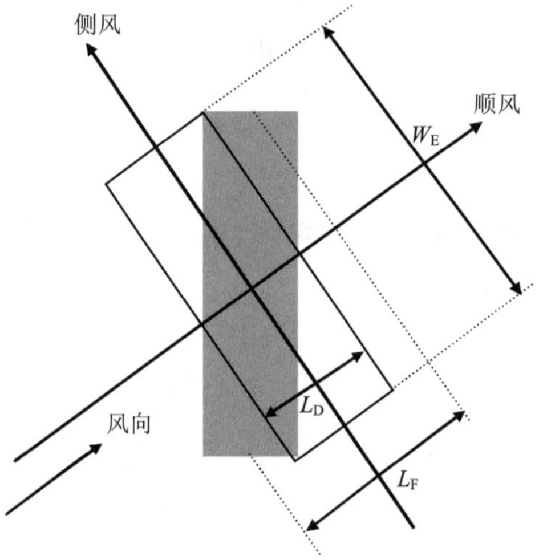

图 3-16 集合∑包括 1 个建筑物（灰色实心长方形为用户输入建筑物；外部空心长方形为有效建筑物）

3.4.3 海岸线模块（ADMS-工业）

海岸线模块用于海岸线或者其他温度变化对陆地表面污染物浓度有很大影响的情况。从海上来的稳定成层的空气与陆地表面的热空气发生水平对流，形成一个内部对流层（Venkatram，1977），如图 3-17 所示，影响陆地表面污染物的扩散，这种对流通常发生在白天。

使用海岸线模块需要以下条件：

①海洋温度低于陆地温度；

②陆地上的气象条件为对流条件；

③风从海洋吹向陆地。

污染气体在稳定层内扩散缓慢，当其位于对流层后便迅速扩散到地面，因此对流区污染物地面浓度一般较高。

海岸线模块需要输入陆地和海洋的气象数据。当风从海洋吹向陆地时，假设内部边界层的增长速率独立于风向。

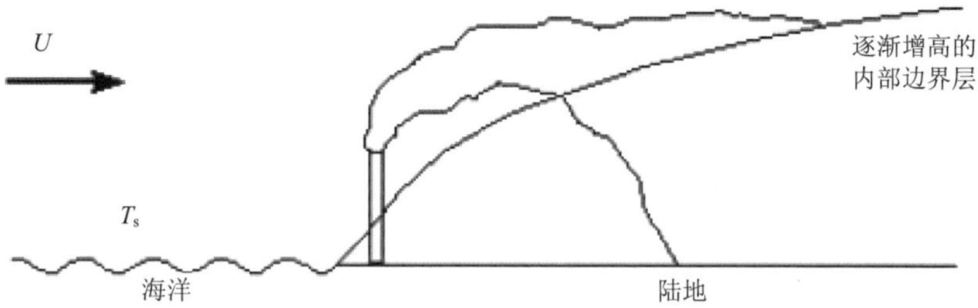

图 3-17　海岸线对扩散的影响

3.4.4　烟团模块（ADMS-工业）

烟团模块可以模拟瞬时释放或有限时间的释放，模块把释放分为三段（前锋、稳定区和末端）进行模拟（图 3-18）。

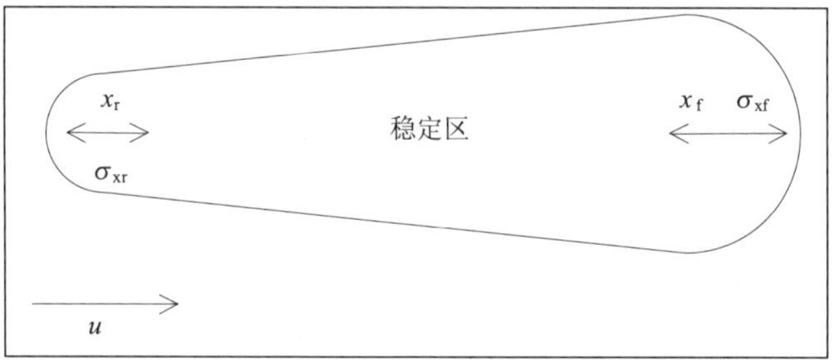

图 3-18　烟团示意

①前锋的纵向扩散为

$$\sigma_{xf}^2 = \sigma_u^2 (t - t_f)^2 + \left[\frac{1}{2} \sigma_z \left(t - t_f \right) \frac{\partial U}{\partial z} \right]^2 \qquad (3\text{-}121)$$

式中，t_f 是释放开始的时间。在 z_m（x_f）处对σ_u和$\partial U/\partial z$进行估算，前锋的平均高度为 $x=x_f$。

②在烟团稳定区，$\sigma_x = 0$，平均浓度的纵向梯度只由横向和垂向上的扩散引起。

这个时期随着σ_{xf}和σ_{xr}的增长，纵向扩散将扩张到整个烟团。

在稳定区，扩散参数σ_y、σ_z和烟羽中心线的高度随着顺风距离的增加而变化，计算方法与烟羽模型计算方法一致。

③末端的纵向扩散为

$$\sigma_{xr}^2 = \sigma_u^2 (t - t_r)^2 + \left\{ \frac{1}{2} \sigma_z (t - t_r) \frac{\partial U}{\partial z} \right\}^2 \tag{3-122}$$

式中，t_r是释放结束的时间，在烟羽平均高度z_m（x_r）处对σ_u和$\partial U/\partial z$进行估算，其中x_r是烟羽末端与污染源的距离。紊流和剪力在阶段①和③都对纵向分布σ_x有影响。

对于瞬时烟团，释放开始时间和释放结束时间是一样的，即$t_f = t_r$，所以不存在稳定区。

3.4.5 化学反应与放射性衰减

3.4.5.1 化学反应

（1）NO_x化学反应：GRS 机理

机动车与工业源排放的污染物为复杂的混合化学物质，包括多种有机物（如 VOC）和氮氧化物，会与臭氧发生反应。而一个快速、实用的大气扩散模型不可能包括这些化学物质的所有反应。因此，ADMS 使用 Generic Reaction Set/GRS（Venkatram et al.，1994）化学反应机理，模拟氮、VOC 和臭氧的重要反应。GRS 是一个半经验的光化学模型，简化了 NO、NO_2、O_3和许多烃类化合物间的化学反应，包括以下 7 个方程式：

①$ROC + h \longrightarrow RP + ROC$

②$RP + NO \longrightarrow NO_2$

③$NO_2 + h \longrightarrow NO + O_3$

④$NO + O_3 \longrightarrow NO_2$

⑤$RP + RP \longrightarrow RP$

⑥$RP + NO_2 \longrightarrow SGN$

⑦$RP + NO_2 \longrightarrow SNGN$

其中，ROC 为参与反应的有机化合物；RP 为集合基（Radical Pool）；SGN 为稳定的气态氮生成物；SNGN 为稳定的非气态氮生成物。

方程③和方程④表示的化学反应发生非常迅速。其他方程为近似式。

GRS 中还包括了另一个反应：

$$2NO + O_2 \longrightarrow 2NO_2$$

如果初始 NO 浓度不够高，这个反应不会对 NO 和 NO_2的浓度产生很大影响，并且反应发生需要相当长的时间段。如 15℃时，200 μg/m^3 浓度的 NO 反应产生的 NO_2 不足 3 μg/m^3。但是如果 NO 浓度达到 1 000 μg/m^3 时，此化学反应会变得非常显著，如果使用轨迹模型会更加显著，反应将在几个小时内完成。轨迹模型中 NO 浓度的增加速度大于 GRS 化学反应。

模型使用 O_3、NO_x、NO_2 的背景浓度。这些值为农村或城市远郊背景浓度，即不考虑模拟污染源影响的浓度值。在日间时，基于以下假设对背景浓度值进行调整，以保证其平衡：

①NO_x 质量守恒；

②NO_2 和 O_3 质量守恒；

③NO_2、NO 和 O_3 光稳定平衡。

在夜间将不对背景浓度值进行调整。可使用一个当地夜间化学反应选项“local night-time chemistry”，该选项通过.uai 文件实现。选择该选项后可以考虑 NO 和 NO_2 间的化学反应，但不加入背景浓度，避免受到背景浓度的不正确影响。

由于污染物传输与化学反应是分别进行的，因此模型需要估计化学反应时间。估算时间时，模型根据污染源到受体点的距离将污染源分为“近距离”和“远距离”两组，每组污染源 NO 与 NO_2 最短反应时间按污染物的权重平均生存期计算：

$$Age = \frac{\sum_{i=1}^{N} C_i A_i}{\sum_{i=1}^{N} C_i} \tag{3-123}$$

式中，C_i——污染源 i 在受体点（特定的点或网格点）污染物浓度；

A_i——从污染源 i 到受体点的迁移时间（取决于风速和污染源与受体点的距离）；

N——污染源数量。

分别计算近距离污染源（Age_{near}）和远距离污染源（Age_{far}）的迁移时间，最大值限制为 1 h。化学反应首先用于计算背景浓度和远距离污染源在 Age_{far}～Age_{near} 时间段内的浓度贡献，然后计算近距离污染源在 Age_{near} 时间段的浓度贡献。

化学反应模块使用变化的时间步长方法，其中时间步长取决于所有污染物的浓度最大变化率。因此当由化学反应引起的浓度变化很小时，化学反应模块运行很快，当模拟详细的化学反应时，化学反应模块的运行速度减慢。

（2）硫酸盐化学反应

硫酸盐化学反应使用挪威 MSC-west-Norwegian 气象研究所的 EMEP 模型（Tsyro，2001）。

①SO_2 被氧化：$2SO_2 + O_2 \longrightarrow 2SO_3$。

②反应速率仅取决于时间，最长反应时间为 1 h。

③生成的 SO_3 立刻与水反应生成硫酸：$SO_3 + H_2O \longrightarrow H_2SO_4$。

④硫酸与氨反应生成硫酸铵：$H_2SO_4 + 2NH_3 \longrightarrow (NH_4)_2SO_4$。

⑤硫酸铵与颗粒物 PM_{10} 和 $PM_{2.5}$ 的浓度叠加。

（3）NO_x-NO_2 相关关系

ADMS 模型化学反应可以通过在.uai 文件中选择 NO_x-NO_2 相关关系输出 NO_2 的浓度，计算公式如下：

$$[NO_2] = 2.166(1.236 - 3.348A + 1.933A^2 - 0.326A^3)[NO_x] \tag{3-124}$$

式中，浓度为小时平均浓度，单位为 10^{-9}，$A = \log_{10}([NO_x])$。

该公式只适用于 NO_x 浓度介于（9～1 141.5）$\times 10^{-9}$ 时。NO_x 和 NO_2 之间的关系取决于臭氧的浓度，式（3-124）中两者之间的关系根据伦敦环境监测数据得出，但是这种关系与英国其他城市的数据不符。用户使用时需要了解当地二者之间的浓度关系。公式细节参考 Derwent 和 Middleton（1996）。

3.4.5.2 轨迹模型（ADMS-城市）

ADMS-城市模型中使用一个简单的拉格朗日轨迹模型计算主要模拟区域附近大气中的污染物背景浓度。主要模拟区域可看作包括所有单独定义的污染源、受体点和输出网格的区域。轨迹模型则把主要模拟区域嵌套在一个更大的区域中。

计算时间是轨迹模型复杂性的一个限制因素，因此模型使用一个带有规则网格的单层轨迹模型。假设气象参数和排放数据在轨迹模型的每一个网格中不变。通过地表干沉降模拟大气中污染物的去除。

轨迹模型控制方程为

$$\frac{d}{dt}C(t) = \frac{F_e}{H_{mix}} - \frac{v_d}{H_{mix}}C(t) \tag{3-125}$$

式中，$C(t)$——化学物质在时间 t 的浓度值；

H_{mix}——大气边界层的深度；

v_d——沉降速度；

F_e——化学物质排放通量。

假设在稳定状态下，Δt（化学物质在一个网格的迁移时间）时间内，方程的解为

$$C(t_0 + \Delta t) = \begin{cases} C(t_0)\exp\left(-\dfrac{V_d \Delta t}{H}\right) + \dfrac{F_e}{V_d}\left[1 - \exp\left(-\dfrac{V_d \Delta t}{H}\right)\right] & V_d > 0 \\ C(t_0) + \dfrac{F_e \Delta t}{H} & V_d = 0 \end{cases} \tag{3-126}$$

轨迹模型的应用方法如下。在每一种气象条件下计算主要模拟区域内上风向最远处的点，将此点作为轨迹模型的接收点，然后计算从接收点到轨迹模型边界的轨迹。用户输入轨迹模型初始背景浓度值（一般为自动监测站实测值），为提高数据准确性，用户可以在不同风向下使用不同的数据。轨迹模型沿从区域边缘到接收点的轨迹，逐个网格运算。模型假设每个网格中气象条件恒定，估算每个网格点运行需要的时间，然后通过前述公式计算由于排放和干沉降导致的浓度值变化。当前网格计算所用公式与 FRAME 大气传输模型一致（Singles et al.，1997）。

当轨迹模型在各网格间移动时，由于气象条件不断更新可能会导致边界层高度沿轨迹增加。边界层高度增加伴随的空气卷夹现象，可按式（3-127）计算：

$$C_{\mathrm{NEW}} = \alpha C_{\mathrm{OLD}} + (1-\alpha)C_{\mathrm{ENT}} \tag{3-127}$$

式中，α——$\alpha = h_{\mathrm{OLD}}/h_{\mathrm{NEW}}$；

C——边界层浓度值；

h——边界层高度；

下标“OLD”“NEW”“ENT”——分别表示边界层高度增加前、增加后参数和空气卷夹值；

C_{ENT}——设定输入的臭氧背景浓度最大值为 30×10^{-9}，其他污染物为 0×10^{-9}。

计算出当前网格新的浓度值后，模型使用 NO_x GRS 反应模块和硫酸盐 EMEP 模块计算化学过程引起的污染物浓度变化。

3.4.5.3 放射性衰减（ADMS-工业）

放射性衰变模块通过描述放射性同位素衰变的耦合常微分方程（3-128）求解计算。

$$\frac{\mathrm{d}N_i}{\mathrm{d}t} = -\lambda_i N_i + \sum_{j\neq i} f_{ij}\lambda_j N_j \tag{3-128}$$

式中，N_i——释放的第 i 种污染物的数量密度，mol/kg；

λ_i——同位素 i 的衰变常数［λ_i=（ln2）/（$T_{1/2,i}$），其中 $T_{1/2,i}$ 为同位素 i 的半衰期］；

f_{ij}——同位素 j 衰变为同位素 i 的比率。

用户在一次运行中可最多设定 10 种母同位素，输出结果包括衰变产物在内最多可有 50 种同位素。模型内置了 825 种同位素的半衰期（以 s 为单位）和衰变信息［Lederer et al.，1968；Gray，1972（美国物理研究所手册）；Nuffield Science Foundation，1984；Dzhelepov and Peker，1961］。

3.4.6　沉降

3.4.6.1　干沉降

干沉降模块用于修正下列两种情况下空气中的污染物浓度：

①物质随扩散距离的增加从烟羽表面流失，因此导致烟羽强度（总的污染物通量）Q 减弱；

②物质从烟羽表面流失，使得烟羽垂直浓度分布发生变化，如图 3-19 所示。

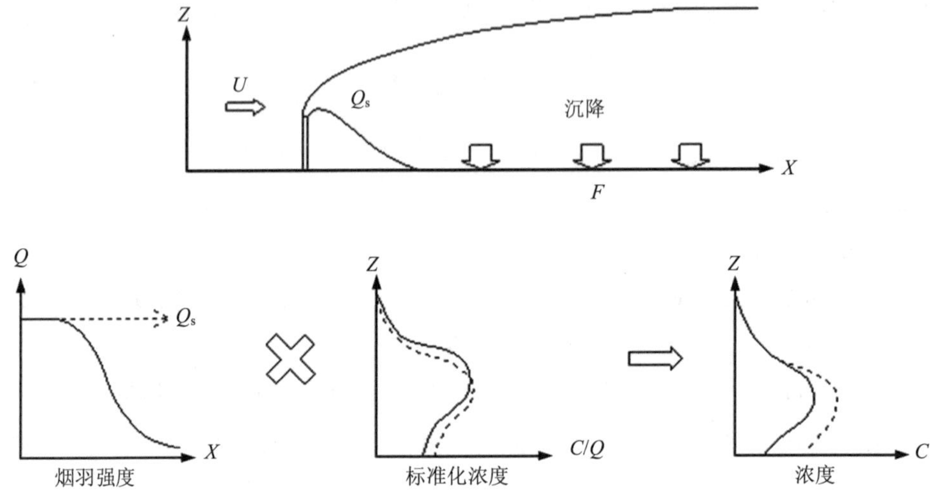

图 3-19　受干沉降过程影响的污染源浓度垂直分布（虚线表示无干沉降过程）

假设干沉降速率与近地面浓度成比例：

$$F_{\mathrm{dry}} = v_{\mathrm{d}} C(x, y, 0) \tag{3-129}$$

式中，F_{dry} 为单位面积单位时间的干沉降速率；C（x，y，0）为地面高度的浓度预测值；v_{d} 为沉降速率，该速率包含一个扩散速率（v_{d}'），通常也被称为沉降速率，还有重力沉降导致的颗粒物终端速率（v_{s}）。所有这些分量与沉降速率 v_{d} 的关系为

$$v_{\mathrm{d}} = \frac{v_{\mathrm{s}}}{1 - \exp(-v_{\mathrm{s}} / v_{\mathrm{d}}')} \tag{3-130}$$

其中，当 $v_{\mathrm{s}}=0$ 时，$v_{\mathrm{d}} = v_{\mathrm{d}}'$；当 $v_{\mathrm{d}}'=0$ 时，$v_{\mathrm{d}} = v_{\mathrm{s}}$。

如果 v_{d}' 和 v_{s} 已知，直接输入模型，否则模型会根据气体类型或颗粒物的大小和密度估算参数。

由模型估算的 v_{d}' 值为 3 种阻力的倒数：

$$\frac{1}{v_d'} = r_a + r_b + r_s \tag{3-131}$$

式中，r_a——空气动力阻力；

r_b——亚层阻力；

r_s——表面层阻力，可以由模型计算或用户直接输入。

这些阻力由污染物种类、地表特性和风速决定。颗粒物 $r_s = 0$，气体 r_s 可由用户输入或模型估算，当气体为活性气体时（如 SO_2）为 30 s/m，非活性气体时（如 O_2）为 500 s/m，惰性气体则为无限大。

气体污染物终端速度 v_s 总是为 0，颗粒物则由其性质决定。

3.4.6.2　湿沉降

气体被云或雨吸收，随后以溶液形式降落到地面，是一个复杂的动力学过程，在实际模拟时常对此过程进行简化。ADMS 中的湿沉降模块不仅能模拟以溶液形式沉降到地面的污染物总量，还能模拟烟羽强度的亏损，如图 3-20 所示。

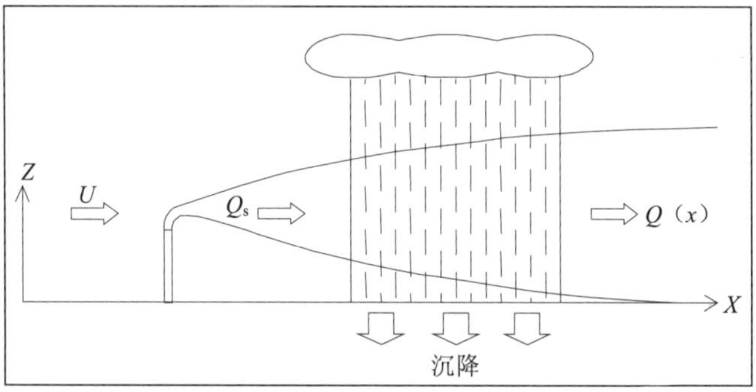

图 3-20　湿沉降模拟

ADMS 模型可以模拟的湿沉降类型决定于污染源类型和污染物的种类：

①所有污染源类型的所有污染物的湿沉降可以使用冲刷系数法模拟；

②所有污染源类型的 SO_2 和 CO_2 湿沉降可以使用 pH 值限定的冲刷系数法模拟；

③点源的 SO_2 和 HCl 的湿沉降可以使用“落滴法”模拟。

使用冲刷系数法模拟湿沉降极大地简化了湿沉降的发生过程，但当溶解的物质不溶出时，模拟结果相当准确。但是当有“渗气”（雨滴与空气的浓度梯度导致溶解的污染物变回气体状态）现象发生时，使用冲刷系数法得到的模拟结果偏大。在这种情况下，应尽可能选择“落滴法”。

（1）冲刷系数法

使用冲刷系数Λ模拟湿沉降时，污染物单位时间单位面积单位垂直距离上随降雨或沉淀物沉降的量为ΛC，C为当地空气中的污染物浓度。

假设吸收过程不可逆，单位时间单位水平面积的湿沉降速率（F_{wet}）可通过空气中污染物ΛC在垂直方向上的积分求得

$$F_{\mathrm{wet}}=\int_0^{\infty}\Lambda C\mathrm{d}z \tag{3-132}$$

因此烟羽中存留的污染物或烟羽强度Q随下风向距离的增加而减弱。

此过程基于下列假设进行简化：

①对污染物的吸收不可逆；吸收没有造成烟羽内物质重新分布。

②所有烟羽物质都在雨云中或雨云下方，对两者不进行区分。

③除SO_2和CO_2外，污染物在雨滴中溶解不会达到饱和。对SO_2和CO_2的计算使用pH限制。

④在整个计算区域内降雨速率恒定。

冲刷系数Λ取决于许多参数，包括污染物性质、降水率、雨滴大小分布和雨滴中污染物浓度。Λ可以由用户直接输入，也可以使用模型估算数据，估算方法如下：

①指定Λ为独立于输入气象数据降水速率的恒定值，也就是说即使气象数据中降水率为0或者不包括降水速率，模型都会计算湿沉降。

②指定常数A和B，并结合降水速率计算冲刷系数。

$$\Lambda=AP^{B} \tag{3-133}$$

A和B默认值为$A=10^{-4}$、$B=0.64$。

对于某些物质，它们在湿沉降中的去除率可能会因为其在雨水中的溶解性和雨水pH值的差异有所不同。对于SO_2等的酸性物质，在污染源附近时这样的效应会比较明显，在此处由于高气体浓度和低pH值，雨水对污染物的携带会受到很大影响。ADMS通过一些溶解性参数和化学反应方程计算雨水的酸度，从而得出雨水可携带SO_2和CO_2的有效能力。然后通过计算雨水吸收的污染物的量得到有效冲刷系数（Λ_{Eff}）。

如果受pH限制的冲刷系数Λ_{Eff}比在界面中指定的冲刷系数Λ小，那么认为湿沉降受pH的限制，使用Λ_{Eff}，否则使用冲刷系数Λ。

（2）落滴法

雨滴在穿过烟羽中心线后到达地面以前，还要经过相对清洁的空气。如果在此过程中污染物发生了“渗气”（雨滴与空气的浓度梯度导致溶解的污染物变回气体状态），则地面雨滴的浓度将小于烟羽中心线（通常为中心线下方）的最大浓度。在雨滴到达地面前，有明显“渗气”现象发生的气体为SO_2。图3-21显示了雨滴垂直穿过烟羽时雨滴中

污染物浓度的垂直变化状况。

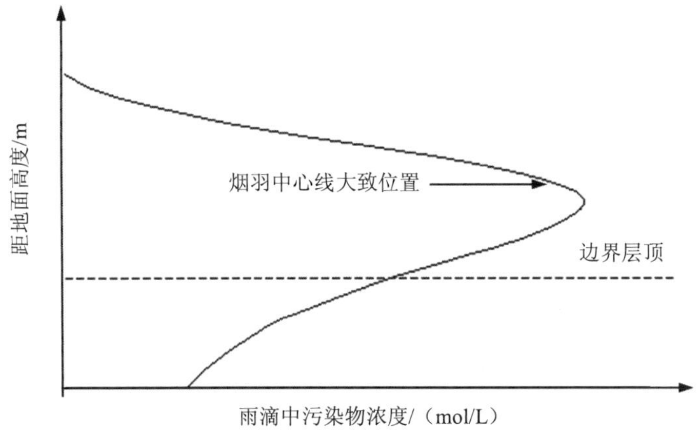

图 3-21 当有明显的“渗气”发生时，垂直穿过烟羽的雨滴中污染物浓度的变化

这个过程的主要特点可以通过模拟一个雨滴垂直穿过气体过程来表现，并基于动力控制的气体抬升和溶解快速平衡的假设。

高浓度下 SO_2 等酸性污染物的溶解受雨滴 pH 值的限制。实际上，最影响 SO_2 溶解的是 HCl。此外，即将进入烟羽的雨滴中溶解的 CO_2 及其他污染物都影响其初始 pH 值，进而影响 SO_2 和 HCl 的初始溶解量。因此，ADMS 采用落滴法计算方式为：

①将 SO_2 和 HCl 的动力和热力过程作为一个耦合系统模拟；

②根据输入的即将进入烟羽的雨滴 pH 值计算溶液中恒定的[H^+]浓度。该[H^+]浓度代表“清洁”雨滴中溶解的 CO_2 及其他污染物。

3.4.7 城市冠层流场

通常认为当风接近城市区域建筑物时，风廓线会在垂直方向发生位移，其位移高度与建筑物平均高度相关，而建筑物冠层内部的气流也会因为建筑物的存在而变缓（Belcher et al.，2013）。如图 3-22 所示。ADMS 模型中空间变化的冠层气流选项包括了冠层上方气流的改变和与内部湍流相关联的湍流廓线，以表征城市街区尺度内的流场特征。

城市冠层模块参考 MacDonald 等（1998）方法，根据输入的城市街区特征参数计算有效粗糙 z_{0b} 和位移高度 d。城市街区特征参数包括平均建筑高度网格化值、平均街谷宽度（$\hat{g}$）、建筑物规划区域占城市冠层网格面积的比例（λ_P）、用户自定义风向扇区、建筑物迎风面积占城市冠层网格面积的比例（λ_F）。

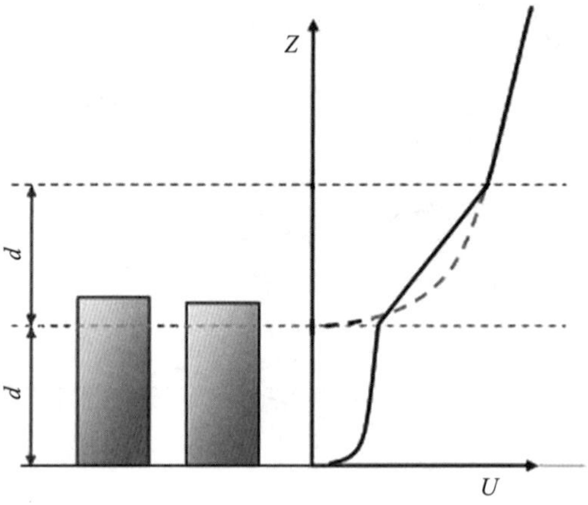

图 3-22 与位移高度 *d* 相关的城市冠层垂直廓线（虚线代表向上位移距离 *d* 的标准速度廓线）

3.4.7.1 垂直风廓线

完整的城市冠层垂直风廓线如图 3-22 所示，分为三部分：两倍位移高度（建筑物以上），位移高度以下（建筑物下），以及两者间的过渡区域。建筑物以上部分为 ADMS 标准风廓线上移距离 d，并使用根据当地地表粗糙度 z_{0b} 计算修正后的摩擦速率。位移高度以下为对数廓线，粗糙度 z_{0s} 为 0.1 m，反映街道尺度水平小障碍物对气流的影响。通过计算建筑物以下位移高度处速率和建筑物上两倍位移高度处速率比 $(1-\lambda_P)^2$，得到建筑物下气流的有效摩擦速率。过渡区域的风廓线通过线性插值得到。

3.4.7.2 湍流廓线

完整的城市冠层湍流垂直廓线分为两部分：位移高度上方和下方。在位移高度上方，为标准的 ADMS 稳定性相关湍流扩散上移距离 d，使用与当地地表粗糙度 z_{0b} 相关的修改后的摩擦速率。位移高度以下，湍流速率按公式 $\exp[-(d-z)/2\bar{g}]$ 向地表递减，z 为地表以上高度。

3.4.7.3 气流状态

城市冠层模块的作用，依据 z_{0b} 和 d 的值，分为 4 种状态。d 为最小值，小于 1 mm 时，不计算城市冠层流场；d 为最大值，大于 2 m 和建筑物平均高度 1/2 中的较大值时，完全计算城市冠层流场。还有两种中间状态：d 为较小值，小于 1 m 和平均建筑物高度 1/10 中的较大值时，使用本地粗糙度 z_{0b} 和标准 ADMS 流场廓线，称为“无位移”方法；d 为适中值时，流场为无位移和完全城市冠层廓线之间的插值，为“低位移”方法。

3.4.8　烟羽能见度（ADMS-工业）

烟羽能见度模块通过模拟释放烟羽的初始含水量和环境空气湿度决定下风向某距离处的烟羽是否可见。此外，在使用烟羽能见度选项时，烟羽抬升模块会考虑水分对烟羽密度的影响及其在冷凝和蒸发过程中的加热和冷却效应。

计算烟羽能见度需要输入的参数包括：

①表面湿度（比湿度 q_0 或相对湿度 RH_0 ）作为气象变量输入；

②表面温度，作为气象变量输入；

③烟羽初始混合比例（kg/kg），即烟羽中每单位质量干物质中的水蒸气的质量。

模型可以计算输出每个可见烟羽的长度和最大水分含量。对于长期计算来说，还包括烟羽可见频率和可见烟羽触地频率。

当烟羽中心线某位置处的液态水含量超过 10^{-5} kg/kg 时，烟羽定义为可见。当烟羽垂直扩散参数 σ_z 大于烟羽中心线的高度 z_p 时，称为烟羽触地。

在模拟烟羽能见度时，ADMS 可以计算每个输出点受烟羽影响后的温度、比湿度、相对湿度以及这些值超出用户指定阈值的次数，还可以计算同时超出温度和比湿度（相对湿度）阈值的次数。

此功能可用于研究如军团菌等微生物的传播。此类微生物对烟羽内的条件敏感，只能在一定的温度、湿度范围内存活。

3.4.9　输入三维风场数据（ADMS-工业）

模型可以使用用户输入的流场数据和湍流值。但是用于模型验证的中尺度流场数据集中的湍流能量（Turbulent Kinetic Energy，TKE）远低于 ADMS 5 一贯使用的值。这很可能是因为生成流场和湍流的中尺度模型中还包含有其他以对流涡流形式存在的湍流。

因此在使用 ADMS 5 时，用户要将输入的 *TKE* 值[$TKE_{\text{user}(x,y,z)}$]调整到接近 ADMS 5 使用的值[$TKE_{\text{adjusted}(x,y,z)}$]。公式为

$$TKE_{\text{adjusted}}(x,y,z)=\frac{\bar{U}_{\text{ADMS}}(z)}{\bar{U}_{\text{user}}(z)}\frac{\overline{TKE}_{\text{ADMS}}(z)}{\overline{TKE}_{\text{user}}(z)}TKE_{\text{user}}(x,y,z) \tag{3-134}$$

式中，$\bar{U}_{\text{ADMS}}(z)$ 和 $\overline{TKE}_{\text{ADMS}}(z)$ 为 ADMS 5 假设的中性条件下，某高度 z 处的平均风速和平均 *TKE*。$\bar{U}_{\text{user}}(z)$ 和 $\overline{TKE}_{\text{user}}(z)$ 为由用户输入数据计算得出的相应值。

使用调整后的 *TKE* 值计算 ADMS 5 的湍流速度 σ_u、σ_v、σ_w 和当地的摩擦速度 u_{local}。计算方法根据上游风向的气象条件而定。

稳定/中性条件下（$h/L_{\text{MO}}\geqslant -0.3$）

$$\left(\sigma_{\mathrm{u}},\sigma_{\mathrm{v}},\sigma_{\mathrm{w}}\right)=\left(2.5,2.0,1.3\right)\sqrt{\frac{TKE_{\mathrm{adjusted}}}{11.94}} \tag{3-135}$$

$$u_{*\mathrm{local}}=\begin{cases}\sqrt{\dfrac{TKE_{\mathrm{adjusted}}}{11.94T_{\mathrm{wN}}^{2}}} & -0.3\leqslant\dfrac{h}{L_{\mathrm{MO}}}<1\\[2ex] \sqrt{\dfrac{TKE_{\mathrm{adjusted}}}{11.94\left(1-\alpha_{\mathrm{s}}\dfrac{z_{\min}}{h}\right)^{3/2}}} & \dfrac{h}{L_{\mathrm{MO}}}\geqslant 1\end{cases} \tag{3-136}$$

式中，$z_{\min}$为输入高度最小值；α_{s} 表示变化特性，决定于气象条件为稳定或扰动。

对流条件（$h/L_{\mathrm{MO}}<-0.3$）下，假设用户输入数据中对流速度 w_*与摩擦速度 u_*的比（R）与 ADMS 5 上游风向的气象条件一致，那么

$$R_{\mathrm{upwind}}=\frac{w_*}{u_*} \tag{3-137}$$

当地的 u_* 值用式（3-138）计算：

$$u_{*\mathrm{local}}=\sqrt{\frac{TKE_{\mathrm{adjusted}}}{R_{\mathrm{upwind}}^{2}\left(0.6+0.4T_{\mathrm{wC}}^{2}\right)+11.94T_{\mathrm{wN}}^{2}}} \tag{3-138}$$

该公式以用户输入的最小对流高度 $z_{\min}$ 评估：

$$T_{\mathrm{wC}}\left(Z_{\min}\right)=2.1\left(\frac{z_{\min}}{h}\right)^{1/3}\left(1-0.8\frac{z_{\min}}{h}\right) \tag{3-139}$$

$$T_{\mathrm{wN}}\left(Z_{\min}\right)=1-0.8\frac{z_{\min}}{h} \tag{3-140}$$

湍流速度σ_{u}、σ_{v}、σ_{w}用式（3-141）计算：

$$\begin{aligned}\sigma_{\mathrm{u}}^{2}&=u_{*\mathrm{local}}^{2}\left(0.3R_{\mathrm{upwind}}^{2}+6.25T_{\mathrm{wN}}^{2}\right)\\ \sigma_{\mathrm{v}}^{2}&=u_{*\mathrm{local}}^{2}\left(0.3R_{\mathrm{upwind}}^{2}+4.0T_{\mathrm{wN}}^{2}\right)\\ \sigma_{\mathrm{w}}^{2}&=u_{*\mathrm{local}}^{2}\left(0.4R_{\mathrm{upwind}}^{2}T_{\mathrm{wC}}^{2}+1.69T_{\mathrm{wN}}^{2}\right)\end{aligned} \tag{3-141}$$

计算的湍流速度σ_{u}、σ_{v}、σ_{w}介于 0～0.2 m/s，由用户输入的 L_{MO} 最小值决定。

3.4.10 火焰（ADMS-工业）

ADMS 5 中可以使用动量通量 F_m（m^4/s^2）和热释放速率（或热通量）F_b（MW）代替速度、体积流量或质量通量、温度或密度输入。

动量通量 F_m 和热释放速率 F_b 引用 HMIP D1 文件（HMIP，1993）中的定义：

$$F_m = Vw\frac{283}{T} \tag{3-142}$$

$$F_b = \frac{V}{2.9}\left(\frac{\rho_a - \rho}{\rho_a}\right) \tag{3-143}$$

体量流量 V、出口速度 w 和温度 T（或密度 ρ）在出口条件下进行定义，如火焰顶部。

如果用户输入 F_m 和 F_b，模型会计算相应的流出参数 V（或 w）和 T（或 ρ），如果已知后面这些参数，应该直接输入这些参数的值。

模拟火焰时，使用 F_m 和 F_b 作为流出参数非常方便，这两种变量的数值可以从实验中得到。但是，估算 F_m 和 F_b 所用的因子，如燃烧效率、热辐射比率等，要根据实际情况确定，所以在使用这些因子时一定要结合实际情况。

一般如图 3-23 所示的火焰类型包括燃料上方的火焰区。燃料可以为碳氢化合物、木质材料等。

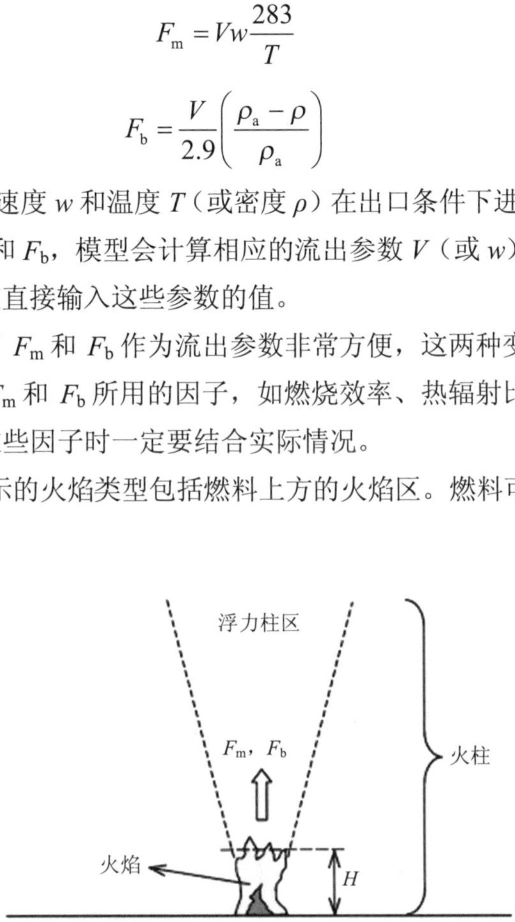

图 3-23 火焰示意

火焰区上方是热气层，被称为浮力柱区。浮力柱区本质上没有火焰或者有间断性的火焰。燃烧产物被向上的热气流送入该区。火焰区和浮力柱区一起被称为火柱。

火焰在形式上可能有很大的不同，高低动力之间也会有很大的区别：在高动力情况下，燃料本身就有很强的垂直动力，产生喷射火焰或者闪光，如炼油厂的排气口；在低动力情况下，燃料本身的垂直动力不大，如静止在地面上，这时烟羽上升的垂直动力来源于热气体的浮力，如池火。注意，即使在燃料自身动力很强、火焰为喷射状时，我们也使用术语“热烟羽”（hot plume）。

ADMS 5 不模拟火焰区，而是模拟燃烧产物在浮力柱区的扩散。

3.4.11 风力涡轮机影响（ADMS-工业）

ADMS 5 可以模拟风力涡轮机对烟羽扩散的影响。风力涡轮机尾迹是指涡轮机下风向被涡轮流场影响的区域。尾迹通过影响风速和顺风向湍流σ_u进而影响烟羽扩散。流场和湍流的变化影响烟羽中心线和扩散参数的计算。

模拟涡轮机影响时，建立包括常规模拟范围和涡轮机位置的计算网格，再将此区域在每个方向上扩大 10%，确保流场包括完整的模拟范围。计算网格的分辨率由风场涡轮机的最小涡轮直径决定。

下面概括介绍 ADMS 模型风力涡轮机尾流模拟。工作中的风力涡轮机下风向风速由于风场中涡轮机的影响会降低，下风向产生尾流。同样的情况也发生在风力涡轮机尾流衰减和高架源被动排放气体扩散中。例如，一定量的气体不断排放产生的烟羽顺风扩散的同时与空气混合，其速度取决于大气湍流。涡轮机风速逆差产生的涡轮机尾流同样在顺风向扩散的同时与空气混合，只是有一些特殊的特征。

模拟的基本方法是将充分扩散的涡轮机尾流模拟为一个细小体源，计算源强和大小，给出动量守恒定律决定的最大风速逆差。风速逆差是顺风向扩散的量。

风速逆差或尾流扩散使用 ADMS 标准污染物扩散模型模拟，但是针对风力涡轮机尾流独特的扩散特征做了改进，包括尾涡流夹带进入环境空气前的延期，尾流边界额外剪切引起的湍流，风场环境缺少主风向扩散的情况。使用浓度波动模块替代速度波动模拟漫流引起的湍流。

通过考虑单个涡轮机在下风向的尾流效应，可以较为容易地模拟风力发电厂中下风向涡轮有效源和尾流扩散时，上风向涡轮影响所使用的风场。在考虑上风向涡轮尾流时需要特别处理，即湍流增大并没有卷夹延迟。模型已使用 Tjæreborg Enge 风力发电厂、Nysted 风力发电厂和 Noordzee 风力发电厂的数据进行对比验证。

3.4.11.1 单一涡轮机

涡轮机下风向充分扩散的涡轮机尾流被模拟为体源，模型通过计算涡轮机下风向初始风速逆差模拟尾流效应。

（1）有效源特征描述

使用传统一维动量理论确定穿过风力涡轮机转盘动量（如推力）的变化是由穿过转盘的压力渐变引起的，到下风向一定距离压力恢复，“气流管”上风向相同压力梯度位置的动量与“气流管”下风向相同压力梯度位置的动量相同，即气流管随着流动速度降低而扩大。通常用轴向感应系数 a 描述尾流中风速逆差强度，定义如下：

$$U_{\mathrm{d}}=(1-a)U \tag{3-144}$$

式中，U_{d}——通过转盘的轴向气流速度，m/s；

U——上风向风速，m/s。

传统一维动量理论给出了全部展开尾流 U_{w} 中 U 和轴向气流速度的关系（Hansen，2008）：

$$U_{\mathrm{w}}=(1-2a)U \tag{3-145}$$

从而得出尾流风速逆差最大值 $\Delta U_{\max}$ 为 $2aU$，此值为涡轮机下风向风速逆差初始值。

ADMS 将尾流模拟为有效体源，使用截面表示完全展开的尾流，此处轴向气流流动速度为 U_{w}。污染源方形横截面积与展开尾流的横截面积一样。此类污染源有初始顶盖垂直及水平剖面，向下风向扩散时类似高斯剖面。图 3-24 是展开气流管原理图和 ADMS 体源。

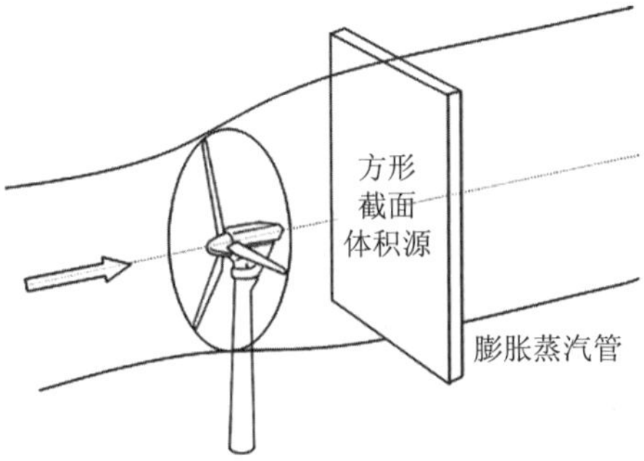

图 3-24 气流通过涡轮转子扩大气流管以及 ADMS 体源模拟涡轮示意

模型基于实际情况使用方形断面体源而不是圆形断面体源模拟，使用传统一维动量理论计算体源的尺寸：

$$dy=dz=\frac{D}{2}\sqrt{\frac{\pi(1-a)}{(1-2a)}} \tag{3-146}$$

式中，dy—— 体源侧风向范围；

dz—— 体源的深度；

D—— 转盘直径。

因为现在使用的风力涡轮机可以快速有效地使转盘垂直于入流风向，因此模型假设涡轮机转盘永远垂直于上风向，不考虑任何旋转，如果气象条件风向变化，转盘瞬间重新定向。因此，体源总是垂直于上风向。体源顺风向尺寸设置为侧风向的 10%。

涡轮机有效源强根据最大风速逆差计算，$\Delta U_{\max}=2aU_{\infty}$，$U_{\infty}$为上风向风速。模型使用浓度代替 ΔU，$\Delta U_{\max}$ 可以表示为

$$\Delta U_{\max} = \frac{QV_{\text{src}}}{\dot{V}} \tag{3-147}$$

式中，Q—— 源强，m/s^2；

V_{src}—— 污染源体积；

$\dot{V}$—— 污染源体积流量。

因此，

$$Q = 2aU^2 \tag{3-148}$$

这些参数都是轴向诱导因子 a 的函数，可以从涡轮机信息计算得出。

（2）计算轴向诱导因子 a

ADMS 根据推力系数 C_{T}（风速的函数）计算轴向诱导因子。

推力系数 C_{T} 和轴向诱导因子 a 之间的关系（Hansen，2008）：

$$C_{\text{T}} = \begin{cases} 4a(1-a)F & a \leqslant a_{\text{c}} \\ 4\left[a_{\text{c}}^2 + (1-2a_{\text{c}})a\right]F & a > a_{\text{c}} \end{cases} \tag{3-149}$$

其中 $a_{\text{c}} \approx 0.2$。

转换为 a 的函数：

$$a = \begin{cases} \dfrac{1}{2}\left(1-\sqrt{1-C_{\text{T}}}\right) & C_{\text{T}} \leqslant 0.64 \\ \dfrac{C_{\text{T}} - 4a_{\text{c}}^2}{4(1-2a_{\text{c}})} & C_{\text{T}} > 0.64 \end{cases} \tag{3-150}$$

3.4.11.2 风力涡轮机尾流的特殊扩散特征

涡轮机尾流扩散与其他烟羽扩散不同，具体解释如下。

（1）速度波动

使用波动模块模拟漫流引起的湍流，使用浓度波动代替速度波动。但是标准波动模型计算的波动烟羽有三个起因，分别是烟羽漫流、环境空气卷夹和烟羽内部湍流混合。前两点适用于风力涡轮机尾流模拟，最后一点对风力涡轮机尾流模拟没有意义，可忽略。

（2）环境空气夹带进入尾流

涡轮机尾流扩散延迟决定于周围环境的湍流水平，湍流越强，烟羽扩散和周围空气夹带进入尾流越快，此影响也被模型考虑在内。另外，如果涡轮机位于上风向涡轮机尾流中，延迟作用不会加强，尾流随周围空气快速流动。

（3）剪切诱导的湍流

涡轮机尾流边缘存在的空气流动速度梯度，会在尾流产生湍流，这种情况不包括在标准模拟中。因此，加入湍流σ_{shear}考虑此类情景。

如果涡轮机不位于其他涡轮机的尾流中，那么按式（3-151）计算σ_{shear}（公式基于 Bevilaqua and Lykoudis，1978）：

$$\sigma_{shear}=\begin{cases}0.1\left|\Delta U_{max}\right| & 7D\leqslant x\\ \dfrac{0.1(x-2D)}{5D}\left|\Delta U_{max}\right| & 2D\leqslant x\leqslant 7D\\ 0 & x\leqslant 2D\end{cases} \tag{3-151}$$

式中，D——涡轮机直径；

x——下风向上与（有效）污染源的距离；

$|\Delta U_{max}|$—— 最大风速逆差。

如果涡轮机位于其他涡轮机尾流内部，则跳过湍流初始增长，$\sigma_{shear}=0.1|\Delta U_{max}|$适用于下风向的任何距离。

（4）大规模的漫流

标准扩散模型包括大规模风向漫流引起的水平烟羽扩散部分。经观察发现在风力发电场中大规模漫流程度减弱，漫流的尺度远大于风力涡轮机的尺度，因此模拟风力涡轮机尾流时忽略该部分烟羽扩散。

3.4.11.3 涡轮机的相互影响

不考虑烟羽化学反应的标准扩散中，污染源烟羽不会影响其他源或烟羽的扩散，多个污染源的浓度场是单个污染源浓度场的总和。

风力涡轮机尾流模拟中，涡轮机的尾流会影响其他下风向的涡轮机。因此必须考虑上风向涡轮机风场对下风向涡轮机风场的影响，并作出适当的修正。

（1）污染源排序

假设涡轮机只受到上风向涡轮机尾流的影响。在模型计算扩散前，根据涡轮机的位置重新排序：首先模拟处于最上风向的涡轮机污染源，最后模拟最下风向的涡轮机污染源。

（2）流场修正

流场通过每一个涡轮机时进行修正，包括修正上风向涡轮机尾流的影响。因此涡轮机污染源排序很有必要。

流场扰动受涡轮机影响，ADMS 模拟涡轮机时会调整流场速度分量和顺风向湍流速度，包括风速逆差和漫流引起的顺风向湍流。这种影响通过大气边界层内一系列不同高度的网格点实现，网格点包含了模拟区域和涡轮机位置的网格点。此方法对下风向的每一个涡轮机重复进行。风力发电场每个涡轮机的流量和湍流场的这种变化都会影响有效体源的特征和夹带延迟量，以及尾流扩散。

（3）位于上风向涡轮机尾流内部的涡轮机

如果涡轮机位于上风向涡轮机尾流内部，那么它的尾流扩散的某些方位会产生不同，也就是说，夹带延迟和剪切引起的湍流不同。模型采用下述方法确定涡轮机是否处于上风向涡轮机尾流中。

假设，涡轮机 A 和 B，B 处于 A 的下风向，如果涡轮机 B 位置的风速逆差大于此位置环境风速的 10%，那么认为涡轮机 B 处于 A 尾流中。

3.4.12 高级街谷模块

ADMS-城市中的高级街谷模块为 CERC 自主开发，针对基本街谷模块的一些固有局限性进行改进。高级街谷模块可模拟气流沿街谷的输送，考虑不对称街谷的影响，街谷中人行道的影响，以及计算街谷对周边区域的影响。该模块已经过香港和伦敦大量实际监测数据的验证。

高级街谷模块中的街谷由下列参数表征，必须对道路两侧分别定义：建筑物高度、街谷墙距离道路中心线的距离、毗邻道路的建筑物长度。模型通过处理这些参数值得到平均街谷高度 H、总街谷宽度和空隙率 α，α 定义如下：

$$\alpha = 1 - \frac{L_B}{L_R} \tag{3-152}$$

式中，L_B——有毗邻建筑物的道路长度；

L_R——道路总长度。

当一条道路至少有一侧有街谷高度，并且相邻建筑物长度大于自定义的最小值时，可以使用高级街谷模块。街谷墙可存在于道路一侧或两侧均有。

高级街谷模块通过分量源的叠加来表征街谷扩散的不同特点。由于风向、源的方向以及所影响区域不同，共有 6 种不同分量源。各类分量源图示见图 3-25，总结见表 3-8。

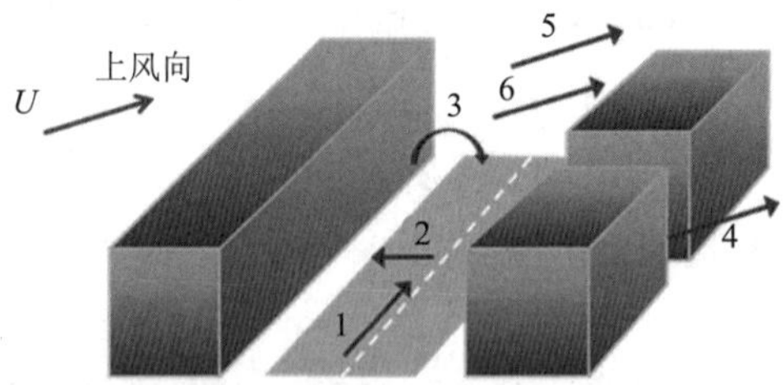

图 3-25 高级街道街谷模块中采用的 6 种分量源图示

表 3-8　高级街道街谷中各分量源总结

分量源		街谷影响描述	扩散类型	风向	影响区域
序号	名称				
1	沿街谷	沿街谷传输	带有街谷墙反射的道路源	沿街谷	街谷内
2	穿过街谷	通过环流直接穿过街谷	简化的道路源	穿过街谷	街谷内
3	循环流动	污染物在街谷中循环流动	垂直方向上平滑的充分混合的单元	/	街谷内
4	无街谷	穿过街谷间空隙扩散	道路源	上风向	街谷内和街谷外
5	街谷顶部	从顶部扩散出街谷	体源	上风向	街谷外
6	街谷末端	从末端处扩散出街谷	体源	上风向	街谷下风向

注：/ 表示与风向无关。

道路源在街谷中的排放总量根据一套复杂的权重被分配到各分量源，权重根据道路各侧的建筑物高度、街谷宽度、计算得出的街谷空隙率、本地风速和建筑物上方风向得到。

模型使用高级街谷模块模拟时包含标准模式和路网模式。

如果未选择路网（network mode）模式，高级街谷模块假设各街谷是连续街谷网络的一部分。对于每一条街谷，假设所有的物质从末端离开后则进入另一街谷，离开街谷末端的量与进入街谷的量相同以保持平衡。模拟时进行如下假设：

①沿街谷的扩散（源 1）沿街谷方向保持不变。

②街谷顶部源（源 5）排放量不减少。

③没有街谷末端源（源 6），所有物质进入另一街谷。

在路网模式中，模型通过分析每条气象条件来决定路网即每条街谷上风向是否有街谷，注意只有高级街谷模式会考虑这一点。对于每条街谷，计算输送进入以及离开的污染物量。模拟时进行如下假设：

①沿街谷扩散源（源 1）通过修改道路起点前的源几何属性考虑输送进街谷的物质量。

②如果没有或仅有少量物质输送进入街谷，减少街谷顶部源（源 5）排放以考虑物质扩散到街谷顶部的时间。

③街谷末端源（源 6）用于考虑从街谷末端离开而未进入另一条街谷的物质。

3.4.13　隧道模块

ADMS 模型计算道路隧道排放的算法基于 Ginzburg 和 Schattanek（1997）的工作成果，已经过奥地利和英国隧道数据的验证。

采用方法如下：

①ADMS 模拟隧道对周边区域而不是对隧道内空气质量的影响。

②隧道末端（隧道口）排放污染物的方向假设为交通流方向，并且与驶出交通流方向相同。

③隧道内道路排放可分为隧道口排放和通风排放。

3.4.13.1　隧道口扩散

道路隧道模块在隧道口设置三个体源代表隧道口的排放，体源总长度根据风速、出流交通车流速度和是否有抗回流墙决定。分配到各体源的排放比例随着与隧道口距离的增加而减小，并根据车流速度决定。体源的长度和权重基于 Ginzburg 和 Schattanek（1997）报告中值。

体源高度和深度的定义基于隧道口处标高和隧道孔深度，如图 3-26 所示。体源宽度设置为与出流道路宽度一致，如果隧道口标高为负，则宽度为出流道路宽度与地表出流宽度均值。如果已定义出流道路，则体源覆盖区几何尺寸由出流道路确定，否则体源由隧道口顶端沿道路隧道最后一段方向的投影定义。如果出流道路的几何形状非常复杂，模型会将体源覆盖区域的几何尺寸限制为凸多边形。

ADMS 模型采用标准体源扩散计算方法模拟道路隧道口体源。

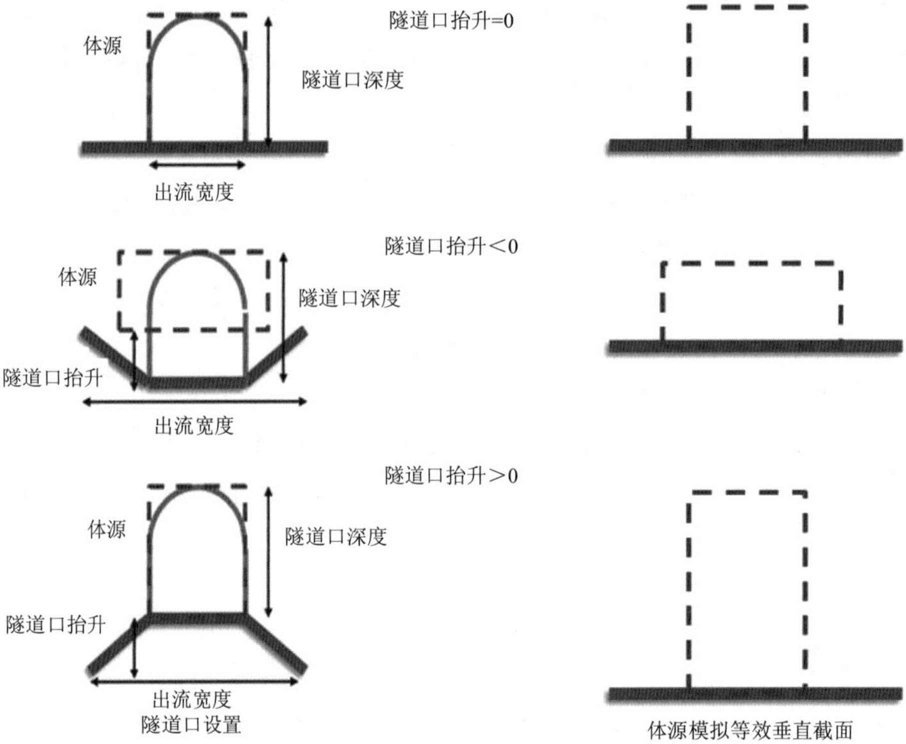

图 3-26　用于模拟不同结构道路隧道口排放的体源垂直界面示意

3.4.13.2　隧道通风源扩散

隧道通风源模拟采用标准 ADMS 点源和面源算法。通风源定义时仅修改源的排放速率，并归类到通风源组别中，几何参数以及流出参数不变。通风源排放为以下几项的乘积：

①道路隧道源年均排放；

②道路隧道源时间变化排放因子；

③指定通风源排放比例；

④通风源时间变化排放因子。

为保持总排放速率不变，当隧道总排放分配一定比例给通风源时，隧道口排放降低。

3.5　模型局限性

①气象数据局限性。

在计算边界层参数时，对于给定的 h / L_{MO}，假设边界层具有自相似性。用户应该注意在近赤道和极地地区，这种自相似性将造成很大的误差。

②烟囱下洗模拟局限性。

烟囱下洗公式尽管已广泛应用于扩散模型中，但并未经过充分的验证。严格地讲，烟囱下洗公式应仅用于横截面为圆形的烟囱，但实际中也用于其他形状，如方形。

③平均时间与统计分析局限性。

滚动平均值最长平均时间为 72 h（3 d），非滚动平均最长平均时间为 168 h（1 周）。

④建筑物影响模拟局限性。

建筑物模块基于这样的实验研究：有一个大型建筑物，其周围有几个对扩散影响不大的小型建筑物。建筑物模拟只影响点源。模拟时可以同时运算其他污染源，但是建筑物对其影响不考虑。

⑤烟羽能见度模拟局限性。

烟羽能见度的计算限于非被动性释放，即需要有一定的烟羽抬升。如果同时使用烟羽能见度与建筑物选项，模拟烟羽能见度计算时不考虑建筑物效应。ADMS 5 不适合计算大型冷却塔排放的烟羽，因为污染源尺寸大，而且冷却塔本身的结构也会影响扩散。

⑥海岸线模式局限性。

模块假设研究区的海岸线为直线，但尚未经实地数据验证。

⑦波动模拟局限性。

波动最多计算 50 个污染源，其中最多有 20 个线源、面源或体源。浓度波动估计误差高于平均浓度的估计。

⑧放射性衰变局限性。

只能计算 Isotopes.pdf 文件中列出的同位素。

第 4 章　CALPUFF 模型基础理论

4.1　CALPUFF 模式概述

4.1.1　发展历史

作为设计和研发一个适合推广的非稳态空气质量法规模式研究的一部分，20 世纪 80 年代末，CALPUFF 由西格玛研究公司（Sigma Research Corporation）在美国加利福尼亚州空气资源委员会（California Air Resources Board，CARB）的资助下开发，系统应用有限公司（System Application，Inc.）作为分包商承担了 CALMET 模式原始风场建模部分的开发。

1987 年 7 月，CARB 和 Sigma 公司启动了第二期工程——对城市空气质量模式 UAM 进行升级，其中加入了很多当时新的研究成果，包括对流和扩散的数值化方法、干沉降、湿沉降、化学机制及化学结合。新的光化学模式 CALGRID（Yamartino et al.，1992；Scire et al.，1989），也被加入 CALMET/CALPUFF 系统框架中，从而能实现对惰性气体和活性气体的模拟。模型系统的第三个部分是拉格朗日颗粒物模型 KSP（Strimaitis et al.，1995；Yamartino et al.，1996），是在德国 Umweldbundesamt 的赞助下开发的。这 3 个模式（CALPUFF、CALGRID、KSP）在设计时都考虑了与 CALMET 及其他前/后处理程序的兼容性。

1998 年美国环保局将 CALPUFF 模式推荐为法规模式。后来，在空气质量模拟跨部门工作组（IWAQM）、美国环保局、美国林业局、澳大利亚维多利亚州环保署以及美国国内外的企业的共同合作下，对模式进行了充分的修正及改进。对 CALMET 的改进包括产生的空间变化初始场更适合区域应用、使用 MM5/WRF 等气象模式预测数据作为观测数据的补充选项、计算兰伯特保角变换因子、改进后的混合层计算方案、使用相似理论对地面风垂直外推的选项、计算位于水体网格的三维温度场的改进计算方案、改进的初始化技术、改进的坡流参数化方案等。对 CALPUFF 的改进包括加入针对面源（如森林大火）、浮力线源、体源等浮力抬升和扩散特性的新模块、对复杂地形处理的改进以及更多的便于法规应用的附加选项、烟团分裂对风切变效应的改进处理、使用概率密度函数描述对流扩散效应等。美国林业局将 CALPUFF 与排放模型能源效率与生产维护（Energy Efficiency & Productive Maintenance，EPM）进行耦合，其中 EPM 提供时间变化的排放和热量释放数据，从而驱动 CALPUFF 模拟控制性燃烧和野火的影响。

Sigma 公司后来成为美国 Earth Tech，Inc.公司的一部分，在美国环保局将 CALPUFF 指定为法规推荐模式后，模式版权归 Earth Tech，Inc.公司所有。2006 年 4 月，CALPUFF 模式版权转移到美国 TRC Environmental Corporation，并由该公司进行模式可执行程序的维护。2014 年 6 月，CALPUFF 模式转由美国 Exponent Inc.维护。2008 年，我国环境影响评价技术导则将 CALPUFF 模式的法规版本作为法规推荐模式之一。

CALPUFF 模式目前有 3 个版本，包括法规版本 5、包含了一些新特性的版本 6 以及版本 7，3 个版本的内核都在分别持续更新。目前，法规最新版本为 5.8.5（2016 年 7 月 26 日更新），版本 6 的最新版本为 6.42（2011 年 3 月 25 日更新，其中 CALMET 模块 2014 年 3 月 19 日更新），版本 7 最新版本为 7.3.1（2020 年 2 月 6 日更新）。可从 www.src.com 网站下载模式各模块的最新源代码，一些咨询公司，如加拿大 Lakes Environmental Software、美国 Trinity Consultants（三捷环境），均在模式公开源代码的基础上，结合地理信息系统（Geographic Information System，GIS），针对相关国家环保部门的法规要求，开发了商业版的界面化 CALPUFF 产品（CALPUFF View、BREEZE CALPUFF），在多个国家和地区广泛应用。

4.1.2　模式应用

CALPUFF 模式可适用于几千米到几百千米范围内的污染物输送、转化和清除。在美国环保局及中国生态环境部的大气评价技术导则中，CALPUFF 模式均被推荐用于评价范围大于 50 km 的环境影响评价项目，在我国的规划环境影响评价和美国的州实施计划（State Implementation Plan，SIP）中也有广泛的应用。另外，2013 年 11 月我国第二届火电行业环境保护研讨会纪要中也建议采用 CALPUFF 模式进行二次 $PM_{2.5}$ 的预测计算。

CALPUFF 也适用于近场模拟，特别是复杂地形、沿海地区、水面传输以及一些特殊气象条件，如逆温、熏烟、微风或静风等条件。但在大气环境影响评价中，50 km 评价范围内选用 CALPUFF 模式而非 AERMOD 或 ADMS 模式，应说明 AERMOD 和 ADMS 模式不适用的理由，如①涉及复杂风场情况，且复杂风场对预测结果影响巨大；②该种情况下，使用 AERMOD 或 ADMS 模式均不如采用 CALPUFF 模式适合，采用单个气象站的稳态气象条件在时间和空间上均不适合。CALPUFF 模式包含较为简单的线性化学机制，可模拟二次硫酸盐和硝酸盐以及二次有机气溶胶的生成，因此也适用于二次颗粒物的模拟。CALPUFF 除考虑常规点源、面源外，还可考虑浮力面源和浮力线源，如将森林火灾作为浮力面源模拟，将铝冶炼工厂上的线状排气口作为浮力线源模拟。CALPUFF 可以根据各类型颗粒物的浓度及其消光系数，计算污染源对大气能见度的影响。

4.1.3 模式概述

CALPUFF 是一个多层、多因子、非稳态拉格朗日烟团扩散模式，用来模拟在时空变化气象场条件作用下的污染物输送、转化和清除。CALPUFF 可用于几千米到几百千米的尺度，它考虑了次网格尺度效应，如地形效应；也考虑了长距离效应，如干沉降、湿沉降导致的污染物清除，化学转化，以及颗粒物浓度导致的能见度影响。CALPUFF 模型系统主要包括三个部分：CALMET、CALPUFF、CALPOST，以及一系列对常规标准格式的气象、地理数据进行处理然后与模型系统进行接口的前处理程序。CALMET 是一个气象诊断模式，在三维网格模型区域上生成逐时三维风场和温度场，以及相关的二维场，如混合层高度、地表特征和扩散特性等。CALPUFF 是一个输送和扩散模式，它平移输送排放源所排放的污染物，模拟整个扩散和输送过程。CALPUFF 的主要输出文件包含所选受体的逐时浓度或沉降通量。CALPOST 对这些文件进行处理，生成法规要求的一系列图表文件，如各受体点的各种平均时段的最大浓度。CALPOST 还可以进行能见度模拟，它通过采用 CALPUFF 的浓度数据，计算并输出各受体点的消光系数和能见度的其他相关测量值。

CALMET 是气象诊断模式，包括客观分析和坡流效应、地形动力学效应、地形阻塞效应等参数化处理，以及散度最小化处理、陆上和水上边界层的微气象模型。

CALPUFF 是非稳态拉格朗日烟团扩散模式，包括复杂地形效应、水上传输、海岸交互效应、建筑物下洗、干湿沉降清除以及简单的化学转化机制。

CALPOST 是后处理程序，用来计算各受体点各平均时段的平均浓度及沉降通量，CALPOST 还可依据美国 IWAQM 的推荐方法和联邦土地管理局 FLM 的空气质量相关工作组 FLAG 的推荐方法，计算对能见度的影响。

PRTMET 是气象后处理程序，用来从 CALMET 气象文件中提取相关的数据参数进行统计分析。

READ62 是一个高空数据前处理程序，用来将 NCDC TD6201 或 FSL 格式的高空观测数据转换成 CALMET 程序可识别格式。

SMERGE 是地面数据前处理程序，用来将各种格式的地面观测数据，如 CD144、SAMSON 等，转换成 CALMET 程序可识别格式。

PMERGE 是降水数据前处理程序，用来将 TD3240 格式的降水数据转换成 CALMET 可识别格式。PMERGE 可将累积降水转换成逐时降水。

TERREL 是地形前处理程序，可使用几种标准格式的地形数据，计算模拟区域网格及各模拟对象的地形高程。

CTGPROC 是土地利用数据前处理程序，可使用几种标准格式的土地利用数据，计算模拟区域网格的用地类型。

MAKEGEO 是地理数据最终处理程序，它读取 TERREL 和 CTGPROC 生成的地形高程和用地类型数据，并计算各模拟区域网格的地面特征参数，如粗糙度、反照率、波文比等，最后生成 CALMET 可识别的地理数据格式。

CALMM5/CALWRF 是中尺度预测数据预处理程序，用来转换中尺度气象模式 MM5 或 WRF 数据成 CALMET 可识别格式。

OPTHILL 是山形数据前处理程序，用来从地形数据中生成山形因子，用在 CALPUFF 的次网格尺度复杂地形（CTSG）模块中。

EPM2BAEM 是一个转换程序，将美国农业部森林排放模型文件转换成一个小时变化的森林大火面源排放文件。

CALPUFF 模型系统结构如图 4-1 所示。

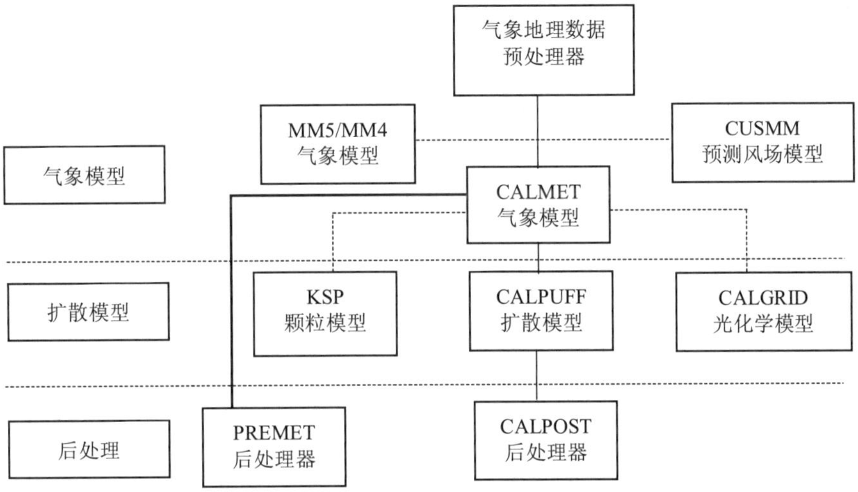

图 4-1 CALPUFF 模型系统结构

4.2 CALMET 气象诊断模式

CALMET 气象诊断模式包括陆上和水上边界层的诊断风场模块和微气象模块。当应用于大范围区域时，用户可以选择调整输入风场到兰伯特正形投影坐标系以校正地球曲率。诊断风场采用两步方法计算风场（Douglas and Kessler，1988），在第一步中，对初始猜值风场进行地形动力学、坡流和地形阻塞效应调整，产生步骤一风场；在第二步客观分析过程中将观测数据引入步骤一风场，产生最终风场。CALMET 中还可以使用预测的格点风场数据，如 MM5 或 WRF 中尺度气象数据，这能更好地反映区域流场、海陆风环流以及山谷风环流等现象。

4.2.1 网格系统

CALMET 采用由 *X*、*Y*、*Z* 三个方向构成的多层网格系统，图 4-2 所示为只含一个垂直层的 7×4 网格，其中网格点（grid point）指水平网格和垂直网格的中心点，网格层顶（cell face）指两个相邻水平或垂直网格的边界。在 CALMET 中，水平方向风的 *u* 和 *v* 分量定义在网格点上，垂直方向风的 *w* 分量定义在垂直网格层顶上。气象网格在实际中的真实坐标由西南角（1，1）网格的参考坐标（XORIGKM，YORIGKM）确定，这样，网格点（1，1）的坐标即为（XORIGKM+DGRIDKM/2，YORIGKM+DGRIDKM/2），其中 DGRIDKM 为水平网格的格距。

在 CALMET 网格坐标系中，设定 *X* 轴和 *Y* 轴分别为东西方向和南北方向，这和通常风的 *u* 和 *v* 分量定义是一致的。CALMET 中最常用的投影有通用横轴墨卡托投影 UTM 和兰伯特正形投影 LCC。LCC 能减小地球曲率带来的变形，当 CALMET 模拟区域较大时，如大于 100 km，一般推荐使用 LCC 投影。

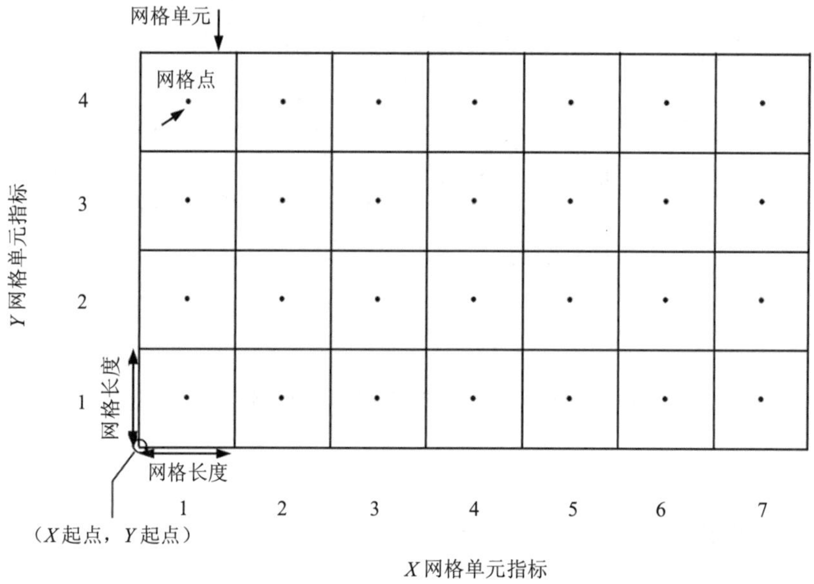

图 4-2　CALMET 水平网格示意

CALMET 垂直方向采用地形伴随坐标系。

$$Z = z - h_t \tag{4-1}$$

式中，Z ——地形伴随垂直坐标，m；

z ——笛卡尔垂直坐标，m；

h_t ——地形海拔高度，m。

在地形伴随坐标系中，风在垂直方向的 W 分量定义为

$$W = w - u\frac{\partial h_{\mathrm{t}}}{\partial x} - v\frac{\partial h_{\mathrm{t}}}{\partial y} \tag{4-2}$$

式中，w——笛卡尔坐标系风在垂直方向的分量，m/s；

u，v——笛卡尔坐标系风速在水平方向的分量，m/s。

4.2.2　诊断风场

CALMET 中诊断风场流程如图 4-3 所示。

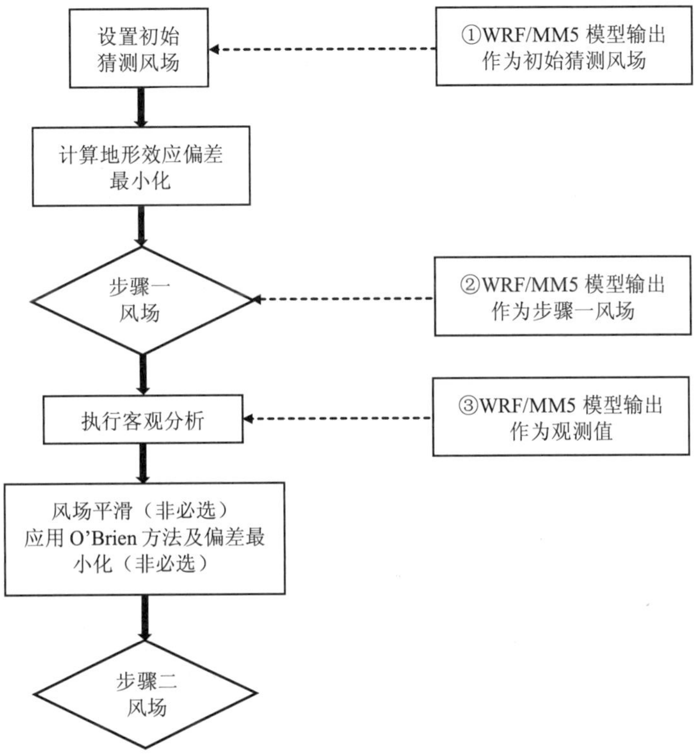

图 4-3　CALMET 诊断风场流程

4.2.2.1　初始猜测风场

初始猜测风场可以是一个三维风场，也可以是一个由区域平均风场构成的常量风场。区域平均风场可通过对高空气象数据进行垂直方向平均和时间上插值得到，也可简单地由用户指定。如果区域平均风场采用计算的方法得到，用户需指定参与平均的垂直层数、参与平均的观测站，也可包括所有的观测站，根据距离平方反比插值产生一个空间变化

的初始猜测场。

逐时地面观测数据可以根据相似理论（van Ulden and Holtslag，1985）在垂直方向进行外推得到初始猜测场。如果没有这种外推法，当没有使用预测网格数据时，地表层以上的各层初始猜测场只能单一地从高空数据中生成。这种情况下，当采用一个山谷外距离遥远的高空站观测数据时，产生的初始猜测场将会是不可信的。尽管步骤一可通过调整初始猜测场来反映小尺度下的地形效应，但由于初始猜测场本身精确性不高，得到的步骤一风场也不会很好。很多例子表明，使用地面观测数据根据相似理论外推时，能产生更好的初始猜测场和最终风场。

第二种是通过考虑 CALMET 风场层的影响因素来决定对高空观测数据和地面观测数据外推的权重。例如，在山谷中地面观测更能反映风场条件时，在山谷外的远距离高空观测数据应给予较小权重，但山谷顶上，高空数据应给予更高的权重。同样的道理，在山谷的上空，地面观测数据的影响可以忽略时，它的权重可以是 0。空间变化的初始猜测场可以通过对地面和高空观测数据采用距离反比加权法来实现，并根据随高度变化的偏差因子 BIAS 进行修正。BIAS 介于−1（高空观测数据权重为 0）～1（地面观测数据权重为 0），当 BIAS = 0.5 时，表明地面观测数据的权重降低 50%，而 BIAS = −0.5 表明高空观测数据的权重降低 50%，当 BIAS 为 0，表明距离反比加权法对权重没有影响。

4.2.2.2 步骤一风场

在步骤一中，通过地形动力学效应、坡流、地形阻塞效应和散度最小化等调整初始猜测风场。

地形动力学效应：采用 Liu 和 Yocke（1980）方法计算地形动力学效应的影响。风的垂直分量 w 受地形动力学的影响根据区域平均风速、与稳定度有关的指数衰减系数等进行计算。风的水平分量受地形动力学效应影响，根据在初始猜测风场上应用散度最小化方法来计算，采用散度最小化方法多次迭代直至三维散度小于阈值。

笛卡尔坐标系中风在垂直方向的分量 w 按式（4-3）计算：

$$w=\left(V\times\nabla h_{\mathrm{t}}\right)\times \mathrm{e}^{-kz} \tag{4-3}$$

式中，V ——区域平均风速，m/s；

h_{t} ——地形海拔高度，m；

k ——与稳定度有关的指数衰减系数；

z ——垂直坐标。

指数衰减系数随大气稳定度的增加而增加。

$$K = \frac{N}{|V|} \tag{4-4}$$

$$N = \left[\left(\frac{g}{\theta} \right) \frac{\mathrm{d}\theta}{\mathrm{d}z} \right]^{1/2} \tag{4-5}$$

式中，N——地面至 ZUPT 层高度处的 Brunt-Vaisala 频率，1/s；

θ——位温，K；

g——重力加速度，$\mathrm{m/s^2}$；

$|V|$——区域平均风速绝对值。

坡流效应：采用基于 Mahrt（1982）的射流参数化方法计算。射流是浮力驱动流，由微动力平流输送、地表曳力和坡流层顶夹卷作用进行平衡。坡流效应的影响参数有地形坡度、坡顶距离和感热通量，坡流层的厚度随着坡顶的高程落差而变化。CALMET 将坡流矢量加入步骤一风场，产生调整后的风场。

$$u_1' = u_1 + u_\mathrm{s} \tag{4-6}$$

$$v_1' = v_1 + v_\mathrm{s} \tag{4-7}$$

式中，u_1，v_1——考虑坡流效应前步骤一中风的水平分量，m/s；

u_s，v_s——坡流风速水平分量，m/s；

u_1'，v_1'——考虑坡流效应后步骤一中风的水平分量，m/s。

Mahrt 方法在推导坡流速度时假定坡流是稳定的，其厚度和地形坡度都是常量，科里奥利效应和横坡分量可以忽略。坡流速度可由下式计算。

$$S = S_\mathrm{e} \left[1 - \mathrm{e}^{-x/L_\mathrm{e}} \right]^{1/2} \tag{4-8}$$

$$S_\mathrm{e} = \left[hg \left(\frac{\Delta\theta}{\theta} \right) \sin\alpha / \left(C_\mathrm{d} + k \right) \right]^{1/2} \tag{4-9}$$

$$L_\mathrm{e} = h / \left(C_\mathrm{d} + k \right) \tag{4-10}$$

式中，S_e——坡流平衡速度；

L_e——平衡长度尺度；

x——到山顶的距离；

$\Delta\theta$——环境引起的位温缺损；

θ——环境位温；

C_d——地表阻力系数；

h——坡流厚度；

α——地形与水平方向的夹角；

k——坡流层顶部的夹带系数；

g——重力加速度（9.8 m/s^2）。

平衡速度 S_e 代表坡流速度的上限，随着远离坡顶距离的增大 S 可渐渐地逼近这个值。平衡长度尺度 L_e 是当坡流速度到达平衡速度的 80%时的距离。当 x 值较小时，坡流具有 Mahrt（1982）方法描述的重力驱动平流特征，此时坡流为浮力加速，并没有大的对抗力。

当坡流沿着坡向下移时，受到当地感热通量的影响温度降低，位温缺损，是当地感热通量 Q_h 和距坡顶的距离 x 的函数。假定使用常用的常数 h 和 Q_h（Briggs，1979），热量收支必须满足：

$$\frac{\mathrm{d}\left(h\Delta\theta\right)}{\mathrm{d}t}=\frac{Q_{\mathrm{h}}\theta}{\rho c_{\mathrm{p}}\tau} \tag{4-11}$$

假设 $\frac{\mathrm{d}}{\mathrm{d}t}=S\mathrm{d}/\mathrm{d}x$，且沿着坡向积分，则有

$$Sh\Delta\theta=\frac{Q_{\mathrm{h}}\theta x}{\rho c_{\mathrm{p}}T} \tag{4-12}$$

将式（4-12）代入式（4-9），再将结果代入式（4-8），则得到坡流速度公式：

$$S=\left[1-\mathrm{e}^{-x/L_{\mathrm{e}}}\right]^{1/3}\left\{\frac{Q_{\mathrm{h}}gx\sin\alpha}{\left(\rho c_{\mathrm{p}}T\right)\left(C_{\mathrm{D}}+k\right)}\right\}^{1/3} \tag{4-13}$$

对于下坡流，$C_{\mathrm{D}}=K=4\times10^{-2}$［该数值在植被覆盖地区的观测值范围内，如 Briggs（1981）、Mahrt（1982）、Horst 和 Doran（1986）］。

坡流层的厚度据观测约为坡顶往下海拔差的 5%（Horst and Doran，1986）。

$$h=0.05\Delta Z \tag{4-14}$$

式（4-14）中 h 值用来确定 CALMET 哪些垂直层受到坡流的影响。目前 CALMET 中，坡向风不再局限于第一层中，根据坡流的厚度，它可以影响更高层的气流。

为了避免大的坡流速度出现在离坡顶很远的地方这种不切实际的情况（通常出现在中粗网格计算中），当地坡角受平均坡角的约束，如

$$\sin\alpha=\min\left(\sin\alpha|_{\mathrm{local}},\ \Delta Z/X\right) \tag{4-15}$$

上坡流研究较少。它更多地取决于地表层的分层，且不如下坡流加速得快。对于上坡流，选取 $C_{\mathrm{D}}+K\sim1$ 来反映由于分层带来的阻力。C_{D} 采用在林冠区域覆盖的观测值（Briggs，1981），对于上坡流，式（4-13）可表示为

$$S \cong \left\{ \frac{Q_{\mathrm{h}} g x \sin\alpha}{(\rho C_{\mathrm{p}} \mathrm{T})(C_{\mathrm{D}}+k)} \right\}^{1/3} \cong \left[\frac{Q_{\mathrm{h}} g \Delta z}{\rho C_{\mathrm{p}} \mathrm{T}} \right]^{1/3} \quad (4\text{-}16)$$

式中，ΔZ——始于山谷底部的高程差；

x——距山脚的距离。

地形阻塞效应：地形对风场的热力学阻塞效应采用弗雷德数法（Allwine and Whiteman，1985）进行参数化。当某一个格点中的弗雷德数小于临界值（CRITFN，默认值为 1.0），并且风有向上的分量，那么风向将调整为与地形相切；如果超过了临界值，则无须对风场进行调整。

$$F_{\mathrm{r}} = V / (N \Delta h_{\mathrm{t}}) \quad (4\text{-}17)$$

$$\Delta h_{\mathrm{t}} = (h_{\max})_{ij} - (z)_{ijk} \quad (4\text{-}18)$$

式中，F_{r}——当地弗雷德数；

V——网格点的风速，m/s；

N——地面至 ZUPT 层高度处的 Brunt-Vaisala 频率，1/s；

Δh_{t}——有效的障碍物高度，m；

$(h_{\max})_{ij}$——在网格点（i,j）地形特征影响半径（TERRAD）范围内网格地形高度的最大值，m；

$(z)_{ijk}$——高空层 k 中网格点（i,j）的高度，m。

4.2.2.3　步骤二风场

初始猜测风场通过以上所述的调整生成步骤一风场。步骤二通过客观分析过程将观测数据引入步骤一风场。这一步骤包括以下四个子步骤（Douglas and Kessler，1988）。

插值：采用距离反比的方法将观测数据插值到步骤一风场。

$$(u,v)'_2 = \frac{\dfrac{(u,v)_1}{R^2} + \sum_K \dfrac{(u_{\mathrm{obs}}, v_{\mathrm{obs}})_k}{R_k^2}}{\dfrac{1}{R^2} + \sum \dfrac{1}{R_k^2}} \quad (4\text{-}19)$$

式中，$(u_{\mathrm{obs}}, v_{\mathrm{obs}})_k$——观测站点 k 风的水平分量，m/s；

$(u,v)_1$——步骤一风场中网格点风的水平分量，m/s；

$(u,v)'_2$——步骤二风场中网格点风的水平分量，m/s；

R_k——观测站点 k 距网格点的距离，m；

R——用户指定的步骤一风场的权重指数。

该插值方法可实现给距观测站近的区域对观测数据赋以较大的权重，而在没有观测数据的区域，步骤一风场权重占主要地位。用户定义的参数 R 决定步骤一风场的相对权重，地面层和高空层可使用不同的权重系数 R_1 和 R_2。

CALMET 诊断风场模块中还可设置观测站的最大影响半径，网格点超过观测站最大影响半径范围外的将不进行插值。最大影响半径包括陆上地表影响半径 RMAX1、陆上高空影响半径 RMAX2 和水上影响半径 RMAX3。如果只做客观分析（IWFCOD=0），则只使用 RMAX1 作为所有垂直层所有用地类型下的最大影响半径，而 RMAX2 和 RMAX3 将不被使用。

如果存在网格点不在任何一个观测站的影响半径范围内，CALMET 可能会运行出错。为此，CALMET 引入了一个变化影响半径选项 LVARY，当调用该选项时，对于不在任何一个观测站点影响半径范围内的网格点，该选项可以采用任何距网格点最近的观测数据。如果 LVARY 选项没有被开启，那么必须选择足够大的影响半径参数，从而使模拟区域内每个网格点都位于至少一个观测站的影响半径范围内。

用户还可以指定障碍物限制观测站的影响范围。障碍物由一系列的线段组成，只要网格点与观测站间有障碍物存在，观测站将不能透过障碍物进行插值，如定义的障碍物可以禁止将山谷观测数据应用到山谷之外的区域。

地面风外推：对地面风在垂直方向上进行外推。

在对水平方向的风进行空间插值之前，可对地面观测风外推到更高的垂直层。控制是否外推的选项位于 CALMET.INP 文件 Group 5 中的 IEXTRP 变量。

①|IEXTRP|=1：不进行外推；

②|IEXTRP|=2：根据幂函数法外推；

③|IEXTRP|=3：根据用户自定义的乘法因子外推；

④|IEXTRP|=4：根据相似理论外推。

IEXTRP 还控制着是否在地面层使用高空数据，如果 IEXTRP 是负值，高空数据的地面层将被忽略。如果某高空站与地面站的 4 位字符缩写相同，则默认该高空站和地面站处于同一位置，不管 IEXTRP 是正是负，高空数据的地面层都将被忽略。

另外，如果地面站距具有有效数据的高空站较近，则不进行地面风外推。Group 5 中变量 RMIN2 定义了不进行外推时高空站离地面站的距离，默认值为 4 km，表示如果地面站位于高空站 4 km 内，无论 IEXTRP 取值如何，都不进行外推。

当 IEXTRP=2，将根据如下幂函数方程进行外推：

$$u_z = u_{\mathrm{m}}\left(\frac{z}{z_{\mathrm{m}}}\right)^P \tag{4-20}$$

式中，z ——CALMET 各单元网格中点处高度，m；

z_m ——地面风的观测高度，m；

u_m ——地面风在水平 x 方向的 u 分量，m/s；

u_z ——风在高度 z 处外推出来的水平 x 方向的 u 分量，m/s；

P ——幂指数。

对风在 y 方向的 v 分量垂直外推公式类似。

根据 Douglas 和 Kessler（1988）的研究，在陆上 P=0.143，在水面上 P=0.286。网格海拔高度为 0 表示为水体网格。

当 IEXTRP=3，根据用户指定的各垂直层乘法因子（Group 5 中的 FEXTRP 变量）进行外推。

$$u_i = u_1 \mathrm{FEXTRP}_i \tag{4-21}$$

式中，i ——CALMET 中垂直层的编号；

u_1 ——第一层的 u 分量；

u_i ——第 i 层的 u 分量；

FEXTRP_i——用户指定的 i 层乘法因子。

对风在 y 方向的 v 分量垂直外推公式类似。

当 IEXTRP=4，根据 van Ulden 和 Holtslag（1985）的相似理论方法进行地面风外推。风速和风向均可变化地外推至离地 200 m 高或混合层高度处。

$$\frac{D_z}{D_h} = d_1\left[1-\exp\left(-d_2 z/h\right)\right] \tag{4-22}$$

式中，D_z ——风在高度 z 处的转向角；

D_h ——风在参考高度 h 处的转向角，h 为经验参数；

d_1 ——经验参数（=1.58）；

d_2 ——经验参数（=1.0）。

根据 van Ulden 和 Holtslag（1985）的观测研究，风在 200 m 参考高度处的转向角（顺时针方向）见表 4-1。

表 4-1　转向角查找表

莫宁-奥布霍夫长度/m	转向角/（°）	莫宁-奥布霍夫长度/m	转向角/（°）
−30	12	130	28
−100	10	60	35
−370	9	20	38
10 000	12	9	39
350	18	—	—

根据 CALMET 计算的混合层高度和莫宁-奥布霍夫长度，风在 200 m 参考高度处的转向角通过莫宁-奥布霍夫长度反比（$1/L$）进行插值。

风速廓线的计算基于 van Ulden 和 Holtslag 研究中描述的莫宁-奥布霍夫相似理论。根据高度和莫宁-奥布霍夫长度计算稳定度，再根据稳定度函数、风速测量高度、各垂直层中点高度、粗糙度等计算各垂直层的风速。得到的风速和风向再转化成 u 和 v 分量进行插值。根据计算的转向角，在北半球（顺时针）与风向相加，在南半球（逆时针）与风向相减。

$$U(z)=U(\mathrm{z}_1)\frac{\ln\left(z/z_0\right)-\varphi_{\mathrm{M}}\left(z/L\right)}{\ln\left(z_1/z_0\right)-\varphi_{\mathrm{M}}\left(z_1/L\right)} \tag{4-23}$$

式中，$U(z)$——CALPUFF 某垂直层中心点的风速，m/s；

$U(z_1)$——风速计观测高度处的风速，m；

z_0——粗糙度，m；

z_1——风速计观测高度，m；

φ_{M}——稳定度的函数。

不稳定条件下：

$$\varphi_{\mathrm{M}}=2\ln\left(\frac{1+x}{2}\right)+\ln\left(\frac{1+x^2}{2}\right)-2\tan^{-1}(x)+\pi/2 \tag{4-24}$$

$$X=(1-16z/L)^{1/4} \tag{4-25}$$

稳定条件下：

$$\varphi_{\mathrm{M}}=-17\left[1-\exp\left(-0.29z/L\right)\right] \tag{4-26}$$

湖海风选项：用户可以定义湖风和海风区域。为了得到较好的结果，在该区域内必须有时空分辨率较高的观测数据。用户可以定义 10 个以内湖海风区域和湖海岸线。在湖海风区域内的网格内，根据距离平方反比的方法进行插值，当观测站和网格点在湖海岸线同一侧时，该距离定义为网格点到湖海岸线距离与观测站到湖海岸线距离之差，当观测站与网格点在海岸线两侧时，该距离为之和。根据这种方法，网格点和观测站的实际距离不重要，仅考虑它们与湖海岸线的相对距离。仅考虑位于湖海风区域内的观测站。

平滑处理：步骤一风场引入观测数据生成的步骤二风场需进行平滑处理，以降低风场中产生的不连续性。CALMET 中平滑处理公式如下：

$$(u_{i,j})_2''=0.5u_{i,j}+0.125\left(u_{i-1,j}+u_{i+1,j}+u_{i,j-1}+u_{i,j+1}\right) \tag{4-27}$$

式中，$(u_{i,j})_2''$——步骤二风场平滑处理后在网格点（i，j）处的 u 分量，m/s；

$u_{i,j}$——平滑处理前在网格点（i，j）处的 u 分量，m/s。

相应地，也可以用这个公式计算风场 v 分量。是否使用平滑处理可通过控制文件输入组 5 中的 NSMTH，这个选项表示每一层的最大平滑次数。当 NSMTH = 0 时，不进行平滑处理。如果使用了湖风选项，湖风区域的风场不进行平滑处理。

垂直风速的 O'Brien 调整：在 CALMET 中有两种计算垂直速度的选项。第一种方法通过不可压缩质量守恒方程从平滑过的水平风场分量中直接计算垂直速度；第二种方法是通过调整垂直速度廓线使得模型区域顶部的值为 0，然后，风场水平分量再被调整到与新的垂直速度场保持相容性。

最初的垂直速度由不可压缩质量守恒方程决定：

$$\frac{\mathrm{d}u''}{\mathrm{d}x}+\frac{\mathrm{d}v''}{\mathrm{d}y}+\frac{\mathrm{d}w_1}{\mathrm{d}z}=0 \tag{4-28}$$

式中，w_1——地形伴随坐标系中的垂直速度，m/s；

u''，v''——平滑后的水平风场分量，m/s。

如果选择了方法一，质量相容垂直速度可作为最终的垂直速度，即 $w=w_1$。而且，使用这种方法不用再对风场水平分量进行调整，最终的水平风场就是式（4-27）平滑后得到的风场。

Godden 和 Lurmann（1983）提出这种方法在某些时候可能会导致网格层顶处的垂直速度不切实际地过大，为了避免这种情况，可采用 O'Brien（1970）方法调整 w_1。

$$w_2(z)=w_1(z)-(z/z_{\mathrm{top}})w_1(z=z_{\mathrm{top}}) \tag{4-29}$$

O'Brien 处理方法强制规定模型区域层顶的垂直速度为零。因为水平风场和调整过的垂直速度不相容，水平风场需要再根据散度最小化方法进行调整。

也有 O'Brien 方法不适用的情况。如果模拟区域位于海风汇聚区内，则由式（4-28）计算出来的较大的垂直速度可能是合理的。因此，在 CALMET 中，O'Brien 方法是一个可选项。

散度最小化：采用 Goodin 等（1980）方法对风场进行三维散度最小化计算。垂直速度不变时，通过多次迭代调整风场水平分量 u 和 v，直至在任一网格点，散度都小于指定的阈值。

$$\frac{\mathrm{d}u}{\mathrm{d}x}+\frac{\mathrm{d}v}{\mathrm{d}y}+\frac{\mathrm{d}w}{\mathrm{d}z}<\varepsilon \tag{4-30}$$

式中，u，v——风场水平分量，m/s；

w——地形伴随坐标系中的垂直速度，m/s；

ε——最大可允许的散度。

在 CALMET 中，风的水平分量定义在格点中心，垂直分量定义在垂直层顶，因此，格点（i，j，k）的散度 D 为

$$D_{ijk}=\frac{w_{i,j,k+1/2}-w_{i,j,k-1/2}}{Z_{k+1/2}-Z_{k-1/2}}+\frac{u_{i+1,j,k}-u_{i-1,k,k}}{2\Delta x}+\frac{v_{i,j+1,k}-v_{i,j}-1,k}{2\Delta y} \tag{4-31}$$

式中，Δx 和 Δy 分别表示网格在 X 和 Y 方向的大小。

对于每个网格，散度都会计算。调整周边网格的 u 和 v 分量，使该网格散度为 0。调整如下：

$$(u_{\text{new}})_{i+1,j,k}=u_{i+1,j,k}+u_{\text{adj}} \tag{4-32}$$

$$(u_{\text{new}})_{i-1,j,k}=u_{i-1,j,k}-u_{\text{adj}} \tag{4-33}$$

$$(v)_{i,j+1,k}=v_{i,j+1,k}+v_{\text{adj}} \tag{4-34}$$

$$(v_{\text{new}})_{i,j-1,k}=v_{i,j-1,k}-v_{\text{adj}} \tag{4-35}$$

$$u_{\text{adj}}=\frac{-D_{ijk}\Delta x}{2} \tag{4-36}$$

$$u_{\text{adj}}=\frac{-D_{ijk}\Delta y}{2} \tag{4-37}$$

散度在某个网格中被消除后，在周边的网格又会产生，通过迭代使用该方法，使散度逐步减小到阈值以内。

4.2.2.4 引入气象预测模式数据

CALMET 可以允许引入 MM5 或 WRF 等气象预测模式的网格风场数据，该过程允许气象预测模式采用比诊断模型更大的水平格距和不同的垂直层设置。这样单纯通过地面观测数据难以获取的一些特性，如海风环流和高空回流等，就可以引入 CALMET 诊断风场中。利用 CAPTEX 试验追踪数据表明高时空分辨率的预测网格风场数据能提高扩散模型在区域尺度上的应用性能。

将预测网格风场数据用作初始猜测场，首先将预测网格风场插值到 CALMET 的细网格中，CALMET 诊断模块通过使用细网格地形数据，根据地形动力学效应、坡流和地形阻塞效应等对初始猜测场进行调整，并产生步骤一风场。

预测网格风场数据也可直接用作步骤一风场，采用此种方法地形动力学效应、坡流和地形阻塞效应这样的地形效应将不被考虑。

将预测网格风场作为客观分析中的观测数据。第一步是将气象预测模式的三维风场插值到 CALMET 的水平和垂直网格上，在垂直方向上采用线性插值，在水平方向上采用距离平方反比权重的方法插值。当气象预测模式的风场插值到 CALMET 格点时，则通过以下方法生成了步骤二风场：

$$(u,v)'_2 = \frac{\dfrac{(u,v)_{\mathrm{prog}}}{R_{\mathrm{prog}}^2} + \sum_k \dfrac{(u_{\mathrm{obs}}, v_{\mathrm{obs}})_k}{R_k^2}}{\dfrac{1}{R_{\mathrm{prog}}^2} + \sum_k \dfrac{1}{R_k^2}} \tag{4-38}$$

式中，$(u,v)_{\mathrm{prog}}$——气象预测模式中风的水平分量；

R_{prog}——用户指定的预测风场权重值。

气象预测模式的格点数据可按照如下的三种方式使用：

①作为初始猜测风场；

②作为步骤一风场；

③作为客观分析过程中的观测数据。

当用作初始猜测风场时，预测风场首先插值到 CALMET 网格上，然后 CALMET 根据地形动力学、坡流效应等诊断方式进行调整，并产生步骤一风场，再使用观测站数据进行客观分析，最终生成步骤二风场。在这种模式下，对预测风场做了地形效应调整和观测站数据客观分析。

在第二种方法中，预测风场被插值到 CALMET 网格上直接作为步骤一风场。因此，不再对预测风场进行地形效应调整，而是假设预测风场数据已经考虑了地形效应。然后利用观测站数据，对步骤一风场进行客观分析，最终产生步骤二风场。

在第三种方法中，完全将预测风场当作观测数据使用。如果 CALMET 中使用了诊断风场模块，通过对区域风场进行地形效应调整生成步骤一风场，实际的观测数据和预测风场“伪观测数据”在客观分析过程中用来调整步骤一风场。如果 CALMET 中仅使用预测风场做客观分析，那么步骤一风场的计算将被忽略，最终风场是基于观测数据和预测模式“伪观测数据”客观分析过程得来的。在这种用法中，预测数据和观测数据都被赋予了同样的权重。

采用这种方法的一个潜在缺陷是，预测数据和观测数据的权重没有区别。例如，当将实际观测数据和气象模式预测数据插值到 CALMET 网格中，处理方法是没有区别的。虽然实际观测数据可能会反映局地环流，而气象预测模式数据由于尺度较粗，可能不包含这个局地特性。

对于实际观测站数据和气象预测模式数据的代表性，取决于这些因素：离地高度、次网格尺度地形变化、预测模式格距与 CALMET 格距之比等。例如，气象预测模式格距较粗时可能不能反映某些重要的局地特性，如因地形起伏变化引起的局地地表风场特征。另外，观测站数据不如气象预测模式数据能反映大尺度流场特性。因此，在赋予权重时应考虑每个格点中次网格地形变化的影响。

4.2.2.5 地形权重因子

尽管在多数情况下使用气象预测模式数据能改进 CALMET 诊断风场，但如果地形变化在气象预测模式没有被很好地反映，得出来的近地表风场数据代表性也是不足的。在这种情况下，实际观测站数据应比气象预测模式数据赋予更大的权重。确定权重的方法如下：①计算实际地面高程与该格点平均高程的偏差σ_t；②确定权重因子W_0，其中W_0是σ_t的函数；③观测数据的权重为W_0，而气象模式预测数据的权重为$1-W_0$。

在得出权重因子时，首先应量化气象预测模式和 CALMET 诊断模式中地形的差异，然后计算两个地形高程差的均方根 *RMS*。这一高程差（$h_{ori}-h_{crs}$）应根据原始的地形数据计算，此处的h_{ori}是原始地形文件中的高程，对其进行双线性插值得到h_{crs}。采用相似的方法计算 *RMS*（$h_{fin}-h_{crs}$），这里h_{fin}为 CALMET 网格的地形高程。因此，如果气象预测模式与 CALMET 中使用相同的网格设置，则 *RMS*（$h_{fin}-h_{crs}$）等于零。

对气象预测模式风场的近地面调整的公式如下：

$$W_0 = W_z W_s \tag{4-39}$$

式中，W_s——近地面的权重因子；

W_z——与高度相关的修正值。

如果计算模式的垂直层离地面较高，或在地形上没有次网格变化（如平坦地形），那么W_z趋近于零。将该垂直层的平均海拔定义为z_i，*RMS*（$h_{fin}-h_{crs}$）定义为RMS_{fin}，则

$$W_{zi} = [\mathrm{MIN}(RMS_{fin}/2z_i, 1.0)]^2 \tag{4-40}$$

函数$\mathrm{MIN}(RMS_{fin}/2z_i, 1.0)$指取两个参数的最小值。如果 CALMET 地形与气象预测模式的地形有较大的差异，W_{zi}将小于 1，进而会是W_0变小，表明次网格地形对本层的影响要低于其他离地表较近的风场层的影响。当垂直层高度较高时，W_{zi}趋近于零，这意味着在 CALMET 诊断模式中气象预测模式数据的权重变大了。如果 CALMET 网格和气象预测模式网格一样，则RMS_{fin}=0、W_z=0，那么在各层中都优先使用气象预测模式数据，实际观测数据次之。

根据RMS_{fin}和RMS_{ori}计算近地面权重因子W_s：

$$RMS_{ori} = RMS(h_{ori} - h_{crs}) \tag{4-41}$$

$$w_s = \left(\frac{RMS_{fin}}{RMS_{ori} + RMS_o}\right)^n \tag{4-42}$$

当 $n>1$ 时，W_s值会较小，因此无法将气象模式预测数据权重定义的较小，而当 $n<1$ 时则相反。

在某些情况下，当地形起伏变化较小，气象预测模式风场能反映近地层风场特性，

而 W_s 却可能趋近于 1，意味着观测风场权重较大。为了解决这一问题，需要考虑地形变化显著这一情况，在分母中添加了一项 RMS_o。由于地表层风场的高度一般都是 10 m，所以采用 RMS_o=10。这种情况下，如果气象预测模式网格与 CALMET 网格地形差异不大，则临近网格点也会更优先使用气象预测模式数据。

Scire 等（1994）在敏感性分析中，对上述气象模式预测风场导入 CALMET 中的三种方法都进行了检验。

4.2.3　微气象模型

4.2.3.1　地表热通量和动力通量参数

20 世纪 80 年代，Weil（1985）、Briggs（1985）等对行星边界层结构的理解和描述取得了一些重大成果。如 van Ulden 和 Holtslag（1985）等所说，通过使用适当的边界层尺度参数可以提高扩散预测的质量。描述边界层结构的主要参数有地表热通量 Q_h、地表动力通量 $\rho_{u_*^2}$、边界层高度 h。另外还有几个其他参数，包括摩擦速度 u_*、对流速度尺度 w_* 和莫宁-奥布霍夫长度 L。

作为美国电力研究院（EPRI）烟羽研究高级项目，Hanna 等（1986）评估了一些根据日常气象观测数据预测边界层参数的模型。通常有两种方法计算地表热通量和动力通量。第一种方法是廓线法，它要求至少已知某一高度层的风速和两个高度层间的温差，以及地表大气温度和粗糙度特性，然后采用莫宁-奥布相似理论通过迭代解决地表通量问题。第二种方法是能量平衡法，根据地表能量平衡方程来计算地表热通量。

Hanna 等（1986）检验了以下四种能量平衡模型和两种廓线方法，最终比较结果是能量平衡法要优于廓线法，因为廓线法对观测温度差的准确性要求较高且较敏感，较小的错误都会对结果产生较大影响。尽管如此，这个结论不适用于海洋边界层，故在计算海洋边界层时推荐根据空气-海水温差采用廓线法计算。各种能量平衡法的结果是相似的，通过对摩擦速度预测结果的比较，发现各方法存在很大的相关性，如 r^2 介于 0.98～0.99，而 RMS 误差介于 0.027～0.055 m/s。能量平衡法与实测的摩擦速度的相关系数介于 0.63～0.65，RMS 误差介于 0.20～0.21。

4.2.3.2　陆上边界层

基于 Holtslag 和 van Ulden（1983）理论的能量平衡法被应用于 CALMET 微气象模块的陆上边界层模型中。该能量平衡可表示为

$$Q_* + Q_f = Q_h + Q_e + Q_g \tag{4-43}$$

式中，Q_*——净辐射，W/m^2；

Q_f——人类活动热通量，W/m^2；

Q_h——感热通量，W/m^2；

Q_e——潜热通量，W/m^2；

Q_g——储热/土壤热通量，W/m^2。

感热通量与潜热通量之比被定义为波文比（B）：

$$B=\frac{Q_h}{Q_e} \tag{4-44}$$

波文比反映了有效的能量在感热和潜热通量中的分布，在决定湍流强度时起着重要的作用。CALMET 模式各格点的波文比基于土地利用类型，根据季节性的默认值得出。典型的波文比范围为 0.1（水体）～10（沙漠），夏季澳大利亚的部分地区，波文比为 5～10。

热量进入土壤或建筑材料的部分（Q_g），通常在白天根据净辐射计算［如 Oke（1978）及 Holtslag 和 van Ulden（1983）］：

$$Q_g=c_g Q_* \tag{4-45}$$

式中，c_g 是地表特征的函数，Oke（1982）建议农村地区取 0.05～0.25，城市地区取 0.25～0.30。在城市中，该参数越大，则表明建筑材料的热传导率和热容量越大。Holtslag 和 van Ulden（1983）将草地的该值定为 0.1。

人类活动热通量 Q_f 是人口密度和人均能耗的函数，Oke（1978）汇总了几个城市的年均和各季节平均的人类活动热通量。尽管一般公式中都保留了该项，但与其他热通量相比，它的贡献是很小的。

净辐射 Q_* 是地表入射的短波和长波辐射与支出的长波辐射之差，可表示为（Holtslag and van Ulden，1983；Lansberg，1981）：

$$Q_*=Q_{sw}(1-A)+Q_{lw-d}-Q_{lw-u} \tag{4-46}$$

式中，Q_{sw}——入射的短波辐射，包括太阳直接辐射 Q_{sw-s} 和散射 Q_{sw-d}；

A——地表反照率；

Q_{lw-d}——入射的长波辐射；

Q_{lw-u}——支出的长波辐射。

Holtslag 和 van Ulden（1983）采用下式计算净辐射：

$$Q_*=\frac{(1-A)Q_{sw}+c_1T^6-\sigma T^4+c_2N}{1+c_3} \tag{4-47}$$

$$Q_{sw}=(a_1\sin\varphi+a_2)(1+b_1N^{b_2}) \tag{4-48}$$

式中，T——大气温度，K；

σ——玻尔兹曼常数，5.67×10^{-8}W/（$m^2\cdot deg\cdot K^4$）；

N——云量；

φ——太阳高度角。

公式中最后一项表示由于云层的存在导致太阳辐射量的减少，对于公式中的经验常数，一般采用 Holtslag 和 van Ulden（1983）的建议值，见表 4-2。太阳高度角根据每小时的中间时刻采用 Scire 等（1984）提出的公式进行计算。

表 4-2　净辐射常数（Holtslag and van Ulden，1983）

常数	值	常数	值
c_1	5.31×10^{-13} W/（$m^2\cdot deg\cdot K^6$）	a_2	-30 W/m^2
c_2	60 W/m^2	b_1	-0.75
c_3	0.12	b_1	3.4
a_1	990 W/m^2		

根据式（4-43）至式（4-48），白天感热通量可表示为

$$Q_h=\frac{B}{1+B}\left[Q_*\left(1-c_g\right)+Q_f\right] \tag{4-49}$$

求得感热通量后，莫宁-奥布霍夫长度和地表摩擦速度可通过迭代计算得到。

$$u_*=ku/\left[\ln\left(\frac{z}{z_0}\right)-\varphi_m\left(\frac{z}{L}\right)+\varphi_m\left(\frac{z_0}{L}\right)\right] \tag{4-50}$$

式中，z_0——地表粗糙度，m；

φ_m——稳定性修正参数（Dyer and Hicks，1970）；

k——Von Karmon 常数（0.4）；

u——高度 z 处的风速，m/s。

莫宁-奥布霍夫长度可表示为

$$L=\frac{-\rho c_p T u_*^3}{kgQ_h} \tag{4-51}$$

式中，T——温度，K；

c_p——常压条件下空气比热容，996 m^2/（$s^2\cdot K$）；

ρ——空气密度，kg/m^3；

g——重力加速度，m/s^2。

假设中性条件下，根据式（4-50）可计算地表摩擦速度的初始猜测值，将初始值代入式（4-51）中计算 L；再将 L 代入式（4-50）计算新的地表摩擦速度；一直重复这一过

程，直到结果收敛。Holtslag 和 van Ulden（1983）指出一般 3 次迭代即已足够。

在稳定条件下，Weil 和 Brower（1983）根据基于 Venkatram（1980a）的方法计算地表摩擦速度：

$$u_* = \frac{c_{DN}u}{2}\left[1 + c^{\frac{1}{2}}\right] \tag{4-52}$$

$$c = 1 - \frac{4u_o^2}{c_{DN}u^2} \tag{4-53}$$

$$u_o^2 = \frac{\gamma z_m g\theta_*}{T} \tag{4-54}$$

式中，c_{DN} ——中性曳力系数，$c_{DN}=k/\ln(z_m/z_o)$；

γ ——常数，取 4.7；

z_m ——风速 u 的测量高度，m。

温度尺度 θ_*，取式（4-55）中的最小估算值：

$$\theta_* = \min\left[\theta_{*1}, \theta_{*2}\right] \tag{4-55}$$

$$\theta_{*1} = 0.09\left(1 - 0.5N^2\right) \tag{4-56}$$

$$\theta_{*2} = \frac{Tc_{DN}u^2}{4\gamma z_m g} \tag{4-57}$$

热通量的计算如下：

$$Q_h = -\rho c_p u_* \theta_* \tag{4-58}$$

白天的混合层高度采用 Maul（1980）修正的 Carson（1973）方法，根据式（4-58）得出地表热通量的小时变化，根据一天两次的探空数据计算温廓线，则 t+dt 时刻的对流混合层高度可通过 t 时刻的值估算：

$$h_{t+dt} = \left[h_t^2 + \frac{2Q_h(1+E)dt}{\varphi_1\rho c_p} - \frac{2d\theta_t h_t}{\varphi_1}\right]^{1/2} + \frac{d\theta_t + dt}{\varphi_1} \tag{4-59}$$

$$d\theta_{t+dt} = \left[\frac{2\varphi_1 EQ_h d_t}{\rho c_p}\right]^{1/2} \tag{4-60}$$

式中，φ_1 ——h_t 高度以上大气位温直减率；

$d\theta$ ——混合层顶温度突变值；

E ——常数，取 0.15。

位温直减率由前一个小时对流混合层高度以上的大气层决定。如果只有一天两次的常规探空数据，在中国，采用最近气象站的早上探空数据（0000GMT）计算 φ_1，直至1100GMT。在 1100GMT 之后，采用晚上探空数据（1200GMT）计算。如果有更高频率的探空监测数据，那么采用最近的时刻计算 φ_1。

中性（机械）边界层高度根据 Venkatram（1980b）方法计算：

$$h = \frac{Bu_*}{[fN_{\rm B}]^{1/2}} \tag{4-61}$$

式中，f——科利奥拉参数；

B——常数（$\cong 2^{1/2}$）；

$N_{\rm B}$——高空稳定层的 Brunt-Vaisala 频率。

白天的混合层高度选取上式中计算的对流混合层高度和机械混合层高度中的较大值。然而，这种方法可能会导致水平网格中相近的混合层高度出现较大的差异，因为每个格点的 $h_{\rm t}$ 和 h 都是单独计算的。这样每个格点各自计算的方法也会忽略平流效应对混合层高度的影响，如在海或湖风条件下，陆上混合层高度显著降低。

一些研究者（Wheeler，1990；Tesche et al.，1988；Steyn and Oke，1982）建议采用逆风混合层高度平均方案，包括后向轨迹或计算热通量的横向平流。CALMET 也不断进行改进，融合了一种相对简单、大约类似于后向轨迹的方案。对于一个给定的网格（i, j），在时间步长 $d_{\rm t}$ 大部分能影响到这个网格的上风向网格为（$i_{\rm u} = i - u$，$j_{\rm u} = j - vd_{\rm t}$），其中 u 和 v 为网格（i，j）的风的水平分量。产生一个起始于网格（i，j）、用户定义 HAFANG 半开角的逆风向圆锥体，网格位于三角锥形的中间。对于位于三角区域或边界的网格，逆风和侧风距离（单位为网格数），$d_{\rm u}$ 和 $d_{\rm c}$，被计算出来。权重因子定义如下：

$$W_{\rm k} = 1/[d_{\rm u}^2 + (1 + d_{\rm c})^2] \tag{4-62}$$

之后，对权重进行标准化：

$$W_{\rm k}' = \frac{w_{\rm k}}{\sum_n w_n} \tag{4-63}$$

式中，n 为包含在三角区域内的网格点。此外，计算权重的式（4-62）同时也计算出一个中心点位于（i，j）边长为 MNMDAV/2 的正方形，该区域允许内部某些网格平均，即使平均的平流风趋于 0。因此，MNMDAV 的合理值应为$\sigma_{\rm v}{\rm d}t/{\rm d}x$，在大多数中尺度应用中也经常使用该值。对于实际中处于下风向的网格，$d_{\rm u}<0$，可用 $d_{\rm u}'$ 代替，$d_{\rm u}' = \varepsilon - d_{\rm u}$，其中 ε 为柯朗数，或基于$(i_{\rm u}, j_{\rm u})$到顶点（i，j）的三角形高度。这会保证下风向单元格具有较小的权重，同时也保证风速趋于 0 时的完整对称。

在稳定边界层中，机械湍流决定着垂直扩散的程度。Venkatram（1980）根据以下经验公式估算稳定混合层高度：

$$h_1 = B_2 u_*^{3/2} \tag{4-64}$$

式中，B_2 为经验常数（$\cong 2\,400$）。

稳定边界层厚度根据 Zilitinkevich（1972）计算公式：

$$h_2 = 0.4\sqrt{\frac{u_* L}{f}} \tag{4-65}$$

CALMET 将陆上边界层厚度定义为 h_1 和 h_2 的最小值。

对流边界层中，摩擦速度可根据式（4-49）和式（4-59）得到：

$$W_* = [\frac{gQ_\text{h}h_\text{t}}{T\rho c_\text{p}}]^{1/3} \tag{4-66}$$

式中，h_t 为对流混合层高度。

陆上边界层模型：在陆地表面上，根据 Holtslag 和 van Ulden（1983）的能量守恒方法计算网格逐时的感热通量、表面摩擦速度、莫宁-奥布霍夫长度和对流速度尺度。采用基于 Carson（1973）、后经 Maul（1980）修正的方法，根据逐时感热通量和观测的温度探空数据计算混合层高度。各格点的 PGT 稳定度和可选的降水率也可以根据这个模型得到。

水上边界层模型：水体表面的空气动力学和热力学特性表面，在计算水域环境中的各种边界层参数时，最好采用与陆上不同的方法。水上边界层与陆上最大的不同在于缺失大量由太阳辐射造成的感热通量。一种利用大气-海洋温差和水上风速的廓线方法，在 CALMET 中被用于计算水域边界层的微气象参数。但这种方法对温差的准确性要求比较敏感。因此，当可信的温度数据缺失时应谨慎使用这种方法。

水上中性动力量阻力系数 C_uN，是 10 m 高风速的函数（Garratt，1977）：

$$C_\text{uN} = (0.75 + 0.067u)10^{-3} \tag{4-67}$$

摩擦速度可根据式（4-68）计算：

$$u_* = uC_\text{uN}^{1/2} \tag{4-68}$$

由于水上潜热通量的重要性，位温用于定义莫宁-奥布霍夫长度：

$$L = \frac{\theta_\text{v} C_\text{uN}^{3/2} u^2}{E_2(\theta_\text{v} - \theta_\text{vs})} \tag{4-69}$$

式中，θ_v，θ_vs——空气、水面的位温；

u——10 m 高处风速，m/s；

E_2——常数，为 5.096×10^{-3}。

水上由于风对波浪高度的影响，地表粗糙度是变化的。CALMET 中采用 Hosker（1974）

方法表示地表粗糙度：

$$z_o = 2.0\times10^{-6}u^{2.5} \tag{4-70}$$

水上混合层高度可由用户在水面数据（SEA.DAT）中指定，也可根据式（4-71）计算：

$$h_{water} = \frac{c_w u_*}{f} \tag{4-71}$$

式中，c_w——常数（≅0.16）；

u_*——摩擦速度，m/s；

f——科利奥利常数（≅10^{-4}/s）。

对于水面数据文件中混合层高度缺失的数据，会根据文件中的有效数据采用距离平方反比的方法进行计算。

4.2.3.3　三维温度场

当 CALMET 模式输出作为 CALPUFF 扩散模式的气象条件时，CALMET 会根据地面和高空温度数据计算三维温度场，根据能量平衡法估算当地对流混合层高度。另外，水上温度的计算会进行单独处理。生成三维温度场的主要步骤如下：

①将高空温度数据在空间上线性插值到垂直网格；

②将高空温度数据在时间上线性插值；

③计算每个高空站到第（i，j）网格的距离平方反比的相对权重 $1/r^2$（距离以无量纲的网格数为单位，最大权重为 1，即高空站位于相邻网格内）；

④根据权重计算各网格点各垂直层的空间温度场；

⑤使用各地面站温度的空间加权平均值替换网格点地面温度（无量纲权重因子基于网格与各地面站的距离，可参用距离反比或者距离平方反比作为权重因子，最大权重为 1）；

⑥在地表到对流混合层高度间按绝热温度递减率（默认–0.009 8）重新计算温度。在包含对流混合层层顶的垂直层中，温度根据层厚权重、三点平均计算，三点包括两个垂直层层顶和一个混合层高度层顶。

得到的三维温度场数据包括以下内容：

①所有的高空温度数据；

②所有的地面温度数据；

③对流混合层高度以下追加的绝热模拟温度。

4.2.3.4　水上温度

由于水体对温度的重要影响以及强温度梯度可存在于沿海边界层，CALMET 可采用水上数据（SEA.DAT）对水上温度进行分块计算。陆上温度仍然通过前述方法进行计算，只是不将水上观测数据在地表层进行插值。通过使用 IAVET 选项，空间平均加权法可用于整个温度场，采用这种方法可对海岸线温度进行合适的调整。

可根据用户选定的水体数据类型（JWAT1 和 JWAT2）进行水上温度插值。例如，使用默认值水上温度内插方法只能应用于海洋，而不能应用于湖泊或池塘等小的水体。如需禁用水上温度插值选项，可以给这两个参数赋予一个较大的值，如 999。

对于指定的水体，地表温度数据仅来自水上观测数据，其他垂直层温度根据水上观测数据中用户指定的时间变化的或恒定的温度直减率计算。对于混合层高度以上和以下的温度直减率要分别指定，混合层高度以下默认使用干绝热直减率（–0.009 8 K/m），混合层高度以上默认使用湿绝热递减率（–0.004 5 K/m）。空间加权平均所使用的权重因子可根据距离反比或距离平方反比计算，由变量 IRAD 决定。

4.2.3.5 降水插值

CALMET 采用小时降水量数据产生格点化的降水场，有如下三种方法进行降水场插值：①$1/d$ 权重插值；②$1/d^2$ 权重插值；③$1/d^2$ 指数函数权重插值。

变量 NFLAGP 用于选择插值方法，根据 Dean 和 Snydor（1977）、Wei 和 MacGuinness（1973）的推荐，默认采用 $1/d^2$ 权重插值法。

在 $1/d$ 和 $1/d^2$ 权重插值法中，网格点（i，j）的降水根据式（4-72）计算：

$$R_{i,j}=\frac{\sum_k R_k/d_k^n}{\sum_k 1/d_k^n} \tag{4-72}$$

式中，R_k——观测站 k 的小时降水数据，mm/h；

d_k——观测站 k 距网格点（i，j）的距离；

n——权重函数指数（NFLAGP=1 时，n=1；NFLAGP=2 时，n=2）。

$$R_{i,j}=\frac{\sum_k R_k \mathrm{e}^{-d_k^2/\sigma^2}}{\sum_k \frac{\mathrm{e}^{-d_k^2/\sigma^2}}{d_k^2}} \tag{4-73}$$

式中，σ——距离权重因子，km。

选用了该种插值方法，影响半径被指数权重因子代替，由参数 SIGMAP 指定。用户还可采用动态，将参数 SIGMAP 设为 0，CALMET 将任意两个非零降水观测站最近距离的 1.5 倍赋予。

4.3　CALUPFF 污染物扩散模式

4.3.1　CALPUFF 特点及选项

CALPUFF 是一个多层、多因子、非稳态拉格朗日烟团扩散模式，用于模拟在时空变化气象场条件作用下污染物的输送、转化和清除。CALPUFF 可以使用 CALMET 产生的三维气象场，也可以使用驱动高斯模式 ISCST3、AUSPLUME、CTDMPLUS 或 AERMOD 的单站气象数据。但尽量避免使用单站气象数据，因为它忽略了 CALPUFF 处理时空变化气象场的优势。

CALPUFF 既包含了近场模拟算法，如建筑物下洗、过渡烟羽抬升、部分烟羽穿透、次网格地形交互，也包含了远距离模拟算法，如污染物清除（干沉降、湿沉降）、化学转换、垂直风切变、水上传输和海岸交互效应。大部分算法可以在不同垂直层考虑不同的物理选项。

CALPUFF 的主要特性和选项如下所述。

（1）污染源类型

①点源（固定排放或变化排放）；

②面源（固定排放或变化排放）；

③体源（固定排放或变化排放）；

④浮力线源（固定排放或变化排放）。

（2）非稳态排放和气象条件

①三维格点气象场（温度、风等）；

②时空变化的混合层高度、摩擦速度、对流速度长度、莫宁-奥布霍夫长度、降水率等；

③垂直和水平变化的湍流和扩散率；

④随时间变化的污染源排放。

（3）高效采样函数

①烟团积分方程；

②烟片（拉长烟团）方程。

（4）扩散系数选项

①PG 扩散系数（农村地区）；

②MP 扩散系数（城市地区）；

③CTDM 扩散系数（中性/稳定）。

（5）垂直风切变

①烟团分裂；

②不同的平流和扩散。

（6）烟羽抬升

①部分穿透；

②浮力和动量抬升；

③烟囱顶端下洗；

④垂直风切变；

⑤建筑物下洗效应。

（7）建筑物下洗

①Huber-Snyder 方法；

②Schulman-Scire 方法。

（8）次网格尺度复杂地形

分界流线高度 H_d：H_d 以上，烟团越过山体且扩散速率改变；H_d 以下，烟团沿着山体绕流、分裂。

（9）与 EPM 排放产生模式的交互

随时间变化的热通量和排放。

（10）干沉降

①气态和颗粒物；

②三个选项：采用阻力模型得到时空变化的沉降率；用户指定的 24 h 变化沉降率；不考虑沉降。

（11）水上传输和海岸交互效应

①水上边界层参数；

②气象条件的突变、海岸边界层的烟羽扩散；

③熏烟；

④引入次网格热力边界层 TIBLs 到海岸网格的选项。

（12）化学转换

①MESOPUFF Ⅱ机制；

②RIVAD/ARM3 机制；

③用户自定义 24 h 变化转换率；

④不考虑化学转换。

（13）湿沉降

①清除系数法；

②清除率为降水强度和降水类型的函数。

4.3.2 烟团方程的求解

烟团模式将实际上连续的烟羽表示为一系列的污染物的离散包。大多数烟团模式［如Ludwig 等（1977）、van Ehmond 和 Kesseboom（1983）］采用快照法评估烟团对受体点浓度的贡献。烟团在特定的时段（采样步长）中被定格，在下个采样时刻到来前，烟团可进行移动、改变大小和强度等。某个受体点的污染物浓度为所有附近烟团贡献的加和，在基本时间步长中所有采样步长输出结果的平均值。

烟团方法的缺陷在于需要释放足够多的烟团才能代表一个污染源附近的连续烟羽。Ludwig 等（1977）指出，如果烟团之间的距离超过了最大值约 $2\sigma_y$，得到的模拟结果将不准确。如果烟团之间的距离减小到σ_y 以内，结果将大为改善。如果烟团没有足够的重叠，位于烟团之间空隙的受体点的浓度将被低估，而位于烟团中心的受体点浓度被高估。

Ludwig 等（1977）建议按照空间而非时间来布置烟团，并采用一种烟团合并/清除机制降低烟团的数量。Zannetti（1981）建议先跟踪比足额采样少一点的烟团，然后用人为产生的烟团填充受体点附近区域以满足足够的烟团重叠。尽管两种方法都能降低模式运行产生的烟团数量，但这种快照（snapshot）采样方法仍然需要在源附近产生巨大数量的烟团。例如，对于离源 100 m 远的受体点，在 F 类稳定度和 3 m/s 风速情况下，每小时至少需要产生 1 300 个烟团才能满足标准。在更高风速、中性条件下（10 m/s，D 类稳定度），每小时至少需要产生 2 200 个烟团。

基于 MESOPUFF Ⅱ（Scire et al.，1984）模式中的综合采用函数，针对近场的应用作了修正，CALPUFF 中有两种快照采样方案可选。第一种采用径向对称的圆形高斯烟团。第二种采用在沿风方向进行拉伸的非圆形烟团（烟片），以减少释放烟团的频率。CALPUFF 中还可混合使用两种方案，充分利用各自的优点，如在近场使用烟片，远距离处使用圆形高斯烟团。

烟团对受体点浓度贡献的基本方程为

$$C=\frac{Q}{2\pi\sigma_x\sigma_y}g\exp\left[-\frac{d_a^2}{2\sigma_x^2}\right]\exp\left[-\left(\frac{d_c^2}{2\sigma_y^2}\right)\right] \tag{4-74}$$

$$g=\frac{2}{(2\pi)^{1/2}\sigma_z}\sum_{n=-\infty}^{\infty}\exp\left[-\frac{(H_e+2nh)^2}{2\sigma_z^2}\right] \tag{4-75}$$

式中，C——地面水平污染物浓度，g/m^3；

Q——烟团中污染物的质量，g；

σ_x——沿风向高斯分布标准差，m；

σ_y——侧风向高斯分布标准差，m；

σ_z——垂直方向高斯分布标准差，m；

d_a——沿风向烟团中心到受体点的距离，m；

d_c——侧风向烟团中心到受体点的距离，m；

g——高斯方程的垂直反射项，m；

H_e——烟团中心离地的有效高度，m；

h——混合层高度，m。

垂直反射项 g 的求和，考虑混合层顶与地面间的多次反射。当 $\sigma_z > 1.6\,h$ 时，它将混合的限制减小到 $1/h$。一般情况下，对流边界层内的烟团在排放几小时后就能达到这个标准。

对于水平方向对称的烟团，式（4-74）可简化为

$$C(s)=\frac{Q(s)}{2\pi\sigma_y^2(s)}g(s)\exp\left[-\frac{R^2(s)}{2\sigma_y^2(s)}\right] \tag{4-76}$$

式中，R——烟团中心到受体点的距离，m；

s——烟团移动的距离，m。

当烟团移动 ds 距离，在采样步长 dt 内产生的平均浓度为

$$\overline{C}=\frac{1}{\mathrm{d}s}\int_{s_0}^{s_0+\mathrm{d}s}\frac{Q(s)}{2\pi\sigma_y^2(s)}g(s)\exp\left[-\frac{R^2(s)}{2\sigma_y^2(s)}\right]\mathrm{d}s \tag{4-77}$$

式中，S_0——采样步长开始时刻的值。

假设在采样步长内，受 s 影响最显著的变量为 $R(s)$ 和 $Q(s)$，即可找到该积分方程的分析解。图 4-4 描绘了烟团从坐标 (x_1,y_1) 到 (x_2,y_2) 的移动，假设轨迹是一条直线，且将 s 转换成一个没有维度的轨迹变量 p，那么在受体点 (x_r,y_r) 的径向距离为

$$R(s)=[(x_1-x_r+pd_x)^2+(y_1-y_r+pd_y)^2]^{1/2} \tag{4-78}$$

式中，p 在轨迹起始点为 0，在结束点为 1。d_x 和 d_y 为烟团移动结束点与起始点 x 和 y 方向上的增量，$d_x=x_2-x_1$，$d_y=y_2-y_1$。

考虑用于清除和化学转化过程影响的指数变量 Q 被表达为采样间隔的线性函数：

$$Q(s)=Qs_0+p\left[Q(s_0+\mathrm{d}s)-Q(s_0)\right] \tag{4-79}$$

使用式（4-79），转换成 p 坐标，式（4-77）变为

$$C=\frac{g}{2\pi\sigma_y^2}\left\{Q(s_0)\int_0^1\exp\left[-\frac{R^2(p)}{2\sigma_y^2}\right]\mathrm{d}p+\left[Q(s_0+\mathrm{d}s)-Q(s_0)\right]-Q(s_0)\int_0^1 p\exp\left[-\frac{R^2(p)}{2\sigma_y^2}\right]\mathrm{d}p\right\} \tag{4-80}$$

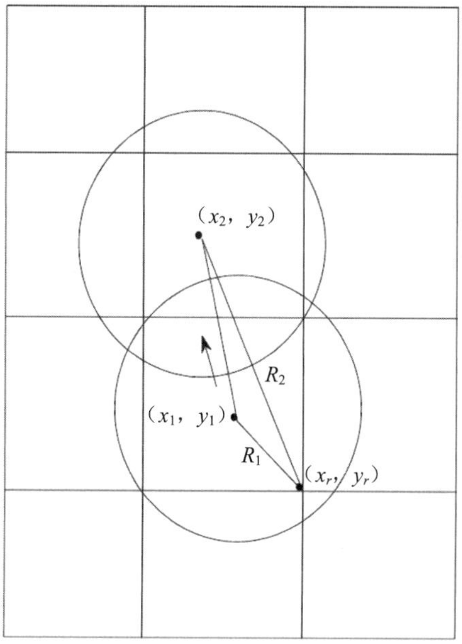

图 4-4 采样步长内烟团移动及与受体距离变化

将积分求解表示为误差函数和指数，则变为

$$\bar{C}=\frac{g}{2\pi\sigma_y^2}\left\{Q(s_0)I_1+\left[Q(s_0+\mathrm{d}s)-Q(s_0)\right]I_2\right\} \tag{4-81}$$

$$I_1=\left[\frac{\pi}{2a}\right]^{\frac{1}{2}}\exp\left[\frac{b^2}{2a}-\frac{c}{2}\right]\left\{\mathrm{erf}\left[\frac{a+b}{(2a)^{1/2}}\right]-\mathrm{erf}\left[\frac{b}{(2a)^{1/2}}\right]\right\} \tag{4-82}$$

$$I_2=\frac{-bI_1}{a}+\frac{1}{a}\exp\left[\frac{b^2}{2a}-\frac{c}{2}\right]\left\{\exp\left[-\frac{b^2}{2a}\right]-\exp\left[-\frac{1}{2}\left(a+2b+\frac{b^2}{a}\right)\right]\right\} \tag{4-83}$$

$$a=\left({d_x}^2+{d_y}^2\right)/\sigma_y^2 \tag{4-84}$$

$$b=[d_x(x_1-x_r)+d_y(y_1-y_r)]/\sigma_y^2 \tag{4-85}$$

$$c=[(x_1-x_r)^2+(y_1-y_r)^2]/\sigma_y^2 \tag{4-86}$$

水平方向扩散系数，以及垂直项g，在整个轨迹运动中被认为是常量，在 MESOPUFF II 中，取轨迹中点（p=0.5）的值。在中尺度距离中，烟团的大小在采样步长时段中变化很小，故采用轨迹中点的值是合适的。这个假设减少了每个采样步长中扩散系数和垂直反射项的计算次数。但这个假设不太适合于近场，因为烟团增长率很快，且烟羽高度可能发生变化。

在烟片模型中，烟团由沿着风向伸展的高斯污染物包组成，一个烟片可以被看作由一组重叠的间隔非常小的小圆形烟团组成。烟片代表烟团的连续排放，每个包含无穷小的质量 $q\times d_{\mathrm{t}}$。烟片的长度为 $u\Delta t_{\mathrm{e}}$，其中 u 为风速，Δt_{e} 为污染物释放的时间。烟片中污染物的浓度可定义为

$$C(t)=\frac{Fq}{(2\pi)^{1/2}u'\sigma_{\mathrm{y}}}g\exp\left[\frac{-d_{\mathrm{c}}^{2}}{2\sigma_{\mathrm{y}}^{2}}\times\frac{u^{2}}{u'^{2}}\right] \tag{4-87}$$

$$F=\frac{1}{2}\left\{\mathrm{erf}\left[\frac{d_{\mathrm{a2}}}{\sqrt{2}\sigma_{\mathrm{y2}}}\right]-\mathrm{erf}\left[\frac{-d_{\mathrm{a1}}}{\sqrt{2}\sigma_{\mathrm{y1}}}\right]\right\} \tag{4-88}$$

式中，u——平均矢量风速，m/s；

u'——标量风速，$u'=(u^2+\sigma_{\mathrm{v}}^2)^{1/2}$，其中 σ_{v} 为风速的偏差；

q——污染源排放速率，g/s；

F——因果关系函数；

g——垂直反射项。

d_{c} 和 d_{a} 是垂直烟片轴线和沿着烟片轴线方向到受体点的距离。d_{a2} 为与烟片端点 2 的距离（$d_{\mathrm{a2}}>0$ 表示在端点 1 的方向），而距离烟片端点 1 的距离定义为 $-d_{\mathrm{a1}}=d_{\mathrm{a2}}-l_{xy}$，$l_{xy}$ 为烟片在 xy 平面上的投影长度。扩散系数下标 1 和下标 2 分别表示烟片最老和最新的端点，没有下标表示为在受体点的值。

烟片公式保留了圆形烟团的许多重要属性，但明显减少了烟团快照采样的烟团重叠问题。远离端点的烟片内部的浓度分布接近于稳态条件下的高斯烟羽分布，如果有邻近的烟片存在，靠近烟片端点浓度需在稳态条件下重新进行烟羽预测。与圆形烟团一样，每个烟片都根据局地扩散条件、化学转化、清除过程的影响各自演变。

因果关系函数 F，考虑靠近烟片端点的边缘效应。对于较长时间，$u\Delta t_{\mathrm{e}}\gg\sigma x$，在烟片内部离边缘较远的受体点，$F$=0.5[1–（–1）]=1（没有边缘效应）。对于在烟片外部且远离烟片边缘的受体点，F=0，表示污染物还没到达这个点或者已经越过了这个点。靠近烟片端点，因果函数产生一个拖尾的高斯分布。

（u/u'）比值允许恰当地处理低风速和静风条件。当 u 趋近于 0 时，式（4-87）中指数项趋近于 1，F 趋近于$-\mathrm{erf}\{da/[\sqrt{2}\,\sigma_{\mathrm{y}}]\}$。在这种条件下，污染物浓度分布由因果因子决定。当风速大于每秒几米时，这个比值趋近于 1，就会变得不重要了。（u/u'）和 F 两个参数使得烟片比分段烟羽［如 Hales 等（1977）、Benkley 和 Bass（1979）］更像烟团。与烟片模型不同，分段烟羽模式通常不能合适地处理低风速条件和边缘效应。

式（4-87）表示在时间 t 拉长烟团的快照描述，在采样步长内需对该公式进行积分计算时间平均浓度。图 4-5 描述了两个这种快照下的浓度图。在采样步长内，假定排放速率和气象条件不变，则可得到排放烟片的通用积分解析解。

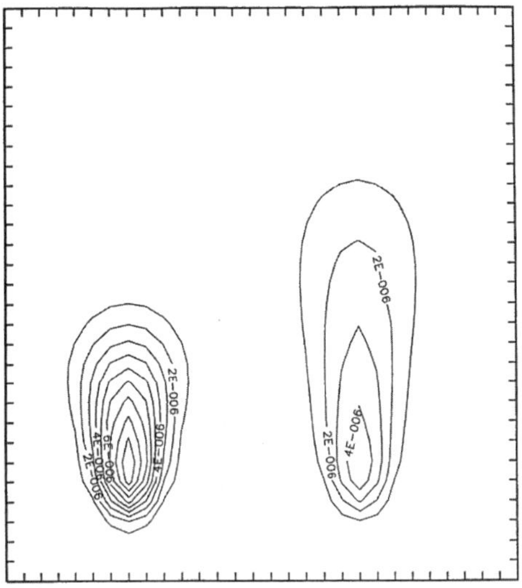

图 4-5　采样开始及结束时的浓度快照

注：图中 2E-006 表示 2×10^{-6}，4E-006 表示 4×10^{-6}，6E-006 表示 6×10^{-6}。

$$\bar{C}=\frac{\bar{F}q}{\sqrt{2\pi}u'\sigma_y}g\exp\left[\frac{-d^2}{2\sigma_y^2}\times\frac{u^2}{u'^2}\right] \tag{4-89}$$

$$\bar{F}=\frac{1}{2}\mathrm{erf}(\varphi_2)+\frac{1}{2}\frac{\sqrt{2\sigma_y}}{u\Delta t_s}\left\{\left[\xi_e\mathrm{erf}\left(\xi_e\right)-\xi_b\mathrm{erf}\left(\xi_b\right)\right]+\frac{1}{2}\left[\exp\left(\xi_e^2\right)-\exp\left(\xi_b^2\right)\right]\right\} \tag{4-90}$$

$$\xi_e=\frac{d_{a2}-u\Delta t_s}{\sqrt{2}\sigma_y} \tag{4-91}$$

$$\xi_b=\frac{d_{a2}}{\sqrt{2}\sigma_y} \tag{4-92}$$

$$\varphi_2=\frac{d_{a2}}{\sqrt{2}\sigma_{y2}} \tag{4-93}$$

式中，Δt_s——采样步长的持续时间；

σ_y^2——污染源的初始侧向扩散参数；

ξ_e——采样步长结束时的情况；

ξ_b——采样步长起始时的情况；

φ_2——污染源的稳态条件。

式（4-89）通过用于污染物新排放，采样步长应与污染物排放间隔设成一致。对于较老的烟片，烟片的端点不在固定的污染源上，且烟片的长轴也不一定沿着风向。式(4-87)的积分解析解不太适用这类烟片，除非在烟片增长公式上强加限制条件。由于烟团增长公式普遍性的重要性，对于老的烟片的时间平均浓度，也可在合理的计算量下完成计算。

上述公式忽略了污染物清除及产生机制的影响，但它可以通过采用类似于MESOPUFF Ⅱ线性方法来解决这一问题，即允许有效排放速率 q 随时间线性变化。

$$q(t)=q_{\mathrm{b}}+(q_{\mathrm{e}}-q_{\mathrm{b}})\left(\frac{t}{\Delta t_{\mathrm{s}}}\right) \tag{4-94}$$

式中，q_{b}——采样步长起始时烟片的有效排放速率；

q_{e}——采样步长内发生的有效排放速率产生或清除的量。

变量 ξ 可用式（4-95）表示：

$$\xi=\frac{d_{\mathrm{a2}}-u\Delta t_{\mathrm{s}}\left(\frac{t}{\Delta t_{\mathrm{s}}}\right)}{\sqrt{2}\sigma_{\mathrm{y}}} \tag{4-95}$$

无量纲时间变量，$0\leqslant t/\Delta t_{\mathrm{s}}\leqslant 1$，因此：

$$\xi=\xi_{\mathrm{b}}+(\xi_{\mathrm{e}}-\xi_{\mathrm{b}})\left(\frac{t}{\Delta t_{\mathrm{s}}}\right) \tag{4-96}$$

因果函数将变为

$$F(\xi)=\frac{1}{2}\left\{\mathrm{erf}(\varphi_2)-\mathrm{erf}(\xi)\right\} \tag{4-97}$$

因此，时间平均浓度为

$$\bar{C}=\frac{g}{\sqrt{2\pi}u'\sigma_{\mathrm{y}}}\left\{\exp\left[\frac{-d_{\mathrm{c}}^2}{2\sigma_{\mathrm{y}}^2}\times\frac{u^2}{u'^2}\right]\right\}\left[q_{\mathrm{b}}F_{\mathrm{o}}+(q_{\mathrm{e}}-q_{\mathrm{b}})F_1\right] \tag{4-98}$$

式中，F_{o} 是由式（4-90）求得的 $\bar{F}$ 。

$$F_1=\int_0^{\Delta t_{\mathrm{s}}}\frac{\mathrm{d}t}{\Delta t_{\mathrm{s}}}\left(\frac{t}{\Delta t_{\mathrm{s}}}\right)F(t)=\frac{1}{\Delta\xi}\int_{\xi_{\mathrm{b}}}^{\xi_{\mathrm{e}}}\mathrm{d}\xi\,\frac{\xi-\xi_{\mathrm{b}}}{\Delta\xi}F(\xi) \tag{4-99}$$

其中，$\Delta\xi=\xi_{\mathrm{e}}-\xi_{\mathrm{b}}=\frac{-u\Delta t_{\mathrm{s}}}{\sqrt{2}\sigma_{\mathrm{y}}}$，代入式（4-97）：

$$F_1=\frac{1}{4}\mathrm{erf}(\varphi_2)-\frac{1/2}{(\Delta\xi)^2}\left\{\int_{\xi}^{\xi_{\mathrm{e}}}\mathrm{d}\xi\,\xi\,\mathrm{erf}(\xi)-\xi_{\mathrm{b}}\int_{\xi}^{\xi_{\mathrm{e}}}\mathrm{d}\xi\,\mathrm{erf}(\xi)\right\} \tag{4-100}$$

其中：

$$\int \mathrm{d}x\mathrm{erf}\left(x\right) = x\mathrm{erf}\left(x\right) + \frac{1}{\sqrt{\pi}}\exp\left(-x^2\right) \tag{4-101}$$

$$\int \mathrm{d}xx\mathrm{erf}\left(x\right) = \frac{1}{2}x^2\mathrm{erf}\left(x\right) + \frac{1}{2}\frac{x}{\sqrt{\pi}}\exp\left(-x^2\right) - \frac{1}{4}\mathrm{erf}\left(x\right) \tag{4-102}$$

式（4-102）是由 Geller 和 Ng（1971）根据一般的超几何函数改进的比较通用的特殊表达形式。

若用数值积分处理式（4-87），较老烟片的一般化处理问题不再重要。由式（4-94）给出的时间相关函数 $q(t)$ 可简单替代 q 和数值积分过程。

因为这一积分过程影响着烟团模型的计算量，受到了特别关注。第一，在整个平均时间间隔中，超过$\pm3\sigma_y$ 范围之外的所有受体点不再考虑；第二，对于剩下的受体点，当受体点超过$\pm3\sigma_y$ 范围外，积分时间限制被计算从而不再进行采样。

冻结σ方法的调用（如在整个平均时段中，指定受体点的σ_y和σ_z是固定值）得出另一种积分数值方法。但是，在大多数情况下，调用以下不定积分：

$$\int \mathrm{d}t\exp(-\beta^2t^2)\mathrm{erf}(a+bt) \tag{4-103}$$

除了极个别的简单情况，如 $a=0$ ，且 $b=\beta$ ，该积分一般难以求解。实际上，可积分性被证明不是这些烟团采样问题的唯一条件。例如，前面提到的随时间线性变化的损耗（或产生）机制也可采用更实际的指数方法。但是，由于需要大数相减得到小数，计算机的分析形式是非常不稳定的。

一个易于理解的涉及物理情景的案例，烟片快速经过一个受体，烟片端点离该受体点足够远，从而沿着烟片的因果函数，$F(t)$是时间相关的。这种情况下，因果函数是定值，可不用积分。

$$\bar{F} = \frac{1}{2}\left(F_{\mathrm{b}} + F_{\mathrm{e}}\right) \tag{4-104}$$

这种近似法仅在 F_{b} 和 F_{e} 在特定的百分数容许偏差内应用。类似方法可以将垂直耦合因子 g 拿出积分公式，用平均值 $\bar{g}$ 代替。目前这两项的容许偏差均被设成 2%。

最终，侧向耦合项变为

$$Y(t) = \exp\left[-\eta\,(t)^2\right] \tag{4-105}$$

式中，$\eta(t) = \dfrac{d_{\mathrm{c}}(t)}{\sqrt{2}\sigma_{\mathrm{y}}} \times \dfrac{u}{u'}$，$d_{\mathrm{c}}(t)$为与时间相关的侧向距离。

$$I_m = \int_0^{\Delta t_{\mathrm{s}}} \frac{\mathrm{d}t}{\Delta t_{\mathrm{s}}}\left(\frac{t}{\Delta t_{\mathrm{s}}}\right)^m Y\left(t\right) \tag{4-106}$$

分别就 $m=0$ 和 $m=1$ 求解积分：

$$I_0=\frac{\sqrt{\pi}}{2}\left[\operatorname{erf}(\eta_e)-\operatorname{erf}(\eta_b)\right]/(\eta_e-\eta_b) \tag{4-107}$$

$$I_1=\frac{1}{2}[\exp(-\eta_b^2)-\exp(-\eta_e^2)]/(\eta_e-\eta_b)^2-\eta_b I_0/\left(\eta_e-\eta_b\right) \tag{4-108}$$

最终时间平均浓度可表示为

$$\bar{C}=\frac{\bar{g}\bar{F}}{\sqrt{2\pi}u'\sigma_y}\left\{q_b I_0+\left(q_e-q_b\right)I_1\right\} \tag{4-109}$$

并作为对较老烟片进行数值积分的一种替代方法。

在对地面受体的湿沉降和湿沉降通量评估应用中，也常采用式（4-98）和式（4-109）在垂直方向进行积分，但可简单地将公式中的 g 用 1.0 代替。

4.3.3　扩散

CALPUFF 模式中一个重要的考虑就是指定水平和垂直方向的高斯扩散系数，因为烟团的尺寸在采样步长间是连续的，所以在每一次采样步长开始时，扩散系数与上次采样步长结束时的系数相等。根据环境湍流的增长关系（当前的扩散条件下）及与污染源相关的恒定偏差计算采样时段结束或采样期间受体的系数。环境湍流的增长可能是时间的函数，也可能是距离的函数，因此采用通用指标 ξ 来表示。

相对于第 n 次采样开始时的增量，扩散系数为

$$\sigma_{y,n}^2\left(\Delta\xi_y\right)=\sigma_{yt}^2\left(\xi_{yn}+\Delta\xi_y\right)+\sigma_{ys}^2+\sigma_{yb}^2 \tag{4-110}$$

$$\sigma_{z,n}^2\left(\Delta\xi_z\right)=\sigma_{zt}^2\left(\xi_{zn}+\Delta\xi_z\right)+\sigma_{zb}^2 \tag{4-111}$$

式中，ξ_{yn}，ξ_{zn}——虚拟源的时间或距离参数；

$\sigma_{y,n}$，$\sigma_{z,n}$——第 n 个采样步长中某处总的水平和垂直扩散系数；

σ_{yt}，σ_{zt}——大气湍流导致的扩散系数；

σ_{yb}，σ_{zb}——排放过程中由于烟羽浮力导致的扩散系数；

σ_{ys}——面源侧风向导致的水平扩散系数。

在采样步长内描述烟团的增长，增量 $\Delta\varepsilon$ 是正值，但对于受体点的扩散参数，是可正可负的。例如，在采样步长起始时，对于位于烟团上风向的受体点该增量是负值。这就允许 CALPUFF 在稳态气象条件下，使用少量的烟团，产生类似烟羽的特性。当污染源的扩散参数没有强制最小限值时，负的增量使得函数 σ_{yt} 和 σ_{zt} 在零点存在争议，由此引入 ξ_o 初始值，定义为 $\sigma_{yt}^2\left(\varepsilon_{oz}\right)=\sigma_{yo}^2$ 和 $\sigma_{zt}^2\left(\varepsilon_{oz}\right)=\sigma_{zo}^2$。

式中，σ_{yo}，σ_{zo}——源的扩散系数初始值或点源建筑物下洗的初始快速稀释系数；

ξ_o——虚拟源的初始扩散系数。

因此，对于浮力抬升影响和面源侧向大小的初始扩散的二次增量被假定，但其他初始参数及之后烟团或烟片的增长根据虚拟源-距离或虚拟源-传输时间方法计算。如果目前的烟团增长仅依赖于目前的烟团尺寸，而与如何达到该尺寸无关，则该虚拟源方法是必要的。需要注意的是，在一个采样步长中，烟团可能在两个扩散特性完全不同的区域间移动，这种情况下，虚拟源的概念就十分重要了。例如，用地类型在不同网格变化，烟团可能从一个弱扩散条件的水体网格移动到一个对流剧烈的陆地网格。或者在下午晚些时候一个年轻的烟团可能遇到湍流的急速衰减。在这两种情况下，CALPUFF 根据合适的湍流计算烟团随后的增长，且保证增长速率和烟团的尺寸是适合的。

扩散模块设计时允许使用尽量精确的有效数据计算σ_{yt}和σ_{zt}，但也提供了一些备用方法以防某些数据不能获取。根据可选的五种扩散选项，可有三种类型的输入数据。五种扩散选项如下：

①根据观测的湍流系数σ_v和σ_w，计算扩散系数；

②根据微气象参数（u^*、w^*、L 等）计算σ_v和σ_w，再计算扩散参数；

③乡村采用 ISCST 多段近似法计算 PG 扩散系数和城市采用 MeElroy-Pooler 系数；

④与③相似，但乡村采用 MESOPUFF Ⅱ 计算 PG 扩散系数；

⑤稳定或中性条件下，使用观测 CDTM 数据中的σ值，不稳定条件下，采用方法③。

三种类型的输入数据如下：

①直接观测的湍流数据σ_v和σ_w（扩散选项①和⑤中的稳定/中性气象条件）；

②来自 CALMET 或其他气象模式的微气象参数u^*、w^*、L 和 h，根据相似理论计算扩散参数（扩散选项②）；

③PGT 稳定度类别和用户选择使用 ISCST 计算法（扩散选项③和扩散选项⑤中的不稳定气象条件）或 MESOPUFF Ⅱ计算法（扩散选项④）扩散选项①、②、⑤中σ_{yt}和t_{zt}的计算如式（4-112）和式（4-113）：

$$\sigma_{yt} = \sigma_v t f_y \left(\frac{t}{t_{ly}} \right) \tag{4-112}$$

$$\sigma_{zt} = \sigma_w t f_z \left(\frac{t}{t_{lz}} \right) \tag{4-113}$$

式中，σ_v——水平侧风向的风速标准偏差，m/s；

σ_w——风在垂直方向的风速标准偏差，m/s；

t——烟羽到受体点的传输时间，s；

t_{ly}，t_{lz}——水平和垂直方向的拉格朗日时间尺度，s。

式（4-112）和式（4-113）可依照水平和垂直方向的湍流密度（i_y 和 i_z）表示。

$$i_y = \sigma_v / u \cong \sigma_\theta \tag{4-114}$$

$$i_z = \sigma_w / u \cong \sigma_\varphi \tag{4-115}$$

式中，u——风速，m/s；

σ_θ——水平风向角的标准偏差弧度；

σ_φ——垂直风向角的标准偏差弧度。

最理想的方法是根据观测的湍流速率（σ_v 和 σ_w）或湍流密度（i_y 和 i_z）计算扩散系数。但是，在选用扩散选项前需考察观测数据的质量。例如，参数 i_z 很难被观测，它的不准确性会导致模拟结果相对于使用常规观测数据更不准确。默认的推荐选项是扩散选项②。很多实验室、场地研究和数值模拟［如 Deardorff 和 Willis（1975）、Caughey（1981）、Lamb（1981）］都说明了对流尺度在对流边界层的重要性。对流尺度已被应用于多种类型的场地，如海洋、乡村陆地［如 Hicks（1985）］和城区区域（Ching et al.，1983）。类似地，在稳定边界层，局地尺度也得到了应用［如 Hunt（1982）、Nieuwstadt（1984）］。微气象模型明确空气动力学和地表热力学特性表达为感热通量和动量传递速率，这些在计算扩散系数时都会用到。

Weil（1985）和 Briggs（1985）对相似理论在扩散模式中的应用进行了审查。在对流边界层中，Weil（1985）分三层描述湍流特性：

①地表层：$z \leqslant 0.1\,h$，σ_v 为常数，σ_w 随高度增加而增加；

②混合层：$0.1\,h < z < 0.8\,h$，σ_v 和 σ_w 和都为常数；

③夹带层：$z \geqslant 0.8\,h$，σ_v 和 σ_w 都随高度增加而递减。

在地表层，Panofsky 等（1977）建议以下关系：

$$\sigma_v = u_* \left[4 + 0.6 \left(-\frac{h}{L} \right)^{2/3} \right]^{1/2} \tag{4-116}$$

$$\sigma_w = u_* \left[1.6 + 2.9 \left(-\frac{z}{L} \right)^{2/3} \right]^{1/2} \tag{4-117}$$

式中，u_*——地表摩擦速度，m/s；

L——莫宁-奥布霍夫长度，m。

Hicks（1985）推荐如下方程用于混合层：

$$\sigma_v = (3.6u_*^2 + 0.35w_*^2)^{1/2} \tag{4-118}$$

$$\sigma_w = (1.2u_*^2 + 0.35w_*^2)^{1/2} \tag{4-119}$$

在中性边界层，Arya（1984）发现σ_v和σ_w整个混合层内单调递减。将 Blackadar 和 Tennekes（1968）中性边界层高度关系式代入，最终可表达为

$$\sigma_v = 1.8\exp\left(-\frac{0.9z}{h}\right) \tag{4-120}$$

$$\sigma_w = 1.3\exp\left(-\frac{0.9z}{h}\right) \tag{4-121}$$

在稳定边界层，Nieuwstadt（1984）发现σ_v和σ_w与局地摩擦速率$u_{*\ell}$符合比例关系。

$$\frac{\sigma_v}{u_{*\ell}} = C_v \tag{4-122}$$

$$\frac{\sigma_w}{u_{*\ell}} = C_w \tag{4-123}$$

Hanna 等（1986）建议$C_v \cong 1.6$，Nieuwstadt（1984）建议$C_w \cong 1.3$。局地摩擦速率可表示为（Nieuwastadt，1984）

$$u_{*\ell} = u_*(1-\frac{z}{h})^{3/4} \tag{4-124}$$

数值模拟时要求采用公式给对流、中性和稳定边界条件提供合适的变量值，且提供机制对中间条件进行避免物理上不连续地插值。下列公式针对中性-对流边界层，其中夹带层的公式基于 Caughey（1981）的研究。

地表层：$z \leqslant 0.1h$ （$L \leqslant 0$）

$$\sigma_v = [4u_*^2 a_n^2 + 0.35w_*^2]^{1/2} \tag{4-125}$$

$$\sigma_w = [1.6u_*^2 a_n^2 + 2.9u_*^2(-z/L)^{2/3}]^{1/2} \tag{4-126}$$

$$a_n = \exp\left[-0.9\left(\frac{z}{h}\right)\right] \tag{4-127}$$

混合层：$0.1h < z < 0.8h$ （$L \leqslant 0$）

$$\sigma_v = [4u_*^2 a_n^2 + 0.35w_*^2]^{1/2} \tag{4-128}$$

$$\sigma_w = [1.15u_*^2 a_n^2 + 0.35w_*^2]^{1/2} \tag{4-129}$$

夹带层：$z \geqslant 0.8h$ （$L \leqslant 0$）

$$\sigma_v = [4u_*^2 a_n^2 + 0.35w_*^2]^{1/2} \tag{4-130}$$

当z在$0.8h \sim 1.0h$时：

$$\sigma_w = [1.15u_*^2 a_n^2 + a_{cl}0.35w_*^2]^{1/2} \tag{4-131}$$

$$a_{cl} = \left[\frac{1}{2} + \frac{h-z}{0.4h}\right] \tag{4-132}$$

当 z 在 $1.0h$ ～ $1.2h$ 时：

$$\sigma_{\mathrm{w}}=[1.15u_*^2a_{\mathrm{n}}^2+a_{\mathrm{c2}}0.35w_*^2]^{1/2} \quad (4\text{-}133)$$

$$a_{\mathrm{c2}}=\left[\frac{1}{3}+\frac{1.2h-z}{1.2h}\right] \quad (4\text{-}134)$$

在中性-稳定边界层，下列公式根据稳定度函数对垂直方向的 σ_{v} 和 σ_{w} 进行插值。与中性-对流方程一致，在适当的稳定度内给出适当的值。

$$\sigma_{\mathrm{v}}=u_*\left[\left(1.6C_{\mathrm{s}}\left(\frac{z}{L}\right)+1.8a_{\mathrm{n}}\right)/\left(1+\frac{z}{L}\right)\right] \quad (L>0) \quad (4\text{-}135)$$

$$\sigma_{\mathrm{w}}=1.3u_*\left[\left(C_{\mathrm{s}}\left(\frac{z}{L}\right)+a_{\mathrm{n}}\right)/\left(1+\frac{z}{L}\right)\right] \quad (L>0) \quad (4\text{-}136)$$

$$C_{\mathrm{s}}=\left(1-\frac{z}{h}\right)^{3/4} \quad (L>0) \quad (4\text{-}137)$$

为了在混合层高度上部得到非零的烟羽增长速率，且防止当烟羽尺寸接近于零带来的数值问题，给 σ_{v} 和 σ_{w} 定义了最小值。Hanna 等（1986）推荐小时平均 $C_{\mathrm{v}}\approx0.5$ m/s，这一结果明显高于基于 PGT 稳定度 E 和 F 计算出来的 σ_{v}，用户也可以指定 σ_{v} 和 σ_{w} 的最小值。

Irwin（1983）评估了几种计算 f_{y} 和 f_{z} 的方案，结论证明 Draxler（1976）方案表现最优。

$$f_{\mathrm{y}}=[1+0.9(t/1\,000)^{1/2}]^{-1} \quad (4\text{-}138)$$

$$f_{\mathrm{z}}=[1+0.9(t/500)^{1/2}]^{-1} \quad (L<0) \quad (4\text{-}139)$$

$$f_{\mathrm{z}}=[1+0.945(t/100)^{0.806}]^{-1} \quad (L>0) \quad (4\text{-}140)$$

这些用于扩散选项①和②。当选用扩散选项⑤时，莫宁-奥布霍夫长度为正值（中性到稳定），f_{y} 和 f_{z} 根据 CTDMPLUS 方案计算（Perry et al.，1989）：

$$f_{\mathrm{y}}=[1+\frac{ut}{20\,000}]^{-1/2} \quad (L<0) \quad (4\text{-}141)$$

$$f_{\mathrm{z}}=\left[1+\sigma_{\mathrm{w}}t\left(\frac{1}{0.72z}+\frac{N}{0.54\sigma_{\mathrm{w}}}\right)\right]^{-1/2} \quad (L>0) \quad (4\text{-}142)$$

传输距离较远时，CALPUFF 提供了一个选项用于切换到 Heffter（1965）方程（如 $\sigma_{\mathrm{yt}}\approx t,\sigma_{\mathrm{zt}}\approx t^{1/2}$）。当烟羽的侧向尺寸达到一个临界值 SYTDEP 时，扩散系数的过渡从距离相关变成时间相关，SYTDEP 默认值为 550 m。假设在中性条件，根据 PG 扩散系数，烟羽的σ_y在传输 10 km 左右达到 550 m。而对σ_z也使用 Heffter 方程是可选的。

当使用 MESOPUFFⅡ PGT 稳定度相关的扩散曲线（扩散选项④）时，烟团增长函数为

$$\sigma_y = a_y X^{b_y} \tag{4-143}$$

$$\sigma_z = a_z X^{b_z} \tag{4-144}$$

式中，a_y，b_y，a_z，b_z均为稳定度相关的系数。

美国环保局法规模拟指南认为 PG 稳定度扩散曲线，对预测小时平均浓度是适合的。澳大利亚维多利亚州环保署依据的稳定度扩散曲线基于 3 min 平均和 0.03 m 地表粗糙度。CALPUFF 有选项对不同的平均时间或地表粗糙度对 PG 扩散系数进行缩放。时间平均调整仅限于σ_y。

$$\sigma_y(\tau_{ave}) = \sigma_y(\tau_{base})\left(\frac{\tau_{ave}}{\tau_{base}}\right)^{0.2} \tag{4-145}$$

式中，τ_{base}——标准 PG 曲线的平均时间，min；

τ_{ave}——CALPUFF 浓度预测时的平均时间；

$\sigma_y(\tau_{base})$，$\sigma_y(\tau_{ave})$——τ_{base}和τ_{ave}时间下σ_y的值。

CALPUFF 中τ_{base}被定义为 60 min，τ_{ave}由变量 AVET 指定且一般不超过 60 min。

CALPUFF 中根据粗糙度调整 PG 扩散曲线基于 Smith（1972）的研究，曾应用于 AUSPLUME（Lorimer，1986）。该调整对近地面排放非常适合，但不推荐用于高烟囱排放（如源高于 100 m）。

$$\sigma_z' = a' x^{b'} \tag{4-146}$$

$$a' = a\{1.585(1\,000)^{\beta} z_o^{0.130\,1}\} \tag{4-147}$$

$$b' = b - \beta \tag{4-148}$$

$$\beta = 0.077\,7 + 0.021\,5\ln(z_o) \tag{4-149}$$

式中，z_o——地表粗糙度，m；

x——下风向距离，m；

a，b——PG 扩散曲线参数。

对于σ_y，粗糙度调整为

$$\sigma_y' = \sigma_y\left(\frac{z_o}{z_{o(ref)}}\right)^{0.2} \tag{4-150}$$

式中，$z_{o(ref)}$参考粗糙度为 0.03 m。

推荐地表修正时粗糙长度不要大于 1 m。时间平均和地表粗糙度调整可被用于 ISC3

或 MESOPUFFⅡ PG 乡村扩散曲线。对 McElroy-Pooler 城市曲线或基于相似理论的扩散曲线不做调整，因为已经明确考虑了地表粗糙度的影响。

烟羽浮力效应对扩散系数的影响根据烟羽抬升进行了参数化（Pasquill，1976；Irwin，1979）：

$$\sigma_{yb} = \frac{\Delta H}{3.5} \tag{4-151}$$

$$\sigma_{zb} = \frac{\Delta H}{3.5} \tag{4-152}$$

式中，ΔH——烟羽抬升高度，m。

CALPUFF 使用 ISC3 的原理计算浮力导致的扩散影响，包括在方程中使用过渡性烟羽抬升。当使用 Schulman-Scire 建筑物下洗方法时，不考虑浮力导致的扩散影响。

体源排放烟团的初始尺寸由用户指定的扩散系数 σ_{yo} 和 σ_{zo} 确定，体源选项允许在指定区域内一些较小的源合并为一个源。假定体源一经排放马上扩展为 σ_{yo} 和 σ_{zo} 的尺寸，随后体源烟团的增长采用与点源烟团类似的方式，即采用虚拟源匹配初始的 σ_{yo} 和 σ_{zo}。

点源排放受建筑物下洗的影响，在建筑物背风处导致的高湍流密度，将引起快速增长。建筑物下洗模型根据建筑物的尺寸、烟囱高度、动力通量和气象条件等参数计算受下洗影响的点源初始烟羽尺寸。

垂直风切变有时会是影响烟羽输送和扩散的重要因素。随高度变化的风速和风向导致在不同高度处排放的污染物的对流特性。即使污染物在一个指定高度排放，当烟羽变得足够大，穿过烟羽的切变可能将烟羽的较上部与较下部输送至不同的方向。当垂直混合将整个烟羽带至地面，由于差异输送，烟羽有效的水平扩散准确性可能会明显提高。CALPUFF 风切变效应对于不同的烟团，允许每个烟团根据所在位置的平均风速和风向独立地平流输送，且在垂直方向独立地混合。烟团风的平均值可来自烟团顶部到底部的风速、风向（CALMET 气象文件或其他廓线文件）。例如，对于水平方向同一位置，排放高度不同的两个源，如果存在风切变，CALPUFF 中污染物将以不同的方向和速率进行输送。

当穿过烟团的切变变得很重要时，对于单个烟团，CALPUFF 允许良好混合烟团分裂为两个或多个部分，每个部分再独立地输送和扩散，图 4-6 描绘的是烟团分裂。如果一个烟团在模拟区域内停留时间足够长，它可以被分裂很多次。垂直方向仍然是高斯分布的烟团不会被分裂。因为烟团风切变效应并非在所有应用中都很重要，且烟团分裂会增加计算量，烟团分裂只作为一个可选项，可以修改或关闭。

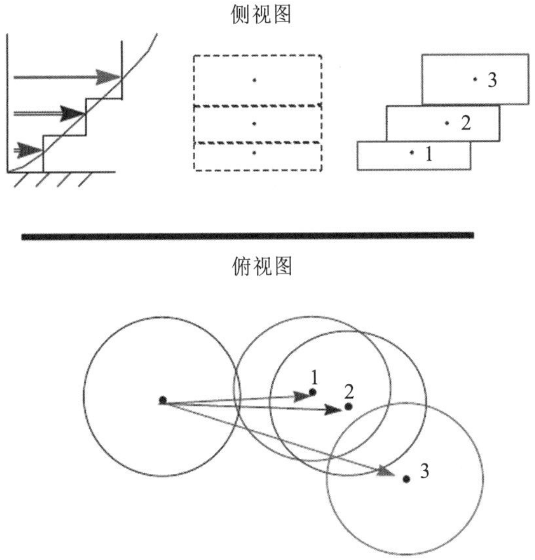

图 4-6 烟团分裂

在傍晚，形成稳定的地面气流后，对于良好混合的烟团，切变效应可能会变得很重要。混合层高度从对流转向机械为主，因此与烟团经历过的最大高度相比目前高度较小。此外，目前的混合层高度不应该是可忽略的。如果是可忽略的，需要对烟团输送提供一个合适的特征描述。

CALPUFF 控制文件中，烟团分裂由一系列参数控制，主控制参数为 MSPLIT，当该参数被激活时，烟团分裂的频率由 NSPLIT、IRESPLIT、ZISPLIT 和 ROLDMAX 等参数控制。NSPLIT 定义烟团分裂产生烟团的个数，原始的良好混合的烟团厚度 H 被切了 NSPLIT-1 次，第一次切在 $H/2$ 处，第二次切在 $H/4$，第三次切在 $H/8$ 处，以此类推。因此最薄的新烟团位于原始烟团的底部，且只有它和地面接触。其他新烟团只有在增长的混合层高度超过它的下表面才会到达地面。

烟团可以多次分裂，但必须满足以下几个条件：

①烟团必须和地面接触；

②烟团的分裂标记必须是开着的；

③烟团必须经历过的最高混合层高度必须超过一个最小允许值；

④目前的混合层高度与烟团经历过的最大混合层高度之比必须小于最大允许值。

条件②中分裂标记为 IRESPLIT，当烟团满足分裂资格条件后，它用于确定每天的分裂时间。条件③中最小允许值由 ZISPLIT 定义，条件④中最大允许值由 ROLDMAX 定义。

混合层中对流运动的主要影响会导致烟团垂直尺寸的快速增长，CALPUFF 中使用不同的扩散选项，增长速率会采用不同的计算方案，如基于稳定度的参数化方案、基于观测的湍流密度计算方案、基于地表层参数计算湍流密度再计算增长速度方案。PDF 方法建立了烟团垂直位置上烟团质量的概率密度分布函数与垂直速度的偏概率密度分布函数之间的关系。使用两个高斯分布的叠加来识别垂直速度的特性，PDF 模型产生双烟羽公式，它描绘出烟羽被初始的向下气流携带至地面，以及被初始的向上气流携带至混合层顶这两种情况下烟羽的演变，随后的地面和混合层顶间的反射采用镜像源模拟。初始向下的烟羽叫作直接源，因为它直接从高处输送到地面，而初始向上的烟羽叫作间接源，因为它仅在穿过整个混合层才能到达地面。

Weil 等（1997）拓展了 PDF 对流边界层公式，包括一种模拟高浮性烟羽向混合层顶输送的趋势，在对流旋涡超过浮力将烟羽混合至地面之前留出一段时间使烟羽停留。这个公式基于 AERMOD 模式的对流边界层理论，并进行调整应用在 CALPUFF 中。

Weil 等（1997）将对流边界层中的垂直速度近似地表示为两个高斯分布的叠加：

$$P_{\mathrm{w}}=\frac{\lambda_1}{\sqrt{2\pi}\sigma_{\mathrm{w1}}}\exp\left(-\frac{w-\overline{w_1}}{2\sigma_{\mathrm{w1}}^2}\right)+\frac{\lambda_2}{\sqrt{2\pi}\sigma_{\mathrm{w2}}}\exp\left(-\frac{(w-\overline{w_2})^2}{2\sigma_{\mathrm{w2}}^2}\right) \tag{4-153}$$

式中，$\lambda_1+\lambda_2=1$。$\overline{w}$ 和 $\sigma_{\mathrm{w}j}$（j=1，2）为平均垂直速度和标准偏差，且假定与 σ_{w} 成比例。下标 1 和下标 2 分别表示向上气流和向下气流分布。定义参数 $R=\frac{\sigma_{\mathrm{w1}}}{\overline{w_1}}=-\frac{\sigma_{\mathrm{w2}}}{\overline{w_2}}$，Weil（1990）找出了 $\overline{w_1}$ 和 $\overline{w_2}$ 的解。

$$\frac{\overline{w_1}}{\sigma_{\mathrm{w}}}=\frac{\gamma_1 s}{2}+\frac{1}{2}\sqrt{\gamma_1^2 s^2+\frac{4}{\gamma_2}} \qquad \frac{\overline{w_2}}{\sigma_{\mathrm{w}}}=\frac{\gamma_1 s}{2}-\frac{1}{2}\sqrt{\gamma_1^2 s^2+\frac{4}{\gamma_2}} \tag{4-154}$$

式中，S 为偏度，且

$$\gamma_1=\frac{1+R^2}{1+3R^2} \qquad \gamma_2=1+R^2 \tag{4-155}$$

$$\lambda_1=\frac{\overline{w_2}}{\overline{w_2}-\overline{w_1}} \qquad \lambda_2=\frac{\overline{w_1}}{\overline{w_2}-\overline{w_1}} \tag{4-156}$$

尽管 Weil 等（1997）发现 $R=1$ 时，模拟与实验测得的浓度场吻合性较好，他们选择了 R=2，从而在中性边界层（$W_*=0$）的限制中，假设 S=0 时为高斯 PDF。在对流边界层上部 90%高度中，垂直速度变化 σ_{w}^2 可被认为是一致的（Weil，1988）。Weil 等（1997）使用式（4-157）。

$$\sigma_{\mathrm{w}}^2=1.2u_*^2+0.31w_*^2 \tag{4-157}$$

式中，常数 1.2 为 Hicks（1985）的中性限制（$w_*=0$），0.31 与 Weil 和 Brower（1984）的对流限制（$u_*=0$）或 $\frac{\sigma_{\mathrm{w}}}{w_*}=0.56$ 一致。在对流限制中，S 取 0.6，它是 Wyngaard（1988）

明尼苏达州实验的垂直平均值，相应的$\overline{w^3}=0.6\sigma_{\mathrm{w}}^3=0.105w_*^3$。对于任意的$u_*$和$w_*$，偏度$S$为

$$S=0.105\frac{w_*^3}{\sigma_{\mathrm{w}}^3} \tag{4-158}$$

因此，当$w_*\to 0$，$S\to 0$，且$w_*/u_*\gg 1$，S=0.6。

颗粒物高度z_{p}的 PDF P_{z}可根据P_{w}计算得到，z_{p}是w的单调函数：

$$P_{\mathrm{z}}=P_{\mathrm{w}}\left[w(z_{\mathrm{p}};x)\right]\left|\frac{\mathrm{d}w}{\mathrm{d}z_{\mathrm{p}}}\right| \tag{4-159}$$

Weil 等（1997）通过将烟团抬升高度Δh叠加到烟囱高度h_{s}，垂直位移z_{p}和w的关系如下：

$$z_{\mathrm{p}}=h_{\mathrm{s}}+\Delta h+\frac{wx}{U'} \tag{4-160}$$

或

$$w=\left(z_{\mathrm{p}}-h_{\mathrm{s}}-\Delta b\right)\frac{U}{x} \tag{4-161}$$

根据上式和P_{w}，可得到侧向积分浓度场：

$$C_{\mathrm{d}}^y\left(x,z\right)=\frac{Q}{\sqrt{2\pi}U}\left[\frac{\lambda_1}{\sigma_{\mathrm{z1}}}\exp\left(-\frac{(z-\psi_1)^2}{2\sigma_{\mathrm{z1}}^2}\right)+\frac{\lambda_2}{\sigma_{\mathrm{z2}}}\exp\left(-\frac{(z-\psi_2)^2}{2\sigma_{\mathrm{z2}}^2}\right)\right] \tag{4-162}$$

$$\psi_j=h_{\mathrm{s}}-\Delta h+\frac{\overline{w_j}x}{U} \tag{4-163}$$

式中，$j=1$或 2，σ_{zj}与$\sigma_{\mathrm{w}j}$成比例。

在高度$z=-h_{\mathrm{s}}$处引入一个镜像源，以此类推，在$z=2z_{\mathrm{i}}+h_{\mathrm{s}}$，$-2+h_{\mathrm{s}}$等处引入更多的镜像源。

$$\begin{aligned}C_{\mathrm{d}}^y\left(x,z\right)=&\frac{Q}{\sqrt{2\pi}U}\left\{\frac{\lambda_1}{\sigma_{\mathrm{z1}}}\sum_{n=0}^{N}\left[\exp\left(-\frac{(z-2nz_{\mathrm{i}}-\psi_1)^2}{2\sigma_{\mathrm{z1}}^2}\right)+\exp\left(-\frac{(z+2nz_{\mathrm{i}}+\psi_1)^2}{2\sigma_{\mathrm{z1}}^2}\right)\right]\right.\\&\left.+\frac{\lambda_2}{\sigma_{\mathrm{z2}}}\sum_{n=0}^{N}\left[\exp\left(-\frac{(z-2nz_{\mathrm{i}}-\psi_2)^2}{2\sigma_{\mathrm{z2}}^2}\right)+\exp\left(-\frac{(z+2nz_{\mathrm{i}}+\psi_2)^2}{2\sigma_{\mathrm{z2}}^2}\right)\right]\right\}\end{aligned} \tag{4-164}$$

式中，N为镜像源的个数。由于镜像源项每隔 2 z_{i}增加一个，它与ψ_{f}有相同的标识，一旦向上烟羽（j=1）越过混合层顶（$\psi_1>0$）影响将变得很小，而向下烟羽（j=2）反复在高度z（$\psi_2<0$）产生充分的影响。这是直接源反射烟羽轨迹的数学表达式。

间接源可考虑直接源中从混合层顶逃脱的但穿透逆温层的烟羽。Weil 等（1997）采用如下处理方法：①为连续变化的C^y提供无量纲的浮力通量f^*及其他参数；②在对流边界层顶x处采用分布式源简化计算分析，且满足零通量条件（Hanna et al.，1986）。

引进有效的额外的烟羽抬升高度Δh_i模拟烟羽向上的浮力趋势。

$$z_p = 2z_i - h_s - \Delta h - \frac{wx}{U} + \Delta h_i \tag{4-165}$$

$$w = -\left(z_p - 2z_i + h_s + \Delta h_r\right)\frac{U}{x} \tag{4-166}$$

$$\Delta h_r = \Delta h - \Delta h_i \tag{4-167}$$

考虑镜像源和z，z_i处通量为零，间接源侧向积分浓度场为

$$\begin{aligned} C_r^y(x,z) = \frac{Q}{\sqrt{2\pi}U}\Bigg[&\frac{\lambda_1}{\sigma_{z1}}\sum_{n=0}^{N}\left\{\exp\left[-\frac{(z-2nz_i+\psi_1)^2}{2\sigma_{z1}^2}\right]+\exp\left[-\frac{(z+2nz_i-\psi_1)^2}{2\sigma_{z1}^2}\right]\right\} \\ &+\frac{\lambda_2}{\sigma_{z2}}\sum_{n=1}^{N}\left\{\exp\left[-\frac{(z-2nz_i+\psi_2)^2}{2\sigma_{z2}^2}\right]+\exp\left[-\frac{(z+2nz_i-\psi_2)^2}{2\sigma_{z2}^2}\right]\right\}\Bigg] \end{aligned} \tag{4-168}$$

式中，

$$\psi_j = h_s + \Delta h_r + \frac{\overline{w_j}x}{U} \tag{4-169}$$

这里 $2nz_i$和ψ_j反号，因此当ψ_2足够负时，向下气流对高度z的影响很小，而向上气流反复穿过高度z。

Weil 等（1997）提出有效的烟羽抬升高度Δh_i，它来自一个简单的能量参数，通过向下气流使浮力烟羽元素从对流边界层顶下降至地面。对于初始高度$z_p = z_i$，初始垂直速率$-w$的烟羽元素，且没有进一步夹带环境空气，烟羽元素的垂直速率和轨迹由式（4-170）给出。

$$W_p = -w + g't \quad z_p = z_i - wt + \frac{g't^2}{2} \tag{4-170}$$

式中，$g' = g\Delta\rho_a$，$\Delta\rho = \rho_a - \rho$，$\rho$为当烟羽元素开始下降时的烟羽密度。当它到达地面时，W_p=0，z_p=0，因此发生这段位移需要的时间$t = w/g'$。采用常数α（经验值，1.4）对w进行修正：

$$w = \sqrt{\frac{2g'z_i}{\alpha}} \tag{4-171}$$

对于起始于对流边界层顶的烟羽，由向下气流携带的烟羽元素的轨迹可表达为

$$z_p = z_i + \Delta h_i - \frac{wx}{U} \tag{4-172}$$

当 $\Delta h_i = wx/U$ 时，该轨迹与高度 $z = z_i$ 相交，因此，

$$\Delta h_i = \sqrt{\frac{g'z_i}{a}} \times \frac{wx}{U} \tag{4-173}$$

对于在对流边界层中的烟羽，浮力通量 F 是保守的，由式（4-174）给出：

$$F = F_b = Ur_y r_z \frac{g\Delta_\rho}{\rho_a} \tag{4-174}$$

因此，

$$\Delta h_i = \sqrt{\frac{2F_b z_i}{aUr_y r_z}} \times \frac{x}{U} \tag{4-175}$$

烟羽横截面的半宽度 r_y 和 r_z 根据修正的对流边界层顶烟羽夹带模式（Weil，1989）获得：

$$r_y r_z = r_i^2 + \frac{\alpha_e \alpha_y^{3/2}}{4} \times \frac{w_*^2 x^2}{U^2} \tag{4-176}$$

式中，$r_i = \beta_2 (z_i - h_s)$ 为烟羽到达对流边界层顶的烟羽半径，β_2=0.4，α_y=2.3，α_e 为无量纲的夹带参数，经验估算值为 0.1。

CALPUFF 模式采纳了 Weil 等（1997）的对流边界层参数化方案来得到平均向上气流和向下气流的属性，还有其新颖的通过间接源有效抬升模拟高耸的烟羽方法。但是，当混合层增长时，CALPUFF 在处理部分穿透及后续的夹带进入混合层算法没有进行改变。

考虑地面和混合层顶的反射，得到两种途径模型，明确计算受体点（或评估其他地方的分布）每种途径的高度。在限制层内分布前引入镜像源的烟团高度。σ_{zj}（j=1，2）与相应的 σ_{wj} 成比例，因为垂直方向烟团的增长与湍流速度成比例。即采用 CALPUFF 已有的算法根据 σ_{wj}/σ_w 计算受体点处的 σ_z，并加上浮力引起的组分：

$$\sigma_z^2 = \sigma_{za}^2 \left(\frac{\sigma_{wj}^2}{\sigma_w^2} \right) + \sigma_{b_i d}^2 \tag{4-177}$$

CALMET 为 CALPUFF 提供三维风场，垂直方向垂直层之间定义了垂直速率 w，用于收敛水平方向的风。因此，某垂直层网格的上部与下部的垂直速率差，除以该垂直层厚度，为该垂直层网格的平均散度。对于网格 n：

$$\frac{dN}{dz}\Big|_n = \frac{w(z_{n+1}) - w(z_n)}{z_{n+1} - z_n} \tag{4-178}$$

假设垂直散度在网格内是个常数且等于网格内平均值，将散度从烟团底部 z_b 向顶部 z_t 积分，得到穿过烟团的平均散度。z_b 和 z_t 为烟团高度加/减 σ_z，并受到地面和混合层的约束。

$$\frac{\mathrm{d}w}{\mathrm{d}z}|_p=\frac{1}{z_\mathrm{t}-z_\mathrm{b}}\int_{z_\mathrm{b}}^{z_\mathrm{t}}\frac{\mathrm{d}w}{\mathrm{d}z}(z)\,\mathrm{d}z \tag{4-179}$$

平均散度是烟团垂直伸展率的分数，经过一个采样步长Δt，烟团的σ_z变为

$$\sigma_z'=\sigma_z\left(1+\Delta t\frac{\mathrm{d}w}{\mathrm{d}z}|_p\right) \tag{4-180}$$

随着烟团垂直尺寸的增长，它可能会伸展到多个垂直层。通过使用烟团平均散度，某垂直层散度的任何变化被包含下一层，因此，某层强烈的垂直散度效应可能通过收敛或上面其他层较弱的散度被抵消。

4.3.4 建筑物下洗

低烟囱排放的烟羽扩散和浮力抬升可能会明显受到周边建筑物或障碍物的影响。Hosker（1984）描述了三个建筑物附近区域的流场特性。

CALPUFF 模型中建筑物下洗以 ISC3 模式中的方法为基础，应用于湍流尾流区域。ISC3 包含两种下洗算法：

①Huber-Snyder 模型（Huber and Snyder，1976；Huber，1977）。当污染源高度大于$H_\mathrm{b}+0.5L_\mathrm{b}$时使用该模型。

②Schulman-Scire 模型（Scire and Schulman，1980；Schulman and Hanna，1986）。

ISC3 与 CALPUFF 下洗处理方式的主要区别：决定使用何种模型的高度阈值作为一个输入变量。这个选项允许用户对所有污染源烟囱使用同一个下洗模型，对 ISC3 方法在烟囱高度$H_\mathrm{b}+0.5L_\mathrm{b}$处的不连续性有很好的消除效果。因此，在 CALPUFF 中，Huber-Snyder 方法用于烟囱高于$H_\mathrm{b}+T_\mathrm{bd}L_\mathrm{b}$时，其中$T_\mathrm{bd}$默认值为 0.5。$T_\mathrm{bd}$为负值时表明 Huber-Snyder 方法应用于所有烟囱，T_bd为 1.5 时采用 Schulman-Scire 方法。当T_bd=0.5 时，CALPUFF 中下洗处理和 ISC3 是一样的。

两种建筑物下洗方法都采用指定风向的建筑物尺寸（如H_b、H_w），以 10°为增量，10°～360°的 36 个指定风向建筑物尺寸被使用。美国环保局建筑物下洗处理程序 BPIP（1993）可用来计算指定风向的建筑物尺寸和与建筑物相关的烟囱工程范例（GEP）高度。

第一步是计算有效的烟羽高度H_e，它取决于两个建筑物高度下风向距离处的动力抬升。当$H_\mathrm{e}>H_\mathrm{b}+1.5L_\mathrm{b}$时，建筑物下洗效应可以忽略。反之，建筑物下洗效应就会被考虑。建筑物高度H_s小于$1.2H_\mathrm{b}$时，σ_y和σ_z都被增大，H_s大于$1.2H_\mathrm{b}$且小于$H_\mathrm{b}+1.5L_\mathrm{b}$时仅$\sigma_z$被增大。

当映射的建筑物宽度H_w超过建筑物高度（如$H_\mathrm{w}>H_\mathrm{b}$）时，建筑物被定义为矮建筑物，反之为高建筑物。因为建筑物高度和投影宽度都随风向变化，建筑物高矮的分类也会随风向变化。对于矮建筑物，增大后的σ_z为

$$\sigma_z' = 0.7H_b + 0.067(x - 3H_b) \tag{4-181}$$

式中，x——下风向距离，m。

对于高建筑物，

$$\sigma_z' = 0.7H_w + 0.067(x - 3H_w) \quad 3H_w < x < 10H_w \tag{4-182}$$

当 $H_s / H_b \leqslant 1.2$，水平扩散系数σ_y被增大。对于 $H_w / H_b < 5$ 的矮建筑物，

$$\sigma_y' = 0.35H_w + 0.067(x - 3H_b) \quad 3H_b < x < 10H_b \tag{4-183}$$

对于 $H_w / H_b > 5$ 的建筑物，σ_y 的计算有两个选项：

$$\sigma_y' = 0.35H_b + 0.067(x - 3H_b) \quad 3H_b < x < 10H_b \tag{4-184}$$

$$\sigma_y' = 1.75H_b + 0.067(x - 3H_b) \quad 3H_b < x < 10H_b \tag{4-185}$$

式（4-184）会比式（4-185）产生更高的烟羽中心线浓度，被看作是污染源影响的上限。当污染源位于建筑物 2.5 H_b 距离内，ISC3 手册建议采用式（4-185）。当污染源位于建筑物中心附近时，式（4-184）更适合。但实际上，无论污染源的位置在哪，法规应用中通常都采用更保守的式（4-184）。

对于高建筑物，σ_y 为

$$\sigma_y' = 0.35H_w + 0.067(x - 3H_w) \quad 3H_w < x < 10H_w \tag{4-186}$$

Schulman-Scire 算法的主要特点是建筑物下洗效应也考虑了对烟羽抬升的减小，σ_z 的增大是有效烟羽高度的渐变函数而非阶梯函数。

对小于 GEP 高度烟囱的风洞实验表明，建筑物下洗会降低烟羽抬升［如 Huber 和 Snyder（1976）］。建筑物尾流增加的机械湍流会加快烟羽扩散（反映为扩散系数的增大），进而导致烟羽的快速稀释。这种稀释减小了烟羽抬升速率，导致较低的烟羽高度。

Schulman-Scire 算法中应用线性衰减函数于σ_z。

$$\sigma_z'' = A\sigma_z' \tag{4-187}$$

式中，σ_z' 由式（4-181）和式（4-182）计算，且

$$A = \begin{cases} 1 & H_e < H_b \\ \dfrac{H_b - H_e}{2L_b} + 1 & H_b < H_e \leqslant H_b + 2L_b \\ 0 & H_b + 2L_b < H_e \end{cases} \tag{4-188}$$

CALPUFF 对烟羽抬升关系进行一般化以用于各种类型的污染源和各种特性的烟羽。烟羽抬升算法中考虑了下列效应：

①烟羽的浮力和动量；

②稳定的大气分层；

③烟羽部分穿透到稳定的逆温层；

④建筑物下洗和烟囱顶端下洗效应；

⑤垂直风切变；

⑥面源烟羽抬升；

⑦线源烟羽抬升。

烟羽抬升的基本方程基于 Briggs（1975）公式，中性或不稳定条件下浮力和动力导致的烟羽抬升 z_n 为

$$z_n = \left(\frac{3F_m x}{\beta_j^2 u_s^2} + \frac{3Fx^2}{2\beta_1^2 u_s^3} \right)^{1/3} \tag{4-189}$$

式中，F_m ——动量通量，m^4/s^2；

F ——浮力通量，m^4/s^3；

u_s ——烟囱高度的风速，m/s；

x ——下风向距离，m；

β_1 ——中性夹带系数（约 0.6）；

β_j ——喷射夹带系数（β_j=1/3+u_s/w）；

w ——烟囱出口速率，m/s。

距最终烟羽抬升的距离 x_f 为

$$x_f = \begin{cases} 3.5x^* & F>0 \\ 4D\dfrac{(w+3u_s)^2}{u_s w} & F=0 \end{cases} \tag{4-190}$$

式中，D 为烟囱内径，m；x^* 由式（4-191）计算：

$$x^* = \begin{cases} 14F^{5/8} & F \leqslant 55\ m^4/s^3 \\ 34F^{2/5} & F>55\ m^4/s^3 \end{cases} \tag{4-191}$$

在稳定条件下，最终的烟羽抬升，z_{sf} 由式（4-192）计算：

$$z_{sf} = \left[\frac{3Fm}{\beta_j^2 u_s s^{\frac{1}{2}}} + 6F/\left(\beta_2^2 u_s s\right) \right]^{1/3} \tag{4-192}$$

式中，β^2 ——稳定夹带系数（约 0.36）；

S ——稳定性参数，$S=\left(\dfrac{C_g}{T_a}\right)\left(\dfrac{d_\theta}{d_z}\right)$；

g——重力加速度，m/s^2；

T_a——环境空气温度，K；

d_θ / d_t——位温梯度，K/m。

稳定条件下的过渡性烟羽抬升根据式（4-189）计算，直至 $z_n = z_{sf}$。

对于中性或不稳定条件下的低风速和静风条件，强制最小风速 $u_s = 1\text{ m/s}$。在稳定条件下，式（4-193）（Briggs，1975）用于计算浮力烟羽的中心线抬升：

$$z_{sf} = 4F^{1/4} / s^{3/8} \tag{4-193}$$

稳定条件下的动量抬升是通过最小风速 $u_s = 1\text{ m/s}$ 计算的，但它不允许超过中性条件下的动量抬升。

如果烟囱顶端处烟气出口速率与环境风速之比小于 1.5，烟羽可能会被拉至烟囱的背风处。Briggs（1973）建议修改烟囱高度来调整烟囱顶端下洗效应：

$$h_s' = \begin{cases} h_s + 2D\left(\dfrac{w}{u_s} - 1.5\right) & w/u_s < 1.5 \\ h_s & w/u_s \geqslant 1.5 \end{cases} \tag{4-194}$$

式中，D 为烟囱内径，m；h_s' 为调整后的烟囱高度。

从高烟囱中排放的烟羽可能会经常与混合层内逆温层相互作用，部分烟羽可能会穿透逆温层，因此不会直接混合至地面。Manins（1979）使用水箱试验数据发展了估算部分烟羽穿透上部逆温层的方法，该方法被用于 CALPUFF 中。

穿透系数 P，以及相应的逆温层下的烟羽比例 f，由式（4-195）和式（4-196）定义：

$$P = \frac{F_b}{u_s b_i (h - h_s)^2} \tag{4-195}$$

$$f = \begin{cases} 1 & P < 0.08 \\ \dfrac{0.08}{P} - P + 0.08 & 0.08 < P \leqslant 0.3 \\ 0 & P > 0.3 \end{cases} \tag{4-196}$$

式中，u_s——烟囱高度处风速；

F_b——烟囱排放的初始浮力参数；

h——逆温层厚度；

h_s——烟囱高度；

b_i——逆温强度（$b_i = g\Delta T_i / T_a$）。

因此，当 $P < 0.08$ 时不预测穿透效应，当 $P = 0.3$ 或更高时为几乎完全穿透。采用水

箱实验数据，Manins（1979）将这种方案与 Briggs（1969）和 Briggs（1975）方案进行了比较，发现 Briggs（1969）低估了穿透逆温层中的烟羽质量，而 Briggs（1975）高估了这个量。在澳大利亚昆士兰格莱斯顿电厂收集的数据也印证了这一结论（Manins，1984）。

在逆温层以下（z_{p_1}）和以上（z_{p_2}）有效的最终烟羽抬升由式（4-197）和式（4-198）计算：

$$z_{p_1} = \left(1 - \frac{f}{3}\right)(h - h_s) \tag{4-197}$$

$$z_{p_2} = (2 - f)(h - h_s) \tag{4-198}$$

事实上，逆温层以下的烟羽抬升取 z_n 和 z_{p1} 中的最小值，其中 z_n 为 $x = x_f$ 时的值。注意 z_n、z_{p1}、z_{p2} 都是在烟囱顶端以上测得，式（4-198）来源于 Hanna 和 Chang（1991）。

式（4-197）和式（4-198）仅应用于发生部分穿透逆温层这种情况。如果烟羽完全穿透逆温层（如 f=0），烟羽抬升 z_{ps} 根据式（4-199）计算（Briggs，1975）。最终的抬升取 z_n 和 z_p 的最小值，其中 z_p 为取决于烟囱上部逆温层高度的稳定抬升和逆温高度上的稳定分层：

$$z_p = \left[1.8(h - h_s)^3 + \frac{18.25F}{u_s s}\right]^{1/3} \tag{4-199}$$

烟羽扩散和抬升的风洞实验表明，建筑物下洗效应会明显降低烟羽抬升。Huber 和 Snyder（1982）发现在建筑物下洗条件下，与没有建筑物存在时相比，烟羽抬升被降低了 1/3。对于最容易受到下洗影响的较小的点源，根据烟羽抬升观测数据分析，Rittmann（1982）发现实际观测值比理论预测值［式（4-189)］的 2/3 还低。其他一些使用原始的 ISC 建筑物下洗算法的研究［如 Bowers 和 Anderson（1981）、Scire 和 Schulman（1981）、Thuillier（1982)］，没有考虑建筑物下洗对烟羽抬升的影响，表明忽略这个影响明显低估了下洗情况下的峰值浓度。

建筑物尾流增加的机械湍流增强了烟羽的扩散，导致烟羽的快速稀释，稀释降低了烟羽抬升速率和导致了较低的烟羽高度。对待这种初始高稀释速率的一种方法为假定一个烟羽稀释半径（Scire and Schulman，1980），这种方法被整合到浮力线源和点源模式 BLP（Scire and Schulman，1980）以及修正版的 ISC 模式中。结果表明（Schulman and Hanna，1986），添加了该方法估算建筑物下洗条件下的地面浓度更接近实际情况。

在中性-不稳定条件下，当$\sigma_{yo} \leqslant \sigma_{zo}$时，下洗烟羽的抬升由式（4-200）计算：

$$z_d^3 + \left(\frac{3R_o z_d}{\beta_1} + \frac{3R_o^2}{\beta_1^2}\right) z_d = \frac{3F_m x}{\beta_j^2 u_s^2} + \frac{3Fx^2}{2\beta_1^2 u_s^3} \tag{4-200}$$

式中，R_o为稀释半径[$R_o=(2)^{1/2}\sigma_{zo}$]；σ_{yo}和σ_{zo}为在下风向$3H_b$处的水平和垂直扩散系数。系数$(2)^{1/2}$将高斯扩散系数转换成烟羽抬升计算时有效的高帽分布。

最终的稳定烟羽抬升为

$$z_d^3+\left(\frac{3R_o z_d}{\beta_2}+\frac{3R_o^2}{\beta_2^2}\right)z_d=\frac{3F_m}{\beta_j^2 u_s s^{1/2}}+\frac{6F}{\beta_2^2 u_s s} \tag{4-201}$$

稳定条件下过渡性烟羽抬升由式（4-200）计算直至达到由式（4-201）计算的最终烟羽抬升高度。

当建筑物尾流水平烟羽混合导致$\sigma_{yo}>\sigma_{zo}$，需要考虑烟羽的拉长形态。此时烟羽可表示为有限的线源，在中性-不稳定条件下对长度为L_e的线源烟羽抬升为

$$z_d^3+\left[\frac{3L_e}{\pi\beta_1}\right]z_d^2+\left[\frac{3R_o z_d}{\beta_1}+\frac{6R_o L_e}{\pi\beta_1^2}+\frac{3R_o^2}{\beta_1^2}\right]z_d=\frac{3F_m x}{\beta_j^2 u_s^2}+\frac{3Fx^2}{2\beta_1^2 u_s^3} \tag{4-202}$$

且最终的稳定烟羽抬升为

$$z_d^3+\left[\frac{3L_e}{\pi\beta_2}\right]z_d^2+\left[\frac{3R_o z_d}{\beta_2}+\frac{6R_o L_e}{\pi\beta_2^2}+\frac{3R_o^2}{\beta_2^2}\right]z_d=\frac{3F_m}{\beta_j^2 u_s^2 s^{1/2}}+\frac{6F}{\beta_2^2 u_s s} \tag{4-203}$$

当$\sigma_{yo}>\sigma_{zo}$时，有效长度$L_e=(2\pi)^{1/2}(\sigma_{yo}-\sigma_{zo})$。否则$L_e$=0，则式（4-202）和式（4-203）变为式（4-200）和式（4-201）。

增强的扩散系数σ_{yo}和σ_{zo}随着烟囱高度、动力抬升和建筑物尺寸等变化。不同烟囱高度下初始稀释半径R_o的变化见图 4-7。当σ_{yo}和σ_{zo}趋近于 0 时（建筑物下洗效应变得可忽略），式（4-192）和式（4-193）方法接近于未经修正的 Briggs 公式。R_o和L_e的影响总是降低烟羽高度，因此会增加预测的最大地面浓度。

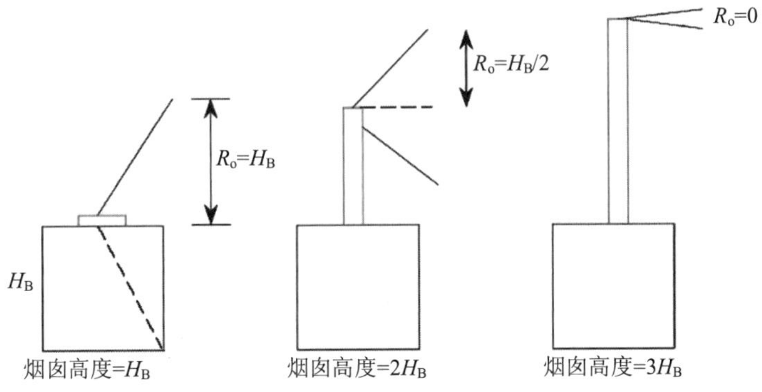

图 4-7 初始稀释半径 R_o 随烟囱高度的变化

在烟羽抬升算法中使用烟囱高度处的风速，风速从地面到烟囱高度的风速变化也被考虑。大部分公式假设烟囱顶端以上的风速是不变的，对于中等或高烟囱来说，该假设是合理的。但是，烟囱顶端以上风速的变化能明显降低处于大气切变层的低矮烟囱浮力排放的烟羽抬升（Scire and Schulman，1980）。假设烟囱上部垂直风速廓线可近似为 $u(z) \cong u_{\mathrm{s}}\left(\frac{z}{h_{\mathrm{s}}}\right)^{p}$，其中 u_{s} 为烟囱顶端 h_{s} 的风速，$u(z)$ 为高度 z 处的风速，中性和不稳定条件下低矮烟囱排放的烟羽抬升可表达为

$$z_{\mathrm{w}} = \left[\frac{e^2}{6+2p}\left(Fz_{\mathrm{m}}^{3p}\right)/(\beta_1^2 u_{\mathrm{m}}^3)\right]^{1/e} x^{2/e} \tag{4-204}$$

$$e = 3 + 3p \tag{4-205}$$

式中，p 为风速幂律指数。

在稳定条件中，最终的烟羽高度为

$$z_{\mathrm{w}} = \left\{\left[2(3+p)z_{\mathrm{m}}^{p}F\right]/\left(\beta_2^2 u_{\mathrm{m}} s\right)\right\}^{1/(3+p)} \tag{4-206}$$

风切变组分可由大气稳定度估算或根据风场模型中的垂直风场数据计算。当烟囱顶端没有风切变（如 p=0），式（4-204）和式（4-206）均可简化为 Briggs 浮力烟羽抬升方程。

对于垂直风切变效应很大的低矮烟囱，假定 $u(z) \cong u_{\mathrm{s}}\left(\frac{z}{h_{\mathrm{s}}}\right)^{p}$ 是有效的，但该假定不适合高烟囱。因此，式（4-204）和式（4-206）用来提供低矮烟囱烟羽高度的上限，实际的烟羽高度可以被认作是受切变、下洗、非切变作用的最小值。

浮力大面源的烟羽抬升要求进行某些特别处理，如垂直风切变效应、大的初始烟羽尺寸以及烟羽和环境空气可能有较大的密度差异。CALPUFF 中面源烟羽抬升模型主要用于计算森林大火产生的浮力面源、漏油燃烧以及其他类型浮力面源，该模型主要应用于以下条件：

①各种类型环境温度层结；

②各种类型风场分层；

③各种规模的有限排放源；

④包括烟羽辐射热损失效应；

⑤不受布辛涅斯克近似的限制。

所有这些因素可能对大的森林大火烟羽很重要。在复杂地形影响下，在很多森林地区和地形对气象条件影响很大的地区，可能会存在复杂的温度和风场样式。这种情况下，环境温度分层通常比大部分烟羽抬升模型中的线性分层更为复杂。森林大火烟羽起始于地面，垂直方向上存在较大的速度梯度区域，因此，在烟羽抬升中需要允许考虑任意的

风和温度廓线，包括可能的稳定度和垂直方向的逆转风。初始的火团尺寸可能很大，半径达到十千米到几十千米的范围。离燃烧源较近的地方烟羽温度比环境温度高很多，通常达到 1 600 K，烟羽沿着轨迹方向的热辐射损失的热通量会减少。热通量的减少导致浮力通量的减少，进而导致最终烟羽抬升高度的减少。另外，由于烟羽的初始温度很高，且烟羽与环境空气的初始密度差异很大，这就使得采用布辛涅斯克近似是产生不可信的结果。

森林大火源的排放参数通常是变化的。森林大火的生命周期通常包括一个热量和排放速率迅速增大的初始发展阶段，紧接着就是各项参数的衰减阶段。在整个燃烧过程中，热量和排放速率的变化可能是跨数量级的。假设烟羽运动是准稳定的，因此源参数的输入是时间相关的，但在控制方程中的时间衍生参数可被忽略。因为烟羽抬升的时间尺度比火灾生命周期短很多，所以该假设是合理的。

控制方程的推导与 Weil（1988）类似，除了没有采用布辛涅斯克近似。布辛涅斯克近似简化了烟羽抬升方程，假设烟羽密度与环境空气密度足够接近，密度差异可被忽略。烟羽横截面假设为圆形的，尽管烟羽横截面部分随着抬升时会受到一对反向旋转旋涡流线控制，它对烟羽抬升轨迹的影响还是可以被积分模拟量化得很好（Zhang，1993）。横截面上所有的物理量都是假定为均一的。可根据夹带假设来表达质量守恒定律，考虑了环境气流平行或垂直于烟羽中心线的夹带效应（Hoult and Weil，1972）。

$$\frac{\mathrm{d}}{\mathrm{d}s}\left(\rho U_{\mathrm{sc}} r^{2}\right)=2r\alpha\rho_{\mathrm{a}}\left|U_{\mathrm{sc}}-U_{\mathrm{a}}\cos\varphi\right|+2r\beta\rho_{\mathrm{a}}\left|U_{\mathrm{a}}\sin\varphi\right| \tag{4-207}$$

$$U_{\mathrm{sc}}=\sqrt{u^{2}+w^{2}} \tag{4-208}$$

式中，$\alpha=0.11$，$\beta=0.6$，分别为对应于平行和垂直烟羽中心线的风速与烟羽速率之差的夹带系数（Weil，1988）；$U_{\mathrm{a}}(z)$ 为水平风速，它可表达为高度的函数；U_{sc} 为沿着烟羽中心线的烟羽横截面速率；u 和 w 为其水平和垂直方向的风速；ρ 和 ρ_{a} 分别为烟羽密度和空气密度；s 为从排放源算起的烟羽中心线的长度；φ 为中心线的倾角。

风向动量方程为

$$\frac{\mathrm{d}}{\mathrm{d}s}\left[\rho U_{\mathrm{sc}} r^{2}\left(u-U_{\mathrm{a}}\right)\right]=-r^{2}\rho w\frac{\mathrm{d}U}{\mathrm{d}z}a \tag{4-209}$$

式（4-209）右侧与风切变相关。垂直方向的动量方程与惯性加速、夹带动量和浮力相平衡。

$$\frac{\mathrm{d}}{\mathrm{d}s}\left(\rho U_{\mathrm{sc}} r^{2} w\right)=gr^{2}\left(\rho_{\mathrm{a}}-\rho\right) \tag{4-210}$$

式中，g——重力加速度。

能量方程可被写为

$$\frac{\mathrm{d}}{\mathrm{d}s}\left[\rho U_{sc} r^2 \left(T - T_a\right)\right] = \rho \frac{\mathrm{d}\eta_a}{\mathrm{d}z} w r^2 + \frac{Q}{c_p} r^2 \tag{4-211}$$

$$\frac{\mathrm{d}\eta_a}{\mathrm{d}z} = \frac{\mathrm{d}T_a}{\mathrm{d}z} + \frac{g}{c_p} \tag{4-212}$$

$$\frac{g}{c_p} = 9.76 \times 10^3 \mathrm{K/m} \tag{4-213}$$

式中，$\mathrm{d}\eta_a/\mathrm{d}z$——环境位温的垂直直减率；

c_p——环境空气比热容。

式（4-211）中的最后一项对应于烟羽向环境空气中的热辐射损失，该项仅当初始烟羽温度较高时才比较重要。Q为每单位体积烟羽的热损失。该项可估算为

$$\frac{Q}{c_p} r^2 = -\frac{2\varepsilon\sigma r\left(T^4 - T_a^4\right)}{c_p} = -R_p r\left(T^4 - T_a^4\right) \tag{4-214}$$

式中，σ和ε分别为斯忒藩–玻耳兹曼常数和辐射系数；$R_p = 2\sigma\varepsilon / c_p$，为识别辐射特性的变量。

如果选择式（4-215）

$$c_p = 10^3 \mathrm{J/(kg \cdot K)}, \sigma = 5.67 \times 10^8 \mathrm{W/(m^2 \cdot K^4)} \tag{4-215}$$

且定义$\varepsilon = 0.8$，则$R_p = 9.1 \times 10^{-11} \mathrm{kg/(m^2 \cdot K^3 \cdot s)}$。能量方程则变为

$$\frac{\mathrm{d}}{\mathrm{d}s}\left[\rho U_{sc} r^2 \left(T - T_a\right)\right] = \left(\frac{\mathrm{d}T_a}{\mathrm{d}z} + \frac{g}{c_p}\right)\rho w r^2 - R_p r\left(T^4 - T_a^4\right) \tag{4-216}$$

当T很大，r很小时，热辐射损失会比较大。

在导出方程式（4-209）和式（4-211）时，假设环境风是水平方向的，垂直梯度的风速和温度特性$\mathrm{d}U_a/\mathrm{d}z$和$\mathrm{d}T_a/\mathrm{d}z$在烟羽横截面中不发生明显变化。

为完善方程式，需要给出以下两个几何关系：

$$\frac{\mathrm{d}z}{\mathrm{d}s} = \frac{w}{U_{sc}} = \sin\varphi \tag{4-217}$$

$$\frac{\mathrm{d}x}{\mathrm{d}s} = \frac{u}{U_{sc}} = \cos\varphi \tag{4-218}$$

这些方程可根据以下初始条件及环境气象条件进行求解。在源的位置处（x=0）指定

初始条件$s=0$。其他初始输入条件有：烟羽密度ρ_0；垂直速度w_0；烟羽半径r_0；温度T_0。环境条件有：水平风速廓线$U_a(Z)$；环境温度廓线$T_a(Z)$。

大部分气象观测给出的是随气压变化的温度垂直分布，为得到空气密度与高度的关系、烟羽密度与高度的关系，假设大气压力分布近似为绝热大气。

$$p=p_o[1-\frac{\gamma-1}{\gamma}\times\frac{gz}{RT_{ao}}]^{\frac{\gamma}{\gamma-1}} \tag{4-219}$$

式中，T_{ao}为地面空气温度。在高度z处如果空气温度和烟羽温度分别为T_a和T，相应的密度为

$$\rho_a=\frac{p(z)}{RT_a} \qquad \rho=\frac{p(z)}{RT} \tag{4-220}$$

式中，R为环境空气和烟羽的气体常数。

上述方程可以采用以下数值方法求解，并采用海因斯法则校正。

$$\frac{dy}{ds}=f(s,y) \tag{4-221}$$

$$y^*=y^n+f(s^n,y^n)\Delta s \tag{4-222}$$

$$y^{n+1}=y^n+\frac{1}{2}\left[f(s^n,y^n)+f(s^*,y^*)\right]\Delta s \tag{4-223}$$

4.3.5　水域和海岸的扩散

海上和陆地边界层的结构有非常大的差异，从而使得在水体和海岸上的烟羽扩散有明显的不同。这些差异主要由以下三个原因造成（Lemone，1978）：

①水体有较大的比热容，导致相对较小的温度日变化（约 0.5℃）；

②海面的表面比较平整光滑，粗糙度相较于陆地小；

③海洋边界层水汽来源充足。

在这些差异的作用下，水体的感热通量要比陆地的低一个数量级。从而使得海洋混合层高度较低，地表粗糙度较小，从而可能产生明显的烟团捕集效应。LeMone（1978）表明典型的海洋的混合层高度仅为 500 m 左右。Hanna 等（1985）分析了三个海上的实验数据表明很多时候混合层高度可能会小于 100 m。

另外水上稳定度的日变化和年变化与典型的陆地行为无关。例如，Nieuwstadt（1977）在北海对海水和空气温度观测显示（图 4-8），6 月的大部分日期都存在逆温现象，而整个 1 月一直处于不稳定条件下。在其他时间，水体稳定度日变化与陆地日变化是相反的，如水体在白天稳定，夜晚不稳定。

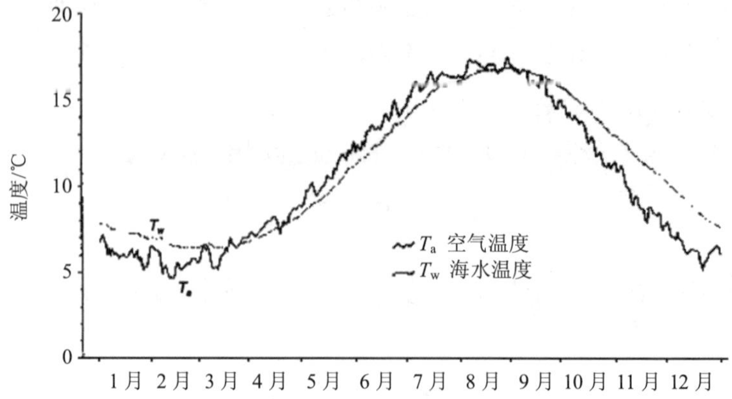

图 4-8　北海观测的日平均空气和海水温度（Nieuwstadt，1977）

CALMET 气象诊断模式中根据空气-海水温差、风速和比湿来计算水体混合层高度、稳定度和地面层参数（Scire et al.，1998）。在陆水交界处，扩散特性的快速变化可能会发生，从而明显影响海岸排放源的落地浓度水平。烟团模型能够很好地描述这种海岸过渡区的空间变化。

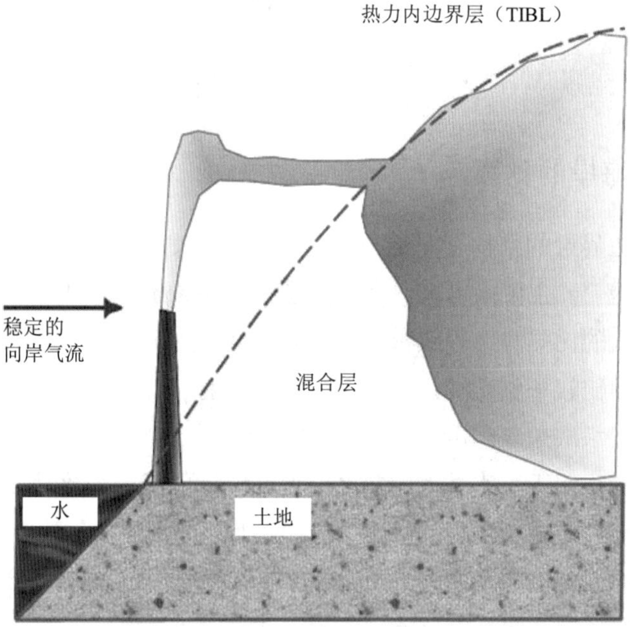

图 4-9　典型的海岸熏烟条件

图 4-9 为稳定的向岸气流（海风）条件下，嵌入在海洋表层上稳定层的窄长烟羽被陆地上逐渐增长的热力内边界层 TIBL 截断。陆地表面受太阳辐射加热升温，导致 TIBL

逐渐增大。陆地上的对流能快速地将污染物带至地面，从而导致很高的局部落地浓度。很多海岸熏烟模型都假定污染物进入 TIBL 后立即混合至地面［如 Lyons 和 Cole（1973）、Misra（1980）］。Deardorff 和 Willis（1982）在实验室实验的基础上，指出 TIBL 高度内紊动的重要性，并表示烟羽并不会立即完全混合。在海岸扩散模式 OCD 中，Hanna 等（1985）采用虚拟源技术预测最小浓度，或采用 Deardorff 和 Willis 模型预测，来描述海岸熏烟现象。

在 CALPUFF 中，陆水交界由计算网格的尺度决定，模式根据每个网格的用地类型计算湍流和扩散特性。当海洋边界层中的烟团进入陆地混合层，烟团的增长则由适应海洋边界层特性变成适应陆地边界层特性。

当海岸边界位于网格内 TIBL 等增长必须采用更高的空间分辨率进行模拟时，可采用次网格尺度 TIBL 模块（SGTIBL）。该模块接受采用多段直线明确表示海岸线，对流条件下在陆上烟团的输送中，它会：①将采样步长细分成更小的次步长；②计算每个次步长的 TIBL 高度的变化；③为烟团确定适合的扩散属性。然后继续正常情况下的烟团输送和采样计算。

TIBL 的增长基于 Garratt（1992）模型计算。在不考虑沉降的情况下，对流边界层零阶跳跃模型的守恒方程如下：

$$\frac{\partial h_{\mathrm{T}}}{\partial x}=\frac{(1+2\beta)H_{\mathrm{o}}(x)}{\gamma\rho c_{\mathrm{p}}uh_{\mathrm{T}}} \tag{4-224}$$

在第 n 个采样次步长，对参数 H_{o}、γ、u 沿着距离积分，则

$$h_{\mathrm{T}}(s)=\sqrt{\frac{2(1+2\beta)H_{\mathrm{on}}}{\gamma\rho C_{\mathrm{p}}u_n}s+h_{\mathrm{TO}}^2} \tag{4-225}$$

式中，h_{T} ——TIBL 高度，m；

h_{TO} ——在采样步长开始时的 TIBL 高度；

H_{o} ——陆地上地表感热通量，W/m²；

γ ——混合层高度以上的位温梯度，K/m；

ρ ——地面上空气密度，kg/m³；

c_{p} ——定压比热容，J/（kg·K）；

u ——TIBL 内平均风速，m/s；

β ——TIBL 高度顶部向下热通量与地面向上热通量之比（在陆地对流边界层≈0.2）；

n ——下标，表示第 n 个步长。

4.3.6　复杂地形处理

CALPUFF 中考虑了两种尺度地形的影响。在 CALMET 中诊断或预测风场选项可用来反映较大尺度地形变化的影响，地形效应达到一定尺度将会体现在边界层条件流场中。流场中的烟团是会沿着地形随着气流上升，还是绕过地形，取决于地形高度的分层。当烟团遇到较小尺度的地形特征时，可采用次网格尺度复杂地形算法 CTSG，该方法曾用在复杂地形扩散模式 CTDM 中。当不采用 CTSG 估算地形对浓度的影响时，模型对烟团的有效高度和/或烟团垂直方向的大小进行调整。有 3 种调整方法，包括：①原始的 ISC 处理法；②烟羽路径系数处理法；③CTSG 概念中的新处理法，但无须 CTSG 需要的地形描述。

CTSG 在流场模型产生在该地形特征附近的流场基础上，继续模拟该地形特征导致流场和扩散速率的变化。图 4-10 描述了 CTSG 在 CALPUFF 中的应用。在图 4-10（a）中，从海上到内陆，随着距离的增加，地形高度随之增加。垂直的虚线表示风场模型中的网格边界。在夜晚，烟团可能会沿着坡度向下移动，烟团与次网格地形的交互作用由 CTSG 模拟。在图 4-10（b）中，风场模型给该烟团提供移动速度和方向，次网格地形在这里表示为流场中的障碍物，CTSG 将采用 CTDM 中的方法计算该地形特征下受体点的浓度。

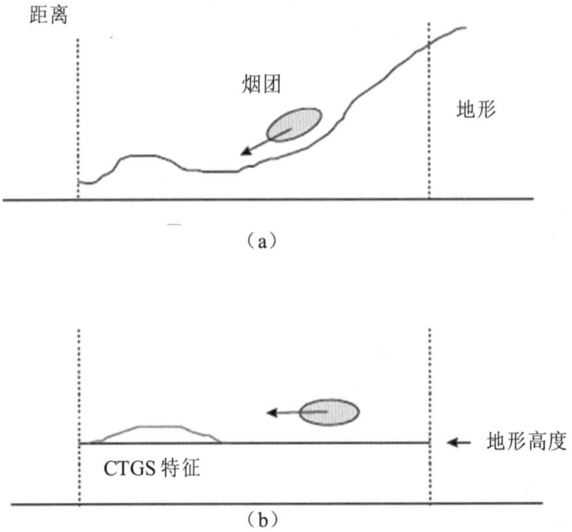

图 4-10　CTSG 在 CALPUFF 中的应用

CTSG 中一个重要的概念是分界流线。气流被认为由两层组成，在上层，迎风气流有足够的动能移动气团越过山体；在下层，气流在山体周围形成绕流。分界流线高度 H_d，可根据风速和温度廓线计算。对每个山体，通过气团的动能与势能平衡，找出能使气团

移动到山顶的最低高度。该平衡方程为

$$0.5u^2\left(H_{\mathrm{d}}\right)=\int_{H_{\mathrm{d}}}^{H} N^2\left(z\right)\left[H-z\right]\mathrm{d}z \tag{4-226}$$

式中，$u\left(H_{\mathrm{d}}\right)$——高度 H_{d} 处的风速；

H——山顶的海拔；

$N\left(z\right)$——高度 z 处的 Brunt-Vaisala 频率。

实际中，将式（4-226）右边（*RHS*）积分重写为各层 N 的加和。对于第 n 层，

$$RHS_n=RHS_{n+1}+\int_{z_n}^{z_{n+1}} N_n^2\left(H-z\right)\mathrm{d}z=N_1^2\left(H-z_{mn}\right)\left(z_{n+1}-z_n\right) \tag{4-227}$$

式中，z_{mn} 为第 n 层的平均高度，$z_{mn}=(z_{n+1}+z_n)/2$。从包含山顶的那层开始，比较式（4-226）左边部分（*LHS*）与 RHS_n，从而找到 H_{d}。当 $LHS_n > RHS_n$ 时，H_{d} 一定在 z_n 高度下，一直重复这个过程直到找到 *LHS* 小于 *RHS* 的高度层，在该高度层内假设风速廓线为线性，从而计算出 H_{d}。将该层表示为 j，该层顶部和底部的海拔分别为 z_{n+1} 和 z_n。则

$$u\left(z\right)=a_j+b_jz \tag{4-228}$$

则式（4-226）变为

$$\frac{1}{2}(a_j+b_jH_{\mathrm{d}})^2=N_j^2\left[H-0.5(z_{j+1}+H_{\mathrm{d}})\right](z_{j+1}-H_{\mathrm{d}})+RHS_{j+1} \tag{4-229}$$

式中，最后一项 RHS_{j+1} 表示从 z_{j+1} 到山顶的 *RHS* 值。式（4-229）为 H_{d} 的二次方程，且比较容易求解。当 H_{d} 确定后，H_{d} 上方的气流厚度为 u_m/N_m，u_m 和 N_m 为 H_{d} 与第一个高于山顶的层相应参数的平均值，N_n 根据各层的温差计算。

处于分界流线高度以上的烟团，在越过山体后扩散速率发生了变化。当 H_{d} 为 0 时，该现象会造成越过山体时地面浓度的增加。当 H_{d} 不为 0 时，仅高于 H_{d} 的烟团部分会越过山体，烟团好像从 H_{d} 处被切开，烟团中心物质进一步稀释就可以到达地表。流场中的窄长烟羽扩散理论（Hunt and Mulhearn，1973）提供了较高层处落地浓度的计算方法（子程序 UPPER）。

处于分界流线以下的烟团遇到山体时，在山体周围形成绕流。气流沿着山体边界形成静滞流线，烟团可能被分裂开，从山体两边经过。仅当烟团处于静滞流线的中心，且处于 H_{d} 高度以下，烟团中心可能会撞上山体。Hunt 等（1979）指出在靠近撞击点处通过沿着静滞流线在受体海拔处对烟团进行采样，此时假设不存在山体。当烟团撞上山体，烟团内物质的横向分布沿着静滞流线分开，各部分均可绕山而行，并在 $z=0$ 和 $y=Y_{\mathrm{d}}$ 平面形成反射。

图 4-11 和图 4-12 给出了 CTSG 的处理方式，为了能更好地说明情况，连续的烟团被描绘为烟羽，且烟羽中心线的高度超过了 H_{d}。图中有三个区域，其边界线在上下两层中

是不同的。区域 2 中上下两层气流被精确描绘出来。在此之前，区域 1 中，H_d上方烟团的一部分还没有到达山体（$z = H_d$），因此垂直方向仍是连续的。

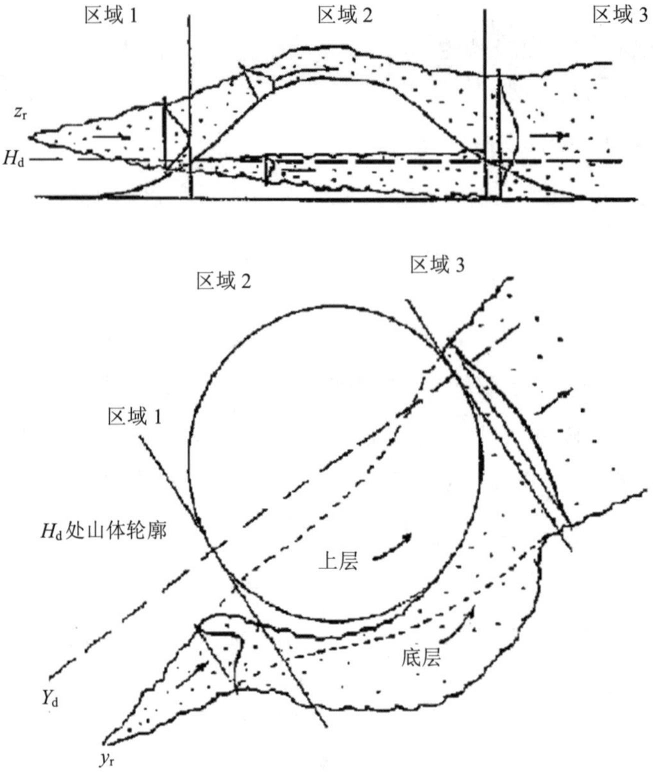

图 4-11 分界流线的三个模拟区域

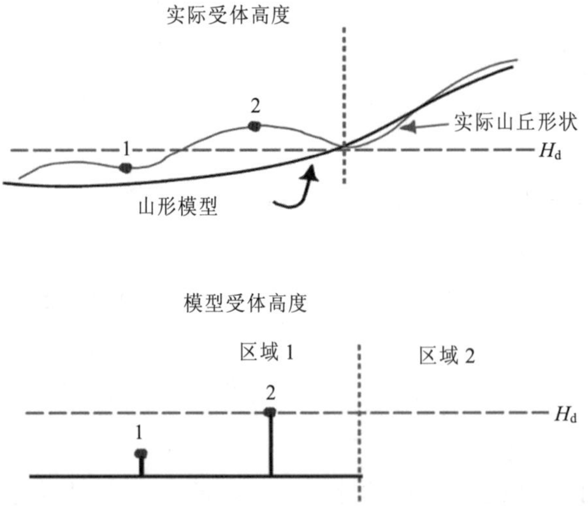

图 4-12 区域 1 内受体高度的处理

CTSG 将次网格地形特征表达为简单形状的障碍物。在 H_d 以下，CTSG 采用椭圆柱体表示山体，椭圆的轴和方向代表烟团最低海拔高度处，或 H_d 处的地形特征的尺度和方向。在 H_d 以上，CTSG 采用高斯形状表示山体，高斯山体的高度等于山顶与 H_d 的高度差，高斯山体在中间高度处的横向伸展可用来代表山体的水平长度和方向。当山体的主轴沿着 x 轴时，形状可定义为

椭圆：

$$1=\left(\frac{x}{a}\right)^2+\left(\frac{y}{b}\right)^2 \tag{4-230}$$

高斯：

$$h=He^{-\left(\frac{x}{L_x}\right)^2}e^{-\left(\frac{y}{L_y}\right)^2} \tag{4-231}$$

式中，a 和 b 为高度 H_d 以下椭圆水平横截面的半轴长度；L_x 和 L_y 为高度 H_d 以上沿两条轴的高斯长度。对于每个烟团、山体、H_d，模型会选择与之相适应的椭圆柱体或高斯山体来描述山体。

用户需要将地形特征描述为多项式山体，如图 4-13 所示，在每条轴上，需要找到与地形高度拟合较好的函数形式：

$$H_t=\text{relief}\left[\frac{1-\left(\dfrac{|x|}{\text{axmax}}\right)^{\text{expo}}}{1+\left(\dfrac{|x|}{\text{scale}}\right)^{\text{expo}}}\right] \tag{4-232}$$

式中，H_t 为山体上的点至网格面的海拔高度；$|x|$ 为山体中心到多项式在 H_t 处的距离；axmax 为当 H_t 等于 0 时（山底）的 $|x|$ 值；relief 为网格面以上的山体高度；scale 为多项式函数的长度尺度，表示在函数峰值一半时多项式函数跨度的一半；expo 为函数的指数。

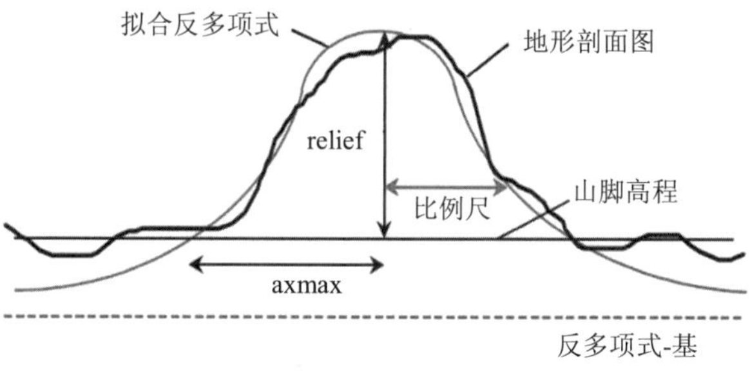

图 4-13　多项式描述的山体

CTSG 在指定的海拔 H_t 沿着山体各轴求解 $|x|$，得到椭圆柱体和高斯山体的半轴长度：

$$axis(H_t) = \text{scale}\left[\frac{\dfrac{1-H_t}{\text{relief}}}{\dfrac{H_t}{\text{relief}}+\left(\dfrac{\text{scale}}{\text{axmax}}\right)^{\text{expo}}}\right]^{1/\text{expo}} \tag{4-233}$$

在 H_d 以下，通常采用 H_d 最小值和烟团高度求椭圆柱体的轴。在 H_d 以上，将 H_d 到山顶中间的长度乘以 1.20 即为高斯山体的长度。高斯山体和多项式山体在 H_d 到山顶的中位线处跨度相等，从而得出因子 1.20，如图 4-14 所示。

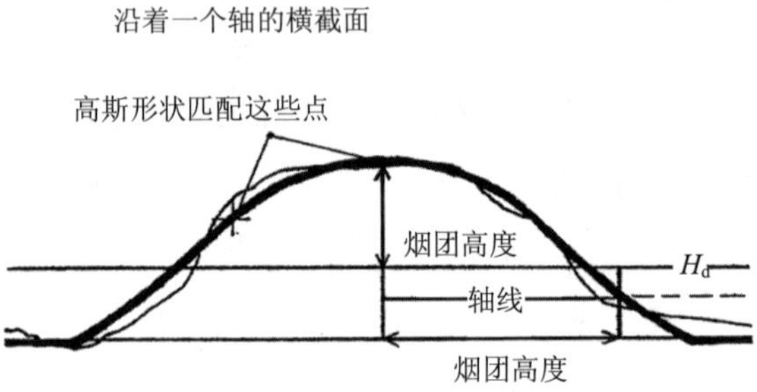

图 4-14　高斯山体

由初始位置在(z_p, y_p)的烟羽导致的烟羽区域 2 受体点落地浓度估算如下：

$$C(t_R, y_R, 0; t_0) = qF_Z F_y / \left[2\pi u \sigma_{ze} \sigma_{ye}\right] \tag{4-234}$$

式中，t_R 为从排放源到受体点的扩散时间；t_o 为沿着烟羽中心线从排放源到山体上风向的扩散时间（如果 H_d 非零，t_o 为排放源到烟羽最初遇到山体点的时间，该点的高度为 z_p 和 H_d 中的较小值）；y_R 为受体点的侧风向距离，m；q 为质量通量，g/s；F_Z 和 F_y 为垂直和水平分布函数；u 为烟羽中心海拔高度处的平均风速，m/s；σ_{ze} 和 σ_{ye} 为有效的扩散系数，由式（4-235）给出：

$$\sigma_{ze}^2 = \sigma_{zo}^2 + \left(\frac{\sigma_{z^*}}{T_z}\right)^2 \qquad \sigma_{ye}^2 = \sigma_{yo}^2 + \left(\frac{\sigma_{y^*}}{T_y}\right)^2 \tag{4-235}$$

下标 o 表示 $t = t_o$ 时的值，下标*表示式（4-236）求得的值：

$$\sigma_{x_*}^2 = \sigma_x^2(t_R) - \sigma_x^2(t_o)\ (\text{其中} x = y \text{或} z) \tag{4-236}$$

T_z 和 T_y 为包含气流通过山体式垂直和侧向扩散发生改变的因子。

对于地面受体，采样函数允许重写浓度计算公式为

$$\mathrm{GLC}=\frac{Q}{t_2-t_1}\times\frac{F_{\mathrm{y}}(t_{\mathrm{R}})F_{\mathrm{z}}(t_{\mathrm{R}})}{4\pi u\sigma_{\mathrm{ze}}\sigma_{\mathrm{ye}}}\left\{\mathrm{erf}\left(\frac{t_2-t_{\mathrm{R}}}{\frac{\sqrt{2}\sigma_{\mathrm{ye}}}{u}}\right)-\mathrm{erf}\left(\frac{t_1-t_{\mathrm{R}}}{\frac{\sqrt{2}\sigma_{\mathrm{ye}}}{u}}\right)\right\} \tag{4-237}$$

式中，Q 为 t_1 到 t_2 时段烟团中总的污染物质量，g。

分布函数如下：

$$F_{\mathrm{y}}=\exp\left[-0.5(y_{\mathrm{Re}}-y_{\mathrm{P}})^2/\sigma_{\mathrm{ye}}^2\right] \tag{4-238}$$

$$F_{\mathrm{z}}=\exp\left[-0.5\frac{(z_{\mathrm{p}}-H_{\mathrm{d}})^2}{\sigma_{\mathrm{ze}}^2}\right]\mathrm{erfc}\left[\frac{\sigma_{\mathrm{z}}\cdot(H_{\mathrm{d}}-z_{\mathrm{p}})}{2T_{\mathrm{z}}\sigma_{\mathrm{ze}}\sigma_{\mathrm{zo}}}\right]+\exp\left[-0.5\frac{(z_{\mathrm{p}}+H_{\mathrm{d}})^2}{\sigma_{\mathrm{ze}}^2}\right]\mathrm{erfc}\left[\frac{\sigma_{\mathrm{z}}\cdot(H_{\mathrm{d}}+z_{\mathrm{p}})}{2T_{\mathrm{z}}\sigma_{\mathrm{ze}}\sigma_{\mathrm{zo}}}\right] \tag{4-239}$$

F_{y} 既包含了烟团穿越山体的轨迹反射，也包括了扩散率的变化信息。受体相对于烟羽中心线的有效侧向位置可随着流线变形而变化，烟羽的有效增长速率也会发生改变。因此，有效的受体点位置（y_{re}）和有效的侧向烟羽尺寸（σ_{ye}）用于计算水平分布函数。F_{z} 也包含了有效垂直烟羽尺寸 σ_{ze} 在扩散中的变化，且包含污染物在 H_{d} 以上 $t=t_{\mathrm{o}}$ 时山体表面的完全反射。

上述公式没有包括烟团垂直分布逆温的影响。当存在混合层顶时，F_{z} 函数包含更多选项用来模拟反射，因为混合层顶在稳定边界层中不被处理，而被明确地表达在 PDF 中代表混合层中的扩散。在烟团模式中之所以需要它，是因为在垂直方向服从高斯分布的烟团可在机械或对流混合层高度以下排放，而在随后采用步长中仍然保持高斯分布。

对于混合层顶 Z_{L}，山体上风向烟团垂直分布函数为

$$\begin{aligned}F_{\mathrm{zo}}=&\exp\left[-\frac{(z_{\mathrm{p}}-z)^2}{2\sigma_{\mathrm{zo}}^2}\right]+\exp\left[-\frac{(z_{\mathrm{p}}+z)^2}{2\sigma_{\mathrm{zo}}^2}\right]+\\&\sum_i^{\infty}\left\{\exp\left[-\frac{(2iz_{\mathrm{L}}-z_{\mathrm{p}}-z)^2}{2\sigma_{\mathrm{zo}}^2}\right]+\exp\left[\frac{-(2iz_{\mathrm{L}}-z_{\mathrm{p}}+z)^2}{2\sigma_{\mathrm{zo}}^2}\right]\right\}+\\&\sum_i^{\infty}\left\{\exp\left[-(2iz_{\mathrm{L}}+z_{\mathrm{p}}-z)^2/2\sigma_{\mathrm{zo}}^2\right]+\exp\left[\frac{-(2iz_{\mathrm{L}}+z_{\mathrm{p}}+z)^2}{2\sigma_{\mathrm{zo}}^2}\right]\right\}\end{aligned} \tag{4-240}$$

在山体上方，山体上风向高度 z 处的点源排放的垂直分布函数为

$$F_{zh}=2\left\{\exp\left[-\frac{(z-H_d)^2}{2\left(\frac{\sigma_{z^*}}{T_z}\right)^2}\right]+\sum_i^{\infty}\exp\left[-\frac{[2i(z_L-H_d)-(z-H_d)]^2}{2\left(\frac{\sigma_{z^*}}{T_z}\right)^2}\right]+\sum_i^{\infty}\exp\left[-\frac{[2i(z_L-H_d)+(z-H_d)]^2}{2\left(\frac{\sigma_{z^*}}{T_z}\right)^2}\right]\right\} \tag{4-241}$$

因此，烟团在山体上风向的垂直分布对山顶表面受体的污染物浓度总影响通过对这两个分布从 $z=H_d$ 到 $z=z_L$ 积分得到。得到的 F_z 为

$$F_z=0.5\{\sum_{i=1}^{\infty}\sum_{i=1}^{\infty}A_jB(E_j,E_{oj}^+)+\sum_{i=1}^{\infty}\sum_{i=1}^{\infty}A_jB(E_j,E_{oj}^-)\} \tag{4-242}$$

$$A_j=\mathrm{MIN}(2,j) \tag{4-243}$$

$$E_j=2(j-1)(z_L-H_d) \tag{4-244}$$

$$E_{oi}^+=2z_L(i-1)+z_p \qquad E_{oi}=2z_L(i-1)-z_p \tag{4-245}$$

$$\begin{aligned}B(E,E_o)=&\exp\left[-\frac{(E-E_o+H_d)^2}{2\sigma_{ze}^2}\right]\left\{\mathrm{erf}\left(K[\sigma_{ze}^2(z_L-H_d)-D1]\right)+\mathrm{erf}\left(KD1\right)\right\}\\&+\exp\left[-\frac{(E+E_o+H_d)^2}{2\sigma_{ze}^2}\right]\left\{\mathrm{erf}\left(K[\sigma_{ze}^2(z_L-H_d)-D2]\right)+\mathrm{erf}\left(KD2\right)\right\}\\&+\exp\left[-\frac{(E+E_o+H_d)^2}{2\sigma_{ze}^2}\right]\left\{\mathrm{erf}\left(K[\sigma_{ze}^2(z_L-H_d)+D3]\right)-\mathrm{erf}\left(KD3\right)\right\}\\&+\exp\left[-\frac{(E-E_o+H_d)^2}{2\sigma_{ze}^2}\right]\left\{\mathrm{erf}\left(K[\sigma_{ze}^2(z_L-H_d)+D4]\right)-\mathrm{erf}\left(KD4\right)\right\}\end{aligned} \tag{4-246}$$

$$K=T_z/\sqrt{2}\sigma_{ze}\sigma_{zo}\sigma_{z^*} \tag{4-247}$$

$$D1=\frac{\sigma_{z^*}^2(E_o-H_d)}{T_Z^2}+\sigma_{zo}^2E \tag{4-248}$$

$$D2=\frac{\sigma_{z^*}^2(E_o-H_d)}{T_Z^2}-\sigma_{zo}^2E \tag{4-249}$$

$$D3=\frac{\sigma_{z^*}^2(E_o+H_d)}{T_Z^2}-\sigma_{zo}^2E \tag{4-250}$$

$$D_4=\frac{\sigma_{Z^*}^2(E_o+H_d)}{T_Z^2}+\sigma_{zo}^2E \tag{4-251}$$

和项式（4-242）中的各项为式（4-239）指数函数和误差函数的生成物，代表 H_d 与 z_L 间的多重反射。并不是和项式中的每项都是必需的，下标 j 的内层加和表示当烟团越过山体时 H_d 与 z_L 间的反射，而下标为 i 的外层加和表示烟团到达山体前 0 与 z_L 间的反射。这些求和算法中下标不断变大直到 F_z 的变化减小到 1%为止。当 σ_z =1.6 z_L 时，污染物质的垂直分布变成完全混合。这时，式（4-242）变为

$$F_z = \sqrt{2\pi}\sigma_z / z_L \tag{4-252}$$

当 H_d 为 0 且 z_L 无限大时这些方程将变得很相似。在限制条件 $D1=D4$、$D2=D3$ 下，且指数因子的校验显示出（i，j）必须相当于用来获得非零项。进一步的误差函数校验显示当 $i=j=1$ 仅有非零项，因此

$$F_z\left(H_d = 0, z_L = \infty\right) = 2\exp\left(\frac{-z_p^2}{2\sigma_{ze}^2}\right) \tag{4-253}$$

该公式常用于平坦地形。

F_z 和 F_y 分布函数需要用到流场模型计算山体分层气流的流线。受体点有效侧向位置 y_{Re}，有效烟团尺寸 σ_{ze} 和 σ_{ye}，取决于气流的属性。该属性由 CTDMPLUS 中包含的流场算法提供。该算法采用了线性方程的近似解法，适用于稳态布辛奈斯克流穿过高斯山体的情形。

σ_{ze} 和 σ_{ye} 的计算更为复杂。有效的烟团尺寸需要 σ_{z^*} / T_z 和 σ_{y^*} / T_y 的定量值，而该值取决于烟团在没有山体时的增长速度和山体导致气流的变形程度。这些值的计算基于 Hunt 和 Mulhearn（1973）理论。结果显示污染物质的扩散近似为

$$\sigma_{zd}^2\left(t\right) = \frac{1}{s_z^2\left(t\right)}\int_0^t S_z^2(t')2K_z\left(t'\right)\mathrm{d}t' \tag{4-254}$$

$$\sigma_{yd}^2\left(t\right) = \frac{1}{s_y^2\left(t\right)}\int_0^t S_y^2(t')2K_y\left(t'\right)\mathrm{d}t' \tag{4-255}$$

式中，K_z 和 K_y 为扩散率；S_z 和 S_y 为气流的张力函数，σ_{yd}和σ_{zd} 描述已变形烟羽的尺寸。由于我们假设远离山体时张力可忽略不计，式（4-254）和式（4-255）可改写为

$$\sigma_z^2\left(t\right) = \frac{1}{s_z^2\left(t\right)}[\sigma_{zo}^2 + \int_{t_o}^t S_z^2(t')2K_z(t')\mathrm{d}t'] \tag{4-256}$$

$$\sigma_y^2\left(t\right) = \frac{1}{s_y^2\left(t\right)}[\sigma_{yo}^2 + \int_{t_o}^t S_y^2(t')2K_y(t')\mathrm{d}t'] \tag{4-257}$$

中括号中的表达式相当于式（4-235）中的 σ_{ze}^2 和 σ_{ye}^2，因此

$$\frac{\sigma_{z*}^2}{T_z^2} = \frac{\sigma_z^2\left(t\right) - \sigma_{zo}^2}{T_z^2} = \int_{t_o}^t S_z^2(t')2K_z(t')\mathrm{d}t' \tag{4-258}$$

$$\frac{\sigma_{z*}^2}{T_y^2} = \frac{\sigma_y^2(t) - \sigma_{yo}^2}{T_y^2} = \int_{t_o}^{t} S_y^2(t')2K_y(t')\mathrm{d}t' \tag{4-259}$$

张力函数为

$$S_z(t) = \exp[1 - Th(t)] \qquad S_y(t) = \exp[1 - Tl(t)] \tag{4-260}$$

Th 为变形气流与非变形气流流线在垂直方向上的间距之比；Tl 为侧向上相应的比例。在气流上任意一点这两个因子的反比等于加速因子 Tu 。这些因子由包含在 CDTMPLUS 模式中的流体模型计算得到。式（4-258）和式（4-259）可沿着烟羽中心的轨迹进行积分。在不考虑地形情况下垂直和侧向扩散率（m^2/s）根据扩散系数计算：

$$2K(t) = \mathrm{d}\sigma^2 / \mathrm{d}t \tag{4-261}$$

式中，σ 可以是 σ_y ，也可以是 σ_z 。地形对扩散率的影响假设限制在山体对垂直湍流的改变上。在不考虑地形时，扩散系数由湍流引起，且是时间的函数。越过山体时，垂直湍流速率假设会随着风速的增大而增大，根据快速变形理论侧向湍流速率通常假设为常数（Britter et al.，1981）。这些假设趋向强调山体在扩散计算中的影响。代入式（4-260）和式（4-261），根据加速因子 Tu 增加垂直湍流强度，式（4-258）和式（4-259）中被积函数可变为

$$S_z^2 2K_z = \exp2\left(1 - Th\right)Tu^2 \frac{\mathrm{d}\sigma_z^z}{\mathrm{d}t} \tag{4-262}$$

$$S_y^2 2K_y = \exp2\left(1 - T1\right)\frac{\mathrm{d}\sigma_y^z}{\mathrm{d}t} \tag{4-263}$$

由于这些计算需要因子 Th、$T1$ 和 Tu ，这些因子需要在通过烟团中心流线上不多于 25 个点进行计算。在式（4-258）和式（4-259）中对各受体点的数值积分中对这些点进行线性插值。这些点的范围以烟团轨迹与椭圆交线的中点为中心，以 H_d 以下部分山体的边界为界限，且覆盖的距离为直线 y =0 和椭圆交点之间距离的 1.5 倍。如果未偏转的烟团轨迹与椭圆不相交，则变形因子设为 1，从而山体对 σ_z 和 σ_y 没有影响。另外，当烟团的增长速率为零时，山体对 σ_z 和 σ_y 也没有影响。但这不意味着山体对浓度没有影响，由于气流越过山体变形导致 $y_{Re} \neq y_R$ ，且分界流线高度仍然允许在 $z = H_d$ 处的烟团物质接触地面。

初始位置（z_r，y_r）的烟羽对区域 2 中山体受体点落地浓度估算方程为

$$C\left(t_r, Y_d, z_r, t_o\right) = qF_zF_y / \left(2\pi u\sigma_z\sigma_y\right) \tag{4-264}$$

式中，Y_d 为与山体侧面相符合的侧向分界流线的侧风向位置，m；z_r 为山体受体的海拔；

F_z和F_y为垂直和水平分布函数；u为烟羽中心海拔处的平均风速，m/s；σ_z和σ_y为t_r时的扩散参数。与式（4-234）高空层公式不同，山体在低空层多扩散率的改变是很小的。

在烟团模式中，式（4-264）中落地浓度可重写为

$$GLC = \frac{\theta}{t_2 - t_1} \times \frac{F_y(t_r)F_z(t_r)}{4\pi u \sigma_z \partial y}\left\{\text{erf}\left(\frac{t_2 - t_r}{\frac{\sqrt{2}\sigma_y}{u}}\right) - \text{erf}\left(\frac{t_1 - t_r}{\frac{\sqrt{2}\sigma_y}{u}}\right)\right\} \tag{4-265}$$

分布函数为

$$F_y = \exp\left[-\frac{(Y_d - y_p)^2}{2\sigma_y^2}\right]\left\{1 \pm \text{erf}\left[\frac{(Y_d - y_p)\sigma_{y^*}}{\sqrt{2}\sigma_{yo}\sigma_y}\right]\right\} \tag{4-266}$$

$$\begin{aligned} F_z = {} & 0.5\exp\left(-\frac{(z_p - z_r)^2}{2\sigma_z^2}\right)\{\text{erf}[(b1 - b2 - b3)K] + \text{erf}[(b1 + b2 + b3)K]\} + \\ & 0.5\exp\left(-\frac{(z_p + z_r)^2}{2\sigma_z^2}\right)\{\text{erf}[(b1 - b2 + b3)K] + \text{erf}[(b1 + b2 - b3)K]\} \end{aligned} \tag{4-267}$$

$$K = \frac{1}{\sqrt{2}\sigma_z\sigma_{zo}\sigma_{z^*}} \qquad b1 = H_d\sigma_z^2 \qquad b2 = z_r\sigma_{zo}^2 \qquad b3 = z_p\sigma_{z^*}^2 \tag{4-268}$$

式中，Y_d为上风向气流变形中静滞流线的侧向位置。在CDTMPLUS中，它被用于求解椭圆的二维流线方程。

上述公式并没有包含逆温对烟团垂直分布的影响。当混合层顶存在时，F_z分布函数包括更多项来模拟多重反射：

$$F_z = 0.5[\sum_{i=1}^{\infty}\sum_{i=1}^{\infty}B(E_j^+, E_{oi}^+) + \sum_{i=1}^{\infty}\sum_{i=2}^{\infty}B(E_j^-, E_{oi}^+) + \sum_{i=2}^{\infty}\sum_{i=1}^{\infty}B(E_j^+, E_{oi}^-) + \sum_{i=2}^{\infty}\sum_{i=2}^{\infty}B(E_j^-, E_{oi}^-)] \tag{4-269}$$

$$E_j^+ = 2(j-1)z_L + z_r \qquad E_j^- = 2(j-1)z_L - z_r \qquad E_{oi}^+ = 2(i-1)z_L + z_p \qquad E_{oi}^- = 2(i-1)z_L - z_p \tag{4-270}$$

$$\begin{aligned} B(E, E_o) = {} & \exp\left[-\frac{(E_o - E)^2}{2\sigma_z^2}\right]\left\{\text{erf}\left[K(b1 - b2 - b3)\right] + \text{erf}\left[K(b1 + b2 + b3)\right]\right\} + \\ & \exp\left[-\frac{(E_o + E)^2}{2\sigma_z^2}\right]\left\{\text{erf}\left[K(b1 + b2 - b3)\right] + \text{erf}\left[K(b1 - b2 + b3)\right]\right\} \end{aligned} \tag{4-271}$$

$$K = \frac{1}{\sqrt{2}\sigma_z\sigma_{zo}\sigma_{z^*}} \qquad b1 = H_d\sigma_z^2 \qquad b2 = E\sigma_{zo}^2 \qquad b3 = E_o\sigma_{z^*}^2 \tag{4-272}$$

B 函数形式与式（4-267）的 F_z 是完全一致的，用于垂直方向无限混合的情况。采用（E，E_o）而非（z_r，z_p）是有差异的，因为式（4-270）中明显存在混合层顶。

下标为 i 的外层加和考虑在烟团到达山体前混合层顶和地面间的反射，下标为 j 的内层加和考虑烟团经过山体污染物在 H_d 以上扩散时出现的发射。仅当 j=1 时内层加和会产生非零项，除非混合层只略高于 H_d。这种情形在定义了 H_d 和 z_L 可能根本不会发生。在计算加和时，各项的下标不断增大直到 F_z 的变化小于 1%为止。当 σ_z =1.6 z_L 时，污染物质的垂直分布为完全混合，在这种情况下，式（4-265）中的 F_z 变为

$$F_z = \sqrt{2\pi}\sigma_z / z_L \tag{4-273}$$

描述 CTSG 特性的最好方法是获得特定应用时现有浓度，并与地形特征忽略时的浓度进行比较。采用这种方法，以单个烟团沿着曲线轨迹经过山体的落地浓度为例。选择的山体长为宽的 2 倍，主轴为南北方向，山体起伏高度为 100 m，山体底部尺寸为 2 264 m×1 132 m，描述该山体的多项式参数如下：

relief（m）	100
expo（1，2）	2，2
scale（1，2）（m）	800，400
axmax（1，2）（m）	1 132，566
xc，yc（m）	0，0
thetah（deg）	0
zgrid（m）	25

relief 为山脊高于网格标高的高度，expo 为主轴的山形指数，scale 为沿主轴的水平长度尺度，axmax 为主轴允许的最大长度，（xc，yc）为山体中心的坐标，thetah 为从北到山体主轴的角度，zgrid 为网格面的海拔高度。山体入射气流高度廓线中，风速为常数 1.5 m/s，温度梯度为布维频率常数 0.016 7 s^{-1}。对于 100 m 高的山体，该廓线产生的分界流线高度为 10.18 m，混合层高度为 2 000 m。式（4-274）～式（4-277）用来指定扩散参数：

$$\sigma_z = \sqrt{\sigma_{zi}^2 + (i_z t f_z)^2} \tag{4-274}$$

$$f_z = 1/[1 + 0.945(t/100)^{0.806}] \tag{4-275}$$

式中，σ_{zi} =0.5，i_z =0.1，且

$$\sigma_y = \sqrt{\sigma_{yi}^2 + (i_y t f_y)^2} \tag{4-276}$$

$$f_y = 1/(1 + 0.9\sqrt{t/1\,200}) \tag{4-277}$$

式中，σ_{yi} =50 m，i_y =0.25。山体不存在时，烟团高度为 45 m 或离网格高度 20 m 时，烟

团在地面上产生显著浓度。因此，在该例子中，烟团中心大约在 H_d 上方 10 m 处。最初烟团位于山体的西南方，每间隔 5 min 跟踪一次烟团移动，大约经过几个步长后它会越过山体。每个步长风向改变 10°，从初始的 270°开始。烟团内污染物质为 600 g。小时平均浓度曲线如图 4-15 所示，图 4-15（a）为没有山体时的浓度曲线，图 4-15（b）为山体存在并采用 CTSG 算法的浓度曲线。山体底部函数均被描述为椭圆，CTSG 的特性在这两张图的比较中非常明显。山体顶部浓度峰值差不多增大 2 倍，H_d 以下部分烟团物质在山体各面绕流。

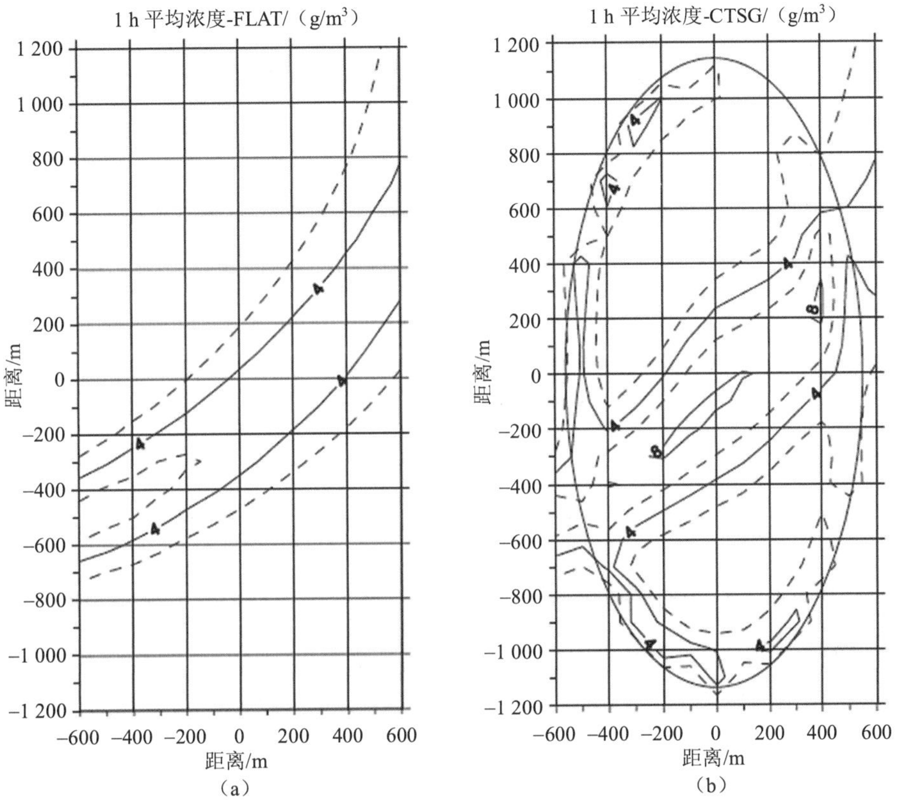

图 4-15　无或有山体时 CTSG 产生的浓度

原始的 ISC 模式不能模拟地形的高度超过烟囱高度这种情形，任何受体点高度超过烟囱高度的被降为烟囱高度 0.005 m 以下，在模拟时每个小时每个源处理一次。混合层高度在任何地形下都不做调整，建筑物下洗计算不改变用来确定受体点高度的烟囱高度。一旦受体点高度确定，垂直分布因子就包含烟羽中心线和受体点的海拔高度差。实际上，烟羽中心线被降低的高度等于修正后的高于烟囱底部的高度。

某受体点处的烟羽高度取决于烟羽经过地形的高度（烟羽高于烟羽释放的烟囱的高度）、受体点高度和烟羽路径系数（取决于稳定度）。当稳定度为 E 和 F 时，烟羽路径系

数 C 通常取 0.35，当稳定度为其他时 C 取 0.5。设 H_s 为烟囱底部的海拔，H_r 为受体点的海拔，H_{po} 为烟羽的高度（烟羽上升之后），H_p 为受体点的烟羽高度。如果受体点的海拔超过了排放源烟羽中心线的海拔，则：

$$H_p = H_{po}C \tag{4-278}$$

如果受体点海拔低于排放源烟羽中心线：

$$H_p = H_{po} - (H_r - H_s)(1 - C) \tag{4-279}$$

在式（4-279）中，$H_r \geqslant H_s$ 不是限制条件。如果地形高度随着烟团轨迹降低至烟囱底部高度以下，在烟囱底部以下但高于受体点的烟团高度将会增加。混合层高度不会变化，除非有效的烟团高度变得大于混合层高度，在这种情况下混合层高度被重新设置为无限混合用于当前的浓度计算。

当 C=0.0 时，烟囱底部海拔与受体点海拔的高度差需从烟团高度中减去。

实施这个方案要求估算 H_d。首先，为每个网格指定山顶高度，这个高度代表网格中海拔峰值。

$$E_d = E_t - u / N \tag{4-280}$$

式中，风速 u 和布维频率 N 为烟团底部到顶部的气流特性。该烟团和受体高于地面的分界流线高度为

$$H_d = \mathrm{MAX}\left(0.0, E_d - E_p\right) \tag{4-281}$$

式中，E_p 为烟团下方的地形海拔高度，m MSL。类似地，地面上方受体点的高度为

$$z_r = \mathrm{MAX}\left(0.0, E_r - E_p\right) \tag{4-282}$$

式中，E_r 为受体点地形海拔高度，m MSL。

因此，杆高 z_{rp} 为

$$z_{rp} = \begin{cases} 0.0 & H_d = 0.0 \\ z_r & H_d > z_r \\ H_d & H_d \leqslant z_r \end{cases} \tag{4-283}$$

第一种情况为平坦地形计算；第二种为完全碰撞，或没有反射的计算；第三种为介于两者之间的情况，任何 H_d 之上的烟团允许越过山坡，H_d 之上的受体点仅在 H_d 处有浓度，因为只有此处接触地面。实际上，在稳定层流的山谷中，碰撞浓度会预期上升。这些高浓度主要在沿着侧表面，在海拔约等于烟团高度处，当烟团仍限制于山谷中出现。对沿着山谷侧表面受体的处理是侧面对侧向烟团分布的增长的影响。在强稳定层流条件下，山谷内平均气流为沿着山谷的轴方向。叠加的侧向运动由山谷横向尺寸限制。因此，

这种条件下时间平均的σ_y不会变得大于山谷宽度。CALPUFF 中引入的这种效应会使在σ_y达到限值后停止增长。

$$\sigma_{yc} = 0.4W_v \tag{4-284}$$

式中，W_v为在烟团中心所在位置的山谷宽度。将侧向烟团扩散高斯廓线与山体宽度高帽分布相匹配，并服从峰值相等的约束条件，即可得到常数 0.4。由于限值σ_{yc}在烟团沿着山谷移动过程中是变化的，当它比当前烟团σ_y小时，二者可能相差好几倍。当发生这种情况时，侧向烟团增长为 0，且在这个步长内σ_y仍为初始值。

当不存在分界流线时，根据采用标准的烟羽方程的地形变化浓度计算有效的σ_y和σ_z。在 CTSG 中对于σ_z的应用，我们定义了张力因子$T_z=\eta/Z_f$，式中η为变形气流中两条流线的距离，Z_f为未变形气流在平坦地形上两条流线的距离。引入云团的有效尺寸概念允许计算平坦地形上的污染物浓度作为参考。假设气流中张力的主要影响是改变在流线间的污染物质的交换速率，因此，变形气流中σ_z/η比相应的σ_{zf}/Z_f大得多。平坦地形下云团的有效尺寸参数σ_{ze}定义为

$$\frac{Z_f}{\sigma_{ze}} = \frac{\eta}{\sigma_z} \tag{4-285}$$

或

$$\sigma_{ze}^2 = \frac{1}{T_z^2}\sigma_z^2 \tag{4-286}$$

CTSG 中张力对σ_z的影响为

$$\sigma_z^2(t) = \frac{1}{S_z^2(t)}\int_0^t 2K(t')S_z^2(t')\mathrm{d}t' \tag{4-287}$$

上述积分计算从云团生成到其消失,因此它考虑了云团变形的整个过程。变形函数S_z取决于张力因子T_z：

$$S_z(t) = \mathrm{e}^{[1-T_z(t)]} \tag{4-288}$$

对于轻微变形，变形函数近似于

$$S_z(t) = 1/T_z(t) \tag{4-289}$$

在 CALPUFF 中，当烟团的平流步长为Δt时，式（4-254）进行了增量积分。因此，改造积分公式用来评估变形对在时间t到$t+\Delta t$时段内σ_z增长的影响：

$$\sigma_z^2(t+st) = \frac{S^2(t)\sigma_z^2(t) + \int_0^{\Delta t} 2K(t+t')S^2(T+t')\mathrm{d}t'}{S^2(t+\Delta t)} \tag{4-290}$$

在一个很短的时间步长内，式（4-290）可将$2K(t+t')$近似替换为该步长内的平均值，则：

$$2\bar{K}(t,\Delta t)=\frac{\sigma_{ze}^{2}(t,t+\Delta t)-\sigma_{ze}^{2}(t)}{\Delta t} \tag{4-291}$$

这里，引入$\sigma_{ze}(t,t+\Delta t)$表示以 t 时刻σ_z为基础计算出来的$t+\Delta t$时刻的有效扩散系数σ_z。因此，如果使用σ_z扩散曲线，根据目前时刻的$\sigma_{ze}(t)$，不考虑进一步的地形效应，沿着曲线移动Δt即可得到$t+\Delta t$时刻的值。这就定义了环境气流的扩散速率。此外，我们假设张力因子T_z在时间步长内线性变化，因此：

$$T_z(t+t')=T_z(t)+\frac{\mathrm{d}T_z}{\mathrm{d}t}t' \tag{4-292}$$

则式（4-290）变为

$$\sigma_z^2(t+\Delta t)=\frac{S^2(t)\sigma_z^2(t)+2\bar{K}(t,\Delta t)\int_0^{\Delta t}\mathrm{e}^{2\left[1-T_z(t)-\frac{\mathrm{d}T_z}{\mathrm{d}t}t'\right]}\mathrm{d}t'}{S^2(t+\Delta t)} \tag{4-293}$$

式（4-293）中积分可变为

$$S^2(t+\Delta t)\sigma_z^2(t+\Delta t)=S^2(t)\sigma_z^2(t)+2\bar{K}(t,\Delta t)S^2(t)\left[\frac{1-\mathrm{e}^{-\frac{2\Delta t\mathrm{d}T_z}{\mathrm{d}t}}}{\frac{2\mathrm{d}T_z}{\mathrm{d}t}}\right] \tag{4-294}$$

以式(4-286)和式(4-289)中的近似关系为基础，上述公式可以用$S^2(t)\sigma_z{}^2(t)$与$\sigma_{ze}^2(t)$之间的关系进一步解释。

$$\sigma_{ze}^2(t+\Delta t)=\sigma_{ze}^2(t)+S^2(t)[\sigma_{ze}^2(t,t+\Delta t)-\sigma_{ze}^2(t)]\left[\frac{1-\mathrm{e}^{-\frac{2\Delta t\mathrm{d}T_z}{\mathrm{d}t}}}{\frac{2\Delta t\mathrm{d}T_z}{\mathrm{d}t}}\right] \tag{4-295}$$

因此，式（4-295）提供了在变形气流场的作用下，烟团在一个时间步长内有效垂直扩散的增长。式（4-295）需要一个模型来计算流场中的张力因子$T_z(t)$。在 CTSG 中描述了地形特征的长度尺度和位置，且 CTSG 中的流场模型提供气流经过这些地形的张力信息。这里采用一个替代物来得到变形参数，沿着气流方向从下垫面坡度中推断二维地形特征的尺度，如图 4-16 所示。地形坡度$|a|$根据替代山体的高度h_o和半长L得到。

$$|a|\equiv\frac{h_o}{2L} \tag{4-296}$$

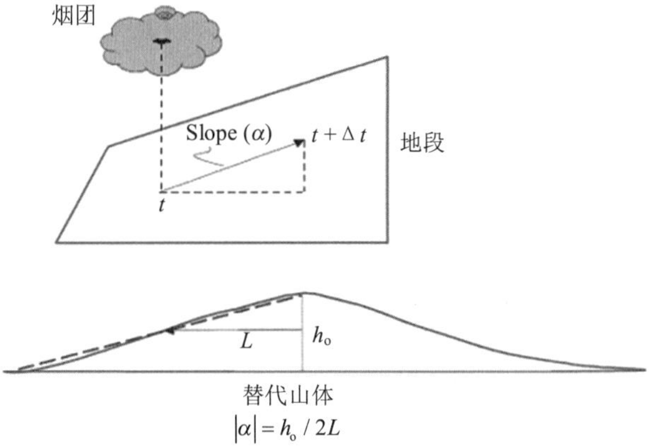

图 4-16　二维替代山体

CTSG 中流场模型提供下列方程计算在分层流二维山脊中的流线偏向：

$$\delta(x,\eta)=h(x)\mathrm{e}^{-\frac{\eta}{L}}\left(\cos\ell\eta-\frac{x}{L}\sin\ell\eta\right) \tag{4-297}$$

式中，山体高度函数表达式为

$$h(x)=\frac{h_{\mathrm{o}}}{1+\left(\frac{x}{L}\right)^{2}} \tag{4-298}$$

式中，层理因子 $\ell=N/u$ ；x 为原点在山体中心的下风向正轴向距离；η 为位置 x 上流线在地面上的高度。

由于希望将变形与沿着烟团轨迹的坡度关联，而非完整的山体特征，必须从替代山体某处指定 T_z 和 $\mathrm{d}T_z/\mathrm{d}t$ 的代表值。张力因子定义为当地流线高度除以远方逆风向的流线高度，如图 4-17 所示。

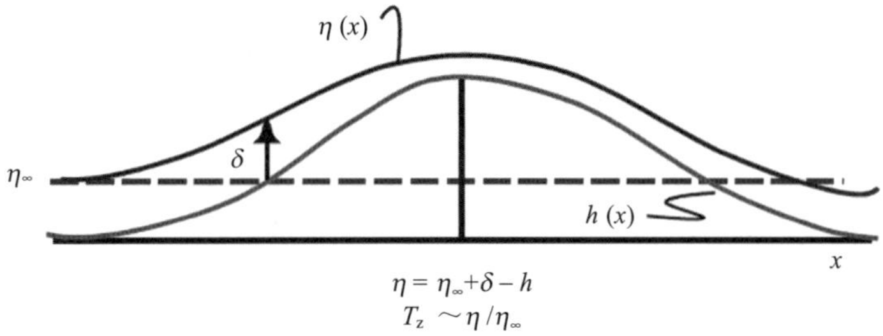

图 4-17　流线描述

$$T_z(x)=\frac{\eta(x)}{\eta_u}=\frac{\eta(x)}{h(x)+\eta(x)-\delta(x,\eta)} \tag{4-299}$$

在（x/L）处的张力因子为

$$T_z^{-1}\left(\frac{x}{L}\right)=1+\frac{2|a|}{\eta/L\left[1+\left(\frac{x}{L}\right)^2\right]}\left[1-e^{-\frac{\eta}{L}}\left(\cos\ell\eta-\frac{x}{L}\sin\ell\eta\right)\right] \tag{4-300}$$

在（x/L）处 T_z 随距离 x 的变化为

$$\frac{dT_z}{dx}\left(\frac{x}{L}\right)=\frac{-2|a|T_z^2}{\eta\left[1+\left(\frac{x}{L}\right)^2\right]}\left[-2\left(\frac{x}{L}\right)+e^{-\frac{\eta}{L}}\left\{2\left(\frac{x}{L}\right)\cos\ell\eta+\left[1-\left(\frac{x}{L}\right)^2\right]\sin\ell\eta\right\}\right] \tag{4-301}$$

与替代山体的长度尺度有关的流线高度η仍需被确定。由于烟团在该范围内的应变决定它的增长变化，可将η设成烟团高度。到目前为止，我们只用到了地形坡流，而山体尺度还未确定。为确定该参数，我们处理格点化地形场得到每个网格各个方向的地形起伏，因此，式（4-296）中的山体高度h_o可以在烟团移动的各个方向分别确定。个别网格的地形起伏和方向可通过比较海拔增量变化与第一次变化来获得。海拔的每次变化用坡度α_i表示，网格点的坡流定义为α_o，我们累积海拔高度变化直至满足下列条件为止：

$$\left|\frac{\alpha_i}{\alpha_o}-1\right|>\beta \tag{4-302}$$

式中，定义$\beta=1$。采用上式后，地形高度变化在每个方向进行累积直到坡度变为 2 倍，或改变符号。这样，局部地形特征定义了每个网格的山体高度和方向，这也适用于定义每个时间步长内地形与烟团交互的强度。如果η/h_o较大（如大于 10），烟团就完全位于地形之上，地形效应对烟团高度处的气流影响就很小；如果η/h_o较小（如小于 0.1），烟团气流受地形的影响就非常大。在这两个限制中，沿着烟团轨迹的地形坡度可能是相同的，因此η/h_o可用来区分地形效应的强度。

4.3.7　干沉降

污染物在地面上的转移和沉降涉及很多复杂的过程。Sehmel（1980）列出了已知的干沉降速率重要的一些影响因素，其中的变量包括沉降物质的属性（如颗粒物尺寸、形状、密度、气体扩散率、溶解度和活性）、地面特性（如地表粗糙度、植被类型、数量和生理状态）以及大气环境变量（如稳定度、湍流密度）。Hicks（1982）发现决定大颗粒物沉降（如重力沉降、惯性碰撞）与气态沉降（如湍流、分子扩散）的区别。因为小颗粒物质的沉降可能同时具有大颗粒物和气体的某些特性而变得比较复杂。

一般常用沉降速率 v_d 来描述沉降，

$$v_d = F / x_s \tag{4-303}$$

式中，v_d——沉降速率，m/s；

F——污染物沉降通量，g/（m^2·s）；

x_s——污染物浓度，g/m^3。

由于影响干沉降速率的因子变化性，得出的沉降速率也有较大的变化性。例如，Sehmel（1980）测得的 SO_2 沉降速率范围跨越了两个数量级，Slinn 等（1978）发现颗粒物沉降速率有更大的变化性。虽然在沉降模式考虑所有的影响因素有点不切实际，但基于大气环境、地面特征和污染物属性将一些最重要的影响因素参数化是可行的。CALPUFF 沉降模块提供了三个选项以反映干沉降的不同处理方法：

①由阻力沉降模型预测时空变化的气态/颗粒物沉降速率；

②使用用户自定义的各污染物的 24 h 日变化沉降速率，该选项中的沉降速率不具有空间差异性；

③不考虑干沉降。

CALPUFF 干沉降模型将沉降速率表达为阻力加和的反比，对于颗粒物，还需加上重力沉降项。阻力代表了阻碍污染物从大气传播到地面的反抗力。Slinn 等（1978）描述了干沉降多层阻力模型。如图 4-18 所示，大气可分为 4 层计算干沉降速率，对于气态污染物，还包括了额外的一层植被层。

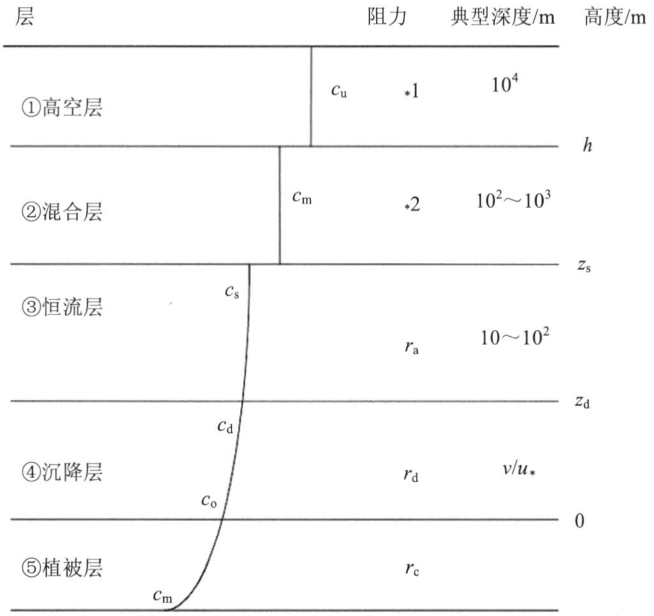

图 4-18　干沉降阻力模型的多层结构

①高空层。高空层为当前混合层以上的区域。该层中的污染物来源于高烟囱的直接排放，或之前湍流过程中向上扩散项。该层湍流混合速率较低，其中的污染物基本上都与地表隔绝。因此，除非这些污染物进入混合层，否则不会有干沉降到地面。

②混合层。混合层顶为湍流边界层的厚度，混合层底为地面层内的参考高度，该层中湍流过程控制着污染物的混合。在对流条件下，该层中的污染物在垂直方向下快速完全混合。污染物在这种条件下的扩散阻力比③、④、⑤层中小得多。然而，在稳定条件下，混合层的阻力还是较大的（Wesely and Hicks，1977）。该层中阻力根据微气象变量计算的整个边界层扩散率。

③地面层。地面层为贴近地面的表层（0～10 m），该层受地面条件的影响较大。由于垂直方向上的通量几乎不变，该层也被称为稳流层。大气阻力用来定义该层中污染物扩散率。

④沉降层。在很光滑的地表上，一层较薄的非湍流层在地面上发展。对于典型的粗糙地面，该层不断地发生变化，且有可能会有间歇性的湍流。因此，Hicks（1982）把该层称为准流层。该层中的主要扩散机制为气体的分子运动以及颗粒物的布朗运动和惯性碰撞。地表粗糙度组分（如叶绒毛）有时候可渗入该层，为污染物扩散提供其他途径（Hicks，1982）。在低大气阻力的条件下，沉降层阻力会成为抑制颗粒物和可溶的、高分子量气体的沉降速率的主要阻力。

⑤植被层。植被层主要针对可溶性或活性污染物。在穿过植物的气孔之后，可溶性污染物会溶解于潮湿的叶肉细胞。活性污染物可能会与叶角质层发生相互作用。由于气孔会受到某些外部因子的影响，如水应力、温度和太阳辐射，植被层中的阻力（如冠层阻力）会有明显的日变化和季节变化。在稀疏植被区域或水体另外可能重要的途径为直接沉降到地面/水面之上。尽管没有植被，将地面/水面阻力作为一部分也是合适的，因为它也是位于层流沉降层以下的阻力。

在 CALPUFF 模式中，当前混合层以上和以下的污染物比例是可追踪的。在任何时间点上，只有混合层以下的污染物才会沉降到地面。当混合层发生变化时，污染物在①、②层中转移。一般情况下，早晨由于太阳辐射加热地面，边界层高度增大，高空层中的污染物会进入混合层并在地面发生沉降；傍晚对流活动停止，薄薄的夜间边界层之上的污染物被隔离，直到下一个日循环。

一旦烟团在边界层内完全混合，表面消耗法（Scire et al.，1984）可用于计算混合层阻力。在地面层内参考高度处的污染物通量 F 可表达为

$$F = \frac{D_{\mathrm{b1}}\left(\chi_{\mathrm{m}} - \chi_{\mathrm{s}}\right)}{h - z_{\mathrm{s}}} = v_{\mathrm{d}}\chi_{\mathrm{s}} \tag{4-304}$$

式中，χ_{m}——混合层内的污染物浓度，g/m^3；

χ_{s}——地面层顶部的污染物浓度，g/m^3；

h——混合层高度，m；

z_{s}——地面层高度，m；

D_{b1}——整个边界层漩涡扩散系数，m^2/s。

稳定条件下的边界层漩涡扩散系数（Brost and Wyngaard，1978）可表达为

$$D_{\mathrm{b1}} = k_1 u_* h \tag{4-305}$$

在中性或不稳定条件下，

$$D_{\mathrm{b1}} = \mathrm{Maximum}\left[k_1 u_* h, k_2 w_* h\right] \tag{4-306}$$

式中，k_1 和 k_2 为常数，默认值分别为 0.01 和 0.1。

$v_{\mathrm{d}}\chi_{\mathrm{s}}$ 可被写为 $v_{\mathrm{d}}'\chi_{\mathrm{m}}$，其中 v_{d}' 为考虑了边界层物质转移的有效沉降速率，从式(4-304)，可以得出：

$$v_{\mathrm{d}}' = D_{\mathrm{b1}} v_{\mathrm{d}} / \left[D_{\mathrm{b1}} + v_{\mathrm{d}}\left(h - z_{\mathrm{s}}\right)\right] \tag{4-307}$$

当混合层中湍流混合速率比地面上沉降速率大时，被沉降的污染物被迅速取代，在这种情况下，D_{b1} 较大，且 $v_{\mathrm{d}}' \sim v_{\mathrm{d}}$。在其他条件下，沉降速率有时候会受到污染物从混合层到地面临近层的限制。在稳定条件下，与 $v_{\mathrm{d}}(h - Z_{\mathrm{s}})$ 相比，D_{b1} 可能较小，从而 v_{d}' 比 v_{d} 小得多。在源的近场内，烟羽通过边界层之前，可假设 $v_{\mathrm{d}}' \sim v_{\mathrm{d}}$。这就允许支持近场的垂直高斯分布。

地面稳流层内参考高度以下层的阻力决定了 v_{d}，然后根据式（4-307）计算 v_{d}'。每个时间步长内，考虑干移除，烟团内污染物的质量会进行调整：

$$Q_{\mathrm{m}}\left(t + \Delta t\right) = Q_{\mathrm{m}}\left(t\right)\exp\left[-\left(\frac{v_{\mathrm{d}}'\mathrm{d}t}{\Delta s}\right)\int_0^{s+\Delta s} g\left(s'\right)\mathrm{d}s'\right] \tag{4-308}$$

式中，Q_m——时间 t 到 $t + \Delta t$ 内混合层高度以下烟团内污染物的质量，g；

Δt——时间步长，s；

s，$s + \Delta s$——时间步长开始和结束时的烟团位置；

$g\left(s'\right)$——高斯方程的垂直项，垂直方向完全混合时 $g\left(s'\right) = 1/h$。

如果采用自定义的污染物沉降速率，有效的沉降速率 v_{d}' 就等于沉降速率文件中定义的数值。

在参考高度 z_{s} 处，气体沉降速率表达为三个阻力加和的反比（Wesely and Hicks，1977）：

$$v_{\mathrm{d}} = \left(r_{\mathrm{a}} + r_{\mathrm{d}} + r_{\mathrm{c}}\right)^{-1} \tag{4-309}$$

式中，r_a——通过地面层的大气阻力，s/m；

r_d——沉降层的阻力，s/m；

r_c——植被层冠层阻力，s/m。

大气阻力根据微气象通量梯度关系积分得到（Wesely and Hicks，1977）：

$$r_a = \frac{1}{ku_*}\left[\ln\left(\frac{z_s}{z_o}\right) - \varphi_H\right] \tag{4-310}$$

式中，z_s——参考高度，m；

z_o——地表粗糙度，m；

k——冯卡门常数（约 0.4）；

u_*——摩擦速度，m/s；

φ_H——稳定度校正项。

稳定度校正项考虑了浮力对污染物涡流扩散率的影响。它假设污染物转移与热传递类似（Wesely and Hicks，1977）。地表粗糙度网格场来源于 CALMET 气象场，在 CALMET 中，地表粗糙度可通过网格内的主导用地类型推算，也可由用户自定义。在水面上，由于风对波浪高度的影响，粗糙度为风速的函数，在 CALPUFF 内部采用 Hosker（1974）参数化方案计算：

$$z_o = 2.0x^{10^{-6}u^{2.5}} \tag{4-311}$$

式中，u 为 10 m 高处的风速。

在层流沉降层中，由于分子扩散的重要性，气态污染物沉降阻力根据施密特常数进行参数化：

$$r_d = d_1 s_c^{d_2} / (ku_*) \tag{4-312}$$

式中，S_c——施密特常数，$S_c=\upsilon/D$；

υ——空气动力学黏度（0.15×10^{-4} m^2/s）；

D——污染物分子扩散率，m^2/s；

d_1，d_2——经验常数。

Hicks（1982）的实验总结推荐了一些经验常数值，d_1/k 的范围为 1.6～16.7，d_2 的范围为 0.4～0.8。Shepherd（1974）、Slinn 等（1978）以及 Hicks（1982）推荐使用中间值，d_1=2（或 d_1/k=5）、d_2=2/3。

冠层阻力为气体在植被层的阻力。在植被或地表中污染物吸收/反应有三种途径：

①通过气孔输送并在叶肉细胞中溶解或反应；

②与叶角质层反应或输送；

③进入地面/水面。

在阻力模型中，这三种途径被视为并行的。

$$r_c = \left(\frac{LAI}{r_f} + \frac{LAI}{r_{cut}} + 1/r_g\right)^{-1} \tag{4-313}$$

式中，r_f——叶肉阻力，s/m；

r_{cut}——叶角质层阻力，s/m；

r_g——地面或水面阻力，s/m；

LAI——叶面积指数（叶面积处于地面区域面积），该指数为用地类型的函数。

一般在植被区域，对可溶性污染物的吸收，途径①是最重要的途径。叶肉阻力包含以下两个组分：

$$r_f = r_s + r_m \tag{4-314}$$

式中，r_s——通过气孔的阻力，s/m；

r_m——叶肉细胞中污染物溶解或反应的阻力，s/m。

气孔活动使得气孔阻力呈很强的日循环，且在确定可溶性气态污染物沉降率和沉降速率中起着重要的作用。气孔开/关是植物竞争吸入 CO_2 和防止水分流失的重要手段。

气孔阻力可用 O'Dell 等（1977）方程式表达：

$$r_s = p/(bD) \tag{4-315}$$

式中，p——气孔常数（约等于 $2.3\times10^{-8}\,m^2$）；

b——气孔张开时的宽度，m；

D——污染物分子扩散率，m^2/s。

气孔张开时的宽度是辐射强度、湿度和温度的函数。植被活跃时参数 b 的变化可表达为（Pleim et al.，1984）：

$$b = b_{max}\left[\frac{S}{S_{max}}\right] + b_{min} \tag{4-316}$$

式中，b_{max}——气孔的最大宽度（约 2.5×10^{-6} m）；

b_{min}——气孔的最小宽度（约 0.1×10^{-6} m）；

S——地面接收的太阳辐射，W/m^2；

S_{max}——气孔完全张开时地面接收的太阳辐射，W/m^2。

但在水应力作用期间，阻止水分的流失非常关键，这时气孔关闭。水应力条件下对于未灌溉的植被，可假设 $b = b_{min}$。当植被不活跃时（如加利福尼亚州的干燥季节），叶肉阻力会变得非常大，从而途径①不再发生。在 CALPUFF 中，未灌溉的植被被定义三种状态之一：①活跃且无应力；②活跃有应力；③不活跃。

Pleim 等（1984）评估了温度对气孔活性的影响，最重要的影响来自温度极值。在寒冷时期（T＜10℃），新陈代谢活动缓慢，$b = b_{min}$；在炎热时期（T＞35℃），气孔完全张开（$b = b_{min}$）允许植物蒸发降温。温度影响为式（4-315）中 r_s 值提供了一些约束。

叶肉阻力取决于污染物的可溶性和活性。O'Dell 等（1977）估算了几种污染物的叶肉阻力。对于可溶性污染物，如 HF、SO_2、Cl_2 和 NH_3，r_m 约为 0.0；对于难溶性污染物，如 NO_2（约 500 s/cm）和 NO（9 400 s/cm），叶肉阻力可能很大。对于其他污染物，可根据污染物的可溶性和活性计算叶肉阻力。

叶角质层阻力包括直接通过角质层或者污染物在角质层表面反应，Hicks（1982）指出 SO_2 在小麦（Fowler and Unsworth，1979）上的沉降显示为明显的角质层沉降。然而，Hosker 和 Lingberg（1982）指出气体通过角质层是可忽略的。因此，角质层沉降主要由污染物的活性控制。Pleim 等（1984）将 r_{cut} 参数化为污染物活性相对于 SO_2 参考值的函数：

$$r_{cut} = \left(A_{ref} / A\right) r_{cut}\left(\text{ref}\right) \tag{4-317}$$

式中，A ——沉降气体的活性参数；

A_{ref} ——SO_2 的活性参数，约为 8.0；

$r_{cut}\left(\text{ref}\right)$ ——SO_2 角质层阻力经验参考值，s/m。

Padro 等（1991）建议 $r_{cut}\left(\text{ref}\right)$ 约等于 30 s/cm，一些其他污染物的活性参数为 8.0 s/m（NO_2）、15.0 s/m（O_3）、4.0 s/m（PAN）。

在植被中等或稠密的区域，一般叶肉阻力和角质层阻力控制着冠层阻力。但在稀疏植被区域，直接沉降到地面是最重要的途径。在水面上，可溶性污染物的沉降可能非常快。

陆地上地面阻力可表达为相对于 SO_2 参考值的函数（Pleim et al.，1984）：

$$r_g = \left(\frac{A_{ref}}{A}\right) r_g\left(\text{ref}\right) \tag{4-318}$$

式中，$r_g\left(\text{ref}\right)$ 为 SO_2 的参考地面阻力，约为 10 s/cm。

Slinn 等（1978）将沉降污染物的液相阻力定义为可溶性和活性的函数：

$$r_g = H\left(a_* d_3 u_*\right) \tag{4-319}$$

式中，H ——亨利常数；

a_* ——溶解性因子；

d_3 ——经验常数，约为 4.8×10^{-4}。

颗粒物与植被层不发生类似于气态污染物的相互作用，所以颗粒物沉降速率通常只表达为 r_a 、 r_d 以及重力沉降项。颗粒物的大气阻力 r_a 与气体的公式相同［式（4-310）］。假设稳态条件下，颗粒物的沉降速率可被表达为（Slinn，1980；Pleim et al.，1984）：

$$v = \left(r_a + r_d + r_a r_d v_g\right)^{-1} + v_g \tag{4-320}$$

式中，v_g 为颗粒物重力沉降速度，m/s。

CALPUFF 中，每个受体点的烟团中心线高度随着重力沉降的累积效应发生变化，烟团中心线高度的减少量表达为

$$\Delta h_{\mathrm{g}} = -v_{\mathrm{g}} t_{\mathrm{tot}} \tag{4-321}$$

式中，Δh_{g}——重力沉降引起的烟团高度变化量，m；

v_{g}——重力沉降速率，m/s；

t_{tot}——从排放源到受体点的传输时间，s。

颗粒物穿过沉降层主要有三种机制。小颗粒物（直径＜0.1 μm）主要靠布朗运动穿过沉降层，随着颗粒物粒径的增大，该过程不再占主导地位。直径为 2～20 μm 的颗粒物趋向于靠内部碰撞穿过沉降层。终止时间 t 定义为重力沉降速率除以重力加速度，它可看作为颗粒物影响的趋势。大颗粒物主要靠重力沉降效应来穿透沉降层。式（4-320）中 v_{g} 总是随着沉降速率的增大而增大。直径在 0.1～2 μm 的颗粒物，如硫酸盐，沉降速率非常小，且很难由布朗运动或内部碰撞机制穿过沉降层。

沉降层阻力可参数化（Pleim，1984）为施密特数（$S_{\mathrm{c}} = \upsilon / D$，其中 υ 为空气黏度，D 为空气中污染物的布朗扩散率）和斯托克斯数［$S_{\mathrm{t}} = \left(\dfrac{v_{\mathrm{g}}}{g}\right)\left(\dfrac{u_*^2}{\upsilon}\right)$，其中 v_{g} 为重力沉降速率，g 为重力加速度］。

$$r_{\mathrm{d}} = \left(S_{\mathrm{c}}^{-2/3} - \frac{2}{3} + 10^{-\frac{3}{S_{\mathrm{t}}}} \right)^{-1} u_*^{-1} \tag{4-322}$$

空气中污染物扩散率 D 是颗粒物尺寸的函数。小颗粒物更多受到布朗运动的影响，因此有较大的扩散率。斯托克斯数用来度量颗粒物碰撞的可能性，它随着颗粒物尺寸的增大而增大。

重力沉降速率是颗粒物尺寸、形状和密度的函数。对于球状颗粒物，沉降速率由斯托克斯方程给出：

$$v_{\mathrm{g}} = \left[\left(d_{\mathrm{p}}\right)^2 g \left(p_{\mathrm{p}} - p_{\mathrm{g}}\right) C \right] / 18\upsilon \tag{4-323}$$

式中，d_{p}——颗粒物直径，m；

p_{p}——颗粒物密度，g/m³；

p_{g}——空气密度，g/m³；

C——针对小颗粒物的坎宁安修正。

该修正由式（4-324）给出：

$$C = 1 + \left(\frac{2\lambda}{d_p}\right)\left[a_1 + a_2 \exp\left(-\frac{a_3 d_p}{\lambda}\right)\right] \tag{4-324}$$

式中，λ——空气分子的平均自由程（6.53×10^{-6} cm）；

a_1，a_2，a_3——经验常数，分别为 1.257，0.40，0.55。

鉴于沉降速率对颗粒物尺寸的敏感性，先计算各个级别的颗粒物沉降速率，再根据实际粒径分布加权计算有效沉降速率。颗粒物粒径分布根据几何质量平均粒径和几何标准偏差分布表示。如硫酸盐，几何质量平均粒径约为 0.5 μm，几何标准偏差约 2 μm。

4.3.8 化学转换

CALPUFF 模式的设计准则之一是，在满足烟团公式的前提下，能够模拟线性化学转换效应。CALPUFF 化学模块包括以下 4 种选项：

①MESOPUFF Ⅱ机制（Scire et al.，1984）。包括 SO_2 转换成 SO_4^{2-}，以及 NO_x（$NO+NO_2$）转换成 NO_3^-，它考虑了时空变化的环境条件对转换速率的重要影响。

②RIVAD/ARM 机制（Morris et al.，1988）。包括 NO 与 NO_2 的转换过程和 NO_2 向 NO_3^- 转换的过程，以及 SO_2 向 SO_4^{2-} 转换的过程，还有气态硝酸和硝酸铵气溶胶之间的平衡。

③用户自定义的 24 h 变化转换速率。该机制允许使用每天随时间变化的转换速率，在空间上转换速率是无差异的。

④不考虑化学转换。

MESOPUFF Ⅱ和 RIVAD/ARM3 机制还需使用臭氧背景浓度（以及辐射强度）作为羟基自由基 OH 的替代，可使用一个或多个站点的小时臭氧背景浓度，在监测数据缺乏的情况下，也可以使用月均背景浓度。

图 4-19 和图 4-20 描述了 SO_2 和 NO_x 氧化和气溶胶形式的化学过程，氧化反应可能在气相或者液相发生。气相反应涉及自由基光化学反应，因此和活性有机气体的氧化有关。

在晴朗干燥的气象条件下，均一的气相反应在 SO_2 氧化过程中占主导地位（Calvert et al.，1978）。臭氧和过氧化氢是 SO_2 液相氧化的主要氧化剂。

NO_x 的氧化取决于气相 ROG/NO_x/O_3 光化学，它比 SO_2 的氧化快很多。NO_x 可被氧化成硝酸（HNO_3）和有机硝酸盐（RNO_3），如 PAN。硝酸和氨气形成固态或液相的硝酸铵（NH_4NO_3）。与硫酸盐形成不同，硝酸盐形成过程是可逆的，在硝酸、氨和硝酸盐间达到平衡。

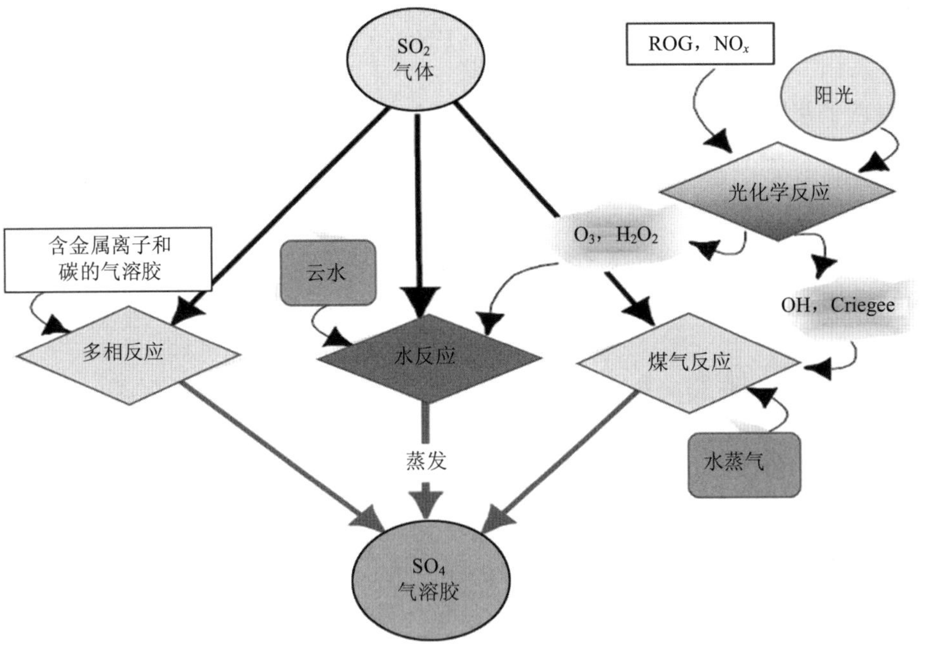

图 4-19　SO_2 氧化途径

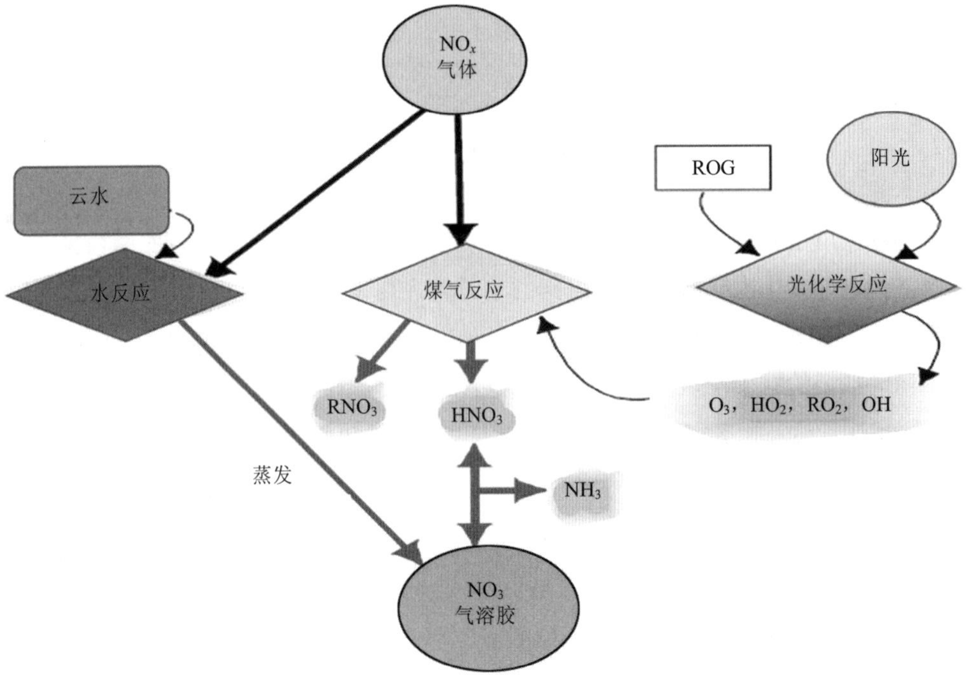

图 4-20　NO_x 氧化途径

$$NH_4NO_3 \rightleftharpoons HNO_3\text{（g）} + NH_3\text{（g）} \quad \text{（4-325）}$$

该反应的平衡常数（$K=[NH_3][HNO_3]/[NH_4NO_3]$）为温度和相对湿度的非线性函数（Stelson and Seinfeld，1982），在一个典型的日循环内该平衡常数可以在几个数量级内变化。假设硝酸盐、氨和水汽的量一定，由于夜晚温度较低，相对湿度较高，夜晚会产生更高的硝酸铵。因此，硝酸盐气溶胶不如硫酸盐稳定。另外，环境中硝酸盐的浓度受到氨有效浓度的限制，而氨更优先用于生成硫酸盐（Stelson et al.，1983）。

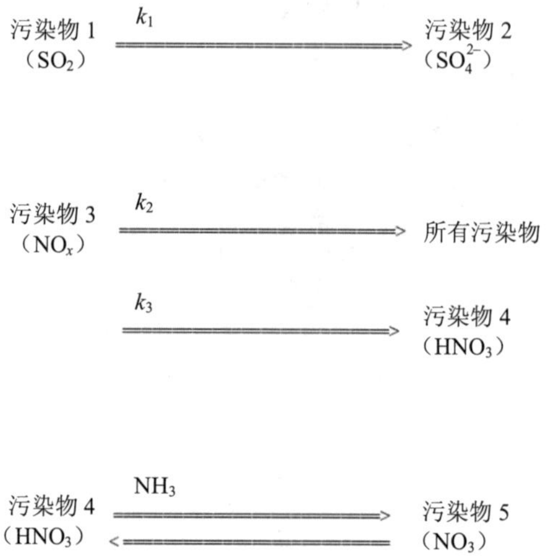

图 4-21　MESOPUFF Ⅱ化学途径图解

MESOPUFF Ⅱ中 5 种反应物（SO_2、SO_4^{2-}、NO_x、HNO_3 和 NO_3）的转换途径见图 4-21。转换速率的表达式由光化学模式中得到的小时转换速率数据进行统计分析得到。该光化学模式使用了 RHC/NO_x/SO_x 化学机制（Atkinson et al.，1982）。含 SO_x/NO_x 的烟羽扩散到含臭氧和活性烃的背景空气中，在一系列条件下进行模拟，如不同的太阳辐射强度、温度、扩散条件、臭氧和 RHC 背景浓度，烟羽中 NO_x 浓度及排放次数。代表白天小时转换速率的表达式如下：

$$k_1 = 36R^{0.55}[O_3]^{0.71}S^{-1.29} + k_{1(aq)} \quad \text{（4-326）}$$

$$k_2 = 1\,206[O_3]^{1.5}S^{-1.41}[NO_x]^{-0.33} \quad \text{（4-327）}$$

$$k_3 = 1\,206[O_3]^{1.45}S^{-1.34}[NO_x]^{-0.12} \quad \text{（4-328）}$$

SO_2的液相组分转换速率为

$$k_{1(\mathrm{aq})} = 3\times 10^{-8}\mathrm{RH}^4 \tag{4-329}$$

式中，k_1——SO_2向SO_4的转换速率，%/h；

k_2——NO_x向HNO_3+RNO_3的转换速率，%/h；

k_3——NO_x仅向HNO_3的转换速率，%/h；

$k_{1(\mathrm{aq})}$——SO_2液相氧化项，%/h；

R——总太阳辐射强度，kW/m^2；

S——稳定度指数（A和B=2，C=3，D=4，E=5，F=6）；

RH——相对湿度，%；

$[O_3]$——臭氧背景浓度，10^{-6}；

$[NO_x]$——烟羽NO_x浓度，10^{-6}。

式（4-326）～式（4-328）仅用于白天气相自由基化学活跃时。上述方程中采用臭氧浓度和辐射强度代替OH浓度仅适用于白天。夜晚，SO_2和NO_x氧化速率取决于多项反应，其反应速率通常远低于典型的白天（Wilson，1981；Forrest et al.，1981）。晚上SO_2和NO_x的默认氧化速率分别为0.2%和2.0%。

NO_x氧化速率取决于NO_x浓度。在烟团重叠的情况下，在某些点需要估算总的NO_x浓度来确定适合的k_2和k_3。硝酸盐平衡关系要求知道SO_4、NO_x和总硝酸盐的浓度。由于氨优先用于生成硫酸盐，针对NO_x的有效氨为总氨减去生成硫酸盐的氨。

RIVAD机制最初为ARM3模式设计（Morris et al.，1988），该机制假设挥发性有机物的背景浓度很低，因此建议用于空气相对清洁的非城市地区。该机制中硫酸盐和硝酸盐的产生速率可以通过计算羟基自由基OH的稳态浓度得到。在烟团内，稳态方程为

$$[O('D)] = \frac{k_{34}(hv)[O_2]}{k_{35} + k_{36}[H_2O]} \tag{4-330}$$

$$\frac{\mathrm{d}[\mathrm{OH}]}{\mathrm{d}t} = 2k_{36}[O('D)][H_2O] - k_{37}[\mathrm{OH}\cdot][SO_2] - k_{38}[\mathrm{OH}\cdot][NO_2] \tag{4-331}$$

$$[\mathrm{OH}\cdot] = \frac{2k_{36}[O('D)][H_2O]}{k_{37}[SO_2] + k_{38}[NO_2]} \tag{4-332}$$

根据稳态浓度，转换速率为

$$-\frac{1}{[SO_2]}\frac{\mathrm{d}[SO_2]}{\mathrm{d}t} = k_{37}[\mathrm{OH}\cdot] \tag{4-333}$$

$$-\frac{1}{[NO_2]}\frac{\mathrm{d}[NO_2]}{\mathrm{d}t} = k_{37}[\mathrm{OH}\cdot] \tag{4-334}$$

式中，$k_{34} = 1.3 \times 10^{-3} (\cos Z_s)^{2.74} (\times 10^{-6} \text{min})^{-1}$

$k_{35} = 4.45 \times 10^{10} (\times 10^{-6} \text{min})^{-1}$

$k_{36} = 3.4 \times 10^{5} (\times 10^{-6} \text{min})^{-1}$

$k_{37} = 2.0 \times 10^{3} (\times 10^{-6} \text{min})^{-1}$

$k_{38} = 1.4 \times 10^{4} (\times 10^{-6} \text{min})^{-1}$

$\cos Z_s$为太阳高度角的余弦，MESOPUFF Ⅱ机制用于确定硝酸、氨和硝酸铵之间的平衡关系。RIVAD 机制不能准确计算 SO_2 到硫酸盐的液相氧化，RIVAD 假定 SO_2 多相氧化速率为 0.2%，再与单相的速率相加。

4.3.9　湿沉降

很多研究表明，在下雨情景下，可溶性或活性污染物的湿沉降率可达百分之几十（Barrie，1981；Slinn et al.，1978；Levine and Schwartz，1982；Scire and Venkatram，1985）。气态污染物通过溶解于云滴和降水被清除。对于 SO_2，液相氧化是重要的清除途径。颗粒物可在云层内清除（雨洗），也可在云下被清除（冲刷）。在排放源与受体点几十千米至上百千米距离内，湿沉降能消除烟团内大部分污染物质量。

基于经验的清除系数法可被用于计算长期湿沉降的计算（Maul，1980），污染物的消除可表达为

$$x_{t+\mathrm{d}t} = \chi_t \exp(-\Lambda \Delta t) \tag{4-335}$$

式中，χ——时刻t到$t+\Delta t$的污染物浓度，g/m³；

Λ——清除比。

清除比可表达为

$$\Lambda = \lambda \left(\frac{R}{R_1} \right) \tag{4-336}$$

式中，λ——清除系数，s^{-1}；

R——降水速率，mm/h；

R_1——参考降水速率（1 mm/h）。

清除系数取决于污染物的特性（如可溶性和反应活性）和降水的性质。

表 4-3 总结了几种污染物的默认清除系数。降水代码可用来确定降水类型和强度等降水性质。

表 4-3　几种污染物的湿沉降系数

污染物	液态降水	固态降水
SO_2	3×10^{-5}	0
SO_4	1×10^{-4}	3×10^{-5}
NO_x	0	0
HNO_3	6×10^{-5}	0
NO_3	1×10^{-4}	3×10^{-5}

4.3.10　臭气模拟

在实际应用中，可以使用一个简单的平均时间尺度因子计算短期峰值浓度，如臭气浓度。因为用来计算平均浓度的扩散曲线平均时间范围为 3～60 min，而臭气被感知到的时间只有几秒，所以这种调整是必要的。该调整主要用于消除气流波动对污染物物质平均侧向分布的影响。用来调整平均时间的侧向扩散系数的尺度因子为 1/5 次幂律（Turner，1970）：

$$f(t,t_0)=(t_0/t)^{0.2} \tag{4-337}$$

式中，t 为关注的平均时间；t_0 为得到平均浓度的与扩散速率相一致的平均时间。

有两种方法使用这个尺度因子。当使用 PG 曲线时，可通过使用平均时间变量 AVET。由于环境湍流引起的扩散 PG σ_z 参数值将由时间尺度因子调整，但排放源对 σ_z 的初始影响不会被调整。采用更短的平均时间会减小的值，从而使得中心线浓度增加，降低侧向扩散速率。在 CALPUFF 中，中心线浓度为轨迹中心线浓度。第二种方法中，时间尺度因子在 CALPOST 中直接应用到平均浓度。对于更短的平均时间，所有的浓度都会增大。

在第一种方法中，侧向湍流的平均时间比风速的平均时间小很多。可以得到与湍流一致的峰值浓度表达，但是可能得不到在该小时内该区域受浓度影响的侧向扩展区域。这个浓度场可被认为是这一小时内最可能轨迹的短期快照。第二种方法中，同样可以获得峰值浓度的情况，但是中心线以外的浓度应解释为短期峰值浓度的加权。这段时间内的快照分布于平均轨迹的周边，比起在快照中分布的浓度场，那些远离轨迹的平均浓度要小得多。

4.3.11　面源

CALPUFF 中有特定的算法用来计算面源内和下风向的污染物浓度。原始的 CALPUFF 模式将所有面源都近似为虚拟点源，并采用初始代表面源的尺寸。这种方法对距离面源较远的受体点是合适的，但当受体点在面源内或离得较近时，这种近似法就不合适了。ISCST 模式通过对任意多边形面源进行二维积分克服了这种限制。

ISCST 二维积分通过以下步骤对任意多边形面源进行预测：

①将面源的各个顶点转换到以沿风向和垂直风向为轴的坐标体系；

②根据两个误差函数，准确计算垂直风向的积分；

③沿着风向积分，使用尽量多的采样以达到收敛要求。

第三步涉及三步迭代：

①采用在沿风向不断增加取值点的方法进行梯形积分；

②在积分采样间隔为 0 的极限下，使用涉及多项式外推的龙贝格法计算积分；

③检测积分的收敛值。

ISCST2 模式中设计并测试了一种使用快速收敛的正交算法，它使用龙贝格法外推，而不是原来的梯形算法积分。

多边形面源烟片的扩展形式也可采用相同的步骤，甚至使用了相同的子程序，在某些接口作了细微的修改，但此处是对烟片积分而不是对稳态高斯烟羽积分。通常烟片积分比高斯烟羽积分复杂得多，但对于这种新排放的物质的平均浓度由式（4-87）计算，垂直风向上，Y 项相同，因此可将表达式中的双重积分变为一重积分。式（4-89）积分可变为

$$\overline{C_{\mathrm{p}}}=\int_{\mathrm{p}}\int \mathrm{d}x\mathrm{d}y\bar{C}(x,y) \tag{4-338}$$

式中，$\overline{C_{\mathrm{p}}}$ 表示多边形面源导致的平均浓度，多边形双重积分根据侧风向和沿风向进行计算；$\bar{C}(x,y)$ 是将式（4-89）中的面源排放速率 q 的单位调整为 g/（$\mathrm{m}^2\cdot\mathrm{s}$）。将式（4-89）代入式（4-338），则：

$$\overline{C_{\mathrm{p}}}=\frac{q}{u}\int_{p}^{\mathrm{d}x}\bar{F}(x)g(x)\frac{u}{\sqrt{2\pi}u'\sigma_{\mathrm{y}}(x)}\int_{d_{\mathrm{cl}}}^{d_{\mathrm{cr}}}d_{\mathrm{y}}\exp\left[\frac{-y^2}{2\sigma_{\mathrm{y}}^2(x)}\frac{u^2}{u'^2}\right] \tag{4-339}$$

式中，d_{cl} 和 d_{cr} 分别为相对于 x 方向左边和右边侧风向的限值；$\bar{F}(x)$ 和 $g(x)$ 为多边形面源内的特定点到沿风向距离的函数。类似地，与 $\bar{F}(x)$ 相关的变量现在都依赖于 x。最后，式（4-339）在侧风向积分，通过两个误差函数的差值，得到最终分析结果：

$$\overline{C_{\mathrm{p}}}=\frac{q}{u}\int_{\mathrm{p}}\mathrm{d}x\bar{F}(x)g(x)Y(x) \tag{4-340}$$

其中：

$$Y(x)=\frac{1}{2}\left\{\mathrm{erf}\left[\frac{d_{\mathrm{cr}}(x)u}{\sqrt{2}\sigma_{\mathrm{y}}(x)u'}\right]-\mathrm{erf}\left[\frac{d_{\mathrm{cl}}(x)u}{\sqrt{2}\sigma_{\mathrm{y}}(x)u'}\right]\right\} \tag{4-341}$$

式（4-339）中剩下的 x 积分值必须由龙贝格积分法计算。该计算过程涉及式（4-339）在不同 x 值条件下的积分，直到龙贝格估算出 $\overline{C_p}$ 值，估算时限制为 $\Delta x \to 0$，且满足适当的收敛性。

上述公式仅针对多边形面源新排放的烟片（如 IAGE=0）。如前所述，虚拟点源和积分法最大差别发生在面源附近。对于较老的烟片（IAGE＞0），问题明显复杂得多，此时采用近似的方法处理。

在采样步长内当烟片最新的末端已经离开排放源时该烟片可定义为老烟片，它不是一个正在排放的烟片。对于面源而言，在上述的积分过程中，采用叠加正在排放的烟片的方法来表征在沿风向上排放的污染物质量分布。将每一次排放的烟团初始侧向分布当作线源，在接下来的取样步长中另一个烟团将替代这一位置。它由面源的中心排放，根据面源的侧风向长度得到初始的 σ_{ys}。该初始 σ 值并不会用来定义虚拟点源，而是正交叠加到环境 σ 上。

通过采用有效的 σ_y，老烟片的输送和采样可采用常规方法计算，但考虑初始线源分布而非有效的高斯分布，对烟片侧向浓度进行调整。调整因子为侧风向线源分布与点源分布的比：

$$F_r = \frac{\sigma_{yr}}{\sigma_{ys}} \times \frac{\mathrm{erf}\left(\dfrac{y_r + \dfrac{L_c}{2}}{\sqrt{2}\sigma_{ya}}\right) - \mathrm{erf}\left(\dfrac{y_r - \dfrac{L_c}{2}}{\sqrt{2}\sigma_{ya}}\right)}{2\exp\left(-\dfrac{y_r^2}{2\sigma_{yr}^2}\right)} \tag{4-342}$$

式中，σ_{yr}——受体点 σ_y，m；

σ_{ys}——面源侧风向尺度的 σ_y [$= L_c/(2\pi)^{1/2}$]，m；

σ_{ya}^2——$\sigma_{ya}^2 = \sigma_{yr}^2 - \sigma_{ys}^2$；

L_c——面源侧风向尺度，m；

y_r——受体在烟片侧向的距离，m。

当烟片采样需要数值积分技术时，在每个烟片快照分布中进行调整。同样的近似处理适用于面源排放的所有烟团。因为烟团是对称的，不存在垂直烟团方向，因此可简化为采样步长中烟团中心到受体的最短距离。采用常规方法对烟团采样，乘以 F_r 得到最终浓度。

4.3.12　浮力线源

CALPUFF 采用 BLP 模式（浮力线源和点源扩散模式）（Schulman and Scire，1980）中的算法模拟浮力线源的浓度。BLP 模式中浮力线源定义了一个或多个有污染物排放的长建筑物的几何形状，每条线的起点和终点位置的坐标用于确定排放点和线源的方向。对于一组类似的建筑物，采用平均的源特征属性（图 4-22、图 4-23）：

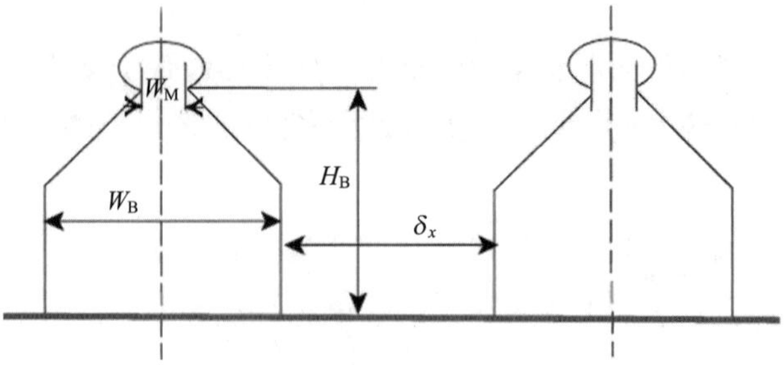

图 4-22 浮力线源侧视图

注：H_B——平均的建筑物高度，m；W_M——平均的线源宽度，m；W_B——平均的建筑物宽度，m；δ_x——建筑物间的平均距离，m。

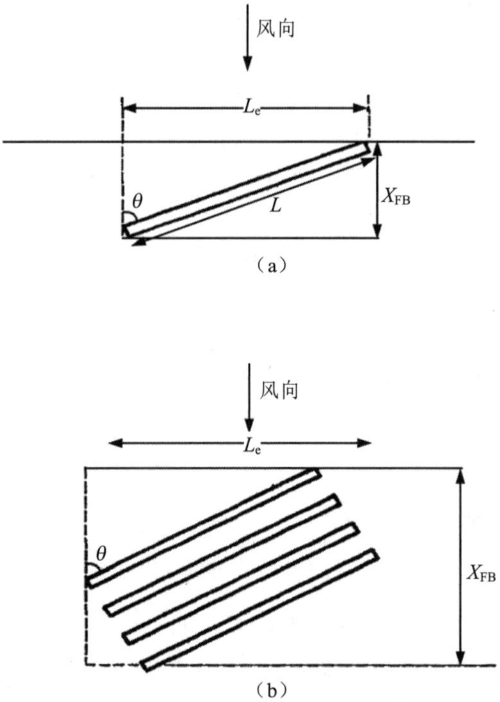

图 4-23 浮力线源有效长度

注：L——平均的建筑物（线源）长度，m。

$$F' = \frac{gLW_{\mathrm{M}}w(T_{\mathrm{s}} - T_{\mathrm{a}})}{T_{\mathrm{s}}} \tag{4-343}$$

式中，g ——重力加速度，m/s^2；

w ——出口速率，m/s；

T_{s} ——出口温度，K；

T_{a} ——环境温度，K。

通常，每个线源先各自计算浮力参数，再进行平均。

线源组通常是极不对称的，因子它们的属性可能随着风向变化。图 4-23 描述了风向与线源长边有夹角时，有效的侧风向长度 L_{e} 和沿风向长度 X_{FB}。对于单个线源：

$$L_{\mathrm{e}} = |L\sin\theta| + |W_{\mathrm{M}}\cos\theta| \qquad X_{\mathrm{FB}} = |L\cos\theta| + |W_{\mathrm{M}}\sin\theta| \tag{4-344}$$

对于线源组，L_{e} 是垂直风向长度 L 和平行风向长度 L_{v} 的加权：

$$L_{\mathrm{e}} = |L\sin\theta| + |L_{\mathrm{v}}\cos\theta| \tag{4-345}$$

式中，L_{v} 是生成组合烟羽宽度的长度，该宽度与多个线源烟羽合并的复合宽度相匹配（Schulman and Scire，1980）。建筑物也会引起下洗效应，对于有限长线源，将下洗长度 L_{d} 加上初始稀释半径 R_{o}：

$$L_{\mathrm{d}} = |L_{\mathrm{e}}\sin\theta| \qquad R_{\mathrm{o}} = \mathrm{MIN}\left(H_{\mathrm{B}}, L_{\mathrm{d}}\right) \tag{4-346}$$

根据这些定义的尺度，中性条件下 BLP 烟羽抬升 z_{L} 计算为

$$z_{\mathrm{L}}^3 + \frac{3L_{\mathrm{e}}}{\pi\beta_1} z_{\mathrm{L}}^2 + \left(\frac{3R_{\mathrm{o}}z_{\mathrm{L}}}{\beta_1} + \frac{6R_{\mathrm{o}}L_{\mathrm{d}}}{\pi\beta_1^2} + \frac{3R_{\mathrm{o}}}{\beta_1^2}\right) z_L = \begin{cases} \dfrac{F_{\mathrm{T}}' x^3}{2\pi\beta_1^2 x_{\mathrm{FB}} u_{\mathrm{e}}^3} & x < X_{\mathrm{FB}} \\[2ex] \dfrac{3F_{\mathrm{T}}'}{2\pi\beta_1^2 u_{\mathrm{e}}^3}\left(\dfrac{X_{\mathrm{FB}}^2}{3} + x^2 - xX_{\mathrm{FB}}\right) & x \geqslant X_{\mathrm{FB}} \end{cases} \tag{4-347}$$

最终温度烟羽抬升为

$$z_{\mathrm{L}}^3 + \left[\frac{3L_{\mathrm{e}}}{\pi\beta_1}\right] z_{\mathrm{L}}^2 + \left[\frac{3R_{\mathrm{o}}z_{\mathrm{L}}}{\beta_1} + \frac{6R_{\mathrm{o}}L_{\mathrm{d}}}{\pi\beta_1^2} + \frac{3R_{\mathrm{o}}}{\beta_1^2}\right] z_{\mathrm{L}} = \frac{6F_{\mathrm{T}}'}{\pi\beta_2^2 u_{\mathrm{e}} s} \tag{4-348}$$

式中，F_{T}' 为各线源浮力参数的加和；u_{e} 为有效风速，可以是烟囱顶端风速也可以是风切变调整过的平均风速。中性烟羽抬升方程可用来计算稳定条件下过渡抬升。

烟羽抬升的计算距离从线源组最逆风的部分到最终烟羽抬升处。每个线源被划分成几小段（段数由控制文件中参数控制），每段排放一个烟团（或烟片）。对于烟团，全部采用虚拟点源法，初始 σ_{y0} 由线源段侧风向的投影得到。对于烟片，在第一个采样步长内每段线被模拟为面源，并采用完全数值积分，在后续的采样步长中烟片被模拟为虚拟点源。

4.3.13 能见度模拟

CALPUFF 可用于评估区域能见度的变化。CALPUFF 可以计算逐时的硫酸盐、硝酸盐以及其他颗粒物的浓度，后处理程序 CALPOST 可计算相应的相对于背景消光系数的消光系数 b_{ext}，消光系数包括散射和吸收两部分，是单位距离内光衰减的量，单位为 10^{-6} m^{-1}。另外也用来表示线性刻度范围内的感官能见度。分视指数定义如下：

$$dv = 10\ln\left[\frac{b_{ext}}{10}\right] \tag{4-349}$$

这里，对数函数中的分母 10 为参考消光系数（$10^{-6}m^{-1}$），对应了天然背景环境，分视指数为 0。

由于能见度的退化是个相对值，绝对的 b_{ext} 不足以量化对感官的影响。对于给定的 b_{ext}，在雾霾背景下，感官影响可能被忽略，但在天然背景下，感官影响可能较大。模拟的消光系数 b_{ext-m} 占背景消光系数 b_{ext-0} 的比反映分视指数的变化：

$$\frac{\Delta b}{b}(\%) = 100\left(b_{ext-m} / b_{ext-0}\right) \tag{4-350}$$

$$\Delta dv = 10\ln\left[\left(b_{ext-m} + b_{ext-0}\right)/10\right] - 10\ln\left(b_{ext-0}/10\right) = 10\ln\left(1 + b_{ext-m}/b_{ext-0}\right) \tag{4-351}$$

消光系数可表达为吸湿组分和非吸湿组分的和。硫酸盐和硝酸盐气溶胶为吸湿组分，在相对湿度较大时有较大的消光效率。非吸湿组分对光的吸光和散射与相对湿度无关，因此：

$$b_{ext} = b_{SN} f\left(RH\right) + b_{dry} \tag{4-352}$$

式中，b_{SN} 为 RH=0%时硫酸盐和硝酸盐（$b_{SO_4} + b_{NO_3}$）的综合散射系数；$f\left(RH\right)$ 为湿度调整系数（≥1）。CALPOST 中有两个版本的 $f\left(RH\right)$，第一个来自 IWAQM（1993）导则中的推荐因子，第二个是来自 FLAG 表格。非吸湿组分消光系数 b_{dry} 为其他细颗粒物（如有机气溶胶 b_{OC} 和土壤 b_{soil}）的散射、粗颗粒物（2.5～10 μm）的散射（b_{PMC}）、分子的瑞利散射（b_{Ray}）以及主要来自原始碳颗粒物吸光（b_{EC}）之和。

各污染物的散射系数根据消光效率（m²/g）和浓度（μg/m³）计算：

$$b_{SO_4} = 3\left[(NH_4)_2SO_4\right] \tag{4-353}$$

$$b_{NO_3} = 3\left[NH_4NO_3\right] \tag{4-354}$$

$$b_{oc} = 4\left[OC\right] \tag{4-355}$$

$$b_{soil} = 1\left[Soil\right] \tag{4-356}$$

$$b_{PMC} = 0.6\left[Coarse\ \ Mass\right] \tag{4-357}$$

$$b_{\mathrm{EC}}=10[\mathrm{EC}] \tag{4-358}$$

硫酸盐的消光系数基于硫酸铵，硝酸盐的消光系数基于硝酸铵，硫酸盐和硝酸盐转换成硫酸铵和硝酸铵的系数为 1.375 和 1.290。

式（4-352）～式（4-358）用于获得所有污染物在各受体点的小时 $b_{\mathrm{ext-m}}$ 值。各受体点的背景消光系数 $b_{\mathrm{ext-0}}$ 可根据月、季节或运行时段浓度从这些方程中计算，或根据小时观测计算。式（4-350）和式（4-351）采用各受体点 $b_{\mathrm{ext-m}}$ 和 $b_{\mathrm{ext-0}}$ 的日均值。CALPOST 中有 8 种不同的方法计算能见度。

（1）方法 1

采用单一的干背景消光系数 b_{BAK}［如式（4-352）$f(\mathrm{RH})=1$］和吸湿性背景的比例 F_{H}。然后根据式（4-352）计算 $b_{\mathrm{ext-0}}$，其中 $b_{\mathrm{SN}}=F_{\mathrm{H}}b_{\mathrm{BAK}}$，$b_{\mathrm{dry}}=(1-F_{\mathrm{H}})b_{\mathrm{BAK}}$。当离受体点最近的地面气象站相对湿度逐时变化时，该消光系数也随着逐时变化。根据式（4-353）～式（4-358）明确计算各污染物的消光系数。

该方法中湿度因子的上限是 16，如果没有指定更小的值，默认 RHMAX=98%。当相对湿度超过 RHMAX，采用 RHMAX 计算小时 $b_{\mathrm{ext-0}}$。

（2）方法 2

采用式（4-353）～式（4-358）计算 $b_{\mathrm{ext-0}}$ 时提供颗粒物月均背景浓度，相对湿度因子可根据曲线计算得出。最小值为 1，最大值为 21.37。与方法 1 一样，$f(\mathrm{RH})$ 的上限是 $f(\mathrm{RHMAX})$，如果没有指定更小的值，默认 RHMAX=98%。根据式（4-353）～式（4-358）明确计算各污染物的消光系数。

（3）方法 3

采用式（4-353）～式（4-358）计算 $b_{\mathrm{ext-0}}$ 时提供颗粒物月均背景浓度，相对湿度因子可根据曲线计算得出。与方法 2 不同，当受体点处的相对湿度超过 RHMAX 时该小时背景和模拟的消光系数当无效处理，若未指定更小的值，默认 RHMAX=98%。计算 24 h 平均能见度时，若受体点有效小时数少于 6 个也被排除。当某天没有受体点有 24 h 平均能见度值时，当缺失处理。

（4）方法 4

对于所有受体点，小时大气透射表观测数据用于提供背景消光系数 $b_{\mathrm{ext-0}}$。与方法 3 一样，根据曲线计算的相对湿度因子用于计算模拟的消光系数 $b_{\mathrm{ext-m}}$。若小时大气透射表数据无效时（缺失，观测位置处相对湿度较高，或其他干扰情况），对于所有受体点，该小时数据无效且不参与日平均。如果受体点小时相对湿度超过 RHMAX，该受体点的小时模拟的消光系数无效，若未指定更小的值，默认 RHMAX=98%。计算 24 h 平均能见度时，若受体点有效小时数少于 6 个也被排除。当某天没有受体点有 24 h 平均能见度值时，当缺失处理。

（5）方法 5

对于所有受体点，小时浊度观测用于提供背景消光系数b_{ext-0}。因为这些观测不包括瑞利散射，在小时观测上增加一个b_{RAY}常数。与方法 3 一样，根据曲线得到的相对湿度因子用于计算模拟的消光系数b_{ext-m}。如果小时浊度数据无效（缺失，观测位置处相对湿度较高，或其他干扰情况），对于所有受体点，该小时数据无效且不参与日平均。如果受体点小时相对湿度超过 RHMAX，该受体点的小时模拟的消光系数无效，若未指定更小的值，默认 RHMAX=98%。计算 24 h 平均能见度时，若受体点有效小时数少于 6 个也被排除。当某天没有受体点有 24 h 平均能见度值时，当缺失处理。

（6）方法 6

采用 FLAG2000 月均相对湿度调整因子计算观测的和模拟的硫酸盐和硝酸盐。

（7）方法 7

在发生天气事件时，采用观测的天气或预测的天气信息计算背景消光系数，其他情况下采用方法 2。

（8）方法 8

将颗粒物分成细颗粒物、粗颗粒物、硫酸盐、硝酸盐、有机碳、元素碳等，采用 IMPROVE2006 变化消光系数公式计算各颗粒物的背景消光系数。污染源导致的能见度变化与大气中污染物总浓度相关。

4.3.14 静风的处理

静风时段指烟团传输速度小于指定的速度（默认 0.5 m/s）。当使用 ISC 气象数据时，ISC 相关的气象前处理程序已经将静风明确表示为 0.0 m/s，所有非静风的最小风速为 1 m/s，因此所有的烟团和烟片在静风时段将保持静止。而 CALMET 风场可以考虑小于 1 m/s 的风速，因此默认静风限值用来识别传输距离最小（但不为 0）的时段。

虽然 CALPUFF 中没有专门的模块模拟静风时段，但在常规的算法中作了些调整。这些调整改变了烟片的释放方式、逐步抬升的处理方式、近源效应的处理方式以及采样步长内烟团尺寸的变化方式。这些调整与概念模型是一致的，在概念模型中，新的排放几乎都呈直线上升，且由于风速在零值左右波动，扩散是时间的函数，而当已有的排放停滞时，扩散也是时间的函数。

对静风时段排放的烟团的调整有：

①烟片作为烟团释放（烟片长度为零）；

②该时段内（小时）所有的质量都放在 1 个烟团内；

③距最终抬升的距离为零（没有逐渐抬升）；

④不考虑建筑物下洗效应；

⑤采样步长内σ_y和σ_z的增长是时间的函数；

⑥湍流速率σ_v和σ_w的最小值是强制的。

对静风时段前排放的烟团调整有：

①距最终抬升的距离为零（没有逐渐抬升）；

②采样步长内σ_y和σ_z的增长是时间的函数，与控制文件中选择的扩散选项无关；

③湍流速率σ_v和σ_w的最小值是强制的。

当使用 ISC 气象数据且风速为零时，这意味着u_*也为零，从而 PGT 稳定度为该时期估算湍流的唯一参数。当使用 CALMET 数据时，即使烟团传输速度小于阈值，u_*和w_*也是有效的，因此湍流可被估算。然而，当 CALMET 中风速真的为静风时，该程序不是十分可信的。在静风时期，σ_v和σ_w的估算将是不确定的，而 CALPUFF 依赖这些湍流速率计算烟团的增长。静风时期和非常稳定以及对流边界层是相关的，它们有明显不同的湍流特性。

基于这些考虑，CALPUFF 允许使用依赖于稳定度的最小湍流速率，只要湍流速率（观测的或者预测的）小于最小湍流速率，这些最小湍流速率就会被使用。基于 PGT 曲线的有效湍流强度（湍流速率与平均风速之比）被作为默认值。由于 PGT 曲线历来被用于风速大于 1 m/s 的情况，故按照风速 1 m/s 对应的I_z计算湍流速率σ_w的最小值。Hanna 等（1986）建议小时平均的合适值约为 0.5 m/s，因此，对于所有的稳定度默认的最小值为 0.5 m/s。

当 CALPUFF 采用详细的风和湍流观测数据时，必须确定有效的观测数据不能替代最小湍流值。静风阈值的最小风速，以及个别湍流极小值可以反映风传感器和收集系统的特性。

第三篇

常用环境空气质量模型应用指南

第 5 章　AERMOD 模型应用指南

5.1　基础数据及文件格式

运行本模型，需要的基础数据主要是项目所在区域的地形数据、气象数据和其他参数，包括模型及环境选项、源的位置和参数、污染物参数、输出选项等，一般可在模型运行流文件中统一设置。

运行地形预处理程序 AERMAP.EXE，可以从地形数据文件中，计算出各预测点的地形高程和山体控制高度。运行气象预处理程序 AERMET.EXE，结合项目位置的地表特征和气象数据，可计算出地面尺度参数文件和垂直廓线数据文件。运行结果文件供后续 AERMOD.EXE 使用。

5.1.1　地形数据及文件格式

地形数据一般采用 DEM 文件格式，DEM 称为数字高程模型，是一种地形高程文件标准格式。

DEM 文件可以是 UTM 坐标，也可以是 LL 坐标。如果是 LL 坐标，标准格式为西半球负值、东半球正值。LL 坐标的 DEM 文件可以是 1 度的（90 m 左右分辨率，面积约 110 km×110 km，点数大约 120 万个，10 MB 大小），或 7.5 分的（约 30 m 的分辨率，面积约 13 km×13 km，点数大约 15 万个，1.2 MB 大小）。UTM 坐标文件一般是 7.5 分的。当然，如果有更高分辨率（如 10 m）的也可以支持。但不应使用分辨率低于 90 m 的数据。

DEM 文件所在范围，应该覆盖整个评价范围（包括所有污染源和敏感点），并且建议 DEM 文件的边界大于评价范围的边界 3 km。可以用多个毗邻的 DEM 文件拼合成所需的数据区域。

DEM 文件格式本身是比较灵活的，比如一些从 UNIX 生成的 DEM 文件每行之间不含有分行符。但是，AERMOD 的地形预测处理程序 AERMAP 只能处理有分隔符的 DEM 文件，所以要特别注意，DEM 必须要预先处理成与 AERMAP 兼容的格式。

5.1.2 气象数据及文件格式

需要有现场探测数据和 NWS 探空数据。如果没有现场探测，则可用相邻 NWS 常规站的数据来替代。NWS 探空站、NWS 地面站与应用现场的位置可能不同，需要分别定义。

现场探测气象数据文件格式及读入方法详见 5.1.2.1 节。

NWS 常规地面气象数据格式及读入方法详见 5.1.2.2 节。该常规站应是距项目位置直线距离最近的站，要求数据必须是逐小时观测；如果是没有进行逐小时观测的一般站，要求采用逐小时的风向风速气温数据，云量用线性内插；如果无法取得逐小时数据，则要求至少有 4 个小时（观测时间为北京时间 2 时、8 时、14 时、20 时）的气象数据。在我国，原始地面站观测数据通常可从地面气象观测数据文件格式 2004 版 A 文件（简称气象 A 文件）中读出，再自行转成 5.1.2.2 节所示格式。

NWS 常规探空站气象数据格式及读入方法详见 5.1.2.3 节。该常规站应是距项目直线距离 200 km 以内的站。如果这个距离内没有探空站，则可以采用 MM5 输出数据，要求在 2 000 m 高度下至少有 20 层有效数据。

这里只考虑模型输入的基础数据的相关文件，不包括模型生成的中间文件及格式，比如 AERMET 生成的气象参数文件 SFC 和 PFL，可直接用于 AERMOD。

5.1.2.1 现场气象观测数据文件格式及读入方法

现场（site-specific）实测数据分成单层变量和多层变量。1 个小时内可有多次观测，最多可为 12 次（均匀分布）。

数据读入采用自由格式，单层数据和多层数据可分一行或几行读入，但都要通过 READ 和 FORMAT 两个语句来定义读入方式。日期和时间信息必须在第一行中读入（可任何位置）。空格在格式说明中不允许使用。在读多层变量时先读完单层变量（特别是如有热通量和实测混合层高必须先读入），需要注意的是每一层测量的变量可能是不同的。

当含有 site-specific 数据时，地面数据的风速和风向有如下限制：①风速大于或等于 site-specific 数据的最低限度风速（THRESHOLD，一般要求＜1 m/s，合理应＜0.5 m/s。对 NWS 风认为是 1 m/s。但用于估算边界层参数的最小风速是 $2^{1/2}$×0.2 m/s）。②测量高度必须在 $7Z_0$ 之上而小于 100 m。对于大气温度，其限制为温度测量高度在 Z_0 之上而小于 100 m。

若同时用了 OSHEIGHTS 和变量 HTnn 来定义层高，则 OSHEIGHTS 将覆盖 HTnn 中的值。单层变量和时间变量说明见表 5-1，多层变量说明见表 5-2。

表 5-1　单层变量和时间变量说明（共 24 个）

变量名	说明	单位	检测符	丢失标志	下限	上限
OSYR	年	—	≤	–9	0	99
OSMO	月	—	≤	–9	1	12
OSDY	日	—	≤	–9	1	31
OSHR	时	—	≤	–9	0	24
OSMN	分	—	≤	–9	0	60
ALTP	高度计气压	英寸水银高×100	≤	–9999	2700	3200
SLVP*	海平面气压	毫巴（mbar）×10	<	–9999	9000	10999
PRES*	站点气压	毫巴（mbar）×10	<	–9999	9000	10999
CLHT*	云层高	km×10	≤	–9999	0	300
TSKC*	总云或低云量	tenths	≤	99	0	10
HFLX	地表热通量	W/m^2	<	999	–100	800
USTR	地表摩擦速度	m/s	<	999	0	2
MHGT	混合层高度	m	<	9999	0	4000
ZOHT	地表粗糙度	m	<	999	0	2
SAMT	降雪量	cm	≤	999	0	250
PAMT	降水量	cm	≤	999	0	100
INSO	太阳辐射	W/m^2	<	9999	0	1250
NRAD	净辐射	W/m^2	<	999	–100	800
DT01	上下温差 1	℃	<	9	–2	5
DT02	上下温差 2	℃	<	9	–2	5
DT03	上下温差 3	℃	<	9	–2	5
US01	自定义变量 1	自定义	<	999	0	100
US02	自定义变量 2	自定义	<	999	0	100
US03	自定义变量 3	自定义	<	999	0	100

表 5-2　多层变量说明（共 15 个）

变量名	说明	单位	检测符	丢失标志	下限	上限
HTnn	离地高度	m	<	9999	0	4000
SAnn	水平风向标准差	度	<	99	0	35
SWnn	垂直（W 向）风速标准差	m/s	<	99	0	3
TTnn*	温度	℃	<	99	–30	35
WDnn*	风向	度	≤	999	0	360
WSnn*	风速	m/s	<	999	0	50
SEnn	垂直风向标准差	度	<	99	0	25
SVnn	水平 V 方向风速标准差	m/s	<	99	0	3
SUnn	水平 U 方向风速标准差	m/s	<	99	0	3
VVnn	风的垂直分量	m/s	<	999	0	5
DPnn	露点温度	℃	<	99	–65	35
RHnn	相对湿度	%	≤	999	0	100
V1nn	自定义变量 1	自定义	<	999	0	100
V2nn	自定义变量 2	自定义	<	999	0	100
V3nn	自定义变量 3	自定义	<	999	0	100

说明：

1. 表 5-2 中的“nn”指观测的层数，如 TT01 为第一层的温度，而 WS02 为第二层的风速。

2. 有*的自动包括在 Audit 审查变量中。

3. 温度（DT01，DT02，DT03）是直接测出来的，而不是由上、下两层的温度（TTnn）计算出来的。

例 1：在同一行中放了单层和多层数据（每小时观测一次）

```
*% ONSITE
*       DATA  D:\METDATA\ALLENTOWN\JUL93_OS.004
*       QAOUT     EX05_OS.OQA
*       XDATES 93/07/01 93/07/31
*@      LOCATION 99999 75.08W 40.91N   0
*$      OSHEIGHTS      2    10   30              三个测量高度
*$      DELTA_TEMP     1    2    10              温差 1 的下和上高度
*$      DELTA_TEMP     2    10   30              温差 2 的下和上高度
*$      READ 1 OSYR，OSMO，OSDY，OSHR，WD03，WS03，SA03，SW03，INSO，
WS02，TT01，DT01，DT02
*$      FORMAT 1（5X，4I3，F7.0，F8.2，F7.1，F6.2，F7.0，2F8.2，16X，2F8.2）
*$      RANGE TT -30  <= 40 -999
*$      RANGE WD 1  <= 360 -999
*$      RANGE WS 0  <  30 -99
*$      RANGE SA 0  <  35 -99
*$      RANGE SW 0  <  25 -99
*$      RANGE INSO 0  <= 1250 -999
*$      THRESHOLD 0.22
*       AUDIT SA03 SW03 INSO DT01 DT02
*       NO_MISSING   WD   WS   SA   SW   TT
*  OS      ON-SITE QUALITY ASSESSMENT
*** EOH: END OF ON-SITE QA HEADERS
93  7  1  1  353.  2.86  4.8  0.09   0.  1.65   18.44  0.61   -999.00
93  7  1  2  9.    3.08  3.1  0.09   0.  2.01   17.33  1.13   -999.00
93  7  1  3  6.    2.55  4.4  0.09   0.  1.52   16.89  0.74   -999.00
93  7  1  4  356.  3.44  3.9  0.13   0.  2.06   16.22  0.52   -999.00
93  7  1  5  14.   2.24  2.8  0.05  10.  1.48   16.22  0.54   -999.00
93  7  1  6  15.   2.46  3.2  0.09  95.  1.48   15.94  0.19   -999.00
```

例 2：分三行读入数据。第一行读入单层数据和第一层数据，第二、第三行分别读入第二、第三层数据。

```
JOB
MESSAGES ONSITE.MSG
REPORT ONSITE.RPT
ONSITE
DATA ONSITE.MET
XDATES 88/3/1 TO 88/3/10
LOCATION 99999 74.0W 41.3N 0
QAOUT OSQAOUT.DSK
READ 1 OSDY OSMO OSYR OSHR HT01 SA01 SW01 TT01 WD01 WS01
READ 2                     HT02 SA02 SW02 TT02 WD02 WS02
READ 3                     HT03 SA03 SW03 TT03 WD03 WS03
FORMAT 1（4（I2，1X），4X，F5.1，1X，F5.1，1X，F7.3，1X，F6.2，1X，F7.2，1X，F7.2）
FORMAT 2（16X，F5.1，1X，F5.1，1X，F7.3，1X，F6.2，1X，F7.2，1X，F7.2）‘16X 表示跳过前 16 字符
FORMAT 3（16X，F5.1，1X，F5.1，1X，F7.3，1X，F6.2，1X，F7.2，1X，F7.2）
RANGE TT -30 ＜ 40 -99
RANGE SA 0 ＜= 95 -99
RANGE WS 0 ＜ 50 -999
RANGE WD 0 ＜= 360 -999
THRESHOLD 0.3
```

5.1.2.2　常规地面气象数据文件格式及读入方法

每行共 22 列数据，除第 1 列为日期（yymmddhh）外，其他各列参数说明见表 5-3。

表 5-3　各列参数说明

列	变量名	说明	单位	检测符	丢失标志	下限	上限
1	PRCP	降水量	mm×1 000	≤	−9	0	25400
2	SLVP.	海平面气压	毫巴（mbar）×10	＜	99999	9000	10999
3	PRES	站点处气压	毫巴（mbar）×10	＜	99999	9000	10999
4	CLHT	云层高（ceiling height）	km×10	≤	999	0	300

列	变量名	说明	单位	检测符	丢失标志	下限	上限
5	TSKC	总云//低云	tenths//tenths	≤	09999	0	1010
6	ALC1a	第 1 层云状	code//hundredths ft	≤	09999	0	300
7	ALC2a	第 2 层云状	code//hundredths ft	≤	09999	0	300
8	ALC3a	第 3 层云状	code//hundredths ft	≤	09999	0	300
9	ALC4b	第 4 层云状	code//hundredths ft	≤	09999	0	850
10	ALC5b	第 5 层云状	code//hundredths ft	≤	09999	0	850
11	ALC6b	第 6 层云状	code//hundredths ft	≤	09999	0	850
12	PWVC	天气代码（邻近）		≤	09999	9292	98300
13	PWTH	天气代码		≤	00000	9292	98300
14	ASKYc	ASOS 云状	tenths	≤	00099	0	10
15	ACHTd	ASOS 高度	km×10	≤	00999	0	888
16	HZVS	水平可见度	km×10	≤	99999	0	1640
17	TMPD*	干球温度	℃×10	<	999	−300	350
18	TMPW	湿球温度	℃×10	<	999	−650	350
19	DPTP	露点温度	℃×10	<	999	−650	350
20	RHUM	相对湿度	%	≤	999	0	100
21	WDIR*	风向	10°	≤	999	0	36
22	WSPD*	风速	m/s×10	≤	−9999	0	500

说明：

1. 1 mbar=100 Pa，1 个大气压=101 325 Pa=1 013.25 mbar。
2. 风向：09=E，18=S，27=W，36=N，00=Calm。
3. 降水量：指任何形式的降水，如雨、雪、冰雹等，以水计。
4. 每日起始时间 0 时～23 时。
5. 云量只需低云量（OPAGUE CLOUDY），若无低云，可用总云。
6. 露点温度可用干球温度和相对湿度算出。

当含有 site-specific 数据时，表示地面特征的风速和风向为：在测量高度为[$7Z_0$，100 m]之内诸层中，取最低的那一层且有风向值和风速值（大于 THRESHOLD）的值作为风向和风速，该高度作为测风高。如果只有静风，只有该小时当作静风，且测风高为最低的静风测量高度。若无有效值，则无参照风速（若设置了 NWS 取代选项，可取该小时的 NWS 值及高度等）。

TMPD 表示地面特征的大气温度，为[Z_0，100 m]内的最低高度处有效测量值，该高度为测温高。同样，若无有效值，则无参照温度（若设置了 NWS 取代选项，可取该小时的 NWS 值及高度等）。

如下所示为一个典型的地面观测输入气象数据示例，表示 1993 年 7 月 1 日的 00 时到 06 时的地面观测数据。

```
93070100      -9 10175 10037      20 01010 09999 00300 00300 00300 00300
00300 09999 00000 00099 00999 99999    211    167    139    64    5    26
93070101      -9 10174 10034      20 01009 09999 00300 00300 00300 00300
00300 09999 00000 00099 00999 99999    206    161    139    66    5    26
93070102      -9 10170 10030      20 00808 09999 00300 00300 00300 00300
00300 09999 00000 00099 00999 99999    206    161    133    63    6    26
93070103      -9 10174 10034     300 00505 09999 00300 00300 00300 00300
00300 09999 00000 00099 00999 99999    200    161    139    68    3    21
93070104      -9 10180 10041     300 00505 09999 00300 00300 00300 00300
00300 09999 00000 00099 00999 99999    189    161    144    76   35    21
93070105      -9 10182 10044      21 00606 09999 00300 00300 00300 00300
00300 09999 00000 00099 00999 99999    189    161    150    78    9    26
93070106      -9 10185 10044     300 00505 09999 00300 00300 00300 00300
00300 09999 00000 00099 00999 99999    194    161    144    73    4    31
```

5.1.2.3 常规探空气象数据文件格式及读入方法

分日期行和数据行。日期行分成日期和行数两列。数据行最多可有 10 列，输入 10 个参数，参数说明如表 5-4 所示。

表 5-4　数据行各参数说明

列	变量名	说明	单位	检测符	丢失标志	下限	上限
1	UAPR	气压	毫巴（mbar）×10	<	99999	5000	10999
2	UAHT	离地高度	m	≤	−99999	0	5000
3	UATT	干球温度	℃×10	<	−9990	−350	+350
4	UATD	露点温度	℃×10	<	−9990	−350	+350
5	UAWD	风向	度	≤	999	0	360
6	UAWS	风速	m/s×10	<	9990	0	500
7	UASS	风速切变	（m/s）/100 m	≤	−9999	0	5
8	UADS	风向切变	（°）/100 m	≤	−9999	0	90
9	UALR	温度梯度	℃/100 m	≤	−9999	−2	5
10	UADD	露点梯度	℃/100 m	≤	−9999	0	2

说明：

1. 露点偏差（dew point deviation）也称为露点梯度（dew point temperature gradient）。

2. 要求离地高分层数至少 5 个，最高层要求到达 5 000 m 以外。如果没达到 5 000 m，AERMET 的第三步将其外延到 5 000 m。

3. 每天至少需要一次，且这次探测应在晨间（对美国应用相对于 1200GMT，我国可用北京时间 8 时数据）。

4. 全球列入网上交流的有 929 个站。全球探空站一般是每日两次（00GMT 和 12GMT，即 00Z 和 12Z）。我国探空站一般也是只有每天的北京时间 8 时和 20 时两次数据。我国现有 120 个高空气象探测站，是全球探空站网密度最高的国家之一。

如下所示为一个典型的探空观测输入气象数据示例，表示 93/07/01 07：00 时共 28 层的探空气象观测数据。其中第一行共有两列，第 1 列为观测时间（93070107，yymmddhh），第 2 列为该观测时间的探空观测层数（这里为 28 层）。从第 2 行到第 29 行中各列就是各层的观测数据。每个观测时间重复此格式。

93070107	28				
10110	0	160	140	0	0
10080	25	163	115	3	10
10000	93	158	120	11	20
9850	221	158	114	25	50
9730	326	172	103	37	50
9530	505	168	88	57	50
9500	531	168	88	57	50
9250	757	154	74	61	50
9000	989	134	58	58	60
8660	1315	106	36	50	50
8500	1468	101	4	38	40
8140	1828	69	6	19	30
8000	1969	55	11	360	30
7910	2066	47	16	347	30
7810	2160	43	−18	336	30
7770	2210	48	−76	330	40
7650	2335	49	−88	318	40
7500	2494	43	−117	315	40

7310	2702	35	–156	313	50
7000	3053	15	–173	315	60
6790	3296	0	–181	323	60
6530	3610	–18	–211	340	60
6500	3645	–18	–211	340	60
6160	4070	–22	–220	327	70
6000	4282	–31	–228	319	70
5900	4416	–37	–233	318	70
5500	4961	–69	–260	318	90
5000	5703	–111	–295	320	100
……（下一个小时）					

5.2　模型运行环境

当前版本的 AERMOD 是在 IBM 兼容 PC 上开发出来的，用 FORTRAN 语言编译而成，在 DOS 环境下运行。原设计为在 CPU 为 80386 或更高，最小 2 MB 的 RAM 内存，有数学协处理器，MS-DOS 3.2 或以上版本上运行。也可在 WIN9X 或 WIN XP、WIN 7、WIN8 系统的 DOS 状态下运行，系统中英文环境均可。

为处理输入数据文件（流设置文件和气象文件）以及输出文件，系统需要有硬盘。某个具体应用的硬盘的空间需求与输出选项有很大的关系。有些输出选项的数据量相当大。

由于输出的内容可能较多，一般建议留有 200 MB 以上硬盘空间。如果需要有输出逐步值 POST 文件，或者调试用的中间参数文件，则会增加到几十千兆字节以上。如果是使用带界面的商业软件，则可能还会有额外的软件硬件需求。

5.3　模型程序运行方式

5.3.1　命令行格式

USEPA 开发的 AERMOD 模型程序，采用了“输入运行流文件”（input runstream file，以下简称运行流文件）来定义运行模型所需要的所有控制参数、输入输出参数和其他参数。

模型在 DOS 环境下运行，运行命令：

程序所在路径 + 程序名 + 空格 + 运行流文件所在路径 + 运行流文件名

生成的结果文件，除在运行流文件中本身有定义了路径的文件之外，都在程序所在目录中。

程序名分成模型本身和两个预测处理程序：AERMOD.EXE、AERMET.EXE、AERMAP.EXE。

运行流文件的名称是可以自由命名的，但为了便于识别，本书中将运行流文件的扩展名一律定为 INP（INPUT 的缩写），而名称一律取成相应运行程序的名称。且为了简化，一律将程序所在路径和运行流文件所在路径相统一（一般可将运行流文件放到程序所在目录下运行）。这样，以上的运行命令可以简化为：

程序名 ＋ 空格 ＋ 运行流文件名

而计算的结果，也在同一目录下（但要注意，最新的结果将会覆盖前一次结果）。例如，AERMOD.EXE、AERMOD.INP；AERMET.EXE、AERMET.INP；AERMAP.EXE、AERMAP.INP。

运行流文件为文本文件。模型中的每一个程序对应的运行流文件有其特殊性，这些将在下面的章节中一一介绍。但运行流文件也有一些共同的特性，在这里简要说明。

5.3.2 命令/参数输入法简述

AERMOD 的运行流文件采用“关键词/参数”的方法来定义选项和输入参数。在下文中，关键词也常称作“命令”。组成运行流文件的命令和参数，可当作是用户与模型进行交流的语言，用以控制模型在某个特定的运行中按设想方式进行。输入文件中每一行的命令，定义选项或输入数据的类型，而命令后的参数定义某个选项或实际的数据。有些参数也是用描述性的二级命令来输入。

运行流文件分成数个功能模块（pathways），有时称为段。AERMOD 有 6 个模块（或段），AERMAP 有 4 个，AERMET 共有 6 个但常用 2 个或 3 个。

AEROD 功能模块都用两个英文字母来标识（以下称功能模块 ID），放在各模块定义的开始位置，要顶格写。这 6 个模块及其在流文件中的出现顺序如下：

CO——定义模型总体的控制选项；

SO——定义源的信息；

RE——预测点定义信息；

ME——定义气象数据信息；

EV——定义短期浓度 EVENT 信息；

OU——定义输出选项。

AERMAP 的 4 个模块则为 CO、SO、RE 和 OU，意义基本与上所述相同。但 AERMET 则有所不同，模块名称用全称，不缩写，一般由 JOB 模块及 UPPERAIR、SURFACE、

ONSITE、MERGE 和 METPREP 组成。

运行流文件的每一行由功能模块符 ID，一个 8 字符的命令和一个参数列组成。图 5-1 为控制流文件的一行，标出了各部分的名称：

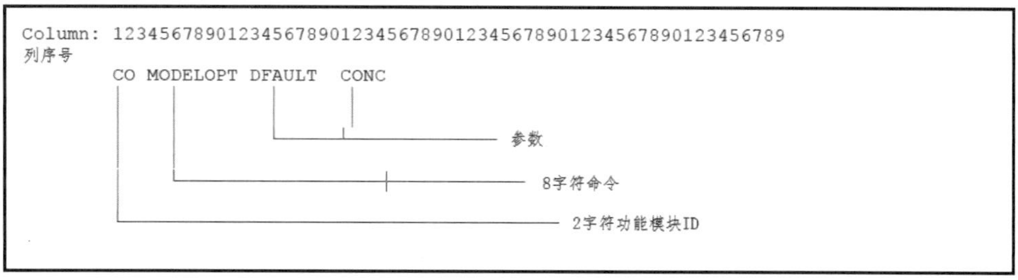

图 5-1　控制流文件各部分名称说明

5.3.3　构建运行流文件的基本规则

相比格式化输入方法，AERMOD 的命令输入法有不少优点。其一是命令是选项或输入内容的描述性文字，便于理解；其二是用户可灵活地组建可读性强的输入文件，而只需遵守少数几个规则。

基本规则之一是：对某个特定模块的所有输入必须是连续相邻的，比如首先是所有 CO 模块的输入，然后是 SO 模块的输入，等等。每一个模块以“STARTING”命令开始，以“FINISHED”结束。因此，每个运行流文件均以“CO STARTING”开始，以“OU FINISHED”作为最后一行记录。其他部分则定义选项及输入数据。不过 AERMET 有所不同。

运行流文件的每一行（记录）包括一个模块符号 ID、一个命令、一个或多个参数，它们之间用至少一个空白字符分开。要求将两字符（对 AERMET 是多字符）的模块标识放在第 1 列、第 2 列，8 字符的命令放在第 4 列至第 11 列，然后是参数使用从第 13 列至第 132 列，按需要使用。对于多数命令来说，命令后的参数的顺序是重要的，而参数所占字符的长短（位置）是不重要的，只要它们是用空格符分开，且不超过 132 字符的限制。

字母符号不分大小写，本手册均用大写字母作为惯例。对于数字输入，需要指出的是所有数据均认为是以米为单位，即以 m 为长度单位，以 m/s 为速度单位，以 K 为温度单位，以 g/s 为源排放单位。

有些命令是必选的，必须在每一个流文件中都出现，如上例中的 MODELOPT，指明了模型的选项。有些命令是可选的，只是用来进行特殊选项，比如用来允许输入预测点离地高度的选项。有些命令是可重复的，如用于定义污染源参数的命令，但有些命令只出现一次。

除个别情况，在每一个模块内部的命令出现顺序是无关紧要的。

另外，输入文件中允许有空白行，这样便于用户将不同功能模块之间分开。允许加入注释行，以“**”开头的行可当作注释行，模型运行忽略这些行。也可以在某次运行中将某一特定选项“注释”掉而不参与本次运行，同时又不必删除这个选项及其相关数据。这样，很容易以修改已有输入文件的方式来生成新的所需要的输入文件。

模型能提供运行中所有错误的位置和内容。模型通读整个输入流文件，并报告所有的错误，而不是一遇到一个错误就停下来。如果遇到致命的错误，模型将停止计算。可打开生成的输出文件，以查找错误原因。

5.4 AERMAP 操作及命令

5.4.1 基本概念

5.4.1.1 计算区域

地形预处理程序 AERMAP 用来计算预测点和污染源位置的地形高程，以及每个预测点的高度尺度。采用的原始数据为地形高程 DEM 文件。DEM 文件一般覆盖一个方形的区域，以均匀网格方式描述整个区域的地形数据，每个节点上有一个高程数据。

AERMAP 运算时，需要定义一个矩形的计算区域（DOMAIN），这个区域应将所有要考虑的预测点、污染源包括在内，同时还要有足够的缓冲边界区域，以容纳重要的地形高程数据。这个区域可能包括多个 UTM 区，由多个毗邻的 DEM 文件合成。DEM 文件范围、计算区域和预测点位置，这三者的关系如图 5-2 所示，图中 DEM 区域范围由毗邻的 4 个 DEM 文件拼合而成。

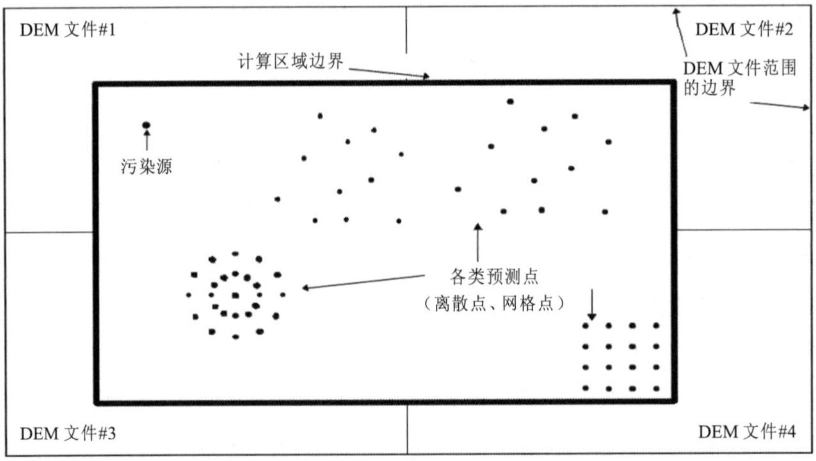

图 5-2　DEM 区域范围由毗邻的 4 个 DEM 文件拼合而成

AERMAP运行前将检查每个定义的源和预测点位置，确保它们都在计算区域内部，也在DEM文件范围内部。如果有不在计算区域内，或不在DEM文件范围内的，则运行中止。

显然，运算量和运算时间，与计算区域大小、DEM文件范围大小呈正相关。

我们建议，DEM文件的范围大小尽量取一个统一值，可以为评价范围之外，每个方向增加3 km的缓冲区域。

5.4.1.2　预测点定义

AERMAP运行流中预测点的定义与AERMOD中RE定义相似，都有网格点、离散点、直角坐标点或极坐标点。但也有特殊之处。AERMOD中极坐标采用已定义的源作用为原点。而AERMAP中，所有坐标，都是相对于锚点（ANCHOR）来定义的。

所谓锚点，是指项目所用的本地直角坐标，与全球坐标的换算点。通过ANCHORXY命令，该点同时用UTM坐标和本地坐标表示出来，这样就建立了本地坐标与全球坐标的换算关系。

计算区域可能跨多个毗邻UTM区，但若预测点是用UTM坐标定义的，应当只用一个UTM区的坐标。

预测点的地面高程，可以选择从DEM内插出来（四点距离反平方法），也可以选择用户自己输入。CO功能模块中定义这个选项。但是，即便选择使用用户输入的高程数据，也并不意味着就不用DEM文件了，因为预测点的高度尺度这一参数仍要从DEM文件中算出。

5.4.1.3　水平投影体系

地球不是标准的球体，而是小幅压扁的椭圆体。人们采用了多种方法以求更准确地描述地球表面形状和点的定位。在美国最常用的三种方法是Clarke 1866椭圆体法、世界测量系统（WGS）1972年系统和WGS1984年系统。每一种系统含有相应的水平投影算法。这些投影算法用参数Datums来表示。主要Datums有NAD 27、NAD 83、WGS72、WGS84，以及十几个旧的类型。AERMAP须将旧的椭球面的转化成NAD83或更新的投影体系。同时，不同的DEM文件可能有不同的Datums，并且都可能与锚点所用的Datums（就是预测点位置定义所用Datums）不同，要进行Datums之间的转化。转化误差不同区域不同，以7.5分DEM文件为例，少的接近于0，多的有100 m，甚至超过300 m。由于这个原因，转换成统一的Datums后，在不同DEM文件的毗邻位置，可能产生DEM节点交叉覆盖区或未能覆盖的空白区等区域，预测点也可能落在这种位置。但一般预测点总会位于某个DEM文件的覆盖区中，将预测点坐标换算成这个DEM文件的Datums体系，然后从四个象限找出邻近的节点数据，用距离权重法插值出预测点处的高程值，最后输出给 AERMOD 所用。

5.4.2 快速入门

AERMAP 的 4 个功能模块为控制模块（标识为 CO）、预测点模块（标识为 RE）、源坐标模块（标识为 SO）和输出模块（标识为 OU）。

这里简单介绍 CO、RE 和 OU 3 个模块的一个运行流文件的构成。

5.4.2.1 模型运行控制模块 CO

CO 模块包括以下必选的命令：

STARTING——表明本模块开始。

TITLEONE——用户自定义标题 1，可用 TITLETWO 另一行定义标题 2。会出现在输出文件中。

DATATYPE——原始 DEM 地形数据的精度类型。

DATAFILE——DEM 文件名称。

DOMAINXY/DOMAINLL——用 UTM 或 LL 格式定义计算区域。

ANCHORXY——定义用户坐标系和 UTM 坐标系的锚点。

RUNORNOT——程序是否要运行，如果不运行则只检查这个文件本身是否有错误。

FINISHED——表明本模块定义结束。

一个微型但完整的 CO 模块定义如图 5-3 所示。

```
CO STARTING
   TITLEONE A Simple Example Problem for the AERMAP Preprocessor
   DATATYPE  DEM1
   DATAFILE  CHATT-W.DEM
   DOMAINXY  620000.0 3920000.0 16 625000.0 3925000.0 16
   ANCHORXY  0.0       0.0      622500 3922500 16 1
   RUNORNOT  RUN
CO FINISHED
```

图 5-3 CO 功能模块

这里，第一行和最后一行标出了本模块的起、止位置。TITLEONE 这一行关键字后面为标题文字。DATATYPE 定义 DEM 文件的精度类型，目前有两种，DEM1 代表 1 度文件，DEM7 代表 7.5 分文件。DATAFILE 定义所用 DEM 文件，如果有多个可重复行，每行一个 DEM 文件名。值得注意的是，AERMET 在 ver11103 后，才真正适用于东半球的 DEM 文件，而早期版本不能直接处理东半球 DEM 文件。

模拟计算的区域可用 DOMAINXY 或 DOMAINLL 来定义，前者 UTM 坐标系后者

LL 坐标系，任选一种。本例选择了 UTM 坐标，计算区域的西南角为 UTM16 区的（620000，3920000），这里 620000 为东西向坐标，中间线为 500000，3922500 为南北距离，离赤道距离。计算区域的东北角为 UTM16 区的（625000，3925000）。AERMET 在 ver11103 后，可以不使用 DOMAINXY 和 DOMAINLL 命令，这时将采用整个 DEM 文件的范围作为模拟计算的区域。

RUNORNOT 设为 NOT 时，运行时只会检查整个运行流文件，如果有错误或警告，则在输出文件中写明，便于改正。确保没有错误了，可以设为 RUN，则可以计算出最终的结果。

为了更直观，CO STARTING 和 CO FINISHED 之间的各行省略了第 1 列、第 2 列的“CO”字符和第 3 列的空格。

CO 还有一些可选的命令，在命令详细说明中介绍。

5.4.2.2　预测点定义模块 RE

这里演示了如何定义一个极坐标网格的简例（图 5-4）。其他如定义直角网格或离散点的例子在 5.4.3 节中详细介绍。

这个例子定义的极坐标网格，以本地坐标原点（0，0）为原点，径向距离从 100 到 1 000 五个点，角度为从 10°开始（顺时针）增量为 10°共 36 个角度。这样 36 个方向、5 个距离共有 180 个预测点。

```
RE STARTING
   GRIDPOLR   POL1  STA
              POL1  ORIG  0.0  0.0
              POL1  DIST  100.  200.  300.  500.  1000.
              POL1  GDIR  36    10.   10.
              POL1  END
RE FINISHED
```

图 5-4　定义的极坐标网格

这里使用了一个二级命令 GRIDPOLR，它的第一个参数是极坐标网的名称（最多 8 个字符），这里是 POL1，然后第一行是 STA，最后一行是 END，这之间是这个 POL1 的极坐标的所有参数（包括本例中未列出的定义高程和离地高的参数）。如果有第二个极坐标网格，则在 POL1 END 后，又可以加一行“GRIDPOLR POL2 STA”，这样又开始定义名为 POL2 的网格。

这里用 ORIG 定义了极坐标原点在本地坐标的（0，0）位置。ORIG 也可以不用，如果没用这个命令，则缺省的原点就是本地坐标的（0，0）。

DIST 命令可重复多行。这里用 DIST 定义了 5 个径向距离。如果有更多距离，DIST

可增加一行或多行。

这里用 GDIR 定义均匀增量的角度，若是任意离散的多个角，则可用 DDIR 命令。

5.4.2.3 输出定义模块 OU

输出模块用 RECEPTOR 定义 AERMAP 运行生成的各预测点的高程和高度尺度数据的文件名，如下所示：

```
OU STARTING
   RECEPTOR    AERMAP.REC
OU FINISHED
```

这样运行 AERMAP 生成的预测点的高程、高度尺度等数据都保存到 AERMAP.REC 文件中。AERMOD 运行流文件中可引入这个文件，直接用于浓度计算。如果还用 SO 模块定义了源的位置，则 AERMAP 还会生成源位置处的高程数据，这时可在 OU 中用 SOURCLOC 定义源位置的高程数据所要保存的文件名。

这里还应注意到，除了生成 RECEPTOR 和 SOURCLOC 所定义的文件外，AERMAP 还会生成一个“AERMAP.OUT”的文件，在这个文件里会给出 AERMAP.INP 的一个备份（除非原 INPUT 中已用 NO ECHO 命令关闭了备份），还有运行过程小结，包括可能出现的错误和警告。

5.4.2.4 运行 AERMAP

在 DOS 提示符运行命令：

```
AERMAP.EXE    AERMAP.INP
```

出现运行窗口，显示运行进度，结束时自动关闭运行窗口。最终在当前目录中生成 RECEPTOR 和 SOURCLOC 中定义的输出文件。

在本例中，生成两个文件：

AERMAP.REC 运行结果文件。包括预测点的高程和高度尺度数据，可用于 AERMOD 运行。

AERMAP.OUT 运行信息文件，包括运行流文件一个备份，运行过程的小结。如果运行未能成功，则打开这个文件查看原因。

5.4.3 命令详细说明

本节对 AERMAP 的命令提供更全面、更详细深入的说明。

本节以功能模块来分组介绍。在一个模块内，命令的顺序一般不重要，除非有特别说明的。对每一个命令先介绍其语法、类型（必选、可选、可重复、不可重复），再说明其是否有顺序要求。

本书对命令参数的描述采用以下规则：参数中用全大写字母、带下划线的，称为二级命令，直接以其本身输入；其他首字母大写的参数，是描述该参数的意义，以参数代表的实际数据输入；带括号的参数为可选的参数。当一个可选的参数输入位置是空白时，解释为输入其缺省值。

为节省篇幅，对上节快速入门中已介绍清楚的命令和参数，将不再重复。

5.4.3.1　运行控制模块 CO

CO 模块提供对 AERMAP 运行的整体设置，包括 DEM 文件、计算区域等。这一模块必须置为运行流文件的最前面。

（1）地形高程的选项

TERRHGTS 命令用来决定，预测点和源的地形高程是从 DEM 文件计算出，还是使用用户自己提供的数据。

语法：CO TERRHGTS EXTRACT or PROVIDED。

类型：可选，不可重复。

若输入 EXTRACT 则运行后高程数据将从 DEM 文件中计算出；若输入 PROVIDED 则会采用输入的值（用户应在 RE 段和 SO 段中定义相应预测点和源的高程值）。

TERRHGTS 若在流文件中未出现，则缺省采用了 EXTRACT 的方式。

（2）离地高度的选项

FLAGPOLE 命令用来指明，是否允许在 RE 段中定义预测点的离地高度值。同时也可以为所有预测点指定一个离地高度的缺省值。

语法：CO FLAGPOLE（Flagdf）。

类型：可选，不可重复。

可选参数 Flagdf 为所有预测点指定一个离地高度的缺省值，若空白则指定为 0.0 m。RE 中未指定离地高的，直接采用这个缺省值。

FLAGPOLE 若在流文件中未出现，则 RE 中输入的离地高度被忽略，不会出现在输出的结果中。

（3）地形数据文件的类型

DATATYPE 命令用来定义地形数据文件的类型。

语法：CO DATATYPE DEM1 or DEM7。

类型：必选，不可重复。

二级命令 DEM1 指定使用 1 度 DEM 文件，DEM7 指定使用 7.5 分 DEM 文件。

（4）地形数据文件的名称

DATAFILE 命令用来定义地形文件的名称。可使用多个命令，每行定义一个文件。

语法：CO DATAFILE Filename。

类型：必选，可重复。

（5）计算区域的定义

DOMAINXY 或 DOMAINLL 命令用来定义计算的地理范围，所有预测点和源应包括在这个区域内，并用这个区域内的原始地形数据点来计算高度尺度。前者为 UTM 坐标，后者为经纬度坐标，一次采用其中一种。

语法：CO DOMAINXY Xdmin Ydmin Zonmin Xdmax Ydmax Zonmax。

语法：CO DOMAINLL Lonmin Latmin Lonmax Latmax。

类型：必选，不可重复。

Xdmin、Ydmin、Zonmin 三参数为区域西南角的 UTM 东西向坐标、南北向坐标和 UTM 区号；Xdmax、Ydmax、Zonmax 三参数为区域东北角的 UTM 东西向坐标、南北向坐标和 UTM 区号；坐标单位为 m。

Lonmin、Latmin 参数为区域西南角的经度和纬度；Lonmax、Latmax 参数为区域东北角的经度和纬度；单位为度。注意西经采用负值表示。

（6）锚点的定义

ANCHORXY 命令用于将某一个预测点坐标与其 UTM 坐标相锚合，即用用户自定义的坐标系和 UTM 坐标同时定义同一个点的坐标。这样，所有预测点坐标都可以转化成 UTM 坐标。

语法：CO ANCHORXY Xauser Yauser Xautm Yautm Zautm Nada。

类型：必选，不可重复。

Xauser、Yauser 为锚点的用户坐标（常取用户坐标的原点，即 0，0），Xautm、Yautm、Zautm 为该点的 UTM 坐标。如果用户坐标也是 UTM 坐标，则 Xauser、Yauser 和 Xautm、Yautm 是相同的。Nada 为建立这个锚点的水平投影体系。

Nata 这个参数，对我国用户可取为 0。当文件类型为 DEM1 时，实际取为 NAD83 体系，DEM7 时取为 WGS84 体系，这两个体系相差很小可认为是相同的。

5.4.3.2 源坐标模块 SO（可选）

本段定义源的坐标，以便从 DEM 文件中计算出源地面的高程，或输入源的坐标以作为极坐标点的原点。

本段在 STARTING 和 FINISHED 只有一个命令 LOCATION。语法如下所述。

语法：SO LOCATION Srcid Srctyp Xs Ys（Zs）。

类型：必选的（如果有离散的极坐标点），必选的（如果使用源 ID 作为极坐标网格的原点）。可重复 Srcid 为源的名称标识，最多 8 个字符。Srctyp 为源类型，可选参数为 POINT、VOLUME、AREA、AREAPOLY 和 AREACIRC。Xs 和 Ys 为源（中心）坐标，可选的 Zs 为源地面的海面高程。

5.4.3.3　预测点模块 RE

本段定义预测点信息。可包括多个直角网格和极坐标网格，网格间距离可以是均匀或任意的；可包括离散点、直角坐标或极坐标。高程数据均用 m 单位。

（1）定义网格点

GRIDCART 定义直角网格，GRIDPOLR 定义极坐标网格。这两命令相当于一个子功能模块，都有一个 STA 和 END 的起、止行，中间输入坐标值和高程、离地高（如有）。

GRIDCART 命令语法

语法：

```
RE GRIDCART Netid STA
                XYINC Xinit Xnum Xdelta Yinit Ynum Ydelta
             or XPNTS Gridx1 Gridx2 Gridx3……Gridxn, and
                YPNTS Gridy1 Gridy2 Gridy3……Gridyn
                ELEV Row Zelev1 Zelev2 Zelev3……Zelevn
                FLAG Row Zflag1 Zflag2 Zflag3……Zflagn
                END
```

类型：可选，可重复。

网格标识 NetId 可最多 8 字符。

可用 XYINC 命令定义均匀间距的网格，或用 XPNTS 和 YPNTS 定义任意间距的网格。XYINC 命令的 6 个参数，代表“X 起点、X 方向个数、X 间距、Y 起点、Y 方向个数、Y 间距”。XPNTS 和 YPNTS 定义则输入一系列的 X 值和 Y 值，以定义网格线位置，它们之间间距可以任意变化（但坐标数值应是增大的）。

ELEV 命令定义每个预测点的地面高程。只有 CO TERRHGTS 设定义为 PROVIDED 时，这个命令才需要，否则输入被忽略。后面用多行输入高程值，Row 为行号或实际的 Y 坐标。FLAG 命令定义每个预测点的离地高度，只有 CO FLAGPOLE 设定后才需要，后面多行输入离地高值。

Row 代表数据所在的网格的行号，如果有 Y 为−500，0，500 这三行的网格，行号 1 代表 Y 为−500 的行，行号 2 代表 Y 为 0 的行，行号 3 代表 Y 为 500 的行，因此 Row 参数也可以直接用 Y 坐标值代替。而网格中一行的数据，则从左到右按 X 坐标从小到大的顺序输入。网格的一行也可写成多行来输入，只要多行的 Row 都对应同一行号。

一个简单的均匀直角网格例子：

```
RE GRIDCART CG1 STA
                XYINC –5000. 11 1000. –5000. 11 1000.
RE GRIDCART CG1 END
```

这个网格的 ID 为 CG1，*X* 坐标有 11 个，从–5000 开始，增量为 1 000 m；*Y* 坐标有 11 个，从–5000 开始，增量为 1 000 m。实际上是一个 11×11 共 121 个点的网格，中心位置为（0，0）。

GRIDPOLR 定义极坐标网格。语法：

```
RE GRIDPOLR Netid STA
                ORIG Xinit Yinit,
             or ORIG Srcid
                DIST Ring1 Ring2 Ring3……Ringn
                DDIR Dir1 Dir2 Dir3……Dirn,
             or GDIR Dirnum Dirini Dirinc
                ELEV Dir Zelev1 Zelev2 Zelev3……Zelevn
                FLAG Dir Zflag1 Zflag2 Zflag3……Zflagn
                END
```

类型：可选，可重复。

格式与直角网格基本相同，这里只增加说明不同的地方。ORIG 用来输入极坐标的原点，可以输入该点的 *x*，*y* 坐标，也可以引用 SO 中定义的某个源 SrcID 的坐标。ORIG 若未使用，则会自动将 0，0 点作为极坐标的原点。DIST 输入各环离原点的径向距离；DDIR 和 GDIR 用来输入角度，前者为列出每个角度（1°～360°），后者为“角度个数、角度起点、角度增量”的方式输入顺时针均匀增加度数的多个角度。ELEV 和 FLAG 的角度 Dir 为径向的序号或角度值。例子：

```
RE GRIDPOLR POL1 STA
   ORIG 500. 500.
   DIST 100. 300. 500. 1000. 2000.
   DDIR 90. 180. 270. 360.


   ELEV 90. 5. 10. 15. 20. 25.
   ELEV 180. 5. 10. 15. 20. 25.
```

```
        ELEV 270. 5. 10. 15. 20. 25.
        ELEV 360. 5. 10. 15. 20. 25.

        FLAG 90. 5. 10. 15. 20. 25.
        FLAG 180. 5. 10. 15. 20. 25.
        FLAG 270. 5. 10. 15. 20. 25.
        FLAG 360. 5. 10. 15. 20. 25.
    RE GRIDPOLR POL1 END
```

上面定义了一个名为 POL1 的极坐标网格。以（500，500）为中心，角度为 90°、180°、270°、360°，距离为 100 m、300 m、500 m、1000 m、2 000 m，共 20 个点。输入了各点的高程值和离地高值。

（2）定义多个网格

可在一个流文件中定义多个网格（以一对 STA 和 END 之间的空间定义一个网格），包括同时定义直角的和极坐标的网格。有时可定义一个稀疏的网格以覆盖大的范围，同时定义密的网格在重要影响区以找出最大点。可以某个重要源或某个保护区域的中心为原点，定义一个极坐标网格。

（3）定义离散点

除网格点外，还可定义任意的离散点，包括直角坐标方式或极坐标的方式。

直角坐标命令：DISCCART。

语法：RE DISCCART Xcoord Ycoord（Zelev）（Zflag）。

类型：可选，可重复。

前两个参数 Xcoord 和 Ycoord 定义离散点坐标，后两个可选参数定义地面高程和离地高。注意，只有 CO TERRHGTS PROVIDED 设定后，第三个参数当作高程读入；CO TERRHGTS PROVIDED 和 CO FLAGPOLE（Flagdf）同时设置时，第四个参数当作离地高读入；如果只有 CO FLAGPOLE（Flagdf）设置时，第三个参数当作离地高读入，并忽略第四个参数。若相应位置是空白的，则采用其缺省值。

极坐标命令：DISCPOLR。

语法：RE DISCPOLR Srcid Dist Direct（Zelev）（Zflag）。

类型：可选，可重复。

这里 SrcID 为极坐标原点，引用了 SO 段定义过的源 ID。Dist 为径向距离，m；Direct 为方向角度（正 N 方为 0，顺时针增加）。

另外，还有用于评估文件 EVALFILE 输出的直角坐标点命令 EVALCART。此命令与

DISCCART 相似，但允许按弧形分组，用于 AERMOD 中的 EVALFILE 选项。

语法：RE EVALCART Xcoord Ycoord Zelev Zflag Arcid（Name）。

类型：可选，可重复。

Arcid 参数用于设定该点的弧形分组标识，相同 Arcid 的点属于同一弧组。可选参数 Name 为该点的名称，便于进一步标识一个特定的点。

5.4.3.4 输出模块 OU

输出模块就两个命令。

RECEPTOR 用于定义预测点的高程和高度尺度数据文件。

语法：OU RECEPTOR Recfil。

类型：必选，不可重复。

SOURCLOC 命令定义源的位置高程数据文件。

语法：OU SOURCLOC Srcfile。

类型：可选，不可重复。

如果运行流文件中有 SO 段，并且要求从 DEM 中计算出源的高程，SOURCLOC 命令是必须定义的。

5.5 AERMET 操作及命令

5.5.1 综述

AERMET 处理常规地面气象观测数据（NWS）、探空气象数据（UA）、现场观测数据（OS），经过提取和质量评估、合并、参数计算三个阶段，生成两个文件：含有边界层参数的地面气象文件（通常用 SFC 为扩散名）和廓线气象文件（通常用 PFL 为扩散名）。其流程如图 5-5 所示。

提取数据是指从压缩的标准档案文件中提出指定站点、指定时间段的气象数据。在美国，原始地面气象数据常见有 CD144、SAMSON、HUSWO 等格式，原始高空气象数据常见有 TD6201 等格式。质量评估是指对提取出的气象数据，检查数据的完整性、相关数据的一致性、合理性（是否超出合理的上、下限范围）等。程序会对出现异常的情况给出提示，但处理方法（是否补充丢失的数据、超限如何处理等）则由使用者自行调整；另一个为温度、风的廓线文件（或简称 PFL 文件），如果有现场的测量数据，这个文件是有多层的真正廓线文件，否则只含有地面一层数据。

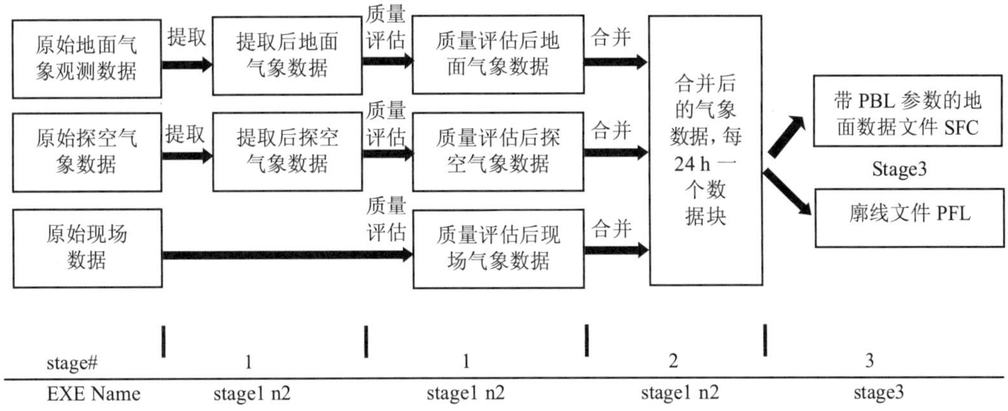

图 5-5　AERMET 处理流程

但在我国，通常没有美国这些标准格式的气象数据档案文件。如地面数据，常用的为气象站月报表为 2004 版 A 文件（简称气象 A 文件）格式，有时气象部门提供的是简化的 A 文件数据，或者只是一个包含了 A 文件中部分数据的 excel 表格。所以，在我国通常不用 AERMET 进行提取工作。而是自行通过转换程序，将各类格式的气象数据，转成质量评估后的输出格式，也就是本篇第一章的第一节“基础数据及文件格式”中气象数据的格式，并在转换过程中对数据进行合理性检查、丢失符补充等，使之符合 QA 后数据的格式。

因此，这里只介绍图 5-5 功能中的第 2、3 两步，stage1n2 中的合并这一步，和 stage3 这一步。这个过程中，对应 stage1n2 中第 2 步和 stage3 这两个步骤，分别需要生成两个运行流文件，运行两次 AERMET。

5.5.2　快速入门

本节介绍 AERMET 运行流文件的基本格式，演示了如何利用常规地面气象数据和早晨探空气象，来建立 AERMET 的运行流文件。

AERMET 的流文件共有 6 个模块。模块标识为：

JOB——定义用于整个运行的信息；

UPPERAIR——定义探空站及数据文件信息；

SURFACE——定义地面站及数据文件信息；

ONSITE——定义现场站及数据文件信息；

MERGE——合并气象数据；

METPREP——估算 PBL 参数并输出最终结果。

与 AERMAP 和 AERMOD 不同的是，模块标识不缩写成两个字母。另外，也没有用

STARTING 和 FINISHED 标识段的起止，而是在段的首行写标识名称，下一行开始写该段内的全部命令和参数。每行不超过 80 字符。

地面气象数据最少需要每小时的风向、风速、气温、低云量（如没有，也可用总云量），站点气压若未输入时采用 1 个大气压标准值。探空气象采用当地早晨日出前一个小时数据。

下面，假定原始气象已转化完成（不再考虑提取和质量评估），地面气象文件为 SF.QAO，探空气象文件为 UP.QAO。将合并文件名定为 METstage2.MET，最终输出结果的两文件命名为 AERMET.SFC 和 AERMET.PFL。此外，运行过程中还会生成消息文件和总结汇报文件，分别用扩散名“.MSG”和“.PRT”。这些文件名，以及扩散名，都是可以任意命名的。

接下来要建立两个名称均为“AERMET.INP”的运行流文件，分别用于数据合并工作和用于估算工作。注意，这个流文件的名称是固定的，不能改变。因此，在 DOS 提示符下，只需打入 AERMET.EXE 即可运行，AERMET.INP 应放在同一目录下，打开 AERMET.INP 文件后，根据其中命令的内容，AERMET 自行决定是执行第 2 步的合并工作，还是第 3 步的计算工作。

5.5.2.1 第 1 步：补充气象文件的文件头

地面气象文件为 SF.QAO，探空气象文件为 UP.QAO。从原始数据转换成所需的格式，在我国要由用户自行完成。而在美国，这个任务用 AERMET 的第 1 步来完成。

由于是人工完成 SF.QAO 和 UP.QAO，文件头部的信息不会自动完成，也要人工写入，这里介绍它们的格式。注意在此处，命令的前头加上星号和标识符号，这与命令的原始方式（如速查中只有命令名字，没有标识符号）有所不同。

（1）地面气象文件

一个包括了头部的地面气象 SF.QAO 文件，如下所示：

```
*% SURFACE
*        XDATES      1993/7/1   TO    1993/7/31
*@         LOCATION   14737   28N    102E   0   34
*** EOH：END OF SURFACE QA HEADERS
93070100      –9 10175 10037      20 01010 09999 00300 00300 00300 00300
      00300 09999 00000 00099 00999 99999   211   167   139   64    9    26
93070101      –9 10174 10034      20 01009 09999 00300 00300 00300 00300
      00300 09999 00000 00099 00999 99999   206   161   139   66    9    26
………….
```

文件头共有四行，前三行为必需，依次为文件类型、起止日期、气象站位置信息。第四行为注释行，说明这些信息来源，可以忽略。

第一行必须为“*% SURFACE”，表明这个是地面气象文件。

第二行必须是“*　　XDATES”开头，后面是气象数据的起止日期，“YYYY/MM/DD TO YYYY/MM/DD”，前一个为开始日期，后一个为结束日期，中间为字母“TO”。

第三行必须是“*@　　LOCATION”开头，后面是气象站所在位置的信息，5 个参数，依次为编号、纬度、经度、时间转换因子、气象站地面高程。

气象站编号若无实际数据，只要是 5～8 个数字即可。

气象站纬度和经度用小数表示，纬度后面带 N 表示北半球，经度的 E 表示东半球。

时间转换因子，是指将本文件中各小时的气象观测时间，转换成本地时间（LST）的小时的减数。多数情况下，文件中小时已经是当地时间，这个转换因子就是 0。如果文件中所用时区与本地时间相差较大，特别如我国东西跨度多个时区，统一的北京时间并不合理。一个办法是先将文件中的时间转成本地时间，而后转换因子仍采用 0，另一个办法是计算出转换因子。如果本文件中时区为北京时间（经度为 116.20E），则算法为：转换小时数=（116.20–气象站所在经度）/15，再四舍五入取整（比如兰州—成都线两侧的区域，包括西宁、昆明、贵阳，为+1；乌鲁木齐—拉萨线两侧的区域，为+2；哈尔滨以东区域，为–1）。

（2）探空气象文件

一个包括了头部的地面气象 UA.QAO 文件，如下所示：

```
*% UPPERAIR
*       XDATES     1993/7/1   TO   1993/7/31
*@       LOCATION   00014735   28N   102E   –7
*** EOH：END OF UPPERAIR QA HEADERS
 93070107    28
  10110       0     160     140       0       0
  10080      25     163     115       3      10
   ……………
   5500    4961     –69    –260     318      90
   5000    5703    –111    –295     320     100
 93070119    28
```

```
 10100      0    270    137    230     20
 10070     24    267    104    246     20
 10000     89    258     96    293     20
  9500    536    218     83     96     20
  ................
```

文件头共有四行，前三行为必需，依次为文件类型、起止日期、气象站位置信息。第四行为注释行，说明这些信息来源，可以忽略。

第一行必须为“*% UPPERAIR”，表明这个是探空气象文件。

第二行必须是“*　　XDATES”开头，后面是气象数据的起止日期，“YYYY/MM/DD TO YYYY/MM/DD”，前一个为开始日期，后一个为结束日期，中间为字母“TO”。日期起止须与地面文件的相同。

第三行必须是“*@　　LOCATION”开头，后面是气象站所在位置的信息，5 个参数，依次为编号、纬度、经度、时间转换因子、气象站地面高程。

气象站编号若无实际数据，只要是 8 个数字即可。

气象站纬度和经度用小数表示，纬度后面带 N 表示北半球，经度的 E 表示东半球。

由于 AERMET 设计于处理西半球气象，在处理东半球时，这里的描述与原说明书有所不同，这里特作说明。时间转换因子，是指气象站本地时间，与 GMT 时间（格林尼治标准时间）相差的小时数，在东半球为负值。注意，文件中时间要采用本地时间，如果文件中所用时区与本地时间相差较大，应首先将文件中的时间转成本地时间（比如远离北京的区域，但气象时间用了北京时间）。因 GMT 所在经度为 0，转换小时数=（0–气象站所在经度）/15，再取整。如气象站在北京附近，为–8，兰州—成都线两侧的区域，为–7；乌鲁木齐—拉萨线两侧的区域，为–6；哈尔滨以东区域，为–9。

5.5.2.2 第 2 步：合并气象数据

在这一步，AERMET 将地面数据文件 SF.QAO 和探空数据文件 UP.QAO 合并成一个文件 METstage2.MET，这个文件中数据按 24 h 分组，将每天的地面和探空数据放在同一块。

下面为这一步的流文件内容：

```
JOB                                  'JOB 段开始命令
   REPORT      PRTstage2.PRT         '运行的总结报告文件
   MESSAGES    MSGstage2.MSG         '运行的消息汇总文件
```

```
                                          '空白行，无意义
UPPERAIR                                  '定义探空气象数据段
    QAOUT       UP. QAO                   '定义评估后探空文件为 UP.QAO

SURFACE                                   '定义地面气象数据段
    QAOUT       SF. QAO                   '定义评估后地面文件为 SF.QAO

ONSITE                                    '定义现场气象数据文件
                                          '空白代表无现场数据

MERGE                                     '定义合并内容段
    OUTPUT      METstage2.MET             '合并后输出文件为 METstage2.MET
    XDATES      1993/7/1 1993/7/31        '气象起止日期
```

流文件中命令相关解释如右边所示。MERGE 段中，XDATES 命令定义合并气象的起止日期，它必须是 UP.QAO 和 SF.QAO 中的日期重叠部分的一个子集。

这个流文件命名为“AERMET.INP”，并且应放在 AERMET.EXE 同一目录中，在 DOS 提示符下，运行 AERMET.EXE，最终生成合并文件 METstage2.MET。

5.5.2.3 第 3 步：计算边界层参数

第 3 步用合并气象文件 METstage2.MET，结合地表面特征参数，运算生成 PBL 边界层参数，输出 AERMOD 模型使用的两个文件 AERMET.SFC 和 AERMET.PFL。

这一步的流文件只有两个段，即 JOB 段和 METPREP 段，如下所示。

```
JOB                                       'JOB 段开始命令
    REPORT      PRTstage3.PRT             '运行的总结报告文件
    MESSAGES    MSGstage3.MSG             '运行的消息汇总文件

METPREP                                   'METPREP 开始
    DATA        METstage2.MET             '定义输入文件：METstage2.MET
    OUTPUT      AERMET.SFC                '输出的地面文件：AERMET.SFC
    PROFILE     AERMET.PFL                '输出的廓线文件：AERMET.PFL
```

```
LOCATION    MYPRJ 102.133E 27.683N -7 ‘定义项目位置信息
METHOD      REFLEVEL   SUBNWS     ‘方法选项：允许用 NWS 数据
NWS_HGT     WIND       10         ‘NWS 测风高度：10 m
METHOD      WIND_DIR   RANDOM     ‘方法选项：随机化风向

FREQ_SECT ANNUAL 1                ‘地表参数按时间频率和扇区划分数
SECTOR  1     0 360               ‘扇区的起止角度
SITE_CHAR    1     1 0.29000   0.92500   0.04025 ‘一个时段一个扇区参数
```

LOCATION 定义污染源项目所在地（而非气象站所在位置）的名称（可选）和经纬度，以及时差。这里的时差采用第 1 步中，探空文件头中 LOCATION 的时差相同数据。

由于没有现场数据，采用了常规气象站数据，所以“METHOD REFLEVEL SUBNWS”是必需的，即允许用常规站数据代替现场数据。同时要用“NWS_HGT WIND”定义常规地面站的测风高度。

如果使用了“METHOD WIND_DIR RANDOM”命令，在生成 SFC 文件时，将对风速进行随机化。因 NWS 中原始风向是 10 度的倍数，或者是按 16 个方位划分的（22.5 度的倍数），那么一个风向代表这个风向为中心的 10 度或 22.5 度角的扇区内的所有风向，经过随机化后会随机分布到这个扇区内，更合理表现风向的自然状态。随机化算法为预先按 EPA 提供的数据，给一年中每一个小时设定一个随机码（个位数），产生的随机数乘以 10 后加上该小时的原度数，再减去 4，作为该小时的随机化后的度数。

最后用三个命令的组合来定义地表特征参数：正午反照率 *A*（Albedo）、波文比 *B*（BOWEN）、粗糙度 *R*（Roughness Length）。因为这 3 个参数与地表类型、地表湿度等相关，为了更精确地描述出不同的时期、不同的位置的参数，引入了时间频率和扇区划分的概念。时间频率是指，可以按不同时期输入参数，因地表类型有变化（如落叶林冬天和夏天变化巨大），而采用不同的参数；扇区划分是指，以污染源为中心，半径为 3 km 的区域，因不同的位置地表类型会有所不同，可划分成一系列扇形区域，不同区域采用不同参数。如多个源的，采用以主要源为中心的区域。

FREQ_SECT 命令必须在最前面，它有两个参数，前一个为时间频率，后一个为扇区划分数。时间频率可选 ANNUAL（按年）、SEASONAL（按季）、MONTHLY（按月）3 个参数。采用 ANNUAL 相当于这 3 个参数不随时间变化。若采用 SEASONAL，这 3 个参数随季节变化，缺省的冬季对应 12 月、1 月、2 月，春季对应 3 月、4 月、5 月，夏季对应 6 月、7 月、8 月，秋季对应 9 月、10 月、11 月。扇区划分数可取 1～12 个数，1 代表不划分，12 代表划分 12 个扇区。本例中，使用了 ANNUAL 时间频率和 1 个扇区。

SECTOR 命令定义扇区的起止角度。有 3 个参数，第 1 个为扇区的序号，第 2、第 3 为这个扇区的起止角度。有几个扇区，则 SECTOR 就要重复几行，每一行对应一个序号及该序号扇区的起止角度，不同扇区不能重叠，且全部扇区之和应为 360°。本例中，只有一个扇区，所以，序号为 1，起止角度为 0 和 360°。

SITE_CHAR 命令输入地表特征参数。每行输入某一个时段、某一个扇区的参数。每行 5 个参数的顺序位置是固定的，不能改变，依次为时段序号，扇区序号，*A*、*B*、*R* 参数。在本例中，时段只有 1 个，扇区也只有 1 个，这两个参数都输入 1，后面 3 个参数，*A*=0.290 00，*B*=0.925 00，*R*=0.040 25。

下面考虑复杂一点的情况。如果时间频率取 SEASONAL 共有四季，即 4 个时间段；扇区分成两个，东面 0°～180°为一扇区，西面 180°～360°为另一扇区。那么有关地表特征参数的输入流文件如下所示。

```
……...
FREQ_SECT SEASONAL 2          ‘时间分 4 季，扇区分两个
SECTOR   1    0     180        ‘第 1 个扇区，从 0°～180°
SECTOR   2    180   360        ‘第 2 个扇区，从 180°～360°
SITE_CHAR    1   1   0.60000   1.50000   0.00100 ‘季节 1，扇区 1 参数
SITE_CHAR    2   1   0.18000   0.40000   0.05000 ‘季节 2，扇区 1 参数
SITE_CHAR    3   1   0.18000   0.80000   0.10000 ‘季节 3，扇区 1 参数
SITE_CHAR    4   1   0.20000   1.00000   0.01000 ‘季节 4，扇区 1 参数
SITE_CHAR    1   2   0.60000   1.50000   0.00100 ‘季节 1，扇区 2 参数
SITE_CHAR    2   2   0.18000   0.40000   0.05000 ‘季节 2，扇区 2 参数
SITE_CHAR    3   2   0.18000   0.80000   0.10000 ‘季节 3，扇区 2 参数
SITE_CHAR    4   2   0.20000   1.00000   0.01000 ‘季节 4，扇区 2 参数
```

各种季节和各土地类型下的，*A*、*B*、*R* 三个参数的参考取值，可参见 5.7.1 节“地表特征参数及推荐值”。

运行流文件保存为 AERMET.INP，并放在 AERMET.EXE 目录下，在 DOS 提示符下运行 AERMET.EXE。运行结束，生成了两个结果文件：地面参数文件 AERMET.SFC 和廓线文件 AERMET.PFL。这两个文件直接引入 AERMOD 的运行流文件中，用于浓度扩散的计算。

对有现场气象观测数据（OS 数据）情况的说明，这部分很复杂，但在国内现在基本不会用到，不再介绍。

5.5.3 命令详细说明

大部分常用命令已在快速入门中介绍过，本节只增加介绍几个重要的命令。而 AERMET 中很多命令是用于档案文件的提取和 QA 过程，以及现场气象 OS 数据的处理，这些在我国目前基本用不到，本节不再介绍。

5.5.3.1 只检查流文件语法 CHK_SYNTAX

AERMAP 和 AERMOD 的 CO 段中有一个命令 RUNORNOT，可以决定是运行流文件，还是只检查流文件是否正确有效。在 AERMET 中，CHK_SYNTAX 命令与之功能相当。

CHK_SYNTAX 放在 JOB 段中，无参数。如果有这个命令存在，则 AERMET 只检查流文件是否正确，包括语法、拼写、文件是否存在等，但不会进行实际的数据处理。检查的结果保存在 MSG 文件和 PRT 文件中，打开这两个文件，如果没有错误，则可以去掉这个命令，进行实际的数据处理。

5.5.3.2 按经度定位日出前时间的命令 METHOD UASELECT SUNRIS

早期 AERMET 用 1200GMT 时间定位日出前时间，要由用户在项目所在地 LOCATION 命令中自行定位该地与 GMT 时间的时差，12 时减去该时间差后，基本相当于该地区的晨间时间。同时允许给定前后 1 h 或 2 h 的误差。这一方法使得 AERMET 原则上只适用于西半球（因为要求时差为正值）。但后续版本 AERMET 对此进行了改进，允许时差为负值。但即便这样，在使用上也并不方便。

而从 AERMET 的 ver 12345 版后，可以自动按项目所在地 LOCATION 中经度算出该地日出前的时间，这样使得 AERMET 的逻辑清楚、使用简单，真正适用于全球。方法为在 Stage 3 输入流文件的 METPREP 段增加以下命令：

METHOD UASELECT SUNRIS（E）

式中参数 SUNRIS 等同于 SUNRISE。

使用这个命令后，LOCATION 中的时差参数可略，即便输入了也不再采用。

5.6 AERMOD 操作及命令

5.6.1 AERMOD 输入流文件结构

AERMOD 的输入流文件分成 6 个功能模块（pathways，或称段）。这些功能模块都用两个英文字母来表示，放在各模块定义的开始位置。这 6 个模块及其在流文件中的出现顺序如下：

CO——定义模型总体的控制选项；

SO——定义源的信息；

RE——定义预测点信息；

ME——定义气象数据信息；

EV——定义短期浓度超标信息；

OU——定义输出选项。

以下对各模块进一步说明。

5.6.1.1 CO 控制选项

CO 段定义扩散选项和运行控制选项。

模型是为 EPA 的法规模拟方式设计的，因此模型的缺省选项均为法规模拟方式，法规缺省选项包括烟囱出口下洗，以及静风或丢失气象数据时的平均处理方法。

模型也支持非缺省的选项，如不使用出口下洗，以及对无顺序气象数据文件不进行日期检查等。

可设置几个计算平均时间，可在一次运行中同时生成几个不同的短期平均浓度，以及一个全周期（如一年）的平均浓度。可设置污染物的一些参数，如衰减系数、沉降参数、环境背景 O_3 浓度等。

5.6.1.2 SO 污染源选项

SO 段定义污染源参数。模型可处理多源情况，包括点源、体源和面源。线源可当作一系列的体源或长条形的面源来处理（自 ver12345 可直接当作线源输入）。

在一次运行中可定义几个源组，以计算各组中的源的联合贡献。这一功能在源的新增/削减计算中特别有用，因为可以计算背景源中排放量有增加的那些源的联合贡献的同时，计算出全部背景源（以及新增源）的联合贡献以评估是否能达到国家环境空气质量标准（NAAQS）。

模型中包括点源排放因周围建筑物引起的空气动力下洗的影响的算法，以及颗粒物沉降的模拟算法。

源排放率可以是恒定的，或者逐月、逐季、一天中逐时变化，或者其他变化周期。

5.6.1.3 RE 预测点选项

RE 段定义预测点坐标。在一次运行中，可定义多个预测点网格，并可以同时定义直角坐标系网格或极坐标网格。这样可用于一个粗的大网格来计算整个预测区域，而一个密的小网格来计算高浓度可能出现的区域。对于极坐标的原点位置的定义也可灵活处理。

可输入有地形高度的预测点以考虑地形（高出或低于烟囱基底）的影响，还可以输入预测点离地面的高度。无须区分地形是低于还是高于释放高度，而以前的模型把这两种情况分别以简单地形和复杂地形来对待。对于有高地的应用，除要输入每个预测点的地面高程外，还要输入山体高度尺度。

通常预测点要经由预处理程序 AERMAP 处理，其输入流文件中已经有 RE 段（在其相关章节中已有详细说明），并且其输出的 REC 文件中的结果直接引用到 AERMOD 的输入流文件中，因此这里不再重复 RE 段相关命令。

5.6.1.4 ME 气象选项

ME 段定义气象文件，需要一个地面边界层参数文件和一个廓线数据文件，均由 AERMET 生成的文本文件。模型缺省状态下处理输入文件中的全部气象数据，但也可设置起止日期只处理某段时间的数据。

5.6.1.5 OU 输出选项

OU 段定义输出内容。基本输出为：

①高值表（最大、第二大等），对每一个预测点，各平均时间，各源组贡献。

②总体最大值（或最大 50 个数），对每个平均时间，各源组贡献。

③逐步浓度表（如逐时浓度），每个平均时间及源组。这些“原始”的浓度值也可输出到二进制文件（下文描述）。

预测点的高值表或总体最大值表可按源组或单个源输出，或同时输出。此外，当输出单个源的总体最大值时，可选择是指定一个单独的源的最大值，还是从全部源中的单个源的最大贡献值，或是两者都要输出。

除以上表格结果外，AERMOD 还提供其他几种输出文件类型，比如一种二进制文件，用来保存计算过程中的全部浓度数据。这种文件用于特殊的后处理。此外还有两种类型的输出文件：一种为（*X*，*Y*）坐标和某个值（如第二最大值，针对某个平均时间和源组贡献），这样能引入许多绘图软件中生成等值线图。可定义多个文件以保存全部平均时间，以及有关的源组贡献。第二种输出文件可保存，等于或超过某个设定值的浓度的发生率。同样，可用不同的文件保存需要的平均时间以及源组。文件内容包括超标发生时间、预测点位置及浓度值。

AERMOD 还有两种输出文件类型用于模型评估。一种是浓度序列文件（大小升序或降序），但每个时间仅有一个值。这种文件可用于生成 Q-Q（分位数）图，以比较不同模型或观察值在同一顺序位的大小。另一种文件提供弧形位置上的最大结果以及该弧形位置相关烟羽的详细信息。

5.6.1.6　EV 源贡献分析

EV 段定义短期浓度分析相关信息。

在空气质量扩散模型应用中，有时可能需要知道某个源生成的浓度在整个源组生成的浓度中的贡献率。本段提供这样的选项，可定义不同的源组，分别来计算浓度高值。为了取得单个源的贡献结果，需将计算时间设定为高值出现的特定时段，并将每个源当作一个独立的源组来重新运行程序。不像 ISCST2（AERMOD 模型的原型程序）那样要运行单独的 EVET 程序，AERMOD 已将 EVENT 结合到程序内部。

AERMOD 中的 EVENT 相关命令中，大部分用来生成 EVENT 的输入项，如将高值和总体最大值按 EVENT 的输入格式生成输入文件，以及手动生成一个点的 EVENT 输入项。

但是在我国，需要分析短期（1 h 或 24 h 浓度）浓度的各源贡献值的事件较少见（不需要大批自动生成），一般这个事件由用户挑选（需要分析哪个短期浓度）的，因此我们认为有限的几个日期的事件分析，由用户重新运行事件日期以计算贡献率更为直观，在本书以下章节中不再介绍 EVENT 相关的内容。

5.6.1.7　法规模型选项

法规缺省选项用 CO 模块的 MODELOPT 命令来控制。正如其名字所示，这个命令控制模型选项方面的内容。它是一个必需的、不可重复的命令，对于理解和控制 AERMOD 模型有特别重要的作用。除非有特别说明，AERMOD 的全部有效选项都采用以下缺省设置：

①采用地形影响算法，要求输入地形数据；

②采用烟囱出口下洗（除建筑物下洗这一例外）；

③运行静风处理子程序；

④运行丢失数据处理子程序；

⑤对城市源的 SO_2 扩散采用 4 h 的指数衰减半衰期。

MODELOPT 后面的参数均为字符串，称为“二级命令”，用以描述选择的选项。比如，要确保运行中采用法规缺省选项被选定，用户可在 MODELOPT 命令后输入二级命令“DEFAULT”。这个二级命令使模型忽略掉所有非法规缺省的选项。如果还发现选择了非法规选项则模型会给出警告，但不会停止运行。对于法规应用，强烈建议设置 DEFAULT 命令，尽管没有这个命令程序也缺省设为法规选项。

如果要使用非法规的选项，则 DEFAULT 不能设置。非法规选项也是采用描述性二级命令，例如“NOSTD”使得模型不采用烟囱出口下洗处理。

5.6.2 AERMOD 快速入门

5.6.2.1 一个简单的工业源应用

本节逐步描述如何建立一个简单的应用，演示 AERMOD 中最常用的选项。本例为一个简单的工业源应用，输入流文件如下所示。共有 CO、SO、RE、ME、OU 五个功能模块。为在视觉上更整齐直观，各个功能段之间用一空格行分开，并在每个功能段内部（首行 STARTING 和末行 FINISHED 之间），都不写功能标识符（第 1 列、第 2 列留空白）。

本节以下部分将逐一解释输入流文件各部分的含义。

```
CO STARTING
   TITLEONE A Simple Example Problem for the AERMOD Model
   MODELOPT CONC FLAT
   AVERTIME 1 24 PERIOD
   POLLUTID SO2
   RUNORNOT RUN
CO FINISHED

SO STARTING
   LOCATION STACK1 POINT 0.0 0.0 0.0
   SRCPARAM STACK1 500.0 65.00 425. 15.0 5.
   SRCGROUP ALL
SO FINISHED

RE STARTING
   GRIDPOLR POL1 STA
```

```
    GRIDPOLR POL1 ORIG STACK1
    GRIDPOLR POL1 DIST 175. 350. 500. 1000.
    GRIDPOLR POL1 GDIR 36 10 10
    GRIDPOLR POL1 END
RE FINISHED

ME STARTING
    SURFFILE AERMET2.SFC
    PROFFILE AERMET2.PFL
    SURFDATA 14735 1988 ALBANY，NY
    UAIRDATA 14735 1988 ALBANY，NY
    PROBATE 0.0 METERS
ME FINISHED

OU STARTING
    RECTABLE ALIVE FIRST-SECOND
    MAXTABLE ALIVE 50
OU FINISHED
```

在这个简单的教程中，选择单个 SO_2 的点源且受建筑物下洗影响的应用作为例子。污染源高 50 m，有浮力释放，仍假设烟囱位于平坦的农村地区。采用一个围绕烟囱的极坐标网格，以覆盖最大浓度区域。

（1）选择模型选项——CO 模块

模型选项在控制模块 CO 中输入，该模块中必选的命令如下。

STARTING——指示本模块输入的开始；此命令为每个模块的必选项。

TITLEONE——用户定义的标题行将出现在输出文件的每一页中（还可用 TITLETWO 输入可选的第二行标题）。

MODELOPT——通过一系列二级命令来设置模型选项。

AVERTIME——指定计算时的平均时间。

POLLUTID——指定预测的污染物的标识符。

RUNORNOT——用以告诉模型是否执行全面运行的特别命令。如选择不运行，则程序只处理输入流文件并报告可能的错误，但不进行扩散计算。

FINISHED——表明本模块输入结束。

第一、第二两个命令容易从字面理解。MODELOPT 对于控制模型的运行选项是关键的。对于本例，我们要用法规缺省选项，要求模型输出浓度值。输入三行记录后，这个输入流文件应如下所示：

```
CO STARTING
CO TITLEONE     A Simple Example Problem for the AERMOD Model
CO MODELOPT     CONC FLAT
```

注意标题字段不必加引号。模型只读入 TITLEONE 行的第 13～80 列的内容作为标题，不转换大小写。若要使标题行在输出中放在中间位置，则可设置空格前缀。注意到 MODELOPT 行的二级命令的位置和顺序是不重要的。如下所示的 MODELOPT 行：

```
CO MODELOPT      CONC                    FLAT
```

与上面有相同的效果。建议用户采用统一格式以便于阅读。MODELOPT 命令所能定义的全部模型选项将在下一节中详细说明。

因本例污染物为 SO_2，可能需要计算 1 h 和 24 h 平均，以及整个气象时间（如一年气象则为年均）值，再增加两个命令，流文件变成：

```
CO STARTING
CO TITLEONE     A Simple Example Problem for the AERMOD Model
CO MODELOPT CONC FLAT
CO AVERTIME 1 24 PERIOD
CO POLLUTID SO2
```

注意到 AVERTIME 命令后的参数也是没有顺序要求的，不过这里的顺序决定输出结果中各平均时间的顺序。在模块内部各命令的出现顺序通常也是不限制的，尽管连贯的顺序有助于阅读理解。建议用户对命令采用下一节或附录 B 常用命令中所示的顺序，除非另外的顺序有明显的优点。

CO 模块另两个必选命令为 RUNORNOT 和 FINISHED。对于本例我们将 RUNORNOT 设为 RUN。如果不能确定某个选项的作用，或建立了一个复杂的流文件并是首次运行，可能希望设为 NOT 不运行计算功能，只是让程序读入和分析流文件，并报告可能的出错和警告信息。一旦采用这些错误/警告说明对流文件进行调试后，RUNORNOT 再设为 RUN

正式运行，这样可以避免耗费大量的时间和资源产生错误的结果。即便是设为 NOT，所有的输入数据项也会列在输出文件中供查看。

完整的流文件的 CO 模块如下所示：

```
CO STARTING
CO TITLEONE    A Simple Example Problem for the AERMOD Model
CO MODELOPT CONC FLAT
CO AVERTIME 1 24 PERIOD
CO POLLUTID SO2
CO RUNORNOT RUN
CO FINISHED
```

下面的流文件设置在结构上更清晰，但功能上与上面的设置相同：

```
CO STARTING
   TITLEONE    A Simple Example Problem for the AERMOD Model
   MODELOPT CONC FLAT
   AVERTIME 1 24 PERIOD
CO POLLUTID SO2
```

因模块标识（ID）应开始于第 1 列，如果某一行该列是空格，则模型认为此行仍属于前一个模块的内容。对于空的命令字段模型也是采用同样方法处理，下面将进行说明。

污染物标识命令 POLLUTID，一般可用 OTHER 作为标识，但对二氧化硫和二氧化氮，可以采用 SO_2 和 NO_2，对 $PM_{2.5}$ 和 PM_{10} 可采用 $PM_{2.5}$ 和 PM_{10}。但是，采用 $PM_{2.5}$ 或 PM_{10} 标识污染物时，模型是在计算结果的统计处理上按美国国家空气质量标准（NAAQS）的要求处理，而非模型扩散计算上的特殊处理，由于我国标准与 NAAQS 的要求不同（我国标准都是以最大值来比较是否超标），因此在我国对 $PM_{2.5}$ 和 PM_{10} 也作为 OTHER 来标识，当作普通污染物。如果标识为 SO_2，则会自动考虑 4 个小时的半衰期；如需考虑 NO_2 化学反应，必须采用 NO_2 作标识。关于 POLLUTID 命令的进一步说明还将在下面的一些章节中陆续提到。

在 CO 模块除了这几个必选命令以外，允许使用的可选的命令还有可定义预测点的离地高度，可定义指数降解的衰减因子和半衰期，或生成一个输入文件包括 EVENT 数据。也可以将程序定期结果保存到文件中，以便在发生停电或其他中断事故后重新启动等。

（2）污染源的定义——SO 模块

除了 STARTING 和 FINISHED 这两个命令以外，污染源模块还有以下几个必选的命令：

LOCATION——定义某个源的 ID、类型及位置坐标。

SRCPARAM——对 LOCATION 中定义了 ID 的源定义源参数。

SRCGROUP——定义污染源的分组。至少应有一个源组，如 ALL 源组，即只有一个源组。

本例输入文件的 SO 模块如下所示：

```
SO STARTING
    LOCATION STACK1    POINT    0.0       0.0     0.0
    SRCPARAM STACK1    500.0    65.0      425.0 15.0    5.0
    SRCGROUP ALL
SO FINISHED
```

关于这个输入有几点需要注意。污染源的标识 ID（本例中为 STACK1）为字母参数（可达 8 个字符），用以标识出某个源，这样在使用不同命令时，可用该标识来引用这个源。要特别注意的是，LOCATION 命令应该出现在最前面，因为它指定了源的类型（本例中 POINT 为点源），从而间接规定了模型需要读入的源参数。因分析中要包括地形影响，应该在 LOCATION 中定义源的基座的海平面高程（MSL）。对于本例，源的基座 MSL 为 0.0 m。

在结束 SO 模块之前最后一个命令必须为 SRCGROUP。本例中，因只有一个源，我们采用模型中快捷定义方式，定义一个源组 ID 为 ALL（最多可为 8 个字符）。只要输入文件中出现这一行，就会产生一个 ID 名为 ALL 的源组，它包括了全部源，而不必去一一定义各源的 ID。如果有多个源，用户可以重复 SRCGROUP 命令来定义多个源组。

采用以上所说的一些格式后，本例的 SO 模块简化成如下所示：

```
SO   STARTING
     LOCATION STACK1    POINT    0.0       0.0     0.0
**   Point Source        QS      HS        TS      VS      DS
**   Parameters:         ---     ---       ---     ---     ---
     SRCPARAM STACK1    500.0    65.0      425.0 15.0    5.0
     SRCGROUP ALL
SO FINISHED
```

上面的 SO 模块中展示了使用**注释行来标注 SRCPARAM 行的烟囱参数，即 QS 为排放率（g/s），HS 为烟囱高（m），TS 为烟囱出口温度（K），VS 为出口速度（m/s），DS 为内径（m）。

在 SO 模块中其他可选项包括定义可变的排放因子，以描述排放率随月变化，随季节变化，一天逐时变化，或随季节和天中各小时变化等。

（3）预测点网格的定义——RE 模块

前面已提到，本例将演示以污染源位置为中心的单个极坐标预测网格。RE 模块中还可定义直角坐标网格，以及极坐标或直角坐标中的离散点，已在 AERMAP 章节的 RE 模块中详细说明。

本例的 RE 模块如下所示：

```
RE STARTING
   GRIDPOLR POL1 STA
   GRIDPOLR POL1 ORIG STACK1
   GRIDPOLR POL1 DIST 175. 350. 500. 1000.
   GRIDPOLR POL1 GDIR 36 10 10
   GRIDPOLR POL1 END
RE FINISHED
```

本例的 RE 模块，定义了一个标识为“POL1”的极坐标网格。极坐标网格的原点为源 STACK1 所在位置。ORIG 是可选的，如忽略则默认原点在（0，0）。DIST 定义极坐标网格辐线方向离中心的距离，本例中有四个距离，即四个圆线。GDIR 定义径向网格线，本例中为 36 个方向，从 10°开始顺时针每 10°一个方向。

（4）气象输入的定义——ME 模块

气象输入模块 ME 有以下 5 个必选命令：

SURFFILE——定义地面气象数据文件的文件名称和格式；

PROFFILE——定义廓线气象数据文件的文件名称和格式；

SURFDATA——定义地面气象数据的有关信息，供模型使用；

UAIRDATA——定义高空气象数据的有关信息，供模型使用；

PROFBASE——定义位温廓线的基底的海平面高程。

在本例中假定常规气象数据来自纽约州 Albany，并且有来自 Hudson 的现场观测数据。地面和廓线数据文件均是用 AERMET 生成，其格式为 AERMOD 的缺省格式。地面气象文件为 AERMET2.SFC，包括 Albany/Hudson 1988 年 3 月 4 天的数据。廓线数据文件为 AERMET2.PFL。本例所用的气象数据文件与 AERMET 程序所用的现场数据例子文件是一样的。ME 模块的流文件如下所示：

```
ME STARTING
    SURFFILE   AERMET2.SFC
    PROFFILE   AERMET2.PFL
    SURFDATA   14735   1988   ALBANY,NY
    UAIRDATA   14735   1988   ALBANY,NY
    SITEDATA   99999   1988   HUDSON
    PROFBASE   0.0     METERS
ME FINISHED
```

SURFFILE 和 PROFFILE 命令的第一个参数分别为地面和廓线的数据文件，可用 DOS 文件名输入，包括驱动器和目录。

接下来的两个命令定义气象数据的位置和时间。地面和空中数据各自单独用一行。输入参数为气象站编号（如全国天气服务网 NWS 的 WBAN 编号），数据日期（年）和气象站名称。为避免模型输入中可能的错误，模型将比较输入流文件中的气象站编号和地面气象文件中第一行中的编号值，如不符时给出警告信息。用户也可输入可选的气象站坐标（*X*，*Y*），尽管这个参数当前不为模型所用。在本例中，我们还用可选的 SITEDATA 命令定义已由 AERMET 处理过的现场气象数据的时间和名称。

最后一个必选命令为 PROFBASE，用于定义位温廓线的基底相对于水平面的高程。这个高程数值须与主气象塔的地面高程一致，本例中定义成 0.0 m，与源的基底高程一样。

ME 模块中其他可选命令可让用户选择气象数据文件中某些天来参与计算，或定义一个风向旋转校正等。

（5）选择输出选项——OU 模块

输出模块全部都是可选项，如果没有选择打印输出选项时（这里的打印指按一定的格式生成的文本文件，输出打印到文件 AERMOD.OUT 中），程序会给出警告；如果没有任何输出时（打印输出和数据文件输出都没有），程序则停止处理。用户可以灵活设置需要的输出。打印表格的命令为：

RECTABLE——定义预测点的高值表输出选项；

MAXTABLE——定义总体最大值表输出选项；

DAYTABLE——生成各点每个平均时间的浓度（时间序列值，此项将产生大量数据）。

RECTABLE 可生成各点的最大值、第二大值，直到第 10 大值。MAXTABLE 则生成总体最大前 nnn 个值的表格。对这两个命令，用户还可以定义生成的数据是基于哪个平均时间。对于 MAXTABLE 用户还可以定义最大值的个数。本例中选择了所有平均时间的各点的最大值、第二大值和前 50 个总体最大值。OU 模块应如下所示：

```
OU STARTING
   RECTABLE   ALLAVE   FIRST   SECOND
   MAXTABLE   ALLAVE   50
OU FINISHED
```

为便于对所有平均时间采用同样的输出表格，将“ALLAVE”作为二级命令的第一个参数。如果只需取得 24 h 平均值的总体最大的 10 个，OU 模块应设成：

```
OU STARTING
   RECTABLE   ALLAVE   FIRST   SECOND
   MAXTABLE   24   10
OU FINISHED
```

还需注意到这些输出表格只用于短期平均周期，如本例中的 1 h、24 h 平均值。如果用户选择了计算 PERIOD 平均时间（在 CO AVERTIME 中），则输出文件中会自动包括一个表格保存各预测点的全部预测小时总平均值（RECTABLE 选项无须应用，因为各点只有一个总平均值）。此外，打印输出文件 AERMOD.OUT 中会包括每个平均时间和源组的最大值。

OU 模块中的其他选项包括几个特殊输出的命令，比如生成高值的绘图数据文件，超过某个数值（比中 NAAQS 标准值）的超标率，以及供后处理用的全部浓度数据（RAW DATA，或称逐步值文件）等。

本例的完整输入流文件如下所示。注意到这里采用了统一的风格来格式和组构，以增强其易读性。

```
CO STARTING
   TITLEONE     A Simple Example Problem for the AERMOD-PRIME Model
   MODELOPT DFAULT CONC
   AVERTIME 3 24 PERIOD
   RUNORNOT RUN
```

```
   POLLUTID SO2
CO FINISHED

SO STARTING
   LOCATION STACK1   POINT   0.0     0.0    0.0
**  Point Source       QS   HS      TS     VS    DS
**  Parameters：        ---       ---    ---     ---    ---
   SRCPARAM STACK1   500.0   65.0    425.0 15.0   5.0
   SRCGROUP ALL
SO FINISHED

RE STARTING
   GRIDPOLR POL1 STA
   GRIDPOLR POL1 ORIG STACK1
   GRIDPOLR POL1 DIST 175. 350. 500. 1000.
   GRIDPOLR POL1 GDIR 36 10 10
   GRIDPOLR POL1 END
RE FINISHED

ME STARTING
   SRFFILE   AERMET2.SFC
   PROFFILE   AERMET2.PFL
   SURFDATA   14735   1988   ALBANY,NY
   UAIRDATA   14735   1988   ALBANY,NY
   SITEDATA   99999   1988   HUDSON
   PROFBASE   0.0      METERS
ME FINISHED

OU STARTING
   RECTABLE   ALLAVE   FIRST   SECOND
   MAXTABLE   ALLAVE   50
OU FINISHED
```

（6）使用错误信息文件调试输入流文件

上面逐步介绍了建立一个简单输入流文件的过程，展示了 AERMOD 模型的最常用选项。但模型在实际应用中要复杂得多，可能有多个源、多个源组、多个预测点网格、离散点和地形高程数据。因此，人们在使用中不时有出错的可能，因此开发了详尽的 AERMOD 模型错误处理功能。

该功能设计为帮助用户做好两件事情。其一，模型要能够通读整个输入文件，报告全部错误或可疑之处，而不是每遇到一个错误就停下来。其二，模型提供的错误和警告信息要足够详细和清楚，有助于用户调试输入文件。以下对错误处理能力进行简单的介绍。

AERMOD 在输入数据处理过程及执行运算中均会产生消息。这些消息的内容包括：

①错误，将停止运行（也可能还继续标识其他错误）；

②警告，指出可能的错误或疑点，但不停止运行；

③通知，可能对用户有用，但不影响运行和结果。

一旦模型在运行中生成一个消息，将把它写在一个临时存储文件中。在模型建立过程结束后，或计算运行结束后，模型将这些消息重新读出，生成一个消息总结，包含在 AERMOD.OUT 文件中。本例生成的建立阶段消息概要（如果选择 NOT 不运行程序）如下所示。这个总结表报告了每种消息的总数，并列出重大错误或警告的详细信息。在本例中没有错误和可疑情况，这里就没有列出来。

```
*** Message Summary For AERMOD Model Setup ***
--------- Summary of Total Messages ---------
A Total of 0 Fatal Error Message（s）
A Total of 0 Warning Message（s）
A Total of 0 Information Message（s）
******** FATAL ERROR MESSAGES ********
*** NONE ***
******** WARNING MESSAGES ********
*** NONE ***
************************************
*** SETUP Finishes Successfully ***
************************************
```

如果丢失了 RE 模块中的极坐标网格的原点定义行时，会产生如下所示的警告消息：

```
RE   W220   39   REPOLR：Missing Origin（Use default = 0.0）In GRIDPOLR      POL1
|       |      |      |         |                                                |
|       |      |      |         |                                               提示
|       |      |      |       错误/警告详情
|       |      |     消息产生的子程序
|       |     产生消息的输入文件的行数
|    消息代码，包括类型（E，W，I）和编号
产生消息的模块标识
```

因为这是一个警告消息，将会出现在输出文件 AERMOD.OUT 中消息总结表的最后，但它不会让程序停止运行。最后一列的“Hints”指出可能引起错误的命令或参数的名称，比如源的 ID，源组 ID 或如本例中的预测网格的 ID，气象数据处理时的日期变量（如静风产生的时间日期）。

对于新手，或者是特别复杂的计算任务，强烈建议首次运行时将 RUNORNOT 设为 NOT，这样能够先检查输入流文件是否正确，模型能否正确建立起来，再执行全面的运算。用户应留心检查任何警告消息，确保模型按设想的方式运行，因为这些消息并不停止程序的运行，容易被忽视。在多数情况下，消息的详情可以提供足够的信息供用户查出输入流文件中任何错误的位置和性质。

在解读错误和警告时，行号对于定位消息在输入文件中的位置特别有用。但如果是在一个模块结束时检查发现的丢失性错误，行号则定位于该模块的最后一行。在定位错误前，用户应仔细检查全部消息，特别是某种类型错误可能导致其他位置产生错误，尽管其他位置本身并没有错误。

（7）运行模型与查看结果

至此我们建立了一个完整的、无错误的输入流文件，接下来准备运行模型和查看结果。运行时打开一个输入流文件 AERMOD.INP 并打印结果到 AERMOD.OUT 中，这两个文件名称内部限定。模型运行可在 DOS 提示符下打下 AERMOD，如：

C：\>AERMOD

当执行程序文件 AERMOD.EXE 不在当前目录时，命令行中要包含路径。输入流文件 AERMOP.INP 也需与 AERMOD.EXE 在同一目录下。在 WINDOWS 中也可双击执行文件来运行。

前面已提到，AERMOD 执行文件显式地打开输入和输出文件（在打开过程中 DOS 屏幕上有提示）。这样做的原因之一是允许模型在屏幕上不时更新最新的处理状态。对于

AERMOD，首先会显示模型建立信息正在处理中，然后显示正在处理的每一个日期。如果看不到有显示内容，说明模型未能正常启动。如果模型在建立阶段完成后停止运行，则也可能是 RUNORNOT 设为 NOT。如果在建立阶段遇到致命性错误，则将情况显示出来，并停止运行。另一个原因是，不将输出文件内容显示到屏幕上，这样屏幕上可以只显示 DOS 错误信息等内容，这些信息不必写入输出文件中。这样的信息包括“内存不够”等提示。

AERMOD 主体输出文件的目录顺序和组织结构如下：

输入流文件的备份

摘要-模型建立阶段消息

摘要-输入数据

　　摘要-模型选项

　　摘要-污染源数据

　　摘要-预测点数据

　　摘要-气象数据

模型计算结果

　　每天结果（对选定计算的每一天和每一平均时间）
——如果设置了 DAYTABLE

　　长期平均结果（对每一个源组）
——如果设置了 AVERTIME 的 PERIOD 参数

　　短期平均结果（最大、第二大等，对每一个预测点、每一个源组、各平均时间）
——如果设置了 RECTABLE

　　短期平均结果的总体最大值（对每一个源组、各平均时间）
——如果设置了 MAXTABLE

高值摘要表-对各短期平均时间和各源组
——如果设置了或 RECTABLE 或 AVERTIME 的 PERIOD 参数

模型运行总体-摘要

除输入文件的备份外，输出文件的每一页都标注模型的名称和版本，用户定义的标题、页码，运行日期时间。每页的页眉信息块中还包括一行模型选项摘要。模型选项为控制模型运行选项的二级命令，比如 DFAULT、CONC 等。

在输出文件开始部分有一个输入文件的完整备份，因此可简单地将输出文件名称换成输入文件名称，以重复运行该输入流文件。也可将输入文件内容复制粘贴到一个独立的输入文件中。

缺省时，模型自动复制输入流文件的每一行到输出文件。这样方便查看输入模型的原始数据，而不像输入摘要表格中的内容（数值可能会经取舍）。正如前段所说的，这也意味着输出文件可用作一个新的应用的输入流文件。不过，在某些情况下，把整个输入文件放到输出文件的开始部分会显得太长了，比如应用中包括大量的污染源或定义了大量的离散点位置时。因此，提供给用户一个选项可“关掉”从任何一个位置开始的输入流文件的复制功能。这个选项命令为“NO ECHO”，这个命令后的内容将不被复制到输出文件中。这样，用户可以将 NO ECHO 放到 CO 模块之后，以保持 CO 模块内容被复制，但不复制其后面的内容。

输出文件 AERMOD.OUT 为纯文本格式，可用任何字处理器打开。以下三个框图内的文字，为本节所示的简单例子的输出文件中的内容，分别为模型选项摘要、高值输出表格和高值摘要表格。

这里的高值表格为各点第二大值输出结果。这些值为各预测点处的 1 h 平均值的第二大值。浓度值后括号内为相应的时间。时间用 8 位数字表示年（两位）、月、日和时（时用平均时间的最后一个小时表示）。

对于同种类型的全部表格，比如各点的高值，都打在相邻位置，先按各个平均时间循环输出各源组的表格，然后是循环各平均时间。模型最后的高值摘要表也按同样的循环顺序。为节省篇幅，这个摘要表格中，各个平均时间的摘要都放在同一位置，但在实际输出文件中则位于分开的页中。

模型输出文件中的模型选项摘要表样例如下：

```
*** AERMOD - VERSION 12345 *** *** A Simple Example Problem for the AERMOD Model        *** 09/13/14
                                   ***                                                  *** 15：40：59
**MODELOPTs：                                                            PAGE    1
CONC                               FLAT

*** MODEL SETUP OPTIONS SUMMARY ***
- - - - - - - - - - - - - - - - -  - - - - - - - - - - - - - - - - - - - - - - - - - - - - - - - - - -
**Model Is Setup For Calculation of Average CONCentration Values.
```

```
  -- DEPOSITION LOGIC --
**Model Uses NO DRY DEPLETION. DDPLETE = F
**Model Uses NO WET DEPLETION. WDPLETE = F
**NO GAS DRY DEPOSITION Data Provided.

**Model Uses RURAL Dispersion Only.

**Model Uses User-Specified Options：
          1. Stack-tip Downwash.
          2. Model Assumes Receptors on FLAT Terrain.

**Model Assumes No FLAGPOLE Receptor Heights.

**Model Calculates 2 Short Term Average（s） of：1-HR 24-HR
          and Calculates PERIOD Averages

**This Run Includes：1 Source（s）；1 Source Group（s）；and 144 Receptor（s）

**The Model Assumes A Pollutant Type of：SO2

**Model Set To Continue RUNning After the Setup Testing.

**Output Options Selected：
          Model Outputs Tables of PERIOD Averages by Receptor
          Model Outputs Tables of Highest Short Term Values by Receptor（RECTABLE Keyword）
          Model Outputs Tables of Overall Maximum Short Term Values（MAXTABLE Keyword）

**NOTE：The Following Flags May Appear Following CONC Values：c for Calm Hours
m for Missing Hours
b for Both Calm and Missing Hours
**Misc. Inputs：Base Elev. for Pot. Temp. Profile（m MSL） = 0.00；Decay Coef. = 0.000；Rot. Angle = 0.0
          Emission Units = GRAMS/SEC；                Emission Rate Unit Factor = 0.10000E+07
          Output Units = MICROGRAMS/M**3

**Approximate Storage Requirements of Model = 1.2 MB of RAM.
```

各点高值输出表格样例如下：

```
*** AERMOD - VERSION 12345 *** *** A Simple Example Problem for the AERMOD Model          *** 09/13/14
                                ***                                                       *** 15：40：59
**MODELOPTs：                                                                              PAGE   1
CONC                            FLAT

     *** THE 2ND HIGHEST 1-HR AVERAGE CONCENTRATION VALUES FOR SOURCE GROUP：ALL ***
                                INCLUDING SOURCE（S）：STACK1，
     *** NETWORK ID：POL1；NETWORK TYPE：GRIDPOLR ***
          ** CONC OF SO2 IN MICROGRAMS/M**3                    **

DIRECTION |                                DISTANCE（METERS）
（DEGREES） |      175.00                  350.00                 500.00                 1000.00
-------------------------------  --------------------
    10.0 |  0.76158（88030321）    1.92853（88030115）    3.31346（88030115）    5.22765（88030218）
    20.0 |  0.63637（88030212）    1.92844（88030115）    5.85553（88030218）   16.97758（88030218）
    30.0 |  0.62623（88030212）    1.92797（88030115）    5.83875（88030218）   16.92332（88030218）
    40.0 |  0.62622（88030212）    1.92504（88030115）    3.31345（88030115）    4.79368（88030218）
    50.0 |  0.62622（88030212）    1.53776（88030112）    2.70655（88030112）    2.97378（88030321）
    60.0 |  0.62622（88030212）    1.60102（88030321）    2.70653（88030112）    3.29819（88030321）
    70.0 |  0.62622（88030212）    2.38433（88030312）    3.14235（88030312）    2.97029（88030312）
    80.0 |  1.22236（88030321）    5.70971（88030312）    7.70416（88030312）    7.52613（88030312）
    90.0 |  5.42790（88030112）   14.05461（88030312）   19.21173（88030312）   18.62586（88030312）
   100.0 | 10.56986（88030115）   68.04736（88030112）   69.01392（88030112）   48.93560（88030112）
   110.0 | 13.40298（88030115）  240.77687（88030112）  261.00546（88030112）  155.58842（88030112）
   120.0 | 11.83663（88030115）  199.43596（88030115）  266.38513（88030115）  154.97153（88030115）
   130.0 |  7.82604（88030115）  118.05672（88030115）  151.17198（88030115）  100.53476（88030115）
   140.0 |  3.76063（88030312）   55.34053（88030115）   71.91618（88030115）   36.71769（88030115）
   150.0 |  1.38547（88030209）   15.82063（88030115）   18.09701（88030115）   13.81106（88030312）

    ……
```

结果摘要表格样例如下：

```
*** AERMOD - VERSION 12345 *** *** A Simple Example Problem for the AERMOD Model        *** 09/13/14
                                                ***                                    *** 15：40：59
**MODELOPTs：                                                                              PAGE    1
CONC                                            FLAT

                                          *** THE SUMMARY OF MAXIMUM PERIOD（96 HRS） RESULTS ***

                                          ** CONC OF SO2 IN MICROGRAMS/M**3                       **

NETWORKGROUP ID                          AVERAGE CONC    RECEPTOR（XR，YR，ZELEV，ZHILL，ZFLAG）
OF TYPE    GRID-ID
-------------------------------------------------------
ALL     1ST HIGHEST VALUE IS     25.68469 AT（433.01，  -250.00，  0.00，  0.00，  0.00）     GP     POL1
        2ND HIGHEST VALUE IS     24.36184 AT（469.85，  -171.01，  0.00，  0.00，  0.00）     GP     POL1

*** AERMOD -                              *** THE SUMMARY OF HIGHEST 1-HR RESULTS ***

                                          ** CONC OF SO2 IN MICROGRAMS/M**3 **

                                               DATE
NETWORK
GROUP ID                      AVERAGE CONC（YYMMDDHH）RECEPTOR（XR，YR，ZELEV，ZHILL，ZFLAG）
OF TYPE    GRID-ID
-------------------------------------------------   ---
ALL     HIGH 1ST HIGH VALUE IS   335.58878 ON 88030112：AT（433.01，-250.00，0.00，0.00，0.00）   GP   POL1
        HIGH 2ND HIGH VALUE IS   266.38513 ON 88030115：AT（433.01，-250.00，0.00，0.00，0.00）   GP   POL1

                                          *** THE SUMMARY OF HIGHEST 24-HR RESULTS ***

                                          ** CONC OF SO2 IN MICROGRAMS/M**3 **

                                               DATE                                  NETWORK
GROUP  ID                     AVERAGE  CONC （YYMMDDHH） RECEPTOR （XR， YR， ZELEV， ZHILL，
ZFLAG）OF TYPE   GRID-ID
----------------------------------------   -----------
ALL     HIGH 1ST HIGH VALUE IS    91.45594 ON 88030124：AT（433.01，-250.00，0.00，0.00，0.00）   GP   POL1
        HIGH 2ND HIGH VALUE IS    11.35450 ON 88030324：AT（866.03，-500.00，0.00，0.00，0.00）   GP   POL1

*** RECEPTOR TYPES：  GC = GRIDCART
                      GP = GRIDPOLR
                      DC = DISCCART
```

5.6.2.2 修改一个已有的输入流文件

前面已提到，AERMOD 采用的这种命令/参数输入方法和灵活的输入流文件的格式，其中的一个优点就是便于用户修改输入流文件，以得到所需的结果。本节用几个例子简要讲述如何进行修改。

（1）增加建筑物下洗影响

在上例中，假设烟囱与建筑物毗邻，则需运行 BPIPprime 预处理程序，以得到建筑物的下洗参数。这里假定 BPIPprime 已运行，运行结果中有关 BULIDHGT、BULIDWID、XBADJ 和 YBADJ 四个命令行的内容如下：

```
SO BUILDHGT STACK1   50.00   50.00   50.00   50.00   50.00   50.00
SO BUILDHGT STACK1   50.00   50.00   50.00   50.00   50.00   50.00
SO BUILDHGT STACK1   50.00   50.00   50.00   50.00   50.00   50.00
SO BUILDHGT STACK1   50.00   50.00   50.00   50.00   50.00   50.00
SO BUILDHGT STACK1   50.00   50.00   50.00   50.00   50.00   50.00
SO BUILDHGT STACK1   50.00   50.00   50.00   50.00   50.00   50.00
SO BUILDWID STACK1   62.26   72.64   80.80   86.51   89.59   89.95
SO BUILDWID STACK1   87.58   82.54   75.00   82.54   87.58   89.95
SO BUILDWID STACK1   89.59   86.51   80.80   72.64   62.26   50.00
SO BUILDWID STACK1   62.26   72.64   80.80   86.51   89.59   89.95
SO BUILDWID STACK1   87.58   82.54   75.00   82.54   87.58   89.95
SO BUILDWID STACK1   89.59   86.51   80.80   72.64   62.26   50.00
SO BUILDLEN STACK1   82.54   87.58   89.95   89.59   86.51   80.80
SO BUILDLEN STACK1   72.64   62.26   50.00   62.26   72.64   80.80
SO BUILDLEN STACK1   86.51   89.59   89.95   87.58   82.54   75.00
SO BUILDLEN STACK1   82.54   87.58   89.95   89.59   86.51   80.80
SO BUILDLEN STACK1   72.64   62.26   50.00   62.26   72.64   80.80
SO BUILDLEN STACK1   86.51   89.59   89.95   87.58   82.54   75.00
SO XBADJ      STACK1 –47.35 –55.76 –62.48 –67.29 –70.07 –70.71
SO XBADJ      STACK1 –69.21 –65.60 –60.00 –65.60 –69.21 –70.71
SO XBADJ      STACK1 –70.07 –67.29 –62.48 –55.76 –47.35 –37.50
SO XBADJ      STACK1 –35.19 –31.82 –27.48 –22.30 –16.44 –10.09
SO XBADJ      STACK1 –3.43    3.34   10.00    3.34   –3.43  –10.09
```

```
SO XBADJ      STACK1 -16.44 -22.30 -27.48 -31.82 -35.19 -37.50
SO YBADJ      STACK1  34.47  32.89  30.31  26.81  22.50  17.50
SO YBADJ      STACK1  11.97   6.08   0.00  -6.08 -11.97 -17.50
SO YBADJ      STACK1 -22.50 -26.81 -30.31 -32.89 -34.47 -35.00
SO YBADJ      STACK1 -34.47 -32.89 -30.31 -26.81 -22.50 -17.50
SO YBADJ      STACK1 -11.97  -6.08   0.00   6.08  11.97  17.50
SO YBADJ      STACK1  22.50  26.81  30.31  32.89  34.47  35.00
```

将以上内容复制并插入 AERMOD 输入流文件的 SO 段中，放在 SO LOCATION 和 SO SRCGRP 这两个命令之间。经过风格整理后，最终 AERMOD 输入流文件如下所示：

```
CO STARTING
   TITLEONE A Simple Example Problem for the AERMOD Model
   MODELOPT CONC FLAT
   AVERTIME 1 24 PERIOD
   POLLUTID SO2
   RUNORNOT RUN
CO FINISHED

SO STARTING
   LOCATION STACK1 POINT 0.0 0.0 0.0
   SRCPARAM STACK1 500.0 65.00 425. 15.0 5.

   BUILDHGT STACK1   36*50.0
   BUILDWID STACK1   62.26   72.64   80.80   86.51   89.59   89.95
            STACK1   87.58   82.54   75.00   82.54   87.58   89.95
            STACK1   89.59   86.51   80.80   72.64   62.26   50.00
            STACK1   62.26   72.64   80.80   86.51   89.59   89.95
            STACK1   87.58   82.54   75.00   82.54   87.58   89.95
            STACK1   89.59   86.51   80.80   72.64   62.26   50.00
   BUILDLEN STACK1   82.54   87.58   89.95   89.59   86.51   80.80
            STACK1   72.64   62.26   50.00   62.26   72.64   80.80
            STACK1   86.51   89.59   89.95   87.58   82.54   75.00
```

```
          STACK1  82.54  87.58  89.95  89.59  86.51  80.80
          STACK1  72.64  62.26  50.00  62.26  72.64  80.80
          STACK1  86.51  89.59  89.95  87.58  82.54  75.00
   XBADJ STACK1 –47.35 –55.76 –62.48 –67.29 –70.07 –70.71
          STACK1 –69.21 –65.60 –60.00 –65.60 –69.21 –70.71
          STACK1 –70.07 –67.29 –62.48 –55.76 –47.35 –37.50
          STACK1 –35.19 –31.82 –27.48 –22.30 –16.44 –10.09
          STACK1  –3.43   3.34  10.00   3.34  –3.43 –10.09
          STACK1 –16.44 –22.30 –27.48 –31.82 –35.19 –37.50
   YBADJ STACK1  34.47  32.89  30.31  26.81  22.50  17.50
          STACK1  11.97   6.08   0.00  –6.08 –11.97 –17.50
          STACK1 –22.50 –26.81 –30.31 –32.89 –34.47 –35.00
          STACK1 –34.47 –32.89 –30.31 –26.81 –22.50 –17.50
          STACK1 –11.97  –6.08   0.00   6.08  11.97  17.50
          STACK1  22.50  26.81  30.31  32.89  34.47  35.00

   SRCGROUP ALL
SO FINISHED

RE STARTING
   GRIDPOLR POL1 STA
   GRIDPOLR POL1 ORIG STACK1
   GRIDPOLR POL1 DIST 175. 350. 500. 1000.
   GRIDPOLR POL1 GDIR 36 10 10
   GRIDPOLR POL1 END
RE FINISHED

ME STARTING
   SURFFILE AERMET2.SFC
   PROFFILE AERMET2.PFL
   SURFDATA 14735 1988 ALBANY，NY
   UAIRDATA 14735 1988 ALBANY，NY
   PROBATE 0.0 METERS
```

```
ME FINISHED

OU STARTING
   RECTABLE ALIVE FIRST-SECOND
   MAXTABLE ALIVE 50
OU FINISHED
```

对上述下洗参数作一点说明。模型使用风向相关的建筑物尺寸来定义下洗计算的污染源，对每个源要分别输入 36 个建筑物的高和宽，每个值代表 10°的扇形区域。输入从 10°风向（以风吹走的方向计）开始，顺时针旋转到 360°。由于单行写不下 36 个数值，因此命令和源 ID 都可按需要重复多行。本例中每行有 6 个数，因此重复了 6 行，当然也可以用更多或更少行数来输入，只要将 36 个数在新的命令前输入完毕。因各方向的建筑物高度都相同（这种情况相当普遍，但对于宽度来说则不太会出现，除非圆形建筑），这时可用简便方法来定义。上例中用“BUILDHGT STACK1　36*50.0”的方法来定义其高度为 36 个方位均为 50 m，模型将它解释为“36 个重复值，每个为 50.0”。

（2）修改模型选项

依照进行分析的类型，用户需要修改模型选项再重新运行程序。因为模型选项相关的命令及二级命令都是采用描述性语言，很容易修改，一般也无须查看用户手册。相关命令详见下一节。

（3）增加或修改源或源组

修改一个输入文件以增加一个源或源组，或将一个源添加到一个源组，都可直接在文件上操作。无须去指定运行中源的总个数，因为添加了源时它是会被改变的。对源组的个数，每个组中源的个数亦然。同样，修改一个源组以删除一个源，也只需删去相应的行就行了，不需要改变其他参数。

删除一个源或源组的另一种方法是将“**”放到这些行的第 1 列、第 2 列中，将其变成注释行。这在前面说过，它的优点是这些数据还保存在文件中可供需要时使用。

（4）增加或修改一个预测网格

与源的操作一样，添加或修改预测网格内容也很方便。原来需要几次修改才能进行诸如添加一个极坐标网格的径向距离的任务，只需在相应的行的位置添加这个新的距离数值即可。程序会检查用户是否输入了超过允许数量的预测点，如果是会给出相应的提示。

（5）修改输出选项

修改输出选项时许多方面与前面说的类似。此外，输出选项的结构允许用户只对某一个平均时间进行详细选项设置，对其他平均时间时只需将这些内容复制一次，只改变其平均时间参数就可以了。另一个用于定义输出表格的重要的快捷方法是，采用二级命令 ALLAVE 以指定全部计算的平均时间都要输出。采用这种方法，如果运行中增加或删除了一个平均时间，也无须改变输出选项。

5.6.3 AERMOD 命令详细说明

本章内容总体上按流文件的功能段来组织，即命令以输入流文件的六个功能段来分组。除非有特别说明，每一模块中命令的顺序没有特别的要求。但是，某些命令为专门的计算选项服务，对这些命令，按选项功能进行组织，比如 CO 模块中与沉降相关的命令、与 NO_2 化学反应相关的参数，就不放在 CO 模块中描述，而是放在专门的选项功能章节中。

下文对语法的描述采用一些惯例。语法说明中，大写并有下划线的为二级命令，在一级命令后输入。其他参数采用描述性语言以传达参数代表的意义，采用首字母为大写的方式。许多参数的名称与程序代码中相应变量名称类似。缺省时，当可选参数左边有空格时，对其进行详细说明。

5.6.3.1 CO——控制模块的命令和选项

CO 模块必须是输入流文件的首个模块。控制模块 CO 对模型的总体运行进行控制，包括扩散选项、平均时间选项、地形高程选项和下面讲到的其他选项。CO 中还有一些命令是用于干湿沉降、NO_2 化学反应等专门功能模块中，这些命令将在相关专题中说明，不在此处列出。

（1）标题信息

有两个命令来定义至多两行标题，它们会出现在模型主要输出文件的每一页上。第一个为 TITLEONE，是必选的，而第二个 TITLETWO 是可选的。语法和类型如下：

语法：	CO TITLEONE Title1
	CO TITLETWO Title2
类型：	TITLEONE - 必选，不可重复
	TITLETWO - 可选，不可重复

参数 Title1 和 Title2 为 68 字的字符串，作为单个字符串从第 13～80 列读入。不转换其字母的大小写。如果 TITLETWO 未出现在输入文件中，则输出文件中第二行标题为空白。

（2）扩散选项

扩散选项用 CO 模块中的 MODELOPT 命令控制，其语法、类型和顺序如下：

语法：	CO MODELOPT DFAULT BETA CONC（DEPOS DDEP 和/或 WDEP）AREADPLT FLAT NOSTD NOCHKD NOWARN SCREEN FASTALL FASTAREA SCIM PVMRM（或 OLM）PSDCREDIT
类型：	必选，不可重复
顺序：	必须在 POLLUTID，HALFLIFE 和 DCAYCOEF 之前

常用二级命令如下（它们的顺序和位置不作要求）：

DFAULT　指定法规缺省选项被选上。

CONC　指定计算浓度值（沉降算法未包含在浓度计算中）。

FLAT　指定非缺省的选项——地面为平坦地形。

NOSTD　指定非缺省的选项——不考虑烟囱出口下洗现象。

NOCHKD　指定非缺省的选项——不进行气象数据的时间顺序检查。

NOWARN　指定不在主要输出文件中列出警告消息细节（警告消息的个数仍会列出，而警告消息本身仍会保存 CO ERRORFIL 所定义的错误消息文件中）。

WARNCHKD　指定在遇到气象数据文件中有无序的日期时，只给出警告，而不中止运行。WARNCHKD 可用在法规缺省选项下，但只可用于待处理气象文件中的不连续是已明确存档并证实过的。

FASTALL　指定非缺省的选项——对全部源进行速度优化。

FASTAREA　指定非缺省的选项——只对面源进行速度优化。

SCREEN　指定非缺省的选项——采用筛选模式运行 AERMOD。

SCIM　长期气象取样模式——仅用于 ANNUAL 平均选项，以用户定义的间隔来取样气象数据以减少计算所需时间；SCIM 取样参数应在 ME 模块中定义。

AERMOD 中的法规缺省选项包括采用烟囱出口下洗，考虑地形影响，包括静风和数据丢失处理子程序，还强制使用 4 h 半衰期模拟 SO_2 在城市中扩散，并且不允许在其他情况下采用指数衰减选项。另外，若采用法规缺省，城市粗糙率长度（CO URBANOPT）必须为 1 m。如果不是 1 m，则自动作为非法规应用。

AERMOD 中内含的数据丢失处理程序允许模型在计算短期平均时处理丢失的气象数据。模型处理丢失气象数据的方法与处理静风气象一样，即将该小时的浓度设为 0，然后依照 EPA 的短期原则来计算短期平均浓度。为标志短期平均，对静风气象和丢失气象分别追踪。包括一个静风小时的平均标为“c”，而包含有丢失小时的标为“m”，同时包含两者的标为“b”。如果丢失气象小时数超过了模型计算总小时数的 10%，一个警告消息写入主要输出文件中。

AERMOD 的筛选模式，是用 MODELOPT 行的 SCREEN 二级命令来设置的，它将使模型只计算烟羽轴线上代表点的数值，而忽略污染源与预测点其他风向关系。这个选项包含在 AERMOD 中，使用户能用筛选模型来估算最不利的情况。因筛选模型设计为使用一个代表各种气象状况的非顺序气象数据文件，因此 SCREEN 选项也同时强制采用 NOCHKD 选项被选上，即便在 MODELOPT 中并没有包含 NOCHKD。SCREEN 选项同时还将平均时间选项 AVERTIME 限制为只允许 1 h 平均值。

FASTALL 命令，对点源和体源进行速度优化，它内含了 FASTAREA，所以也对面源进行了速度优化。而只对面源进行速度优化则使用 FASTAREA。这两个选项，只可选其一，作为非法规缺省选项。面源积分程序将进行优化以减少运行时间。优化方法为综合运用 Romberg 数值积分、两点高斯数值积分和虚拟点源（对相对较远位置点）三种层次的算法。在法规缺省模式中，对全部点均用 Romberg 数值积分法。计算速度上可能快好几倍，但上风向浓度将不再计算。

长期气象取样输入模型（SCIM）的选项，为非法规缺省选项，因此在 MODELOPT 中不应有 DFAULT 命令，否则 DFAULT 选项将使本选项及与之相关的内容失效。SCIM 选项只能与 ANNUAL 平均选项一起使用，主要用于多年模拟。SCIM 选项是采用用户设定一个气象数据的取样间隔来估算长期（如年平均 ANNUAL）平均影响。研究表明，应用 SCIM 选项所引起的结果不确定性，对于面源要比点源低。

若采用常规取样方法，小时浓度采用各取样小时的通常算法。年均浓度简单地采用取样小时的累积浓度除以取样小时数（算术平均），即有

$$C = \sum C_s / N_s \tag{5-1}$$

式中，C——平均浓度；

$\sum C_s$——取样小时的累积值；

N_s——取样的小时数。

为使用 SCIM 选项，应在 CO MODELOPT 行中包括 SCIM，并在 ME SCIMBYHR 中定义 SCIM 取样参数。这样，只规律地采取一部分气象小时进行计算，以减少运算量。

其余二级命令描述如下：

BETA　非缺省选项，允许暂行的“Beta”选项被使用；当前包括 PSDCREDIT 选项和加盖与水平排气烟囱选项；

DEPOS　指定计算总沉积率（包括干沉和湿沉）（非缺省的 TOXICS 要设定）；

DDEP　指定计算干沉积率（非缺省的 TOXICS 要设定）；

WDEP　指定计算湿沉积率（非缺省的 TOXICS 要设定）；

AREADPLT 指定面源计算考虑干去除损耗（非缺省的 TOXICS 要设定）；

PVMRM 指定非缺省的 NO_2 转换用烟羽体积摩尔率方法（PVMRM）；

OLM 指定非缺省的 NO_2 转换用臭氧限制方法（OLM）；

PSDCREDIT 指定一个 BETA 选项——在应用 PVMRM 选项时考虑 PSD 延缓导致的额外消耗（计算 NO_2 浓度增量时考虑新增源、现有源、退出源之间的反应）。

在一次运行中，可以生成任何一个或全部输出类型（CONC、DEPOS、DDEP 和/或 WDEP）。在 MODELOPT 中这些类型的顺序不会影响输出文件中其顺序——在输出文件中，总是按 CONC、DEPOS、DDEP、WDEP 的顺序。

从 04300 版开始，若考虑干湿沉时，在计算浓度或沉降通量时将自动纳入干、湿去除（损耗）机理（早期版用 DRYDPLT 和 WETDPLT 选项）。注意到，即便不计算沉降通量值，在计算浓度值过程中也考虑了干湿沉的影响。不过，为使计算浓度时能考虑干湿沉去除，需要满足如“沉降算法的输入和选项”中所述的额外参数。

为模拟 NO_2 转换的 PVMRM 和 OLM 选项为非缺省选项。两者只能选其一。两者都要求在 CO POLLUTID 命令的污染物 ID 定义为“NO_2”。

（3）平均时间选项

AERMOD 的平均时间用 AVERTIME 来设定，其语法和类型如下：

语法：	CO AVERTIME Time1 Time2 Time3 Time4 MONTH PERIOD
类型：	必选，不可重复

参数 Time1～Time4 为指用户定义的短期平均时间，可为 1 h、2 h、3 h、4 h、6 h、8 h、12 h 或 24 h。二级命令 MONTH 指逐月平均（对日历月），二级命令 PERIOD 指全部气象数据的平均。对于某次运行，可以选择以上全部短期平均时间，只要总的内存需求不超过计算机内存容量。因月均值也当作短期平均值，用户可在 OU 输出模块中选择合适的输出选项，比如各点的第二最大值。

PERIOD 命令的顺序位置是不重要的。短期平均时间（包括 MONTH）的顺序也是不重要的，尽管它们的顺序决定了主要输出文件中各平均时间计算结果表格的出现顺序。通常建议短期平均时间以时间增长的顺序排列，除非有明确的其他要求。

（4）城市模拟选项

AERMOD 模型允许用户考虑稳定大气时城市地面热增加对污染物扩散的影响。用户用 CO 模块的 URBANOPT 来定义城市参数输入，然后再用 SO 模块的 URBANSRC 来定义受城市效应影响的污染源。允许在同一运行中定义多个城市区域。这个选项可应用于预测范围很大，包含多个可识别的城区，且它们的分界足够宽到需要分别处理城市边界层的影响。使用了这个选项，就不必对这种情况进行后处理了。URBANOPT 的语法和类型如下：

语法：	多城区情况：CO URBANOPT UrbanID UrbPop（UrbName）（UrbRoughness） 单城区情况：CO URBANOPT UrbPop（UrbName）（UrbRoughness）
类型：	可选，对多城区可重复

这里 UrbanID 为用户定义的城区的 ID（用于多个城区），UrbPop 定义城区人口，可选的 UrbName 参数定义城区名称，可选的 UrbRoughness 定义其粗糙度长度（缺省为 1.0 m）。注意如果要定义 UrbRoughness 则 UrbName 必须也要输入。当定义一个非缺省的粗糙度长度时要注意，要有明确的存档，才能进行调整。

注意，用 SO 模块的 URBANSRC 定义城市影响源时，也要与此命令采用匹配的格式，即此处用多城区格式则 URBANSRC 也要用多城区格式，此处用单城区格式则 URBANSRC 也要用单城区格式。

（5）污染物类型

用 POLLUTID 定义污染物类型。其语法、类型如下：

语法：	CO POLLUTID Pollut
类型：	必选，不可重复

Pollut 参数为污染物名称，最多可为 8 个字符。比如 SO_2、NO_x、CO、PM_{10} 和 OTHER。选择某些内定的名称才能进行某些特定的计算，比如 NO_2 时才能考虑化学反应，选择为 PM_{10}（或 PM_{-10}）或 $PM_{2.5}$（或 $PM_{-2.5}$）时，将采用符合美国 NAAQS 标准的统计方法的要求（如 PM_{10}，则计算多年平均时生成的五年的高值到第六大值）。其他选择对当前的计算结果没有影响。在我国，一般采用 OTHER。只有 NO_2 和 SO_2 时，采用内定的 SO_2 和 NO_2。

（6）考虑指数衰减

模型提供选项可对模拟的污染物考虑指数衰减。两个命令用于此功能，HALFLIFE 和 DCAYCOEF。语法、类型和顺序如下：

语法：	CO HALFLIFE Halflif CO DCAYCOEF Decay
类型：	可选，不可重复

Halflif 用于定义指数衰减的半衰期，单位为秒，Decay 参数用于定义衰减系数，单位为 s^{-1}。两者的关系式：DECAY=0.693/HAFLIF。在一个运行中只能定义其中一个参数，如果两个都定义了，程序给出一个非致命性错误消息并自动采用第一个定义参数。

（7）非地面点离地高度选项

FLAGPOLE 命令用于设定允许输入预测点的离地高度（预测点不是在地面上），同时也可直接定义所有点的缺省离地高度。其语法和类型如下：

语法：	CO FLAGPOLE（Flagdf）
类型：	可选，不可重复

其中 Flagdf 为一可选参数，用于定义一个缺省的离地高度。如果未定义，则认为缺省值为 0.0 m。在 RE 模块输入的预测点离地高度将覆盖这里的定义值，但如果在 CO 模块中未设定 FLAGPOLE 命令，则 RE 中的输入将被忽略，并给出一个警告性的消息。

（8）是否要运行计算

因 AERMOD 增强的错误处理功能以及引入了“自卫程序”，模型可以通读整个输入流文件，而不是一遇到错误或警告就停下来。如果这个过程遇到致命错误，则模型下一步的计算功能将停止。否则模型继续运行。因模型有大量的选项，对于一个需要巨大运算的任务，如果输入不正确的数据，则可能经过长时间计算后得不到所要的结果。因此，模型引入了 RUNORNOT 命令，允许用户决定是用 RUN 直接进入计算过程，还是用 NOT 来仅仅读入输入流文件以生成一个模型建立的摘要文件。RUNORNOT 语法和类型如下：

语法：	CO RUNORNOT RUN 或 NOT
类型：	必选，不可重复

（9）为 EVENT 过程生成一个输入文件

AERMOD 模型在 CO 模块包含 EVENTFIL 命令来控制是否生成 EVENT 过程的输入文件。EVENTFIL 语法：

语法：	CO EVENTFIL（Evfile）（Evopt）
类型：	可选，不可重复

可选的 Evfile 参数定义生成的 EVENT 输入文件的名称，缺省为 EVENTS.INP。可选参数 Evopt 定义 EVENT 输出文件详细程度的等级，Evopt 可用的参数为 SOCONT 和

DETAIL，缺省为 DETAIL。若只定义了一个参数，则作为 Evfile，而 Evopt 取缺省值。

AERMOD 和 EVENT 过程两者的主要区别体现在对源组贡献的处理上。AERMOD 独立处理各源组，EVENT 过程则设计为为某个特定方案（event）提供源贡献，这些方案包括如 AERMOD 定义的预设浓度，或其他用户定义的事件数据。用户可用 EV 模块来定义“事件”以供处理，定义内容包括预测点位置、源组和平均时间三者的组合。采用 EVENTFIL 命令，可直接使用一个输入流文件来进行 EVENT 处理。在 EVENT 处理输入文件中包含的 EVENT 内容，有用 RECTABLE 命令定义的预设浓度和 OU 中用 MAXIFILE 定义的浓度限值。

（10）模型热启动能力

AERMOD 提供一种可选的重启能力，可将计算过程中将数据保存到一个文件中，以便在停电或用户中断后，从该时间开始重新计算。这个“热启动”（不是重新从头开始计算）功能用 SAVEFILE 和 INITFILE 两个参数控制，语法如下：

语法：	CO SAVEFILE（Savfil）（Dayinc）（Savfl2）
	CO INITFILE （Inifil）
类型：	可选，不可重复

SAVEFILE 命令模型将中间结果保存到一个文件，同时设置保存选项。本命令的三个参数均为可选参数。若只定义了 Savfil 一个参数，则每次运算中间结果均保存在这个文件中（会进行覆盖）。若定义了 Savfil 和 Savfl2 两个参数，则模型轮流用这两个文件来保存中间结果，这时要求有能保存两个中间结果文件的硬盘空间。不过，设定两个文件的好处是可以防止这种情况：如果恰好在这个临时文件打开并写入中间结果时，断电或中断发生，则这个临时文件可能会丢失。

可选的 Dayinc 参数允许用户定义保存中间结果的间隔天数。缺省时在每天的最后时间保存数据，因此 Dayinc=1。对于大规模计算，常常用到 SAVEFILE 选项，因为用于保存所耗的运算时间相较于总的计算时间是很小的。为提高效率，一般情况下建议设为 5 天。

如果 SAVEFILE 中未设定任何参数，则模型保存每天最后小时数据到 TMP.FIL 文件中。

INITFILE 与 SAVEFILE 一起起作用，引导模型初始化前次保存文件中的结果数组。可选参数 Inifil，指定用来初始化模型的中间结果文件名称。若未定义 Inifil 参数，则自动采用 TMP.FIL。若文件不存在或打开文件中遇到其他错误，则产生一个致命错误并停止运行。

注意：如果在一个运行中同时使用了 SAVEFILE 和 INITFILE，则对 Savfil 和 Inifil 应定义不同的文件名，否则模型打开文件时会发生错误，并停止运行。

（11）调试输出选项

CO 模块的 DEBUGOPT 允许用户设置中间计算结果的详细数据文件用于调试目的。DEBUGOPT 的语法如下：

语法：	CO DEBUGOPT MODEL（Dbgfil）and/or METEOR（Dbmfil）
类型：	可选，不可重复

这里 MODEL 和 METEOR 定义要提供的调试信息的类型，Dbgfil 和 Dbmfil 定义详细消息文件的名称。这个选项允许两种类型的调试输出文件。MODEL 类型指定的是与每个源和预测点的模型结果相关的中间计算参数，如扩散参数，烟羽高度等的输出。而 METEOR 指定输出每个小时的各层高度的廓线气象变量。使用 DEBUGOPT 要特别小心：可能会产生非常大的文件！建议在只有单个源，只有短期几天的气象的情况下使用。METEOR 数据从 MODEL 信息中保存到独立的文件中。两种类型的输出文件名称均是可选的，若要提供需紧跟在相应的命令之后。若未定义时的缺省文件名为 MODEL.DBG 和 METEOR.DBG，如果这些文件已存在，模型将不提示就覆盖。

（12）详细错误文件

CO 模块的 ERRORFIL 允许用户设置一个保存模型全部消息的详细文件，包括在主要输出文件中列出摘要的错误和警告消息以及任何告示性消息（如遇到静风等），以及质量保证消息。语法：

语法：	CO ERRORFIL（Errfil）
类型：	可选，不可重复

这里 Errfil 为详细消息文件的名称，若未输入，则采用缺省名称 ERRORS.LST。注意，如果多个源和长期气象，且气象质量方面的原因（如多静风），这个文件可能非常大。

5.6.3.2　SO——污染源模块的输入和选项

SO 模块用于定义模型的污染源信息。当前模型能处理四种类型的污染源，称为点源、体源、面源（包括矩形、多边形和圆形）和线源。还有一些污染源是这四类源的子类型，如点源中还有水平出口源、加盖源，面源中还有露天坑源等。不同的类型输入的参数不同。对于点源，还可定义附近建筑物的形状以考虑它对污染物扩散的空气动力下洗效应。也可定义源组，以计算其叠加影响。

LOCATION 命令定义源的类型和位置，应是每个源定义的第一行。对命令顺序方面的第二个要求是，SRCGROUP 应是 SO FINISHED 前的最后一个命令。用户可以将所有 LOCATION 行放在一起，然后是全部源的参数行，也可以将每个源的全部行放在一起。全部源都由用户给定一个 ID 标识，用来标识该源，这样可将源的参数与某个源或源组相关联。源 ID 可为字母或数字，最多 8 个字符。

（1）定义源的类型和位置

LOCATION 定义源的类型和位置坐标，须位于每个源定义的第一行，因为它定义了源的类型，这样就决定了源所需输入的参数。其语法如下：

语法：	SO LOCATION Srcid Srctyp X_s Y_s（Z_s）
类型：	必选，可重复
顺序：	必须位于每个源输入的第一行

这里 Srcid 为用户定义的字母数字的源 ID（最多 8 个字符），Srctyp 为源类型，是用以下二级关键字之一定义：POINT、VOLUME、AREA、AREAPOLY、AREACIRC、OPENPIT、LINE（ver12345 后提供，LINE 源的 LOCATION 命令格式有所不同，将在下面描述）；而 X_s、Y_s 和 Z_s 为源位置的 x、y、z 坐标，单位为 m。面源都采用同样的积分算法来计算，只不过在定义面源形状时有不同的选项。AREA 面源用于定义矩形面源，但可以任意旋转；AREAPOLY 面源用于定义不规则形状的多边形面源；AREACIRC 面源用于圆形面源（内部采用等效多边形面源来模拟）。注意源基座高程 Z_s 是一个可选参数，如果采用缺省的考虑地形高程的选项且此参数未输入，则会产生一个警告消息并将此值赋为 0.0。如果选择了非缺省的 FLAT 选项，则此值不被使用。对 POINT、VOLUME 和 AREACIRC，x 坐标（东西向坐标）和 y 坐标（北南向坐标）为源的中心处坐标，而对 AREA、AREAPOLY、LINE，则为各顶点坐标。源坐标也可用全球墨卡托（UTM）坐标，或者采用用户自定义原点的坐标。

加盖和水平出口的点源：可考虑加盖和水平出口的烟囱类型，作为 POINT 的子类型。这种情况下，内部将烟气出口流速设为极小（0.001 m/s）以减少烟羽的垂直动量，采用一个有效烟囱内径保持其实际烟气流量，提供更实际的烟羽抬升估算。因为是 BETA 选项，需预先在 CO MODELOPT 中设置 BETA 选项。新的源类型：POINTCAP 为加盖源，POINTHOR 为水平源。但其实际烟囱参数（高度、温度、出口速度和内径）与 POINT 一样。AERMOD 模型内部进行必要的调整以考虑烟羽抬升和出口下洗。对于水平源，当前模型假定释放方向与风向一致。对于建筑物下洗源，用户输入的水平释放源的出口速度作为下风向（风吹走方向）初始水平动量。

对线源：AERMOD 在 ver12345 前的版本中，对线源不能直接输入，而是要由用户划分成一串体源、一个或多个长条面源来模拟：体源算法常用于有初始高度的线源，如传送带和铁路。长条形矩形面源算法常用于近地面线源，如高架桥、高架路。但新版本增加了 LINE 类型源，直接将线源两端点输入即可，内部作为长条形的面源模拟。

LOCATION 中输入的源 ID 用以标识源，以便在 SO 模块的其他位置对它进行操作，接受最多 8 个字符。ID 可用描述性语言，如 STACK1、STACK2、BOILER3、SLAGPILE 等。例如，对于同一条线源的多段（由于弯曲，用多段直线段源代表一条线源），可用 LINE1A、LINE1B、LINE1C 等名字，表明它们都是同一条线源的一段。

（2）定义排放参数

主要源参数在 SRCPARAM 中输入，它是一个必选的命令，但因不同类型的源输入的参数是不同的，下面分开讨论各种源的处理方法。

①点源输入　POINT（POINTCAP\POINTHOR）源算法用于模拟从烟囱和孤立排气孔，以及其他类型源的释放。SRCPARAM 命令语法如下：

语法：	SO SRCPARAM Srcid Ptemis Stkhgt Stktmp Stkvel Stkdia
类型：	必选，可重复
顺序：	必须位于每个源输入的 LOCATION 行之后

这里 Srcid 为 LOCATION 中输入的源 ID，其他参数解释如下所述。

Ptemis——点源污染物释放率，g/s；

Stkhgt——释放离地高度，m；

Stktmp——释放烟气温度，K；

Stkvel——释放烟气速度，m/s；

Stkdia——释放口内径，m。

一个有效的点源 SRCPARAM 输入行如下：

```
SO SRCPARAM STACK1 16.71 35.0 444.0 22.7 2.74
```

这里 STACK1 为源的 ID，污染物释放率为 16.71 g/s，高度 35.0 m，温度 444.0K，烟气速度 22.7 m/s，出口内径 2.74 m。所有参数都必须输入。

如果烟气释放温度输入了 0.0 K，AERMOD 将释放温度调整为等于每小时的环境空气温度。这样允许模拟以环境空气温度释放的烟气。如果烟气温度超过环境气温一个固定值，则可以输入这个固定值的负值，模型会将每小时的环境气温加上这个负值的绝对值后作为烟气温度来计算烟气浮力通量。AERMOD 不能模拟释放烟气温度低于环境气温的排放，这种排放应用重气体模型来计算。

对受建筑物下洗影响的源，要求输入各个方向的建筑物尺寸参数。建筑物尺寸用 BUILDHGT、BUILDWID、BUILDLEN、XBADJ 和 YBADJ 输入。

②体源输入　AERMOD 体源算法用于模拟各种工业释放，如建筑物屋顶观察孔、多重通气孔、传送带。对于公路隧道的水平出口处的汽车尾气，也常虚拟为体源来考虑，体源的宽度可取隧道的宽度，体源高度可取隧道的高度，体源长度可取 10～15 m，排放强度为整个隧道长度内的尾气中从本出口流出的部分（一般两头出口各取一半，亦可结合隧道内导流扇的位置、方位、两出口的高程差等情况综合估算）。

对体源的 SRCPARAM 语法如下：

语法：	SO SRCPARAM Srcid Vlemis Relhgt Syinit Szinit
类型：	必选，可重复
顺序：	必须位于每个源输入的 LOCATION 行之后

这里 Srcid 为 LOCATION 中输入的源 ID，其他参数解释如下所述。

Vlemis——体源污染物释放率，g/s；

Relhgt——释放离地高度（体源中心处），m；

Syinit——体源初始水平宽，m；

Szinit——体源初始垂直高，m。

表 5-5 概述了各种类型的体源和线源估算初始水平和垂直尺寸的推荐步骤。

表 5-5　各种类型的体源和线源估算方法

源类型	估算方法
（a）初始水平宽度σ_{yo}	
单个体源	=体源边长/4.3
用相邻体源代表的线源	=体源边长/2.15
用间断体源代表的线源	=两相邻体源中心距离/2.15
（b）初始垂直高度σ_{zo}	
地面源（h_e～0）	=体源垂直向高/2.15
在建筑物上或邻近建筑物的高地源（h_e>0）	=建筑物高/2.15
孤立的高地源（h_e>0）	=体源垂直向高/4.3

③面源输入　AERMOD 面源算法用于模拟低矮或地面上的无烟羽抬升的释放（如堆场、废渣倾倒场、垃圾场等）。AERMOD 采用数值积分来计算来自面源的影响。若设置

了 TOXICS 选项，则会对面源积分程序进行优化以减少运算时间，方法：综合运用三层方法，Romberg 数值积分，2 点高斯积分法数值积分，以及离源远距离处的点源虚拟法。在法规缺省中对所有点采用 Romberg 数值积分。

AERMOD 用三种类型定义面源的形状：AREA 面源定义矩形面源，可以有一定转角；AREAPOLY 面源定义不规则多边形面源，最多可达 20 条边；AREACIRC 面源定义圆形面源（作为有 20 条边的多边形源处理）。这三种源的参数输入方法在下面分别说明。

④AREA 类型的面源　矩形面源的旋转角参照点，采用 SO LOCATION 中定义源坐标的点（西南角点）。AREA 面源的 SRCPARAM 语法如下：

语法：	SO SRCPARAM Srcid Aremis Relhgt Xinit（Yinit）（Angle）（Szinit）
类型：	必选，可重复
顺序：	必须位于每个源输入的 LOCATION 行之后

其中 Srcid 为 LOCATION 中输入的源的 ID，其他参数说明如下所述。

Aremis——面源单位面源释放率，g/（s·m^2）；

Relhgt——释放离地面高度，m；

Xinit——面源 *X* 向长度（若转角 Angle 为 0 时指东西向），m，可选；

Yinit——面源 *Y* 向长度（若转角 Angle 为 0 时指南北向），m，可选；

Angle——矩形与北方的旋转角，(°)。顺时针方向为正。可选；

Szinit——面源烟羽的初始垂向高度，m，可选。

要注意到面源的排放率是单位面积（m^2）的排放率，与点源和体源的总排放率是不同的。

若可选的 Yinit 参数未输入，模型认为面源为方形，即 Yinit=Xinit。如果可选的转角参数未输入，模型认为面源转角为 0°；若输入非零的转角，则模型以 SO LOCATION 中定义的源坐标点顺时针旋转面源给定的角度。图 5-6 显示了一个旋转的矩形源的 Xinit、Yinit 和旋转角 Angle，以及源位置坐标（X_s，Y_s）的关系。Xinit 长度为从坐标定义顶点（X_s，Y_s）处沿源外边的反时针的一边，而 Yinit 则为顺时针的一边。Angle 参数则用 Yinit 边相对北方的转角表示。转角可以是正值（对顺时针旋转）或负值（对逆时针旋转），如果其绝对值大于 180°时会给出警告消息。至于选择哪一个顶点作为源的坐标点（在 SO LOCATION 中定义）则没有关系，只要上面所说的 Xinit、Yinit 和 Angle 参数之间的关系是正确的就行。

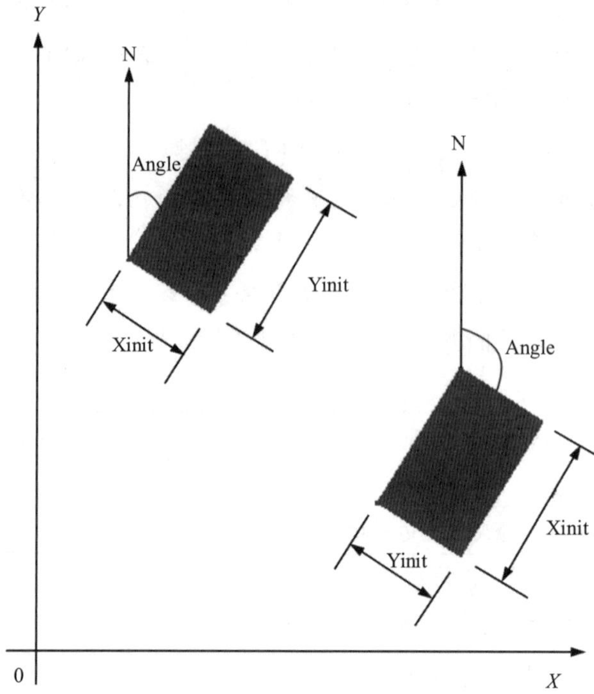

图 5-6　旋转的矩形源

面源的长宽比（长度/宽度）一般应为 1～10，如果超出这个范围，则模型会产生一个警告消息，用户应将其划分成几个小面源以符合这个要求。

可选的 Szinit 参数可用于定义一个面源烟羽的初始高度，与体源的 Szinit 用法相似。当面源算法用于模拟机械性排放源如汽车尾气时，这个参数是很有用的。这种情况下，排放气体将在源的附近被搅动混合，由此形成一个初始混合高度。对于被动性的面源排放，比如蒸发或风蚀，Szinit 则可忽略，因为这种情况相当于使用一个为 0 的初始σ_z。

一个有效的矩形面源的 SRCPARAM 输入行如下：

```
SO SRCPARAM SLAGPILE 0.0015 5.0 50.0 100.0 30.0
```

这里 SLAGPILE 为源的 ID，污染物释放率为 0.001 5 g/（s·m^2），释放高度 5.0 m，X方向长度 50.0 m，Y方向宽度 100.0 m，转角 30.0°（从正北起顺时针转）。

因用数值积分算法可处理长宽比大于 10 的长条形面源，AERMOD 面源算法也可用于模拟某些类型的线源。在 AERMOD 模型中，对预测点相对于源的位置方面没有限制，可位于面源内部也可位于面源边线上，AERMOD 将对预测点上风向的那部分面源进行积分。然而，因模型并不对预测点上风向 1.0 m 内的面积进行积分，对于宽度只有几米的面源当预测点位于面源内或边界附近时，要十分小心。

⑤AREAPOLY 类型的面源　AREAPOLY 面源可用于定义任意形状的多边形面源。这种类型的面源定义给用户以很大的灵活性。用于 AREAPOLY 的 SRCPARAM 的语法如下：

语法：	SO SRCPARAM Srcid Aremis Relhgt Nverts（Szinit）
类型：	必选，可重复
顺序：	必须位于每个源输入的 LOCATION 行之后

其中 Srcid 为 LOCATION 中输入的源的 ID，其他参数说明如下所述。

Aremis——面源单位面源释放率，g/（s·m^2）；

Relhgt——释放离地面高度，m；

Nverts——多边形面源的顶点数；

Szinit——面源烟羽的初始垂向高度，m，可选。

这里排放率与 AREA 面源一样也是单位面积的排放率，这与点源和体源不同。顶点数要大于 3。各顶点的坐标可用 AREAVERT 来定义，只可用于 AREAPOLY 面源，其语法如下：

语法：	SO AREAVERT Srcid Xv（1）Yv（1）Xv（2）Yv（2）……Xv（i）Yv（i）
类型：	对 AREAPOLY 源为必选，可重复
顺序：	必须位于每个源输入的 LOCATION 行之后

这里 Xv（i）和 Yv（i）为面源各顶点的坐标，共有 Nverts 对坐标数据，Nverts 为面源的顶点数。第一个顶点，Xv（1）和 Yv（1）应与 LOCATION 行定义的 X_s 和 Y_s 相等，余下的顶点可从该点开始，用顺时针或逆时针的顺序输入。

⑥AREACIRC 类型的面源　AREACIRC 类型面源可用于定义圆形的面源。模型将自动生成一个规则的 20 边形来近似这个圆形面源。这外多边形与圆的面积相等。用于 AREACIRC 的 SRCPARAM 命令语法如下：

语法：	SO SRCPARAM Srcid Aremis Relhgt Radius（Nverts）（Szinit）
类型：	必选，可重复
顺序：	必须位于每个源输入的 LOCATION 行之后

其中 Srcid 为 LOCATION 中输入的源的 ID，其他参数说明如下所述。

Aremis——面源单位面源释放率，g/（s·m^2）；

Relhgt——释放离地面高度，m；

Radius——圆形面源的半径，m；

Nverts——用于近似圆形面源的多边形的顶点数（可选，缺省为 20）；

Szinit——面源烟羽的初始垂向高度，m，可选。

这里排放率与 AREA 面源一样也是单位面积的排放率，这与点源和体源不同。

⑦露天坑污染源输入　露天坑污染源类型为 OPENPIT。可用于模拟露天坑（如露天煤矿、采石场）的排放源。露天坑算法根据气象条件采用一个等效面源来模拟其排放，然后采用面源的数值积分算法计算其扩散。

AERMOD 可接受相对北方有转角的露天坑源。转角的定义相较于 SO LOCATION 中定义污染源位置的那个顶点（西南角）来定义的。OPENPIT 源的 SRCPARAM 的语法：

语法：	SO SRCPARAM Srcid Opemis Relhgt Xinit Yinit Pitvol（Angle）
类型：	可选，可重复
顺序：	必须跟在每个源输入 LOCATION 行后面

这里 Srcid 参数为 LOCATION 已定义的坑源 ID，其他参数说明如下所述。

Opemis——露天坑排放率，g/（s·m^2）；

Relhgt——离坑底的平均释放高度，m；

Xinit——X 边长度（Angle 为 0 时为东西向），m；

Yinit——Y 边长度（Angle 为 0 时为南北向），m；

Pitvol——露天坑体积，m^3；

Angle——矩形坑相对正北方的转角，以顺时针为正，(°)（可选）。

同样的排放率用于浓度和沉降计算。还要注意露天坑源的排放率为单位面积排放率，与点源和体源不同。Relhgt 不能超过坑的等效深度（是用长度、宽度和体积算出）。Relhgt 为 0.0 表示从坑底的排放。

若输入了非 0 的转角 Angle，则模型将坑源绕 SO LOCATION 中定义的那个顶点顺时针转一个 Angle 度（顺时针为正，绝对值不能大于 180°）。露天坑源的 Xinit、Yinit、Angle 和源位置（X_s，Y_s）的相互关系，与普通矩形面源是一样的。但与矩形面源不同的是，Yinit 不是可选的，为必输参数。

露天坑源的长宽比不能大于 10∶1。但是由于坑源算法生成一个等效面源，其大小、形状和位置是风向的函数，因此露天坑源不能分割成一系列小源。长宽比大于 10∶1 的源将在输出文件中标出警告消息，但计算继续进行。因露天坑源不能分割，因此用户应将不规则坑源抽象成一个等面积的矩形源。预测点不能位于坑界线之内，坑界线内的点的浓度/沉降率都将设为 0。这种坑内的预测点将在模型运行的建立（读入）阶段进行识别，并在输出摘要中注明。

下面为一个露天坑源的 SRCPARAM 输入例子：

```
SO SRCPARAM NORTHPIT 1.15E-4 0.0 150.0 500.0 3.75E+6 30.0
```

这里源 ID 为 NORTHPIT，释放率为 1.15×10^{-4} g/（s·m^2），释放高度为 0.0 m，*X* 方向 150.0 m，*Y* 方向长 500.0 m，体源为 3.75×10^6 m^3（有效坑深度为 50 m），转角为 30°（从正北顺时针）。

OPENPIT 算法如果是用于颗粒物排放的，还必须在 SO 段中定义其粒径分布参数，用 PARTDIAM、MASSFRAX 和 PARTDENS 来定义。

⑧线源类型的污染源　线源类型的污染源（LINE 源），由起点、终点和线宽定义，作为当前 AREA 源中矩形源的补充。LINE 源使用 AREA 源同样的处理程序，对同样输入应产生相同结果。LINE 源也有一个可选的初始化 sigma-z 参数用于考虑源排放的初始稀释。同 AREA 源一样，LINE 源不包括 AERMOD 水平弥散部分。

定义线源的 LOCATION 命令格式有所不同，其语法如下：

语法：	SO LOCATION Srcid LINE Xs1 Ys1 Xs2 Ys2（Zs）
类型：	必选，可重复
顺序：	必须位于每个源输入的第一行

这里 Srcid 为用户定义的字母数字的源 ID（最多 8 个字符），源类型为 LINE。Xs1、Ys1、Xs2、Ys2 定义线源的两个端点。源基座高程 Zs 是一个可选参数。线源的参数输入命令如下：

语法：	SO SRCPARAM Srcid Lnemis Relhgt Width（Szinit）
类型：	必选，可重复
顺序：	必须位于每个源输入的 LOCATION 行之后

其中 Srcid 为 LOCATION 中输入的源的 ID，其他参数说明如下所述。

Lnemis——线源单位面源释放率，g/（s·m^2），与面源一样；

Relhgt——释放离地面高度，m；

Width——线源平均宽度，m;

Szinit——烟羽的初始垂向高度，m，可选。

（3）定义建筑物下洗参数

前面已提到，AERMOD 模型包括建筑物下洗算法，以考虑邻近建筑物对点源影响，但不用于体源或面源。AERMOD 模型对所有建筑物下洗采用与方向有关的参数。

共有五个关键字用于定义建筑物下洗相关参数：BUILDHGT，BUILDWID，BUILDLEN，XBADJ，YBADJ。用于输入各方向建筑物高度的 BUILDHGT 语法如下：

语法：	SO BUILDHGT Srcid（or Srcrng）Dsbh（*i*），*I*=1，36（16 for LT）
类型：	可选，可重复
顺序：	必须位于每个源输入的 LOCATION 行之后

这里 Srcid 为 LOCATION 中输入的源的 ID。也可以定义多个源（Srcrng 参数），对它们同时应用同一组建筑物高度。Srcrng 是一个参数，内部不能有空格，如“STACK1～STACK10”表示从源 1～源 10 共十个源。然后应用到这些源的建筑的高度数据［Dsbh（*i*）]。

当一个源的 ID 与 Srcrng 代表的源 ID 范围进行对比时，模型先将源的 ID 分成三部分：首字母部分，数字部分和余下部分。然后将每一部分与源定义范围的相应部分进行对比，要每一部分都符合定义要求才能包括在定义范围内。如果无数字部分，则 ID 只包含一个字母部分。如果 ID 是以数字开头的，则首字母部分认为是一个空格字符。若无剩余部分，则第三部分也认为是一个空格字符。如果剩余部分包括不止一个字母或数字，也都当作一个字符串。例如，“STACK2”包括首字母部分“STACK”和数字部分“2”，以及一个空字符的剩余部分“ ”。将这三部分与源定义范围“STACK1～STACK10”进行对比，可得出 STACK2 是在这个范围内的。三部分都存在的例子比如“VENT1B”，则在范围“VENT1A～VENT1C”内。但 VENT2 不在“VENT1A～VENT3B”内，因为 VENT2 的第三部分是一个空格，不在 A 和 B 内，因为空格应排在字母前面。通常情况下，源的定义符合用户直觉期望的方式。最重要的是，对于源的 ID 只由数字组成的情况，则源的范围就是由这些数字代表的值的大小决定。强烈建议用户检查输出结果文件中的模型输入摘要部分，以确定源范围是否被正确解释，另外还要避免使用复杂的源名称，如“AA1B2C～AB3A3C”。在 SO 模块中各关键字的顺序很灵活，因此还要注意，建筑物高度数据只会应用到该行之前已定义的污染源中。

在 Srcid 或 Srcrng 参数后面，输入 36 个方位的建筑物高度（Dsbh 参数）单位为 m，从 10°（风吹向与正北呈 10°角的方位）开始，顺序时每一方位增加 10°。下面列出了建筑物高度输入的一些例子：

```
SO BUILDHGT STACK1 34. 34. 34. 34. 34. 34. 34. 34. 34. 34. 34. 34.
SO BUILDHGT STACK1 34. 34. 34. 34. 34. 34. 34. 34. 34. 34. 34. 34.
SO BUILDHGT STACK1 34. 34. 34. 34. 34. 34. 34. 34. 34. 34. 34. 34.

SO BUILDHGT STACK1 36*34.0

SO BUILDHGT STACK1-STACK10 33*34.0 3*0.0
SO BUILDHGT STACK1 35.43 36.45 36.37 35.18 32.92 29.66 25.50 20.56
SO BUILDHGT STACK1 15.00 20.56 25.50 29.66 32.92 35.18 36.37 36.45
SO BUILDHGT STACK1 35.43 33.33 35.43 36.45 0.00 35.18 32.92 29.66
SO BUILDHGT STACK1 25.50 20.56 15.00 20.56 25.50 29.66 32.92 35.18
SO BUILDHGT STACK1 36.37 36.45 35.43 33.33
```

上面的第一个例子演示了用多个重复行来输入大量数据。重复行中也要用到 Srcid 参数，这些数据要按其在输入文件中的顺序被处理。第一个和第二个例子的效果是一样的。第二个例子演示了简化重复输入的方法，“36×34.0”可被模型解释成“将 34.0 值重复 36 次”。这个方法也用于第三个例子，这里建筑物高度从 10°～330°时是一个常数，然后从 340°～360°是 0.0 m（如烟囱可能在下洗影响区之外）。第三个例子还使用了一个源范围，而不是单个源。最后的例子演示了建筑物高随每个风向不同而变化的情况，并说明每一行的数值个数可以不同。为提高输入文件的可读性，用户可能想将数据“分列”，不过对于数据的分布没有特殊的规定。

BUILDWID 命令用于输入方位相关的建筑物下洗宽度，语法与 BUILDHGT 很相近，摘要如下：

语法:	SO BUILDWID Srcid（or Srcrng）Dsbw（*i*），*I*=1，36（16 for LT）
类型:	可选，可重复
顺序:	必须位于每个源输入的 LOCATION 行之后

这些参数的用法与 BUILDHGT 一样，可参见上面的例子。Dsbw（*i*）为 36 个方位的建筑物宽，方位定义也与 BUILDHGT 一样。

BUILDLEN 命令用于输入下洗影响的方位相关的顺风向建筑物长度。图 5-7 显示了建筑物投影与这个长度的关系。此命令用法与 BUILDHGT 很相似，摘要如下：

语法:	SO BUILDLEN Srcid（or Srcrng）DsbL（*i*），*I*=1，36
类型:	可选，可重复
顺序:	必须位于每个源输入的 LOCATION 行之后

这些参数的用法与 BUILDHGT 一样，可参见上面的例子。Dsbw（*i*）为 36 个方位的建筑物宽，方位定义也与 BUILDHGT 一样。

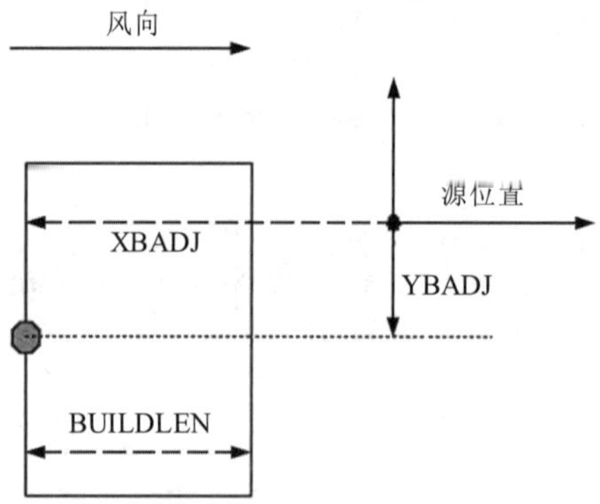

图 5-7　建筑物投影与长度的关系

XBADJ 和 YBADJ 分别用于输入方位相关的从烟囱位置到建筑物迎风面的中心的顺风向和横风向距离（XBADJ 以迎风向为原点，向下风向为负值，如图 5-7 中的源位置其 XBADJ 值为负值）。图 5-7 显示了建筑物投影与这些距离的关系。其语法与 BUILDHGT 非常相似，摘要如下：

语法：	SO XBADJ Srcid（or Srcrng）Xbadj（*i*），*I*=1,36
类型：	可选，可重复
顺序：	必须位于每个源输入的 LOCATION 行之后

语法：	SO YBADJ Srcid（or Srcrng）Ybadj（*i*），*I*=1,36
类型：	可选，可重复
顺序：	必须位于每个源输入的 LOCATION 行之后

Srcid 和 Srcrng 参数的用法与 BUILDHGT 一样，可参见上面的例子。Xbadj（*i*）为 36 个方位的顺风向长度（从烟囱位置到建筑物迎风面的中心位置），而 Ybadj（*i*）为 36 个方位的横风向宽度（从烟囱位置到建筑物迎风面的中心位置）。

（4）定义城市源参数

AERMOD 模型允许用户考虑，在稳定气象条件下时，城区增加的地面热对污染物扩散的影响。用户在 CO URBANOP 行定义城市区域参数，并用 SO URBANSRC 指定哪些源在模拟时要考虑城市热效应。如果某个源未包括在 URBANSRC 行中，它计算时将不考虑城市热效应。URBANSRC 的语法摘要如下：

语法：	多城区情况：SO URBANSRC UrbanID SrcID's 和/或 SrcRng's 单城区情况：SO URBANSRC SrcID's 和/或 SrcRng's
类型：	可选，可重复
顺序：	必须位于每个源输入的 LOCATION 行之后

这里 UrbanID 为用户在 CO URBANOPT 中定义的城区的 ID(用于多个城区)，SrcID′s 和 SrcRng′s 为要考虑城市效应的源 ID 和源范围。在该行中可同时包括单个的源 ID 和源范围。也可以用多个行来定义城市污染源。

（5）使用可变排放率

AERMOD 可对单个源或源组使用排放率变化因子。这个变化因子可以不同的周期变化，如一年的四季、一天中的 24 h 等。EMISFACT 用于定义这些排放率变化因子，语法如下：

语法：	SO EMISFACT Srcid（or Srcrng）Qflag　Qfact（i），i=1,n
类型：	可选，可重复
顺序：	必须位于每个源输入的 LOCATION 行之后

这里 Srcid 参数为已在 LOCATION 中输入的源的 ID。也可用 Srcrng 来定义一个源范围。

参数 Qflag 为变化因子的类型，应为以下类型之一：

SEASON——排放率按季节变化（n=4）；

MONTH——排放率按月份变化（n=12）；

HROFDAY——排放率按小时变化（n=24）；

WSPEED——排放率按风速变化（n=6）；

SEASHR——排放率按季节和小时变化（n=4×24=96）；

SHRDOW——排放率按季节、小时和星期变化（星期内按工作日、周六、周日三种情况考虑，n=4×24×3=288）；

SHRDOW7——排放率按季节、小时和星期内逐天变化（n=4×24×7=672）；

MHRDOW——按月、日中小时和周中的天类型变化（n=12×24×3=864，周中的天按工作日、周六和周日三种类型考虑）；

MHRDOW7——按月、日中小时和周中的天数变化（n=12×24×7=2016）；

HRDOW——一周按工作日、周六、周日，每天按 24 h，共 24×3=72 组数据；

HRDOW7——一周按周一到周日，共七天，每天按 24 h，共 24×7=168 组数据。

Qfact 为变化率数组，其个数见上面的说明。季节用下面的顺序定义：冬季（12 月、

1 月、2 月），春季（3 月、4 月、5 月），夏季（6 月、7 月、8 月）和秋季（9 月、10 月、11 月）。WSPEED 选项所使用的风速分段可用 ME WINDCATS 来定义。若 WINDCATS 未定义，则缺省的风速分段用 5 个上限风速来定义（第六段假设没有上限），这 5 个风速为 1.54 m/s、3.09 m/s、5.14 m/s、8.23 m/s 和 10.8 m/s。EMISFACT 可重复多行以输入全部因子，也可用“重复次数×重复值”的方式输入。下面的例子演示了这里所说的每一个选项，并在各列标题行标出该列数据的输入顺序。

```
**                          WINTER  SPRING  SUMMER  FALL
SO EMISFACT STACK1 SEASON     0.50     0.5    1.00    0.75

**                        JAN FEB MAR APR MAY JUN JUL AUG SEP OCT NOV DEC
SO EMISFACT STACK1 MONTH  0.1 0.2 0.3 0.4 0.5 0.5 0.5 0.6 0.7 1.0 1.0 1.0

**                          1   2   3   4   5   6   7   8   9  10  11  12
SO EMISFACT STACK1 HROFDY 0.0 0.0 0.0 0.0 0.0 0.5 1.0 1.0 1.0 1.0 1.0 1.0

**                         13  14  15  16  17  18  19  20  21  22  23  24
SO EMISFACT STACK1 HROFDY 1.0 1.0 1.0 1.0 1.0 0.5 0.0 0.0 0.0 0.0 0.0 0.0

** or, equivalently:      1-5     6    7-17    18    19-24
SO EMISFACT STACK1 HROFDY 5*0.0   0.5  11*1.0  0.5   6*0.0

**       Wind Speed Cat.: 1      2     3      4      5      6
SO EMISFACT STACK1 WSPEED 0.5    0.6   0.7    0.8    0.9    1.0

SO EMISFACT STACK1 SEASHR  enter 24 hourly scalars for each of the four
                           seasons (winter, spring, summer, fall), e.g.,

**                          Winter    Spring    Summer    Fall
SO EMISFACT STACK1 SEASHR   24*0.50   24*0.50   24*1.00   24*0.75

SO EMISFACT STACK1 SHRDOW  enter 24 hourly scalars for each of the four
                           seasons (winter, spring, summer, fall), first
                            for Weekdays (Monday-Friday), the for Saturdays,
                            and finally for Sundays, e.g.,

** Weekdays:                Winter    Spring    Summer    Fall
SO EMISFACT STACK1 SHRDOW   24*1.0    24*0.8    24*0.6    24*0.8
** Saturdays:
SO EMISFACT STACK1 SHRDOW   24*0.5    24*0.4    24*0.3    24*0.4
** Sundays:
SO EMISFACT STACK1 SHRDOW   24*0.25   24*0.2    24*0.15   24*0.2

SO EMISFACT STACK1 SHRDOW7  enter 24 hourly scalars for each of the four
                            seasons (winter, spring, summer, fall), first
                            for Monday, the for Tuesdays, …, the for Saturdays,
                            and finally for Sundays, e.g.,

** Mondays:                 Winter    Spring    Summer    Fall
SO EMISFACT STACK1 SHRDOW7   24*1.0    24*0.8    24*0.6    24*0.8
** Tuesdays:                Winter    Spring    Summer    Fall
      .
      .
      .
** Saturdays:
SO EMISFACT STACK1 SHRDOW7   24*0.5    24*0.4    24*0.3    24*0.4
** Sundays:
SO EMISFACT STACK1 SHRDOW7   24*0.25   24*0.2    24*0.15   24*0.2
```

（6）定义逐时排放参数文件

SO 模块还包括一个输入逐时变化的排放率的选项，由 HOUREMIS 命令控制。允许一次运行中有一个小时排放参数文件。HOUREMIS 的语法如下：

语法：	SO HOUREMIS Emifil Srcid's（and/or Srcrng's）
类型：	可选，可重复
顺序：	必须位于每个源输入的 LOCATION 行之后

这里 Emifil 为小时排放参数文件名称。也可定义多行 HOUREMIS，每行可定义不同的污染源，但它们的排放参数文件必须相同，因为只能使用一个排放参数文件。

排放参数文件的每一行包含 SO 和 HOUREMIS（以 SO HOUREMIS 开头），然后是年、月、日、时、源 ID 和排放参数（用合适的单位）。逐时排放参数文件，各参数间用空格分开，不必在每一行中包含有 SO HOUREMIS，只要求其后的参数（年、月等）放在第 13 列之后即可。

排放参数文件中的日期时间项应与气象输入文件中的日期时间完全一致，且源 ID 应与 SO LOCATION 中定义的源 ID 对应且用同样的顺序。如果要应用于多个源，则每一小时要用多个记录（行）来输入排放参数（每行对应一个源）。程序会自动检查日期时间与气象文件中日期时间的匹配性，以及源 ID 的匹配性。不过，没有必要在每次运行中都读入整个参数文件，而只是在 ME DAYRANGE 或 ME STARTEND 中设置的那些小时的数据被读入，只要全部的日期时间（包括要读入和略过的小时）与气象文件的相匹配。下面为应用于两个点源的一个例子参数文件的几行数据：

```
SO HOUREMIS 88 8 16 1 STACK1 52.5 382.60 12.27
SO HOUREMIS 88 8 16 1 STACK2 44.3 432.33 22.17
SO HOUREMIS 88 8 16 2 STACK1 22.3 377.88 9.27
SO HOUREMIS 88 8 16 2 STACK2 42.2 437.68 19.67
SO HOUREMIS 88 8 16 3 STACK1 51.5 373.72 11.87
SO HOUREMIS 88 8 16 3 STACK2 41.3 437.28 18.77
SO HOUREMIS 88 8 16 4 STACK1 36.0 374.83 9.63
SO HOUREMIS 88 8 16 4 STACK2 43.7 437.68 18.23
```

模型将使用 SO SRCPARAM 中输入的烟囱高度、内径数据，但污染物排放率、烟气温度和烟气速度则从逐时排放参数文件中读入。如果排放率、温度和速度未包含在某个小时中，即那个小时的这三个参数任一个或全部为空白，模型会认为该小时数据丢失并将该小时的三个参数均置 0。因排放率为 0，则对该小时该源不进行计算。

从 HOUREMIS 读入逐时变化的排放率参数时，对面源和体源，允许同时读入逐小时相应的释放高度和初始扩散系数。举例如下。

对点源：

SO HOUREMIS 88 8 16 1 STACK1 52.5　382.60　12.27（源强 g/s，温度 K，流速 m/s）；

SO HOUREMIS 88 8 16 1 STACK2 62.5　482.60　22.27（源强 g/s，温度 K，流速 m/s）。

对面源和体源：

SO HOUREMIS 88 8 16 1 VOL1　300.0　2.0　2.0　2.0［源强 g/s，释放离地高度（体源中心处）m，Syinit 体源初始水平宽 m，Szinit 体源初始垂直高 m］；

SO HOUREMIS 88 8 16 1 AREA1 30.0　2.0　2.0［源强 g/（s·m^2），释放高度 m，Szinit 面源烟羽的初始垂向高度 m］。

可以只含有排率强度因子，AERMOD 用各源最上面第一个记录中含有的参数判断。如果最上面该源含有三个参数，下面某小时只含两个以内参数，则认为该小时参数丢失，不计算。要么全部参数都在，要么只有排放参数。

（7）为输出结果调整排放率单位

AERMOD 的缺省排放率单位：点源和体源 g/s，面源 g/（s·m^2）。在缺省情况下，模型将输入单位转换成输出浓度的μg/m^3 的单位，方法为将排放率单位乘以一个缺省排放率单位因子 1×10^6，再计算浓度。

SO 模块的 EMISUNIT 可用于定义不同的单位换算因子，以得到合适的输出浓度的单位。EMISUNIT 的语法如下：

语法：	SO EMISUNIT Emifac Emilbl Conlbl
类型：	可选，不可重复

这里 Emifac 为排放率单位因子，Emilbl 为排放率单位的字符串（可达 40 个字符），Conlbl 为计算结果浓度单位的标签字符串。例如，为生成 mg/m^3 的输出浓度，假若排放率单位为 g/s，则可用下行输入：

语法：	SO EMISUNIT 1.0E3 GRAMS/SEC MILLIGRAMS/M**3

这是因为 1 g=1.0×10^3 mg。这个因子是应用到运行中的全部污染源的。因为模型是空格来划分一行中输入的各字段，因此单位标签字符串里不能有空格。所以，对于排放率单位，就不能用“GRAMS PER SECOND”来表示，而只能用“GRAMS/SECOND”或“GRAMS-PER-SECOND”等。

（8）沉降算法的输入和选项

关于气体和粒子的干湿沉降、去除，沉积率计算相关的输入命令和选项参数介绍如下。

①为气体干沉定义季节。

新的沉降算法包括土地特征和一些气体沉降阻力参数，都分成以下5个季节类。

季节分类1：中夏，植物繁茂期；

季节分类2：秋季，庄稼未收期；

季节分类3：晚秋，秋收及霜冻期，或早冬无雪期；

季节分类4：冬季，雪盖大地期；

季节分类5：春季，部分绿地期。

用户通过CO GDSEASON定义季节分类的具体月份。语法：

语法：	CO GDSEASON Jan Feb Mar...Dec
类型：	可选，不可重复

这里在每一个相对应月的位置要输入1～5的数字，将该月份与季节相联系。本命令对模型为可选，但对新的气体沉降算法为必选。对于某些地区上面的某些季节可能并不适用，如低纬度地区的季节分类4。

表5-6为气体干沉定义土地利用类型。

表5-6　土地利用类型说明

土地利用类型	说明
1	城市，无植物
2	农业用地
3	牧场用地
4	森林地
5	城郊，草地
6	城郊，林地
7	水体
8	不毛荒地，一般为沙漠
9	非森林湿地

用户通过CO GDLANDUSE按风向定义土地利用类型，其语法：

语法：	CO GDLANUSE Sec1 Sec2 Sec3...Sec36
类型：	可选，不可重复

这里要对 36 个风向扇形输入 1～9 的数字定义各方向下的土地利用类型。本命令对于模型为可选，但对于新的气体沉降算法为必选。第一个值 Sec1，对应于风吹向 10°（±5°）形成下风向扇形的土地利用类型。下风向扇形用顺时针定义，Sec36 对应于吹向 360°（北风）的方向。如果 36 个区域都是输入同样的值，则可用“36×3”这种方式（不能有空格），表示都为“3”。

②为气体干沉定义非缺省参数的选项。

CO 模块有一可选命令 GASDEPDF，可用于修改反应因子 f_0 和季节 2、季节 5 的最大绿叶面积指数（LAI）的占比（F），以用于气体的干沉算法。语法：

语法：	CO GASDEPDF React F_Seas2 F_Seas5（Refpoll）
类型：	可选，不可重复

这里参数 React 为污染物反应因子（f_0），F_Seas2 和 F_Seas5 为季节 2 和季节 5 的最大绿叶面积指数（LAI）的占比（F），可选的 Refpoll 为污染物名称。若未使用 GASDEPDF，则缺省的 React、F_Seas2 和 F_Seas5 分别为 0、0.5 和 0.25。对季节 1、季节 3、季节 4 则采用 F=1.0。对 O_3、$TiCl_4$、Hg^{2+}，f_0 应输入 1；对 NO_2 则就应输入 0.1。

③为气体沉降定义源参数。

气体干湿沉降的源参数通过 SO GASDEPOS 输入。气体干沉变量可为单个源输入或应用于一个源范围。GASDEPOS 的语法：

语法：	SO GASDEPOS Srcid（或 Srcrng）Da Dw rcl Henry
类型：	可选，可重复
顺序：	应跟在每一个源输入行 LOCATION 后

这里 Srcid 或 Srcrng 定义输入应用的源或源范围，Da 为污染物在空气中的扩散系数（cm^2/s），Dw 为污染物在水体中的扩散系数（cm^2/s），rcl 为单个叶面表面反弹阻力（s/cm），Henry 为 Henry 定律常数［（$Pa·m^3$）/mol］。常见污染物的这些物性参数可见 ANL 报告（Wesely et al.，2002）。

④为粒子沉降定义源参数。

有两种方法处理粒子干沉。方法 1 用于相当部分（10%以上）质量百分比的粒径在 10 μm 及以上的情况，该方法要求有详细的粒径分布情况。方法 2 用于粒径分布不是很清楚且粒径在 10 μm 及以上的粒子质量占比较小（小于 10%）的情况。对方法 2 的沉降速度，为细粒子（2.5 μm 以下）和粗粒子（2.5～10 μm 粒子）的沉降速度的加权平均值。

a. 方法 1 的粒子输入。采用方法 1 的粒子沉降的源变量输入用 SO 模块的 PARTDIAM、MASSFRAX 和 PARTDENS 命令。可应用于单个源或源范围。语法：

语法：	SO PARTDIAM Srcid（或 Srcrng）Pdiam（*i*），*I*=1，Npd SO MASSFRAX Srcid（或 Srcrng）Phi（*i*），*I*=1，Npd SO PARTDENS Srcid（或 Srcrng）Pdens（*i*），*I*=1，Npd
类型：	可选，可重复
顺序：	应跟在每一个源输入行 LOCATION 后

这里 Srcid 或 Srcrng 定义输入应用的源或源范围，Pdiam（*i*）数组为各粒径段的粒径（μm）（最多为 20 个，由 NPDMAX PARAMETER 控制），Phi（*i*）为各段相应的质量百分比（0～1），而 Pdens（*i*）为各段相应的粒子密度（g/cm^3）。

对某个源的粒径分段数为 Npd，用户不必显式告诉模型这个数目，但是对某个源（或源范围）的定义，每个命令必须是连续定义，并且三个命令的分类数目要一致。如果需要，可对某个源重复使用某个命令（必须连续）。对每个源，模型会检查质量百分比是否为 1.0（允许 2%的误差），否则会给出警告消息。模型也要保证每一粒径段的质量百分比在[0，1]范围内，否则会给出错的消息。

b. 方法 2 的粒子输入。方法 2 的粒子信息用 SO METHOD_2 命令输入，语法：

语法：	SO METHOD_2 Srcid（或 Srcrng）FineMassFraction Dmm
类型：	可选，可重复
顺序：	应跟在每一个源输入行 LOCATION 后

这里 Srcid 或 Srcrng 定义输入应用的源或源范围，FineMassFraction 为细粒子的质量占比（＜2.5 μm），Dmm 质量表征平均粒径（μm）。对一些污染物的这两个参数的估值，可见 ANL 报告附录 C（Wesely et al.，2002）。

i）直接输入气体污染物干沉降速度。也可直接在 CO 段中，定义气体污染物的干沉降速度 CO GASDEPVD，语法：

语法：	CO GASDEPVD Vd
类型：	可选，不可重复

非缺省命令 CO GASDEPVD，可直接定义气体污染物的干沉降速度。使用了 CO GASDEPVD 后，不可再用 CO 下的 GDSEASON、GDLANDUSE、GASDEPDF（用以输

入气体沉降参数中的 3 个反应参数）和 SO GASDEPOS（输入污染物的气体沉降参数 4 个），这些参数就是用来计算气体沉降速度。在非法规下，只有气体污染物，且只计算浓度 CONC 和干沉 DDEP 两个数据时，才可用。

GASDEPVD 的有效范围[0，0.05]m/s。

ii）沉降速度和阻力系数的输出。为方便查看或测试沉降算法，AERMOD 允许输出气体和粒子源的主要阻力项和沉降速度。这一选项通过 CO DEBUGOPT MODEL 来设置生成。气体沉降数据写入一个称为 GDEP.DAT 的文件中，包括 R_a、R_b、R_c、V_{dg}，对每个源，每个模拟的小时。还有一个头记录指明各列内容。粒子沉降数据则写入一个 PDEP.DAT 的文件，包括 R_a、R_p、V_g、V_d，对每个源，每个模拟的小时。粒子输出注明是基于方法 1 还是方法 2。对方法 1，输出结果为按每个粒径段。这几个文件的文件名和文件号都是模型内定的，文件在每次运行中被覆盖。

（9）NO_2 模拟化学反应及相关的 PVMRM 和 OLM 选项

本节提供非缺省的考虑 NO_x 和 NO_2 转换的 PVMRM 和 OLM 选项的输入说明。

PVMRM 和 OLM 作为非缺省选项考虑，意味着如果 CO MODELOPT 中设置了 DFAULT 则它们不被采用。当使用 PVMRM 的 PSD 额外消耗应用时，BETA 选项 PSDCREDIT 已被加入。PSDCREDIT 选项所需的特殊源分组在下面描述。

①定义 PVMRM 和 OLM 选项的臭氧浓度。

背景臭氧浓度可用 CO OZONEVAL 输入一个单值，或用 CO OZONEFIL 定义一个数据文件来输入逐时值。可输入其中之一，或两者都输入。如果都输入，则 OZONEVAL 中输入的值将用来作为 OZONEFIL 文件中丢失数据的那些小时的数据。

OZONEVAL 语法：

语法：	CO OZONEVAL O_3Value（O_3Units）
类型：	可选，不可重复

这里 O_3Value 为背景臭氧浓度，O_3Units 为单位（$\times10^{-6}$，$\times10^{-9}$ 或μg/m^3）。若 O_3Units 未输入，则缺省为μg/m^3。如果输入$\times10^{-6}$，$\times10^{-9}$ 则模型将根据参考环境气温和 ME PROFBASE 定义的基底高程将其转换成“μg/m^3”。

OZONEFIL 语法：

语法：	CO OZONEFIL O_3FileName（O_3Units）（Format）
类型：	可选，不可重复

这里 O_3FileName 为小时臭氧浓度文件名，可选的 O_3Units 为单位［ppm（百万分之一），ppb（十亿分之一）或μg/m^3，μg/m^3 为缺省值］。可选的 Format 定义 FORTRAN 读入格式。若 Format 未定义，则采用自由格式读入，即认为数据字段间以逗号或空格分隔。该文件内容包括年（2 位数字）、月、日、时和臭氧值（除非用 Format 定义了其他的格式）。时间顺序应与小时气象数据文件相匹配。若 O_3Units 未输入，则缺省为μg/m^3。如果输入 ppm，ppb 则模型将根据参考环境气温和 ME PROFBASE 定义的基底高程将其转换成“μg/m^3”。

臭氧数据文件中臭氧值<0 或≥900.0 的当作丢失，如已用 OZONEVAL 定义了单值，则这个值当作丢失小时的值。若未定义 OZONEVAL 单值，则模型认为该小时全部转换。

②定义环境中平衡状态的 NO_2/NO_x 比率。

模拟 NO 到 NO_2 转换的 PVMRM 选项包含一个缺省的环境中平衡状态的 NO_2/NO_x 比率为 0.90。要定义其他比率可用 CO NO_2EQUIL，其语法：

语法：	CO NO_2EQUIL NO_2Equil
类型：	可选，不可重复

这里 NO_2Equil 为 NO_2/NO_x 平衡率，范围为[0.1,1.0]。

③定义缺省的烟道内 NO_2/NO_x 比率。

模拟 NO 和 NO_2 转换的 PVMRM 和 OLM 选项要求定义烟道内的 NO_2/NO_x 比率。对于 OLM，如果未输入，则所有的污染源都缺省设为 0.10。但对于 PVMRM 要求每一个源的这个值都要由用户自己输入。

可用 CO NO_2STACK 给所有源定义一个值，或用 SO NO_2RATIO 给每个源定义一个值。如果同时使用了，则 SO NO_2RATIO 的值将覆盖 CO NO_2STACK 中的值。NO_2STACKR 语法：

语法：	CO NO_2STACK NO_2Ratio
类型：	可选，不可重复

这里的 NO_2Ratio 为缺省的烟道内 NO_2/NO_x 比率，除非被逐源定义命令 SO NO_2RATIO 覆盖。NO_2Ratio 值应为[0.0,1.0]。要注意到 CO NO_2STACK 是一个可选命令，但 PVMRM 选项要求对每个源定义 NO_2/NO_x，采用 CO NO_2STACK 或 SO NO_2RATIO 之一，或两者都用。

④按源定义烟道内 NO_2/NO_x 比率。

模拟 NO_2 转换的 PVMRM 和 OLM 选项假定了一个缺省的 NO_2/NO_x 选项为 0.10（10%）。用户可选 SO NO_2RATIO 定义这一值。语法：

语法：	SO NO_2RATIO SrcID 或 SrcRange NO_2Ratio
类型：	可选，可重复
顺序：	必须跟在每个源的定义行 LOCATION 后面

这里用户可对一个源或一组源定义这个比率。比如：

```
SO NO2RATIO STACK1-STACK10 0.15
```

将使 STACK1 到 STACK10 源的比率均设为 0.15。此值将覆盖 CO NO_2STACK 中的定义值。要注意到 SO NO_2RATIO 是一个可选命令，但 PVMRM 选项要求用户为每一个源定义一个 NO_2/NO_x 比率。

⑤为 OLM 定义混合烟羽。

模拟 NO_2 转换的 OLM 选项包含一个选项，用于指定哪些源作为一个联合烟羽来模拟。其他的源则作为独立烟羽来模拟。通过 SO OLMGROUP 命令来设定 OLM 的联合烟羽源，其语法：

语法：	SO OLMGROUP OLMGrpID SrcID's 和/或 SrcRange's
类型：	可选，可重复
顺序：	必须跟在每个源的定义行 LOCATION 后面

这里 OLMGrpID 指定一个组作为 OLM 联合烟羽，SrcID's，SrcRange's 定义包括在这个组中的源。如同 SO SRCGROUP 一样，单个源 ID 和源范围 ID 可以用在同一行中，且如果要用重复多行来定义，只要重复命令和 OLMGrpID。也可将 OLMGrpID 指定为 ALL 源组，表示 OLM 将应用到全部源组成的联合烟羽中。不过与 SO SRCGROUP 不同的是，这个 OLM 组的结果并不输出。另一个限制是一个源不能包含到一个以上的 OLM 组中。如果一个源未指定到 OLMGROUP 中，则 OLM 将其作为独立源来应用。OLMGROUP 和 SRCGROUP 两者定义的源组没有联系。OLMGROUP 是相关 OLM 模型的。

如果用户用 OLMGROUP 定义了多个源组应用到一个 OLM 的联合烟羽中，模型仍需计算 OLM 中每个源的单独浓度，以计算 SRCGROUP 中各组的叠加值。单个源的浓度的计算方法为应用 OLM 源组的总浓度(采用和未采用 OLM 算法)与该组内每个源的比率。

⑥用 PVMRM 模拟 NO_2 浓度增量。

受到 PVMRM 选项的臭氧限制影响，NO_2 预测浓度与排放率并非呈线性比例关系。

因此，采用减排源（credit sources）的负排放率来计算因 PSD 法规导致的 NO_2 浓度增量的方法，不能用于 PVMRM 选项。不过，新的 PSDCREDIT 选项，允许在 PVMRM 选项设定时模拟 NO_2 的 PSD 增量减排。PSDCREDIT 选项当前作为一个 BETA 测试选项，要求 PVMRM 和 BETA 同时使用。PSDCREDIT 选项采用一个新的 PSDGROUP（下文说明）来指定哪些源消耗或扩大了浓度增量。若用 OLM 时这个选项无效，而对 OLM 也无相对应的模拟增量减排的选项。用户可通过查看相关资料进一步了解关于模拟 NO_2 的增量减排。

下面对模拟增量减排相关的一些概念进行说明，然后再对 PVMRM 选项的 PSDCREDIT 的输入需求进行描述。

a. 增量减排和基准源。浓度增量，为一个污染物的允许高出基准浓度的最大浓度增量，基准浓度为一个区域按《严重污染防治法》（PSD）制定出来。PSD 基准浓度区域可以是一个州，或一个州的一部分（如一个县或几个县）。浓度增量用于三个污染物：SO_2（3 h、24 h 和年均），NO_2（年均）和 PM_{10}（24 h 和年均）。增量消费为基准浓度之上的额外的空气质量影响。

基准浓度为在某个区域的符合 PSD 法规的首份污染源排放申请提交时，该区域已存在的污染物的环境浓度。基准源为首份申请之前已存在的污染源，基准日期为 PSD 申请的日期。在 PSD 法规中，这个基准日期被称为次要源基准日。按照定义，基准源不消耗浓度增量。然而，在基准日期后退出的任何基准源，可以为新的源扩大允许的浓度增量。因此，对一个新的源的 PSD 模拟分析需要考虑这个浓度增量的扩大。这样一个分析牵涉三个源组的判定：i）增量消耗源组；ii）退出的基准源（引起浓度增量扩大）；iii）已存在的，未退出的，基准源。

b. 在 PSDCREDIT 选项下计算浓度增量的消耗。在 AERMOD 中，在 PSDCREDIT 选项下计算浓度增量的消耗，不是用以上三个源组进行一个简单的算术计算。因为空气中的臭氧数量限制 NO 到 NO_2 的转换，从仍存在和已退出的基准源的烟羽，与浓度增量消耗源的烟羽的交互作用，在计算净增加消耗时必须作为一个方面来考虑。若不用 PSDCREDIT 选项，要正确考虑这些不同分类的源的烟羽的潜在反应，必须用多次模型运行的结果进行后处理。在 PSDCREDIT 选项下，内部的“后处理”算法已结合到 AERMOD 内部，来考虑这三组源的分配，以便从一次运行中正确计算出浓度增量消耗。

为讨论方便先定义以下源组：A=浓度增量消耗源组；B=未退出的基准源；C=已退出的基准源，使浓度增量扩展的源。

A 组源的浓度增量消耗量的计算不能简单通过独立地模拟 A 组源来估算，因为其烟羽可能与 B 组源的烟羽存在相互作用。PVMRM 算法设计为可以考虑这样一个作用，并以有效臭氧为基础来计算两组源的混合烟羽中总的 NO 到 NO_2 的转换。因此，A 源组的总的浓度增量消耗由以下两者的差得出：i）A+B 的总的预期浓度；ii）B 组源总的当前浓度。可表达成（A+B）–（B）。这里（A+B）代表的值，为在 A 组源的 PSD 评论中可与 NAAQS 标准相比较的 NO_2 浓度。

如果有些基准源已退出排放（源组 C），在评估遵守 PSD 浓度增量时 PSD 法规允许考虑浓度增量的扩大。然而，浓度增量扩大的量不能够简单地通过单独模拟 C 组源来估算，因为 C 组源与 B 组源之间的烟羽可能存在相互作用。因此，总的浓度增量扩大量，即 PSD 增量（PSD credit），用以下两者的差来计算：i）C 退出前的（B+C）的总浓度；ii）仍存在基准源 B 的总的浓度。可表达成（B+C）–（B）。

最后，净的浓度增量消耗为总的浓度增量消耗量和总的浓度增量扩大量之差，即

$$[(A+B)-(B)]-[(B+C)-(B)] \tag{5-2}$$

注意，如果没有浓度增量扩大，上式可简化为［（A+B）–（B）］。

这些方程式不能理解成代数式。括弧中的项代表的是单独的模型运行结果，考虑了指定源组的 NO_x 转换化学的联合效果。式（5-2）代表四个模型模拟：（A+B），（B），（B+C）和（B）。在这里，这两个（B）确实可以相互抵消，因此可简化为

$$[(A+B)]-[(B+C)] \tag{5-3}$$

式（5-3）表明了 PSDCREDIT 选项是如何进行净的浓度增量消耗计算的。AERMOD 先计算 A 和 B 组的综合影响，然后是 B 和 C 组的综合影响，最后计算两者的差以得到所要的结果，即可与 PSD 浓度增量标准比较的值。为使 AERMOD 能进行这些特殊的处理，用户需要定义哪些源是属于上面所说的哪个组。下面的内容描述怎样进行定义。

c. 为 PSDCREDIT 选项指定源组。为了计算前文所说的浓度增量消耗，PSDCREDIT 选项需要对源进行分组。命令 PSDGROUP 用于这个目的。其语法：

语法：	SO PSDGROUP GrpID SrcID's 和/或 SrcRng's
类型：	对 PSDCREDIT 命令为必选，可重复
顺序：	必须为 SO 模块的最后一个命令（在 FINISHED 前）

如果采用了 PSDCREDIT，则 PSDGROUP 必须定义。

只有以下特殊 PSD 的源组 ID 能被应用。否则将无法运行。这些源组 ID 为：

INCRCONS——浓度增量消耗源（组 A）；可以是新加源或旧源的修改；

NONRBASE——仍存在，未退出的基准源（组 B）；

RETRBASE——退出的基准源（组 C，产生浓度增量扩大或 PSD 增量的源）。

要注意，在 RETRBASE 组中的源的排放率应为正值。由 RETRBASE 源生成的浓度增量的扩大量在 AERMOD 模型内由 PSDCREDIT 选项考虑。

这三个源组的定义顺序不作要求。但源组的 ID 只能用上述这三个。若无退出基准源，则 RETRBASE 可省略，如果全部标准源退出，则 NONRBASE 可省略。

一个源只能属于这三个组之一，而且必须属于这三个组之一。

对于 PSDCREDIT 选项，定义源和源组的要求摘要如下：

ⓐSRCGROUP 不能与 PSDCREDIT 一起用；

ⓑPSDGROUP 必须采用特殊的三个 PSD 源组 ID；

ⓒ当使用 PSDCREDIT 选项时，不能采用 ALL 这个源组 ID；

ⓓ一个源必须属于一个，且只能一个，PSDGROUP 组；

ⓔRETRBASE 源组的排放率应以正值输入。

d. PSDCREDIT 选项的模型输出。与 SRCGROUP 不同，PSDGROUP 不能定义输出结果浓度的分组。前面已述，PSDGROUP 是为了 PVMRM 选项正确考虑 NO_x 化学转换而将源分成三个组。

AERMOD 模式的 PSDCREDIT 选项下的模型输出是基于与 NAAQS 标准要求和 NO_2 的 PSD 浓度增量要求相符合。作为结果，AERMOD 用内置的两个源组名“NAAQS”和“PSDINC”来标识这两种类型的输出。以“NAAQS”为源组下的结果为基于（A+B）的计算结果，以“PSDINC”为源组名称的结果为基于式（5-3）所代表的计算结果。

（10）定义释放和输出单位

因 AERMOD 允许在一次运行中同时输出浓度和沉降，如果有一种以上输出类型产生则 EMITUNIT 不能用于定义释放单位因子。因此采用对浓度和沉降分别用 CONCUNIT 和 DEPOUNIT 来定义。CONCUNIT 语法：

语法：	SO CONCUNIT Emifac Emilbl Conlbl
类型：	可选，不可重复

这里 Emifac 为将释放单位转成输出设定单位的乘数因子，Emilbl 为释放输入单位字符串（最大 40 个字符），Conlbl 为输出浓度单位字符串（最大 40 个字符）。

DEPOUNIT 语法：

语法：	SO DEPOUNIT Emifac Emilbl Deplbl
类型：	可选，不可重复

这里 Emifac 为将释放单位转成输出设定单位的乘数因子，Emilbl 为释放输入单位字符串（最大 40 个字符），Deplbl 为输出沉降单位字符串（最大 40 个字符）。

（11）利用外部文件中的污染源数据

可 SO INCLUDED 来引用外部文件中的污染源数据。此行可位于 SO 模块内 STARTING 和 FINISHED 之间任何位置（被引用文件中不应有 SO STARTING 和 SO FINISHED 这两行）。被引用的外部文件中的数据将像输入流文件一样被处理。INCLUDED 命令语法如下：

语法：	SO INCLUDED Incfil
类型：	可选，可重复

这里 Incfil 为外部文件名。被引用文件应为有效的 SO 模块的输入流记录。若在处理引用文件过程中产生错误，错误消息将报告引用文件中的出错行号。若在 SO 模块引用了一个以上的外部文件，应首先检查错误发生在哪一个文件。如果输入流文件中开始列不是第一列，则引用文件中的记录也要右移同样的空格。

（12）使用源组

AERMOD 允许对污染源分组以求各组源的联合贡献浓度。可在一次运行中使用多个源组。比如，来自允许源组的影响，排放量有增加的 PSD 源组的贡献，以及全部源组的贡献并与 NAAQS 标准对比。在每次运行中至少要有一个源组，它可以是包括全部源的源组，因此 SRCGROUP 是一个必选项。其语法如下：

语法：	SO SRCGROUP Grpid Srcid's and/or Srcrng's
类型：	必选，可重复
顺序：	必须是 SO 模块 FINISHED 前的最后一行

这里 Grpid 为源组名称。Srcid′s 和 Srcrng′s 为单个源的 ID 或（和）源的范围。单个源 ID 和源范围可在同一行中输入。若需要用多行来定义某个源组，则在其他行中重复 SO SRCGROUP 和 Grpid。

模型内部保留一个特殊的源组名称来定义全部源，其 Grpid 为 ALL，它是自动建立的。若有需要，也可自行建立其他名称的源组来包括全部源。

有时需要得出某个源对源组总的结果的贡献率。对短期平均的源贡献率分析可用 EVENT 处理功能。长期浓度一般采用建立不同的源组的方式计算出各组的结果，再比较分析。

5.6.3.3 RE——预测点模块的输入和选项

RE 模块用于定义预测点信息。允许定义直角坐标系网格和（或）极坐标网格，可以是规则间距和不规则间距，以及直角坐标和（或）极坐标的离散点。对每个预测点允许输入地面高程和山体高度尺度，在考虑地形时这两个数据都是需要的。

地形预处理器 AERMAP 的输出文件包含了 AERMOD 的 RE 模块所需的数据，这些内容可复制到 AERMOD 的输入流文件的 RE 段中，或者用 RE INCLUDED 来引用。关于 RE 的格式的详细描述参见 AERMAP 章节，这里不再重复。

5.6.3.4　ME——气象模块的输入和选项

气象模块 RE 用于定义气象数据的输入。

（1）定义输入文件和格式

AERMOD 采用逐时的地面和探空数据两个文件作为基本气象数据输入。这两个文件名用 SURFFILE 和 PROFFILE 来定义，语法如下：

语法：	ME SURFFILE Sfcfil （Format）
	ME PROFFILE Profil （Format）
类型：	必选，不可重复

这里 Srffil 和 Profil 为气象数据文件名。在 IBM 兼容机上运行时，文件名应包括 DOS 路径，否则程序认为文件在当前目录下。可选的 Format 参数用于定义气象文件的格式，其缺省格式为气象预处理器 AERMET 所生成的地面和探空气象数据文件的格式。也可对这两个文件自行定义 Fortran 读入格式。其中，廓线气象文件中的数据包括了 AERMET 处理过的现场观察气象数据。因 AERMET 能够仅仅使用 NWS 气象数据来进行扩散参数计算，即当没用现场观察数据时，廓线数据可以只有一个高度层的数据（基于 NWS 的风和温度数据）。

（2）定义气象站台信息

有三个命令用于气象站台信息输入：SURFDATA 用于地面气象站，UAIRDATA 用于探空站，可选的 SITEDATA 用于现场气象数据。语法如下：

语法：	ME SURFDATA Stanum Year （Name）（Xcoord）（Ycoord）
语法：	ME UAIRDATA Stanum Year （Name）（Xcoord）（Ycoord）
语法：	ME SITEDATA Stanum Year （Name）（Xcoord）（Ycoord）
类型：	SURFDATA 和 UAIRDATA 为必选，不可重复 SITEDATA 为可选，不可重复

这里 Stanum 为气象站编号，为 NWS 的 5 位数字 WBAN 码，Year 为被处理数据年份（2 位或 4 位数），Name 为可选的字符段用于定义气象站名称，Xcoord 和 Ycoord 为可选参数用行定义站点坐标。在当前版本中，站点的坐标未在模型中使用。AERMOD 将这些命令输入的站点编号与地面气象数据文件（*.SFC）头文件包含的气象站点编号进行比较，如果有不同，则产生警告消息。

（3）定义位温廓线的基底高程

AERMOD 模型生成一个分层的垂直位温廓线，用于烟羽抬升计算。因位温与海平面（MSL）上的高程有关，因此必须用 PROFBASE 定义其廓线的基底高程。语法如下：

语法：	ME PROFBASE BaseElev （Units）
类型：	必选，不可重复

这里 BaseElev 为位温廓线基底相对海平面 MSL 的高程，可选的 Units 用于定义 BaseElev 的单位。Units 的可用参数为 METERS 或 FEET，缺省为 METERS。基底高程应与主要气象塔的基座高程相对应。

（4）定义数据的处理时间段

有两个命令用于定义顺序气象文件中要处理的特定日期或日期范围起止时间。STARTEND 用于设定气象数据文件中哪一段日期将要被模型读入，而 DAYRANGE 命令用于设定已读入的数据中哪些天需要被处理。缺省时模型读入整个气象数据文件（直到一整年），并处理全部天数。

STARTEND 的语法如下：

语法：	ME STARTEND Strtyr Strtmn Strtdy（Strthr）Endyr Endmn Enddy（Endhr）
类型：	可选，不可重复

这里 Strtyr、Strtmn 和 Strtdy 定义读入起始年、月和日（如 87 01 31 即 1987 年 1 月 31 日），Endyr、Endmn 和 Enddy 定义要读入的最后一个记录的年、月和日。Strthr 和 Endhr 可选参数定义小时，必须同时定义或同时忽略。在气象数据文件中，在起始日期之前或结束时间之后的记录都被忽略。事实上，一旦读到结束时间，模型就不再读入任何气象数据。若 Strthr 和 Endhr 未定义，则开始小时为 1，结束小时为 24，除非用下面所述的 DAYRANGE 指定了特定的日期。

PERIOD 平均浓度只会用实际处理的天数来计算。因此，如果需要计算 6 个月平均值，则可以在 CO AVERTIME 行选择 PERIOD 平均，然后如下定义时间范围：

```
ME STARTEND 87 01 01 87 06 30
```

这样计算时间为 1987/1/1 至 1987/6/30。

DAYRANGE 的语法如下：

语法：	ME DAYRANGE Range1 Range2 Range3……Rangen
类型：	可选，可重复

这里 Range 参数定义要处理的特定天数或天数范围。天数可指定为单独的日期(如 1、2、3、4、5）或某个范围（如 1～5）。也可用年中的顺序天数，从 1～365（闰年 366），或定义成月/日形式（如 1/31 为 1 月 31 日）。也可组合使用这些方式。下面的例子告诉模型处理 1 月 1 日（顺序日为 1）—1 月 31 日。

```
ME DAYRANGE 1-1/31
```

DAYRANGE 命令是可重复的，可包括多行。

如同 STARTEND 一样，PERIOD 平均浓度计算只用实际处理的天数进行。如果同时使用了 STARTEND，则只有在 DAYRANGE 选定且在 STARTEND 范围内的天数会被处理。对于下面的例子，则不会进行任何处理，因为一年中的第 1～31 天（均在 1 月份）在 2/1～12/31 之外。

```
ME STARTEND 87 02 01 87 12 31
ME DAYRANGE 1-31
```

（5）风向校正

WDROTATE 命令允许用户校正气象数据的风向，将全部风向旋转一个给定的角度。因为某个特定的预测点的预测结果对风向的敏感度是很高的，使用时要极为谨慎并有明确的理由。此命令语法如下：

语法：	ME WDROTATE Rotang
类型：	可选，不可重复

这里 Rotang 参数定义旋转角度数。各测量风角度减去 Rotang 的值即为调整后的值。这个调整用于校正一个已知（已存档）的率定，或当气象站在山谷中而源与气象站的位置不同时对风向的调整。

（6）定义风速分段

排放率变化因子可按风速段方式输入模型。模型采用六个风速分段，只要定义前五个分段的上限风速（第六个假定无上限）。风速分段的缺省值为：1.54 m/s、3.09 m/s、5.14 m/s、8.23 m/s 以及 10.8 m/s。用于定义不同的风速段的 WINDCATS 命令，语法：

语法：	ME WINDCATS Ws1 Ws2 Ws3 Ws4 Ws5
类型：	可选，不可重复

这里 Ws1 到 Ws5 为从第一到第五个分段的风速上限，m/s。上限包含在内，如第一个分段应为≤Ws1。

（7）定义 SCIM 参数

SCIMBYHR 命令的 SCIM 参数定义规则取样的开始小时和间隔，以及一个可选的文件名。语法如下：

语法：	ME SCIMBYHR NregStart NregInt NwetStart NwetInt（SfcFilnam PflFilnam）
类型：	可选，不可重复

这里 NregStart 和 NregInt 参数为等时间间隔取样的第一个小时及时间间隔。NwetStart 和 NwetInt 参数用于定义第一个湿小时（有非零的降水量）和湿取样的时间间隔。作为可选项，用户也可将取样小时的地面和廓线气象数据输出到 SfcFilnam 和 PflFilnam 中。这两个文件的格式与主要输出文件中包含的前 24 h 的摘要格式相同。

为使用 SCIM 选项，应在 CO MODEOPT 中设置非缺省的 TOXICS 选项和 SCIM。尽管 ME SCIMBYHR 为可选项，但使用 SCIM 时是需要的。NregStart 有效取值为 1～24，即第一个取样小时必须在气象文件中的第一天。对 NregInt 没有限制，但一般大于 1。例如，NrgetInt 可以基于公式（$24n+1$），这里“n”即为取样间隔的天数，这样可以保证一个规则的以天为周期的取样小时（25 或 49）。

5.6.3.5 OU——输出模块的输入和选项

输出模型 OU 包含用于定义模型输出选项的命令。有三个命令控制模型主要输出文件的不同类型表格输出，七个命令控制特定目的的单独输出文件选项。用户可进行任意组合使用。

（1）表格打印输出的选项

有三个表格打印输出选项：

RECTABLE——控制各预测点的高值摘要表格输出选项；

MAXTABLE——控制总体最大值摘要表格输出选项；

DAYTABLE——控制各预测点逐次计算值表格摘要的输出选项。

这些命令将在下面一一进行详细说明。

RECTABLE 的语法摘要：

语法：	OU RECTABLE Aveper FIRST SECOND … SIXTH or 1ST 2ND … 6TH
类型：	可选，可重复

这里 Aveper 参数为短期平均时间（1 h、3 h、8 h 或 24 h，或 MONTH），第二个参数 FIRST、SECOND 等指明各预测点的该平均时间的哪个高值被选出。RECTABLE 行可对每个平均时间使用一次。如果需要对被模拟的全部短期平均时间使用同样的 RECTABLE 设置，输入可简化为将 Aveper 参数改为 ALLAVE。下面的例子将计算出各预测点的全部平均时间的最大值、第二大值和第三大值：

```
OU RECTABLE ALLAVE FIRST SECOND THIRD
```

模型也能识别 RECTABLE 中高值的范围符号，因此上面的例子也可简化成：

```
OU RECTABLE ALLAVE FIRST-THIRD
```

输出文件包括只含有所选择的高值的表格。对某个特定平均时间的各源组结果表格列于相邻位置，各平均时间的输出顺序按 CO AVERTIME 中的顺序。对每一平均时间和源组组合，各网格点（若有）的高值表格首先打印出，然后是直角坐标离散点，然后是极坐标离散点。

如果已选用 CO EVENTFIL 来生成 EVENT 处理的输入文件，则 RECTABLE 选项定义的设定值（24 h 平均的第二高值），将包含在 EVENT 处理输入文件所定义的事件中。

MAXTABLE 语法：

语法：	OU MAXTABLE Aveper Maxnum
类型：	可选，可重复

这里 Aveper 为预测点表格选取的短期平均时间（1 h、3 h、8 h 或 24 h，或 MONTH），Maxnum 参数定义各平均时间的总体最大值输出到第几大值。MAXTABLE 命令可为每一平均时间重复一次。正如 RECTABLE 一样，若要对全部短期平均时间采用同样的 MAXTABLE 选项，则可将 Aveper 改为 ALLAVE 即可。下面的例子将得出全部短期平均时间的前 50 个最大值：

```
OU MAXTABLE ALLAVE 50
```

对每一个源组均生成一个独立的总体最大值表格。在主输出文件中最大值表格紧跟在 RECTABLE 表格之后。对一个特定平均时间的全部源组表格均在相邻位置，各平均时间输出顺序按 CO AVERTIME 中的顺序。

DAYTABLE 的语法如下：

语法：	OU DAYTABLE Aveper1 Aveper2 Aveper3 …
类型：	可选，不可重复

这里 Aveper 参数为逐次值选取的短期平均时间（1 h、3 h、8 h 或 24 h，或 MONTH）。DAYTABLE 不可重复，但如同 RECTABLE 和 MAXTABLE 一样，若要对模拟的全部短期平均时间得到逐次值，可直接输入 ALLAVE。下面的例子对全部平均时间选择逐次值表格：

```
OU DAYTABLE ALLAVE
```

对 DAYTABLE 所选择的每一个平均时间，模型将打出模拟的各预测点的逐次值。网格点（若有）打在前面，然后是直角离散点，然后是极坐标离散点。每一源组的结果均输出。例如，如果计算了 1 h、3 h 和 24 h 平均值且选择了 OU DAYTABLE ALLAVE 选项，则对于计算的第一天，将有 24 组 1 h 平均值表格（1 h 一组），8 组 3 h 平均值表格（3 h 一组），一组 24 h 平均值。平均值按模型计算的顺序打出，但对于有不止一个均值计算的小时（如 24 h，同时有 1 h、3 h 平均及 24 h 平均值算出），则按 CO AVERTIME 中的顺序输出。注意：这个选项可产生非常大的输出文件，特别是采用了一整年气象且计算诸如 1 h 或 3 h 的短期平均时。因此使用要十分小心。

（2）特定目的输出文件的选项

AERMOD 提供七种输出文件用于特定目的。控制命令：

MAXIFILE——生成用户预设标准的超标率文件；

POSTFILE——生成各预测点的逐步计算结果用于后处理；

PLOTFILE——生成预设值的文件用于绘图软件绘制分布图；

TOXXFILE——生成超过某个预设值的原始数据文本文件，有特定结构适用于TOXST 模型的 TOXX 模块；

RANKFILE——生成按大小排序的输出文件用于 *Q-Q* 绘图；

EVALFILE——生成输出值文件，包括弧线最大值归一化浓度，适于模型评估研究；

SEASONHR——生成输出值文件，按季节和天中的小时。

这些命令在下面一一进行详细描述。

MAXIFILE 语法：

语法：	OU MAXIFILE Aveper Grpid Thresh Filnam（Funit）
类型：	可选，可重复

这里 Aveper 参数为短期平均时间（1 h、3 h、8 h 或 24 h，或 MONTH），Grpid 为 MAXIFILE 选项选择的源组的 ID。Thresh 为用户给定的标准值，Filnam 为 MAXIFILE 结果保存的文件名。可选的 Funit 参数允许用户指定输出文件的 FORTRAN 逻辑文件号，范围为 26～100（含 26 和 100）。通过对多个 MAXIFILE 行定义相同的文件名称和文件号，可将不同源组或不同平均时间的结果合并到一个输出文件中。如果 Funit 未输入，则模型动态分配一个唯一的文件号。

对不同平均时间和源组合，可使用一次 MAXIFILE 行，每行应使用不同的文件名。结果文件包括几行头记录，指出平均时间、源组和标准设定值，然后是每次超标值的列表。每一个记录包括平均时间、源组 ID、发生日期时间（平均时间的最后一个小时），*x*、*y*、*z* 和离地高，以及浓度值。

除月均浓度外，每次发生超标现象，均意味产生一个事件，该事件可通过设置 CO EVENTFIL 选项用 EVENT 处理进行源贡献分析。每次超标均在 EV 模块中添加一个事件，命名格式为 Thxxyyyy，xx 为平均时间，yyyy 为超标序号。如事件名为 TH240019 表明 24 h 平均值的第 19 次超标事件。月均超标可包含在 MAXIFILE 定义的输出文件中，但不会包含在 EVENT 处理输入文件中，因为 AERMOD 模型当前只处理平均时间在 24 h（含）内的源贡献分析。

下例演示了 MAXIFILE 的应用：

```
OU MAXIFILE  24     ALL     364.0  MAX24ALL.OUT
OU MAXIFILE  24     PSD      91.0  MAXPSD.OUT      50
OU MAXIFILE   3     PSD     365.0  MAXPSD.OUT      50
OU MAXIFILE   3     PLANT    25.0  C:\OUTPUT\MAXI3HR.FIL
OU MAXIFILE MONTH   ALL      10.0  MAXMONTH.OUT
```

这里 3 h 平均的例子使用了 DOS 文件路径，最后一个例子则使用了月均值。要注意到，对每一个平均时间/源组的组合要用一个 MAXIFILE 命令行。注意：如果预测点很多且大部分都超过预设浓度值时，MAXIFILE 可能产生非常大的结果文件。

POSTFILE 语法：

语法：	OU POSTFILE Aveper Grpid Format Filnam（Funit）
类型：	可选，可重复

这里 Aveper 参数为平均时间（1 h、3 h、8 h 或 24 h，或 MONTH，或 PERIOD、ANNUAL），Grpid 为 POSTFILE 选项选择的源组的 ID。Format 定义 POSTFILE 输出的格式，可设定为 UNFORM 以输出二进制浓度文件，或设定为 PLOT 以输出 x、y 和浓度以绘制即时浓度的等值线图。Filnam 为 POSTFILE 结果保存的文件名。可选的 Funit 参数允许用户指定输出文件的 FORTRAN 逻辑文件号，范围为 26～100（含 26 和 100）。通过对多个 POSTFILE 行定义相同的文件名称和文件号，可将不同源组或不同平均时间的结果合并到一个输出文件中。如果 Funit 未输入，则模型动态分配一个唯一的文件号。

对每一个平均时间和源组可使用一次 POSTFILE，并使用不同的文件名。如果采用 UNIFORM 格式输出，则在二进制的结果文件中，对模型运行过程中每个平均时间均含一个固定长度的记录。记录第一个变量为一个整数（4 字节）指明这个记录的结束小时（YYMMDDHH），第二个变量为一个整数（4 字节）指明平均时间的小时数，第三个变量八字节字符为源组的 ID。记录的余下部分为全部预测点（按其输入流文件中定义的顺序）的平均浓度。

下例演示了 POSTFILE 的应用：

```
OU POSTFILE  24      ALL     UNFORM  PST24ALL.BIN
OU POSTFILE  24      PSD     UNFORM  PST24PSD.BIN
OU POSTFILE   3      PLANT   UNFORM  C:\BINOUT\PST3HR.FIL
OU POSTFILE  MONTH   ALL   PLOT   PSTMONTH.PLT
OU POSTFILE  PERIOD  ALL   PLOT   PSTANN.PLT
```

这里 3 h 平均的例子使用了 DOS 文件路径，最后一个例子则使用了月均值。对每一个平均时间/源组的组合采用单独一个结果文件的方式，便于用户灵活选择某次运行中要进行后处理的结果，同时又使得结果文件易于管理。注意：POSTFILE 可能产生非常大的结果文件，要谨慎使用。对于一个全年逐时计算（8 760 个记录）和 400 个预测点的情况，这个结果文件将达约 14 MB。可用下式估算结果文件所需空间：

文件大小（字节）= 每年小时数/平均时间小时数 ×（预测点数+4）× 4

PLOTFILE 的语法摘要如下：

语法：	OU PLOTFILE Aveper Grpid Hivalu Filnam（Funit），或
	OU PLOTFILE PERIOD Grpid Filnam（Funit）
	OU PLOTFILE ANNUAL Grpid Filnam（Funit）
类型：	可选，可重复

这里 Aveper 参数为平均时间（1 h、3 h、8 h 或 24 h，或 MONTH，或 PERIOD、ANNUAL），Grpid 为 PLOTFILE 选项选择的源组的 ID，Hivalu 定义第几大短期均值输出（FIRST 为各点最大值，SECOND 为第二大值等）。要注意 Hivalu 值对 PERIOD 和 ANNUAL 平均值是不设置的，因为全周期平均和年均值对每个点都只有一个值。Filnam 为 PLOTFILE 结果保存的文件名。可选的 Funit 参数允许用户指定输出文件的 FORTRAN 逻辑文件号。通过对多个 PLOTFILE 行定义相同的文件名称和文件号，可将不同源组或不同平均时间的结果合并到一个输出文件中。

可对每一个平均时间、源组和高值序号的组合分别使用 PLOTFILE 命令，并分别用不同的文件名。结果格式文件包括几行标题信息：平均时间、源组和高组序号；然后是每个预测点一行，包括 x 和 y 坐标、浓度值、平均时间、源组和高值序号。数据按 x,y, 浓度值的顺序写入文件，易于输入绘图程序用于生成等值线图。许多绘图程序都可以直接读入 PLOTFILE 文件，忽略标题信息，生成需要的图形。

下例演示了 PLOTFILE 的应用：

```
OU PLOTFILE   24      ALL      FIRST   PLT24ALL.FST
OU PLOTFILE   24      ALL      SECOND  PLT24ALL.SEC
OU PLOTFILE   24      PSD      2ND     PLTPSD.OUT   75
OU PLOTFILE   3       PSD      2ND     PLTPSD.OUT   75
OU PLOTFILE   3       PLANT    1ST     C：\PLOTS\PST3HR.FIL
OU PLOTFILE   MONTH   ALL      THIRD   PLTMONTH.PLT
OU PLOTFILE   PERIOD  ALL              PLTANN.PLT
```

这里 3 h 平均的例子使用了 DOS 文件路径。正如最后一个例子所示的，高值序号可用 1ST，2ND，3RD……10TH 的方式输入。对每一个平均时间/源组和高值序号的组合采用单独一个结果文件的方式，便于用户灵活选择某次运行中要进行绘图的结果。

TOXXFILE 语法：

语法：	OU TOXXFILE Aveper Cutoff Filnam（Funit）
类型：	可选，可重复

这里 Aveper 参数为平均时间（1 h、3 h、8 h 或 24 h，或 MONTH，或 PERIOD、ANNUAL），Cutoff（标准限值）为用户设定的限值（g/m^3），Filnam 为保存的文件名。要特别注意，Cutoff 的单位必须是 g/m^3，而不管用 SO EMISUNIT 选择的输入和输出的单位如何。可选的 Funit 参数允许用户指定输出文件的 FORTRAN 逻辑文件号。如果 Funit 未输入，则模型动态分配一个唯一的文件号。虽然 TOXXFIL 可使用 CO AVERTIME 中设定的任何短期平均时间，因当前的 TOXST 模型只支持 1 h 平均值计算，如果 TOXXFILE 使用了 1 h 平均时间之外的平均时间，则会产生一个警告消息。

TOXXFILE 可对每个平均时间使用一次，但每次应使用不同的文件名，因为输出文件的结构不容易区分不同平均时间的结果。输出的结果文件为二进制格式，有几个头记录指明标题、平均时间、预测点信息以及标准限值，接下来是记录每次等于或大于标准限值的数据。当其中一个源组的某个预测点的结果超过标准限值时，则这个平均时间和预测点位置的全部源组的结果都要输出。每个通过 TOXXFILE 选项输出的浓度均配以一个整形的 ID 号，表明时间（年中的小时序号）、源组序号以及预测点序号。浓度值和整形 ID 号先存在一个缓冲数组中，满了后再写入二进制文件。缓冲数组的大小用 MODULE MAIN1 中的 NPAIR PARAMETER 参数控制，缺省为 100。模型运行结束时，数组中还剩下的数值也写入文件中，用 0 填补到右面对齐。当使用 TOXXFILE 时，通常对每一个源组只设置一个源。可查阅 TOXST 的用户手册以进一步了解 TOXXFILE 选项的应用。

下例演示了 TOXXFILE 的应用：

```
OU TOXXFILE    1    1.0E-5    TOXX1HR.BIN
OU TOXXFILE   24    1.0E-5    TOXX24HR.BIN   50
```

文件名参数可长达 40 个字符。应注意到，对每个平均时间，只能应用一个 TOXXFILE 命令。注意：如果预测点很多且多数超过给定标准限值，本命令可能产生非常大的文件。

RANKFILE 输出结果按大小排序，用于 *Q-Q* 绘图。应首先使用 MAXTABLE 后才能使用这个命令。不过，RANKFILE 输出与 MAXTABLE 输出是不同的，重复的日期/小时发生值要去除。语法如下：

语法：	OU RANKFILE Aveper Hinum Filnam（Funit）
类型：	可选，可重复

这里 Aveper 参数为平均时间（1 h、3 h、8 h 或 24 h，或 MONTH），Hinum 输出数值的个数。RANKFILE 不能用于 PERIOD 平均值。正如前面提到的，MAXTABLE 要先用于 Aveper 平均计算，而 Hinum 应≤MAXTABLE 中的 Maxnum 参数。因 RANKFILE 要去除重复日期数据，其输出文件中可能含有小于 Hinum 个数据。NMAX 参数控制了 Hinum 取值的最大数，已设为 400。Filnum 为文件名称（40 个字符内）。可选的 Funit 参数允许用户指定输出文件的 FORTRAN 逻辑文件号，范围为 26～100（含 26 和 100）。通过对多个 RANKFILE 行定义相同的文件名称和文件号，可将不同平均时间的结果合并到一个文件中。如果 Funit 未输入，则模型根据以下公式动态分配一个唯一的文件号：

IRKUNT= 100 + IAVE

这里 IRKUNT 为 FORTRAN 逻辑文件号，IAVE 为平均时间的序号（平均时间的顺序在 CO AVERTIME 中定义了）。

EVALFILE 用于生成模型评估所需的数据。其输出为设定的每个源、每个气象小时的弧线最大归一化浓度。以弧线分组的预测点必须用上面介绍的 RE EVALCART 定义。EVALFILE 语法：

语法：	OU EVALFILE Srcid Filnam（Funit）
类型：	可选，可重复

这里 Srcid 为要输出源的 ID，Filnam 为输出文件名，可选的 Funit 参数允许用户指定输出文件的 FORTRAN 逻辑文件号，范围为 26～100（含 26 和 100）。通过对多个 EVALFILE 行定义相同的文件名称和文件号，可将不同源的结果合并到一个文件中。如果 Funit 未输入，则模型根据以下公式动态分配一个唯一的文件号：

IELUNT= 400 + ISRC×5

这里 IELUNT 为 FORTRAN 逻辑文件号，ISRC 为源序号（源的顺序在 SO 中定义了）。

对处理的每一个气象小时，每一个预测点组（弧线），EVALFILE 选项输出五个记录，包含源 ID、时间、弧 ID、弧线最大归一浓度（x/Q）、源强和其他弧线最大相关的烟羽扩散、气象变量。因 EVALFILE 选项需要预测点弧线组，因此需要用 RE EVALCART 预测先定义弧线预测点组，否则会产生致命错误。

SEASONHR 选项用于输出按季和小时的平均结果。语法：

语法：	OU SEASONHR Groupid Filnam（Funit）
类型：	可选，可重复

这里 Groupid 为要输出源组的 ID，Filnam 为输出文件名，可选的 Funit 参数允许用户指定输出文件的 FORTRAN 逻辑文件号，范围为 26～100（含 26 和 100）。如果 Funit 未输入，则模型用公式 302+IGRP×10 动态分配一个唯一的文件号，IGRP 为源组序号。下面为一个 SEASONHR 输出文件的例子：

```
* MODELING OPTIONS USED:
*  CONC                 WDEP   RURAL   FLAT         TOXICS
*         FILE OF SEASON/HOUR VALUES FOR SOURCE GROUP: ALL
*         FOR A TOTAL OF   216 RECEPTORS.
*         FORMAT: (4(1X,F13.5),1X,F8.2,2X,A8,2X,I4,2X,I4,2X,I4,2X,A8)
*        X             Y      AVERAGE CONC    ZELEV      GRP       NHRS   SEAS   HOUR   NET ID
*
       8.68241      49.24039      0.00000     0.00   ALL          87      1      1   POL1
      17.36482      98.48077      0.00000     0.00   ALL          87      1      1   POL1
      86.82409     492.40387      0.18098     0.00   ALL          87      1      1   POL1
     173.64818     984.80774      2.52520     0.00   ALL          87      1      1   POL1
     868.24091    4924.03857      2.07470     0.00   ALL          87      1      1   POL1
    1736.48181    9848.07715      0.93252     0.00   ALL          87      1      1   POL1
      17.10101      46.98463      0.00000     0.00   ALL          87      1      1   POL1
      34.20201      93.96926      0.00000     0.00   ALL          87      1      1   POL1
     171.01007     469.84631      0.15772     0.00   ALL          87      1      1   POL1
     342.02014     939.69263      2.48554     0.00   ALL          87      1      1   POL1
    1710.10071    4698.46289      6.09119     0.00   ALL          87      1      1   POL1
    3420.20142    9396.92578      4.49830     0.00   ALL          87      1      1   POL1
      25.00000      43.30127      0.00000     0.00   ALL          87      1      1   POL1
      50.00000      86.60254      0.00000     0.00   ALL          87      1      1   POL1
     250.00000     433.01270      0.10114     0.00   ALL          87      1      1   POL1
     500.00000     866.02539      2.12970     0.00   ALL          87      1      1   POL1
    2500.00000    4330.12695      2.79993     0.00   ALL          87      1      1   POL1
    5000.00000    8660.25391      1.97200     0.00   ALL          87      1      1   POL1
```

输出文件中的 NHRS 列为用于计算季节各小时平均的非静风和非丢失小时数量。SEAS 为季节序号，1 为冬，2 为春，3 为夏，4 为秋。记录先从一天中各小时循环，然后再按季节循环。

（3）EVENT 处理选项

AERMOD 模型中的 EVENT 处理用于进行短期平均（≤24 h）事件的源贡献率分析。事件可能是由 AERMOD 生成的，或用户设定的，或两者均有。因为相对狭窄的应用，输出限制为一个单个命令。EVENTOUT 控制 EVENT 模型的源贡献输出的详细程度，语法：

语法：	OU EVENTOUT SOCONT DETAIL
类型：	必选，不可重复

这里 SOCONT 为只生成源贡献信息，而 DETAIL 为可生成更详细的摘要。SOCONT 提供相应事件的源组中各源的平均浓度（或总沉积）值（贡献）。DETAIL 也提供这些源的基本信息，此外还提供平均周期内各源的逐时平均浓度（或总沉积），以及事件周期各小时的气象数据摘要。通常 DETAIL 会产生比 SOCONT 大的输出文件，特别是有很多源时。对 EVENTOUT 选项没有缺省设置。

5.7　模型参数

5.7.1　AERMET 手册中的地表特征参数推荐值

以下推荐值来自：*AERMET USER GUIDE*，EPA-454/B-03-002，2004/11。原文来自 Paine（1987）。

ALBEDO 为总的太阳入射辐射中，被地面反射回空中的部分的比率。典型值范围，从浓密的落叶林的 0.1 到新雪地的 0.90。这个值是太阳高度角的函数。一般可通过正午的反射率来求其他时间的反射率。

白天波文比（BOWEN）为地表湿度的一个指标，是显热通量（sensible heat flux）与潜热通量（latent heat flux）的比值，用于计算对流条件下的行星边界层参数。在一日之中该值变化很大，通常在白天可取得一个相对稳定的值。正午的波文比变化范围从水面的 0.1 到沙漠的 10.0。

地表粗糙长度与阻挡风流动的障碍物高度有关，为平均水平风速为 0 处的高度。范围为从平静水面的小于 0.001 m 到森林或城市的 1 m 及以上。

下面一些表格提供了这些参数的一些取值参考。这些表中的季节不是对应于特定的月份，而应对应于该地区的纬度和年植物生成周期。春季对应于植物开始出现或部分绿化时期，用于最后一次严寒后的 1～2 个月。夏季对应于植物茂盛的时期。秋季为常出现霜冻、落叶林已落叶、庄稼已收割、草已发黄但尚无雪的时期。冬季对应于雪地表面和 0℃以下气温。例如，3 月在南方为春天，但在北方很多地方仍为冬天。所以这些信息应由用户决定如何使用。

5.7.1.1　正午反照率（Albedo）参数

正午反照率的选择与地表类型和季节有关，推荐值见表 5-7（Paine，1987）。

表 5-7 正午反照率推荐参数

地表类型	春季	夏季	秋季	冬季
水面	0.12	0.10	0.14	0.20
落叶林	0.12	0.12	0.12	0.50
针叶林	0.12	0.12	0.12	0.35
湿地或沼泽地	0.12	0.14	0.16	0.30
农作地	0.14	0.20	0.18	0.60
草地	0.18	0.18	0.20	0.60
城市	0.14	0.16	0.18	0.35
沙漠化荒地	0.30	0.28	0.28	0.45

5.7.1.2 波文比（BOWEN）参数

波文比的选择与地表类型、季节和空气湿度有关，推荐值见表 5-8 至表 5-10（Paine，1987）。关于冬季取值：对于表 5-8 至表 5-10，如果冬天很少有雪覆盖（或没有完全覆盖），则取秋季和冬季的中间值更合适。如果完全被雪覆盖，可取冬季值。对水体，冬季假定水面为冰冻。

表 5-8 波文比推荐参数（干燥条件）

地表类型	春季	夏季	秋季	冬季
水面	0.10	0.10	0.10	2.00
落叶林	1.50	0.60	2.00	2.00
针叶林	1.50	0.60	1.50	2.00
湿地或沼泽地	0.20	0.20	0.20	2.00
农作地	1.00	1.50	2.00	2.00
草地	1.00	2.00	2.00	2.00
城市	2.00	4.00	4.00	2.00
沙漠化荒地	5.00	6.00	10.00	10.00

表 5-9 波文比推荐参数（中等湿度条件）

地表类型	春季	夏季	秋季	冬季
水面	0.1	0.1	0.1	1.5
落叶林	0.7	0.3	1.0	1.5
针叶林	0.7	0.3	0.8	1.5
湿地或沼泽地	0.1	0.1	0.1	1.5
农作地	0.3	0.5	0.7	1.5
草地	0.4	0.8	1.0	1.5
城市	1.0	2.0	2.0	1.5
沙漠化荒地	3.0	4.0	6.0	6.0

表 5-10 波文比推荐参数（潮湿条件）

地表类型	春季	夏季	秋季	冬季
水面	0.1	0.1	0.1	0.3
落叶林	0.3	0.2	0.4	0.5
针叶林	0.3	0.2	0.3	0.3
湿地或沼泽地	0.1	0.1	0.1	0.5
农作地	0.2	0.3	0.4	0.5
草地	0.3	0.4	0.5	0.5
城市	0.5	1.0	1.0	0.5
沙漠化荒地	1.0	1.5	2.0	2.0

5.7.1.3 粗糙度（roughness length）参数

粗糙度的选择与地表类型和季节有关，推荐值见表 5-11（Paine，1987）。

表 5-11 各地表类型的粗糙度

地表类型	春季	夏季	秋季	冬季
水面	0.000 1	0.000 1	0.000 1	0.000 1
落叶林	1.000 0	1.300 0	0.800 0	0.500 0
针叶林	1.300 0	1.300 0	1.300 0	1.300 0
湿地或沼泽地	0.200 0	0.200 0	0.200 0	0.050 0
农作地	0.030 0	0.200 0	0.050 0	0.010 0
草地	0.050 0	0.100 0	0.010 0	0.001 0
城市	1.000 0	1.000 0	1.000 0	1.000 0
沙漠化荒地	0.300 0	0.300 0	0.300 0	0.150 0

对城区的细化值，可参见表 5-12（Stull，1988）。

表 5-12 城区的细化值

环境	地表粗糙长度/m
多树和树篱，少有建筑物	0.2～0.5
城镇外围	0.4
小城镇中心	0.6
大城镇中心和小城市	0.7～1.0
大城市中心，有高建筑物	1.0～3.0

5.7.2 AERSURFACE 手册中的地表参数推荐值

本小节的内容来源于 AERSURFACE 用户手册附录 A。其中，土地类型码为按 NLCD92

的 21 个类型码。季节分 1～5 类，对应的描述见表 5-13。每个季节对应的月份，尽管本身有缺省的月份，但用户可根据当地的实际情况，根据表中季节的描述，将每个月份归类到更合适的季节中去。NLCD92 正午反照率推荐值见表 5-14，NLCD92 波文比推荐值见表 5-15，NLCD92 地表粗糙度推荐值见表 5-16。

表 5-13　季节分类

季节代码	季节描述	缺省月份
1	植物茂盛的盛夏	6 月，7 月，8 月
2	作物尚未收割的秋天	9 月，10 月，11 月
3	收割后有霜冻的晚秋或无雪的初冬	12 月，1 月，2 月
4	有持续覆雪的冬天	12 月，1 月，2 月
5	部分地面有植物或短草覆盖的春季	3 月，4 月，5 月

表 5-14　NLCD92 正午反照率推荐值

土地类型码	土地类型描述	各季度正午反照率推荐值				
		1	2	3	4	5
11	自由水面	0.1	0.1	0.1	0.1	0.1
12	永久冰层/雪层	0.6	0.6	0.7	0.7	0.6
21	低密度居住区	0.16	0.16	0.18	0.45	0.16
22	高密度居住区	0.18	0.18	0.18	0.35	0.18
23	商业/工业/物流（机场区域）	0.18	0.18	0.18	0.35	0.18
	商业/工业/物流（非机场区域）	0.18	0.18	0.18	0.35	0.18
31	裸露石砾/砂/泥地（旱区）	0.2	0.2	0.2	—	0.2
	裸露石砾/砂/泥地（非旱区）	0.2	0.2	0.2	0.6	0.2
32	采石场/荒地	0.2	0.2	0.2	0.6	0.2
33	无植物区到有植物区过渡地带	0.18	0.18	0.18	0.45	0.18
41	落叶林	0.16	0.16	0.17	0.5	0.16
42	常绿林	0.12	0.12	0.12	0.35	0.12
43	混合林	0.14	0.14	0.14	0.42	0.14
51	灌木丛（旱区）	0.25	0.25	0.25	—	0.25
	灌木丛（非旱区）	0.18	0.18	0.18	0.5	0.18
61	果园/葡萄园/其他经济林	0.18	0.18	0.18	0.5	0.14
71	草地/草本植物	0.18	0.18	0.2	0.6	0.18
81	牧场/牧草堆场	0.2	0.2	0.18	0.6	0.14
82	中耕作物区	0.2	0.2	0.18	0.6	0.14
83	小粒谷类作物区	0.2	0.2	0.18	0.6	0.14
84	休耕地	0.18	0.18	0.18	0.6	0.18
85	城市/休闲草地	0.15	0.15	0.18	0.6	0.15
91	木本湿地	0.14	0.14	0.14	0.3	0.14
92	短期生草本湿地	0.14	0.14	0.14	0.3	0.14

注：本表格参数来源于 AERMET 说明书、Stull 和 Garratt 等的研究报告，部分为估算值。

表 5-15　NLCD92 波文比推荐值（本表略去土地类型描述）

土地类型码	常规气候					潮湿气候					干燥气候				
	1	2	3	4	5	1	2	3	4	5	1	2	3	4	5
11	0.1	0.1	0.1	0.1	0.1	0.1	0.1	0.1	0.1	0.1	0.1	0.1	0.1	0.1	0.1
12	0.5	0.5	0.5	0.5	0.5	0.5	0.5	0.5	0.5	0.5	0.5	0.5	0.5	0.5	0.5
21	0.8	1	1	0.5	0.8	0.6	0.6	0.6	0.5	0.6	2	2.5	2.5	0.5	2
22	1.5	1.5	1.5	0.5	1.5	1	1	1	0.5	1	3	3	3	0.5	3
23	1.5	1.5	1.5	0.5	1.5	1	1	1	0.5	1	3	3	3	0.5	3
	1.5	1.5	1.5	0.5	1.5	1	1	1	0.5	1	3	3	3	0.5	3
31	4	6	6	—	3	1.5	2	2	—	1	6	10	10	—	5
	1.5	1.5	1.5	0.5	1.5	1	1	1	0.5	1	3	3	3	0.5	3
32	1.5	1.5	1.5	0.5	1.5	1	1	1	0.5	1	3	3	3	0.5	3
33	1	1	1	0.5	1	0.7	0.7	0.7	0.5	0.7	2	2	2	0.5	2
41	0.3	1	1	0.5	0.7	0.2	0.4	0.4	0.5	0.3	0.6	2	2	0.5	1.5
42	0.3	0.8	0.8	0.5	0.7	0.2	0.3	0.3	0.5	0.3	0.6	1.5	1.5	0.5	1.5
43	0.3	0.9	0.9	0.5	0.7	0.2	0.35	0.35	0.5	0.3	0.6	1.75	1.75	0.5	1.5
51	4	6	6	—	3	1.5	2	2	—	1	6	10	10	—	5
	1	1.5	1.5	0.5	1	0.8	1	1	0.5	0.8	2.5	3	3	0.5	2.5
61	0.5	0.7	0.7	0.5	0.3	0.3	0.4	0.4	0.5	0.2	1.5	2	2	0.5	1
71	0.8	1	1	0.5	0.4	0.4	0.5	0.5	0.5	0.3	2	2	2	0.5	1
81	0.5	0.7	0.7	0.5	0.3	0.3	0.4	0.4	0.5	0.2	1.5	2	2	0.5	1
82	0.5	0.7	0.7	0.5	0.3	0.3	0.4	0.4	0.5	0.2	1.5	2	2	0.5	1
83	0.5	0.7	0.7	0.5	0.3	0.3	0.4	0.4	0.5	0.2	1.5	2	2	0.5	1
84	0.5	0.7	0.7	0.5	0.3	0.3	0.4	0.4	0.5	0.2	1.5	2	2	0.5	1
85	0.5	0.7	0.7	0.5	0.3	0.3	0.4	0.4	0.5	0.2	1.5	2	2	0.5	1
91	0.2	0.2	0.3	0.5	0.2	0.1	0.1	0.1	0.5	0.1	0.2	0.2	0.2	0.5	0.2
92	0.1	0.1	0.1	0.5	0.1	0.1	0.1	0.1	0.5	0.1	0.2	0.2	0.2	0.5	0.2

注：本表格参数来源于 AERMET 说明书和 Oke 的研究报告，部分为估算值。

表 5-16　NLCD92 地表粗糙度推荐值（本表略去土地类型描述）

土地类型码	各季度地表粗糙度推荐值				
	1	2	3	4	5
11	0.001	0.001	0.001	0.001	0.001
12	0.002	0.002	0.002	0.002	0.002
21	0.4	0.4	0.3	0.3	0.4
22	1	1	1	1	1
23	0.07	0.07	0.07	0.07	0.07
	0.7	0.7	0.7	0.7	0.7
31	0.05	0.05	0.05	—	0.05
	0.05	0.05	0.05	0.05	0.05
32	0.3	0.3	0.3	0.3	0.3
33	0.2	0.2	0.2	0.2	0.2

土地类型码	各季度地表粗糙度推荐值				
	1	2	3	4	5
41	1.3	1.3	0.6	0.5	1
42	1.3	1.3	1.3	1.3	1.3
43	1.3	1.3	0.9	0.8	1.1
51	0.15	0.15	0.15	—	0.15
	0.3	0.3	0.3	0.15	0.3
61	0.3	0.3	0.1	0.05	0.2
71	0.1	0.1	0.01	0.005	0.05
81	0.15	0.15	0.02	0.01	0.03
82	0.2	0.2	0.02	0.01	0.03
83	0.15	0.15	0.02	0.01	0.03
84	0.05	0.05	0.02	0.01	0.02
85	0.02	0.015	0.01	0.005	0.015
91	0.5	0.5	0.4	0.3	0.5
92	0.2	0.2	0.2	0.1	0.2

注：本表格参数来源于 AERMET 说明书、Stull 和 Slade、Garratt、Randerson 等的研究报告，部分为估算值。

5.7.3 城市效应参数参考值

AERMET 使用一个能量平衡公式来决定：①当前是稳定还是不稳定状态；②若为不稳定状态，则定量计算出地表热通量和其他边界层参数。适用于农村地区的一个简单公式为

$$R_n=Q_h+Q_e+Q_g \tag{5-4}$$

式中，R_n——净辐射率；

Q_h——显热通量；

Q_e——潜热通量；

Q_g——土壤热通量。

目前，在 AERMET 中 Q_g 已被 $0.1R_n$ 表示，Q_h 和 Q_e 则用白天波文比（Q_h/Q_e）来计算。净辐射的符号用于决定莫尼长度的符号。这个选择对 AERMOD 很重要，因要由此选择扩散算法。

考虑了人类热通量（Q_a）并允许 Q_g 为 R_n 的一个可变部分（c_g），更通用的能量平衡方程如下：

$$R_n+Q_a=Q_h+Q_e+c_gR_n \tag{5-5}$$

白天入地热通量可用净辐射率的一个分部（范围 0～1.0）来表示。Holtslag 和 Ulden（1983）在荷兰得到草地覆盖面 c_g 取值 0.1。Oke（1982）指出 c_g 的典型范围：乡村 0.05～0.25，城郊 0.20～0.25，城市 0.25～0.30。

除了高度城市化区域，人类热通量可忽略。表 5-17 来自 Oke（1978），提供了一些城市的估算值。

表 5-17　净辐射率推荐值（Oke，1978）

城市	纬度	时段	人口/10^6人	人口密度/（人/km^2）	人均能耗/（MJ×10^3/a）	Q_a/（W/m^2）	R_n/（W/m^2）
曼哈顿	40°N	年均	1.7	28 810	128	117	93
		夏季				40	
		冬季				198	
蒙特利尔	45°N	年均	1.1	14 102	221	99	52
		夏季				57	92
		冬季				153	13
布达佩斯	47°N	年均	1.3	11 500	118	43	46
		夏季				32	100
		冬季				51	−8
谢菲尔德	53°N	年均	0.5	10 420	58	19	56
西柏林	52°N	年均	2.3	9 830	67	21	57
温哥华	49°N	年均	0.6	5 360	112	19	57
		夏季				15	107
		冬季				23	6
中国香港	22°N	年均	3.9	3 730	34	4	～110
新加坡	1°N	年均	2.1	3 700	25	3	～110
洛杉矶	34°N	年均	7.0	2 000	331	21	108
费尔班克斯	64°N	年均	0.03	810	740	19	18

5.7.4　干、湿沉降参数选取

5.7.4.1　气体反应因子与扩散系数

CO GASDEPDF 定义气体干沉的反应因子 f_0 和季节 2、季节 5 的最大绿叶面积指数（LAI）的占比（F）。缺省 f_0 为 0，季节 2 和季节 5 的 F 值分别为 0.5 和 0.25。对季节 1、季节 3、季节 4 则采用 F=1.0。对 O_3、$TiCl_4$、Hg^{2+}，f_0 应输入 1；对 NO_2，应输入 0.1。

SO GASDEPOS 输入气体干湿沉降的污染物参数 Da、Dw、rcl、Henry。Da 为污染物在空气中的扩散系数（cm^2/s），Dw 为污染物在水体中的扩散系数（cm^2/s），rcl 为单个叶面表面反弹阻力（s/cm），Henry 为 Henry 定律常数［（$Pa·m^3$）/mol］。常见污染物的这些物性参数可见 ANL 报告（ANL/ER/TR-01/003，DOE/xx-nnnn。*Deposition Parameterizations for the Industrial Source Complex（ISC3）Model*，Wesely M L，Doskey P V，Shannon J D）。对于该表中未列出的污染物，可参考分子量和分子结构相近的污染物。

对于 SO_2 和 NO_2，若参考分子量和分子结构相近的 CS_2 的参数，可建议对 Da、Dw、rcl、Henry 分别取值 0.105 3、1.285×10^{-5}、745、1 750。

限于篇幅，ANL 报告具体内容本书不列出。

5.7.4.2 粒子干沉的粒径分布参数

前面提过有两种方法处理粒子干沉。方法 1 用于部分（10%以上）质量百分比的粒径在 10 μm 及以上的情况，该方法要求有详细的粒径分布情况。方法 2 用于粒径分布不是很清楚且粒径在 10 μm 及以上的粒子质量占比较小（小于 10%）的情况。

粒子分布参数对粒子干沉的计算具有决定性作用，因此慎重取值。其来源，一般是两种方法：实验确定和参考同业。采用参考值时，一定要参考同一行业、相同原料、同样工艺的情况。

在上述 ANL 报告中，也提供了部分物质的粒子参数，可用于干沉的方法 2 输入，详见表 5-18。为便于使用，这里只列出推荐值，不再列出各次试验具体值及来源（详细参见原版资料）。

表 5-18　部分物质粒子参数

粒子成分	2.5 μm 以下质量百分比/%	中位径/μm	备注
锑，复合物	60	1.0	
砷，复合物	75	0.5	
石棉	85	0.3	
铍，复合物	80①，0②	0.4①，7.0②	①对应于燃烧 ②对应于采矿
镉，复合物	70	0.6	
$CCaN_2$	0	7.0	
氯复合物	60	1.0	
铬复合物	55	1.2	
钴复合物	75	0.5	
焦炭炉排放物	80	0.4	
氰化物（CN^-），盐（不考虑 HCN）	0	7.0	
铅复合物	75	0.5	
锰复合物	45	1.8	
汞复合物（不含气态汞）	80	0.4	
精细矿物纤维	100	0.1	
镍复合物	60	1.0	
磷（假定为磷酸盐）	40	2.2	
多环有机物（POM）	80	0.4	
多环有机复合物，如 PCCD/Fs	90	0.1	
多环有机复合物，如 PAHs	93	0.1	
放射性物质（含氡）	80	0.4	
硒复合物	80	0.4	

第 6 章　ADMS 模型应用指南

6.1　数据输入与设置

应用 ADMS 模型进行大气污染扩散模拟时，污染源和气象数据是模型要求的基本输入数据，并对输出范围、输出项等进行设置，如果有需要可以进一步输入复杂地形、背景浓度、建筑物等数据。本章介绍 ADMS-环评/城市/机场模型为 4.0 版，ADMS-工业模型为 5.2 版，如果有不同情况会特别说明。

6.1.1　基本设置

ADMS 模型在设置界面进行项目基本设置，以及一些特殊模拟选项。设置界面如图 6-1 所示。

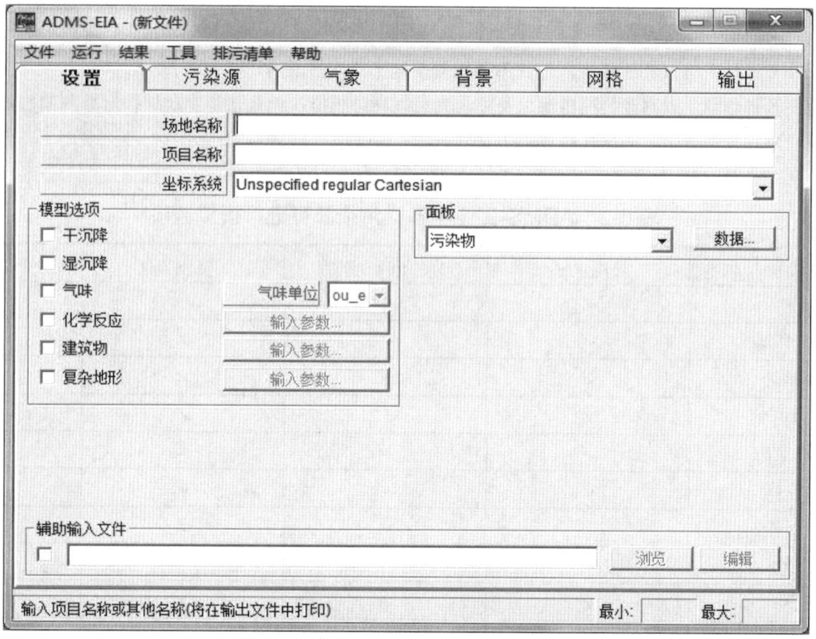

图 6-1　ADMS-环评设置界面

6.1.1.1 项目基本信息

项目基本信息包括场地名称、项目名称和所用坐标系统。ADMS 模型使用的空间数据为笛卡尔坐标，单位为 m。用户可以从列表中选择标准的实际地理坐标系或自定义相对坐标系（如原点在污染源），模型默认为用户自定义相对坐标系（unspecified regular cartesian）。模型中使用的坐标系必须为 ADMS Mapper 和其他输出选项适用的坐标系详细信息参考《ADMS Mapper 用户手册》。

6.1.1.2 模型选项

在模型选项部分选择需要进一步模拟的选项，在 ADMS-环评/城市版本中包括干湿沉降、气味、化学反应、建筑物和复杂地形，ADMS-工业中包括干湿沉降、烟羽可见度、气味、化学反应、建筑物、复杂地形、海岸线、烟团和波动，详见表 6-1 和表 6-2。

表 6-1 ADMS-环评和城市中各类污染源可进行模拟选项

模型选项	点源	线、面、体源	道路源	网格源
沉降	✓	✓	✓	✓
化学反应	✓	✓	✓	✓
复杂地形	✓	✓	✓	①
建筑物	✓	②	②	②
污染源时间变化排放	✓	✓	✓	③
臭味	✓	✓	✓	✓

注：①网格源和复杂地形可以同时模拟，但是不考虑复杂地形对网格源的影响。

②线源、面源、体源、道路源、网格源以及建筑物可以同时模拟，但是建筑物对这些污染源的影响会被忽略。

③网格源可单独使用一个时间变化排放因子文件。

表 6-2 ADMS-工业中各类污染源可进行模拟选项

模型选项	点源	线、面、体源	喷射源	多源
沉降	✓	✓①	✓①	✓
放射性衰减	✓	✓	×	✓
伽马剂量	✓	×	×	×
气味	✓	✓②	✓	✓
烟羽可见度	✓	×	×	✓
化学反应	✓	✓	✓	✓
复杂地形	✓	✓	×	✓
建筑物	✓	③	③	✓
海岸线	✓	×	×	✓
烟团	✓	×	✓	×
波动	✓	✓④	×	✓

海洋边界层	✓	✓	✓	✓
温度和湿度输出	✓	×	⑤	×
用户输入 3D 风场	✓	✓	×	✓
稳定条件	✓	✓	×	✓
时间变化排放	✓	✓	✓	✓
风力涡轮效应	✓	✓	×	✓

注：①“落滴法”计算湿沉降仅用于点源。

②体源不能使用气味单位“ou”。

③线源、面源、体源、道路源、网格源以及建筑物可以同时模拟，但是建筑物对这些污染源的影响会被忽略。

④波动模块最多模拟 50 个点源和 20 条线源、面源和体源。

⑤温度输出仅可以计算顺风方向喷射源。喷射源不计算湿度。

6.1.1.3 污染物设定面板

在模型污染物设定界面定义污染物参数，并可根据用户需要添加新的参数，界面如图 6-2 所示。最多可定义 31 种污染物：其中 11 种已预先设置，包括 NO_x、NO_2、O_3、VOC（挥发性有机物）、SO_2、CO、Benzene（苯）、Butadiene（1,3 丁二烯）、颗粒物 PM_{10}、$PM_{2.5}$ 和 TSP。NO_x、NO_2、O_3、VOC、SO_2、PM_{10} 和 $PM_{2.5}$ 不能删除。

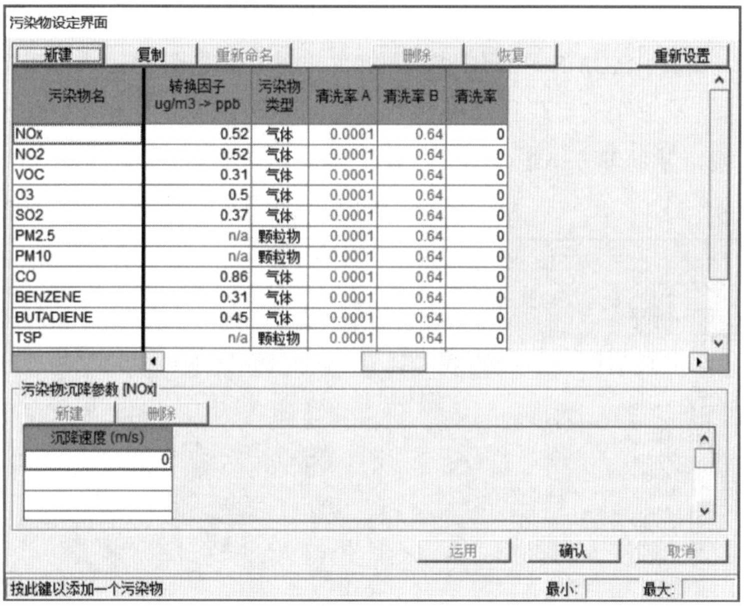

图 6-2 ADMS-环评模型污染物设定界面，列出 11 种预设污染物信息

每种污染物需要输入以下参数。

（1）污染物名

污染物名称不能重复，最多 20 个字符，不能包含逗号。

（2）转换因子（μg/m^3→ppb）

将 1 μg/m^3 气态污染物换算为 1ppb（parts per billion，十亿分之一体积浓度）的转换因子。转换因子计算公式为 24.06/*M*（由理想气体公式推导出，*M* 为污染物分子量），默认值 = 1（气体）或 *n*/*a*（颗粒物）。注意 VOC 转换因子默认值为 0.31，适用于苯。如果所模拟 VOC 的主要成分不是苯，需要修改转换因子。

（3）污染物类型：气体或颗粒物

双击单元格可以在两种类型间切换，下侧干沉降参数栏随之改变。

（4）湿沉降参数

参数表最后三栏的参数（清洗率 *A* 等）与湿沉降过程有关（如降水）。

（5）干沉降参数

下方污染物沉降参数表格为与干沉降有关的参数。沉降参数为上方表格中选择的污染物。不同的污染物类型需要输入不同的干沉降参数：气体排放为沉降速度或气体类型；颗粒物为沉降速度与终端速度或颗粒密度与质量分数。

6.1.1.4 辅助输入文件

模型在设置界面还有一些特殊的模型选项可以通过辅助输入.uai 文件（ADMS 工业中为.aai 文件）设置。ADMS-环评辅助输入文件设置界面见图 6-3。通过勾选界面左列选项并生成辅助输入文件来实现具体参数或参数文件的设置。各选项详细介绍见后文。ADMS-环评/城市辅助输入.uai 文件和 ADMS-工业辅助输入.aai 文件功能选项分别见表 6-3 和表 6-4。

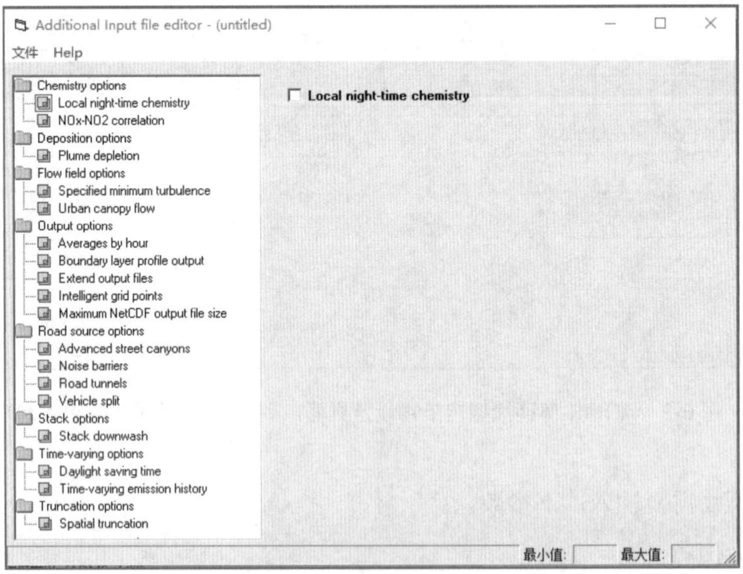

图 6-3 ADMS-环评辅助输入文件编辑界面

表 6-3 ADMS-环评辅助输入.uai 文件功能选项

选项	功能
化学反应（chemistry options）	当地夜间化学反应（loca night-time chemistry）
	NO_x 和 NO_2 相关关系（NO_x-NO_2 correlation）
沉降（deposition）	烟羽损耗（plume depletion）
风场选项（flow field options）	指定最小湍流（specified minimum turbulence）
	城市冠层流场（urban canopy flow）
输出选项（output options）	每小时平均值（averages by hour）
	边界层廓线数据输出（boundary layer profile output）
	扩展输出文件（extend output files）
	智能网格点（intelligent grid points）
	最大 netCDF 输出文件（maximum output file size）
道路源选项（road source options）	高级街谷（advanced street canyons）
	隔声屏障（noise barrier）
	道路隧道（road tunnels）
	车辆组成（vehicle split）
烟囱选项（stack options）	烟囱下洗（stack downwash）
时间变化选项（time-varying options）	夏令时（daylight saving time）
	时间变化排放历史（time-varying emission history）
截断选项（truncation options）	空间截断（spatial truncation）

表 6-4 ADMS-工业辅助输入.aai 文件功能选项

选项	功能
静风条件选项（calm condition options）	静风条件（calm condition）
化学反应（chemistry options）	当地夜间化学反应（local night-time chemistry）
沉降（deposition）	详细时间变化干沉降［detailed temporal variation（dry）］
	烟羽损耗（plume depletion）
	空间和时间变化沉降（spatial and temporal variation）
	落滴法计算湿沉降［wet deposition（falling drop method）］
风场选项（flow field options）	指定最小湍流（specified minimum turbulence）
	城市冠层流场（urban canopy flow）
	用户输入 3D 流场（user-input 3D flow field）
海洋选项（marine options）	海洋边界层（marine boundary layer）
输出选项（output options）	边界层廓线数据输出（boundary layer profile output）
	扩展输出文件（extend output file）
	最大 netCDF 输出文件（maximum netCDF output file size）
烟羽可见选项（plume visibility options）	烟羽可见参数（plume visibility parameters）
	相对湿度临界值（threshold relative humidity）
烟囱选项（stack options）	合并多烟道（combine multiple flues）
	烟囱下洗（stack downwash）
温度和湿度选项（temperature and humidity options）	温度和湿度输出（temperature and humidity output）
	喷射源温度输出（temperature output for jets）
时间变化选项（time-varying options）	夏令时（daylight saving time）
	时间变化排放历史（time-varying emission history）
风力涡轮机（wind turbines）	风力发电厂（wind farm）
	风力涡轮机类型（wind turbine types）

6.1.2 污染源数据

ADMS-环评和 ADMS-城市模型可输入的污染源类型包括道路源、工业源（点源、线源、面源、体源）和网格源；ADMS-机场模型可以模拟以上三种污染源以及飞机源；ADMS-工业模型主要用于模拟喷射源在内的工业源。每个模型可以模拟的各种污染源类型和数量如表 6-5 所示。

表 6-5　各版本 ADMS 模型可模拟污染源类型和数量

源名称		ADMS-环评	ADMS-城市	ADMS-工业	ADMS-机场
		可模拟的各类污染源最大数量			
污染源类型	工业源	1 500	1 500	300	1 500
	道路源	100	3 000	—	3 000
	网格源	1 套（最多可有 1 000 个单元网格）	1 套（最多可有 3 000 个单元网格）	—	1 套（最多可有 3 000 个单元网格）
	飞机源	—	—	—	500

注：在 ADMS-城市 4.0 版本中界面可输入道路源为 100 000 条，工业源为 10 000 个，网格源单元网格为 10 000 个，但标准许可下可运行计算污染源个数仍与表 6-5 相同。

ADMS-环评污染源输入界面如图 6-4 所示。

图 6-4　ADMS-环评模型污染源输入界面

注意：在模型污染源界面每次只能单独显示道路源、工业源、网格源、飞机源四种类型之一，如果需要在不同污染源类型间切换，要在右侧下拉菜单中选择。

模型使用创造小组选项可将污染源分为不同小组，每个小组包括若干个污染源，同一个污染源可以属于不同的小组。模型会分别计算小组的浓度值，以考察不同污染源组的浓度贡献。用户可根据需要选择输出的污染源组合污染源。

模型默认污染排放速率恒定，但也可以模拟随时间变化的排放。通过污染源界面的时间不同排放因子选项可设置不同源强变化情景，详见 6.1.8 节。

根据污染源数据的格式和数量，ADMS 模型可选择多种方式输入和导入数据：

①污染源数量较少时，可以在模型污染源界面新建污染源并输入相关信息。

②在图形可视化工具中定义坐标系后，绘制污染源，自动提取空间信息。可通过模型自带地图工具 ADMS Mapper 或者地理信息系统软件（ArcGIS、MapInfo 和 ArcView）实现。

③在处理大量污染源时，可使用 ADMS 排污清单数据库功能，通过 Access 文件编辑污染源不同属性表格导入数据，ADMS 界面污染源数据的变化也可输出到排污清单文件中。

④通过逗号分隔的.spt 系列变量文件导入污染源数据，包括污染源性质（.spt）文件、排放信息（.eit）文件、空间位置（.vgt）文件等。

图 6-5 显示了将原始污染源数据处理为模型需求格式的各种可行方法路线。建议在污染源较少、情景简单时直接从模型界面输入，源数量较多时采用步骤 A、步骤 B、步骤 C、步骤 E 或步骤 J 导入数据，当缺失详细的污染源空间信息数据时，可与步骤 G 结合应用。使用排污清单管理工具 EMIT 可方便地实现步骤 A 到步骤 B，同时可批量导入空间信息较为复杂的大量数据，如 shp 格式路网数据，详见 EMIT 用户手册。

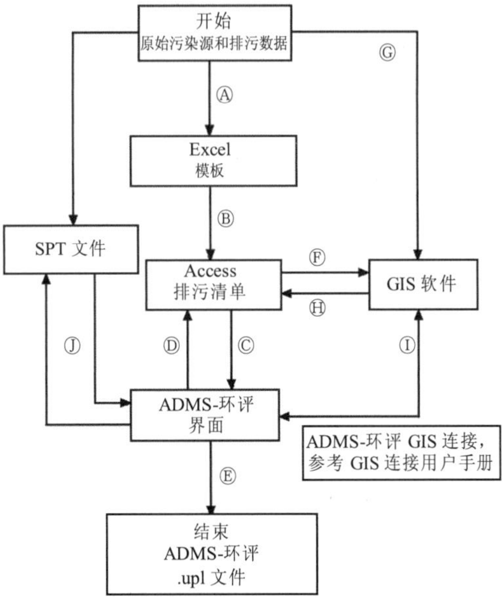

图 6-5　将原始污染源与排放数据处理为 ADMS 模型*.upl 文件的步骤

6.1.2.1 工业源

工业污染源需要输入以下几类数据。

（1）污染源性质参数

污染源类型包括点源、线源、面源、体源、喷射源（仅 ADMS-工业），界面默认为点源。

污染源参数包括污染源的尺寸、方向、位置等空间几何信息。不同污染源类型需要输入的几何参数不同，见表 6-6。

表 6-6 需要输入的各类污染源尺寸、方向、位置信息

污染源类型	高度	直径	X_p	Y_p	L_1
点源或喷射源	✓	✓	✓	✓	×
面源	✓	×	×	×	×
体源	✓	×	×	×	✓
线源	✓	×	×	×	✓

注意：对于点源和喷射源（X_p，Y_p）为污染源位置，大直径的点源应作为面源模拟；面源是一个在同一平面上的凸多边形，可以有 3～50 个顶点，（X，Y）为各顶点坐标，且必须按顺时针或者逆时针方向依次输入，相邻两顶点间距离不小于 1 m；对于体源 L_1 为垂直高度（在此高度以上排放充分混合），高度（Z_s）是 L_1 的中点高度，体源水平横截面定义与面源一致，是一个由 3～50 个顶点组成的凸多边形，（X，Y）为各顶点坐标，同样必须按顺时针或者逆时针方向依次输入，并保证相邻两顶点间距离不小于 1 m；对于线源 L_1 为线宽，（X，Y）为线源拐点坐标（每条线段两端中点坐标），线源有 2～50 个拐点，每相邻两点间距离不小于 1 m，整条线源排放一致。体源和线源的几何参数定义见图 6-6。

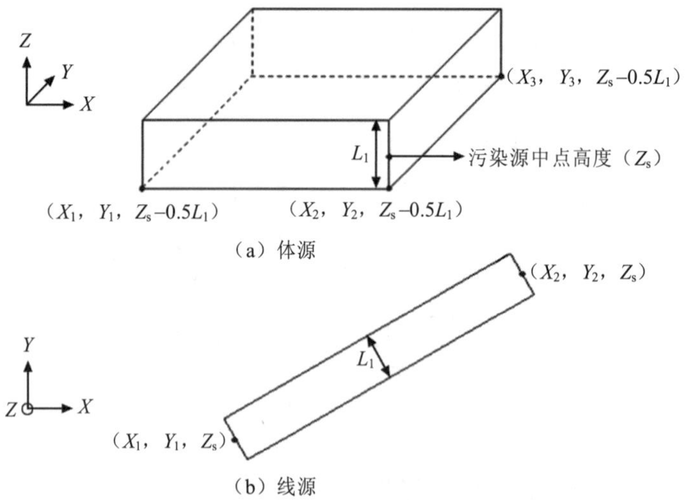

图 6-6 体源和线源几何参数定义示例（X_1、Y_1 等为输入的顶点坐标，Z_s 为污染源高度）

（2）排放气体性质参数

排放气体性质参数有污染源排放气体的比热容、分子量、密度、排放速度或排放气体容量，以及排放参数条件，包括排放温度或密度、实际现状排放状态或标准温度气压排放状态。

（3）排放污染物参数

污染物排放速率参数包括污染物名称及对应的排放率，注意不同类型污染源排放单位不同。每个污染源可输入不超过 12 种污染物。

各参数详细信息如下所述。

①名称：污染源名称不能包含逗号且不能超过 30 个字符。

②C_p［J/（℃·kg）］：排放物质的比热容。

最小值 ＝1 J/（℃·kg）；

最大值 ＝10^5 J/（℃·kg）；

默认值 ＝1 012 J/（℃·kg）。

③分子量（g）：每摩尔排放的分子质量。

最小值 ＝1 g；

最大值 ＝300 g；

默认值 ＝28.966 g（空气）。

④密度（kg/m^3）：排放物质的密度。

最小值 ＝0.01 kg/m^3；

最大值 ＝2 kg/m^3。

⑤默认值 ＝1.225 kg/m^3。

⑥T 或 RHO：排放物质的温度或密度已知。选择 T 可输入温度值，或者选择 RHO 输入密度值（常量）。

默认值 ＝T。

⑦现状或标准状态：选择排放参数为实际现状排放状态或标准温度和气压状态下（NTP=1 atm 和 273.15 K）。

默认值 ＝ 现状。

⑧速度或容量：出口速度 V，或容量 Vol（出口烟气量）。

默认值 ＝ 出口速度 V。

⑨污染源的类型：

点源、面源、体源、线源。

默认值 ＝ 点源。

⑩主要建筑物：如果模拟对建筑物的影响，可为每一个污染源从已定义的建筑物中选择

一个作为主要建筑物。默认建筑物界面勾选的建筑物是主要建筑物。该选项仅应用于点源。

⑪高度（m）：污染源距离地面高度，体源为距离地面半高度。

最小值 = 0 m；

最大值 = 15 000 m；

默认值 = 0 m。

⑫直径（m）：点源的内径。

最小值>0 m；

最大值 = 100 m；

默认值 = 1 m。

⑬速度（m/s）：污染源出口处的垂直排放速度［选择现状时单位为 m/s；选择 NTP 时单位为 m/s（标态）］。

最小值 = 0 m/s；

最大值 = 1 000 m/s；

默认值 = 0 m/s。

⑭容量（m^3/s）：排放物的体积流量［选择现状时单位为 m^3/s；选择 NTP 时单位为 m^3/s（标态）］。

最小值 = 0 m^3/s；

最大值 = 10^9 m^3/s；

默认值 = 0 m^3/s。

⑮温度（℃）：排放物质的温度。

最小值 = −100℃；

最大值 = 5 000℃；

默认值 = 15℃。

⑯X_p（m），Y_p（m）：点源或污染源中心坐标的 X、Y 值。

最小值 = −9,999,999 m；

最大值 = 9,999,999 m；

默认值 = 0 m。

⑰L_1（m）：线源宽度或体源垂直深度。

最小值 = 0 m；

最大值 = 1 000 m；

默认值 = 1 m。

用户必须输入污染源名称、速度或容量、污染源类型和污染源高度。当确定了污染源类型后，对应的可输入参数显示为可编辑状态，其他参数为不可编辑状态。在 T 或 RHO、现状或标准状态、速度或容量中选中输入参数后，对应参数为可编辑状态，另一个参数为不可编辑状态。

注意：C_p、分子质量通常采用默认值（空气的值），排出气体纯度较高时应自定义输入。如果改变了 C_p 和分子质量，必须确保这两个参数的一致性。

6.1.2.2 道路源输入数据

模拟道路污染源排放，用户可以直接输入源强，也可以通过输入车流量使用模型自带排放因子计算源强。下面分类介绍路源输入数据。

（1）道路参数

①道路几何尺寸：道路源坐标。每条道路最多可有 50 个拐点，每两点间距离不能小于 1 m。

②道路宽度（m）：道路宽度最窄为 2 m；考虑基础街谷时道路宽度为两旁建筑物间的距离；使用高级街谷模块时道路宽度为机动车道宽度；当不存在街道窄谷或者窄谷高度低于 0.5 m 时，输入实际的道路（行车道）宽度。

③街道窄谷高度（m）：考虑当街道两旁有相对较高的建筑物（“街谷”）时，导致的额外湍流。道路两旁街谷高度大于 0.5 m 时，使用街谷模型。街谷作用仅影响位于街谷内、高度低于街谷的输出点。

此处针对基础街谷模块，如果需要通过输入 3D 建筑物数据更为详细地模拟街谷的影响，请参见 6.1.12 高级街谷。

（2）道路排放参数

道路源排放可用两种方式输入，第一种方式是用户自定义方式，直接输入道路源强，单位为 g/（km·s）。第二种方式是使用模型中自带的单车排放因子数据库数据，通过输入道路情景、选择车辆类型、定义车流量（辆/h）、平均速度（km/h）等计算道路源强。排放因子数据总结见表 6-7，包括以下污染物：NO_x、PM_{10}、$PM_{2.5}$、CO、VOC（不包括甲烷）。

（3）交通引起的额外湍流的影响

模拟路源时 ADMS 模型会考虑交通引起的额外湍流的影响。输入车流量时，根据车流量计算额外湍流；直接输入路源源强时，根据模型后台估算的机动车数量计算。估算机动车数量时假定车速为 30 km/h，车辆组成为 95%轻型车、5%重型车，如果默认的机动车组成不适合，可使用.uai 文件调整，在辅助输入文件编辑界面选择车辆组成选项（关键词 VEHICLESPLIT），输入轻型车百分比，见图 6-7。

表 6-7 ADMS 模型排污因子数据组总结

数据库名称（ADMS 界面显示）	使用建议	参考文献	数据组名称（清单输入时所用名称）	年份	速度/（km/h）			类型数	道路类型数
					最小值	最大值	步长		
英国排放因子工具（UK EFT）v6.0.1（2 种）	应用于车辆类型分为轻型车和重型车项目	EFT v6.0.1（2014）and Highways Agency（2003）①	EFT v6.0.1（2 VC）	2008—2030	5	140	1	2	16
英国排放因子工具（UK EFT）v6.0.1（6 种）	应用于汽车、伦敦黑色计程车、轻型货车、摩托车、重型货车、巴士 6 类车型的新项目		EFT v6.0.1（6 VC）	2008—2030	5	140	1	6	16
英国排放因子工具（UK EFT）v6.0.1（7 种）	应用于汽车、伦敦黑色计程车、轻型货车、摩托车、刚性重型货车、铰链重型货车、巴士 7 类车型的新项目		EFT v6.0.1（7 VC）	2008—2030	5	140	1	7	16
英国排放因子工具（UK EFT）v6.0.1（8 种）	应用于汽油汽车、柴油汽车、伦敦黑色计程车、轻型货车、摩托车、刚性重型货车、铰链重型货车、巴士 8 类车型的新项目		EFT v6.0.1（8 VC）	2008—2030	5	140	1	8	16
英国排放因子工具（UK EFT）v5.1（2 种）	只应用于要求排放因子一致性的旧项目，任何新模拟研究需要使用 EFT v6.1 排放因子数据组	EFT v5.1（2012）and Highways Agency（2003）①	EFT v5.1（2 VC）	2008—2030	5	140	1	2	16
英国排放因子工具（UK EFT）v5.1（6 种）			EFT v5.1（6 VC）	2008—2030	5	140	1	6	16
英国排放因子工具（UK EFT）v5.1（7 种）			EFT v5.1（7 VC）	2008—2030	5	140	1	7	16
英国排放因子工具（UK EFT）v5.1（8 种）			EFT v5.1（8 VC）	2008—2030	5	140	1	8	16

数据库名称（ADMS 界面显示）	使用建议	参考文献	数据组名称（清单输入时所用名称）	年份	速度/（km/h）			类型数	道路类型数
					最小值	最大值	步长		
英国排放因子工具（UK EFT）v4.2（2 种）	只应用于要求排放因子一致性的旧项目，任何新研究需要使用 EFT v5.1 排放因子数据组	EFT v4.2（2010）和 Highways Agency（2003）[①]	EFT v4.2（2 VC）	2006—2025	5	120	1	2	6
英国排放因子工具（UK EFT）v4.2（6 种）			EFT v4.2（6 VC）	2006—2025	5	120	1	6	6
英国道路和桥梁设计手册 2003（UK DMRB）	该数据已被更新的数据取代，建议模拟时不再使用	Highways Agency（2003）	DMRB 2003	1996—2025	5	130	5	2	3
英国道路和桥梁设计手册（UK DMRB）1999		Highways Agency（1999）	DMRB 1999	1996—2025	5	130	5	2	1
中国交通运输部 2006[②]	仅用于中国地区	ADMS-EIA 2010	EFT v5.1（8 VC）	2008—2030	5	140	1	8	16

注：① CO 排污因子取自 Highways Agency（2003）数据，其他数据取自 EFT v4.2/5.1。

②中国交通运输部 2006 年数据不是按照年份而是按照道路类型分类。中国交通运输部 2006 年数据基于《公路环境影响评价导则》（JTG B03—2006）中推荐的排放因子和机动车排污监控中心（VECC）公布的国 0～国 2 排放因子，结合英国交通部（DfT）数据推导得出。

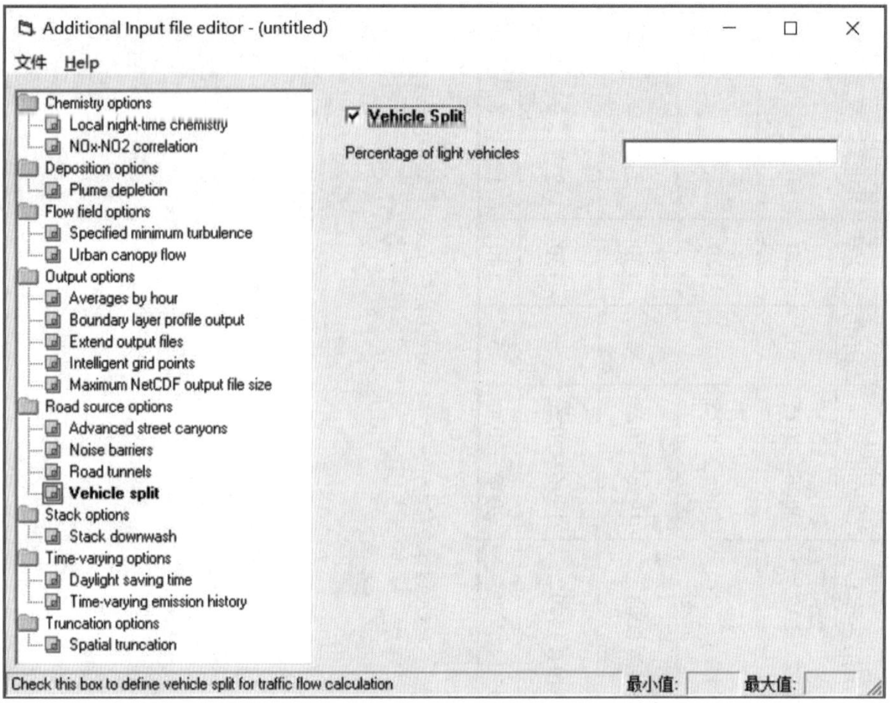

图 6-7 ADMS-环评辅助输入文件编辑界面车辆组成选项

6.1.2.3 网格源

ADMS 模型网格源是一种将城市地区剩余的、难以准确定义排放或无组织排放的污染源（如生活采暖源或小路）聚合到网格后进行模拟的污染源。使用网格源可以使模型模拟的污染源数量远大于可详细定义、模拟的污染源数。

网格源由若干大小相同的单元格组成，每个单元格的排放速率可不同，但是每个单元格的排放量必须包括该单元格覆盖范围内的所有污染源的排放。例如，如果一个单元格覆盖了一条详细定义的路源（排放 NO_x、VOC、PM_{10} 和 CO），一个锅炉烟囱（排放 NO_x、PM_{10} 和 SO_2）和一些其他的 NO_x 排放，那么该单元格的排放应包括 NO_x、VOC、PM_{10}、CO 和 SO_2。

在计算网格源污染扩散前，模型将从网格源排污速率中减去详细模拟的污染源排放量，也就是说，将从网格源中扣除所有在模型界面中定义的工业源和路源的排放量。在利用网格源进行浓度模拟时，每个单元格近似为一个独立体源，但模拟时间明显缩短。网格源不考虑烟羽抬升。

网格源输入需要的参数包括每个单元格的四角坐标、网格源深度。网格源深度由两个因素决定：

①剩余小污染源的排放高度，如次级道路交通源或低矮工业烟囱排放高度；

②剩余小污染源的初始混合高度。

大型城市的典型值大多根据交通排放决定，如伦敦为 10 m，10 m 为默认值。

网格源可用下列四种方式输入：

①从 ADMS 模型界面定义网格源：输入网格源左下角起始点坐标、网格源深度、单元格边长、*X* 和 *Y* 方向的单元格个数；

②由一系列逗号分隔文件（.spt 文件）导入；

③从排污清单文件输入：将网格源数据按照污染源属性编辑 Access 排污清单文件，导入模型中；

④使用模型连接地理信息系统（ArcGIS、Mapinfo、ArcView）的排污清单工具中 Aggregate 功能生成网格源图层，将其他类型污染源排放聚合到网格源，导出为排污清单数据库文件导入模型。

6.1.3　气象数据

ADMS 模型由气象界面输入气象参数。该界面如图 6-8 所示，包括两部分数据，即场地数据（地表特征数据）和气象数据。

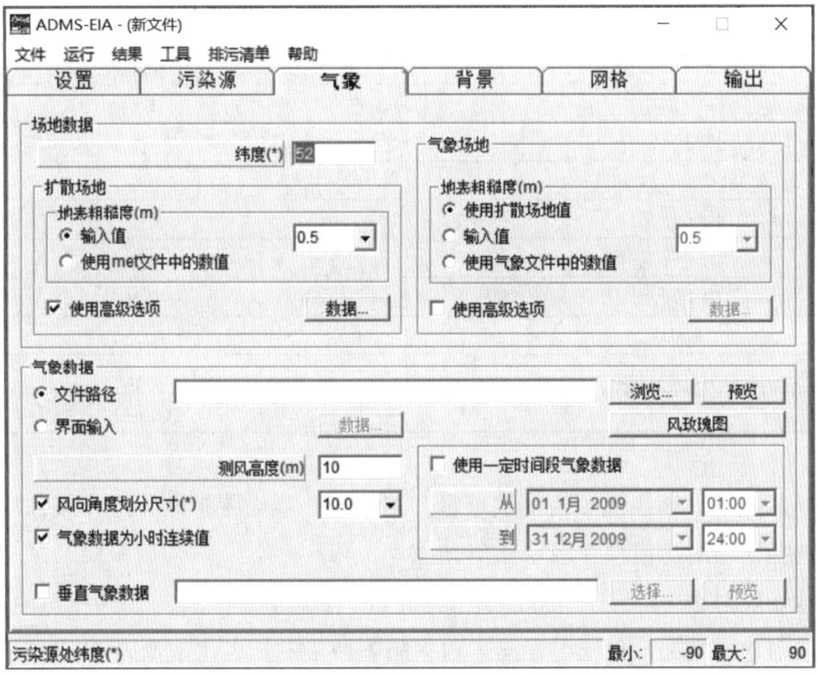

图 6-8　ADMS-环评气象界面

6.1.3.1 场地数据

气象界面场地数据部分可输入模拟项目所在场地和气象数据观测场地的信息。当气象数据观测地的气象数据能够代表项目所在地的气象状况时，扩散场地数据与气象场地数据保持一致，当气象观测地数据不具代表性时，分别设置两地地表参数情况。

纬度：–90°～90°，默认值 52°。

地表粗糙度：根据土地利用类型输入（单位：m，最小值为 10^{-7} m，最大值为 10 m，默认值为 0.5 m，对应开阔草地），可直接从界面输入或从下拉菜单中选择对应的土地利用类型。

表 6-8 列出了不同的土地利用类型所对应的地表粗糙度值。默认值为 0.5 m，对应开阔草地。

注意：地表粗糙度还可以选择输入随时间变化的值和空间变化的值。在气象文件中输入地表粗糙度变量“Z_0（D）”，可以考虑随小时变化的地表粗糙度值。通过在复杂地形模块输入网格化地表粗糙度文件（*.ruf），可以反映整个模拟区域的地表粗糙度分布变化，详见表 6-8。

表 6-8 不同土地利用类型对应地表粗糙度值

土地利用类型	地表粗糙度/m
大城市	1.5
城市、林地	1
公园、开阔郊区	0.5
农业区（最大）	0.3
农业区（最小）	0.2
根茎作物	0.1
开阔草场	0.02
低矮草地	0.005
海面	0.000 1

使用高级选项：高级选项为可选项目，用于进一步设置扩散场地和气象场地的地表状况。不选择该项时，模型使用默认值。

（1）地表反射率

地表反射率是地面反射辐射量与入射太阳短波辐射量之比，值为 0～1。需要注意的是，在地面被雪覆盖时，反射率很高（入射辐射被反射的比例很大）。默认值为 0.23，代表无雪覆盖的情况（Oke，1987）。地表反射率选项如下所示。

使用模型默认值（0.23）：使用默认选项；

雪地= 0.6；

无雪处= 0.23。

还可通过气象文件输入随小时变化的地表反射率。

气象场地数据中还有一个使用扩散场地值的选项。这个选项表示气象数据观测地与污染源所在地（扩散场地）的地表反射率相同。该选项为默认选项。

（2）Priestley-Taylor 参数

Priestley-Taylor 参数表示地表可蒸发的湿度。参数值介于 0～3，默认值为 1，表示湿润草地（Holtslag and van Ulden，1983）。Priestley-Taylor 参数选项如下所示。

使用模型默认值（1）：使用默认选项。

输入值：输入一个常数。直接在数值框内输入值或从下拉菜单中选择：干裸地表= 0；干草地= 0.45；湿草地 = 1。

使用气象文件中值：使用气象文件中随小时变化的 Priestley-Taylor 参数。

气象场地数据中还有一个使用扩散场地值的选项。这个选项表示气象数据观测地与污染源所在地（扩散场地）的 Priestley-Taylor 参数相同。这是气象场地数据的默认选项。

（3）最小莫宁-奥布霍夫长度

该项用于指定莫宁-奥布霍夫长度的最小值，模型应用该参数考虑了城市热岛效应，这是气象数据不能体现的。最小莫宁-奥布霍夫长度（m）为大气稳定度的一种度量。在乡村地区非常稳定的环境中，其值为 2～20。在城市地区，建筑物和交通产生的大量热量加热了城镇上空的空气，产生热岛效应，热岛效应破坏大气的稳定性。一般情况下，城镇区域越大，产生的热量越多，热岛效应越显著。这意味着在稳定的条件下，莫宁-奥布霍夫长度将大于某一特定值。城市越大，此特定值越大。最小莫宁-奥布霍夫长度值为 1～200 m。默认值为 30 m，代表城市地区。

最小莫宁-奥布霍夫长度用于确定湍流参数最小值$\sigma_{\min}$：

$$\sigma_{\min}=\begin{cases}0.01 & L_{\mathrm{MOmin}}\leqslant 10\\ 0.01+0.009\,5(L_{\mathrm{MOmin}}-10) & 10<L_{\mathrm{MOmin}}<30\\ 0.2 & L_{\mathrm{MOmin}}\geqslant 30\end{cases} \tag{6-1}$$

最小莫宁-奥布霍夫长度参数有下列选项。

使用模型默认值：模型根据表面粗糙度计算出的最小莫宁-奥布霍夫长度。

输入数值：输入一个常数。直接在方框内输入值或从下拉菜单中选择：大城市（人口）＞100 万= 100 m；中小城市= 30 m；城市/工业混合区= 30 m；小镇（人口）＜50 000 = 10 m。

气象场地数据中还有一个使用扩散场地值的选项。该选项表示气象数据观测地与污染源所在地（扩散场地）的最小莫宁-奥布霍夫长度一致。这是气象场地数据的默认选项。

（4）降雨

如果污染源所在地的降雨速率与气象数据观测地的降雨速率不同，可在扩散场地高级选项中输入一个降雨因子进行修正。

降雨因子是扩散场地降雨与气象数据观测地降雨的比值。例如，当降雨因子为 0.5 时，如果气象场地的降雨为 2 mm/h，则扩散场地降雨则为 1 mm/h。由于此处仅输入一个值，降雨因子使用年度平均降水量的比值。降雨参数有下列选项。

①与气象场地相同：气象场地的降雨速率能够代表扩散场地的降水速率。为默认选项。

②降雨因子：输入一个 0～20 的降雨因子，默认值为 1。

仅在模拟湿沉降时才有必要更改降雨速率的默认值。

6.1.3.2　气象数据

模型气象界面中的气象数据的输入方式可选择从界面输入和由气象文件导入部分两种方式。同时界面上还有一系列气象数据相关辅助选项。

（1）气象数据文件

ADMS 模型输入气象数据文件为后缀名.met 的逗号分隔文件。文件开始包含注解，之后为第一行，关键词是“VARIABLES:”。第二行为输入气象参数的个数。随后各行分别为各参数的名称（每行一个名称），说明.met 文件中输入的各个参数。接下来为数据部分，包含各气象参数值，以关键词“DATA:”开始。每一列气象数据值的顺序应与之前的每行参数名称顺序相同。除第一部分“VARIABLES:”之前和“VARIABLES:”与第二部分“DATA:”之间外，不能有空行。缺失数据为“−999”。.met 文件示例见附录 D。

气象文件可输入小时连续气象数据和统计气象数据。

①小时连续气象数据。

小时连续气象数据多为气象站实时观测数据或者购买已处理好的文件。气象文件时长通常为一年，文件中每一行代表一个小时的气象条件，一年的气象数据包含 8 760 行数据。这类数据用于模拟实际气象条件下、过去某一段时间的污染状况，还可用于计算小时平均浓度的最大值和长期平均浓度。

如果气象数据按照时间顺序排列但不是小时连续数据，也可以输入到 ADMS 模型中，勾选气象界面的“气象数据为小时连续值”选项，模型将根据数据类型将其插值补充为小时连续数据。注意：进行气象数据插值时必须包括年、日、小时、风向、风速和云量，并严格按照时间顺序排列且数据缺失间隔不能超过 9 h。

小时连续气象数据可以用于计算长期平均浓度和百分位浓度，并可与空气质量标准比较。由于小时连续气象数据逐时连续记录实时的气象条件，故其比统计平均数据更能代表真实情况。

注意：由于每年的气象条件都会有所变化，因此，如果某年的气象条件下出现了很高的地面浓度，该现象不一定会出现在前一年或后一年。浓度的高百分位数也随所使用的年气象数据变化。但年均值对不同年份的气象数据则不那么敏感。

小时连续气象文件最多可包含长达 10 年的数据。

②统计气象数据。

统计气象数据文件通常包括近 10 年的气象数据，可以从气象局等机构获取。使用统计气象文件的目的是考虑气象条件的年际变化。在统计时段内，每小时记录的数据被划分为几个级别，每个级别代表该气象参数在一定范围内变化。例如，将风速（U）划分为 5 个级别，风向（PHI）划分为 12 个级别（划分尺寸 30°），地表热通量（FTHETA0）和边界层厚度（H）划分为 7 个等级，降水量（P）划分为 3 个等级。一个统计气象数据文件大约有 2 000 行数据，每一行数据为实际气象条件的一个特定组合，如第一行数据均对应上述 5 个参数的第一个级别；每一行有一个对应频率，显示此段时间内（通常为 10 年）该行所表示的级别数据出现的小时数。文件中还可以包括更详细的频率数据，显示一年内有几个月或一天内有多少小时的气象数据在该行所表示的级别内（参考模型自带示例文件 ANNSTAT.MET）。

与小时连续数据相比，统计数据有以下优势：

a. 统计数据仅输入约 2 000 行数据，与 8 760 行小时连续数据相比，运行时间缩短；

b. 统计数据代表几年（通常为 10 年）的气象情况，与小时连续数据相比更能反映气象条件的年际变化。

使用统计气象数据的局限性在于，由于数据被预先划分为不同级别，模型使用每个级别的平均值而不是逐时实际数据，因此极端天气条件被平滑。例如，如果某一年中有一段时间的地表热通量很高，会产生强烈的对流混合，将上升的污染物迅速带回地面，在污染源附近造成很高的地面浓度；小时连续气象数据中包括该时段的实际地表热通量值，而统计气象数据使用的是实际地表热通量所属级别的平均值，该值小于实际测量值，模型会低估对流湍流水平进而低估该时段的地面浓度值。

一般情况下，在计算高百分位浓度值时，连续气象数据计算结果大于统计气象数据计算的结果。当使用背景文件模拟烟羽的化学反应，以及计算滑动平均值与空气质量标准对比时，应使用连续气象数据。

（2）界面输入气象数据

气象数据输入界面如图 6-9 所示。

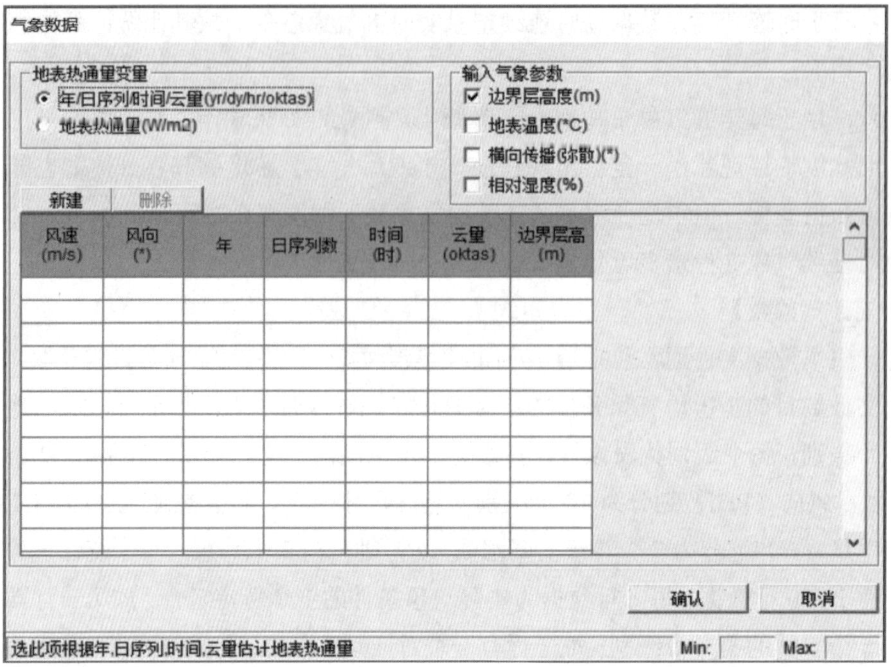

图 6-9 ADMS 模型界面输入气象数据界面

从界面输入气象数据时始终需要输入风速和风向。用户在地表热通量变量栏可选择输入年/日序列数/时间/云量（y/d/h/oktas）或输入地表热通量（W/m^2）。

另外，还有边界层高度（m）、地表温度（℃）、横向传播（弥散）(°)、相对湿度（%）四个选项可供选择输入。在输入气象参数下勾选不同选项后下面表格中出现相应栏。通过界面最多可以输入 99 行气象数据。

气象界面的其他气象数据选项包括以下几个。

①风玫瑰图：显示输入气象数据文件的风玫瑰图。

②测风高度：测量风的高度。默认值=10 m，为常规气象站的测量风的高度；数值 0 表示摩擦风速；数值 100 m 表示地转风。

③风向角度划分尺寸：如果风向测量时是按一定角度测量的，选择此项。

④气象数据为小时连续值：如果使用的气象数据是小时连续数据，选择此项；如果气象数据序列间毫无关系，则不勾选。

⑤使用一定时间段气象数据：勾选此项可以使用输入气象数据中一定时间段的气象数据，在选项下面的时间表格中选择或输入。

（3）气象参数输入建议

①气象数据选择。

模型成功运行需要的基础参数必须包括 U（风速）和ϕ（风向），U 必须大于或等于

0.3 m/s（ADMS 其他模型为 0.75 m/s），同时必须提供 $F_{\theta 0}$（地表感热通量）、$1/L_{MO}$（莫宁奥布库夫常数）或者能用于估算 $F_{\theta 0}$ 的数据。日期、小时与云量/太阳辐射（或两者皆有）可用于估算 $F_{\theta 0}$，建议使用云量。建议在日间提供温度值用于估算 $F_{\theta 0}$。如果能提供较好的边界层高度 h 估计值，建议输入该项。

模型运行最低气象数据要求为风速和风向，以及下列任意一项：莫宁-奥布霍夫长度的倒数；地表热通量；云量、小时、日。

如果最后三项参数均已知，应优先使用莫宁-奥布霍夫长度的倒数，其次为地表热通量，最后为（云量/时间/日）。如果只知最后一项，建议在气象文件中增加温度和边界层高度（如果有较好的估值）两项参数。如果云量未知，可以用入射太阳辐射值代替。

当模拟区域位于中纬度地区，并满足以下条件之一时，边界层高度估算结果优于气象预处理模块估算值，此时应输入边界层高度值。

a. 白天（小时连续值至少到傍晚）；

b. 夜间。

如果以上的两个条件均不能满足，而且边界层高度未知时，建议提供尽可能多的数据（如上述风向、风速、温度、云量、降水）。模型将通过计算前 1 h 的地表热通量来估算边界层高度。此外，输入温度值也有助于估算边界层高度。

可能需要输入的其他气象数据包括：降雨速率，用于计算湿沉降（用于清洗率未知的情况）；特定气象条件出现频率（如果为统计气象数据）。

两种最常见的气象数据是小时连续气象数据（或单独一小时数据）和统计气象数据。前者包括风速、风向、云量、日、小时、温度，可能包括降水量；后者包括风速、风向、地表热通量、边界层高度和降水量。

②静风条件的处理。

ADMS 模型默认不计算静风条件气象数据，即风速小于 0.3 m/s（ADMS-环评模型，ADMS-城市/机场模型中该值为 0.75 m/s）。在 ADMS 模型气象预处理时会将风速调整为对应阈值，风向取上一条有效数据风向。因此模拟静风频率较高的地区时应对气象数据进行分析，同时选取典型小时或日气象条件时，也应注意该时间段是否为静风条件，如果为静风条件数据，采用长期连续数据计算和单独用典型时间计算结果会存在差异。

ADMS-工业中通过高斯类烟羽和径向烟羽的权重平均进行静风条件模拟，该功能通过辅助输入文件 calm condition 选项实现（关键词 CALMs）。

①该选项可设置输入以下参数：10 m 高度位置最低风速 MinU10（minimum wind speed at 10 m）。

默认值为 0.3 m/s，如果风速低于该值时，风速被修改为 MinU10（同时修改相应的摩擦速率 u_* 和地表热通量 $F_{\theta 0}$）。

关于 MinU10 选择的建议：用户应根据所用风速数据的分布选择 MinU10 的值。建议使用“拇指规则”进行选择，即选择 0 m/s 和倒数第二低值的中值。

例如，在早期气象数据中，由于测量仪器灵敏度低于 1 m/s，可能会有风速值为 0，并且有很多 $U=1$ m/s 的数据实际代表风速小于 1 的情况，此时模型默认值 0.3 m/s 可能偏低，建议选择 0.5 m/s。而较新的数据中由于仪器灵敏度可能达到 0.5 m/s，此时默认值 0.3 m/s 较为合适。

局限性：当模拟烟团、波动、放射性衰减、复杂地形和海岸线时，不能计算静风条件气象数据。

②10 m 处最低径向风速 UGmin（wind speed at 10 m for radial solution）。常规高斯类烟羽 10 m 高度处风速径向解的最低有效限值，默认值为 0.5 m/s。风速低于该值时，模型仅计算径向解。

③临界风速参数 Ucalm（parameter for critical wind speed）。该参数为计算风速临界值参数，高于该值时将仅计算高斯解。默认值为 1.0 m/s。

（4）高空气象数据应用

ADMS 模型可以使用高空气象数据进行模拟。

ADMS 模型可以将地面实时观测气象数据和高空气象数据融合，使用融合后的气象数据进行模拟。气象数据融合使用气象文件转化工具，如图 6-10 所示。

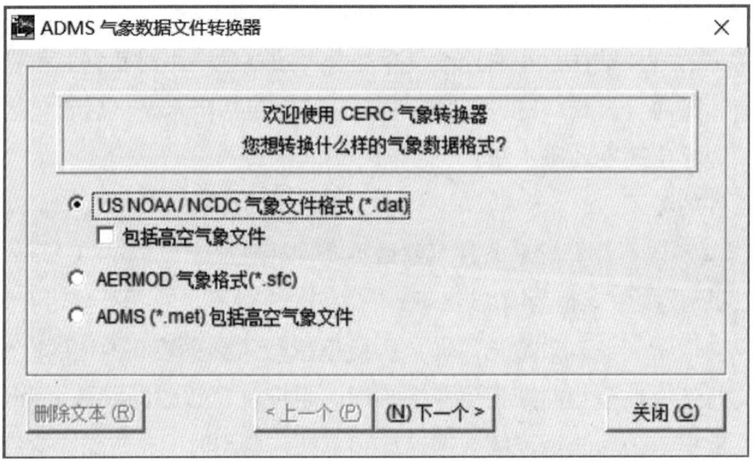

图 6-10　气象文件转化工具

模型通过气象文件转化工具可以使用的高空气象数据类型包括：

①NOAA/NCDC 文件（.dat）（可包括高空气象数据）：利用 HUSWO 程序从 NOAA/NCDC 小时气象观测档案中提取的数据；

②AERMOD 格式文件（.sfc）：美国 AERMOD 模型中使用的气象数据；

③ADMS 气象文件（.met），包括高空气象文件。

此外，高空气象文件可以和 NOAA/NCDC 文件融合，或者与 ADMS 格式气象文件（.met）融合。可融合的高空气象数据格式包括：

a. NOAA 雷达气球观测数据；

b. 上述第二类中输入到美国 AERMET 中的高空气象数据；

c. 气象模式模拟输出数据。

气象文件转化工具使用方法如下：

选择要转换的气象文件类型，选定地面实时观测气象数据文件，指定输出文件存储路径（默认与输入文件名称、路径相同），进行转换。注意：当地面数据与高空数据时间不匹配时需要进行时间修正后转化。转换完成后输出转换后的气象（.met）文件和转换报告（.rpt）文件。注意系统默认输出文件（.met 和.rpt）与输入文件名称相同，并保存到原文件所在文件夹，转换时，存储目录下已有的同名文件将被无警告地替换为新转后的文件。

在模型气象界面选择文件输入，选择转换后的气象文件，模型使用包含高空气象数据的文件进行模拟。

（5）垂直气象数据

ADMS 模型可以使用垂直气象数据进行模拟。

用户在气象界面使用“垂直气象数据选项”导入垂直气象数据文件（.prf），模型使用垂直气象数据进行模拟。垂直气象数据文件中包含自定义的风速、湍流、温度和比湿等气象参数垂直廓线数据。

（6）无效气象数据的处理

ADMS 模型如果没有充足的气象数据则不能计算污染物浓度，因此如果一行气象数据中参数不足时，计算过程中会跳过该行气象数据。

模型运行前会检测每行气象数据是否无效、不足或者静风条件，并进行以下处理。

①无效数据。

例如，风向输入数据大于 360，模型不对此行气象数据进行计算，出现提示信息 Invalid met data——PROGRAM SKIPPING MET LINE。

②数据不足。

例如，不包含云量或热通量或莫宁-奥布霍夫长度，缺失数据使用–999.0 表示，模型不对此行气象数据进行计算，出现提示信息 Inadequate met data——PROGRAM SKIPPING MET LINE。

③静风条件。

例如，10 m 测风高度处风速小于 0.3 m/s（ADMS-环评模型，ADMS-城市/机场模型该阈值为 0.75 m/s），这种情况下，模型将风速设置为等于 0.3 m/s（ADMS-城市/机场模型设置为等于 0.75 m/s），并使用上一条可用气象数据的风向。在 ADMS-工业模型中不对此行气象数据进行浓度计算，但可以通过.aai 文件进行静风风速限值设定。

当用户输入的连续气象数据包含年、日、时、温度、风速、风向、降水和云量时，对缺失数据做如下处理：

a. 如果云量或者风速值为–999，表示本小时对应数据缺失，为 INADEQUATE DATA（不足数据）。

b. 如果风向值为–999，且风速值小于模型静风阈值，为 INADEQUATE DATA（不足数据）。

c. 如果风向值为–999，且风速值大于模型静风阈值，使用上一条可用气象数据的风向。这与上述 b 点不同，静风条件可能是风向数据不足或者缺失。

d. 如果温度值为–999，默认设定为 15℃，计算继续。

e. 如果降水率为–999，表明该小时对应数据缺失，计算继续。降水在利用冲刷系数常量 A 和 B 计算湿沉降时使用。在这种情况下计算该小时的浓度但是湿沉降输出为 0。

模型输出浓度统计值（长期平均值、百分位数值），以计算了浓度的气象数据作为基础统计。质量较好的气象数据，缺失数据或无效数据的比例很低，如低于 5%。用户需要权衡使用扩散场地远处质量好的气象数据或者近处质量差的气象数据。

建议在静风频率较高的地区对气象数据进行单独检查分析。

6.1.4 背景浓度

污染物背景浓度在模型背景界面输入，如图 6-11 所示。

在预测大气污染物浓度贡献时，大气中污染物的背景浓度值很重要，尤其是模拟化学反应时背景值至关重要，必须输入背景浓度值。

注意在每次模拟时需要为各个情景输入合适的背景数据，避免重复计算所模拟污染源的影响。

背景界面有以下三个选项。

①缺省：无背景浓度。

②从文件中：从文件中输入小时变化的背景值数据。

③手动输入：直接从模型界面输入固定的背景值，浓度值与单位均可编辑修改。

ADMS 模型模拟所有的一次颗粒物和一些在模拟区域范围内形成的二次颗粒物。所有其他颗粒物在模拟时均作为背景值考虑。

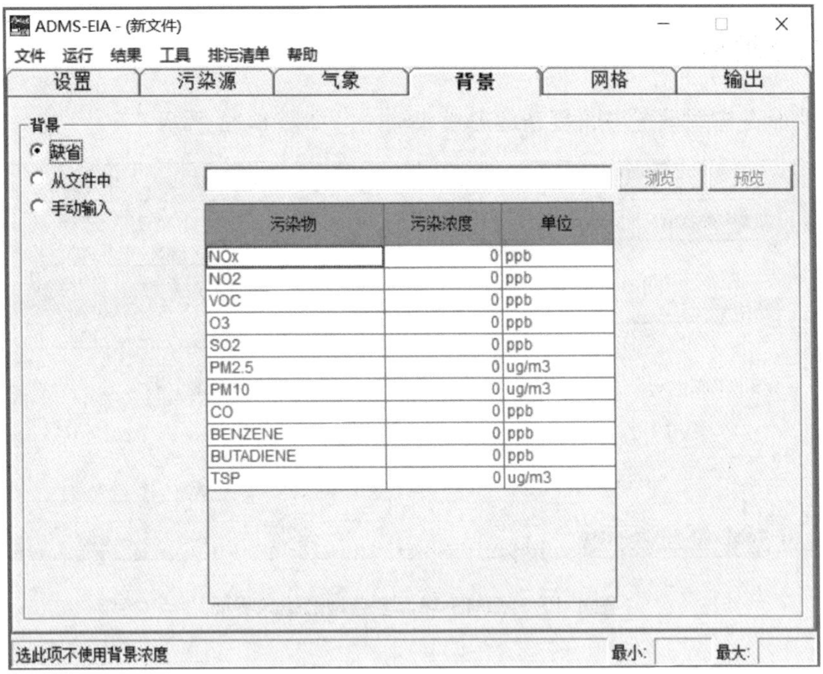

图 6-11　ADMS-环评背景界面

背景数据文件为逗号分隔格式，背景文件示例详见附录 D.2.2，文件格式说明如下：

①第 1 行“BackgroundVersion2”为文件版本号，不可修改、删除。

②第 2 行为背景数据中包含的污染物种类数，随后列出各污染物的名称，所列出的污染物与污染物定义界面中的污染物一致，未列出污染物的背景浓度默认为 0。污染物名称后为关键词“UNITS：”，其后为各污染物的单位，与污染物名顺序一致。模拟气味时，背景值单位必须为 ou_e/m^3。

污染物数据在关键词“DATA：”后列出，格式需满足以下要求：

污染物背景数据必须包括年、日序列、小时和污染物数据，且为小时连续数据，时间范围与模拟时间一致。

注意：如果背景文件中有 NO_x 数据，须同时包括 NO_2。

注意：使用时需保证背景数据的质量，缺失数据过多会影响模拟结果的准确性。如果某个污染物某小时的背景数据缺失，模型将使用该污染物前 1 h 的数值。最好的处理方式是用户在运行以前将空缺的数据补上，尤其是长时段的空缺。某小时的缺失背景数据可由该时刻的年平均值代替。

如果背景文件的第 1 行数据缺失，或者某污染物有连续 24 行空白，模型将会停止运行并出现报错信息。缺失数据应标明为数值“−999”。

6.1.5　复杂地形

复杂地形在模型设置界面复杂地形模块输入，如图 6-12 所示。

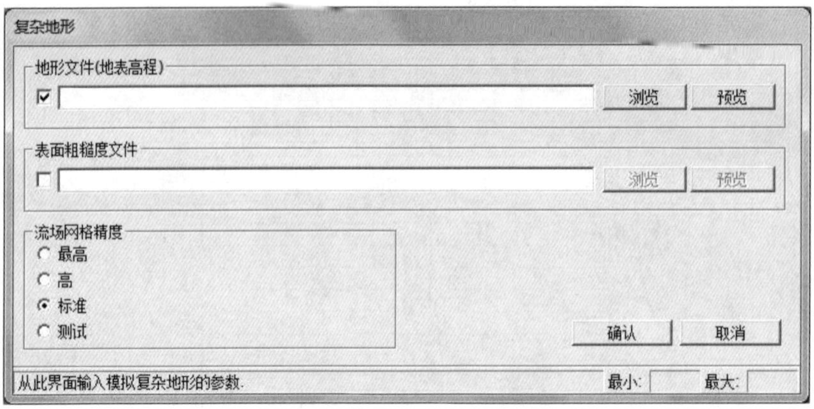

图 6-12　ADMS-环评复杂地形输入界面

如果模拟区域处于复杂地形区，需要考虑地形高度和起伏对烟羽扩散的影响。一般来讲，当坡度超过 1∶10 时才需要考虑地形的影响，但模型仍可以模拟 1∶3 的坡度。地形的影响会随着污染源的高度、位置和当地气象条件的不同而变化。

模拟复杂地形需要输入地形文件（地表高程文件）、表面粗糙度文件，并指定流场网格精度。文件格式说明及示例参考附录 D。

6.1.5.1　地形与地表粗糙度文件格式

运行复杂地形选项需要分别输入表示地形高度和/或地表粗糙度变化的文件。两种文件格式类似，每行格式如下：

N，x，y，z

其中，N 为该行序号，x，y，z 分别为数据点的 X 坐标、Y 坐标、Z 坐标；

地形高度（单位 m）文件（图 6-13）后缀名为.ter；

地表粗糙度（单位 m）文件后缀名为.ruf。

.ter/.ruf 文件中最多可输入 66 000 个数据点。

文件中的点不一定等间距，但覆盖区域应为矩形。注意：数据点的坐标系应与污染源、输出网格等相同。

地表粗糙度文件与地形文件覆盖范围应相同。

地形文件中的数值不能完全相同，否则程序终止运行。

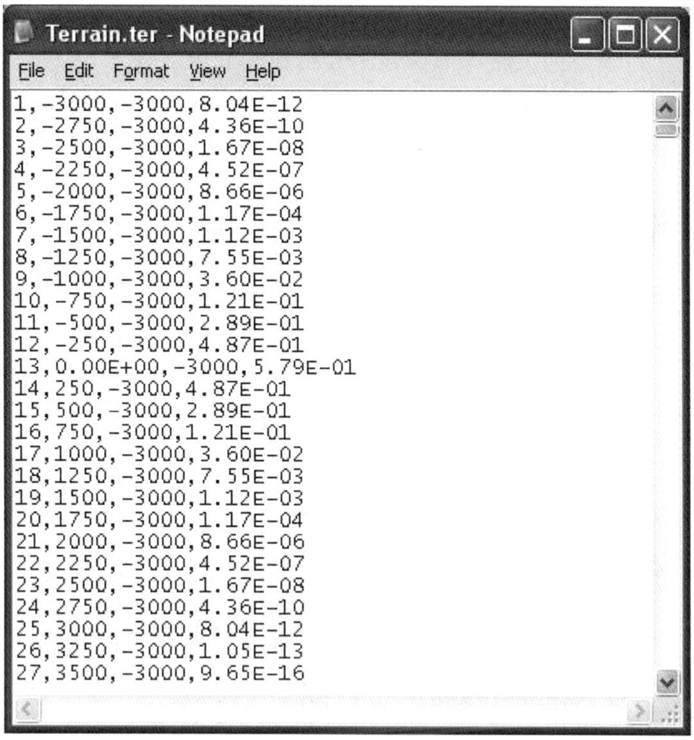
Terrain.ter - Notepad

File Edit Format View Help

1,-3000,-3000,8.04E-12
2,-2750,-3000,4.36E-10
3,-2500,-3000,1.67E-08
4,-2250,-3000,4.52E-07
5,-2000,-3000,8.66E-06
6,-1750,-3000,1.17E-04
7,-1500,-3000,1.12E-03
8,-1250,-3000,7.55E-03
9,-1000,-3000,3.60E-02
10,-750,-3000,1.21E-01
11,-500,-3000,2.89E-01
12,-250,-3000,4.87E-01
13,0.00E+00,-3000,5.79E-01
14,250,-3000,4.87E-01
15,500,-3000,2.89E-01
16,750,-3000,1.21E-01
17,1000,-3000,3.60E-02
18,1250,-3000,7.55E-03
19,1500,-3000,1.12E-03
20,1750,-3000,1.17E-04
21,2000,-3000,8.66E-06
22,2250,-3000,4.52E-07
23,2500,-3000,1.67E-08
24,2750,-3000,4.36E-10
25,3000,-3000,8.04E-12
26,3250,-3000,1.05E-13
27,3500,-3000,9.65E-16

图 6-13　地形文件 terrain.ter 开始部分

6.1.5.2　流场计算网格精度

模拟复杂地形的影响时，在模型界面选择网格精度，即模型计算使用的网格大小，可选择的模型精度包括 256×256、128×128、64×64、32×32、16×16，其中，256×256 仅用于输入高分辨率地形数据、覆盖区域较大或地形十分复杂的地区。运行时间可能过长，16×16 仅用于模型测试，模型默认网格大小为 64×64。

对大部分模拟情景，32×32 或 64×64 的网格精度已足够。

注意：这里的网格精度是指用于计算流场的内部网格，与网格界面定义的输出网格不同。

6.1.5.3　局限性与注意事项

地形文件覆盖的范围必须大于模拟区域的范围。模拟区域须覆盖所有污染源、特定输出点、输出网格。模拟网格源时地形数据范围不需要大于网格源。

使用复杂地形模块时需注意以下几点：

①气象数据风向的方向划分尺寸≤15°时，地形范围应比模拟范围大 15%以上。

②气象数据风向的方向划分尺寸＞15°时，地形范围应比模拟范围大 50%以上。

③地形范围在每个方向上应比模拟范围大出 500 m 以上。

④如果地形数据覆盖范围不符合以上要求，程序停止运行并出现提示信息，给出地形数据应覆盖的最小范围。

6.1.6　输出计算点设置

输出点在模型网格界面设置，如图 6-14 所示，可定义的浓度输出点包括网格点和特定点（敏感点）。

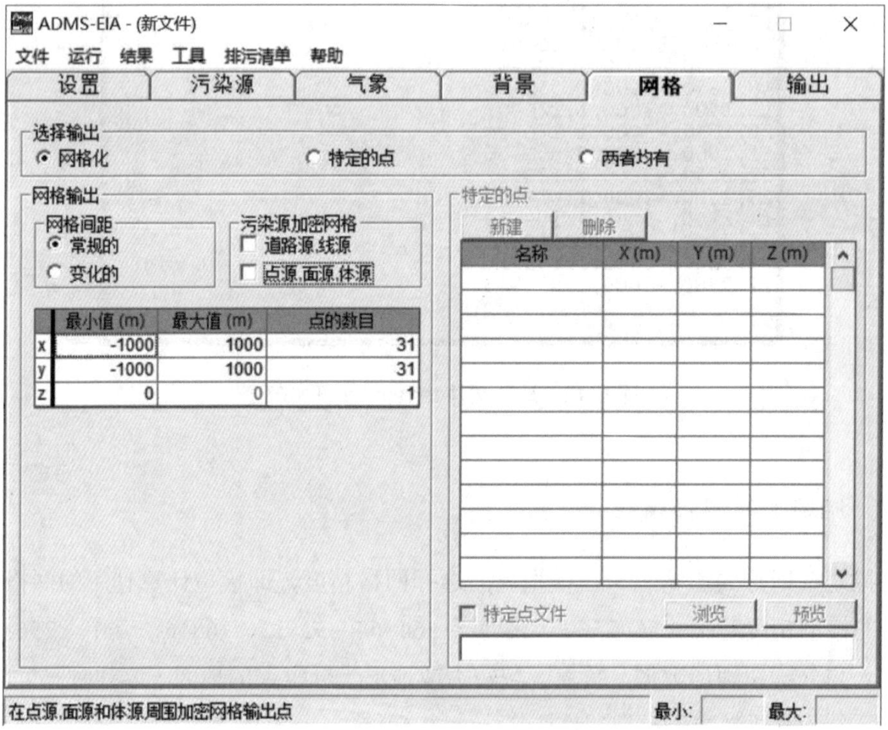

图 6-14　ADMS-环评网格界面

6.1.6.1　网格化输出

（1）规则网格化输出

网格输出选项可灵活定义输出网格点间距，包括常规间距和变化间距网格。

①常规间距网格。

定义常规间距网格，需要输入 *X*、*Y* 和 *Z* 坐标的最大值、最小值，以及每个方向网格点的个数。模型默认为 *X* 和 *Y* 方向均为 31 个输出点的矩形常规间距网格。

修改各方向点的数目可以改变网格点分辨率。X、Y 和 Z 各方向输出点最多为 2 001 个。注意，高分辨率的输出网格点会增加模型运行时间。

②变化间距网格。

定义变化间距输出网格，需要在 X、Y、Z 栏中输入数据以确定 x、y、z 三个方向的坐标值，模型计算 X、Y、Z 任一坐标组合点的浓度值。每个方向可输入最大点数为 101，通过变化间距网格，用户可以定义疏密不一的输出网格，如在离项目地或污染源较近范围内设置密集计算点。

（2）污染源加密网格

如果模拟网格输出点，并选择污染源加密网格，模型会根据污染源位置增加更多计算点。计算点添加方式取决于污染源类型，详细介绍如下。

①道路源、线源。

如果项目中有大量道路源，常规网格可能不足以捕捉区域内污染物浓度的分布特点，此时可在污染源加密网格中选择道路源、线源，模型会在沿道路源走向，即浓度变化梯度较大的区域添加额外计算点，使输出结果能更好地反映道路排放污染物的空间分布特点。模拟道路源时默认选择该选项。加密计算示例，及加密后生成等值浓度图效果见图 6-15。

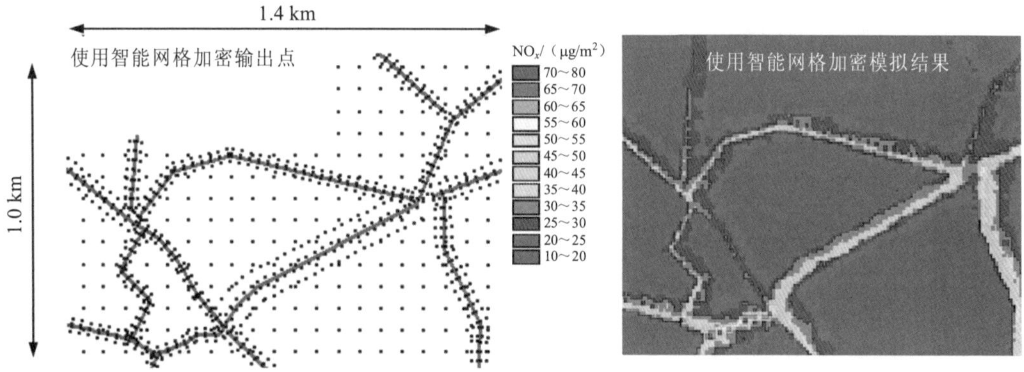

（a）道路加密网格示例　　（b）道路加密后生成等值浓度图

图 6-15 道路加密网格示例和道路加密后生成等值浓度图

ADMS 模型分两步添加额外计算点：

第一步，在道路源内部和外侧添加不超过 5 000 个的额外计算点（选择道路源、线源加密时自动添加的计算点的限值，如使用.igp 文件，该限值为 10 000）。添加的计算点分为四组，如果输出网格内道路源超过 1 250 条，会在每条道路内部至少添加一组计算点，其余计算点在计算网格范围内均匀分布在所有道路周围，如果这些计算点数量很少，则沿道路方向每组数据间距与道路宽度相等，计算点与道路中心线的垂直距离为道路宽度的 0.45 倍和 2.0 倍。即有 2 组计算点在道路内侧，有 2 组在道路外侧。计算点数量在一定程度上影响模型运行时间，5 000 个智能网格点数大约是 31×31 常规网格点数的 5 倍。在某些情况下，可以大量减少输出智能网格点数而不影响等值浓度图的分辨率，该功能可通过辅助输入文件使用.igp 文本文件实现。线源可添加的智能计算点不超过 1 000 个。

第二步，ADMS 模型在运行最后可在第一步基础上添加更多的输出计算点。新增加的计算浓度值由第一步的计算点线性插值得到。模型默认进行插值，该功能可通过.igp 文件取消。

.igp 文件在辅助输入文件编辑界面选择 Intelligent grid points 选项输入路径，如图 6-16 所示，文件格式详见附录 D。

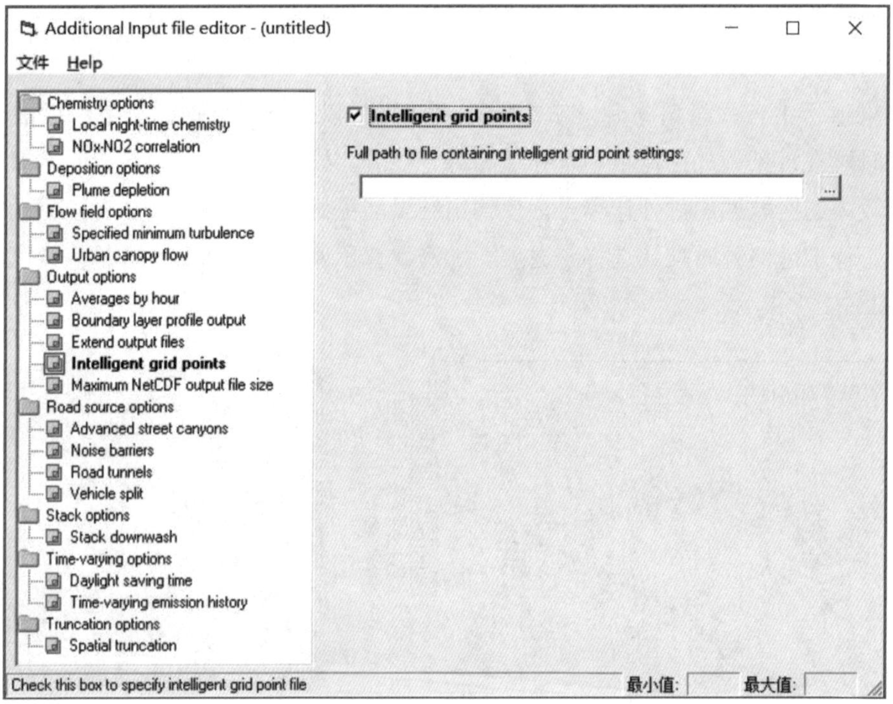

图 6-16　辅助输入文件编辑界面智能网格选项

使用.igp 文件可控制以下参数：

a. LimitPointsRoads：在第一步中可添加的沿道路源额外智能网格点的最大数，最小为 0，最大为 10 000，默认值为 5 000；

b. LimitPointsLines：在第一步中可添加的沿线源额外智能网格点的最大数，最小为 0，最大为 1 000，默认值为 1 000；

c. PercentageSpacing：额外智能网格点沿道路方向的最小距离与输出网格点间距的比例，最小值为 0.1，最大值为 5.0，默认值为 0.5；

d. ActualSpacing：第一步中添加的额外输出点间沿道路方向的实际距离（单位为 m），在与上述两项不违背时使用该值；

e. InterpolatePoints：数值 0 表示不进行第二步插值，数值 1 表示进行插值，建议使用插值功能，输出效果更好的等值浓度图；

f. SpecifyRoadSrcs：数值 0 表示智能网格应用于所有道路，数值 1 表示仅针对在.igp 文件中列出的道路源，通过该选项用户可使某些道路的输出分辨率更高；

g. NumberRoadSrcsForIGP：如果 SpecifyRoadSrcs 设置为 1，此处输入需要添加智能网格的道路源数量，这些道路源的名称在.igp 文件末尾列出，如图 6-17 所示。

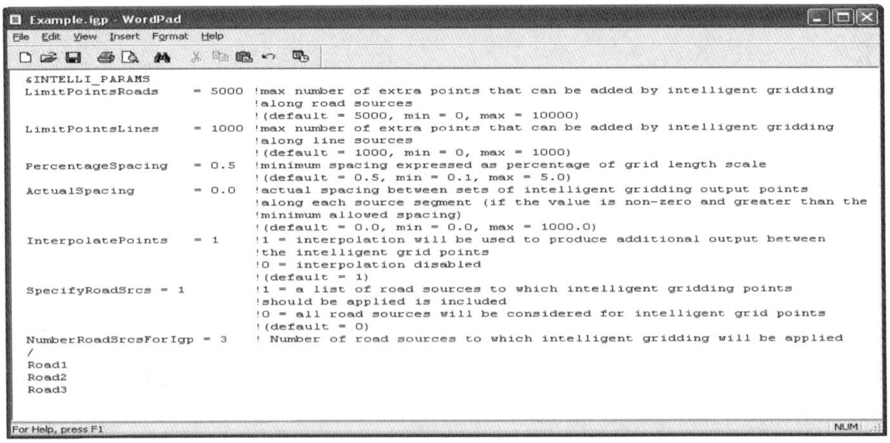


```
&INTELLI_PARAMS
LimitPointsRoads      = 5000 !max number of extra points that can be added by intelligent gridding
                             !along road sources
                             !(default = 5000, min = 0, max = 10000)
LimitPointsLines      = 1000 !max number of extra points that can be added by intelligent gridding
                             !along line sources
                             !(default = 1000, min = 0, max = 1000)
PercentageSpacing     = 0.5  !minimum spacing expressed as percentage of grid length scale
                             !(default = 0.5, min = 0.1, max = 5.0)
ActualSpacing         = 0.0  !actual spacing between sets of intelligent gridding output points
                             !along each source segment (if the value is non-zero and greater than the
                             !minimum allowed spacing)
                             !(default = 0.0, min = 0.0, max = 1000.0)
InterpolatePoints     = 1    !1 = interpolation will be used to produce additional output between
                             !the intelligent grid points
                             !0 = interpolation disabled
                             !(default = 1)
SpecifyRoadSrcs = 1          !1 = a list of road sources to which intelligent gridding points
                             !should be applied is included
                             !0 = all road sources will be considered for intelligent grid points
                             !(default = 0)
NumberRoadSrcsForIgp = 3     ! Number of road sources to which intelligent gridding will be applied
/
Road1
Road2
Road3
```

图 6-17　.igp 文件示例：该文件规定智能网格仅应用于列出的三条道路源

②点源、面源、体源——嵌套网格。

点源、面源和体源加密网格是在距每个污染源或污染源集 1 000 m 范围内添加计算点，计算点分辨率取决于需要添加的网格数和污染源高度。该选项可添加不超过 10 201 个计算点，这些计算点计入用户可自行添加的计算点总数中。如果添加加密网格间距大于 100 m 时出现警告信息，大于 200 m 时模型停止运行。

ADMS 模型采用下列方式添加加密计算点：

a. 如果各点源、面源和体源间相互距离不超过 1 km，视为一个污染源集，污染源集覆盖范围为所有污染源区域向各个方向延伸 1 km。

b. 实际添加计算点数量由可添加点的最大数量和污染源集所占面积比例决定。

c. 计算 X 和 Y 方向的间距，使污染源集内的点数为可以允许的最大值，最小间隔取决于该污染源集内最低的污染源。

6.1.6.2 特定的点输出

特定点可以在界面输入，也可以通过逗号分隔文本文件（.asp）输入。界面输入特定点最多 50 个，.asp 文件中定义的特定点总数没有限制，但计算点数量较多会影响模型运行速度。

.asp 文件每一行数据表示一个点，包括该点的名称（无重复），X、Y、Z 坐标值，文件格式详见附录 D。

6.1.7 输出选项设置

输出选项在模型输出界面设置，如图 6-18 所示，定义需要输出的污染物、污染源和输出要求。

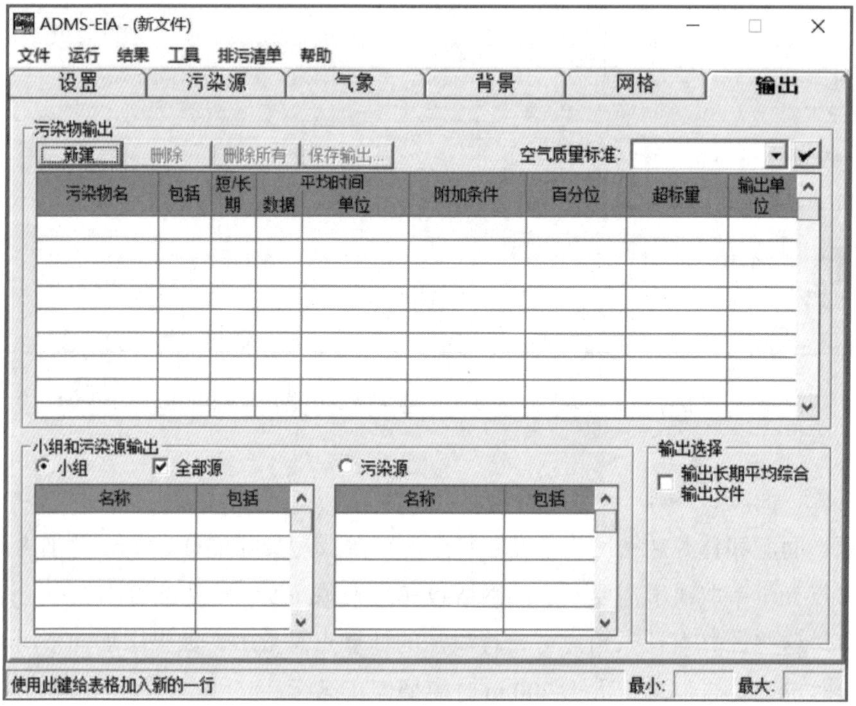

图 6-18 ADMS-环评输出界面

6.1.7.1 污染物输出

在污染物输出栏中添加或者删除需要输出的污染物，每种污染物需要定义下列输出参数：

（1）污染物名

可输出的污染物包括除 O_3 以外在污染源定义界面定义的所有污染物。如果模拟化学反应，还可输出 NO 和 O_3。注意：相同的污染物可以在表中出现两次，如一次计算短期浓度，一次计算长期浓度。

（2）包括

表明输出结果是否包括该污染物。默认为包括。

（3）短/长期

污染物输出计算是长期平均还是短期平均浓度。默认短期平均。

如果选择短期平均，输出的网格点结果文件（.gst 文件）只计算气象数据的前 24 行，输出的特定点结果文件（.pst 文件）包含每一行气象数据对应的浓度。

如果选择长期平均，浓度输出文件（网格点为.glt，特定点为.plt）是所有气象数据的平均浓度。如果希望同时输出长期平均值和每条气象数据的计算结果，可以选择长期平均并勾选输出长期平均综合输出文件选项，详见 6.2.2 节。

（4）平均时间（数值，单位）

选择计算污染物平均值的时间长度。默认为 1 h。如果平均时间超过 1 h，可以计算移动平均浓度。模型一次可以计算多种或同一种污染物不同平均时间长度的浓度。

（5）附加条件

可选择无或每日最大值。如果选择后者，短期输出结果中输出各平均时间段浓度（沉降）的每日最大值，长期输出中计算百分位和超标时使用每日最大浓度值（取决于该日所选平均时间段）。

（6）百分位

仅用于长期平均计算。第 N 百分位数的浓度值表示在所有浓度值中大于 N%的值。例如，选择 100%输出污染物最大浓度值，50%输出浓度中值。每一种污染物可以计算 20 个浓度百分位数。

（7）超标量

对于长期计算，用户可以输入 20 个超标限值。定义超标限值后模型计算每个计算点在一年内超出每个超标限值的次数。一种污染物可以定义多个不同的超标限值。

（8）输出单位

模型输出单位包括：

①ng/m^3　（1 ng = 10^{-9} g）；

②μg/m^3　（1 μg = 10^{-6} g）；

③mg/m^3　（1 mg = 10^{-3} g）；

④ppb　十亿分之一体积；

⑤ppm　百万分之一体积。

默认值= μg/m^3。

如果在设置界面选择了气味选项，输出单位应为 ou_e/m^3。

ppb 和 ppm 是气态物质单位，不能用于颗粒物。

（9）每小时长期平均值输出

模型可以输出一天中每小时的长期平均值，如第 1 h 所有气象数据长期平均浓度、第 2 h 长期平均浓度、第 3 h 长期平均浓度等。使用.uai 文件可以启用此选项 Averages by hour（关键字 CALCAVGSBYHR），应用于所有长期输出。

上述参数中污染物名、包括、短/长期、平均时间、输出单位必须选择，其他参数可根据需要添加。

6.1.7.2 小组和污染源输出

模型每次运行用户可以选择输出单一污染源或者一个或多个污染源组的结果。

若选择污染源选项，则输出某一特定污染源的结果，但是模型每次运行只能计算一个污染源。对单一污染源，模型计算其烟羽中心线参数，如浓度、扩散参数σ_y、σ_z 等，使用模型 *X-Y* 线图功能可以使用这些参数绘图。

若选择小组选项，则输出一个或多个污染源组的结果，模型一次运行最多可以计算 20 个污染源组。一个污染源组可仅包括一个污染源。此外，选择全部源选项，可以模拟包含所有污染源的小组。

6.1.7.3 长期平均综合输出文件

选择长期输出后，输出文件仅输出计算气象数据时间段的平均值和最大值。而选择输出长期平均综合输出文件后，会额外输出一个 netCDF 格式的输出文件，该文件包括所有长期计算污染物每行气象数据的输出值，即每个以长期平均方式计算的污染物在每个平均时段的浓度值和干湿沉降值（如果选择模拟干湿沉降）。如果平均时间长于 1 h，netCDF 文件中使用平均时间为 1 h。netCDF 文件不包括百分位和超标量计算结果，但包括输入气象文件中相关基本气象数据。

netCDF 文件通过模型输出结果处理器读取，进行平均值计算、统计分析、达标分析，输出指定时间段的计算结果文件，并可根据环评导则要求输出综合报告。关于综合输出文件请详见 6.2.2.2 节。

6.1.7.4 空气质量标准

模型可以将计算结果与空气质量标准进行比较。选择某个空气质量标准后，在输出表格中会列出该空气质量标准规定的污染物浓度限值。模型自带的空气质量标准包括中国一级、二级、三级标准以及法国、美国、欧盟、英国、世界卫生组织的空气质量标准。

用户还可以自定义空气质量标准。

局限性：

①计算年移动平均浓度时，在污染物输出表格中设置为长期平均输出。因此，当气象数据为一年时，计算统计结果与空气质量标准要求一致；但当气象数据时间更长时，计算统计结果与标准要求会有区别。

②当污染物输出表格中定义的空气质量标准要求计算几年平均浓度值时，如果输入一年气象数据将计算一年平均值。如果需要计算几年的结果，则需要单独运行这几年的气象数据。

③空气质量标准选项中省略了平均时段为 3 个月、一个季度或季节性的标准值。如果要与这些标准值进行比较，需要单独运行对应时间段的气象数据，如选择使用一定时间段气象数据选项，选择长期平均计算。

④AOT40 空气质量标准相关结果不能直接模拟，需要输出每小时浓度结果（选择短期输出），然后手动计算需要的浓度值。

6.1.8　时间不同排放

一般情况下，ADMS 模型中所有污染源排放强度默认为保持不变。当污染源排放速率随时间变化时，模型可以通过以下三种方式输入变化因子从不同程度考虑排放的变化：界面输入、使用.fac 文件输入、使用.hfc 文件输入。时间不同排放因子界面如图 6-19 所示，污染源类型与对应时间排放因子选项见表 6-9。

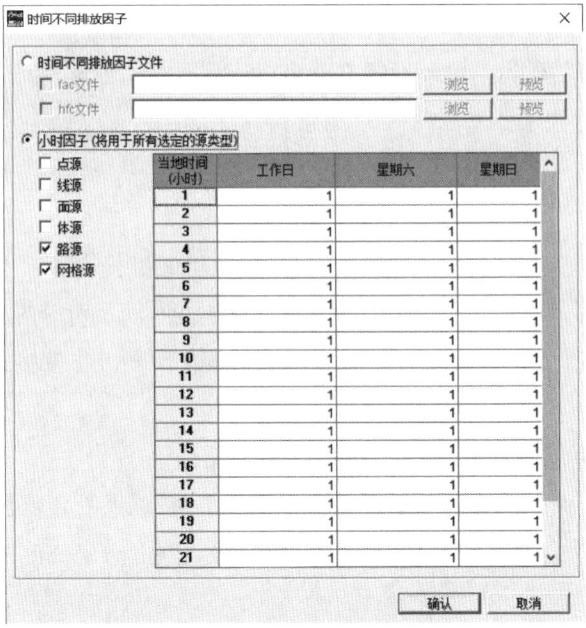

图 6-19　时间不同排放因子界面

表 6-9 污染源类型与时间变化排放选项

污染源类型	.fac 文件	.hfc 文件	界面
道路源	✓	✓	✓
工业源	✓	✓	✓
网格源	✓	×	✓

6.1.8.1 界面输入变化因子

在界面手动输入一组单独的日变化因子，排放因子按 24 h 变化输入，分为工作日、星期六、星期日三种情况，并可以选定使用变化因子的污染源类型。

6.1.8.2 .fac 文件输入

ADMS 模型可以考虑每个污染源排放的日间和随季节的变化，也可以模拟仅在一定风向范围的排放。这些功能通过输入.fac 文件实现，该文件包括排放因子和相关污染源信息。

该选项的全部功能如下：

①定义工作日、星期六、星期日的小时变化因子（3 日间变化），或者一周内 7 天的小时变化因子（7 日间变化）。各个污染源可使用不同的变化因子。

②定义每个月的月变化因子（月间变化）。各个污染源可使用不同的变化因子。

③定义每个污染源仅在某风向范围内的排放。

④文件以“default road”开头，单一设置文件可以应用于所有道路源，不需要明确在文件中指定。

⑤文件以“grid”开头，单一设置文件可以应用于所有网格源。

文件格式详见附录 D.2.3。

6.1.8.3 .hfc 文件输入

该文件可设置每个小时变化排放因子（一年 8 760 个因子）。.hfc 文件为逗号分隔文件，文件分为两部分。第一部分（上方）列出每条气象数据时间及对应的小时排放因子。第二部分指出需要应用变化因子的污染源，以及用到的变化因子。文件格式详见附录 D.2.4。

注意：

①同一污染源不能同时在.hfc 和.fac 文件中定义；

②如果在.fac 文件中缺省定义了道路源变化因子，那么所有道路源均使用该组变化因子，.fac 与.hfc 文件均不能再分别为每条道路源定义变化因子，.hfc 文件不能定义缺省道路源；

③.hfc 文件不能应用于网格源。

6.1.8.4 时间变化排放历史

ADMS 模型默认计算时假设污染源排放在每条气象数据条件下不变。如果计算位置距离排放源很远时，此假设有效性较低。对于某些特殊类型源如道路源，在交通高峰时间其排放很可能随时间变化较快。ADMS 模型中的时间变化排放历史选项可以考虑污染源排放在每条气象数据中的时间变化，该功能通过辅助输入文件实现，选项为"Time-varying emission history"，关键词为"TIMEVARYQ"。

选择该选项时，污染源排放因子随行程时间变化，与污染源距离每个计算点的距离相关。当前小时排放因子保持输入值不变，同时考虑到达该计算点经过小时的排放包括气象参数的变化，其他所有参数保持不变。

例如，当前小时为 t，则对于一个计算点的排放因子如下。

①在污染源处：排放因子为 $F(t)$；

②距污染源 15 min：排放因子为 $[3F(t)+F(t-1)]/4$；

③距污染源 30 min：排放因子为 $[F(t)+F(t-1)]/2$；

④距污染源 1 h：排放因子为 $F(t-1)$；

⑤距污染源 2.5 h：排放因子为 $[F(t-2)+F(t-3)]/2$。

6.1.9 建筑物

6.1.9.1 建筑物影响

在工业区，烟囱有时会伸出屋顶或者建在建筑物的一侧。建筑物的存在会对污染物的扩散产生很大影响，增大地面浓度计算值。其主要影响是将污染物聚集在建筑背风面的空腔地带，并且使它们快速沉降到地面上。因此，建筑物附近污染物浓度增大，建筑物远处浓度降低。对于每个污染源，模型将气象文件中各个风向上几个独立的建筑物转换为一个有效建筑物，高度为该污染源的主要建筑物的高度。

注意：该模块仅能模拟建筑物对点源的影响，其他类型污染源可以与建筑物模块同时运行，但不会模拟建筑物对它们的影响。如果需要模拟建筑物对线源、面源、体源和道路源的影响，应该将污染源作为若干个点源进行模拟。模拟道路源沿线建筑物/结构的影响，可以使用街谷模块和/或隔声屏模块。

6.1.9.2 定义建筑物

模型建筑物界面如图 6-20 所示。

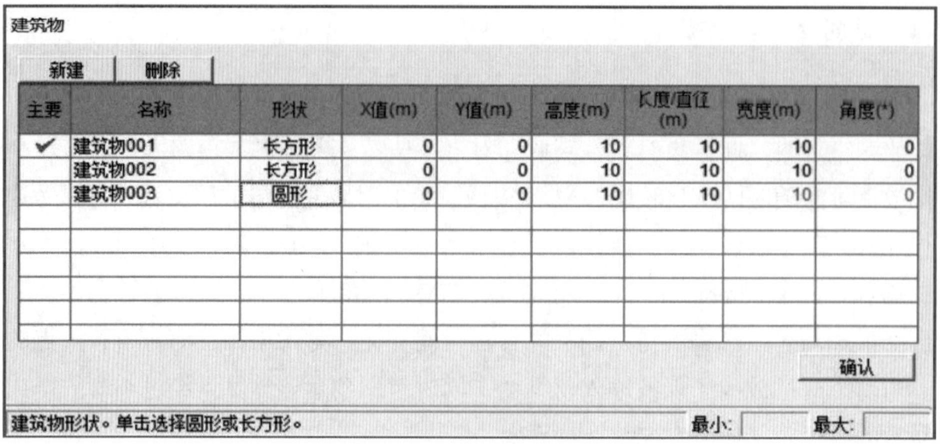

图 6-20　建筑物界面

可以指定 1～25 个建筑物，每个建筑物都要定义以下参数。

①名称：建议用户将默认生成的名称改为具有实际意义的名称（如锅炉房）。建筑物名不能包含逗号。

②建筑物形状：矩形或圆形，单击单元格更改。

默认值 = 矩形

③X（m），Y（m）：建筑物中心的横坐标和纵坐标。

最小值 = –9 999 999 m

最大值 = 9 999 999 m

默认值 = 0 m

④高度（m）：建筑物的高度。

最小值 = 0.001 m

最大值 = 500 m

默认值 = 10 m

⑤长度（m）：矩形建筑物的长或圆形建筑物的直径。矩形建筑的长度是其水平面尺寸。

最小值 = 0.001 m

最大值 = 1 000 m

默认值 = 10 m

⑥宽度（m）：矩形建筑物的宽度，不一定小于其长度。不应用于圆形建筑。

最小值 = 0.001 m

最大值 = 1 000 m

默认值 = 10 m

⑦角度（°）：长度方向与正北方向的夹角，从北方按顺时针方向测量。不应用于圆形建筑。更多信息请见 3.4.2。

最小值 $= 0°$

最大值 $= 360°$

默认值 $= 0°$

6.1.9.3　定义污染源的主要建筑物

用户必须在所有定义的建筑物中标记一个“主要建筑物”。这个建筑物一般为对扩散影响最大的建筑物。模型默认第一个建筑物为主要建筑物。要重新选择主要建筑物，双击或者输入“Y”或“N”来选定或者取消。选择后建筑物界面中指定的主要建筑物将作为该污染源的主要建筑物。

注意：此界面中定义的主要建筑物是默认的主要建筑物。

当用户已知某一个污染源位于所有建筑物的影响范围之外时，可以不选择主要建筑物以缩短模型运行时间。

6.1.9.4　建筑物模拟建议

一个有许多建筑物的复杂地区应尽量进行简化。用户应考虑的是污染源所在的或者距离污染源最近的那个（些）建筑物。

以下是模拟建筑物影响时的一些建议和提示：

①当 $H < Z_s \times 1/\alpha$ 时，其中 $\alpha = 1 + 2 \times \min(1, W/H)$，$H$ 为建筑物高度，W 为侧风宽度，Z_s 为污染源高度，该建筑物的影响可忽略不计，无须输入。

②对于一群类似的建筑，如一排库房，可将它们看作一个单一的建筑物。

③如果一个大型场地内有大量建筑物，用户应当考虑选择一个距离污染源最近、最高大、对扩散影响最大的代表性建筑物，或者在气象界面中使用一个较大的地表粗糙度来代表复杂地区的建筑物。

④只能模拟建筑物对点源的影响。若要考虑建筑物对线源、面源、体源的影响，需要将这些污染源作为若干个点源进行模拟。

⑤不能模拟位于建筑物内部的污染源。只能模拟建筑物侧面和顶部的污染源。

6.1.9.5　关于面源设置为点源集考虑建筑物影响的建议

ADMS 模型仅考虑建筑物对点源的影响，若要考虑对其他类型源的影响，可以将其等效为若干点源的集合进行模拟。

例如，一个面源，20 m×20 m，排放速率为 0.5 m/s，温度 20℃，建筑物高 5 m，面积为 90 m×150 m。此时不能将其定义为一个直径 22.6 m（等效面积）的单一点源，这是因为：

①点源排放模拟从直径的中心排放，面源排放则是面源面积内的均匀排放；

②对点源而言，直径是用来计算初始烟羽扩散（σ_y和σ_z），如果模拟面源为点源，所用的直径很大，会高估污染源烟羽扩散。

建议此时将该面源模拟为 16 个直径为 5.64 m（与面源等效总面积相同）的点源，每个点源的排放速率为 0.5 m/s（等效于总的体积排放速率），温度为 20℃，以及相同的等效质量排放速率（g/s）。

$$总排放速率（g/s）=面源排放速率×总面积（400\ m^2）$$

$$点源排放速率=总排放速率/16$$

点源会部分重叠，但是不会产生问题。

相同的方法可以用于模拟建筑物对线源或者体源的影响。

6.1.10　化学反应

ADMS 模型可以计算大气中 NO、NO_2、O_3 和 VOC 之间的化学反应，也可计算 SO_2 转化为硫酸盐的化学反应。

6.1.10.1　化学反应模块

（1）化学反应模块

在设置界面中选择化学反应选项，模型采用 GRS 化学机理进行模拟。

化学反应模块整合了“Generic Reaction Set”的八个方程，考虑 NO、NO_2、VOC、O_3 间的光化学反应和 SO_2 氧化转化为硫酸铵颗粒（PM_{10} 和 $PM_{2.5}$）的化学反应。运行化学反应模块需要输入关键污染物 NO_x、NO_2、O_3 和 SO_2 的背景浓度数据（如果没有 SO_2 背景值，也可输入 0）。

（2）包括轨迹模型的化学反应模块（ADMS-城市）

化学反应模块中有一个扩展选项，用于描述面积很大的城市地区大气边界层的化学与物理过程。

当模拟一个大城市的大气扩散时，地表臭氧背景浓度值变化可能非常大。此时，ADMS-城市模型的化学模块要求输入更有代表性、随空间变化的臭氧浓度场数据，使用一个轨迹模型计算随空间变化的臭氧浓度场（以同样的方式计算 NO_x、VOC 和 PM_{10} 浓度场数据）。这使得模型计算输出网格可以嵌套在一个更大的区域中。

轨迹模型假设输入的初始背景浓度数据代表模拟区域上风向边界处的情况。运行轨迹模型时必须包括一套覆盖整个模拟区域的网格源。轨迹模型将网格源中的排放数据聚合为 5 km×5 km 的网格，并假设在每个 5 km 单元格范围内污染物排放、气象条件和沉降通量值一致。

使用轨迹模型时必须输入污染物 NO_x、NO_2、O_3 和 SO_2 的背景浓度值。由于运行轨迹模型必须包括网格源，网格源中应包括研究区域内所有污染源的排放，因此应使用研究区域外的郊区观测点数据作为背景浓度。

6.1.10.2 初始 NO_2

使用化学模块需要同时输入 NO_2 和 NO_x 的排放。如果没有明确的 NO_2 排放，模型会根据污染源类型自动设置排放 NO_x 中 NO_2 比例，表 6-10 为不同污染源类型的默认比例值，也可在污染源界面自行定义初始 NO_2 比例。

表 6-10 不同污染源类型的默认初始 NO_2

污染源类型	初始 NO_2
工业源	5%①
道路源	23.8%②
网格源	12%③

注：①英国环境署 RM-QG05 中 NO_2 监测部分建议值（2012）。

②2014 年英国国家排放清单“NAEI”中针对全国交通环境的初始 NO_2 比例。http：//naei.defra.gov.uk/resources/PrimaryNO2%20factors_NAEIBase_2013_v1.xls。

③假设网格源完全由剩余的次级道路、家庭燃气、工业源排放量计算。

模拟化学反应时，输入准确的污染源排放初始 NO_2 非常重要。尤其是模拟网格源时，聚合到网格中的初始 NO_2 必须与污染源模拟时的 NO_2 排放正确性一致。

6.1.10.3 化学反应其他需要输入气象参数

使用化学反应模块或者轨迹模块时，还需要输入一些附加的气象参数计算化学反应速率，请见表 6-11。

表 6-11 化学反应计算需要的额外气象参数

化学反应	额外需要的气象参数
化学反应模块（NO_x）	温度，太阳辐射或云量，年、日和时
包括轨迹模型的化学反应模块（NO_x）	温度，太阳辐射或云量，年、日和时（气象数据必须为小时连续）
化学反应模块（硫酸盐）	年、日和时
包括轨迹模型的化学反应模块（硫酸盐）	年、日和时（气象数据必须为小时连续）

6.1.11 沉降

6.1.11.1 干沉降

地表附近烟羽物质以一定的沉降速度亏损时，发生干沉降现象。随着下风向距污染源距离的增加，烟羽扩散和沉降的发生，烟羽中的污染物质不断减少，烟羽垂直浓度分布发生变化，空气中污染物质的浓度也发生改变。

假定干沉降速度与近地面浓度成比例，即

$$F = v_d C(x, y, 0) \tag{6-2}$$

式中，F 为单位时间单位面积上的沉降速度；v_d 为沉降速度；$C(x, y, 0)$ 为空气中位于 $(x, y, 0)$ 处的浓度估计值。

（1）模拟干沉降

使用 ADMS 模型模拟干沉降，需要在污染物设定界面定义相关沉降参数。需要定义的沉降参数由污染物的类型（气体/颗粒物）决定。表 6-12 概括了每一种污染物类型需要输入的干沉降参数。

表 6-12　每种污染物类型必须定义的干沉降参数

污染物类型	已知沉降速度	已知终端速度	沉降速度	气态物的性质	终端速度	颗粒物直径	颗粒物密度	质量分数
气体	是	—	✓	—	—	—	—	—
气体	否	—	—	✓	—	—	—	—
颗粒物	是	是	✓	—	✓	—	—	✓
颗粒物	否	是	—	—	✓	✓	—	✓
颗粒物	是	否	✓	—	—	✓	✓	✓
颗粒物	否	否	—	—	—	✓	✓	✓

①已知沉降速度（对气体和颗粒物）。

用户根据最终速度是否已知选择是或否，选择不同下方污染物沉降参数栏中出现的相关列不同。

默认值 = 是（对所有污染物）

②已知终端速度（只针对颗粒物）。

用户根据终端速度是否已知选择是或否，选择不同下方污染物沉降参数栏中出现的相关列不同。

默认值 = 是（对所有污染物）

③沉降速度（m/s）。

物质由于扩散作用向地面沉降的速度。

对气体和颗粒物，如果沉降速度为固定值，在模型污染物界面中输入。

最小值 = 0 m/s

最大值 = 10 m/s

默认值 = 0 m/s

④气态物的性质（只针对气体）。

如果气体的干沉降速度未知，用户需要指明气体的性质，模型输入信息计算表面阻力。

活性：表面易于发生明显化学反应的气体（如 SO_2、O_3、I_2、Cl_2 或 HF）；

非活性：表面不易发生明显化学反应的气体（如 CO_2、CH_3I）；

惰性的：稀有气体（He、Ne、Ar、Kr、Xe、Rn）。

⑤终端速度（m/s）（只针对颗粒物）。

由于重力作用物质向地面沉降的速度。

最小值 = 0 m/s

最大值 = 10 m/s

默认值 = 0 m/s（适用于预先定义的颗粒物和用户定义的颗粒物）

⑥颗粒物直径（m）（只针对颗粒物）。

每种污染物可以定义多个颗粒物直径，用于估算颗粒污染物的沉降速度和/或终端速度。

最小值 = 10^{-9} m（=0.001 μm）

最大值 = 1 m

默认值 = 0.000 01 m（=10 μm），对应 PM_{10}；0.000 002 5 m（=2.5 μm）对应 $PM_{2.5}$；0.000 001 m（=1 μm）对应用户自定义颗粒物。

⑦颗粒物密度（kg/m^3）（只针对颗粒物）。

组成颗粒物的物质的密度。

每种污染物可以定义多个颗粒物密度，用于估算颗粒物的终端速度。

最小值 = 1 kg/m^3

最大值 = 1 000 000 kg/m^3

默认值 = 1 000 kg/m^3

⑧质量分数（只针对颗粒物）。

某一速度/直径的颗粒物的质量分数（总和须为 1±0.05）。

最小值 = 10^{-10}

最大值 = 1

默认值 = 1

允许用户模拟不同粒径颗粒物的混合物，在质量分数和为 1 的前提下，最多可以定义 10 种不同粒径/密度的颗粒物。注意：颗粒物的粒径/密度组成越复杂，模型运行时间越长。

（2）模拟不发生烟羽亏损的情况

通过输入.uai 文件可以在模拟干沉降时不考虑烟羽亏损，此时污染物浓度与不考虑干沉降时相等。但是当模拟颗粒污染物沉降时，仍然会考虑重力沉降的影响。模型计算的干沉降数值与干沉降速率和地面浓度一致。模拟时在辅助输入文件界面选择“Stack options-Stack downwash-Switch off plume depletion for DRY deposition”（烟囱选项-烟囱下洗-关闭干沉降烟羽损耗，关键词“SWITCHOFFDEPLETION”）。

（3）随时间和空间变化的干沉降参数（ADMS-工业）

ADMS-工业版本中可以使用随时间、空间变化或两者结合的干沉降参数，在此对基本设置进行说明，详细输入请参见模型用户手册。

①随时间变化的干沉降参数。

模型可以使用气态和颗粒污染物小时变化或季节变化的沉降速率。

在污染物面板设置沉降速度为已知，在辅助文件输入界面选择“Depositon Options-Detailed Temporal variation”（沉降选项-时间变化参数），输入季节变化值，或者使用.vdp 文件输入小时变化值。

如果气态污染物沉降速度未知，可以输入恒定、季节变化、小时变化的表面阻力（沉降速度计算参数）。如果恒定值或者季节变化值已知，直接编辑成.aai 文件输入；如果小时变化值已知，将小时变化值编辑成.rsp 文件并在.aai 文件中写明.rsp 文件路径输入模型。

②随空间变化干沉降参数。

模型可以使用气态和颗粒污染物空间变化的沉降速率。

如果气态污染物沉降速度未知，表面阻力参数的空间变化已知，模型使用此参数计算沉降速度。污染物面板中的沉降速度应设置为未知，将变化的沉降速度和表面阻力数据编辑入.din 文件中，并在“Depositon Options-Spatial and temporal variation”（沉降参数-空间及时间变化参数）选项下将文件路径写入.aai 文件，参数数据用于.aai 文件中相关部分的全部污染物。

③小时变化和空间变化结合的干沉降速率。

小时变化和空间变化沉降速率选项可以结合使用。但是结合使用时，模型每次运行只能用于一个污染物。

模型使用包含空间变化沉降速率的.din 文件，小时变化沉降速率通过比例因子文件编辑到.dnf 文件中，并将参数文件路径包含在.aai 文件中。使用.aai 文件时勾选污染物沉降数据同时随时间变化选项。

（4）输出

将干沉降短期和长期计算结果分别输出到.gst 和.glt 文件中，输出单位为“质量单位/（m^2/s）”，如 μg/（m^2·s），为沉降通量或速度单位。

如果同时计算了干沉降和湿沉降，模型同时输出总沉降结果。总沉降是干沉降和湿沉降速率的和。用户输入的或者模型计算的污染物干沉降速度和终端速度（气象数据前24 行）输出到.dep 文件中。

（5）干沉降参数参考

干沉降速度决定于地表的性质，表 6-13 列出了矮小植被（如草地）条件下 NO、NO_2、SO_2 和 NH_3 的沉降速度建议值。

表 6-13 矮小植被条件下沉降速度建议值

参数	NO_2	NO	SO_2	NH_3
沉降速度/（m/s）	0.001 5	0.000 15	0.012	0.02

6.1.11.2 湿沉降

当发生降水（如雨、雨夹雪、雪等）时，污染物质从烟羽中被冲刷出的现象即为湿沉降。通过清洗率Λ（降水带走的物质质量）模拟湿沉降时，单位体积单位时间内烟羽中物质沉降量为ΛC，C 为空气中污染物的浓度。清洗率Λ取决于污染物性质、降水率、雨滴粒径。

当湿沉降不依赖于降雨速率时，可将清洗率Λ设为固定值。实际上，降水率为 0，或输入气象数据中不包括降水参数时，也会计算湿沉降，此时清洗率为指定的固定值，这种情景类似于假定出现持续的微雨现象。

当清洗率Λ依赖于降水速率 P 时，模型假设Λ与 P 的关系为$\Lambda=AP^B$，其中 A 与 B 为从模型界面输入的常量。如果以这样的方式定义Λ，气象参数中必须包括降雨速率，单位为 mm/h。

（1）模拟湿沉降

模拟湿沉降时必须在污染物设定界面定义合适的污染物湿沉降参数。模拟时使用用户输入的污染物沉降，或根据其他参数估算两种方式。

模拟湿沉降时需要定义以下参数。

①已知清洗率：用户根据清洗率（参考下面第④条）是否已知选择是或者否。

如果选择是，模型根据独立于降雨速率的清洗率计算湿沉降。如果选择否，湿沉降计算使用公式 $\Lambda=AP^B$ 中的两个参数 A 和 B。

默认值 = 是

②清洗率 Λ：用于清洗率未知时（参考第①条），表示方程$\Lambda = AP^B$ 中的 A。

如果使用此参数，湿沉降速率视为降水速率的函数。

最小值 $=0\ s^{-1}$

最大值 $=100\ s^{-1}$

默认值 $=0.000\ 1\ s^{-1}$

③清洗率 B：用于清洗率未知时（参考第①条），表示方程 $\Lambda = AP^B$ 中的 B。

如果使用该参数，湿沉降速率视为降水速率的函数。建议除非有特定的数据，如实验数据，A 和 B 最好使用模型默认值。

最小值 $=0\ s^{-1}$

最大值 $=100\ s^{-1}$

默认值 $=0.64\ s^{-1}$

④清洗率（s^{-1}）。如果清洗率已知，认为湿沉降独立于降水速率。由于总是假设 NO 湿沉降为 0，NO 没有冲刷系数。

最小值 $=0\ s^{-1}$

最大值 $=1\ s^{-1}$

默认值 $=0\ s^{-1}$

（2）模拟不发生烟羽亏损的情况

通过输入.uai 文件模拟湿沉降时可以不考虑烟羽亏损的情况，此时污染物浓度与不考虑湿沉降时相等。在辅助输入文件界面选择“Stack options-Stack downwash-Switch off plume depletion for WET deposition”（烟囱选项-烟囱下洗-关闭湿沉降烟羽损耗，关键词“SWITCHOFFDEPLETION”）。

（3）输出

湿沉降短期和长期计算结果分别输出到.gst 和.glt 文件中，输出单位为“质量单位/（m^2/s）”，如 μg/（m^2·s），为沉降通量或速度单位。干沉降和总沉降结果也是以此方式输出。用户输入的或者模型计算的湿沉降污染物清洗率（气象数据前 24 行）输出到.dep 文件中。

（4）湿沉降参数参考

表 6-14 给出了 NO、NO_2、NH_3 和 HCl 的湿沉降参数参考值。注意 NO 极难溶于水，即使输入不同的湿沉降参数，其湿沉降速率也为 0，NO_2 的湿沉降速率也很小。

表 6-14　典型物质湿沉降参数建议值

参数	NO_2	NO	NH_3	HCl
A	10^{-4}	0	0.005	0.000 3
B	0.64	—	0.64	0.66

关于湿沉降参数的其他信息，建议查阅酸雨评估专家组（Review Group on Acid Rain, RGAR）的报告。下面列出的 SO_2 和硫酸盐（SO_4^{2-}）湿沉降参数建议基于 RGRA 报告

（CLAG，1994）。

①SO_2。

如果 P＜103 mm/a，则 $\Lambda=1.0\times10^{-6}$（P/500）；

如果 P＞103 mm/a，则 $\Lambda=1.0\times10^{-6}$[2+（0.336/0.84）（P–1 000）/500]。

② SO_4^{2-} 。

如果 P＜103 mm/a，则 $\Lambda=1.3\times10^{-5}$（P/500）；

如果 P＞103 mm/a，则 $\Lambda=1.3\times10^{-5}$[2+（3.36/0.84）（P–1 000）/500]。

P 是降水速率（mm/a），Λ 是独立于小时降水速率的清洗率。

（5）落滴法模拟湿沉降（ADMS-工业）

ADMS-工业模型可用落滴法模拟点源排放 SO_2 和 HCl 的湿沉降，通过.aai 文件实现，辅助输入界面选定“Wet deposition（falling drop method）”［湿沉降（落滴法）］选项，关键词为“FALLINGDROP”，选定沉降方法为“落滴法”，并输入烟羽上方雨滴初始 pH 值（Initial pH for droplets above）。

注意：①采用落滴法计算湿沉降的污染物将忽略其在污染物设置时定义的清洗率；②落滴法计算湿沉降计算量大于清洗率方法；③在静风条件下采用落滴法计算湿沉降时，湿沉降通量计算为径向烟羽和高斯烟羽组分湿沉降的权重平均。

6.1.12 高级街谷

ADMS 模型中的高级街谷选项根据道路两侧或一侧存在的街谷墙及其特性，对道路源排放污染物扩散进行修改。该选项与“基本街谷”（参见 6.1.2 节与 3.4.12 节）有以下区别：

①高级街谷可以考虑几何特性更为复杂的街谷，包括高大建筑物形成街谷和两侧不对称街谷；

②模型预测的浓度值在街谷内随高度变化；

③排放可被限制在街谷内一定宽度中，这样可将排放限制在行车道而非人行道；

④街谷内部和外侧的污染物浓度都会受到影响。

在应用高级街谷选项时，需要使用.uai 文件，启用高级街谷选项（Advanced street canyon modelling，关键词为“ADVANCEDSTREETCANYONS”），见图 6-21。

注意：当使用高级街谷选项时，界面输入的道路宽度为行车道宽度，道路中心线为行车道中心线。

用户需指定以下参数：

①Full path to file containing advanced canyon data（高级街谷数据文件路径）：点击“...”按钮浏览窄谷数据输入文件。

②Use network mode（应用路网模式）：该选项详细介绍请见 6.1.12.2。

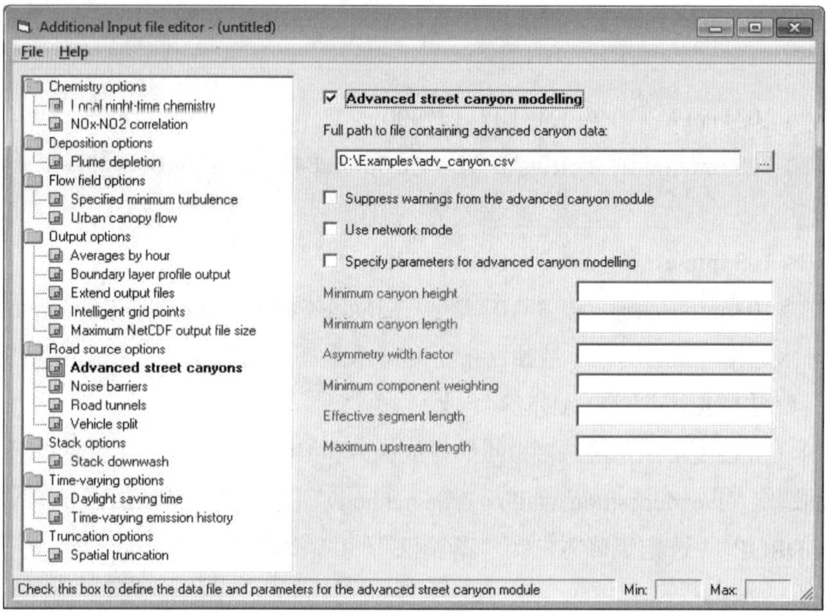

图 6-21 辅助输入文件编辑器中选定高级街谷（Advanced street canyon modelling）选项

③Suppress warnings from the advanced canyon module（阻止高级街谷模块警告）：选定该选项后，阻止将特定污染源警告信息写入 log 文件中（注意：第一次使用高级街谷数据文件时，建议先检查高级街谷模块处理过程中生成的警告信息，查看哪些道路源存在无效数据，在之后的运行中应用修改后的文件，会使 log 文件更为简洁）。

④Specify parameters for advanced canyon modelling（设定高级街谷模块参数）：输入下列用户自定义参数：

a. Minimum canyon height（最小街谷高度）：输入应用高级街谷模块的街谷高度最小值（单位 m，默认值 2 m）；

b. Minimum canyon length（最小街谷长度）：输入应用高级街谷模块的建筑物附近道路长度最小值（单位 m，默认值 5 m）；

c. Asymmetry width factor（不对称宽度因子）：输入用于一侧没有街谷墙的宽度相对于另一侧有街谷宽度的比例因子（默认值为 1.1）；

d. Minimum component weighting（最小组分权重）：输入模拟的相关组分源的权重最小值（默认值为 0.001），当最小权重值较小时，准确性较高但运行时间增加；

e. Effective segment length（有效线段长度）：输入应用标准模式时的线段长度（单位 m，默认值为 300 m）；

f. Maximum upstream length（最大上风向长度）：输入选择路网模式时的最大上风向长度值（单位 m，默认值 300 m）。

6.1.12.1　高级街谷输入数据文件格式

高级街谷输入数据文件结构包括版本号和标题行，并列出每条作为高级街谷模拟的道路源，每条数据一行。输入文件中可以包括.upl 文件中没有的道路源，但不会进行计算。而.upl 文件中未包括在输入文件中的道路源不模拟高级街谷影响。输入文件示例见图 6-22。

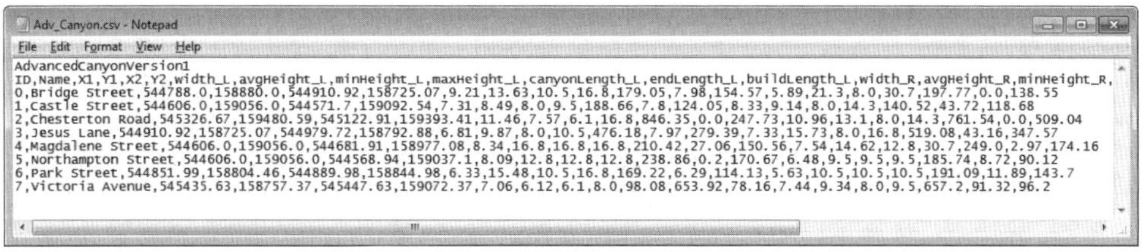


```
AdvancedCanyonVersion1
ID,Name,X1,Y1,X2,Y2,width_L,avgHeight_L,minHeight_L,maxHeight_L,canyonLength_L,endLength_L,buildLength_L,width_R,avgHeight_R,minHeight_R,
0,Bridge Street,544788.0,158880.0,544910.92,158725.07,9.21,13.63,10.5,16.8,179.05,7.98,154.57,5.89,21.3,8.0,30.7,197.77,0.0,138.55
1,Castle Street,544606.0,159056.0,544571.7,159092.54,7.31,8.49,8.0,9.5,188.66,7.8,124.05,8.33,9.14,8.0,14.3,140.52,43.72,118.68
2,Chesterton Road,545326.67,159480.59,545122.91,159393.41,11.46,7.57,6.1,16.8,846.35,0.0,247.73,10.96,13.1,8.0,14.3,761.54,0.0,509.04
3,Jesus Lane,544910.92,158725.07,544979.72,158792.88,6.81,9.87,8.0,10.5,476.18,7.97,279.39,7.33,15.73,8.0,16.8,519.08,43.16,347.57
4,Magdalene Street,544606.0,159056.0,544681.91,158977.08,8.34,16.8,16.8,16.8,210.42,27.06,150.56,7.54,14.62,12.8,30.7,249.0,2.97,174.16
5,Northampton Street,544606.0,159056.0,544568.94,159037.1,8.09,12.8,12.8,12.8,238.86,0.2,170.67,6.48,9.5,9.5,9.5,185.74,8.72,90.12
6,Park Street,544851.99,158804.46,544889.98,158844.98,6.33,15.48,10.5,16.8,169.22,6.29,114.13,5.63,10.5,10.5,10.5,191.09,11.89,143.7
7,Victoria Avenue,545435.63,158757.37,545447.63,159072.37,7.06,6.12,6.1,8.0,98.08,653.92,78.16,7.44,9.34,8.0,9.5,657.2,91.32,96.2
```

图 6-22　高级街谷数据输入文件示例

使用 CERC 开发的专门的 ArcGIS 工具，可以使用建筑物和道路中心线数据文件生成高级街谷输入文件。关于该工具的使用方法，请参见模型安装目录下 Advanced Canyon 用户手册。

用户需输入以下变量表征街谷特性：

①Name：模拟高级街谷的源名称，需与.upl 文件中道路源匹配；

②X_1，Y_1，X_2，Y_2：道路中心线第一个和第二个拐点的 x 和 y 坐标，用于指出街谷左侧和右侧的方向，与.upl 文件中道路源匹配；

同时，针对街谷两侧，N 可为 L（左侧）或 R（右侧）：

③Width_N：道路中心线到街谷墙的距离（m）；

④AvgHeight_N：街谷墙的平均建筑高度（m），如果该值低于最小街谷高度，不模拟该侧街谷；

⑤MinHeight_N：街谷墙建筑物高度最小值（m）；

⑥MaxHeight_N：街谷墙最高值（m）；

⑦CanyonLength_N：街谷总长度（m），从第一个建筑物起点到最后一个建筑物终点；

⑧EndLength_N：从道路源终点到第一个建筑物起点的长度（目前模型未应用）；

⑨BuildLength_N：该侧存在相邻建筑物的道路总长度（m），如果该值低于最小街谷长度，不模拟该侧街谷影响。

如果在道路一侧没有毗邻建筑物，该侧所有参数可设为 0。

文件完整格式如下：

①第一行 ADVANCEDCANYONVERSION1 文件版本号；

②第二行为标题行，前 20 列需包括以下参数名，逗号分隔，不限大小写：

* ID
* Name
* X1
* Y1
* X2
* Y2
* Width_L
* AvgHeight_L
* MinHeight_L
* MaxHeight_L
* CanyonLength_L
* EndLength_L
* BuildLength_L
* Width_R
* AvgHeight_R
* MinHeight_R
* MaxHeight_R
* CanyonLength_R
* EndLength_R
* BuildLength_R

可以在每行结尾处添加额外标签。

每行道路源数据用逗号分隔，包括的变量在标题行中说明。第一列 ID 值可为任意格式。在文件末尾处可添加附加说明信息，以空白行将其与道路源数据隔开。

6.1.12.2 模式选择

高级街谷模式选项可采用两种不同的模式运行，即标准模式和路网模式。标准模式假设每个街谷都是带有相似特性街谷的连续路网的一部分，路网模式是通过分析道路网络来决定污染物在毗邻街道街谷间的传输。标准模式适用于大部分情景，路网模式适用于进行详细的本地分析。3.4.12 节对两种模式间的区别进行了详细介绍。

注意：应用路网模式时，道路交叉处几何信息的准确性非常重要，毗连道路源在其连接点的坐标必须相同，模型仅在道路源末尾处（不在中间拐点处）分析街谷间的传输，因此为正确处理道路交叉处的情况，每条道路交叉处应为末尾端点。

6.1.12.3 局限性

气象数据中风向角度大于15°时不能使用高级街谷选项，也不能与时间变化排放历史选项同时使用。

两侧带有街谷墙的各侧街谷宽度必须大于道路行车道的一半。

高级街谷模拟不影响沉降输出值。

6.1.13 道路隧道

ADMS 中的道路隧道选项考虑隧道口排放以及通风的影响，进而影响道路源排放污染物的扩散。关于道路隧道模拟方法的技术说明详见 3.4.13 节。

注意：该选项模拟隧道口内交通排放导致的隧道外污染物浓度，并不模拟隧道内的浓度。

模型默认设置隧道排放发生在交通流驶离隧道的位置。由于污染物被卷夹入机动车尾迹中，初始扩散可能沿交通流驶出隧道的方向，这种情况在低风速时有较大的影响。

该模块同时也可以以点源或面源方式模拟隧道通风口的排放。在较长的隧道中可能会设置专门的通风系统以改善隧道内或隧道口较为敏感区域的空气质量。通风口可从不止一条隧道内抽取排放，如孔隧道，同时一条隧道也可以有多个通风口。通风源的排放设置为一定比例的隧道排放。

注意：模型不会使用在.upl 文件中定义的通风源排放，如果有非隧道通风源，需要单独定义一个同样的源。

应用道路隧道模块时，使用.uai 文件启用“Road tunnel modelling”（道路隧道）选项（关键词“ROADTUNNELS”），如图 6-23 所示。

注意：当使用道路隧道模拟选项时，在“污染源”界面定义的道路宽度应为隧道孔的宽度，道路中心线应在隧道孔中间位置。

应用道路隧道模块时用户必须指定以下参数：

①Full path to file containing road tunnel data（道路隧道数据文件路径）：使用“…”按钮浏览选择道路隧道数据文件；

②Model road tunnel vent sources（模拟隧道通风源）：是否模拟隧道通风源；

③Full path to file containing road tunnel vent data（隧道通风源文件路径）：如果进行通风源模拟，使用“…”按钮浏览选择隧道通风数据输入文件；

④Suppress warnings from the road tunnel module（阻止道路隧道模块警告）：勾选该选项以阻止相关源的警告信息写入 log 文件中；

第一次使用隧道数据输入文件时，建议先检查隧道模块运行生成的警告信息，查看哪些道路源存在无效数据，在之后的运行中应用修改后的文件，使 log 文件更为简洁。

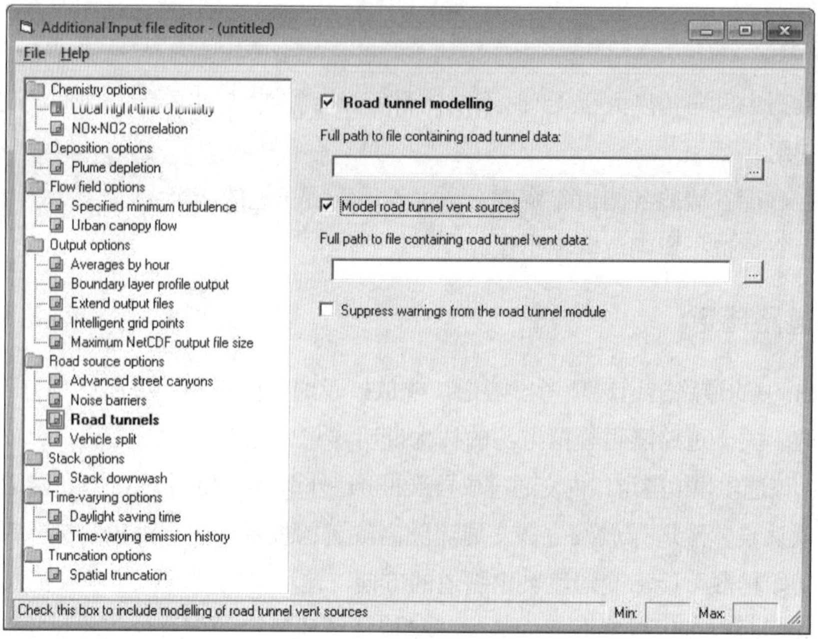

图 6-23　辅助输入文件编辑器的道路隧道界面

6.1.13.1　道路隧道数据文件格式

道路隧道输入数据文件结构包括版本号和标题行，并列出每条作为隧道模拟的道路源数据，每条道路源一行数据。输入文件中可以包括.upl 文件中没有的道路源，但不会进行计算。而.upl 文件中未包括在输入文件中的道路源不作为隧道模拟。输入文件示例见图 6-24。

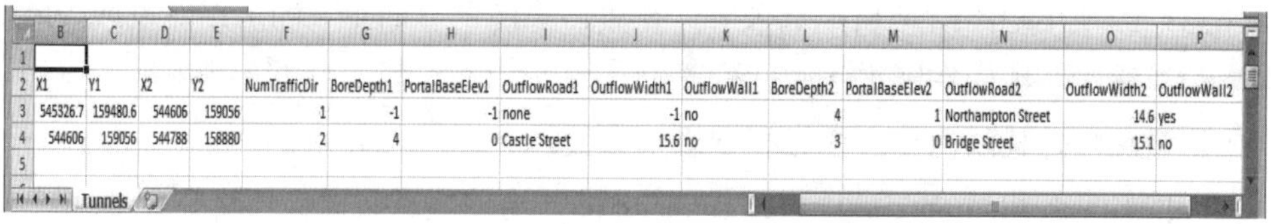

X1	Y1	X2	Y2	NumTrafficDir	BoreDepth1	PortalBaseElev1	OutflowRoad1	OutflowWidth1	OutflowWall1	BoreDepth2	PortalBaseElev2	OutflowRoad2	OutflowWidth2	OutflowWall2
545326.7	159480.6	544606	159056	1	-1	-1	none	-1	no	4	1	Northampton Street	14.6	yes
544606	159056	544788	158880	2	4	0	Castle Street	15.6	no	3	0	Bridge Street	15.1	no

Tunnels

图 6-24　道路隧道数据输入文件示例

用户应输入以下变量表征道路隧道特点：

①Name：与.upl 文件中道路源匹配的源名称。

②X_1，Y_1，X_2，Y_2：道路中心线第一个和最后一个拐点的 x 和 y 坐标，用于指出交通流的方向，应与.upl 文件中道路源匹配。

③NumTrafficDir：隧道孔内交通流的方向数（1 个或 2 个），如果为 1，交通流方向从 X_1，Y_1 到 X_2，Y_2，并且仅模拟 X_2，Y_2 处隧道口排放。

此外，对于每一个隧道口，隧道口编号可以为 1（相对于 X_1，Y_1）或 2（相对于 X_2，Y_2）。

④BoreDepthN：隧道孔深度（m）。

⑤PortalBaseElevN：隧道口处道路相对于当地平均地面高度的抬升高度（m）。

⑥OutflowRoadN：作为隧道口出流交通流的道路名称，与.upl 文件中相同。

只有出流道路在相关隧道口 1 m 范围内存在端点时，模型会根据其定义隧道口初始扩散的方向。

⑦OutflowWidthN：出流道路的地表宽度（m），如果隧道口抬升高度不为 0，则必须小于行车道宽度。

⑧OutflowWallN：在隧道口处是否有抗回流墙（是或否）。

隧道孔深度、隧道口抬升高度和出流宽度如图 6-25 中三个示例。如果隧道交通流为一个方向，模型不使用输入的第一个隧道口相关参数值。

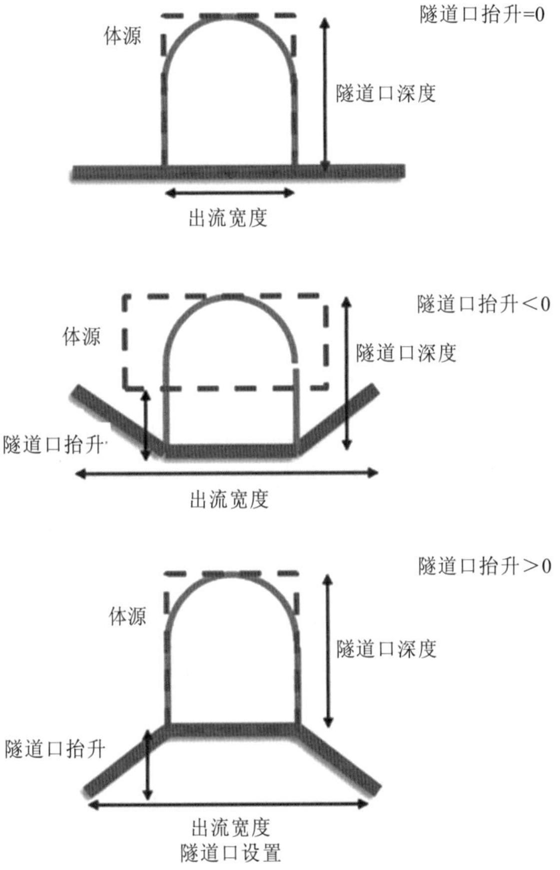

图 6-25　三种情况下隧道口和出流几何参数图示说明

隧道文件参数格式如下：

①第一行 ROADTUNNELVERSION1 版本号。

②第二行标题行，前 16 列必须包括以下参数名，逗号分隔，不区分大小写：

* Name
* X1
* Y1
* X2
* Y2
* NumTrafficDir
* BoreDepth1
* PortalBaseElev1
* OutflowRoad1
* OutflowWidth1
* OutflowWall1
* BoreDepth2
* PortalBaseElev2
* OutflowRoad2
* OutflowWidth2
* OutflowWall2

在行末可添加附加标签。

每条道路源为一行逗号分隔数据，包括标题行中列出的参数名。在文件末尾可添加其他说明信息以空白行将其与道路源数据分隔开。

6.1.13.2 道路隧道通风数据输入文件格式

道路隧道通风输入数据文件结构包括版本号和标题行，并且列出每条道路隧道与通风组合源数据，每条为一行数据。输入文件中可以包括.upl 文件中没有的道路源，不会进行计算。输入文件示例见图 6-26。

用户应输入以下变量表征道路隧道通风源的特点：

①TunnelName：与.upl 文件中道路源匹配的源名称。

②VentName：道路隧道通风源名称，与.upl 文件中源名称匹配（注意：隧道通风源只能设置为点源或面源）。

③VentFraction：道路隧道排放被通风源抽取的比例，介于 0～1。

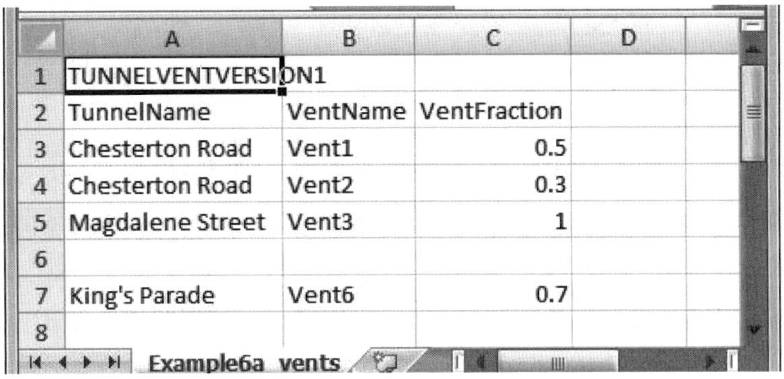

	A	B	C	D
1	TUNNELVENTVERSION1			
2	TunnelName	VentName	VentFraction	
3	Chesterton Road	Vent1	0.5	
4	Chesterton Road	Vent2	0.3	
5	Magdalene Street	Vent3	1	
6				
7	King's Parade	Vent6	0.7	
8				

图 6-26　道路隧道通风源输入数据示例

每个通风源的通风比例可通过时间变化排放因子修改（可使用任意点/面源标准方法），如仅在高峰时段启用通风系统。

隧道通风源文件格式如下：

①第一行 TUNNELVENTVERSION1 为版本号。

②第二行标题行，前 3 列必须包括以下参数名，逗号分隔，不区分大小写：

* TunnelName

* VentName

* VentFraction

在行末可添加附加标签。

隧道/通风组合源为一行逗号分隔数据，包括如标题行参数名所示数据。在文件末尾的可选附加行中可添加其他说明信息，以空白行将其与道路源数据分隔开。

6.1.13.3　局限性

①在气象数据中风向角度大于 15°时，道路隧道选项不能与时间变化排放历史选项同时使用。

②出流宽度必须大于或等于道路行车道宽度。

③在隧道内不能模拟由于沉降或化学转化引起的烟羽损耗。如果这两项的影响很重要，建议修改隧道源排放以反映隧道口的排放条件。

④隧道通风源不能选择单个源输出。

⑤仅隧道源所在污染源组才能考虑通风源的浓度贡献。

⑥通风源从隧道源排放中抽取比例不能超过 1。如果时间变化排放因子的总比例大于 1，则各通风源排放抽取比例会按比例缩减到总和为 1。

⑦双孔隧道中污染物在孔间的回流不作细致考虑。抗回流墙的存在会影响代表隧道

口排放扩散的体源几何参数设置，如果需要可修改隧道源的排放以反映回流的影响。

⑧假设隧道口排放为环境温度，不考虑隧道和周边大气环境条件的温差。

6.1.14 城市冠层流场

ADMS 模型中的城市冠层流场选项计算因城区范围建筑物存在导致的湍流和风速垂直廓线的变化。通常认为当风接近城市区域建筑物时，风廓线会在垂直方向发生位移，其位移高度与建筑物平均高度相关，建筑物内部的气流由于建筑物的存在而变缓（Belcher et al.，2013）。

使用时通过辅助输入文件界面“Flow field-Urban Canopy Flow”（风场-城市冠层流场）选项，导入城市冠层流场文件（关键字“URBANCANOPYFLOW”）。用户需要指定以下内容：

①包含城市冠层数据文件的完整路径；

②城市冠层流场输出：是否将用户定义位置的湍流和速度数据输出到文件中。

城市冠层流场输入数据文件为包含一系列变量名称和相应数据表的文件，在文件开始部分指定城市冠层数据的网格分布。数据文件格式如图 6-27 所示。

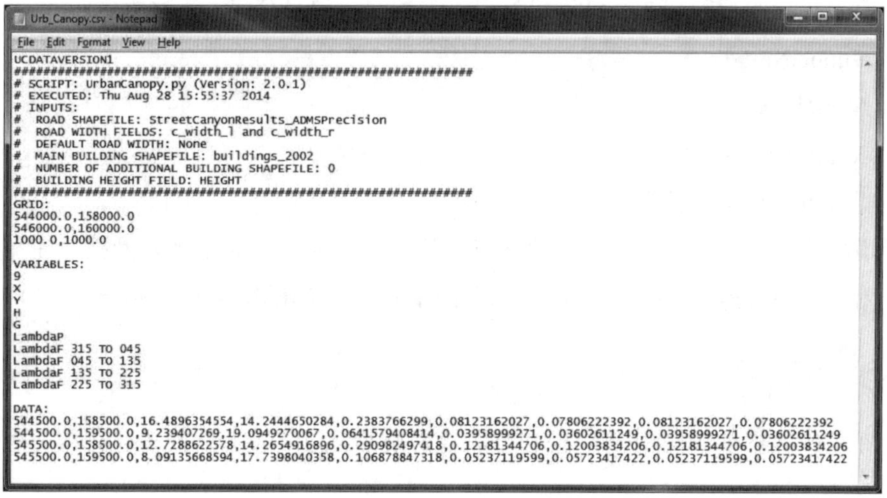

```
Urb_Canopy.csv - Notepad
File Edit Format View Help
UCDATAVERSION1
##################################################################
# SCRIPT: UrbanCanopy.py (Version: 2.0.1)
# EXECUTED: Thu Aug 28 15:55:37 2014
# INPUTS:
#  ROAD SHAPEFILE: StreetCanyonResults_ADMSPrecision
#  ROAD WIDTH FIELDS: c_width_l and c_width_r
#  DEFAULT ROAD WIDTH: None
#  MAIN BUILDING SHAPEFILE: buildings_2002
#  NUMBER OF ADDITIONAL BUILDING SHAPEFILE: 0
#  BUILDING HEIGHT FIELD: HEIGHT
##################################################################
GRID:
544000.0,158000.0
546000.0,160000.0
1000.0,1000.0

VARIABLES:
9
X
Y
H
G
LambdaP
LambdaF 315 TO 045
LambdaF 045 TO 135
LambdaF 135 TO 225
LambdaF 225 TO 315

DATA:
544500.0,158500.0,16.4896354554,14.2444650284,0.2383766299,0.08123162027,0.07806222392,0.08123162027,0.07806222392
544500.0,159500.0,9.239407269,19.0949270067,0.0641579408414,0.03958999271,0.03602611249,0.03958999271,0.03602611249
545500.0,158500.0,12.7288622578,14.2654916896,0.290982497418,0.12181344706,0.12003834206,0.12181344706,0.12003834206
545500.0,159500.0,8.09135668594,17.7398040358,0.106878847318,0.05237119599,0.05723417422,0.05237119599,0.05723417422
```

图 6-27 城市冠层数据输入文件示例

使用时可以借助 ArcGIS 工具，选择网格分布和 lambdaF 风向，根据建筑物数据创建城市冠层数据文件，详细说明查看模型安装目录下 Urban Canopy Tool User Guide 文件。

输入变量确定每个普通的 x、y 城市冠层网格中的城市冠层流场参数，可以与模型网格源有相同的布局，但不一定必须相同。输入变量如下：

①H：网格内建筑物的平均高度。

②G：网格内街谷的平均宽度。

③LambdaP：网格内建筑物覆盖面积占整个规划区的比例，介于 0～1。

④LambdaF phi1 to phi2：在一定风向范围内（从 phi1 度到 phi2 度），网格（可以大于 1）内建筑物垂直迎风面积之和与整个规划区的比例。

每个城市冠层网格必须有对应的一行数据。如果在个别网格中没有建筑物，平均建筑物高度和 lambdaP 为 0，不进行城市冠层流场计算，此网格用上风向流场参数。

LambdaF 角度阈值有以下限制：

①一个扇区的下部（“到...”）阈值必须等于下一个扇区的上部（“从...”）阈值，扇区必须是按顺序排列的。

②第一个扇区的“从…”阈值必须等于最后一个扇区的“到…”阈值，这样可以描述全部范围的风向。风向为属于大于或等于“从…”阈值和小于“到…”阈值的扇区。

③每个扇区的值必须大于或等于 0，小于 360°。

④每个扇区的“从…”阈值大于或者等于其“到…”阈值（越过 0°）。扇区的数量介于 2～40。

城市文件格式如下，其中*项是必需的：

- 文件第一行 UCDATAVERSION1 为版本号。
- （可以在第一个关键字前包含注释）
- 网格信息部分

* GRID：关键字。

* XMIN，YMIN：城市冠层网格 x、y 坐标的最小值，单位为 m，使用的坐标系与 ADMS 模型中使用的其他空间坐标系一致。

* XMAX，YMAX：城市冠层网格 x、y 坐标的最大值，单位为 m，使用的坐标系与 ADMS 模型中使用的其他空间坐标系一致。

* XSPACING，YSPACING：城市冠层网格以米为单位的分辨率。

- （两部分之间可以添加注释）
- 变量信息部分

* VARIABLES：关键字。

* nVar：文件中包含的变量数。

* nVar：变量名称清单，每个名称单独一行，变量必须包含上述 X、Y、G、H、LambdaP，以及至少一个扇区的 LambdaF，还可以包含其他变量，如 labels。

- （两部分之间可以添加注释）
- 数据部分

* DATA：关键字。

* nVar：变量的每一行逗号分隔城市冠层网格数据，与变量信息部分顺序对应。

空白行或者注释可以包含在第一部分之前，两部分之间，或者最后一部分之后。在每一部分中间不可以存在空白行或者注释。

6.1.15 边界层廓线参数输出

ADMS 模型内部计算边界层特性垂直廓线参数，可使用辅助输入.uai 文件设置，将一定高度范围内的廓线输出到.pro 文件中。.pro 文件的格式描述参见 6.2.1.15 节。使用.uai 文件启用边界层廓线输出选项（关键字“BLPROFILE”）。用户需要定义或输入以下参数：

选择廓线类型。

①默认高度：高至边界层高度，使用 100 间隔的几何级数；

②定义绝对最大高度：高度至确定的固定高度，使用 100 间隔的几何级数；

③定义与边界层高度 H 相关的最大高度：高度至边界层高度的规定比例，使用 100 间隔的几何级数；

④定义所有高度：用界面表格输入自定义高度，可定义最多 200 个高度。

6.1.16 气味

气味专门以气味单位进行规定，目前普遍应用的气味单位有两种，“ou”和“ou_E”：

①气味单位（ou）表示在标准温度和压强、一定排放强度下，达到检测限值 1ou 时混合物必须被稀释的倍数。气味单位（ou）为一个比例值。

②气味单位（ou_E）由 CEN 标准（EN 13725∶2003）定义。1ou_E 表示标准状态下，刚好蒸发到 1 m^3 无臭气体时污染物的质量。

ADMS 模型气味选项使用时可以以单位“ou_E”输入排放值，输出计算结果，该单位有时表示为“ou_e”。由于气味由一系列物质混合组成，而人体对气味的反应并不是单纯线性的，不能由某单一组分来源推断。因此，严格来讲，用户应该一次只考虑一种污染物的气味和一个污染源的作用（多个污染源之间距离很近且排放同种污染物除外）。然而在实际操作中，用户常将多个污染源和污染物加起来量化其综合效应。

局限性：该功能不能与化学反应选项结合使用；排污清单中不包括气味选项。

6.1.17 放射性衰减（ADMS-工业）

公众暴露于放射性污染的主要途径有外部暴露、呼吸、与污染物接触和食用被污染的食品。放射性物质沉降在土壤或者植被上会造成食物的污染。法律规定了公众可以接受的放射线剂量的限值及食品中允许放射性物质的最高含量。放射性剂量的计算包括空气中浓度和地面沉降。ADMS 工业模型可以计算放射性同位素在空气中的浓度和沉降速率。计算时可以选择是否考虑放射性衰变的影响。另外，还可以计算伽马剂量。

6.1.17.1 考虑放射性衰变的同位素模拟

要模拟考虑放射性衰变的同位素，需要在设置界面中选择放射性衰变，与常规污染物设定相比有以下不同。

（1）污染物面板由放射性污染物面板（同位素）取代

放射性污染物面板中包含一个默认的同位素：Sr-90。可定义气体和颗粒放射性污染物。

所有可释放的同位素都按照原子质量大小顺序列在模型安装路径下的 isotopes.pdf 文件中，同时列出了同位素的半衰期（单位：s）及其衰变产物，衰变产物括号中的数字为衰变为此产物的原同位素占原同位素总量的百分数。在设置界面顶端的帮助菜单中选择同位素可以查看 isotopes.pdf 文件，用户不能编辑此文件。如果同时模拟沉降，需要在面板中输入同位素的沉降特性。新添加同位素的沉降参数为默认参数。

对放射性释放而言，放射性污染物面板有很多输入选择。如果用户经常模拟一组同位素（或者一组中的某几个），可以创建一个包含该组同位素名称及其沉降参数的基础.apl 文件（如 factoryl.apl）在以后的运行中也可以使用。

（2）污染排放界面被放射性污染物（同位素）界面替代

放射性污染物的输入与非放射性污染物的输入一样，只有当同位素在放射性污染物面板中定义之后，才能被添加到放射性污染物（同位素）的污染物清单中。

（3）与非放射性排放类似，污染物的输出在输出界面设定

同位素模拟输出界面的下拉菜单中显示的污染物与放射性污染物面板中定义的污染物一致，输出单位是 Bq/m^3。

6.1.17.2 不考虑放射性衰变的同位素模拟

在 ADMS-工业模型中，用户也可以模拟不考虑放射性衰变的同位素释放。这样的模拟结果可以用于比较，也可以使用模拟衰变时不可用的高级选项。

①确保未勾选设置界面中的放射性衰变选项。

②在污染物面板中选择不考虑同位素衰变，此时可以在下拉菜单中选择同位素加入面板（注意：如果没有勾选不考虑同位素衰变，下拉菜单中显示的是非放射性污染物 NO_x、SO_2 等）。

③在污染排放界面指定同位素的排放速率，以 Bq/s 为单位。

④在输出界面中加入需要计算输出的同位素，然后运行模型。运行输出与非放射性污染相同的参数，只是单位为 Bq，而不是 g。

如果先在设置界面选择了放射性衰变，之后又取消该选择，放射性污染物面板（同位素）中的不考虑放射性衰变将自动被勾选，污染物面板仍然为放射性污染物面板。

6.1.17.3 伽马剂量

伽马剂量选项用于计算释放伽马射线的同位素（如 Ar-41）污染源中某一点的剂量，ADMS-工业模型可以计算所有输出点地表水平的伽马剂量。但伽马剂量计算时间远远长于考虑放射性衰变时的计算。因此，在做初步研究时，建议限制要计算伽马剂量的输出点的个数。计算伽马剂量时，勾选设置界面中的放射性衰变选项，以及伽马剂量选项。如果该选择框是灰色的（不可用），请在输出界面选择污染源选项。模型一次只可以计算一个污染源的伽马剂量。输出点的伽马剂量以 Sv/s 为单位。

只有选择了单一污染源输出和放射性衰变时，才可以进行伽马剂量的计算。如果输出界面中选择的是组，伽马剂量选项不可用。

6.1.18 烟羽能见度（ADMS-工业）

ADMS-工业可以模拟烟羽中有冷凝水存在时的烟羽可见度。这种情况出现在水分含量较高的烟羽排放时。

模拟烟羽可见度需要在设置界面勾选烟羽可见度选项，并输入以下参数。

（1）含水量（kg/kg）：烟羽的初始混合比例

在污染源界面，污染源表格中有含水量（kg/kg）列，确定烟羽初始混合比例（每单位干物质中水的质量）。

最小值 = 0 kg/kg

最大值 = 9 999 999 kg/kg

默认值 = 0 kg/kg

此外，模拟烟羽可见度时还需要确定气象数据中的湿度和温度。

（2）地表温度 T0C（℃）：近地面空气温度

最小值 = –100℃

最大值 = 60℃

默认值 = 15℃

（3）相对湿度（%）：大气相对湿度

最小值 = 0%

最大值 = 100%

默认值 = 50%

如果使用文件输入气象数据，文件中必须包含相对湿度［RHUM（%）］或者比湿度［S HUMIDITY（kg/kg）］，以及地表温度［T0C（℃）］。

局限性：

①计算仅限于点源；

②计算仅限于上升烟羽，即释放速率非零；

③模拟建筑物时，不考虑建筑物对烟羽可见度或者烟羽落地的影响。但是，当同时模拟建筑物和烟羽可见度时，预测的污染物浓度、温度、湿度输出受到影响，这是因为模拟烟羽可见度时烟羽抬升计算中包含了烟羽的含水量；

④气象数据必须包括地表温度、相对湿度或比湿度；

⑤环境相对湿度为 100%时，烟羽被视为不可见。

6.1.19 温度与湿度输出（ADMS-工业）

在模拟烟羽能见度时，ADMS-工业可以计算每个输出点受烟羽影响后的温度、比湿度、相对湿度以及这些值超出指定阈值的次数，还可以计算同时超出温度和比湿度（相对湿度）阈值的次数。

此功能可用于研究如军团杆菌等微生物的传播，此类微生物对烟羽内的条件敏感，如仅能在一定的温度、湿度范围内下存活。温度和湿度输出仅限于模拟单一点源，但是点状喷射源下风向也可以输出短期温度结果。

6.1.19.1 点源温度和湿度输出

点源的温度和湿度输出需要使用.aai 文件，在辅助输入文件界面文件启用温度和湿度输出选项“Temperature and Humidity”（关键字“TEMPHUM”），在界面中设置以下选项。

①温度输出：如果选择输出温度，需要在表格中输入数个用于计算超出的温度阈值。

②相对湿度输出：如果选择输出相对湿度，需要在表格中输入数个计算超标的相对湿度阈值。

③比湿度输出：如果选择输出比湿度，需要在表格中输入数个计算超标的比湿度阈值。

④温度和相对湿度同时超标次数：如果选择输出温度和相对湿度，可以输入一组温度和相对湿度的阈值，要求输出温度和相对湿度同时超出的次数。

⑤温度和比湿度同时超标次数：如果选择输出温度和比湿度，可以输入一组温度和比湿度的阈值，要求输出温度和比湿度同时超出的次数。

6.1.19.2 喷射源下风向温度输出

单一点状喷射源下风向温度短期输出需要使用.aai 文件，在辅助输入文件界面启用“Temperature output for jet”（喷射源温度输出）选项（关键字“JETTEMP”），不需要其他的输入信息。

6.1.19.3 输出

模型可以根据选项计算若干新的温度（℃）、相对湿度（%）、比湿度数值（kg/kg）。

（1）短期输出

温度、相对湿度、比湿度的短期输出结果在.gst 和/或.pst 文件中的参数为 Temp、RHum 和 SHum，这些参数的网格化输出结果可以如浓度一样绘制等值平面图。

烟羽中心线和烟羽中心线下地面的温度、相对湿度、比湿度分别在.cen 文件中输出，参数为 Tmp0、TmpZP（地面和烟羽中心线温度）、RH0、RHZP（地面和烟羽中心线相对湿度）和 SH0、SHZP（地面和烟羽中心线比湿度）。注意：.cen 文件只针对单一点源。

（2）长期输出

温度、相对湿度、比湿度的长期输出结果在.glt 和/或.plt 文件中的参数为 LTTmp、LTRH 和 LTSH，这些参数的网格化输出结果可以如浓度一样绘制等值平面图。

温度、相对湿度、比湿度超出用户指定阈值的次数列在.glt 和.plt 文件中，同样这些数据也可以绘制等值平面图。数据包含的列如下所述。

①EXT：超出温度阈值的次数；

②EXRH：超出相对湿度阈值的次数；

③EXSH：超出比湿度阈值的次数；

④EXTRH：同时超出温度和相对湿度阈值的次数；

⑤EXTSH：同时超出温度和比湿度阈值的次数。

注意：阈值超出按每年输出结果（与标准浓度超标相同）；无论气象数据覆盖的时间长短，输出结果总是一年的估计值。

6.1.19.4 局限性

①模块仅限于一项污染物输出，如果输出的是颗粒物则限制为仅有一种粒径；

②污染物排放速率不能为 0，即必须有烟羽抬升效应；

③输出相对湿度和/或比湿度，必须使用烟羽可见度选项；

④此选项不能与放射性衰减、γ 剂量以及海岸线选项同时使用。

6.1.20 海岸线（ADMS-工业）

对于距离海岸几千米内（5 km 以内）的高架源来说，海岸的影响非常明显。在满足以下条件时可应用 ADMS 模型中的海岸线模块：

①风向为从陆地吹向海洋；

②陆地温度高于海面温度；

③地面为非稳定气象条件（对流）。

当选择了海岸线选项时，模型自动检测气象条件是否满足以上条件，如果不满足，在该条气象条件不启用海岸线模块。使用常规气象数据模拟海岸线时应包括以下参数。

DELTAT：海面和近地面温度差，或同时包括海面温度 TSEA 与地表温度 T0C。

模拟海岸线时需要通过陆地和海面两个点的坐标确定海岸的位置和方向，模型假设海岸线为两点间的直线，如图 6-28 所示。

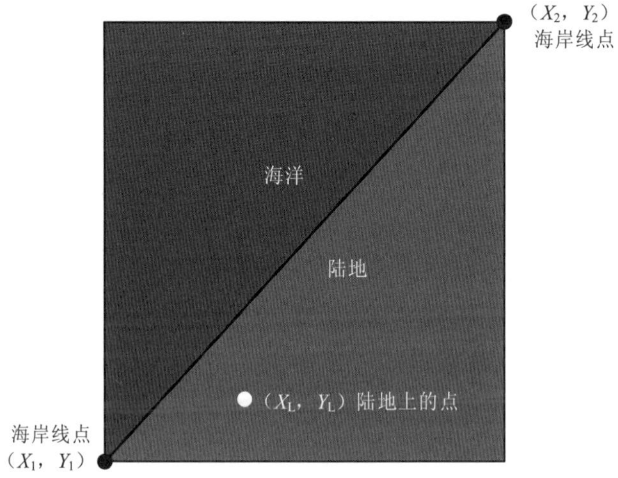

图 6-28　海岸线坐标确定示例

海岸线模块需要定义以下参数。

①海岸上第一个点：*X*、*Y* 坐标。

最小值 =–9 999 999 m

最大值 = 9 999 999 m

默认值 =（0，0）

②海岸上第二个点：*X*、*Y* 坐标。

最小值 =–9 999 999 m

最大值 = 9 999 999 m

默认值 =（–1 000，1 000）

③陆地上点：陆地上点 *X*、*Y* 坐标。

最小值 =–9 999 999 m

最大值 = 9 999 999 m

默认值 =（500，500）

6.1.21 烟团（ADMS-工业）

ADMS-工业中的烟团模块可用于模拟短时间内污染物的释放，通常短于 1 h，最多不超过 24 h，如事故性排放、爆炸等。

用户可以计算两种类型的输出：释放发生后一定时间段在距污染源不同位置的即时浓度，以及时间积分浓度或剂量。剂量可认为是当烟团经过某个点时人体在该位置暴露的污染物总量。

模型假设在整个释放过程中气象条件保持不变，如果排放时间超过 1 h，会单独输出每条气象条件的输出结果。

使用烟团模块时在设置界面选择烟团选项，选择以下选项之一。

①时间积分（剂量）：计算当烟团经过时人体在某个特定位置时暴露物质总量。如果选择该选项，不需要再输入进一步参数，输出单位为（g·s）/m^3［或（mg·s）/m^3等］。

②时间相关：计算一系列污染物的即时浓度，由下列参数定义。

a. 输出开始时间（s）。

最小值= 0 s

最大值= 82 800 s（=23 h）

默认值= 100 s

b. 时间步长（s）。

最小值= 1 s

最大值= 10 800 s（=3 h）

默认值 = 100 s

c. 时间步长数量。

最小值= 1

最大值= 50

默认值= 10

例如，默认设置将以等时间间隔 100 s 计算 10 个即时浓度值，从释放后 100 s 开始（100 s、200 s、300 s 等，直到 1 000 s）。输出结果单位为 g/m^3（或 mg/m^3等）。

在模型污染源界面输入以下排放参数。

①总排放（g）：污染物排放总量。

最小值= 1×10^{-10} g

最大值 = 1×10^{30} g

默认值 = 1 g

②开始时间（s）：释放开始时间。

最小值= 0 s

最大值= 86 400 s（= 24 h）

默认值 =0 s

③持续时间（s）：释放持续时间。

最小值 =0 s

最大值 = 86 400 s（=24 h）

默认值 =0 s

6.2 模型输出

ADMS 模型可根据输出设置生成各类输出文件。下面分别介绍各种输出结果文件。

6.2.1 输出文件

模型运行期会生成一系列输出文件，输出文件的数量取决于模型设置。

输出文件与模型.upl 文件同名，并保存在同一文件夹下，根据输出类型使用不同扩展名。所有输出文件都可以使用文本文件编辑工具查看。

下面介绍主要的模型输出文件，格式示例可参考附录 D.3，如未列出的可参考模型用户手册。注意下文中的.bld、.dep、.gst 及.levels.gst 等文件中的输出数据通常限制为只包含前 24 行气象数据计算结果，防止输出文件过大，用户可以使用辅助输入文件（uai 文件或 aai 文件）取消此限制，将所有计算的气象数据行结果都写入文件，具体操作方法参考模型用户手册。

6.2.1.1 .log 文件

.log 文件包括所有的输入、输出参数以及模型运行记录，包括模型运行开始和终止的日期和时间、所有程序信息和气象数据概要（包括模型可用的数据条数）等信息。

6.2.1.2 .glt、.levels.glt 以及.plt 文件

.glt、.levels.glt 以及.plt 文件为模型运行的长期浓度输出结果文件。

.glt 文件（网格，长期平均）包括所有选定污染源组最低层网格点的长期平均计算结果，包括浓度、百分位值、超标量以及沉降值（沉降值为地面水平值）。如果选择了污染源加密网格，文件中还包括这些网格点的值。文件中包含的变量见表 6-15。

表 6-15 .glt 文件包含的变量

变量	描述
LTConc	平均浓度
如果选择了百分位选项：	
P###.##	百分位（如 P99.9）
如果选择了超标量选项：	
EXpaM	每年超过浓度限值次数
如果模拟了干和/或湿沉降：	
LTDry	长期平均干沉降
LTWet	长期平均湿沉降
LTTot	长期平均总沉降
如果选择了小时长期平均：	
Conc##	小时平均浓度##（如 Conc01）

.levels.glt 文件包括各个高度层上所有选定污染源组的长期平均计算结果，文件仅在输出网格设置多个高度时输出。注意：有些输出值不会列在.levels.glt 文件中，如沉降，因为沉降值与高度无关。

.plt 文件（特定点，长期平均）与.glt 文件相似，输出网格界面定义的每个特定点的值。

6.2.1.3 .gst、.levels.gst 以及.pst 文件

.gst、.levels.gst 以及.pst 文件为模型运行的短期浓度输出结果文件。

.gst（网格，短期平均）文件包括所有选定污染源组最低层网格点每条气象数据的短期输出结果。如果选择了污染源加密网格，文件还会包括此类网格点的输出结果。文件包含变量见表 6-16。

表 6-16 .gst 文件中包含的变量

变量	描述
Conc	平均浓度
如果模拟了干/湿沉降：	
Dry	干沉降
Wet	湿沉降
Tot	总沉降

为避免输出文件过大，通常仅给出前 24 行气象数据的计算值，但可以通过辅助输入文件输出设置中的扩展输出文件（Extend output files）选项将输出文件扩展为输出所有小时平均值。注意，当模型运行较长时间段气象数据时，如一年连续数据，输出的.gst

和.levels.gst 文件会非常大。

.level.gst 文件包括各高度层上所有选定污染源组网格点对应每条气象数据的短期输出结果，以单独的列给出每个高度值，文件仅在输出网格设置多个高度时输出。注意：该文件不包括某些特定的输出，如沉降，因为沉降值与高度无关。

.pst 文件（特定点，短期平均）与.gst 文件相似，输出网格界面定义的每个特定点的值。.pst 文件默认输出每行气象数据的计算值。

.pst 文件和.plt 文件的示例（以 Microsoft Excel 程序打开）如图 6-29 和图 6-30 所示。网格化的.glt 和.gst 文件与这些文件相似，但包含每个网格点的值。

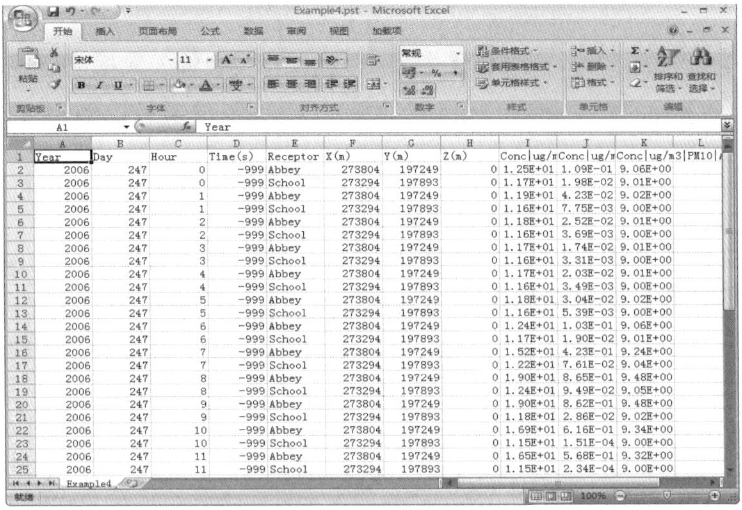

Year	Day	Hour	Time(s)	Receptor	X(m)	Y(m)	Z(m)	Conc|ug/m	Conc|ug/m	Conc|ug/m3|PM10|
2006	247	0	-999	Abbey	273804	197249	0	1.25E+01	1.09E-01	9.06E+00
2006	247	0	-999	School	273294	197893	0	1.17E+01	1.98E-02	9.01E+00
2006	247	1	-999	Abbey	273804	197249	0	1.19E+01	4.23E-02	9.02E+00
2006	247	1	-999	School	273294	197893	0	1.16E+01	7.75E-03	9.00E+00
2006	247	2	-999	Abbey	273804	197249	0	1.18E+01	2.52E-02	9.01E+00
2006	247	2	-999	School	273294	197893	0	1.16E+01	3.69E-03	9.00E+00
2006	247	3	-999	Abbey	273804	197249	0	1.17E+01	1.74E-02	9.01E+00
2006	247	3	-999	School	273294	197893	0	1.16E+01	3.31E-03	9.00E+00
2006	247	4	-999	Abbey	273804	197249	0	1.17E+01	2.03E-02	9.01E+00
2006	247	4	-999	School	273294	197893	0	1.16E+01	3.49E-03	9.00E+00
2006	247	5	-999	Abbey	273804	197249	0	1.18E+01	3.04E-02	9.02E+00
2006	247	5	-999	School	273294	197893	0	1.16E+01	5.39E-03	9.00E+00
2006	247	6	-999	Abbey	273804	197249	0	1.24E+01	1.03E-01	9.06E+00
2006	247	6	-999	School	273294	197893	0	1.17E+01	1.90E-02	9.01E+00
2006	247	7	-999	Abbey	273804	197249	0	1.52E+01	4.23E-01	9.24E+00
2006	247	7	-999	School	273294	197893	0	1.22E+01	7.61E-02	9.04E+00
2006	247	8	-999	Abbey	273804	197249	0	1.90E+01	8.65E-01	9.48E+00
2006	247	8	-999	School	273294	197893	0	1.24E+01	9.49E-02	9.05E+00
2006	247	9	-999	Abbey	273804	197249	0	1.90E+01	8.62E-01	9.48E+00
2006	247	9	-999	School	273294	197893	0	1.18E+01	2.86E-02	9.02E+00
2006	247	10	-999	Abbey	273804	197249	0	1.69E+01	6.16E-01	9.34E+00
2006	247	10	-999	School	273294	197893	0	1.15E+01	1.51E-04	9.00E+00
2006	247	11	-999	Abbey	273804	197249	0	1.65E+01	5.68E-01	9.32E+00
2006	247	11	-999	School	273294	197893	0	1.15E+01	2.34E-04	9.00E+00

图 6-29　.pst 文件示例

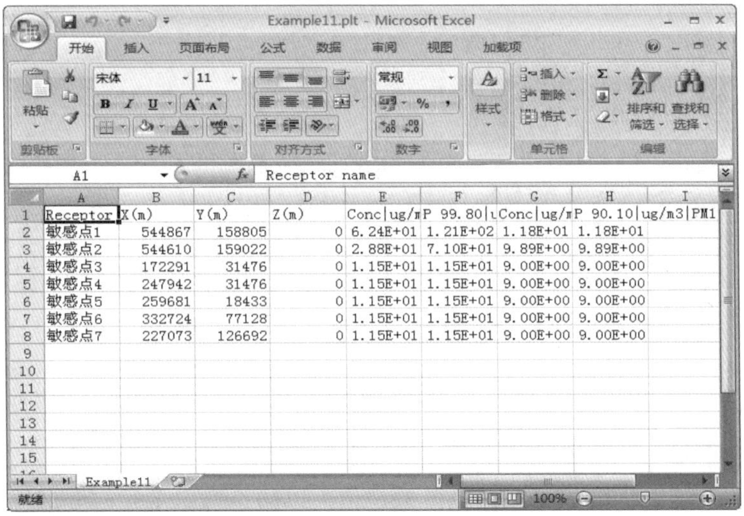

Receptor	X(m)	Y(m)	Z(m)	Conc|ug/m	P 99.80|u	Conc|ug/m	P 90.10|ug/m3|PM1
敏感点1	544867	158805	0	6.24E+01	1.21E+02	1.18E+01	1.18E+01
敏感点2	544610	159022	0	2.88E+01	7.10E+01	9.89E+00	9.89E+00
敏感点3	172291	31476	0	1.15E+01	1.15E+01	9.00E+00	9.00E+00
敏感点4	247942	31476	0	1.15E+01	1.15E+01	9.00E+00	9.00E+00
敏感点5	259681	18433	0	1.15E+01	1.15E+01	9.00E+00	9.00E+00
敏感点6	332724	77128	0	1.15E+01	1.15E+01	9.00E+00	9.00E+00
敏感点7	227073	126692	0	1.15E+01	1.15E+01	9.00E+00	9.00E+00

图 6-30　.plt 文件示例

6.2.1.4 .max 文件

.max 文件（浓度最大值文件）包含每个选定的百分位平均浓度的最大值、最大值出现位置，以及对应的气象数据。进行长期平均计算时输出该文件，不管是否选择百分位。

此外，在每个百分位最大值后，列出该点超过该值的浓度值，同时给出对应的气象数据条数。例如，使用一年的数据（8 760 行），计算百分位值为 98 时，将列出超过 98 百分位值的数据［8 760 行中 2%（176 行）］。此输出仅针对百分位值大于或等于 98 的情况。

6.2.1.5 .mop 文件

.mop 文件（气象输入、输出参数文件）包括每行气象输入数据及预处理模块计算输出值，以及每种条件的发生频率。输入参数在文件左侧，计算输出参数在文件右侧。

6.2.1.6 .out.met 文件

.out.met 文件输入气象数据的副本（如选择运行某一时间段气象数据，则仅包括该时间段数据），同时考虑风向角划分尺寸的影响。具体方法如下所述。

①如果风向角未按一定角度划分，.out.met 文件中风向与输入气象数据文件相同。

②如果风向角划分角度小于 15°，.out.met 文件与输入气象数据大致相同，但在考虑风向的循环时修改风向。

③如果风向角划分角度大于 15°，输入气象文件的每行数据在.out.mt 文件中分为 5 行。这些数据除风向变量外与输入数据相同，在输入风向基础上以五个方向代表风向划分的角度，每个方向的使用频率相同。

6.2.1.7 建筑物：.bef、.bld 和.bwk 文件

这些文件与建筑物模块相关。

.bef 文件（有效建筑物）包括每个源和每行气象数据的有效建筑物的坐标。

.bld 文件（建筑物）包括输入建筑物的尺寸和计算中使用的参数（包括建筑物的影响区域，空腔区和空腔区浓度）。通常只给出前 24 行气象数据的输出值，以防止输出文件过大。

6.2.1.8 沉降：.dep 文件

.dep 文件（沉降）包含沉降相关的输入参数值（如终端沉降速度）及运行过程中的计算值，通常只给出前 24 行气象数据的输出值，以防止输出文件过大。

6.2.1.9 .!01 文件

.!01、.!02 类文件，计算单个点源短期网格值时输出，扩展名中的数字代表与输出结果行对应的气象数据的行数，用于 ADMS 模型线性绘图。

6.2.1.10 .i01 文件

.i01、.i02 类文件包含地面水平烟羽中心线浓度，为污染源下风向距离的函数，计算单个点源短期网格值时输出。

6.2.1.11 .j01 文件

.j01、.j02 类文件包括干、湿沉降与总沉降值，是污染源下风方向距离的函数，计算单个点源短期网格值时输出。

6.2.1.12 .k01 文件

.k01、.k02 类文件包括烟羽中心线平均高度、垂直扩散参数σ_y和σ_z，PINV（烟羽穿透边界层部分）是污染源下风方向距离的函数，计算单个点源短期网格值时输出。

6.2.1.13 .nc 文件

.nc 文件为 netCDF 格式，在 ADMS 模型输出界面选择输出长期平均综合输出文件选项后输出。文件包括在输出界面定义的每种污染物每个平均时间段的平均浓度、干/湿沉降（如果选择模拟），以及气象数据文件中的每行基础气象数据。如果平均时间大于 1 h，文件中的平均时间按 1 h 计。文件中不包括百分位值和超标量。

.nc 文件的范围、变量以及属性见表 6-17 至表 6-19。

表 6-17 .nc 文件的范围

名称	描述
nPoints_XY	最低层所有网格点、智能网格点、嵌套网格点以及特定点的数量（*XY* 输出点）
nPoints_XYZ	所有输出点总数（*XYZ* 输出点）
nMetLines	.met 文件行号
nGroups	组数量
nDatasets	数据集数，每个数据集是长期平均污染物、每个小于或等于 1 h 平均时间段、浓度值、干沉降（如果选择）和湿沉降（如果选择）的一个组合
OutputOptionsUsed	可能的输出选项（=3）
NumberOfTypesOfOutputPoint	输出点类型数量（=5）

名称	描述
MetLineStringLength	气象数据行说明的最大长度（=11）
DatasetNameStringLength	数据集名称最大长度（=34）
GroupStringLength	组名称最大长度（=20）
PointNameStringLength	输出点名称最大长度（=34）
OutputOptionsStringLength	输出选项名称最大长度（=14）
OutputPointTypesLength	输出点类型名称最大长度（=16）

注：表中用斜体字表示部分是 netCDF 格式要求的一部分，与所有文件的要求相同。

表 6-18　.nc 文件中的变量

名称	Dimensions	描述
PointX_XY	nPoints_XY	*XY* 输出点 *X*-坐标
PointY_XY	nPoints_XY	*XY* 输出点 *Y*-坐标
PointName_XY	nPoints_XY，PointNameStringLength	*XY* 输出点名称 ①“Grid，grid”标准网格点； ②“Grid，nested，＜source＞”嵌套网格点，＜source＞是指与该嵌套网格点关联的污染源名称； ③“Grid，intelligent”智能网格点* “Receptor，name”是特定点的名称，由用户输入
PointX_XYZ	nPoints_XYZ	*X Y Z* 输出点 *X*-坐标
PointY_XYZ	nPoints_XYZ	*X Y Z* 输出点 *Y*-坐标
PointZ_XYZ	nPoints_XYZ	*X Y Z* 输出点 *Z*-坐标
PointName_XYZ	nPointsXYZ	*X Y Z* 输出点名称，见 PointName_*XY*
Output_Points_Type	NumberOfTypesOfOutputPoint，OutputPointTypesLength	输出网格点类型描述
Number_Of_Output_Points_Of_Each_Type	NumberOfTypesOfOutputPoint	每类输出网格点数目
Met_Line	nMetLines，MetLineStringLength	每行.met 数据日期或行数
Met_Freq	nMetLines	每行.met 数据频率
Met_Uat10 m	nMetLines	每行.met 数据 10 m 风速
Met_Phi	nMetLines	每行.met 数据风向
Met_H_over_LMO	nMetLines	每行.met 数据 *h*（边界层高度）/L_{MO}（莫宁-奥布霍夫长度）
Output_Options_Description	OutputOptionsUsed，OutputOptionsStringLength	输出选项名称
Output_Options_Used	OutputOptionsUsed	每个输出选项是否使用指示符（1=是，0=否）
Group	nGroups，GroupStringLength	输出组名称
DatasetNames	nDatasets，DatasetNameStringLength	每个数据组描述名称
Dataset#	nMetLines，nGroups，nPoints	污染物长期计算方式下等于或小于 1 h 平均时间的浓度或沉降值

注：* 文件中不包含智能加密网格点。

表 6-19 .nc 文件全局与变量属性

关联	名称	描述
Global	File_type	综合输出文件标志
Global	File_version	综合输出文件格式版本号
Global	Model_name	所用模型名称
Global	Model_Version	所用模型版本号
Global	Model_Build_Number	所用模型编译版本号
Global	Model_Release_Date	所用模型创建日期
Global	Date_Created	文件生成日期
Global	Time_Created	文件生成时间
Global	Site_name	界面输入的场地名称
Global	Project_name	界面输入的项目名称
Global	Is_Data_Hourly_Sequential	界面是否选择气象数为小时连续数据项
Global	Grid_Description	输出网格描述
Variables	Units	变量单位
Dataset#	Dataset_Name	数据组名称
Dataset#	Pollutant_Name	数据组污染物名称
Dataset#	Output_Type	数据组输出类型（浓度、干沉降或湿沉降）
Dataset#	Av_Time_s	数据组平均时间（s）
Dataset#	Units	数据组单位
Dataset#	ugm3_to_ppb_conv_factor	数据组污染物质量-体积浓度转换因子

6.2.1.14 烟羽能见度：.vlt 和 .vst 文件

当选择了烟羽能见度选项后，模型输出能见度长期文件.vlt 文件。文件参数说明见表 6-20，所有距离相关参数单位均为 m，.vst 文件格式与.vlt 相同。

表 6-20 .vlt 或.vst 文件参数说明

变量	说明
Met line number	气象数据行数
Source	污染源名称
Pollutant	模拟污染物
X first visible	当烟羽变为可见时与污染源距离
Max liquid water content	烟羽中最大液体含量（kg/kg）
X last visible	烟羽变为不可见时与污染源距离
Visible length	可见烟羽长度
Plume height where last visible	烟羽变为不可见时烟羽中心线高度
X first grounding	烟羽初始触地时与污染源距离，触地定义为烟羽高度低于垂直烟羽扩散

可能出现以下情况：

如果烟羽在输出范围内不可见，则 X first visible 输出–999，Visible length 为 0；

如果烟羽在输出范围内可见，并在区域下风向边界仍可见，则 X last visible 输出–999，Visible length 为–999。

6.2.1.15　.pro 文件

.pro 文件包含每一行气象数据对应一系列高度的边界层特征输出，在辅助输入文件界面启用“Output Options-Boundary layer profile output”（输出选项-边界层廓线输出）选项时输出。输出变量列于表 6-21 中。

表 6-21　.pro 文件包含的变量

变量	描述
Met line no.	气象数据所在行号
z/m	输出高度
z/h	以边界层高度的一部分作为输出高度
U（z）/（m/s）	平均风速
DUDZ（z）/［(m/s）/m］	渐变平均风速
SigU（z）/（m/s）	纵向湍流
SigV（z）/（m/s）	横向湍流
SigW（z）/（m/s）	垂直湍流
Rlv（z）/m	横向湍流长度尺度
Rlw（z）/m	垂直湍流长度尺度
TL（z）/s	拉格朗日时间尺度
Eps（z）/（m^2/s^3）	能量扩散速率
Pot Temp（z）/K	潜在温度
Temp（z）/K	温度
Press（z）/（mbar）	压力
N（z）/（1/s）	浮力频率

6.2.1.16　城市冠层流场输出：.W01 文件

.W01、.W02 等文件与城市冠层流场选项相关，通常只有在网格输出短期计算时选择流场输出后输出，文件输出前 24 行气象数据计算网格位置的流场结果。

文件中的变量包括以下几个。

①*X*（m）：输出点 *X* 坐标；

②*Y*（m）：输出点 *Y* 坐标；

③*Z*（m）：输出点高度；

④*U*（m/s）：东西向风速分量；

⑤V（m/s）：南北向风速分量；

⑥W（m/s）：风速垂直分量（相对于海平面）；

⑦U_x（m/s）：风速纵向分量（上风向方向，即气象数据中的风向）；

⑧U_y（m/s）：风速侧向分量（垂直于上风向的方向）；

⑨Angle（deg）：风向（逆时针角度，0° = 西风）；

⑩Magnitude of horizontal wind（m/s）：水平风速大小（$=\sqrt{U^2+V^2}$）。

6.2.1.17　城市冠层流场输出：.wlt 文件

.wlt 文件与城市冠层流场选项相关，通常只有在网格输出长期计算时选择了流场输出后输出。文件包含输出网格位置的流场数据，是长期平均计算结果。

文件中的变量包括以下几个。

①X（m）：输出点 X 坐标；

②Y（m）：输出点 Y 坐标；

③Z（m）：输出点高度；

④U（m/s）：东西向平均风速分量；

⑤V（m/s）：南北向平均风速分量；

⑥W（m/s）：平均风速垂直分量（相对于海平面）；

⑦Mean horizontal wind speed（m/s）：水平风速平均值（$=\overline{\sqrt{U^2+V^2}}$）；

⑧Magnitude of mean horizontal wind vector（m/s）：水平风速矢量值（$=\sqrt{\overline{U}^2+\overline{V}^2}$）；

⑨Angle（deg）：水平面平均风矢量方向（逆时针角度，0° = 西风）；

⑩Magnitude of mean horizontal wind vector（m/s）：水平风速矢量值（注意：此项目在文件中出现两次）。

6.2.1.18　城市冠层流场输出：.T01 文件

.T01、.T02 等文件与城市冠层流场选项相关，通常只有在网格输出短期计算时选择了流场输出后输出。文件输出前 24 行气象数据网格位置湍流计算结果。

文件中的变量包括以下几个。

①X（m）：输出点的 X 坐标；

②Y（m）：输出点的 Y 坐标；

③Z（m）：输出点高度；

④Sig-U（m/s）：纵向湍流σ_u；

⑤Sig-V（m/s）：横向湍流σ_v；

⑥Sig-W（m/s）：垂直湍流σ_w。

6.2.1.19 城市冠层流场输出：.tlt 文件

.tlt 文件与城市冠层流场选项相关，通常只有在网格输出长期计算时选择了流场输出后才会产生。文件包含输出网格位置的湍流数据，是长期平均计算的结果。

文件中的变量包括以下几个。

①X（m）：输出点的 X 坐标；

②Y（m）：输出点的 Y 坐标；

③Z（m）：输出点高度；

④Sig-U（m/s）：平均纵向湍流σ_u；

⑤Sig-V（m/s）：平均横向湍流σ_v；

⑥Sig-W（m/s）：平均垂直湍流σ_w。

6.2.1.20 城市冠层流场输出：.zst 文件

.zst 文件与城市冠层流场选项相关，通常只有在网格输出短期计算时选择了流场输出后输出。文件内容对应每一行气象数据输出特定点的流场和湍流数据。

文件中的变量包括以下几个。

①Year：当前气象数据行对应的年份；

②Day：当前气象数据行对应的日序列；

③Hour：当前气象数据行对应的小时；

④Receptor name：特定点名称；

⑤X（m）：输出点 X 坐标；

⑥Y（m）：输出点 Y 坐标；

⑦Z（m）：输出点高度；

⑧U（m/s）：东西向风速分量；

⑨V（m/s）：南北向风速分量；

⑩W（m/s）：风速垂直分量（相对于海平面）；

⑪U_x（m/s）：风速纵向分量（上风向方向，即气象数据中的风向）；

⑫U_y（m/s）：风速侧向分量（垂直于上风向的方向）；

⑬Angle（deg）：风向（逆时针角度，0° = 西风）；

⑭Magnitude of horizontal wind（m/s）：水平风速大小（$=\sqrt{U^2+V^2}$）；

⑮Sig-U（m/s）：纵向湍流σ_u；

⑯Sig-V（m/s）：横向湍流σ_v；

⑰Sig-W（m/s）：垂直湍流σ_w。

6.2.1.21 城市冠层流场输出：.zlt 文件

.zlt 文件与城市冠层流场选项相关，通常只有在网格输出长期计算时选择了流场输出后输出。文件包含特定点的流场和湍流数据，是长期平均计算的结果。

文件中的变量包括以下几个。

①Receptor name：特定点名称；

②X（m）：输出点 X 坐标；

③Y（m）：输出点 Y 坐标；

④Z（m）：输出点高度；

⑤U（m/s）：东西向平均风速分量；

⑥V（m/s）：南北向平均风速分量；

⑦W（m/s）：平均风速垂直分量（海平面相关）；

⑧Mean horizontal wind speed（m/s）：水平风速平均值（$=\overline{\sqrt{U^2+V^2}}$）；

⑨Magnitude of mean horizontal wind vector（m/s）：水平风速矢量值（$=\sqrt{\overline{U}^2+\overline{V}^2}$）；

⑩Sig-U（m/s）：平均纵向湍流σ_u；

⑪Sig-V（m/s）：平均横向湍流σ_v；

⑫Sig-W（m/s）：平均垂直湍流σ_w。

6.2.2 查看数值结果

大部分 ADMS 模型输出的数值结果文件为逗号分隔的文本文件，可在 ADMS 模型界面菜单栏用写字板、记事本、Excel 或其他用户指定软件打开输入和输出文件。可通过用户选项设置查看文件的工具。

6.2.2.1 查看输出文件数据

通过界面结果，“数字结果…”选项可查看与当前.upl 文件相关的输出文件。选择后将出现一个窗口显示所有与当前.upl 文件相关的输出文件。如果使用 Microsoft Excel 打开输出文件，将自动采用逗号分隔文件格式打开。

6.2.2.2 输出结果处理器查看结果

输出结果处理器对模型综合输出文件.nc 文件进行分析处理，可查看各输出点平均值、统计分析值、与空气质量标准比较的达标情况，以及输出结果综合报告。结果输出处理器主界面见图 6-31，具体使用方法请详见模型安装目录下 ADMS 输出结果综合处理器用户手册，本节将对主要功能进行介绍，工具主要包括以下功能：

①计算任意时间段内污染物平均浓度。

②计算污染物平均沉降值。

③输出污染物浓度值和沉降值到 ADMS 格式的输出文件中。

④计算污染物平均浓度值和沉降值的百分位值。

⑤显示每一个网格点或特定的点的最大浓度值。

⑥显示最大浓度值出现的时间。

⑦统计浓度值与指定的空气质量标准比较的超标情况。

⑧最大持续超标开始时间。

⑨最大持续超标次数。

⑩确定浓度值超过指定空气质量标准的气象数据比例。

⑪生成总结报告，内容包括：a. 各特定的点浓度最高值；b. 所有网格点浓度最大值的出现位置和出现时间，超过指定空气质量标准次数。

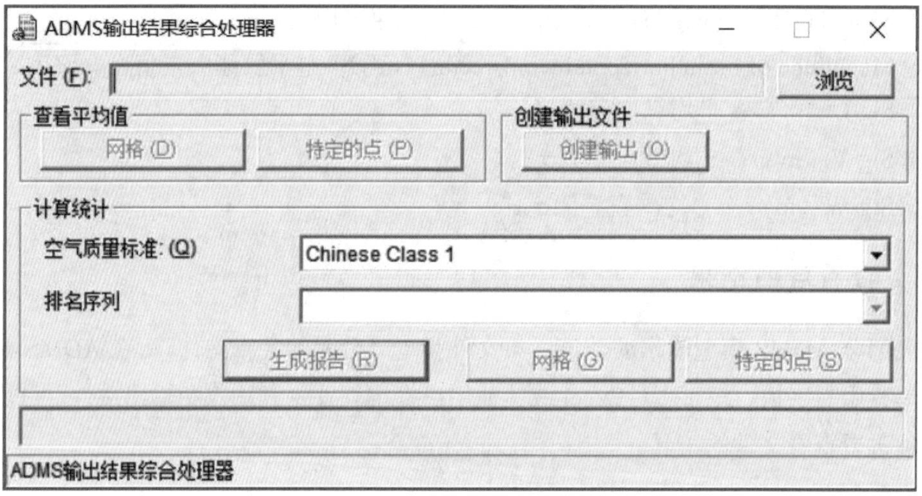

图 6-31　输出结果处理器主界面

（1）查看平均值

通过该功能可以分别查看任意输出特定点和网格点的浓度平均值，用户可根据如下设置查看不同类型平均值。

输出点：分为特定点和网格点，网格点可以分别查看常规间距网格和加密嵌套网格；

污染源组：根据项目污染源分组情况分别查看不同污染源组的结果；

污染物：选择不同污染物输出结果；

类别：浓度值或沉降值；

高度：显示不同高度输出结果；

时间：通过选定输出开始和结束时间显示不同时间段的平均值，可以从 1 h 到所有气象数据总时间。

（2）计算统计

计算统计功能根据选定的空气质量标准进行输出结果的超标分析，以及浓度值排序。该功能和查看平均值相同，可以选择输出的特定点和网格点、污染源组、污染物、结果类别以及高度。

超标分析：根据选定的空气质量标准进行输出结果的超标分析，包括超标率、最大连续超标次数、最大连续超标出现的时间。

注意：如果选定的空气质量标准中未包括某种污染物，不会对此污染物进行超标分析，但用户可以根据需要自行编辑添加新的空气质量标准文件。

浓度排序：通过选择排名序列，可显示各输出点前 1～10 位的输出结果值。

（3）创建输出文件

综合输出文件处理器可以输出 ADMS 格式的长期和短期浓度值或沉降值文件。长期文件和短期文件输出格式与 ADMS 模型的输出文件格式相同，网格文件按不同高度输出。

输出选项可以选择不同的输出点类型、污染物、污染源组、气象时间段、平均时间等。

（4）输出报告

可将统计分析结果输出成逗号分隔.csv 文件报告。报告中包括根据选定空气质量标准对应的平均时间浓度值、超标分析、浓度排序情况，分别列出不同污染源组、不同污染物、不同平均时间结果。

6.2.3 可视化

ADMS 模型自带 ADMS Mapper 图形工具可以实现污染源绘制、显示，污染源图层管理，以及模拟结果展示。同时，ADMS 模型也可与常用的地理信息系统软件或作图软件连接，实现可视化功能，包括 ArcGIS、MapInfo、ArcView 和 Surfer。

6.2.3.1 ADMS Mapper

ADMS Mapper 是 CERC 开发的基于 TatukGIS 平台的图形可视化与编辑工具，界面见图 6-32。ADMS Mapper 与 ADMS 模型实现数据交互，具有空间信息展示、图形信息编辑、空间分析模拟等功能。本节仅对 Mapper 的主要功能进行介绍，详细操作说明请见模型安装目录下 ADMS Mapper 用户手册。

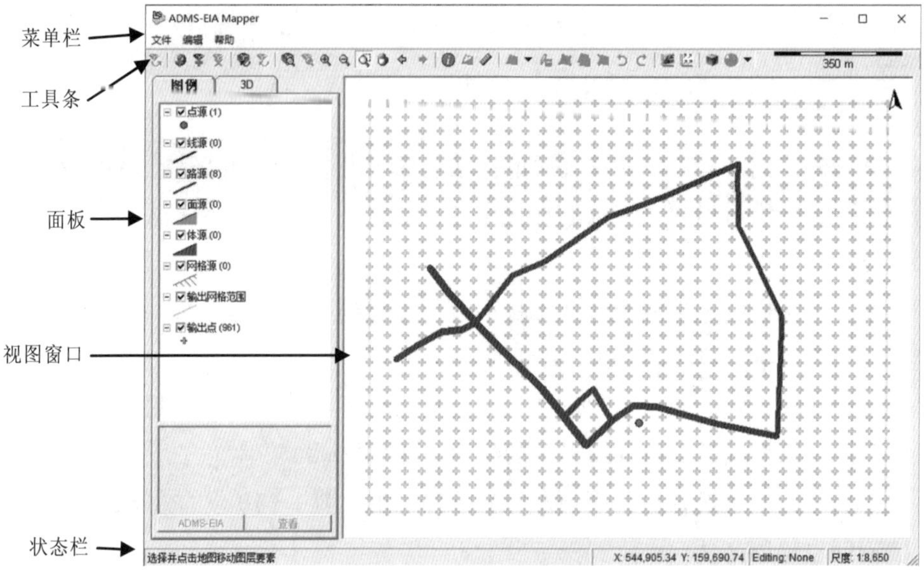

图 6-32　ADMS Mapper 界面

ADMS Mapper 主要功能如下所述。

（1）设置坐标系

用户可以在 ADMS Mapper 中为每个图层定义地理坐标系或本地相对坐标系。坐标系会影响 ADMS 图层在 ADMS Mapper 视图窗口中的显示。

每个图层可以单独设置坐标系，这样可以确保新图层，如背景图，与 ADMS 图层有相同的坐标系，并在此基础上实现项目底图、污染源、建筑物、敏感点、输出结果的分图层显示与管理。

（2）查看模型已有数据

在 ADMS 模型界面打开项目文件，用户可以使用 ADMS Mapper 在背景底图上查看模型界面已输入的污染源、建筑物、敏感点、输出网格、复杂地形或者粗糙度等数据的位置、范围、形状等信息，方便快速检查输入数据的正确性。

用户还可以利用 ADMS Mapper 中的工具查看名称、面积、长度、污染源排放信息等，以及测量窗口中的两点或者多点之间的距离。

ADMS Mapper 提供 2D 视图和 3D 视图两种查看形式。在 3D 视图窗口中允许用户旋转视图从各个角度查看，并改变相机镜头模式、角度进行查看。使用 3D 视图查看功能在检查建筑物或污染源高度、复杂地形、粗糙度、浓度场时非常有用（图 6-33）。

注意：查看模型中的某些信息，需要在模型界面选择相应选项，如查看建筑物信息需要在模型设置界面选择建筑物选项，查看复杂地形或粗糙度，需要在模型中选择复杂地形或粗糙度选项，并输入复杂地形或粗糙度文件。

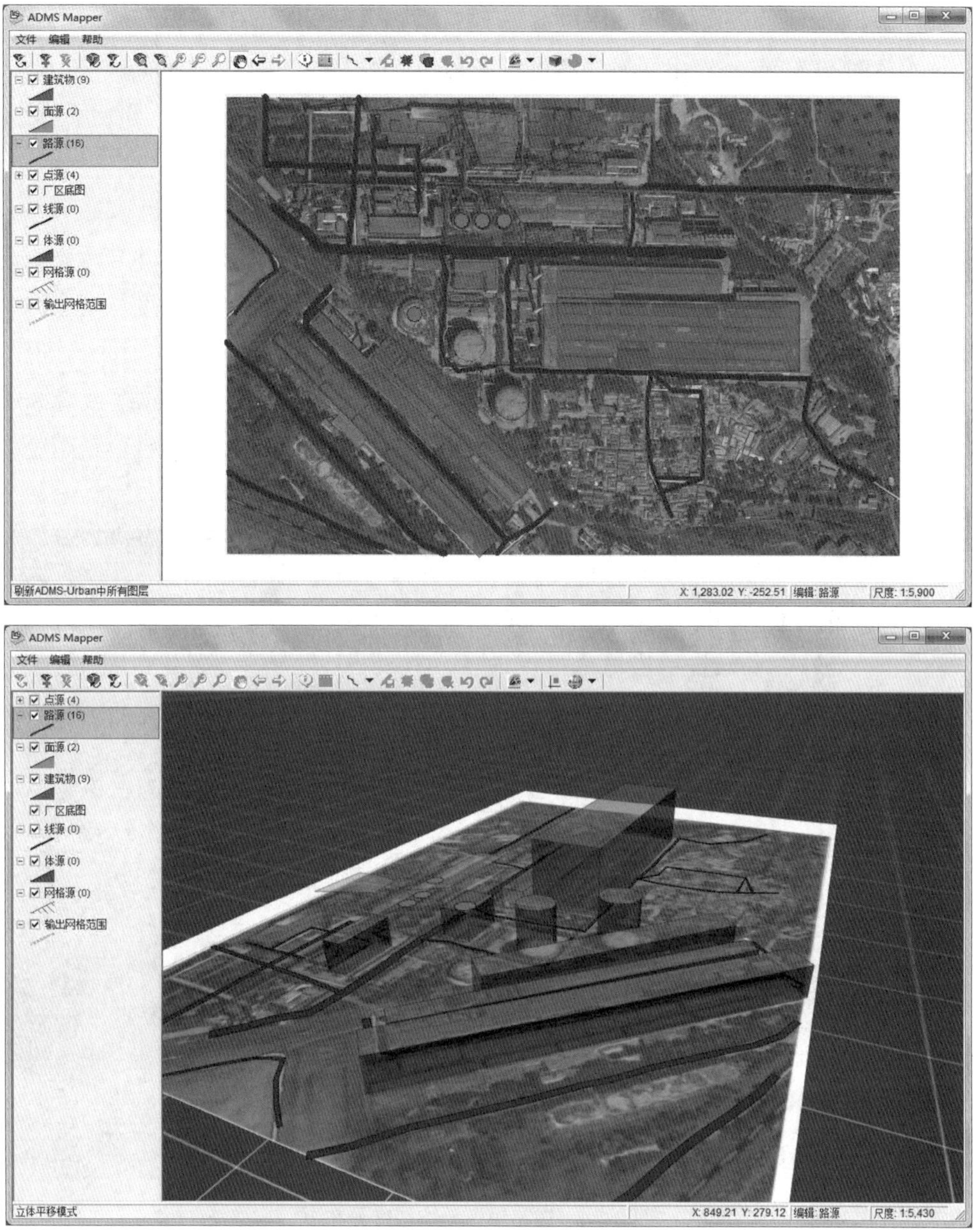

图 6-33　ADMS Mapper 2D 和 3D 视图模式图像

（3）新建、修改模型数据

使用 ADMS Mapper 在背景底图上可视化修改模型数据，包括输入对象的位置、范围、形状等，模型会自动提取对象的空间信息，输入在相应界面中。这项功能可以有效节省项目信息输入所需的时间。

使用 ADMS Mapper 中鼠标点击、拖动等可以方便快速的添加、移动、编辑、删除点源、喷射源、道路源、线源、面源、体源、建筑物、敏感点等。

使用 ADMS Mapper 输出网格只能重新定义，不能移动、编辑或删除。

注意：使用 ADMS Mapper 在背景底图上只能修改对象的空间信息，其他信息，如污染物排放情况、建筑物高度等需要在 ADMS 模型界面输入。

（4）展示模拟结果

使用 ADMS Mapper 可以绘制 ADMS 模型模拟结果的等值浓度图，并与污染源、背景底图、地形图等叠加，以 2D 或 3D 形式展示，能直观地反映污染物浓度与污染源、周边地物的关系，以及地形对污染物扩散的影响（图 6-34）。

ADMS 等值线图使用 Interpolator（模型默认）、Surfer（Golden Software）或者 Spatial Analyst（ESRI）方式绘制等值线图。绘图时使用 ADMS 模型网格输出文件。绘图过程中可以改变网格线数量或者指定用户自定义等值线水平。

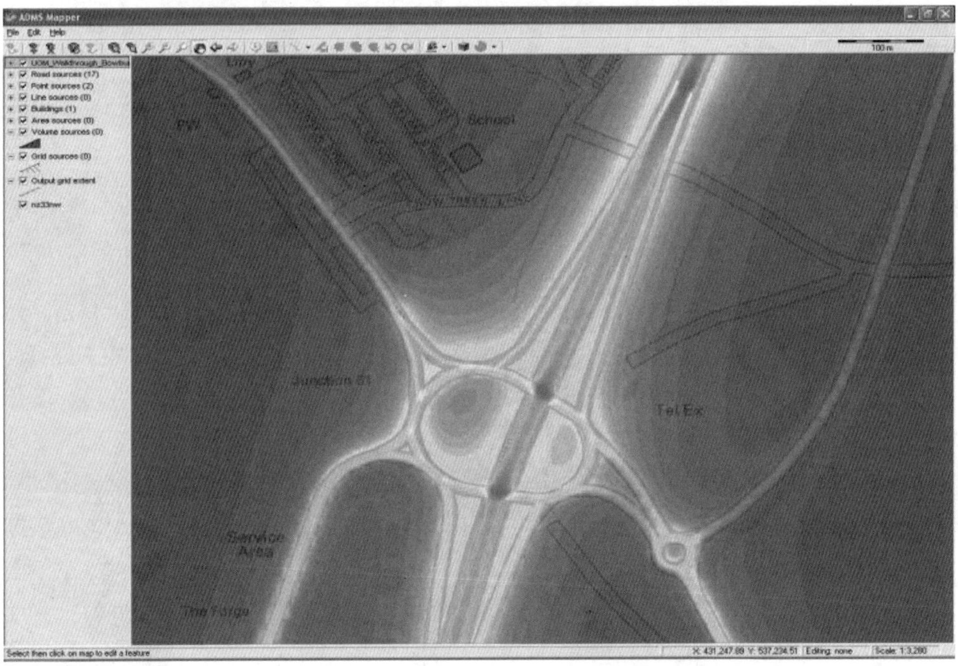

图 6-34　道路源污染物浓度分布

（5）与常用地理信息系统、地图图形绘制软件交互

ADMS Mapper 可以输出多种数据格式，包括 ArcView Shape Files（*.shp）、Autocad（*.dxf）、Digital Line Graphs（*.opt）、Geographic Markup Language（*.gml）、GPS Exchange Format（*.gpx）、Keyhole Markup Language（*.kml）、MapInfo Interchange（*.mif）等。

这些格式的输出文件可与常用的商用地理信息系统、地图图形绘制软件兼容，如 ArcGIS、MapInfo、Surfer、Google Earth 等，能方便地实现不同系统间的数据交换。

（6）图层要素编辑

ADMS Mapper 用户可以对每个图层进行单独管理，并可对各图层要素属性分别进行编辑，可编辑要素包括名称、面积、长度等信息以及图层透明度、点/线条/区域/等值线外观、着色等特性。

ADMS 图层的外观修改后可以使用文件菜单中的保存图层选项保存为默认外观。这种操作会保存所有 ADMS 图层的当前外观。

6.2.3.2 与 ArcGIS 连接

模型自带与ArcGIS的连接工具，安装ArcGIS与ADMS模型的连接程序后，在ArcGIS界面出现与 ADMS 模型连接的工具条，使用此连接工具可以实现在 ArcGIS 绘图界面可视化输入污染源、输出网格等。模型连接界面见图 6-35。

在 ArcGIS 中绘制等值浓度图步骤如下：

①打开 ArcGIS，单击“Add Data”按钮，添加底图。

②单击“Generate Contours”按钮，选择绘图需要的数据组，绘图。

③在 ArcGIS 界面左侧“Layers”栏中双击等值浓度图图层名称，出现图层属性窗口，对图层名称、图例输出等属性进行修改。

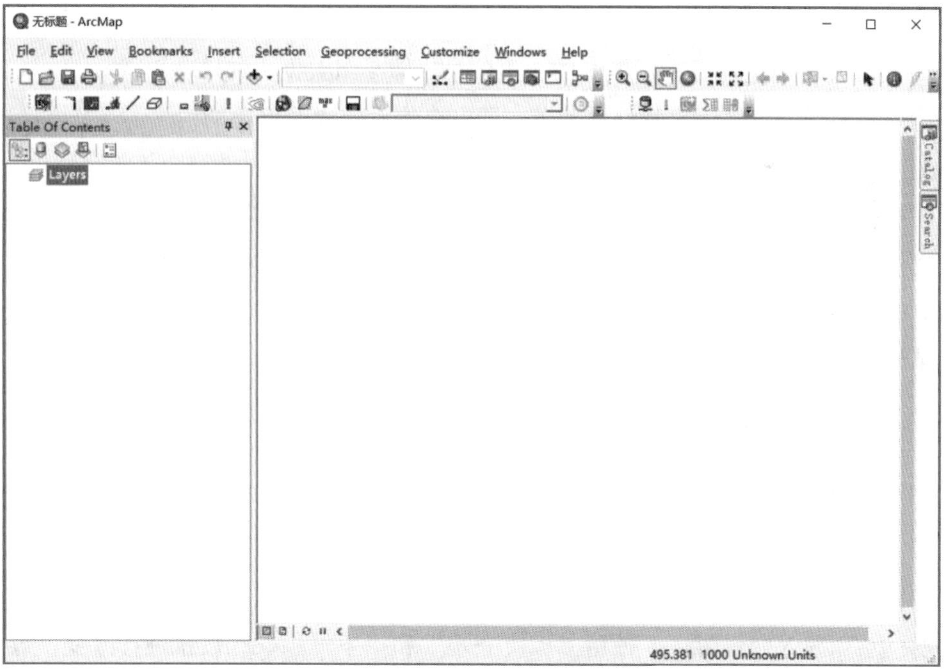

图 6-35 ArcGIS 与 ADMS 模型连接界面

6.3 清单数据导入导出

在项目复杂、数据量较大时，从 ADMS 模型界面输入污染源的方式会花费大量时间且容易出现错误，不再适用。因此，ADMS 模型提供了多种方式进行批量污染源的处理，包括使用 spt 文件，Access 格式的排放清单文件，应用排放清单管理工具 EMIT，以及与地理信息系统工具结合的方式。其中，使用一系列的逗号分隔.spt 文件处理是最为常用方便的方法，本节对该方法进行概要介绍，具体操作步骤以及处理方式详见 ADMS 用户手册。

6.3.1 spt 系列文件

导入和导出功能使用的是一类包含污染源、污染物和建筑物数据的逗号分隔变量文件，每一类文件有相同的文件名和代表其内容的扩展名：

① .spt 文件中包含污染源的主要特性，包括排放参数和污染源类型，即 ADMS 模型污染源界面中输入的大部分数据。

② .vgt 文件中包含污染源的顶点信息，即几何尺寸信息。

③ .eit 文件中包含污染源排放污染物的信息，即污染物排放界面的信息。

④ .tft 文件中包含道路源的交通流量信息，即污染物排放界面的交通流数据。

⑤ .gpt 文件中包含所有污染源的小组信息，即小组数据。

⑥ .ptt 文件中包含污染物性质信息，即污染物设定界面包含的信息。

⑦ .bpt 文件中包含建筑物信息，即建筑物数据。

在模型工具菜单中使用创建导入模板工具，输入文件名称和存储路径可以建立上述导入文件的空白模板文件。模板文件可以使用文本文件编辑器类软件编辑，使用模型文件菜单中的导入功能导入模型中。交通数据模板文件（.spt）中已经包含了模型界面中所有的排放因子数据库名称。

6.3.2 导入与导出

6.3.2.1 导入

在模型界面文件菜单中选择导入，出现导入界面，如图 6-36 所示。文件导入过程中会出现一系列导入向导界面，使用“＜上一步”和“下一步＞”按钮进行改变，导入文件不同出现的导入向导界面也略有不同。

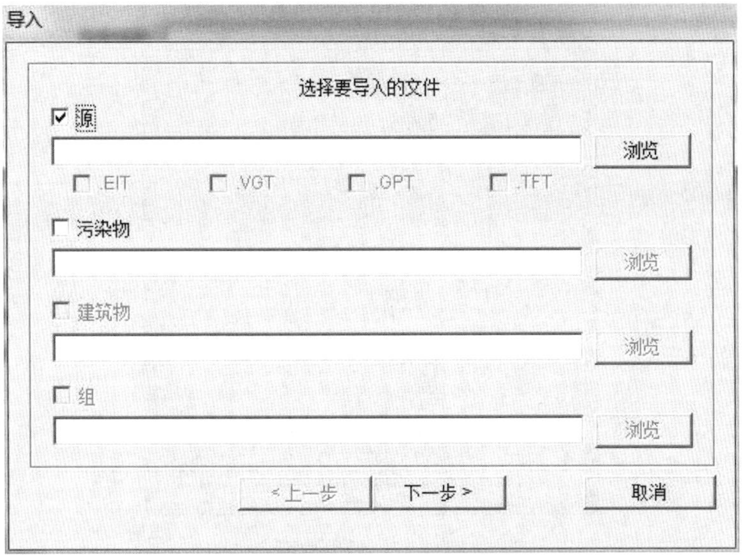

图 6-36 选择导入文件界面

在导入过程中会有提示选择导入覆盖现有、合并、保留现有等选项。此处可导入的文件类型有以下四种。

①源（.spt）：选择此项导入污染源。选择一个.spt 文件后，与此文件对应的其他文件（.eit 文件、.vgt 文件、.gpt 文件、.tft 文件）选项变为已选择选项，用户可取消勾选，不导入相应文件。

②污染物（.ptt）：选择此项导入污染物。模型默认使用与.spt 文件相关的.ptt 文件，但是可以使用浏览按钮选择其他.ptt 文件。

③建筑物（.bpt）：选择此项导入建筑物。此选项在模型设置界面勾选建筑物选项之后使用。与.ptt 文件类似，模型默认使用与.spt 文件相关的.bpt 文件，也可以使用浏览按钮选择其他文件。

④组（.gpt）：选择此选项可以导入已在模型界面定义污染源的小组信息。此选项在界面未勾选源选项时可用。如果勾选了源选项，可勾选.gpt 导入污染源的小组信息。

6.3.2.2 导出

模型可以将界面定义的污染源、污染物、建筑物数据导出到逗号分隔的变量文件中。使用此功能可以将上述信息导入其他.upl 文件中，或者将文件导入其他数据表软件中。

在界面文件菜单中选择“导出”打开导出界面，如图 6-37 所示。

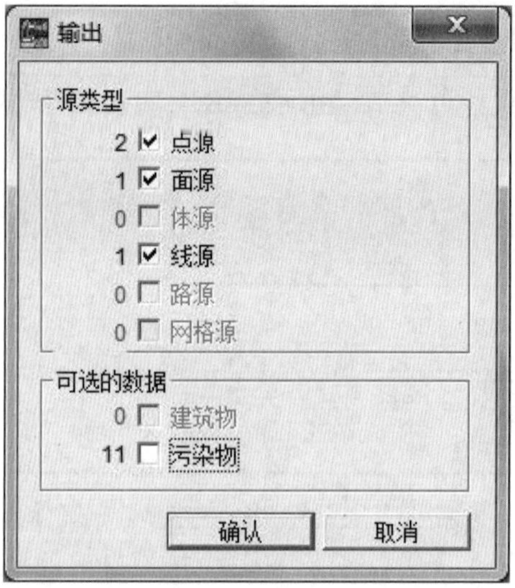

图 6-37　导出界面

在导出界面中可以选择需要导出的污染物类型，以及建筑物和污染物数据，小组信息随相关污染源一起导出。选定需要导出的选项后单击确认按钮，打开保存对话框，输入保存路径和文件名保存，生成相应的逗号分隔变量文件。

第 7 章　CALPUFF 模型应用指南

7.1　网格定义及地图投影

CALPUFF 采用由 *X*、*Y*、*Z* 三个方向构成的三维网格系统，其中，水平网格在地理数据模块（TERREL、CTGPROC、MAKEGEO）中定义，垂直网格结构在 CALMET 中定义。水平网格定义时需采用绝对坐标，这就涉及地图投影方法的选择。垂直网格采用地形相对高度，一般从地面开始，顶层设置到地面以上四五千米即可。美国环保局推荐的一套垂直网格设置为 10 层，各层顶的高度分别为 0 m、20 m、40 m、80 m、160 m、320 m、640 m、1 200 m、2 000 m、3 000 m、4 000 m，除第一层 0 m、20 m 的高度不要进行更改外，其他的可以根据实际情况适当进行调整。

地图投影是利用一定数学法则将地球表面的任意点转换到地图平面上的理论和方法，由于地球是一个不可展平的曲面，采用任何投影方法进行转换都会产生误差和变形，而不同的投影方法具有不同性质和大小的变形。在我国比较常用的地图投影有通用横轴墨卡托投影 UTM 和兰伯特正形圆锥投影 LCC。另外，极球面投影 PS 适用于高纬度地区，赤道墨卡托投影 EM 适用于低纬度地区。

UTM 属于横轴等角割圆柱投影，将一圆柱割地球南纬 80°、北纬 84°两条等高圈，投影后两条相割的经线没有变形。从北纬 84°至南纬 80°按经度分为 60 个带，每带 6°，该投影保证南北纬线和东西经线都是平行直线，并且相互垂直。将经纬度坐标转换成 UTM 投影时需要设定 UTM 分区。

LCC 属于正轴等角割圆锥投影，具有两条标准纬线，在两条标准纬线上没有长度变形，纬线投影后为一组同心圆，经线为同心圆半径，没有角度变形，可用来编制中、小比例尺地图，特别适用于中纬度地区。在 CALMET/CALPUFF 预测范围较大时，推荐采用 LCC 投影以减小变形。LCC 投影需要定义的参数有参考点经纬度、参考点 *X* 和 *Y* 坐标、两条标准纬线。

CALPUFF 中采用西南角坐标、格点数、格距来定义预测范围。若采用 UTM 投影且存在预测区域跨区现象，一般选择西南角所在的较小区，且所有的模型对象都转换至较小区的 UTM 坐标。考虑 CALPUFF 在模拟烟团扩散迁移时可能会出现迂回现象，在设置气象网格时各方向推荐设置一定的缓冲区，如气象网格各方向均比预测范围多 10 km。计算网格为污染物扩散和迁移的区域，计算网格为气象网格的子区域，格距与气象网格相同，扩散出计算网格的烟团将不会再返回计算区域。计算受体分为网格受体（采样网格）和离散受体。采样网格为计算网格的子区域，格距与气象网格相同，也可采用嵌套因子，提高采样网格的分辨率。采样网格的海拔高度采用气象网格的海拔高度，即网格点内的所有地形数据点的平均海拔，从而使得一些比较高的受体点海拔高度被低估了。离散受体的海拔高度采用 TERREL 程序根据原始地形数据进行计算，故一般采用离散受体计算的污染物浓度最大值会大于采样网格浓度。另外，某些商业版界面软件还可以定义出各种形状的离散受体矩阵，如近密远疏受体、厂界受体等，从而符合环评大气导则中的计算点设置要求。

7.2 时间定义

CALPUFF 版本 5 中时间可精确到小时，而 CALPUFF 版本 6 中时间可精确到秒，小时的范围均为 0～23。CALPUFF 法规版本中除 CALPOST 为版本 6 外，其他模块均为版本 5。CALPUFF 版本 5 中时间表示为时段，如 2014 年 1 月 1 日 1 点表示 2014 年 1 月 1 日 0 点到 1 点这个时段，完整的 2014 年一年的应该是 2014 年 1 月 1 日 1 点至 2015 年 1 月 1 日 0 点。CALPUFF 版本 6 中时间表示为时刻，如 2014 年 1 月 1 日 1 点 0 分 0 秒，表示一年的起始时刻，完整的 2014 年一年应该是 2014 年 1 月 1 日 1 点 0 分 0 秒至 2015 年 1 月 1 日 0 分 0 秒。

气象数据中高空气象观测数据和中尺度预测数据均为格林尼治时间（世界时），故国内收集数据时应注意时差，前后多收集一天数据。其他气象数据均为本地时间。各模块中设置时区的地方，国内均为–8（CALPUFF 版本 6 设置为 UTC+0800）。

7.3 基础数据及文件格式

7.3.1 地形数据

地形数据用于计算 CALMET 气象网格、CALPUFF 各模型对象（源、受体、建筑物等）的海拔高度。CALMET 可以根据各个格点的海拔高度考虑地形动力学效应、坡流等对风场的影响。地形数据前处理程序 TERREL 可以识别多种地形数据格式，国内常用且可被识别的数据格式有 SRTM3、USGS90、GEOTIFF。

①SRTM3：分辨率为 3 s（约 90 m），数据后缀为.hgt，数据年份为 2000 年，可直接在 CALPUFF 系统中使用。每个文件数据范围为东西方向和南北方向各一度，文件名中的经纬度即为地形文件的西南角坐标。

②USGS90：分辨率为 3 s（约 90 m），数据后缀为.dem，数据原始来源也是 SRTM3 数据，转换成标准的数字高程数据格式，坐标为经纬度 LL 坐标，该地形数据格式也可以被 AERMOD 模型识别。TERREL 地形数据格式要求比较严格，很多转换程序，如 Global Mapper 直接转换出来的 DEM 数据不能被 TERREL 识别。

③GEOTIFF：如果选用 CALPUFF6.42 及之后的版本，其中的 TERREL 也可以支持标准的 GEOTIFF 格式地形数据。从美国地质调查局网站（https：//earthexplorer.usgs.gov）可以下载多种 GEOTIFF 格式数据，包括 SRTM、ASTER 等地形数据，其中 ASTER 地形数据分辨率为 1 s（约 30 m），数据年份为 2011 年，但 ASTER 地形数据受地面障碍物的影响较大，如某些地区海拔为楼顶、树冠的高度，而非地面高度。

值得注意的是，TERREL 在计算气象网格点的海拔高度时，将该网格点内所有的地形数据点进行平均作为网格中心点的海拔高度。CALPUFF 采样网格受体的海拔高度与气象网格的相同，因此采样网格受体的最大预测浓度往往偏小，此时可采用离散受体点进行预测。

7.3.2　用地类型数据

用地类型数据用于计算 CALMET 气象网格的用地类型及地表特征参数（地表粗糙度、反照率、波文比、土壤热通量、叶面积指数、人类活动热通量）。CALMET 在不同的用地类型上有不同的边界层算法，如陆上边界层算法、水上边界层算法等。用地类型前处理程序 CTGPROC 可以识别多种用地类型数据格式，但国内目前可以免费获取且可以识别的用地类型数据为全球用地类型数据库（GLCC）中欧亚大陆亚洲部分，分辨率为 30 s（约 1 km），数据年份为 1999 年，文件名为 eausgs2_0la.img，可在网址 http：//www.src.com/calpuff/data/land_use.html 上下载。CALPUFF 气象网格格距一般应设置的比用地类型数据分辨率大，从而每个网格可以包含多个用地类型数据点。若一定要设置更细分辨率的气象网格，可适当增加采样格点数，否则会有大量网格点用地类型数据缺失。

若用地类型后来发生较大变化，如农村变成了城市，则可能需要进行手动调整，或从我国政府相关部门获取更新的数据，并进行格式转换。生态环境部环境影响评价数据模拟重点实验室将我国 30 m 分辨率的用地类型数据转换成美国的 NLCD92 数据格式，可被 CTGPROC 识别。

7.3.3 海岸线数据

对于预测范围内包含海域的情况，可以使用海岸线数据。海岸线数据用于确定陆地与海域的边界，并提供了一些选项用于处理地形/用地类型数据异常或缺失的情况。如海域或海岸线附近陆地上可能会出现海拔为负值的异常情况，可指定一个最小海拔值，低于该值则用该值替代。

一般可以采用美国地质调查局全球海岸线全分辨率数据（gshhs_f.b），数据时间为2004 年，可从网站 http：//www.ngdc.noaa.gov/mgg/shorelines/data/gshhg/oldversions/version1.5/上下载，更新版本的海岸线数据 TERREL 和 CTGPROC 处理程序均不识别。也可以采用bln 格式的多边形闭合海岸线数据，特别是某些区域后来发生填海导致海岸线发生变化时，推荐采用 Surfer 软件或其他程序绘制 bln 文件。

7.3.4 地面气象观测数据

CALMET 可以利用多个地面气象观测数据，并根据各气象站与每个气象格点的距离反比进行加权平均计算。CALMET 模拟时尽量收集预测范围内的所有地面气象站观测数据，如果预测范围内没有气象站，也可以采用预测范围外的气象站。但对某些离预测范围太远且没有代表性的气象站，也可以不采用。需要收集逐时的地面气象观测数据，气象要素有风向、风速、气压、干球温度、露点温度、相对湿度、总云量、蔽光云量（国内常用低云量代替）、云底高度，若 CALPUFF 预测时需考虑湿沉降，还需收集降水和降水类型（可选）。CALMET 程序允许站点地面数据有缺失，这些缺失可以用有此数据的其他最近地面站数据来替代。但是，在运行的每个时刻，每个气象参数至少要有一个来自气象站（一个或以上）的有效数值，否则 CALMET 将会运行不成功。CALPUFF 中有处理降水类型缺失的方法（通过气温判断），故降水类型可以缺失，而 CALGRID 则不使用降水类型参数。由于我国很多气象站从 2014 年开始便不再进行云量观测，且大部分气象站都没有云底高度观测，若云量、云高缺失，在 CALMET 运行中可采用中尺度预测数据，并采用根据预测数据中的相对湿度计算云量选项。

地面数据预处理程序 SMERGE 可以识别多种美国国家气候数据中心（NCDC）的地面数据格式，如 CD144、SAMSON、HUSWO 等，但不能支持我国的气象 A 文件。因此需要将收集的 A 文件、Excel 格式等气象文件转换成可识别的格式。

降水前处理程序 PMERGE 可以将美国 TD3240 格式的累积降水转换成逐时降水，在我国一般不使用 PMERGE 程序进行处理。

7.3.5 高空气象观测数据

CALMET 可以利用多个高空观测数据。高空数据前处理程序 READ62 可识别的高空数据格式有 FSL 和 TD6201。高空气象数据包含的气象要素有各垂直层的海拔高度、气压、干球温度、露点温度、风向、风速。一般高空观测数据一天观测两次，分别为格林尼治时间的 0 点和 12 点。使用高空数据时，要求间隔不能大于 12 h，故每天两次观测是最低要求，如果有更高频率的高空观测数据，CALMET 也可以使用。若预测范围内或附近存在高空气象观测站，可在美国国家海洋和大气管理局（http：//esrl.noaa.gov/raobs/）网站上下载 FSL 格式的高空数据。由于高空观测数据中时间为格林尼治时间（世界时），若要进行完整一年预测，推荐下载数据时前后各加一天，如进行 2013 年模拟时，可下载 2012 年 12 月 31 日 0 点至 2014 年 1 月 2 日 0 点的数据。另外，由于高空观测数据通常质量较差，会存在很多个时刻的数据缺失，而后续的 CALMET 模块不允许有缺失，在这种情况下，可从中尺度预测数据 MM5 或 WRF 中提取距高空观测气象站最近的格点数据，用来对高空观测数据进行插值。

因为 CALMET 程序不对探空数据进行外推，所以程序要求探空数据有效的最高探空高度必须在 CALMET 最高垂直层高度以上，且最低层（地表层）探空数据必须有效。

7.3.6 水面气象观测数据

如果要开启某些污染物的水上传输和扩散选项，需要至少一个水面气象观测数据，水面观测数据气象要素包括大气-海洋温差、大气温度、相对湿度、风速、风向、混合层上/下水上温度梯度、水上混合层高度（可选）。CALMET 可使用任意时间间隔（如小时、日或季度值）的水面气象数据。为了能使用来自船的观测数据，水上观测站的位置可以允许变化。CALMET 有一个可选选项，该选项下可只利用陆地气象站数据来计算陆上温度及只利用水面气象站数据来计算水上温度。如果使用了该选项，那么水面气象观测数据应该包括垂直温度直减率。

7.3.7 中尺度预测数据

在很多情况下，气象观测数据比较有限，且只能在有限的范围内有代表性。给予中尺度动力方程组的中尺度气象预测模式可用来模拟或预测中尺度或区域尺度的大气环流，特别是其中的非静力模式，可以满足中-β（20～200 km）和中-γ 尺度（2～20 km）强对流天气系统演变模拟的需要。中尺度预测数据是观测数据的重要补充，在 CALMET 中可以作为初始猜测风场、步骤一风场或步骤二风场。CALMET 中引入中尺度预测数据可以获取一些通过观测数据难以获取的特性，如海陆风环流、高空回流等。目前比较常用的中尺度气象模式有 MM5 和 WRF。

MM5 为美国宾夕法尼亚大学与美国国家大气研究中心在 MM4 基础上联合研发的第五代中尺度数值预测模式，被广泛用于各种中尺度现象的研究。与 MM4 相比，MM5 在资料初始化和物理过程参数化上都作了较大的改进，同时还发展了非静力部分和多重嵌套的功能，从而使得模式具备了描述较小空间尺度而发展的强烈的天气系统能力，MM5 在水平方向上采用 Arakawa B 网格来分布物理变量，垂直方向采用地形伴随坐标系。MM5 最新版本为 2004 年发布的 3.7 版本，并在 2006 年 10 月修复一些缺陷后停止开发。MM5 的官方网站为 http：//www2.mmm.ucar.edu/mm5/。

MM5 停止开发后美国气象学界推荐采用下一代中尺度气象模式 WRF，WRF 具有 MM5 所有的功能特性，并融合了当今最新的研究成果，版本一直在持续更新中。WRF 分为 WRF-ARW 和 WRF-NMM 两种，即研究和业务应用两种形式，分别由美国国家环境预报中心和美国国家气候研究中心管理及维护。WRF 为完全可压缩及非静力模式，水平方向采用 Arakawa C 网格，与 MM5 相比，在减小预测的累积误差、噪声和高分辨率预测（1～10 km）方面均有一定的提高。WRF 的官方网站为 http：//www.wrf-model.org/index.php。

7.4 CALMET 输入数据

7.4.1 CALMET 输入数据

图 7-1 为美国 CALMET 运行的数据流程图。我国不用遵循美国的法规选项，除地理数据 GEO.DAT 和控制文件 CALMET.INP 为必选项外，其他数据可以根据实际情况选择气象数据组合。

CALMET 有以下三种输入气象数据组合方式。

①只使用中尺度预测数据：当预测范围内或附近没有任何观测数据时，可采用该选项。

②使用观测数据（必须有地面数据，但没有高空数据）+中尺度预测数据（必选）：当预测范围内或附近有地面、水面观测数据，但没有高空观测数据时，可采用该选项。该选项必须采用中尺度预测数据。由于我国高空气象站比较稀疏，大部分项目均采用该选项。

③使用观测数据（必须有地面+高空数据）+中尺度预测数据（可选）：当预测范围内有地面、高空、水面等观测数据时，可采用该选项。该选项中中尺度预测数据为可选项。

当预测范围内包含较大的水域时，推荐采用水面观测数据（若有）；当后续 CALPUFF 需要考虑湿沉降时，推荐采用降水数据（若有）。

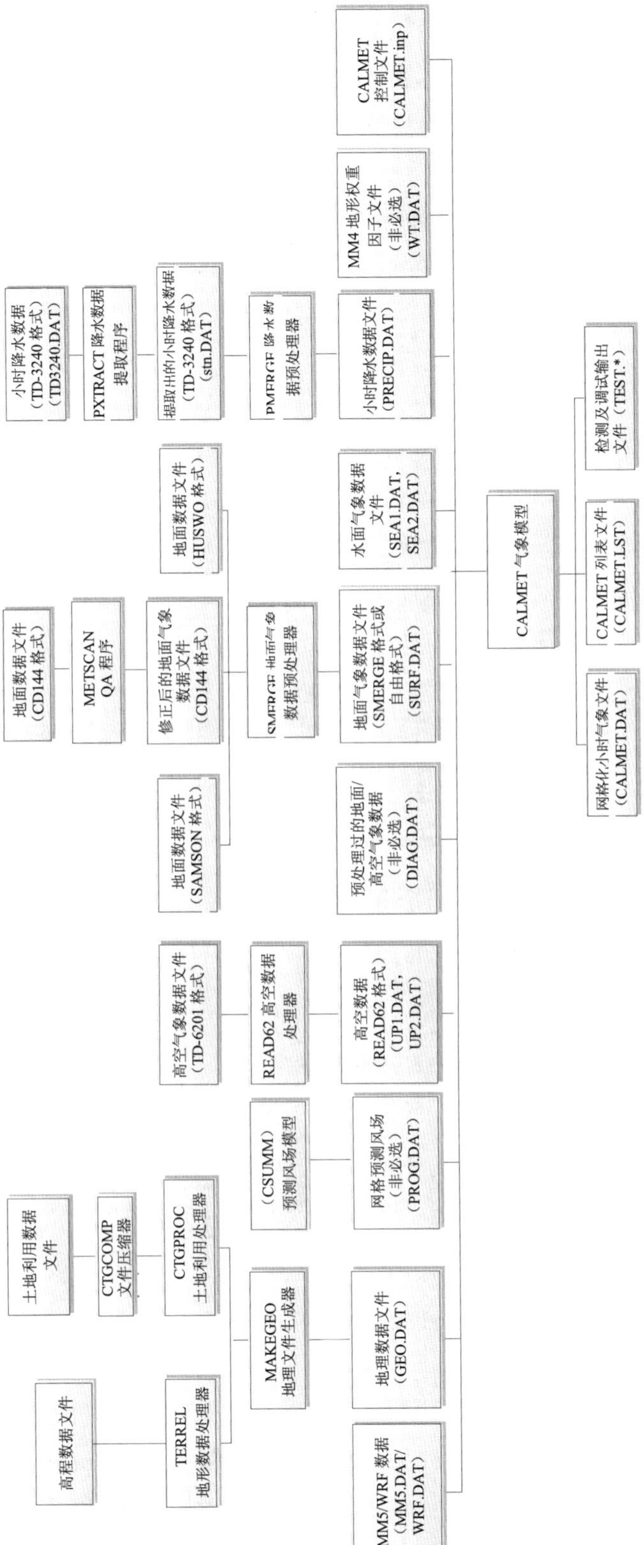

图 7-1　CALMET 数据流程

在出现下列情况时，即使有高空观测数据，也推荐采用中尺度预测数据：

①预测范围内或附近气象站稀少，且气象站对较大一部分区域代表性较差。

②地面气象观测数据中云量或云高有缺失，且没有合理的方法进行补充或插值。

③预测区域为典型的峡谷地貌。

④预测范围内包含较大的水域，且缺乏有效的水面观测数据。

⑤预测范围内频繁出现强对流或环流天气时，采用较稀疏且一天仅有两次观测的高空数据难以反映这种情况。

7.4.2 地理数据（GEO.DAT）

MAKEGEO 程序可将 TERREL 和 CTGPROC 生成的结果文件整合起来，生成地理数据（GEO.DAT）。文件包含各气象网格的海拔高度、用地类型及一些地表特征参数（如地表粗糙度、反照率、波文比、土壤热通量、叶面积指数、人类活动热通量）。地表特征参数可以直接输入或通过每个网格点的用地类型数据来计算得到，MAKEGEO 模块提供了各种用地类型下这些地表特征参数的默认值。

图 7-2 是一个地理数据 GEO.DAT 实例。该文件的前 9 行为文件头，描述了文件的版本、投影及网格信息；接下来的数据行依次为用地类型、地形及 6 个地表特征参数的网格化数据。

```
GEO.DAT          2.0             Header structure with coordinate parameters
   2
Produced by MAKEGEO Version: 2.29   Level: 070327

UTM
  51N
WGS-84  02-21-2003
      40       40      262.533     3067.868        1.000        1.000
KM  M
 1          - LAND USE DATA - (1=new categories)
   14  50  55 - NLU, IWAT1, IWAT2
   10  20 -20  30  40  51  54  55  60  61  62  70  80  90
     51,     51,     20,     20,     20,     20,     20,     20,     20,     20,
     20,     20,     20,     40,     40,     40,     40,     30,     30,     20,
     20,     20,     20,     40,     20,     20,     20,     20,     20,     20,
     20,     20,     20,     20,     20,     20,     20,     20,     20,     51,
     51,     20,     20,     20,     20,     20,     20,     20,     20,     20,
     20,     51,     20,     20,     20,     20,     20,     30,     40,     20,
```

图 7-2 地理数据 GEO.DAT 实例

CALMET 默认的用地类型方案是基于美国地质调查局（USGS）的 14 类用地类型分类，表 7-1 列出了 14 种用地类型及其相应的地表特征参数默认值，14 种类型中两个 I 级 USGS 用地类型（水体和湿地）被分出不同的子类型。农业用地中–20 表示该土地为灌溉地，同非灌溉地相比，灌溉地被赋予了一个不同的波文比，且 CALPUFF 干沉降模块在计算水分胁迫对气孔阻力的影响时使用到灌溉地标志。如果该地为灌溉地，那么认为植物不受水分胁迫。

表 7-1 CALMET 用地类型及相应的地表特征参数默认值（14 种分类）

用地类型	描述	地表粗糙度/m	反照率	波文比	土壤热通量	人类活动热通量/（W/m^2）	叶面积指数
10	城镇或建筑用地	1.0	0.18	1.5	0.25	0.0	0.2
20	农业用地——非灌溉	0.25	0.15	1.0	0.15	0.0	3.0
−20	农业用地——灌溉	0.25	0.15	0.5	0.15	0.0	3.0
30	草地	0.05	0.25	1.0	0.15	0.0	0.5
40	林地	1.0	0.10	1.0	0.15	0.0	7.0
51	小型水体	0.001	0.10	0.0	1.0	0.0	0.0
54	海湾或河口	0.001	0.10	0.0	1.0	0.0	0.0
55	大型水体	0.001	0.10	0.0	1.0	0.0	0.0
60	湿地	1.0	0.10	0.5	0.25	0.0	2.0
61	森林湿地	1.0	0.1	0.5	0.25	0.0	2.0
62	非森林湿地	0.2	0.1	0.1	0.25	0.0	1.0
70	裸地	0.05	0.30	1.0	0.15	0.0	0.05
80	冻原	0.20	0.30	0.5	0.15	0.0	0.0
90	永久积雪地或冰川	0.20	0.70	0.5	0.15	0.0	0.0

CALMET 允许对用地类型进行更细的划分，或采用一个完全不一样的用地类型分类方法，用户可以通过提供的选项自己确定土地利用分类。目前，最多可以采用 52 种用户自定义的分类。

表 7-2 是基于 USGS 土地利用分类系统 I 级和 II 级类型所延伸出的 52 种用地类型。用户可以确定多达“MXLU”种土地利用类型以及与之相对应的每个土地利用类型的地理参数值。参数 MXLU 在 CALMET 参数文件 PARAMS.MET 中进行指定并需重新编译 CALMET 程序。

CALMET 包含了一个选项，在水体（海洋或大湖泊）网格中的温度场仅采用水面观测数据（SEA.DAT）来计算获得，而采用陆上站点观测数据（SURF.DAT）来计算其他网格中的温度场。CALMET.INP 文件输入组 6#中的参数 JWAT1 和 JWAT2 确定了用来定义水体用地类型范围，该范围内将采用水域温度计算方法。定义水体时一个范围内可包含多个类型，如海湾和海洋。如果要禁用该选项，可设定 JWAT1 和 JWAT2 的值大于 GEO.DAT 文件所列用地类型的最大值，如 999。

表 7-2 扩展后的 52 种用地类型

级别Ⅰ	级别Ⅱ
10 城镇或建筑用地	11 居民区 12 商业区 13 工业用地 14 交通、通信及其他公用设施用地 15 工商业混合区 16 城镇、建筑混合区 17 其他城镇和建筑用地
20 农业用地——非灌溉	21 农田和草地 22 经济作物用地 23 畜禽圈养用地 24 其他农业用地
–20 农业用地——灌溉	–21 农田和草地 –22 经济作物用地 –23 畜禽圈养用地 –24 其他农业用地
30 山地	31 草本草地 32 灌木丛 33 灌木丛、草本混合草地
40 林地	41 落叶林地 42 常绿林地 43 混合林地
50 水体	51 河流、水渠 52 湖泊 53 水库 54 海湾或河口 55 大洋和海
60 湿地	61 森林湿地 62 非森林湿地
70 裸地	71 干燥盐碱地 72 海滩 73 除海滩外的沙地 74 裸岩地 75 露天矿、采石场、沙坑 76 过渡地带 77 混合裸地
80 冻原	81 灌木丛冻原 82 草本冻原 83 裸露地表 84 湿性冻原 85 混合冻原
90 永久积雪地/冰川	91 永久积雪地 92 冰川

当网格点的用地类型包含在 JWAT1 和 JWAT2 定义的范围内，该网格点的温度场将由所有的水面观测数据（SEA.DAT）进行加权计算。在设置 JWAT1 和 JWAT2 范围时，应避开较小的或远距离的水体类型，从而可以避免在计算这些水体温度场时使用不恰当的数据。这样设置后，一个小水库温度场将采用它周边地面气象站的数据来确定，而不是海上水面观测数据。在检查过 CALMET 运行产生的初始温度场后，用户可能想要利用表 7-2 中 52 类用地类型对特定网格点的土地利用类型重新赋值或改变 JWAT1～JWAT2 范围内包含的土地利用类型来对温度场进行“微调”。例如，限定范围为“海洋”后，改变滨海处的区域，有些单元格可以定为“海湾”，有些为“海洋”，这样用户就可以控制海岸线附近区域温度场变化。

IWAT1 和 IWAT2（GEO.DAT 输入文件中）用来确定是否采用陆地或水面方法给某个特定网格生成一个混合层高度值。IWAT1 和 IWAT2 的默认值分别为 50 和 55。用户可以根据具体情况通过改变 IWAT1 和 IWAT2 的值，来决定在考虑水上情形时是否将一些水体类型加入或剔除。例如，如果用户研究的区域有海湾，其混合层高度应该采用水面方法来计算，但该区域同时存在一些小湖，它们应该采用陆地方法来计算混合层高度。此时，就需要将“湖”类型从 IWAT 范围中去掉。又或者，假如一个区域内有一个较大的湖需要考虑为水面，还有个小湖需要考虑为陆地，那么小湖的用地类型应该修改为不在 IWAT 范围内的某种类型，如森林或湿地。假如用户自己创建包含地表粗糙度、反照率等参数的 GEO.DAT 文件，建议将它们按照每个指定网格的用地类型实际所占的百分比来计算权重。这一方法更加准确，且如果随后改变了主要的用地类型，用来计算混合层高度的变量仍将反映该网格为水体的情形。

7.4.3 高空气象数据（UP.DAT）

高空数据预处理程序 READ62 可将标准格式的高空观测数据（FSL、TD-6201）转换成 UP.DAT 格式，供 CALMET 使用。每个高空站点数据转换成一个 UP.DAT。

图 7-3 为一个由 READ62 创建的高空数据 UP.DAT 实例。文件前 6 行为文件头，描述了文件版本、时间等信息，第 7 行开始为数据区域，每个时次的数据均以 6201 开始。数据区域中如果出现英文字符提示消息，表明有缺失数据或异常数据，需要删除提示信息并填补缺失或异常数据。图 7-4 为部分提示消息。

CALMET 模型允许探空文件中间层的风速、风向和温度等数据存在缺失值，模型将利用有效数据进行线性插值来填补缺失数据，但地面层和顶层不允许有缺失值。缺失的探空数据推荐采用用相同时间内具有代表性的其他站点数据来替代；但某些情况下预测范围内及附近只能找到一个高空站，也可从中尺度预测数据中提取最近的格点数据进行替代；还可以采用前或后一天相应时刻的数据进行替代。用户在处理缺失数据时应根据项目实际情况，仔细考虑采用何种方法。

```
UP.DAT          2.0             Header structure with coordinate parameters
   1
Produced by READ62 Version: 5.54  Level: 070627
NONE
  2010  365    0 2011  365   23 900.     8     7
     F     F     F     F
   6201      57494   20101231 0     27                                   13
   1028.0,  23.,272.7, 25,  5.0,   1000.0, 240.,271.1, 35, 10.0,   925.0, 855.,268.5, 50,  9.0,   918.0, 914.,999.9,200,999.9,
    850.0,1517.,266.3, 30,  7.0,    835.0,1655.,265.7,999,999.9,   784.0,2144.,265.9,999,999.9,   757.0,2417.,267.7,999,999.9,
    700.0,3034.,266.5,285,  5.0,    697.0,3067.,266.5,999,999.9,   615.0,4035.,263.5,999,999.9,   535.0,5095.,257.7,999,999.9,
    500.0,5620.,256.3,290, 18.0
   6201      57494   2010123112     27                                   13
   1027.0,  23.,275.0, 25,  3.0,   1000.0, 241.,273.6, 30,  7.0,   925.0, 859.,268.7, 65,  5.0,   883.0,1219.,999.9,350,999.9,
    850.0,1517.,262.5, 95,  5.0,    837.0,1635.,261.3,999,999.9,   780.0,2178.,266.1,999,999.9,   700.0,3022.,266.5,235,  7.0,
    692.0,3112.,266.9,999,999.9,    566.0,4663.,261.7,999,999.9,   507.0,5494.,255.5,999,999.9,   502.0,5568.,257.3,999,999.9,
    500.0,5610.,257.3,255, 24.0
   6201      57494   2011 1 1 0     27                                   13
   1028.0,  23.,272.7, 25,  5.0,   1000.0, 240.,271.1, 35, 10.0,   925.0, 855.,268.5, 50,  9.0,   918.0, 914.,999.9,200,999.9,
    850.0,1517.,266.3, 30,  7.0,    835.0,1655.,265.7,999,999.9,   784.0,2144.,265.9,999,999.9,   757.0,2417.,267.7,999,999.9,
    700.0,3034.,266.5,285,  5.0,    697.0,3067.,266.5,999,999.9,   615.0,4035.,263.5,999,999.9,   535.0,5095.,257.7,999,999.9,
    500.0,5620.,256.3,290, 18.0
   6201      57494   2011 1 112     27                                   13
   1027.0,  23.,275.0, 25,  3.0,   1000.0, 241.,273.6, 30,  7.0,   925.0, 859.,268.7, 65,  5.0,   883.0,1219.,999.9,350,999.9,
    850.0,1517.,262.5, 95,  5.0,    837.0,1635.,261.3,999,999.9,   780.0,2178.,266.1,999,999.9,   700.0,3022.,266.5,235,  7.0,
    692.0,3112.,266.9,999,999.9,    566.0,4663.,261.7,999,999.9,   507.0,5494.,255.5,999,999.9,   502.0,5568.,257.3,999,999.9,
    500.0,5610.,257.3,255, 24.0
   6201      57494   2011 1 2 0     27                                   11
   1029.0,  23.,270.9, 25,  3.0,   1000.0, 248.,269.1, 40,  5.0,   925.0, 858.,265.3, 75,  6.0,   862.0,1401.,262.3,999,999.9,
    850.0,1511.,264.1,150,  8.0,    783.0,2146.,265.7,999,999.9,   700.0,3021.,266.5,235, 16.0,   674.0,3315.,266.5,999,999.9,
    619.0,3976.,265.7,999,999.9,    523.0,5268.,259.3,999,999.9,   500.0,5610.,256.9,260, 24.0
   6201      57494   2011 1 212     23                                   11
   1028.0,  23.,271.9, 25,  2.0,   1016.0, 116.,271.3,999,999.9,  1000.0, 243.,270.3, 25,  6.0,   925.0, 855.,265.9, 35,  4.0,
    850.0,1508.,261.9,175,  2.0,    835.0,1644.,261.7,999,999.9,   752.0,2450.,265.9,999,999.9,   700.0,3010.,264.3,280, 16.0,
    597.0,4235.,263.1,999,999.9,    540.0,5001.,259.7,999,999.9,   500.0,5590.,255.9,265, 26.0
```

图 7-3　高空气象数据 UP.DAT 实例

```
   6201      57494   2011 812 0     28                                   13
   1002.0,  23.,299.2,205,  1.0,   1000.0,  43.,299.2,205,  1.0,   925.0, 730.,295.4,235,  5.0,   886.0,1100.,293.0,999,999.9,
    850.0,1464.,293.0,240,  5.0,    765.0,2360.,289.8,999,999.9,   700.0,3116.,284.8,285,  7.0,   616.0,4164.,277.0,999,999.9,
    550.0,5071.,271.5,999,999.9,    542.0,5187.,270.9,999,999.9,   529.0,5379.,269.7,999,999.9,   503.0,5776.,268.3,999,999.9,
    500.0,5840.,268.9,270, 11.0
 ->->->Missing day(s)
 ->->->Missing/duplicate sounding or time > 12 hours
   6201      57494   2011 814 0     25                                   11
    999.0,  23.,303.0,205,  5.0,    925.0, 714.,299.8,225, 15.0,   850.0,1457.,294.0,225, 11.0,   737.0,2667.,287.2,999,999.9,
    720.0,2863.,289.2,999,999.9,    700.0,3117.,287.0,260,  3.0,   598.0,4412.,276.2,999,999.9,   586.0,4576.,277.4,999,999.9,
    552.0,5059.,276.4,999,999.9,    507.0,5740.,272.3,999,999.9,   500.0,5870.,272.1, 25,  3.0
   6201      57494   2011 81412     16                                   10
  ->->->Data at bottom of sounding is missing
  ->->->Data at top of sounding is missing
  ->->->Elevation missing
  ->->->Invalid or missing pressure (< PMIN or > PMAX)
   ******,  23.,999.9,999,999.9,   1000.0,9999.,305.8,999,999.9,   759.0,9999.,288.0,999,999.9,   742.0,9999.,289.2,999,999.9,
    715.0,9999.,287.0,999,999.9,    652.0,9999.,284.8,999,999.9,   616.0,9999.,280.2,999,999.9,   578.0,9999.,276.4,999,999.9,
    568.0,9999.,277.2,999,999.9,    492.0,9999.,272.9,999,999.9
   6201      57494   2011 815 0     25                                   11
    999.0,  23.,303.0,205,  5.0,    925.0, 714.,299.8,225, 15.0,   850.0,1457.,294.0,225, 11.0,   737.0,2667.,287.2,999,999.9,
    720.0,2863.,289.2,999,999.9,    700.0,3117.,287.0,260,  3.0,   598.0,4412.,276.2,999,999.9,   586.0,4576.,277.4,999,999.9,
    552.0,5059.,276.4,999,999.9,    507.0,5740.,272.3,999,999.9,   500.0,5870.,272.1, 25,  3.0
   6201      57494   2011 81512     16                                   10
  ->->->Data at bottom of sounding is missing
  ->->->Data at top of sounding is missing
  ->->->Elevation missing
  ->->->Invalid or missing pressure (< PMIN or > PMAX)
   ******,  23.,999.9,999,999.9,   1000.0,9999.,305.8,999,999.9,   759.0,9999.,288.0,999,999.9,   742.0,9999.,289.2,999,999.9,
    715.0,9999.,287.0,999,999.9,    652.0,9999.,284.8,999,999.9,   616.0,9999.,280.2,999,999.9,   578.0,9999.,276.4,999,999.9,
    568.0,9999.,277.2,999,999.9,    492.0,9999.,272.9,999,999.9
 ->->->Missing/duplicate sounding or time > 12 hours
   6201      57494   2011 81612     16                                   10
  ->->->Data at bottom of sounding is missing
  ->->->Data at top of sounding is missing
  ->->->Elevation missing
  ->->->Invalid or missing pressure (< PMIN or > PMAX)
   ******,  23.,999.9,999,999.9,   1000.0,9999.,305.8,999,999.9,   759.0,9999.,288.0,999,999.9,   742.0,9999.,289.2,999,999.9,
    715.0,9999.,287.0,999,999.9,    652.0,9999.,284.8,999,999.9,   616.0,9999.,280.2,999,999.9,   578.0,9999.,276.4,999,999.9,
    568.0,9999.,277.2,999,999.9,    492.0,9999.,272.9,999,999.9
```

图 7-4　高空气象数据 UP.DAT 中提示消息

7.4.4　地面气象数据（SURF.DAT）

CALMET 可识别两种地面气象数据文件（SURF.DAT）的格式。第一种是由地面气象预处理程序 SMERGE 生成的格式化文件，该方法在处理多个地面站点的大量数据时非常合适。第二种是自由格式选项，该选项允许用户灵活地采用 SMERGE 预处理程序来创建一个格式化数据文件或在短时间长度的 CALMET 运行中手动输入数据。图 7-5 是一个 SMERGE 创建的 SURF.DAT 文件实例，该文件前 8 行为文件头，描述了文件的版本、时间、时区、站点等信息；接下来为数据区域，数据包含各站点的记录时间、风速、风向、云底高度、云量、温度、相对湿度、露点温度、站点气压及降水类型码。

```
SURF.DAT        2.0             Header structure with coordinate parameters
   1
Produced by SMERGE Version: 5.57  Level: 070627
NONE
  2012    1    1  2013    1    0   -8     3
   58752
   58659
   99999
2012    1    1
    4.116   20.000  999     3  281.483    77 1022.015 9999
    0.514   50.000 9999     0  279.817  9999 9999.000 9999
 9999.000 9999.000 9999  9999 9999.000    79 1021.000 9999
2012    1    2
    4.116   20.000  999     3  281.483    77 1022.015 9999
    0.514   50.000 9999     0  279.817  9999 9999.000 9999
 9999.000 9999.000 9999  9999 9999.000    80 1021.000 9999
2012    1    3
    2.572   10.000  999     2  280.928    81 1022.015 9999
    0.514   50.000 9999     0  279.817  9999 9999.000 9999
 9999.000 9999.000 9999  9999 9999.000    82 1022.015 9999
2012    1    4
    1.543  350.000  999     1  280.372    86 1023.031 9999
    0.514   50.000 9999     0  279.261  9999 9999.000 9999
 9999.000 9999.000 9999  9999 9999.000    83 1022.015 9999
2012    1    5
    1.029  270.000  999     0  279.817    90 1023.031 9999
    0.514   50.000 9999     0  279.261  9999 9999.000 9999
 9999.000 9999.000 9999  9999 9999.000    84 1023.031 9999
```

图 7-5 地面气象数据 SURF.DAT 实例

7.4.5 水面气象数据（SEA.DAT）

如果模型在应用中包含了水上传输和扩散，那么 CALMET 边界层模型需要大气-海洋温差、大气温度、相对湿度及水上混合层高度的观测数据。如果使用水上温度场方法，尽管 CALMET.INP 文件中有默认值，但还是需要有垂直温度梯度信息。一些特殊的水上观测值与风速、风向一起存储在一系列 SEA*n*.DAT（此处 *n* 代表站点数）文件中。如果没有使用 SEA*n*.DAT 文件，那么水面站点及其标准地面气象参数（如风速风向等）可以作为一个一般的地面站点数据进行处理。此外，不用于水上温度插值方法的水上站点数据都应放在 SURF.DAT 文件中，而不能放在 SEA.DAT 文件中。例如，用户可能希望将某个湖泊上水面站数据里的风速考虑进来，但不考虑水面站数据中受水体影响的温度参数。

水上数据文件允许使用任意时间精度的数据。例如，逐时或逐日水气温差数据都可以输入该数据中，此外，月均或季平均数据也可以被使用。但是，任何气象站点假如它在风速和风向数据上没有缺失的话，都应该使用逐时数据，否则会导致风场的不够准确。这是因为每个小时内参数都会保持它的当前值，直到读取了下一个新的数据，该参数才会更新。同时，假如使用了水上温度计算方法，这一特征也适用于温度和垂直温度梯度。所有参数的时间都应该和 CALMET 运行时的基准时区保持一致（参数是 IBTZ）。

CALMET 程序允许水上观测站的位置可以改变，包括使用从位置随着时间改变的观测船上采集的数据。每一个观测站点（固定或移动）的数据都必须单独保存在一个水上数据文件中。

图 7-6 是一个逐时的水面数据文件实例。文件中前 11 行为文件头，描述了文件的版本、投影及网格信息、时区、时间、站点号及站点名称等信息，接下来为每个小时的水面数据。

```
SEA.DAT         2.11            Header structure with coordinate parameters
   2
Produced by BUOY Version:    1.243  Level: 060323
 Data values taken from NDBC  Data Format C
LCC
40.0N           97.0W           33.0N           45.0N
    0.000000        0.000000
NWS-84  02-21-2003
KM
UTC-0600
  2000     1     1  2001     1     1
    42001 'MID GULF 180 NM SOUTH OF SOUTHWEST PASS'
   748.257  -1542.634   10.0   10.0    1.0 2000  1  1 2000  1  1  -1.30  296.3   67.3 9999.0 9999.0 9999.0   2.2  198.0   4.8   0.5
   748.257  -1542.634   10.0   10.0    1.0 2000  1  2 2000  1  2  -1.20  296.4   68.1 9999.0 9999.0 9999.0   2.6  189.0   6.3   0.5
   748.257  -1542.634   10.0   10.0    1.0 2000  1  3 2000  1  3  -1.20  296.4   66.9 9999.0 9999.0 9999.0   2.9  189.0   5.6   0.5
   748.257  -1542.634   10.0   10.0    1.0 2000  1  4 2000  1  4  -1.00  296.4   64.8 9999.0 9999.0 9999.0   2.1  189.0   5.9   0.6
   748.257  -1542.634   10.0   10.0    1.0 2000  1  5 2000  1  5  -1.10  296.3   67.3 9999.0 9999.0 9999.0   2.2  179.0   5.9   0.6
   748.257  -1542.634   10.0   10.0    1.0 2000  1  6 2000  1  6  -1.00  296.3   66.4 9999.0 9999.0 9999.0   2.0  171.0   6.3   0.5
   748.257  -1542.634   10.0   10.0    1.0 2000  1  7 2000  1  7  -0.80  296.3   67.7 9999.0 9999.0 9999.0   2.2  146.0   5.9   0.5
   748.257  -1542.634   10.0   10.0    1.0 2000  1  8 2000  1  8  -0.30  296.8   68.2 9999.0 9999.0 9999.0   3.3  138.0   6.3   0.6
   748.257  -1542.634   10.0   10.0    1.0 2000  1  9 2000  1  9  -0.70  296.8   68.2 9999.0 9999.0 9999.0   3.4  145.0   5.6   0.5
   748.257  -1542.634   10.0   10.0    1.0 2000  1 10 2000  1 10  -0.70  296.9   69.1 9999.0 9999.0 9999.0   3.0  145.0   5.6   0.5
   748.257  -1542.634   10.0   10.0    1.0 2000  1 11 2000  1 11  -0.80  296.9   69.5 9999.0 9999.0 9999.0   3.0  137.0   5.6   0.6
```

图 7-6　水面气象数据 SEA.DAT 实例

7.4.6　降水数据（PRECIP.DAT）

如果采用了 CALPUFF 或 MESOPUFF Ⅱ模型的湿沉降算法，那么 CALMET 就必须从站点数据中读取降水数据生成网格化的小时降水率场。PXTRACT 和 PMERGE 预处理程序可以处理 TD-3240 格式的 NWS 降水数据并将其转换为格式化或非格式化的文件（PRECIP.DAT）。PMERGE 程序输出的文件能够直接满足 CALMET 程序输入的要求。在使用 PMERGE 非格式化输出文件时，用户需要将 CALMET 控制文件中的降水文件格式化变量 IFORMP 设为 1。

CALMET 提供了一个可以从用户准备的自由格式输入文件（IFORMP=2）中读取小时降水数据的选项。这就可以使用户采用手动方式为 CALMET 输入降水数据。选中

PRECIP.DAT 的格式化选项后，也能使用从 PRERGE 程序输出的格式化文件。

图 7-7 是一个 PMERGE 创建的 PRECIP.DAT 文件。文件中前 7 行为文件头，描述文件版本、时间、时区及站点号等信息，接下来为数据区域，每个小时一个数据行，每个数据行包含站点的时间、日期和降水率（mm/h）。

```
PRECIP.DAT      2.0             Header structure with coordinate parameters
   1
Produced by PMERGE Version: 5.32  Level: 070627
NONE
  1990   1   1  1990  16  21    5    2
  170273
  176905
1990   1   1     0.000    0.000
1990   1   2     0.000    0.000
1990   1   3     0.000    0.000
1990   1   4     0.000    0.000
1990   1   5     0.000    0.000
1990   1   6     0.000    0.254
```

图 7-7 降水数据 PRECIP.DAT 实例

7.4.7 经过预处理的诊断文件（DIAG.DAT）

CALMET 控制文件含有的一些变量可以决定诊断风场模块需要的气象数据是如何被输入程序中的。控制文件输入组 5 中的变量 IDIOPT1～IDIOPT5，决定了是利用地面站点和高空站点数据内部计算小时站点观测及区域尺度平均地面温度、递减率及风场分量，还是从经过预处理的外部诊断文件 DIAG.DAT 中直接读取。

用户可以直接使用 DIAG.DAT 文件，从而让 CALMET 绕过使用插值和空间平均法对这些输入变量进行内部运算。尽管该选项起初是作为一个测试工具而设计的，但是在模型应用版本中也将它保留了下来。如果使用 DIAG.DAT 文件，即表明对高空探测数据的时间内插、垂直层内的高空层风场平均以及把风场的速度和方向转换为 U 和 V 方向上的分量，都已经在外部执行完毕了。

DIAG.DAT 文件中的参数取决于 CALMET 控制文件中对应选项的选择。

表 7-3 中列出了 CALMET.INP 中几个相应的参数选项，选项中控制文件参数值为 1 表示采用 DIAG.DAT 文件输入相应的气象变量，值为 0 表示采用 SURF.DAT 和 UP.DAT 文件中数据进行内部计算得出，各控制文件参数的默认值均设置为 0。图 7-8 是一个含有 2 h 数据的 DIAG.DAT 文件。DIAG.DAT 中的风场观测值输入时，每个站点的数据单独一行。每个地面站和高空站点数据结束时都以“LAST”作为标志。

表 7-3 CALMET 中参数控制选项

控制文件参数	气象参数
IDIOPT1	地面温度
IDIOPT2	垂直温度递减率
IDIOPT3	初始猜测风场
IDIOPT4	地面观测风场
IDIOPT5	高空观测风场

```
TINF:      300.15
GAMMA hr 1  2.5
UM    hr 1 -1.8
VM    hr 1 -0.9
SURFACE WIND 0 PTM1    1.0 -0.6 -0.8
SURFACE WIND 0 PLGN    1.0  3.0 -2.6
SURFACE WIND 0 LAST
UPPER WIND 0 LCMB    1.0999.0999.0 -0.9  0.0 -1.1  0.2 -0.3  0.1 -0.2 -0.3
UPPER WIND 0 OFLT    1.0 -0.2 -0.1 -0.1 -0.5 -0.3 -0.8 -0.4 -0.5 -2.2 -1.5
UPPER WIND 0 LAST
TINF:      300.15
GAMMA hr 2  3.5
UM    hr 2 -1.8
VM    hr 2 -0.9
SURFACE WIND 1 PTM1    1.0  0.0  0.0
SURFACE WIND 1 PLGN    1.0  4.9 -3.3
SURFACE WIND 1 LAST
UPPER WIND 1 LCMB   1.0999.0999.0 -1.3 -0.2 -0.6  0.3 -0.9  0.8 -0.9  1.1
UPPER WIND 1 OFLT   1.0 -0.1  0.0  0.2  0.1 -0.3 -1.3 -0.2 -0.9  0.3 -0.4
UPPER WIND 1 LAST
```

图 7-8 诊断文件 DIAG.DAT 实例

7.4.8 中尺度预测数据（3D.DAT）

CALMET 允许引进 CSUMM、MM4、MM5、WRF 等网格预测风场，CALMET 将这些网格预测风场数据内插到 CALMET 网格系统中来进行合并。使用预测风场选项由 CALMET.INP 中输入组 5 中的变量 IPROG 控制。

IPROG = 0，不采用预测风场；

IPROG = 1，采用 CSUMM 预测数据作为步骤一风场；

IPROG = 2，采用 CSUMM 预测数据作为初始猜测风场；

IPROG = 3，采用 MM4 预测数据作为步骤一风场；

IPROG = 4，采用 MM4 预测数据作为初始猜测风场；

IPROG = 5，采用 MM4 预测数据作为观测值；

IPROG = 13，采用 MM5、WRF 等预测数据作为步骤一风场；

IPROG = 14，采用 MM5、WRF 等预测数据作为初始猜测风场；

IPROG = 15，采用 MM5、WRF 等预测数据作为观测值。

CSUMM.DAT 文件包含时间、网格定义、垂直结构、*U* 和 *V* 分量三维风场的无格式数据文件。当使用 CSUMM 数据时，不允许使用兰伯特正行投影 LCC，而必须采用通用横轴墨卡托 UTM 投影。我国一般不会采用 CSUMM.DAT，故不作详细介绍。

MM4.DAT 文件包含了描述预测模型运行时间、日期、网格及垂直结构文件头的格式化文件。MM4.DAT 提取的子区域范围由（*I*，*J*）或经纬度来确定，同时还提供了子区域每个格点的海拔高度和用地类型代码。MM4 早已被 MM5 代替，故不作详细介绍。

MM5.DAT/3D.DAT 是以 MM5 为代表的中尺度预测数据，还可以是 WRF、ETA、RUC、TAPM 等中尺度预测模式数据，经过转换程序 CALMM5、CALWRF 等转换后的结果文件。MM5.DAT/3D.DAT 文件头给出了模型运行信息、提取的时间及区域信息。每个垂直层每个格点均有气压、海拔高度、温度、风速、风向参数，地面层中还包括海平面气压、降水、雪盖度。每个垂直层还可以包含垂直速度、相对湿度、水汽混合比、云混合比、雨混合比、冰混合比和合并后的混合比。

提供给地面层的数据包括海面压力、降雨和雪盖度，提供给垂直层的数据包括压力、海拔高度、温度、风速、风向。垂直需要的数据还可能包括垂向速度、相对湿度、水气混合比、云混合比、雨混合比以及组合后的混合比。

图 7-9 是一个 CALWRF 转换出来的 3D.DAT 文件示例。

```
3D.DAT          2.1            WRF_ARW       V3.5.1         Created at 2014-07-11
   1
Produced by CALWRF v2.0.1        Level: 130418
  1  1  1  1  1  1
LCC    27.9000  120.7900  40.00  20.00   -11.498   -11.499   1.000  24  24 37
  1 16 10 11 14 12  1  0  0  0  0  0  0  0  0  0  0  0  0 25
2011123100   792   24   24   37
   1   1  24  24   1  37  120.6711  120.9089  27.7950  28.0050
 0.999
 0.997
 0.995
 0.993
 0.991
 0.988
 0.983
 0.975
 0.965
 0.955
 0.945
 0.935
 0.925
 0.915
 0.905
 0.890
 0.870
 0.850
 0.830
 0.810
 0.785
 0.755
 0.720
 0.675
 0.625
 0.575
 0.525
 0.475
 0.425
 0.375
 0.325
 0.275
 0.225
 0.175
 0.125
 0.075
 0.025
   1   1  27.7950  120.6714   16  3 -999.0000 -999.0000 -999
   2   1  27.7950  120.6817    9  3 -999.0000 -999.0000 -999
   3   1  27.7950  120.6920    6  3 -999.0000 -999.0000 -999
   4   1  27.7950  120.7023    3  3 -999.0000 -999.0000 -999
   5   1  27.7950  120.7126    1  3 -999.0000 -999.0000 -999
   6   1  27.7950  120.7230    1  3 -999.0000 -999.0000 -999
   7   1  27.7951  120.7333    2  3 -999.0000 -999.0000 -999
   8   1  27.7951  120.7436    2  3 -999.0000 -999.0000 -999
```

图 7-9 D.DAT 数据文件实例

7.4.9 地形权重因子文件（WT.DAT）

如果将中尺度预测数据作为 CALMET 的初始猜测风场，那么 CALMET 需要进行细网格地形效应的诊断调整；如果将中尺度预测数据作为步骤一风场或作为观测值，那么 CALMET 就不需要对中尺度预测风场进行地形效应的调整。在把中尺度预测风场和观测数据合并的过程中，由于中尺度预测数据的网格分辨率通常较粗（比如，80 km 分辨率），观测数据中捕捉到的局地效应可能会丢失。为避免这个问题，CALMET 选用了一个三维网格地形权重因子场。权重因子 Wo 赋予地面观测数据；1-Wo 赋予中尺度预测风场数据。影响决定这些权重因子的是一个由中尺度预测数据中的小尺度地形和地表高度组成的函数。

WT.DAT 文件中含有地形权重因子，当 IPROG=3、13 或 IPROG=5、15 时（将中尺度预测风场数据作为步骤一风场或观测值），则要求输入此文件。

图 7-10 是一个格点数据为 25×23 分辨率为 18 km 的 CALMET 网格的 WT.DAT 文件，其中中尺度数据的分辨率为 80 km。该文件的前三行是对权重因子的描述信息。第四行和第五行描述了 CALMET 细网格系统和中尺度数据粗网格。之后是一系列 NZ 层数据组，CALMET 模型的每个垂直层都有一个这样的权重因子网格化数据。

```
Sensitivity Power for Wz      =      2.00000
Sensitivity Power for Ws      =      2.00000
Significant Length-Scale (m) =      10.0000
 Fine-Grid   :     342.0  -135.0    25    23  18.000
 Coarse-Grid :     -80.0  -680.0    24    21  80.000

 Height(m) =       10.0000
  i=       1   2   3   4   5   6   7   8   9  10  11  12  13  14  15  16  17  18  19  20  21  22  23  24  25
j= 23   .51 .56 .53 .51 .48 .45 .44 .43 .42 .41 .42 .45 .48 .52 .52 .40 .28 .16 .03 .00 .00 .00 .00 .00 .00
j= 22   .51 .56 .53 .51 .48 .45 .44 .43 .42 .41 .42 .45 .48 .52 .52 .40 .28 .16 .03 .00 .00 .00 .00 .00 .00
j= 21   .49 .54 .51 .49 .46 .44 .43 .41 .40 .38 .40 .43 .47 .50 .51 .40 .28 .17 .05 .02 .02 .02 .02 .02 .01
j= 20   .43 .48 .46 .44 .42 .40 .38 .36 .34 .32 .34 .38 .41 .45 .47 .38 .29 .21 .12 .09 .09 .08 .08 .07 .05
j= 19   .37 .41 .40 .39 .38 .37 .34 .31 .29 .26 .28 .32 .36 .41 .43 .37 .31 .24 .18 .16 .15 .14 .13 .12 .09
j= 18   .31 .35 .35 .34 .34 .33 .30 .27 .23 .20 .21 .26 .31 .36 .39 .35 .32 .28 .24 .22 .21 .20 .19 .17 .13
j= 17   .26 .29 .29 .29 .30 .30 .26 .22 .18 .14 .15 .21 .26 .31 .35 .34 .33 .32 .30 .29 .28 .26 .25 .22 .17
j= 16   .25 .29 .30 .31 .31 .32 .28 .25 .21 .18 .19 .24 .29 .33 .37 .35 .34 .32 .31 .30 .29 .29 .28 .26 .20
j= 15   .26 .30 .31 .33 .34 .35 .32 .29 .27 .24 .25 .29 .32 .36 .39 .37 .34 .32 .30 .30 .30 .30 .31 .29 .22
j= 14   .27 .31 .33 .35 .36 .38 .36 .34 .32 .29 .30 .33 .36 .39 .41 .38 .35 .32 .29 .30 .31 .32 .34 .32 .25
j= 13   .27 .32 .34 .37 .39 .41 .40 .38 .37 .35 .36 .38 .40 .42 .43 .40 .36 .32 .29 .29 .32 .34 .36 .36 .27
j= 12   .28 .33 .35 .38 .40 .42 .41 .41 .40 .39 .40 .41 .43 .44 .45 .41 .36 .32 .28 .29 .33 .36 .39 .39 .31
j= 11   .31 .35 .36 .38 .39 .40 .40 .40 .41 .41 .42 .43 .44 .45 .45 .41 .36 .32 .27 .29 .34 .38 .42 .44 .37
j= 10   .33 .37 .37 .37 .38 .38 .39 .40 .41 .43 .43 .44 .45 .46 .45 .41 .36 .31 .27 .29 .35 .40 .45 .48 .43
j=  9   .35 .39 .38 .37 .37 .36 .38 .40 .42 .44 .45 .46 .46 .46 .46 .41 .36 .31 .26 .29 .35 .42 .48 .52 .49
j=  8   .37 .41 .39 .37 .36 .34 .37 .40 .43 .46 .47 .47 .47 .47 .46 .41 .35 .30 .25 .29 .36 .44 .51 .56 .55
j=  7   .31 .35 .35 .34 .34 .34 .36 .39 .41 .44 .44 .44 .44 .44 .43 .41 .38 .36 .33 .37 .43 .49 .55 .59 .57
j=  6   .26 .30 .31 .32 .33 .34 .36 .37 .39 .41 .42 .42 .41 .41 .41 .41 .41 .41 .41 .45 .50 .55 .59 .62 .58
j=  5   .20 .24 .26 .29 .31 .33 .35 .36 .38 .39 .39 .39 .38 .38 .38 .41 .44 .47 .50 .53 .56 .60 .63 .65 .60
j=  4   .15 .18 .22 .26 .30 .33 .34 .35 .36 .37 .37 .36 .35 .35 .35 .41 .46 .52 .58 .61 .63 .65 .67 .68 .62
j=  3   .15 .19 .23 .27 .31 .35 .36 .36 .37 .37 .37 .37 .37 .36 .37 .43 .49 .55 .60 .63 .65 .66 .68 .68 .62
j=  2   .20 .25 .28 .32 .35 .39 .39 .39 .39 .40 .40 .41 .41 .42 .43 .47 .51 .55 .58 .61 .62 .64 .65 .65 .61
j=  1   .26 .31 .34 .37 .40 .42 .42 .42 .42 .42 .43 .45 .46 .48 .49 .51 .53 .55 .56 .58 .60 .61 .63 .63 .60
  i=       1   2   3   4   5   6   7   8   9  10  11  12  13  14  15  16  17  18  19  20  21  22  23  24  25
```

```
Height(m) =      50.0000
  i=      1   2   3   4   5   6   7   8   9  10  11  12  13  14  15  16  17  18  19  20  21  22  23  24  25
j= 23   .11 .11 .10 .08 .07 .05 .05 .04 .04 .03 .03 .04 .05 .05 .06 .04 .03 .02 .00 .00 .00 .00 .00 .00 .00
j= 22   .11 .11 .10 .08 .07 .05 .05 .04 .04 .03 .03 .04 .05 .05 .06 .04 .03 .02 .00 .00 .00 .00 .00 .00 .00
j= 21   .10 .11 .09 .08 .07 .05 .05 .04 .03 .03 .03 .04 .04 .05 .05 .04 .03 .02 .01 .00 .00 .00 .00 .00 .00
j= 20   .09 .09 .08 .07 .06 .05 .04 .03 .03 .02 .02 .03 .03 .04 .04 .04 .03 .02 .01 .01 .01 .01 .00 .00 .00
j= 19   .07 .08 .07 .06 .05 .04 .03 .03 .02 .02 .02 .02 .03 .03 .03 .03 .03 .02 .02 .01 .01 .01 .01 .01 .00
j= 18   .06 .06 .05 .05 .04 .03 .03 .02 .02 .01 .01 .01 .02 .02 .02 .02 .02 .02 .02 .02 .02 .01 .01 .01 .01
j= 17   .04 .05 .04 .04 .03 .03 .02 .02 .01 .00 .00 .01 .01 .01 .01 .02 .02 .02 .03 .03 .02 .02 .01 .01 .01
j= 16   .06 .06 .06 .06 .05 .05 .04 .03 .02 .01 .01 .01 .02 .02 .02 .02 .02 .03 .03 .03 .02 .02 .02 .01 .01
j= 15   .08 .09 .08 .08 .08 .07 .06 .05 .04 .02 .02 .02 .02 .03 .03 .03 .03 .03 .03 .03 .02 .02 .02 .02 .01
j= 14   .09 .11 .11 .10 .10 .10 .08 .07 .05 .03 .03 .03 .03 .04 .04 .04 .03 .03 .03 .03 .03 .02 .02 .02 .01
j= 13   .11 .13 .13 .13 .13 .13 .11 .08 .06 .04 .04 .04 .04 .05 .05 .04 .04 .04 .03 .03 .03 .03 .02 .02 .02
j= 12   .12 .13 .13 .13 .14 .14 .12 .10 .08 .06 .05 .05 .05 .06 .06 .05 .04 .04 .03 .03 .03 .03 .03 .03 .03
j= 11   .10 .11 .11 .12 .12 .12 .11 .10 .09 .08 .07 .07 .07 .07 .07 .06 .05 .04 .03 .03 .03 .04 .04 .05 .04
j= 10   .08 .09 .10 .10 .10 .11 .11 .10 .10 .10 .10 .09 .09 .09 .08 .07 .05 .04 .02 .03 .03 .04 .05 .06 .06
j=  9   .06 .07 .08 .08 .09 .09 .10 .11 .11 .12 .12 .11 .11 .10 .09 .07 .05 .04 .02 .02 .04 .05 .07 .08 .08
j=  8   .05 .06 .06 .07 .07 .08 .10 .11 .13 .14 .14 .13 .12 .11 .10 .08 .06 .04 .01 .02 .04 .06 .08 .09 .10
j=  7   .04 .04 .05 .05 .06 .07 .08 .09 .11 .12 .12 .11 .11 .10 .09 .11 .12 .13 .15 .14 .14 .13 .13 .12 .12
j=  6   .03 .03 .04 .04 .05 .05 .06 .07 .09 .10 .10 .09 .09 .08 .09 .13 .18 .23 .28 .27 .24 .20 .17 .15 .14
j=  5   .02 .02 .03 .03 .03 .04 .05 .06 .07 .07 .08 .07 .07 .07 .08 .16 .24 .33 .41 .39 .33 .28 .22 .17 .16
j=  4   .01 .01 .01 .02 .02 .02 .03 .04 .04 .05 .06 .05 .05 .05 .07 .19 .31 .42 .54 .51 .43 .35 .27 .20 .18
j=  3   .02 .02 .02 .02 .02 .03 .03 .04 .05 .06 .07 .08 .09 .11 .14 .25 .36 .48 .59 .56 .48 .40 .33 .26 .22
j=  2   .04 .04 .04 .04 .05 .05 .06 .07 .07 .08 .11 .14 .18 .21 .26 .34 .42 .49 .57 .56 .50 .45 .39 .34 .28
j=  1   .06 .07 .07 .07 .07 .07 .08 .09 .10 .11 .15 .21 .27 .32 .38 .42 .47 .51 .56 .55 .52 .49 .46 .41 .35
  i=      1   2   3   4   5   6   7   8   9  10  11  12  13  14  15  16  17  18  19  20  21  22  23  24  25
```

图 7-10　地形权重因子数据 WT.DAT 实例

7.5　CALPUFF 输入数据

7.5.1　CALPUFF 输入数据简介

CALPUFF 的输入数据流程见图 7-11，CALPUFF 输入文件概要见表 7-4。

一般 CALPUFF 默认气象数据采用 CALMET 生成的逐时三维网格气象场，包括三维风场和温度场，以及二维的混合层高度和其他气象变量。然而在一些近场的应用中，当气象场的空间变化较小（如地形平坦和用地类型单一），单站数据也可以被使用。使用单站数据时，CALPUFF 将从单站数据的数值分别赋给每个网格，从而形成空间均匀的网格场。然而，模式并没有假定气象条件是稳定不变的，这就使得因果关系的重要作用仍能够被模拟。例如，使用单站气象数据条件时，也会根据烟团公式计算烟羽扩散到受体点的时间，且多个小时传输中烟羽轨迹、扩散条件的变化等也被考虑。但是总体而言，CALPUFF 大多数应用的首选气象数据是由 CALMET 生成的空间变化的三维气象场。CALPUFF 可以接受的单站气象数据格式有 ISC3、CTDMPLUS、AUSPLUME、AERMET 等。

CALPUFF 污染源可以支持点源、面源、浮力线源和体源。污染源的排放参数可以是恒定的，有规律变化的（如有规律月变化、日变化等）、无规律任意变化的。前两种可以在 CALPUFF 控制文件中定义，最后一种需定义外部污染源文件供 CALPUFF 调用。点源外部文件的默认文件名 PTMARB.DAT、浮力面源的默认文件名 BAREMARB.DAT、线源的默认文件名 LNEMARB.DAT、体源的默认文件名 VOLEM.DAT。

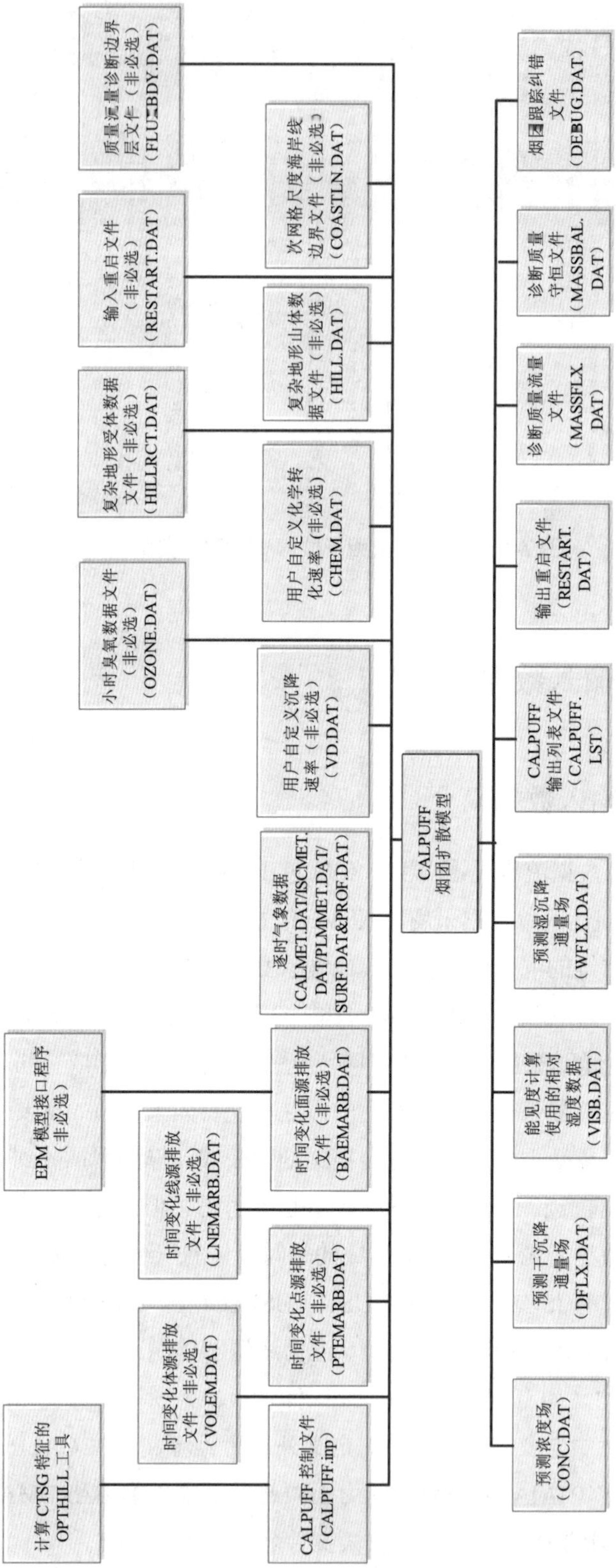

图 7-11 CALPUFF 数据流程

表 7-4 CALPUFF 输入文件概要

默认文件名	内容	端口	类型
RESTARTB.DAT	重启文件，包含足够支持模型继续运行的烟团参数（可选）	IO3	非格式化的
CALPUFF.INP	控制文件	IO5	格式化的
CALMET.DAT	由 CALMET 生成的逐时网格气象数据	IO7	非格式化的
或 ISCMET.DAT	ISCST3 格式的单站气象数据	IO7	格式化的
或 PLMMET.DAT	AUSPLUME 格式的单站气象数据	IO7	格式化的
PTEMARB.DAT	排放参数任意变化的点源排放数据（可选）	IO16	格式化的或非格式化的
BAEMARB.DAT	排放参数任意变化的面源排放数据。可以从 EPM 模式文件中获取（可选）	IO17	格式化的
VOLEM.DAT	含排放参数任意变化的体源排放数据（可选）	IO18	格式化的或非格式化的
LNEMARB.DAT	排放参数任意变化的线源排放数据（可选）	IO19	格式化的
VD.DAT	用户自定义的沉降速率（可选）	IO20	格式化的
OZONE.DAT	单站或多站的臭氧小时观测数据（可选）	IO22	格式化的
CHEM.DAT	用户自定义的化学转化速率（可选）	IO24	格式化的
COASTLN.DAT	次网格尺度的海岸线边界文件（可选）	IO25	格式化的
HILL.DAT	从 CTDMPLUS 地形处理器获得的山体数据（可选）	IO28	格式化的
HILLRCT.DAT	从 CTDMPLUS 地形处理器获得的山体受体数据（可选）	IO29	格式化的
PROFILE.DAT	为 CTDMPLUS 准备的单站 ASCII 气象塔数据（可选）	IO31	格式化的
SURFACE.DAT	CTDMPLUS 地面数据（可选）	IO32	格式化的
FLUXBDY.DAT	质量通量的边界数据（可选）	IO35	格式化的

如果要计算二次硫酸盐、硝酸盐的生成，需要考虑化学机制，可以选择 MESOPUFF 或 RIVAD/ARM3 方案，这里就需要 NH_3 和 O_3 的月均观测数据。O_3 还可以使用一个或多个站点的小时数据，从外部文件 OZONE.DAT 中读入，当 O_3 小时文件中某些时刻有数据缺失时，该时刻将使用月均数据。注意月均观测数据不能输入多个站点的，只能使用有代表性的数据，或使用多个站点的平均值。

由于 CTDMPLUS 和 CALPUFF 中的 CTSG 选项具有相似性，所以 CTDMPLUS 模块使用山体 HILL.DAT 和复杂受体 HILLRCT.DAT 文件。这些文件可以不经过修正，直接读入 CALPUFF，从而定义所有 CTSG 输入所需要的条件。

7.5.2 气象数据

CALMET 生成的三维逐时网格气象数据和四种单站气象数据都可以用来驱动 CALPUFF 污染物扩散模式。为了充分利用模型模拟时空变化气象场的特性，推荐采用三维逐时网格数据作为 CALPUFF 的气象场输入。

7.5.2.1 CALMET.DAT

CALMET.DAT 文件包含用于驱动 CALPUFF 模型的网格化气象场数据，也包含了一些地理场，比如地形高度、地表粗糙度以及用地类型，这些都能为 CALPUFF 所用。除 CALMET 外，其他模型产生的三维网格气象场也可以在 CALPUFF 中使用，只要生成的格式和参数与 CALMET 生成的一致，如美国环保局开发的 MMIF 程序，可以直接将 MM5 或 WRF 数据转换成 CALMET.DAT 格式，可直接在 CALPUFF 中使用。

CALMET.DAT 包含多达 15 组文件头，之后即为小时气象数据。文件头包括对气象数据的描述，水平和垂直网格信息，数据中气象站点的数目、类型、坐标，此外还包括地表粗糙度、用地类型、海拔高度、叶面积指数，以及距每个网格点最近的地面站点号。实际的文件头中包含的内容是变化的，这是因为如果没有使用地面、高空及降水站点，则没有它们的坐标。CALPUFF 模型运行时会首先检查控制文件与 CALMET.DAT 头文件中变量的一致性，检查的变量有西南角 X 和 Y 方向坐标、X 和 Y 方向格点数、格距、投影相关参数、垂直网格设置。

数据行中包括三维风场 U、V、W 分量和温度的网格场，二维 PGT 稳定度场，地表摩擦速度，混合层高度，莫宁-奥布霍夫长度，对流速度尺度，降水率（CALGRID 不采用），温度，空气密度，短波太阳辐射，相对湿度及地表气象站的降水类型码（CALGRID 不采用）。

7.5.2.2 ISCMET.DAT

CALPUFF 可以采用常规的 ISC3 单站气象数据来驱动，也可以使用扩展 ISC3 单站气象数据。ISCMET.DAT 文件中包含的数据至少要有逐时的风向、风速、温度、稳定度和混合层高度（城市或乡村），这些可以在常规的 ISC3 格式中找到。另外，如果模拟干湿沉降，或者需要在微气象学参数的基础上计算基于湍流的扩散系数时，表面摩擦速率（u*）、莫宁-奥布霍夫长度（L）、随时间变化的地表粗糙度（z_0）、降水率和降水类型的小时值被输入在一个扩展数据行上。这些额外的变量包含在扩展的 ISC3 气象文件中。如果模拟化学变化，在扩展数据行中也包含短波太阳辐射和相对湿度的小时值。另外，位温递减率（d_θ/d_z）和幂律扩线指数的小时值也可输入其中。在所有的应用中基本气象变量（如风向、风速、温度、稳定度和混合层高度）必须不能缺失。如果 CALPUFF 选项设置为不需要扩展数据行变量（u*、L 等），那么数据文件中的这些变量可以设置为空白（例如，没有干湿沉降、没有化学变化，不需要计算基于湍流的扩散系数）。但是，如果 CALPUFF 模式选项设置为需要它们，模式就假定扩展数据行中能提供这些变量的有效小时数值。只有 d_θ/d_z 和 p 例外，能够间隔几个小时输入一次，而其他变量都不可以。如果

在指定的时刻缺少 d_θ/d_z 或 p 的数值（如空白），模式将会使用默认值或者用户自定义的随稳定度变化的值（见控制文件中输入组 12 中 PLX0 和 PTG0 的变量）。图 7-12 是 ISCMET.DAT 文件的实例。图 7-12（a）部分显示的是常规 ISC3 数据。图 7-12（b）部分为扩展 ISC3 数据。

```
  94728      90  14735      90
 90 1 1 1  81.0000   3.0866 280.9 5  881.5   53.0
 90 1 1 2  98.0000   1.5433 279.8 6  904.6   53.0
 90 1 1 3 114.0000   2.5722 279.8 5  927.8   53.0
 90 1 1 4 113.0000   4.1155 280.4 4  951.0  951.0
 90 1 1 5 103.0000   3.0866 279.8 5  974.2   53.0
 90 1 1 6 102.0000   5.1444 280.4 4  997.4  997.4
 90 1 1 7 105.0000   4.6300 280.4 4 1020.6 1020.6
 90 1 1 8  73.0000   2.5722 280.4 4 1043.8 1043.8
 90 1 1 9 117.0000   4.1155 280.9 4 1067.0 1067.0
 90 1 110 141.0000   3.6011 283.7 3 1090.2 1090.2
  ↑ ↑ ↑ ↑         ↑        ↑     ↑   ↑     ↑      ↑
 yr  dy      WD vect       WS  Temp     rural  urban
   mo  hr                           stab    zi     zi
```

（a）常规格式

```
  94728      90  14735      90
 90 1 1 1  81.0000   3.0866 280.9 5  881.5   53.0     0.33      355.   0.25   0   0.0     .020  .35      0. 77
 90 1 1 2  98.0000   1.5433 279.8 6  904.6   53.0     0.17      122.   0.25   0   0.0     .035  .55      0. 68
 90 1 1 3 114.0000   2.5722 279.8 5  927.8   53.0     0.28      259.   0.25   0   0.0           .30      0. 72
 90 1 1 4 113.0000   4.1155 280.4 4  951.0  951.0     0.45      655.   0.25   0   0.0           .15      0. 74
 90 1 1 5 103.0000   3.0866 279.8 5  974.2   53.0     0.33      355.   0.25   0   0.0     .022           0. 75
 90 1 1 6 102.0000   5.1444 280.4 4  997.4  997.4     0.56     1025.   0.25   1   .25           .18      0. 73
 90 1 1 7 105.0000   4.6300 280.4 4 1020.6 1020.6     0.50    -1005.   0.25   0   0.0           .17     70. 71
 90 1 1 8  73.0000   2.5722 280.4 4 1043.8 1043.8     0.28     -355.   0.25   1   .75                  120. 65
 90 1 1 9 117.0000   4.1155 280.9 4 1067.0 1067.0     0.45     -395.   0.25   2  2.64           .22    180. 68
 90 1 110 141.0000   3.6011 283.7 3 1090.2 1090.2     0.39     -148.   0.25   0   0.0           .12    240. 62
  ↑ ↑ ↑ ↑         ↑        ↑     ↑ ↑     ↑      ↑        ↑         ↑       ↑     ↑     ↑       ↑     ↑      ↑  ↑
 yr  dy      WD vect       WS  Temp     rural  urban      u*         L      zo     p  precip.  dθ/dz   p     SW rh
   mo  hr                           stab    zi     zi                              code   amt.                rad. %
```

（b）扩展格式

图 7-12　ISCMET.DAT 文件实例

表 7-5 是对 ISCMET.DAT 的文件格式和内容的描述，其中 48 列之后为扩展数据。

在使用 ISCMET.DAT 单站气象数据时，在 CALPUFF.INP 控制文件中还需提供与 ISCMET.DAT 中的气象数据相关的其他参数。这些参数包括模拟区域风速计的高度、地表粗糙度、用地类型、海拔高度和叶面积指数。风速计的高度是风速的垂直幂外推法所需要的。当选择了基于湍流的扩散系数和计算干沉降速率，在缺失小时数值时，也会用到地表粗糙度。在选择使用 Pasquill-Gifford/McElroy-Pooler 扩展系数时，用地类型用来确定城市或乡村扩散系数是否适当。见控制文件输入组 12 中的 IURB1 和 IURB2 变量。它们定义了用地类型的分类范围，这将会被用于确定城市区域［ISCMET.DAT 文件中用地类型的数值介于 IURB1 和 IURB2 之间（包含这两个值），模拟区域将被认为是城市区域］，否则它将被认为是乡村区域。只有在计算干沉降速率时才会用到叶面积指数。海拔高度被用于赋给 CALPUFF 中的二维地形海拔数组，这个数组通常由 CALMET 文件来赋值。作为模式的一个选项，这个数组通过插值的方法来确定网格受体的海拔高度。当使用 ISCMET.DAT 文件时，由于只有单站的数值可用，所有网格化受体将被赋予这个海拔。用户也可以在 CALPUFF 的控制文件中对每个离散的受体赋予指定海拔。

表 7-5 SCMET.DAT 文件格式

数据行	位置	变量	类型	描述
1	1～6	*	integer	地面站点号
1	8～13	*	integer	地面站点年份
1	15～20	*	integer	混合层高度站点号
1	22～27	*	integer	混合层高度站点年份
2～	1～2	IY	integer	年
2～	3～4	IM	integer	月
2～	5～6	ID	integer	日
2～	7～8	IH	integer	小时（1～24）
2～	9～17	FVEC	real	风向（度，风去向）
2～	18～26	WSPD	real	风速（m/s）
2～	27～32	TMPK	real	温度（K）
2～	33～34	KST	integer	稳定度（1～6）
2～	35～41	RMIX	real	城市混合层高度（m）
2～	42～48	UMIX	real	乡村混合层高度（m）
2～	49～57	USTR	real	摩擦速率（m）
2～	58～67	XMON	real	莫宁-奥布霍夫长度（m）
2～	68～75	ZOM	real	地表粗糙度（m）
2～	76～79	IPC	integer	降水类型码 （0 无降水，1～18 液态降水，19～45 固态降水）
2～	80～86	PMMHR	real	降水速率（mm/h）
2～	87～96	DTHTD	real	位温递减率（度/km）
2～	97～101	PLAW	real	风速幂律指数
2～	102～110	QSWRAD	real	短波太阳辐射（W/m^2）
2～	111～113	IRH	real	相对湿度（%）

7.5.2.3 PLMMET.DAT

AUSPLUME（Lorimer，1976）数据文件是 CALPUFF 所认可的单站气象数据格式之一。尽管 CALPUFF 的一些选项要求额外的气象变量必须添加到扩展数据行中作为它的一部分，但常规的 AUSPLUME 数据文件无须修改即可被 CALPUFF 使用。

PLMMET.DAT 文件包含 CALPUFF 所需的基本小时数据，其中包括风向、风速、温度、稳定度和混合层高度。PLMMET.DAT 格式同时也包含湍流的水平分量（σ_θ）。如果所有的湍流分量都存在，它们将通过 PROFLIE.DAT 数据文件输入模型中。同时，CALPUFF 也包含几个模拟化学变化的选项，这些化学变化不使用衰减常数。

PLMMET.DAT 格式不包含微气象变量（表面摩擦速率和莫宁-奥布霍夫长度）、降水数据、太阳辐射或者相对湿度。莫宁-奥布霍夫长度根据 Golder（1972）关系，由稳定度和地表粗糙度推断而得。摩擦速率可以由近地面层相似风廓线方程估算得到。其余的变量必须以扩展数据行添加到标准文件中。如果这些变量并非 CALPUFF 选项所必需，则可以留为空白。降水数据是进行湿沉降模拟时所需要的数据文件，而太阳辐射和相对湿度数据则是进行化学变化计算时所需的数据文件。

图 7-13 是 PLMMET.DAT 文件的实例。图 7-13（a）部分为标准的常规 AUSPLUME 气象数据行。图 7-13（b）部分显示的是扩展的数据行。表 7-6 是对 PLMMET.DAT 数据格式及内容的描述，其中第 52 行后为扩展数据。

```
Sample PLMMET.DAT data file.  Min. ws=1.0 m/s
94010101 19  1.0 270 F  100  17. 0.55 .035        0.
94010102 19  1.2 270 F  122  22.      .030        0.
94010103 20  1.5 270 F  132  18.                  0.
94010104 19  3.2 270 E  256      0.35             0.
94010105 20  1.8 270 F  103      0.45 .031        0.
94010106 20  3.3 270 E  201      0.32 .024        0.
94010107 21  5.0 270 D  284      0.25             0.
94010108 21  4.6 270 D  301  12.                  0.
94010109 22  3.5 270 D  525  11.                  0.
94010110 22  3.9 270 C  658  16. 0.19             0.
 ↑ ↑ ↑ ↑  ↑    ↑   ↑ ↑   ↑    ↑    ↑    ↑         ↑
yr  dy   Temp WS  WD     zi   σθ    p  dθ/dz    decay
  mo  hr             stab
```

（a）常规数据

```
Sample PLMMET.DAT data file.  Min. ws=1.0 m/s
94010101 19  1.0 270 F  100  17. 0.55 .035        0.  0     0.0       0. 65
94010102 19  1.2 270 F  122  22.      .030        0.  0     0.0       0. 69
94010103 20  1.5 270 F  132  18.                  0.  0     0.0       0. 65
94010104 19  3.2 270 E  256      0.35             0.  0     0.0       0. 66
94010105 20  1.8 270 F  103      0.45 .031        0.  0     0.0       0. 69
94010106 20  3.3 270 E  201      0.32 .024        0.  0     0.0       0. 73
94010107 21  5.0 270 D  284      0.25             0.  1    1.80      11. 78
94010108 21  4.6 270 D  301  12.                  0.  1     .95      82. 76
94010109 22  3.5 270 D  525  11.                  0.  0     0.0     116. 58
94010110 22  3.9 270 C  658  16. 0.19             0.  0     0.0     250. 55
 ↑ ↑ ↑ ↑  ↑    ↑   ↑ ↑   ↑    ↑    ↑    ↑         ↑   ↑      ↑          ↑  ↑
yr  dy   Temp WS  WD     zi   σθ    p  dθ/dz   decay  p   precip.       SW rh
  mo  hr             stab                            code  amount      rad. %
```

（b）扩展数据

图 7-13 PLMMET.DAT 文件实例

表 7-6 PLMMET.DAT 文件格式

数据行	位置	变量	类型	描述
1	1～80	*	char	标题行
2～	1～2	IY	integer	年
2～	3～4	IM	integer	月
2～	5～6	ID	integer	日
2～	7～8	IH	integer	小时（1～24）
2～	9～11	TMPC	real	温度（℃）
2～	12～16	WSPD	real	风速（m/s）
2～	17～20	IWD	integer	风向（度）
2～	21～22	KST*	real	稳定度（A～F）
2～	23～27	ZMIX	real	混合层高度（m）
2～	28～32	SIGTHA	real	σ_θ（度）或从 PROFILE.DAT 读取湍流的测量值
2～	33～37	PLEXP	real	风速幂律指数
2～	38～42	PTGDF	real	位温递减率（K/m）
2～	43～52	DECAY	real	衰减常数（S^{-1}）。在 CALPUFF 中没有使用
2～	53～55	IPC	integer	降水类型码 （0 无降水，1～18 液态降水，19～45 固态降水）
2～	56～64	PMMHR	real	降水速率（mm/h）
2～	65～73	QSWRAD	real	短波太阳辐射（W/m^2）
2～	74～76	IRELHUM	integer	相对湿度（%）

在使用 PLMMET.DAT 单站气象数据时，在 CALPUFF.INP 控制文件中还需提供与 PLMMET.DAT 中的气象数据相关的其他参数。这些参数包括模拟区域风速计的高度、表面粗糙度、用地类型、海拔高度和叶面积指数。风速计的高度是风速的垂直幂外推法所需要的。当选择了基于湍流的扩散系数和计算干湿沉降速率，在缺失小时数值时，也会用到粗糙度。在选择使用 Pasqiil-Gifford/McElroy-Pooler 扩展系数时，用地类型用来确定城市或乡村扩散系数是否适当。见控制文件输入组 12 中的 IURBI 和 IURB2 变量。它们定义了用地类型的分类范围，这将会被用于确定城市区域［PLMMET.DAT 文件中土地利用类型的数值介于 IURB1 和 IURB2 之间（包含这两个值），模拟区域将被认为是城市区域］，否则它将被认为是乡村区域，只有在计算干沉降速率时才会用到叶面积指数。海拔高度被用于赋给 CALPUFF 中的二维地形海拔数值，这个数值通常由 CALMET 文件来赋值。作为模式的一个选项，这个数组通过插值的方式来确定网格受体的海拔高度。由于只有单站的数值可用，所有网格化受体将被赋予这个海拔高度。用户在 CALPUFF 的控制文件中也可对每个离散的受体赋予指定的海拔高度（见输入组 17）。

7.5.2.4 SURFACE.DAT 和 PROFILE.DAT

CTDMPLUS（Perry et al.，1989）数据文件是 CALPUFF 所认可的单站气象数据格式之一。尽管 CALPUFF 的一些选项要求额外的气象变量必须添加到扩展数据行 SURFACE.DAT 中作为它的一部分，但常规的 SURFACE.DAT 和 PROFILE.DAT 数据文件无须修改即可被 CALPUFF 使用。与上述的两种单站数据不同，PROFILE.DAT 文件包含每小时数据的垂直廓线，而不是由测量得到的地面上某一高度的数据。通过这样的方式，更多的由遥测平台（如 SODAR）所获取的详细数据可以用来定义气流的垂直结构。SURFACE.DAT 包含计算得到的微气象变量和混合层高度。

SURFACE.DAT 由 CTDMPLUS 气象预处理程序产生，用户可参考 CTDMPLUS 用户文档了解运行流程。SURFACE.DAT 包含每小时的混合层高度、表面摩擦速率、莫宁-奥布霍夫长度和地表粗糙度。PROFILE.DAT 由用户直接创建。在常规形式中，它包含各个观测层上的风向、风速（矢量和标量）、温度和湍流（σ_w 和 σ_v 或 σ_θ）的小时值。作为一个选项，一种扩展版的 PROFILE.DAT 数据文件也可以用来提供混合层以上穿过逆温层的温度突变情况。当评价浮力烟羽穿过混合层顶的能力时（对于局部渗透选项：MPARTL=1），这种突变用作对逆温强度的测量。当某一时刻第一行末尾提供正的温度差时，CALPUFF 将认可并使用它。否则，利用温度梯度数据来估算逆温强度。

CTDMPLUS 不需要降水数据、太阳辐射和相对湿度。如果 CALPUFF 需要这些数据，可以添加到 SURFACE.DAT 的扩展数据行中。CALPUFF 中降水数据用于湿沉降模拟，而太阳辐射和湿度数据用于化学变化计算。

CALPUFF.INP 控制文件中提供与 SURFACE.DAT 和 PROFILE.DAT 相关的其他数据。这些数据包括模拟区域的用地类型、海拔高度和叶面积指数，以及两个控制变量（ISIGMAV 和 IMIXCTDM）。在对流状态下选择使用 Pasquill-Gifford/McElroy-Pooler 扩散系数时，用地类型用来确定城市和乡村扩散系数是否合适。见控制文件输入组 12 中的 IURB1 和 IURB2 两个变量。它们定义了土地利用的分类范围，这将会被用于确定城市区域［PLMMET.DAT 文件中土地利用类型的数值介于 IURBI 和 IURB2 之间（包含这两个值），模拟区域将被认为是城市区域］，否则它将被认为是乡村区域，只有在计算干沉降速率时才会用到叶面积指数。海拔高度被用于赋给 CALPUFF 中的二维地形海拔数值，这个数值通常由 CALMET 文件来赋值。作为模式的一个选项，这个数组通过插值的方式来确定网格受体的海拔高度。由于只有单站的数值可用，所有网格化受体将被赋予这个海拔高度。用户可以在 CALPUFF 的控制文件中对每个离散的受体赋予指定的海拔高度（见输入组 17）。ISIGMAV 表示侧向湍流数据的形式，而 IMIXCTDM 则表示使用哪种混合层高度场（观测的或计算的）。图 7-14 是 SURFACE.DAT 文件的实例。图 7-14（a）部分显示的是常规的 SURFACE.DAT 数据行。图 7-14（b）部分显示的是扩展的数据行。图 7-15 为 PROFILE.DAT 文件的一个实例。表 7-7 描述了 SURFACE.DAT 的数据格式及内容，其中最后四个数据为扩展的数据。表 7-8 描述的是 PROFILE.DAT 的数据格式及内容，其中最后一个数据为扩展数据。SURFACE.DAT 和 PROFILE.DAT 均为自由格式。注意：年份可以指定为 YY（如 94）或 YYYY（如 1994）两种格式。YY 格式是原始的 CTDMPLUS 格式。

PROFILE.DAT 文件也可用于连接 CALPUFF 的其他气象数据选项，以提供准确的湍流数据，或提供逆温的强度。在应用湍流数据时，该文件同时需要提供风速和湍流数据，这样才能进行 σ_v 和 σ_θ 间的转化。

```
94  1  1   1  1        658.     30.    0.047     15.7  0.500E+00
94  1  1   1  2        658.     37.    0.067     15.7  0.500E+00
94  1  1   1  3        658.     35.    0.060     15.7  0.500E+00
94  1  1   1  4        658.     33.    0.053     15.7  0.500E+00
94  1  1   1  5        658.     30.    0.047     15.7  0.500E+00
94  1  1   1  6        658.     35.    0.060     15.7  0.500E+00
94  1  1   1  7        658.    125.    0.202     61.1  0.500E+00
94  1  1   1  8         61.     44.    0.093     15.7  0.500E+00
94  1  1   1  9        160.     44.    0.093     15.7  0.500E+00
94  1  1   1 10        260.    858.    0.285   -143.0  0.500E+00
↑  ↑  ↑   ↑  ↑          ↑       ↑        ↑        ↑          ↑
Yr    Dy Jul Hr       Ziobs   Zipre    Ustar    Monin       Zo
   Mo     Dy                                   Obukhov
```

（a）常规数据

```
94  1  1   1  1     658.     30.   0.047     15.7  0.500E+00  0     0.0     0. 65
94  1  1   1  2     658.     37.   0.067     15.7  0.500E+00  0     0.0     0. 69
94  1  1   1  3     658.     35.   0.060     15.7  0.500E+00  0     0.0     0. 65
94  1  1   1  4     658.     33.   0.053     15.7  0.500E+00  0     0.0     0. 66
94  1  1   1  5     658.     30.   0.047     15.7  0.500E+00  0     0.0     0. 69
94  1  1   1  6     658.     35.   0.060     15.7  0.500E+00  0     0.0     0. 73
94  1  1   1  7     658.    125.   0.202     61.1  0.500E+00  1    1.80     0. 78
94  1  1   1  8      61.     44.   0.093     15.7  0.500E+00  1     .95     0. 76
94  1  1   1  9     160.     44.   0.093     15.7  0.500E+00  0     0.0     6. 58
94  1  1   1 10     260.    858.   0.285   -143.0  0.500E+00  0     0.0   250. 55
↑  ↑  ↑   ↑  ↑       ↑       ↑       ↑        ↑           ↑  ↑      ↑        ↑  ↑
Yr    Dy Jul Hr    Ziobs   Zipre   Ustar    Monin        Zo  p   precip.    SW rh
   Mo     Dy                               Obukhov          code amount   rad. %
```

（b）扩展数据

图 7-14　SURFACE.DAT 文件实例

```
94  1  1  1   2. 0 -999.9  -9.9  259.6  -99.9 -9.90 -999.9
94  1  1  1  10. 0  156.4   0.7  263.2   42.5  0.01 -999.9
94  1  1  1  40. 0 -999.9  -9.9  265.4  -99.9 -9.90 -999.9
94  1  1  1  70. 0  177.9   2.4  266.0   18.3  0.16 -999.9
94  1  1  1 100. 0  207.1   3.0  266.3   23.9  0.20 -999.9
94  1  1  1 120. 0  218.0   2.8 -999.9  -99.9 -9.90 -999.9
94  1  1  1 150. 0  233.0   4.3 -999.9  -99.9 -9.90 -999.9
94  1  1  1 180. 0  238.0   6.0 -999.9  -99.9 -9.90 -999.9
94  1  1  1 210. 1  242.0   7.2 -999.9  -99.9 -9.90 -999.9
94  1  1  2   2. 0 -999.9  -9.9  258.9  -99.9 -9.90 -999.9
94  1  1  2  10. 0  162.9   1.0  262.1   28.8  0.01 -999.9
94  1  1  2  40. 0 -999.9  -9.9  263.9  -99.9 -9.90 -999.9
94  1  1  2  70. 0  155.6   2.2  265.4    8.9  0.09 -999.9
94  1  1  2 100. 0  179.1   1.8  266.0   10.5  0.10 -999.9
94  1  1  2 120. 0  191.0   1.8 -999.9  -99.9 -9.90 -999.9
94  1  1  2 150. 0  224.0   2.2 -999.9  -99.9 -9.90 -999.9
94  1  1  2 180. 0  246.0   3.2 -999.9  -99.9 -9.90 -999.9
94  1  1  2 210. 0  259.0   4.7 -999.9  -99.9 -9.90 -999.9
94  1  1  2 240. 0  265.0   6.1 -999.9  -99.9 -9.90 -999.9
94  1  1  2 270. 0  268.0   7.3 -999.9  -99.9 -9.90 -999.9
↑   ↑  ↑  ↑    ↑ ↑      ↑     ↑      ↑      ↑     ↑      ↑
Yr Mo Dy Hr    Z Ilast WD    WS   Temp     σv    σw     WS
                          Scalar                      Vector
```

（a）基础数据

```
94  1  1 13   2. 0 -999.9  -9.9  275.8  -99.9 -9.90 -999.9    .18
94  1  1 13  10. 0  162.9   0.9  275.6   51.6  0.03 -999.9
94  1  1 13  40. 0 -999.9  -9.9  274.6  -99.9 -9.90 -999.9
94  1  1 13  70. 0  176.5   2.6  274.4    8.9  0.11 -999.9
94  1  1 13 100. 0  185.3   2.7  274.1   14.0  0.10 -999.9
94  1  1 13 120. 0  194.0   2.0 -999.9  -99.9 -9.90 -999.9
94  1  1 13 150. 0  225.0   1.8 -999.9  -99.9 -9.90 -999.9
94  1  1 13 180. 0  259.0   2.3 -999.9  -99.9 -9.90 -999.9
94  1  1 13 210. 1  269.0   3.5 -999.9  -99.9 -9.90 -999.9
94  1  1 14   2. 0 -999.9  -9.9  275.8  -99.9 -9.90 -999.9
94  1  1 14  10. 0  162.9   0.9  275.6   51.6  0.03 -999.9
94  1  1 14  40. 0 -999.9  -9.9  274.6  -99.9 -9.90 -999.9
94  1  1 14  70. 0  176.5   2.6  274.4    8.9  0.11 -999.9
94  1  1 14 100. 0  185.3   2.7  274.1   14.0  0.10 -999.9
94  1  1 14 120. 0  194.0   2.0 -999.9  -99.9 -9.90 -999.9
94  1  1 14 150. 0  225.0   1.8 -999.9  -99.9 -9.90 -999.9
94  1  1 14 180. 0  259.0   2.3 -999.9  -99.9 -9.90 -999.9
94  1  1 14 210. 1  269.0   3.5 -999.9  -99.9 -9.90 -999.9
94  1  1 15   2. 0 -999.9  -9.9  275.8  -99.9 -9.90 -999.9     .5
94  1  1 15  10. 0  162.9   0.9  275.6   51.6  0.03 -999.9
94  1  1 15  40. 0 -999.9  -9.9  274.6  -99.9 -9.90 -999.9
94  1  1 15  70. 0  176.5   2.6  274.4    8.9  0.11 -999.9
94  1  1 15 100. 0  185.3   2.7  274.1   14.0  0.10 -999.9
↑   ↑  ↑  ↑    ↑ ↑      ↑     ↑      ↑      ↑     ↑      ↑       ↑
Yr Mo Dy Hr    Z Ilast WD    WS   Temp     σv    σw     WS    ΔT at
                          Scalar                      Vector Inversion
```

（b）扩展数据

图 7-15　PROFILE.DAT 文件实例

表 7-7　SURFACE.DAT 文件格式

序号	变量	类型	描述
1	IY	integer	年份（YY 或 YYYY 格式）
2	IM	integer	月
3	ID	integer	日
4	IJUL	integer	儒略日（1～366）
5	IH	integer	小时（1～24）
6	ZIOBS	real	观测的混合层高度（m）
7	ZIPRE	real	计算的混合层高度（m）
8	USTR	real	表面摩擦速率（m/s）
9	XMON	real	莫宁-奥布霍夫长度（m）
10	ZOM	real	小时地表粗糙度（m）
11	IPC	integer	降水类型码 （0 无降水，1～18 液态降水，19～45 固态降水）
12	PMMHR	real	降水速率（mm/h）
13	QSWRAD	real	短波太阳辐射（W/m^2）
14	IRELHUM	integer	相对湿度（%）

表 7-8　PROFILE.DAT 文件格式

位置	变量	类型	描述
1	IY	integer	年份（YY 或 YYYY 格式）
2	IM	integer	月
3	ID	integer	日
4	IH	real	小时（1～24）
5	ZPRF	integer	地面以上的测量高度（m）
6	ILAST	real	如果不是最高（最后）层，为 0；否则为 1
7	WDPRF	real	风向（°）
8	SSPRF	real	风速（m/s）
9	TPRF	real	环境的干球温度（K）
10	SVPRF	real	σ_θ（°）或σ_v（m/s）
11	SWPRF	real	σ_w（m/s）
12	WSPRF	real	风速（m/s）
13	DPTINV	real	穿过混合层顶（K）的逆温层的位温增量；只有每一小时的第一行数据有

7.5.3　小时变化排放速率文件

7.5.3.1　点源小时排放文件（PTEMARB.DAT）

PTEMMARB.DAT 文件包含详细的、排放参数可任意变化的点源的排放数据。在 PTEMMARB.DAT 文件中，烟囱参数和排放速率的值可以在运行中的每个时间步长指定。

PTEMARB.DAT 可以为顺序的非格式化的数据文件，或者为自由格式的数据文件。这两种格式都含有相同的数据结构，即由三个文件头描述信息，一组不随时间变化的源信息和一组随时间变化的源信息所组成。不随时间变化的源信息包括污染源名称、烟囱高度、内径、坐标、建筑物下洗标记以及由建筑物下洗标记所确定的每个源的控制建筑物高度和宽度（每 10°取一个值，共 36 个值）。随时间变化的源信息为排放速率和烟囱参数等。每个时间段要求每个源有一组数据行（如通常以 1 h 为间隔）。

PTEMARB.DAT 文件中的数据不随模式中使用的水平和垂直网格系统变化。水平坐标根据气象网格投影来定义。垂直层中来自污染源的污染物排放量根据模型内部计算的烟羽抬升来确定。

注意：CALPUFF5 和以前版本的 PTEMARB.DAT 文件结构是有区别的，CALPUFF 运行时会检查 PTEMARB.DAT 文件中的数据版本（VRS2），以此来辨认其是否为正确的版本。请勿使用旧版本的数据文件，除非确定数据文件的格式是正确的。另外，CALPUFF6 的 PTEMARB.DAT 与 CALPUFF5 也不同，还需添加投影和网格信息的文件头等。

图 7-16 为 CALPUFF5 的 PTEMARB.DAT 文件实例。文件头描述了污染源的个数、时间、污染物个数、名称、分子量等信息。数据行包括不随时间变化的参数，如污染源坐标、烟囱高度、内径等，以及随时间变化的参数，如烟气温度、烟气出口速度、污染物排放速率等。表 7-9 为 PTEMARB.DAT 文件格式描述。

```
'PTEMARB'      3     2    16   1988011       1   1988012       0  '5'    'EXAMPLE'
'POL1'    'POL2'
      30.000      30.000
'Source 1'      0.13489    0.00360  18.600   9.754   88.70    1.00    0.00
   18.590   18.590   18.590   27.430   28.960   14.330
   18.590   18.590   18.590   18.590   28.960   18.590
   18.590   18.590   18.590   18.590   18.590   18.590
   18.590   18.590   18.590   27.430   28.960   28.960
   28.960   28.960   28.960   28.960   28.960   18.590
   18.590   18.590   18.590   18.590   18.590   18.590
   19.010   26.080   22.550   96.020   88.200   14.330
   14.200   18.480   22.160   25.660   85.390   20.820
   21.590   21.690   22.250   22.320   21.720   20.450
   19.010   26.080   22.550   53.360   88.200   87.590
   84.330   85.190   87.930   88.000   85.390   20.820
   21.590   21.690   22.250   22.320   21.720   20.450
'Source 2'      0.07380   -0.00280  50.100   4.251   88.70    0.00    0.00
'Source 3'      0.01272   -0.00919  35.850   3.100   88.70    0.00    0.00
   1988011       1   1988011       1
'Source 1'    280.55       8.66  0.468814E+01  0.202236E+02
'Source 2'    380.4        8.66  610.          120.
'Source 3'    280.55       2.66  0.468814E+01  0.202236E+02
   1988011       2   1988011       2
'Source 1'    279.27       8.50  0.449538E+01  0.204942E+02
'Source 2'    380.4        8.66  0.0           0.0
'Source 3'    279.27       2.66  0.449538E+01  0.204942E+02
   1988011       3   1988011       3
'Source 1'    279.26       8.50  0.449753E+01  0.204895E+02
'Source 2'    380.4        8.66  0.0           0.0
'Source 3'    279.26       2.66  0.449753E+01  0.204895E+02
   1988011       4   1988011      23
'Source 1'    277.97       8.41  0.430570E+01  0.207542E+02
'Source 2'    380.4        8.66  0.0           0.0
'Source 3'    277.97       2.66  0.430570E+01  0.207542E+02
   1988012       0   1988012       0
'Source 1'    285.82       8.90  0.553510E+01  0.189712E+02
'Source 2'    380.4        8.66  610.          120.
'Source 3'    285.82       2.66  0.553510E+01  0.189712E+02
```

图 7-16　PTEMARB.DAT 文件实例

表 7-9 PTEMARB.DAT 文件格式

（a）文件头 1——一般信息

序号	变量	类型	描述	实例值
1	FNAME2	C*12	数据名称	PTEMARB
2	NSRC2	integer	污染源的个数	3
3	NSE2	integer	污染物的个数	2
4	IUTMZ2	integer	UTM 分区（0 表示 LCC 坐标）	16
5	IBDAT2	integer	数据的起始日期（YYYYJJJ，这里 YYYY=年，JJJ=儒略日）	1988011
6	IBTIM2	integer	数据的起始小时（00～23）	1
7	IEDAT2	integer	数据的结束日期（YYYYJJJ，这里 YYYY=年，JJJ=儒略日）	1988012
8	IETIM2	integer	数据的结束小时（00～23）	0
9	VRS2	C*12	数据版本（5 表示可用于 CALPUFF5）	5
10	LABEL2	C*12	数据标签	EXAMPLE

（b）文件头 2——污染物名称

序号	类型	描述	实例值
1	C*12	污染物 1 的标识符	POL1
2	C*12	污染物 2 的标识符	POL2
……	……	……	……
NSE2	C*12	污染物 NSE2 的标识符	……

（c）文件头 3——污染物分子量

序号	类型	描述	实例值
1	real	污染物 1 的分子量	30
2	real	污染物 2 的分子量	30
……	……	……	……
NSE2	real	污染物 NSE2 的分子量	……

（d）不随时间变化的污染源数据

序号	变量号	变量	类型	描述
1	1	CID	C*16	污染源的标识符（16 个字符=4 个单词）
1	2	TIDATA（1）	real	污染源的 X 坐标（km）
1	3	TIDATA（2）	real	污染源的 Y 坐标（km）
1	4	TIDATA（3）	real	烟囱高度（m）
1	5	TIDATA（4）	real	烟囱内径（m）
1	6	TIDATA（5）	real	烟囱基座高度（m）
1	7	TIDATA（6）	real	建筑物下洗标记（0=否，1=是）
1	8	TIDATA（7）	real	用户自定义的标志（例如，燃料代码）
2[①]	1～36	BHT	real	从北 10°开始，每个 10°方向相应的建筑物的高度（m）
3[①]	1～36	BWD	real	从北 10°开始，每个 10°方向相应的建筑物的宽度（m）

①只有当源标记为受建筑物下洗的影响，才提供不随时间变化的数据行 2 和 3。

（e）随时间变化的污染源数据

序号	变量	类型	描述
1	IBDAT	integer	记录数据的有效起始日期（YYYYJJJ，其中 YYYY=年，JJJ=儒略日）
2	IBTIM	integer	记录数据的有效起始小时（00～23，LST；结束的小时）
3	IEDAT	integer	记录数据的有效结束日期（YYYYJJJ，其中 YYYY=年，JJJ=儒略日）
4	IETIM	integer	记录数据的有效结束小时（00～23，LST；结束的小时）

（f）“NARC2”行数据

序号	变量	类型	描述
1	CID	C*16	源标识符（与不随时间变化的数据行中的值相匹配）
2	TEMPK	real	出口温度（K）
3	VEXIT	real	出口速率（m/s）
下一个 NSE2	QEMIT	real array	按顺序定义各种污染物的排放速率（g/s）

7.5.3.2　浮力面源小时排放文件（BAEMARB.DAT）

BAEMARB.DAT 文件包含详细的、排放参数可任意变化的浮力面源的排放数据。排放文件可以采用美国农业部森林排放模型（EPM）的输出文件中生成，并利用 CALPUFF 提供的预处理程序重新格式化。在 BAEMARB.DAT 文件中，污染源参数和排放速率的值可以在运行中为每个时间步长指定。对于每个源，采用烟羽抬升数值算法计算烟羽抬升。

BAEMARB.DAT 是自由格式的文本数据文件，该数据文件包含三个文件头和一系列的污染源信息数据行。不随时间变化的数据行含有污染源标识符，随时间变化的排放数据和源参数数据在随后的数据行中。每个时间段要求每个源有一组数据行（如通常以 1 h 为间隔）。

BAEMARB.DAT 文件的数据不随模式中使用的水平和垂直网格系统变化。水平坐标根据气象网格投影来定义。垂直层中污染源的污染物排放量根据模型内部计算的烟羽抬升来确定。

注意：CALPUFF5 和以前版本的 BAEMARB.DAT 文件结构是有区别的，CALPUFF 运行时会检查 BAEMARB.DAT 文件中的数据版本（VRS3），以此来辨认其是否为正确的版本。请勿使用旧版本的数据文件，除非确定数据文件的格式是正确的。另外，CALPUFF6 的 BAEMARB.DAT 与 CALPUFF5 也不同，还需添加投影和网格信息的文件头等。

图 7-17 为 CALPUFF 的 BAEMARB.DAT 文件实例。文件头描述了污染源的数量、时间、污染物名称、分子量等信息。数据行包括不随时间变化的参数（如污染源名称）和随时间变化的参数（如面源四个顶点的坐标、有效排放高度、地面海拔高度、温度、有效垂直速率、有效半径、初始垂直扩展度以及各污染物的排放速率）。注意：面源四个顶点需在源的周边按一定的顺序进行输入；四个 X 坐标之后为四个 Y 坐标。表 7-10 为

BAEMARB.DAT 文件格式描述。

```
'BAEMARB'    3   3   0   1995001   0    1995142  12  '5'    'NOX_FIRE_RUN'
'SO2'   'NO'    'NO2'
    64.0000         30.0000         46.0000
'Fire_Number_1'
'Fire_Number_2'
'Fire_Number_3'
       1995001             0       1995142           10
'Fire_Number_1'  -84.8600        -84.7423        -84.7423        -84.8600
   -254.620       -254.620        -254.502        -254.502        1.00000
    2259.00        1126.35         5.76000         7.98000        10.0000
   0.000000       0.000000        0.000000
'Fire_Number_2'  -167.190        -167.029        -167.029        -167.190
    29.0900        29.0900         29.2514         29.2514        1.00000
    1545.00        1126.35         2.97000         20.5500        10.0000
   0.000000       0.000000        0.000000
'Fire_Number_3'  -65.0600        -64.9668        -64.9668        -65.0600
   -88.9500       -88.9500        -88.8568        -88.8568        1.00000
    1527.00        1126.35         19.1300         3.92000        10.0000
   0.000000       0.000000        0.000000
       1995142            11       1995142            11
'Fire_Number_1'  -84.8600        -84.7423        -84.7423        -84.8600
   -254.620       -254.620        -254.502        -254.502        1.00000
    2259.00        1126.35         5.76000         7.98000        10.0000
   0.000000        3.94435        0.672000
'Fire_Number_2'  -167.190        -167.029        -167.029        -167.190
    29.0900        29.0900         29.2514         29.2514        1.00000
    1545.00        1126.35         2.97000         20.5500        10.0000
   0.000000        155.367         26.4700
'Fire_Number_3'  -65.0600        -64.9668        -64.9668        -65.0600
   -88.9500       -88.9500        -88.8568        -88.8568        1.00000
    1527.00        1126.35         19.1300         3.92000        10.0000
   0.000000       0.000000        0.000000
       1995142            12       1995142            12
'Fire_Number_1'  -84.8600        -84.6562        -84.6562        -84.8600
   -254.620       -254.620        -254.416        -254.416        1.00000
    2259.00        1126.35         5.76000         11.2800        10.0000
   0.000000        11.8389         2.01700
'Fire_Number_2'  -167.190        -166.910        -166.910        -167.190
    29.0900        29.0900         29.3695         29.3695        1.00000
    1545.00        1126.35         2.97000         29.0600        10.0000
   0.000000        466.102         79.4100
'Fire_Number_3'  -65.0600        -64.9668        -64.9668        -65.0600
   -88.9500       -88.9500        -88.8568        -88.8568        1.00000
    1527.00        1126.35         19.1300         3.92000        10.0000
   0.000000       0.000000        0.000000
```

图 7-17　BAEMARB.DAT 文件实例

表 7-10 BAEMARB.DAT 文件格式

（a）文件头 1——一般信息

序号	变量	类型	描述	实例值
1	FNAME3	C*12	数据名称	BAEMARB
2	NSRC3	integer	污染源的个数	3
3	NSE3	integer	污染物的个数	3
4	IUTMZ3	integer	UTM 分区号（0 表示 LCC 坐标）	0
5	IBDAT3	integer	数据的起始日期（YYYYJJJ，这里 YYYY=年，JJJ=儒略日）	1995001
6	IBTIM3	integer	数据的起始小时（00～23）	0
7	IEDAT3	integer	数据的结束日期（YYYYJJJ，这里 YYYY=年，JJJ=儒略日）	1995142
8	IETIM3	integer	数据的结束小时（00～23，LST；结束的小时）	12
9	VRS3	C*12	数据版本	5
10	LABEL3	C*12	数据组标签	NOX_FIRE_RUN

（b）文件头 2——污染物名称

序号*	类型	描述	实例值
1	C*12	污染物 1 的标识符	SO_2
2	C*12	污染物 2 的标识符	NO
……	……	……	……
NSE3	C*12	污染物 NSE3 的标识符	NO_2

（c）文件头 3——污染物分子量

序号*	类型	描述	实例值
1	real	污染物 1 的分子量	64
2	real	污染物 2 的分子量	30
……	……	……	……
NSE3	real	污染物 NSE3 的分子量	46

（d）不随时间变化污染源数据

序号	变量	类型	描述
1	CID	C*16	源标识符（16 个字符=4 个单词）

（e）时间信息

序号	变量	类型	描述
1	IBDAT	integer	数据的有效起始日期（YYYYJJJ，其中 YYYY=年，JJJ=儒略日）
2	IBTIM	integer	记录数据的有效起始小时（00～23）
3	IEDAT	integer	数据的有效结束日期（YYYYJJJ，其中 YYYY=年，JJJ=儒略日）
4	IETIM	integer	记录数据的有效结束小时（00～23）

（f）随时间变化污染源数据			
序号	变量	类型	描述
1	CID	C*16	源标识符（必须与不随时间变化的数据行中的值相匹配）
2～5	VERTX	real array	定义面源四个顶点的每个点的 X 坐标（km）
6～9	WERTY	real array	定义面源四个顶点的每个点的 Y 坐标（km）
10	HT	real	地面以上源的有效排放高度（m）
11	ELEV	real	地面高程（m MSL）
12	TEMPK	real	温度（K）
13	WEFF	real	有效抬升速率（m/s）
14	REFF	real	抬升计算的有效半径（m）
15	SIGZ	real	初始垂直扩展度（m）
下一个 NSE3	QEMIT	real	按顺序定义了每种污染物的排放速率（g/s）

7.5.3.3 线源小时排放文件（LNEMARB.DAT）

LNEMARB.DAT 文件包含详细的、任意变化排放参数的线源的排放数据。在 LNEMARB.DAT 文件中，污染源参数和排放速率的值可以在运行中为每个时间步长指定。对于线源组，CALPUFF 模式使用浮力线源算法计算烟羽上升。

LNEMARB.DAT 为自由格式文本数据文件。该文件包含三个文件头，以及一组污染源数据信息。不随时间变化的数据行包含有线源的标识符和控制线源的处理方式参数，随时间变化的数据为污染源参数和排放速率。每个时间段要求每个源有一组数据行（如通常以 1 h 为间隔）。CALPUFF 从 LNEMARB.DAT 文件读取的时间为结束小时（例如，89104，小时 00，表示 1989 年第 103 天的最后一小时）。

LNEMARB.DAT 文件中的数据不随模式中使用的水平和垂直网格系统变化。水平坐标根据气象网格投影来定义。垂直层中来自污染源的污染物排放量根据模型内部计算的烟羽抬升来确定。

图 7-18 为 CALPUFF 的 LNEMARB.DAT 文件实例。文件头描述了污染源的格式、时间、污染物格式、名称、分子量等信息。数据行包括不随时间变化的参数（用来定义线源的共有参数）和随时间变化的数据组，组中第一数据行标识时间段，第二数据行识别组中活动线源的数目以及这组中活性线源的平均特性，余下的行用于定义每个活动的线源，如线源的名称、两个端点的坐标、排放高度、地面海拔高度以及各污染物的排放速率。表 7-11 为 LNEMARB.DAT 文件格式描述。

```
'LNEMARB'   2    1   12    1988001 01  1989001  00   '5'  'Example'
'SO2'
64.
7 6
'Line_Source_1'  'Line_Source_2'
1988001  01  1988001 07
1
2  500.  22.  18.  3.2  22.  100.
'Line_Source_1'     1.  3.     1.5  3.     22.  0.  1.3
'Line_Source_2'     1.  3.022  1.5  3.022  22.  0.  3.1
1988001  08  1988001 13
1
2  500.  22.  18.  3.2  22.  300.
'Line_Source_1'     1.  3.     1.5  3.     22.  0.  2.3
'Line_Source_2'     1.  3.022  1.5  3.022  22.  0.  2.3
1988001  14  1988001 23
1
2  500.  22.  18.  3.2  22.  150.
'Line_Source_1'     1.  3.     1.5  3.     22.  0.  1.3
'Line_Source_2'     1.  3.022  1.5  3.022  22.  0.  3.1
1988002  00  1989001 00
1
2  500.  22.  18.  3.2  22.  150.
'Line_Source_1'     1.  3.     1.5  3.     22.  0.  1.3
'Line_Source_2'     1.  3.022  1.5  3.022  22.  0.  3.1
```

图 7-18　NEMARB.DAT 文件的实例

表 7-11　LNEMARB.DAT 文件格式

(a) 文件头 1——一般信息

序号	变量	类型	描述	实例值
1	FNAME5	C*12	数据名称	BAEMARB
2	NSRC5	integer	任意时段线源的最大数目	2
3	NSE5	integer	污染物的个数	1
4	IUTMZ5	integer	UTM 分区（0 表示 LCC 坐标）	12
5	IBDAT5	integer	数据的起始日期（YYYYJJJ，这里 YYYY=年，JJJ=儒略日）	1988001
6	IBTIM5	integer	数据的起始小时（00～23，LST；结束的小时）	01
7	IEDAT5	integer	数据的结束日期（YYYYJJJ，这里 YYYY=年 JJJ=儒略日）	1989001
8	IETIM5	integer	数据的结束小时（00～23）	00
9	VRSS	C*12	数据版本	5
10	LABEL5	C*12	数据组标签	Example

(b) 文件头 2——污染物名称

序号*	类型	描述	实例值
1	C*12	污染物 1 的标识符	PM
2	C*12	污染物 2 的标识符	PM_{10}
……	……	……	……
NSE3	C*12	污染物 NSE3 的标识符	$PM_{2.5}$

（c）文件头 3——污染物分子量

序号*	类型	描述	实例值
1	real	污染物 1 的分子量	200
2	real	污染物 2 的分子量	200
……	……	……	……
NSE3	real	污染物 NSE3 的分子量	200

（d）不随时间变化数据

序号	变量	类型	描述
1	MXNSEG	integer	模拟某一线源的最大分段数
2	NLRISE	integer	距离数（计算过渡性抬升的距离）
下一个 NSRC5	CID	C*16	源标识符（16 个字符=4 个单词）

（e）时间信息

序号	变量	类型	描述
1	IBDAT	integer	记录数据的有效起始日期（YYYYJJJ，其中 YYYY=年，JJJ=儒略日）
2	IBTIM	integer	记录数据的有效起始小时（00～23）
3	IEDAT	integer	记录数据的有效结束日期（YYYYJJJ，其中 YYYY=年，JJJ=儒略日）
4	IETIM	integer	记录数据的有效结束小时（00～23）

（f）活动线源组数

序号	变量	类型	描述
1	NGROUPS	integer	在这一时段活动线源的组数

（g）浮力线源共有参数

序号	变量	类型	描述
1	XLINES	integer	活动线源的数目
2	XLINES	real	建筑物的平均长度（m）
3	HBL	real	建筑物的平均高度（m）
4	WBL	real	建筑物的平均宽度（m）
5	WML	real	线源的平均宽度（m）
6	DXL	real	建筑物的平均间距（m）
7	FPRIMEL	real	平均浮力参数（m^4/s^3）

（h）随时间变化污染源数据

序号	变量	类型	描述
1	CID	C*16	源标识符（必须与不随时间变化的数据行中的值相匹配）
2，3	XBEGL，YBEGL	real	线源起点的 X，Y 坐标（km）
4，5	XENDL，YENDL	real	线源终点的 X，Y 坐标（km）
6	HTL	real	地面以上源的排放高度（m）
7	ELEVL	real	基座的高度（m）
下一个 NSE5	QL	数组	按顺序定义了各污染物的排放速率(g/s)

7.5.3.4　体源小时排放文件（VOLEM.DAT）

不随时间变化的体源数据在 CALPUFF 控制文件（CALPUFF.INP）中定义。VOLEM.DAT 排放文件中用于定义随时间变化的体源排放数据。VOLEM.DAT 是顺序的、非格式化的数据文件，包含各时间步长各污染物排放的二维网格数据。三个文件头包含的信息有：网格系统描述信息，数据的日期和时间、污染物名称以及分子量。

各污染物的总排放速率在网格列中指定。单个源的信息不被存储，因此体源的烟羽抬升不被计算。在控制文件（CALPUFF.INP）中，用户为网格化体源清单定义了有效高度和初始垂直、水平烟羽尺度（σ_y，σ_z）。

VOLEM.DAT 文件头包括水平网格系统、污染物名称和分子量，以及数据的时间和日期。这些数据在 CALPUFF 运行时进行检查，以确保参数与 CALPUFF 控制文件中的定义一致，任何不一致都会导致运行出错终止。

数据行中，对于每一时段（如小时），VOLEM.DAT 文件含有一组 NSE4+1 个数据行。每一组记录中第一个数据行定义了时段，表示在这一时段中记录的排放数据是有效的。接下来的 NSE4 个数据行中含有污染物标识符和排放的二维网格场。表 7-12 为 VOLEM.DAT 的文件格式描述。

表 7-12　VOLEM.DAT 文件格式

（a）文件头 1——一般信息				
序号	变量	类型	描述	实例值
1	FNAME4	C*12	数据名称	VOLEM
2	IGTYP4	integer	水平网格类型（通常取 1）	1
3	NX4	integer	*X* 方向的格点数	30
4	NY4	integer	*Y* 方向格点数	30
5	DELX4	real	*X* 方向的格距（km）	5
6	DELY4	real	*Y* 方向的格距（km）	5
7	XORIG4	real	西南角网格（1，1）的参考 *X* 坐标（km）	168
8	YORIG4	real	西南角网格（1，1）的参考 *Y* 坐标（km）	3930
9	IUTMZ4	integer	UTM 分区（0 表示 LCC 坐标）	11
10	NSE4	integer	排放污染物的个数	3
11	IBDAT5	integer	数据的起始日期（YYYYJJJ，YYYY=年，JJJ=儒略日）	1984220
12	IBTIM5	integer	数据的起始小时（00～23）	0
13	IEDAT5	integer	数据的结束日期（YYYYJJJ，YYYY=年，JJJ=儒略日）	1984224
14	IETIM5	integer	文件中数据的结束小时（00～23，LST；结束的小时）	23
15	VRSS	C*12	数据版本	5
16	LABEL5	C*12	数据标签	84-KERN

（b）文件头 2——污染物名称

序号	类型	描述	实例值
1	C*12	污染物 1 的标识符	SO_2
2	C*12	污染物 2 的标识符	SO_4
……	……	……	……
NSE4	C*12	污染物 NSE4 的标识符	NO_x

（c）文件头 3——污染物分子量

序号	类型	描述	实例值
1	real	污染物 1 的分子量	64（SO_2）
2	real	污染物 2 的分子量	96（SO_4）
……	……	……	……
NSE4	real	污染物 NSE4 的分子量	30（NO_x）

（d）数据行 1——时间

序号	变量	类型	描述
1	IBDAT	integer	记录数据的有效起始日期（YYYYJJJ，其中 YYYY=年，JJJ=儒略日）
2	IBTIM	integer	记录数据的有效起始小时（00～23）
3	IEDAT	integer	记录数据的有效结束日期（YYYYJJJ，其中 YYYY=年，JJJ=儒略日）
4	IETIM	integer	记录数据的有效结束小时（00～23）

（e）数据行 2——排放数据

序号	变量	类型	描述
1	CSPEC	C*12	污染物标识符（最多有 12 个字符）
下一个 NX4*NY4	QEMIT	real array	每个网格化体源［QEMIT（nx4，ny4）］污染物“CSPEC”的体源排放速率（g/s）

7.5.4 自定义的沉降速率文件（VD.DAT）

CALPUFF 中可以考虑干沉降，在控制文件的输入组 3 中，各污染物有如下干沉降选项。在同一个 CALPUFF 运行中，不同的污染物可以有不同的干沉降选项。

0＝ 不考虑干沉降；

1＝ 应用阻力模型——气沉降；

2＝ 应用阻力模型——颗粒物沉降；

3 = 使用用户定义的沉降速率。

如果某种污染物的沉降速率被选为“用户自定义”，CALPUFF 将读取用户自定义的沉降速率数据文件，文件中包含污染物的 24 h 日变化沉降速率，24 个值相应的为模拟日期的 1 点到 24 点的值。即使模型的运行少于一个完整的日循环，也必须给每个污染物赋 24 个值。沉降速率的单位为 m/s。

图 7-19 为用户自定义的 VD.DAT 文件的实例。VD.DAT 文件使用的是一个控制文件格式，除两个叹号（!）中间包括的内容外的其他均为注释信息，在输入模块中被忽略。每个数据行由起始符，随后是污染物名称，24 h 的沉降速率和终止符组成。数据可以扩展到大于一行。如需继续，每行最后必须以逗号结尾。控制文件格式允许使用重复因子（如 3*1.0 代替 1.0，1.0，1.0）。文件可以不按顺序输入沉降污染物。然而，每组文件必须以输入组终止符结束（! END!）

模型自行检查用户为各个污染物定义的沉降量速率的输入值。如果有所遗漏，将出现错误提示或者中断运行。如果输入的赋值过多（每种颗粒污染物一天内输入多于 24 个数值），也将出现错误提示而中断模型运行。污染物的名称必须与模型中化学机制模块中的污染物相匹配。

```
                    DEPOSITION VELOCITY FILE (VD.DAT)
                    ---------------------------------


VD.DAT contains 24-hour diurnal cycle of deposition velocities for each species flagged as using
user-specified values in the control file (CALPUFF.INP).

The first value correspond to the period from 0:00 to 1:00, and the 24th value corresponds to 23:00-
0:00.

NOTE: Units are in m/s.
-----------------------


SPECIES
 NAME              Deposition Velocities (m/s)
-------            ---------------------------

! HNO3     =       5*1.5e-2, 4*1.7e-2, 3*1.8e-2, 3*1.9e-2, 3*1.7e-2, 6*1.5e-2        !
! SO2      =       5*0.8e-2, 13*1.0e-2, 6*0.8e-2                                      !


!END!
```

图 7-19 用户自定义的沉降速率文件实例

7.5.5 小时臭氧文件（OZONE.DAT）

如果使用 MESOPUFF II 或 RIVAD/ARM3 化学机制来模拟 $SO_2 \longrightarrow SO_4^{2-}$及 $NO_x \longrightarrow HNO_3 \longrightarrow NO_3^-$的化学转换，那么计算小时转换速率时需要估算臭氧的背景浓度水平。CALPUFF 为用户获得这些数据提供两种选项：①模拟区域内单一的、典型的环境月均背景值；②一个或多个臭氧站的小时臭氧数据。第②个选项要求创建一个臭氧文件

OZONE.DAT。

OZONE.DAT 是一个顺序的格式化数据文件，包括文件头，不随时间变化的数据行和小时臭氧数据行，图 7-20 为 OZONE.DAT 文件一个实例。文件头中包含臭氧观测站的数量、时间和日期、数据版本等。不随时间变化的数据行中包含了每个臭氧观测站的坐标。随时间变化的数据包含每个臭氧观测站的小时臭氧浓度，臭氧浓度单位为 10^{-9}。表 7-13 为 OZONE.DAT 的文件格式描述。

```
'OZONE', 3, 11, 1980001, 0, 1980002, 0, '5', 'Test'
'STATION 1',   168.000,        3840.000
'STATION 2',   200.000,        3880.000
'STATION 3',   180.000,        3860.000
1980,   001,    0,     9999.,    62.,    50.
1980,   001,    1,     9999.,  9999.,  9999.
1980,   001,    2,       68.,    61.,  9999.
1980,   001,    3,       66.,  9999.,  9999.
1980,   001,    4,     9999.,  9999.,    53.
1980,   001,    5,     9999.,  9999.,  9999.
1980,   001,    6,     9999.,  9999.,  9999.
1980,   001,    7,     9999.,  9999.,  9999.
1980,   001,    8,       69.,    68.,    60.
1980,   001,    9,       72.,    75.,    65.
1980,   001,   10,       74.,    78.,    69.
1980,   001,   11,       87.,    85.,    74.
1980,   001,   12,      102.,    99.,    84.
1980,   001,   13,      109.,   105.,    92.
1980,   001,   14,      120.,   118.,   102.
1980,   001,   15,      116.,   116.,    95.
1980,   001,   16,      103.,   100.,    97.
1980,   001,   17,       98.,    90.,    88.
1980,   001,   18,       89.,    82.,    83.
1980,   001,   19,     9999.,  9999.,    80.
1980,   001,   20,     9999.,  9999.,    78.
1980,   001,   21,     9999.,  9999.,    74.
1980,   001,   22,     9999.,  9999.,    69.
1980,   001,   23,     9999.,  9999.,    69.
1980,   002,   00,     9999.,  9999.,    68.
```

图 7-20　小时臭氧数据 OZONE.DAT 实例

表 7-13 OZONE.DAT 文件格式

（a）文件头——一般信息				
序号	变量	类型	描述	实例值
1	FNAMEO	C*12	数据名称	OZONE
2	NOZSTA	integer	观测站的数量	3
3	ITUMOZ	integer	UTM 分区（0 表示 LCC 坐标）	11
4	IBDATO	integer	数据的起始日期（YYYYJJJ，这里 YYYY=年，JJJ=儒略日）	1980001
5	IBTIMO	integer	数据的起始小时（00～23，LST；结束的小时）	0
6	IEDATO	integer	数据的结束日期（YYYYJJJ，这里 YYYY=年，JJJ=儒略日）	1980002
7	IETIMO	integer	数据的结束小时（00～23）	0
8	VRSOZ	C*12	数据版本	5
9	LABOZ	C*12	数据标签	Test

（b）数据行——观测站坐标			
序号	变量	类型	变量描述
1	CID	C*16	观测站标识符（16 字符=4 个字）
2	XOZ	real	观测站的 *X* 坐标（km）
3	YOZ	real	观测站的 *Y* 坐标（km）

（c）数据行——臭氧浓度			
序号	变量	类型	变量描述
1	IYR	integer	数据年份（YYYY）
2	IJUL	integer	儒略日
3	IRH	integer	小时（00～23）
Next “NOZSTA”	OZCONC	real array	各观测站的臭氧浓度（10^{-9}）（数据行的顺序与观测站中随时间变化的数据行顺序一致；如果没有数据则表示为 9999）

7.5.6 化学反应速率文件（CHEM.DAT）

如果在 CALPUFF 模型中考虑化学转换作用，那么在控制文件中必须指定一个变量 MCHEM，用以确定计算化学转化速率的方法。关于 MCHENM 有四种选项：

0 = 不考虑化学转换；

1 = 采用 MESOPUFF Ⅱ化学机制；

2 = 用户自定义 24 h 化学转换速率；

3 = 采用 RIVAD/ARM3 化学机制。

如果 MCHEM=2，CALPUFF 将读取用户自定义的化学反应速率文件，文件中包含

24 h 日变化的转化速率 k_1、k_2、k_3。污染物 4 和 5（如 HNO_3 和 NO_3^-）之间的假设平衡关系的本质排除使用用户定义的相关污染物的转换速率。如果模拟 NO_3，NH_4NO_3 的离解常数根据温度和相对湿度的函数确定。

图 7-21 是用户自定义的化学反应速率文件 CHEM.DAT 实例。该文件使用了控制文件格式，除两个叹号中间包括的内容外其他均为注释信息，在输入模块中被忽略。每个数据行由起始符，随后是污染物名称，24 个转化速率和终止符组成。数据可以扩展到大于 1 行。如需继续，每行最后必须以逗号结尾。控制文件格式允许使用重复因子（如 3*1.0 代替 1.0，1.0，1.0）。文件可以不按顺序输入沉降污染物。然而，每组文件必须以输入组终止符结束（! END!）。

模型自行检查用户输入的转换速率数值的适当个数。如果有所遗漏，将出现错误提示或者中断运行。如果输入的赋值过多（每种颗粒污染物一天内输入多于 24 个数据），也将出现错误提示而中断模型运行。污染物的名称必须与模型中化学机制模块中的污染物相匹配。

```
                 CHEMICAL TRANSFORMATION RATE FILE (CHEM.DAT)
                 --------------------------------------------


CHEM.DAT contains a 24-hour diurnal cycle of chemical transformation
rates for the chemical transformation of SO2 to SO4, and NOx to HNO3/PAN.

          k1 = SO2 to SO4 transformation rate(percent/hour)

          k2 = NOx to HNO3 + PAN transformation rate (percent/hour)

          k3 = NOx to HNO3 (only) transformation rate (percent/hour)

The first value correspond to the period from 0:00 to 1:00, and the 24th value corresponds to
23:00-0:00.


                    TRANSFORMATION RATE (percent/hour)
                    ----------------------------------

! K1          =     7*0.2, 0.4, 0.8, 1.2, 1.6, 3*2.0,   1.6,  1.2, 0.8, 0.4, 6*0.2 !
! K2          =     7*2.0, 4.0, 8.0,12.0,15.0, 3*20.0, 15.0, 12.0, 8.0, 4.0, 6*2.0 !
! K3          =     7*2.0, 3.0, 6.0, 8.0,11.0, 3*15.0, 11.0,  8.0, 6.0, 3.0, 6*2.0 !

!END!
```

图 7-21　化学转换速率数据文件（CHEM.DAT）

7.5.7　湍流数据（PROFILE.DAT）

CALPUFF 为计算扩散系数 σ_y 和 σ_x 提供了几种选项。在控制文件的输入组 2 中，用户通过变量 MDISP 定义扩散方法，分别是：

1 = 从数据文件（PROFILE.DAT）中读取的 σ_v 和 σ_w 值算出的扩散系数；

2 = 基于相似换算关系式，由内部计算的 σ_v 和 σ_w 值确定的扩散系数；

3 = 应用于乡村的 PG 扩散系数（通过 ISCST 多步相似计算得到）和应用于城镇的

McElroy-Poole 扩散系数；

4 = 同 3，除了 PG 扩散系数通过 MESOPUFF Ⅱ公式得到；

5 = 由中性/稳定条件下σ_v和σ_w值计算得到的 CTDMPLUS 扩散系数。

如果选择选项 1 或 5，用户必须提供每小时σ_v和σ_w的数据文件。该选项主要适合于单个源的应用或者方便用于σ_v和σ_w在线监测。因此，数据组中至少需要一组观测数据并假设它们适合于整个计算区域。

CTDMPLUS 气象数据文件 PROFILE 提供湍流的监测以及某个塔的一个或者多个高度层的风速、风向、温度。因为 PROFLIE.DAT 文件是一个被 CALPUFF 所接受的气象数据格式，它可以在不选择上述任何选项的情况下被用于输入湍流计算。

7.5.8　山体和复杂受体文件（HILL.DAT、HILLREC.DAT）

CALPUFF 有两种方式指定次网格复杂地形的特征。第一种方法是使用 OPTHILL 处理器，它给控制文件 CALPUFF.INP 提供相关的输入参数；第二种是使用由 CTDMPLUS（Mills et al.，1987）提供的地形预处理程序。如果用户熟悉 CTDMPLUS 地形预处理程序，那第二种方式将是首选，因为CTDMPLUS地形数据可以不用修改直接被CALPUFF读取。CTDMPLUS 的读取和加工地形数据的子程序已经嵌入 CALPUFF 模型中。与此类似的是，CTSG 受体可以直接输入控制文件中，或者从相应的 CTDMPLUS 中“RECEPTOR”文件中读取。但是注意，任何没有定义到山体上的 CTSG 受体都会被 CALPUFF 中忽略。CALPUFF 中山体和复杂受体的默认文件名分别是 HILL.DAT 和 HILLRCT.DAT。它们在使用过程中一起出现，所以在选择 CTDMPLUS 输入选项中必须同时用到这两个文件。

图 7-22 列举了一个典型的山体文件 HILL.DAT。该文件用椭圆形/多项式来定义山体基座以上 0～456 m 范围的 20 个“制高高程”。在文件头后边，第一组数据的 20 个数据行提供在每个“制高高程”的椭圆参数，第二组数据的 20 个数据行提供满足山体剖面轮廓线的多项式函数，详细信息可参照 Mill 等（1987）。图 7-23 为一个典型的复杂受体文件 HILLRCT.DAT。第一个数据行是每个复杂受体的数据，定义山体的位置、代码、地面海拔高度和相对地面的受体高度。

其他与 HILL.DAT 和 HILLRCT.DAT 相关的数据在 CALPUFF 控制文件的输入文件的输入组 6 中获得。这里涉及 CALPUFF 模拟时 CTDMPLUS 模块中的坐标系统的选择。XHILL2M 和 ZHILL2M 为转换因子，分别将水平和垂直轴上 CTDMPLUS“用户自定义单位”转换为 m。在 CALPUFF 坐标系中用 XCTDMKM 和 YCTDMKM 来定义 CTDMPLUS 坐标系统的原点位置，单位均为 km。因此，如果两个同时使用 UTM 坐标系的话，两个坐标系的原点应该统一，而且 XCTDMKM=YCTDMKM=0。

```
1 20        .5000E+03            CTSG Test Hill
.000        .5000E+04 .2067E-02  180.000  2498.000  2498.000
24.000      .5000E+04 .1071E-02  180.000  2242.000  2242.000
48.000      .5000E+04 .8304E-03  180.000  1986.000  1986.000
72.000      .5000E+04 .4369E-03  180.000  1820.000  1820.000
96.000      .5000E+04 .7918E-03  180.000  1692.000  1692.000
120.000     .5000E+04 .3501E-03  180.000  1493.000  1493.000
144.000     .5000E+04-.1282E-03  180.000  1410.000  1410.000
168.000     .5000E+04 .1463E-03  180.000  1334.000  1334.000
192.000     .5000E+04 .7370E-04  180.000  1263.000  1263.000
216.000     .5000E+04 .3210E-03  180.000  1196.000  1196.000
240.000     .5000E+04-.2209E-03  180.000  1071.000  1071.000
264.000     .5000E+04 .1904E-03  180.000  1011.000  1011.000
288.000     .5000E+04-.7684E-03  180.000  951.700   951.700
312.000     .5000E+04 .7754E-03  180.000  893.300   893.300
336.000     .5000E+04 .5356E-04  180.000  835.000   835.000
360.000     .5000E+04 .5811E-03  180.000  716.400   716.400
384.000     .5000E+04-.1251E-03  180.000  654.800   654.800
408.000     .5000E+04-.1892E-04  180.000  590.400   590.400
432.000     .5000E+04 .2414E-03  180.000  521.900   521.900
456.000     .5000E+04 .7710E-04  180.000  446.900   446.900
.000        .5000E+04 .2430E-03  180.000  2.859     2.859     959.101  959.101
24.000      .5000E+04 .1997E-03  180.000  3.039     3.039     914.047  914.047
48.000      .5000E+04 .1903E-03  180.000  3.232     3.232     872.399  872.399
72.000      .5000E+04 .1296E-03  180.000  3.472     3.472     832.424  832.424
96.000      .5000E+04 .1485E-03  180.000  3.853     3.853     792.979  792.979
120.000     .5000E+04 .8714E-04  180.000  3.281     3.281     779.560  779.560
144.000     .5000E+04 .1015E-03  180.000  3.439     3.439     743.594  743.594
168.000     .5000E+04 .1086E-03  180.000  3.639     3.639     707.754  707.754
192.000     .5000E+04 .9029E-04  180.000  3.920     3.920     671.777  671.777
216.000     .5000E+04 .1062E-03  180.000  4.416     4.416     635.301  635.301
240.000     .5000E+04 .1061E-03  180.000  3.541     3.541     620.841  620.841
264.000     .5000E+04 .5922E-04  180.000  3.727     3.727     584.737  584.737
288.000     .5000E+04 .2187E-03  180.000  3.981     3.981     547.935  547.935
312.000     .5000E+04 .2005E-03  180.000  4.371     4.371     510.250  510.250
336.000     .5000E+04 .9593E-04  180.000  5.127     5.127     471.649  471.649
360.000     .5000E+04 .6310E-04  180.000  3.752     3.752     449.211  449.211
384.000     .5000E+04 .1081E-03  180.000  4.012     4.012     406.554  406.554
408.000     .5000E+04 .1295E-03  180.000  4.418     4.418     361.177  361.177
432.000     .5000E+04 .1997E-03  180.000  5.163     5.163     312.371  312.371
456.000     .5000E+04 .7139E-04  180.000  6.957     6.957     259.205  259.205
```

图 7-22　CTDMPLUS 山体文件 HILL.DAT 实例

CTSG	11	5057.00	1819.00	0.00	60.00	1
CTSG	12	6110.92	1441.86	0.00	60.00	1
CTSG	13	6744.54	518.94	0.00	60.00	1
CTSG	14	6718.43	-600.22	0.00	60.00	1
CTSG	15	6041.93	-1492.11	0.00	60.00	1
CTSG	16	4971.64	-1819.50	0.00	60.00	1
CTSG	17	3911.83	-1459.18	0.00	60.00	1
CTSG	18	3263.93	-546.19	0.00	60.00	1
CTSG	19	3272.78	573.16	0.00	60.00	1
CTSG	20	3934.60	1476.13	0.00	60.00	1
CTSG	31	5044.00	1410.00	0.00	140.00	1
CTSG	32	5860.32	1116.84	0.00	140.00	1
CTSG	33	6351.35	402.11	0.00	140.00	1
CTSG	34	6331.27	-464.92	0.00	140.00	1
CTSG	35	5807.34	-1156.04	0.00	140.00	1
CTSG	36	4978.05	-1410.00	0.00	140.00	1
CTSG	37	4157.13	-1130.30	0.00	140.00	1
CTSG	38	3655.12	-423.18	0.00	140.00	1
CTSG	39	3661.76	444.07	0.00	140.00	1
CTSG	40	4174.62	1143.51	0.00	140.00	1
CTSG	51	5036.00	1132.00	0.00	220.00	1
CTSG	52	5691.56	896.77	0.00	220.00	1
CTSG	53	6085.89	322.53	0.00	220.00	1
CTSG	54	6069.21	-373.86	0.00	220.00	1
CTSG	55	5648.17	-928.84	0.00	220.00	1
CTSG	56	4982.05	-132.50	0.00	220.00	1
CTSG	57	4322.81	-907.74	0.00	220.00	1
CTSG	58	3919.67	-339.71	0.00	220.00	1
CTSG	59	3925.21	356.75	0.00	220.00	1
CTSG	60	4337.13	918.50	0.00	220.00	1
CTSG	71	5028.00	893.00	0.00	300.00	1
CTSG	72	5856.38	254.71	0.00	300.00	1
CTSG	73	5511.36	-732.35	0.00	300.00	1
CTSG	74	4465.87	-716.09	0.00	300.00	1
CTSG	75	4151.82	281.47	0.00	300.00	1
CTSG	86	5016.00	521.70	0.00	420.00	1
CTSG	87	5499.93	148.95	0.00	420.00	1
CTSG	88	5299.01	-427.66	0.00	420.00	1
CTSG	89	4688.11	-418.57	0.00	420.00	1
CTSG	90	4504.92	164.14	0.00	420.00	1
CTSG	96	5000.00	0.00	0.00	500.00	1

图 7-23　CTDMPLUS 复杂受体文件 HILLREC.DAT 实例

山体文件 HILL.DAT 格式见表 7-14，复杂受体文件 HILLRCT.DAT 格式见表 7-15。

表 7-14 山体文件 HILL.DAT 格式

数据行	长度	变量	类型	描述
1	6～7	NH	integer	山体 ID 号
1	9～10	NZ	integer	制高高程的数目
1	21～30	HTP	real	山顶海拔高度（user units）
1	31～45	HNAME	char	山体名称
2①	1～10	ZH	real	制高高程（user units）
2	11～20	XHW	real	椭圆中心的 *X* 坐标（user units）
2	21～30	YHW	real	椭圆中心的 *Y* 坐标（user units）
2	31～40	MAJORW	real	长轴的方位角（从北面开始）（度）
2	41～50	MAJAXW	real	长半轴长（user units）
2	51～60	MINAXW	real	短半轴长（user units）
3②	1～10	ZH	real	制高高程
3	11～20	L（1）	real	山体分离点的 *X* 坐标（user units）
3	21～30	L（2）	real	山体分离点的 *Y* 坐标（user units）
3	31～40	MAJORL	real	山体分离点主轴的方位角（从北面开始）（度）
3	41～50	EXPOMA	real	长轴的反多项式指数
3	51～60	EXPOMI	real	短轴的反多项式指数
3	61～70	SCALMA	real	长轴的反多项式长度规
3	71～80	SCALMI	real	短轴的反多项式长度规

注：①组 2 中有 NZ 个数据行，描述每个制高高程的椭圆参数。

②组 3 中也有 NZ 个数据行，描述山体剖面轮廓线的多项式函数。

表 7-15 复杂受体文件 HILLRCT.DAT 格式

长度	变量	类型	描述
1～16	RNAME	char	受体名称
21～30	XR	real	*X* 坐标（user units）
31～40	YR	real	*Y* 坐标（user units）
41～50	ZR	real	地面以上海拔高度（user units）
51～60	GE	real	地面海拔高度（user units）
61～65	NH	integer	受体相应的山体 ID 号

7.5.9 次网格海岸线文件（COASTLN.DAT）

CALPUFF 包含处理次网格尺度海岸效应的选项，如单个网格单元内的热内边界层（TIBL）的发展。次网格尺度海岸模块由控制文件中输入组 2 的 MSGTIBL 变量控制，如果 MSGTIBL=1，当存在适当的气象条件时，CALPUFF 将会引入外部文件（COASTLN.DAT）来定义沿着海岸线边界的次网格尺度 TIBL。COASTLN.DAT 文件中包括一系列定义海岸线的点（图 7-24）。多个海岸线（见 PARAMS.PUF 文件中可达“MXCOAST”）可在一个文件中定义。

```
'COASTLN', 2, 19, '5', 'test'
'WR','Atlantic'
242., 4568.
264., 4588.
270., 4574.
286., 4584.
298., 4602.
308., 4634.
316., 4646.
340., 4610.
354., 4624.
390., 4630.
370., 4648.
340., 4700.
356., 4738.
346., 4744.
394., 4822.
410., 4860.
454., 4862.
474., 4864.
'WL','Large Lake'
200., 4500.
176., 4588.
```

图 7-24 次网格尺度海岸线文件（COASTLN.DAT）

COASTLN.DAT 文件是一个顺序的格式化数据文件(表 7-16)。文件头包括数据名称、海岸线的数目、UTM 分区、数据版本及描述信息等。每个数据组包括一个与海岸线相对于水体位置的数据行（某个航线在文件中的数据点的左侧还是右侧）和定义海岸线的每个点坐标的多个数据行组。COASTLN.DAT 文件包括“NCOAST”组海岸线坐标和相关数据。海岸线的数目（NCOAST）不能超过参数文件中定义的最大值（MXCOAST），同时定义海岸线的点的数目也不能超过它的最大值（MXPTCST）。变量 MXCOAST 和 MXPTCST 的详细描述见 PARAMS.PUF 文件。

表 7-16 COASTLN.DAT 文件格式

（a）文件头

序号	变量	类型	描述	实例值
1	FNAMEC	C*12	数据名称	COASTLN
2	NCOAST	integer	海岸线的数目	2
3	ITUMCST	integer	定义海岸线坐标的 UTM 分区	19
4	VRSCST	C*12	数据版本	5
5	LABCST	C*12	数据标签	Test

（b）数据行——海岸线与水体的相对位置

序号	变量	类型	描述
1	ADIR	C*2	当向文件中定义的数据点的方向移动时，指示海岸线水域位于哪一边的标记（WR 表示水体在右侧，WL 表示水体在左侧）
2	ALABEL	C*16	字符标识符或者水体的名称

（c）数据行——海岸线坐标

序号	变量	类型	描述
1	XKM	real array	定义海岸线的点的 *X* 坐标（km）
2	YKM	real array	定义海岸线的点的 *Y* 坐标（km）

7.5.10 质量通量边界数据文件（FLUXBDY.DAT）

当控制文件输入组 5 中的变量 IMFLX=1 时，CALPUFF 将计算穿过外部文件 FLUXBDY.DAT 中定义的边界的小时质量通量。FLUXBDY.DAT 定义了一系列点（一个或多个边界线）用以区分不同的区域。质量进入或离开某一区域取决于用户如何定义每个区域的“内”和“外”。多个区域边界线（见 PARAMS.PUF 文件，可达“MXBNDRY”）可被定义在一个文件中（图 7-25）。

FLUXBDY.DAT 文件是一个有序的格式化数据文件，包含文件头、边界数据行（表 7-17）。每个边界数据行包括一个设定“内/外”边界标识及相应的边界名称和边界线各点的坐标。

区域内部可能位于边界线的左侧或右侧，可假设一个人沿着边界线移动，用 IR 表示边界线右边为区域内部，用 IL 表示边界线左边为区域内部。

FLUXBDY.DAT 文件头包括数据的名称、区域边界数目、UTM 分区、版本及描述信息。FLUXBDY.DAT 文件包括“NBNDRY”组边界坐标和相关数据。每组数据行包括一个数据标题行，随后是定义边界线上每个点的 *X* 和 *Y* 坐标。边界的数目（NBNDRY）不能超过参数文件中定义的最大值（MXBNDRY），同时定义边界点的数目也不能超过其最大值（MXPTBDY）。变量 MXCOAST 和 MXPTCST 的详细描述见 PARAMS.PUF 文件。

```
'FLUXBDY', 4, 19, '  5  ', 'test '
'IR','Square 1KM Box'
298., 4629.
298., 4631.
300., 4631.
300., 4629.
298., 4629.
'IL','Diamond 1KM Box'
299., 4629.
298., 4630.
299., 4631.
300., 4630.
299., 4629.
'IR','Square 5KM Box'
294., 4625.
294., 4635.
304., 4635.
304., 4625.
294., 4625.
'IL','Diamond 5KM Box'
299., 4625.
294., 4630.
299., 4635.
304., 4630.
299., 4625.
```

图 7-25 质量通量边界数据 FLUXBDY.DAT 实例

表 7-17 FLUXBDY.DAT 文件格式

（a）文件头

序号	变量	类型	描述	实例值
1	DATATYPE	C*12	数据名称	FLUXBDY
2	NBNDRY	integer	区域边界的数目	2
3	ITUMBDY	integer	定义边界坐标的 UTM 分区（0 表示 LCC 坐标）	19
4	VRSBDY	C*12	数据版本	5
5	LABBDY	C*12	数据标签	Test

（b）数据行——区域边界定义

序号	变量	类型	描述
1	ADIR	C*2	当一个人沿着边界线移动时，区域内部在边界线右边为 IR，区域内部在边界线左边为 IL
2	ALABEL	C*16	字符标识符或边界的名称

（c）数据行——边界点的坐标

序号	变量	类型	描述
1	XKM	real array	定义边界的点的 X 坐标（km）
2	YKM	real array	定义边界的点的 Y 坐标（km）

7.6 模型运行

7.6.1 运行环境

CALPUFF 系统各模块均采用 FORTRAN 程序编写，发布的可执行程序（.exe）可在 Windows 系统各种版本上运行。某些界面版的 CALPUFF 不能在 Windows 7 & 8 及 64 位系统上运行，这是由于该界面版相关控件不能支持较新的操作系统，并不意味着 CALPUFF 这些可执行程序不支持该操作系统。但 CALPUFF 系统各模块的 FORTRAN 程序也可以在 Unix/Linux 系统下重新编译，从而可使 CALPUFF 在 Unix/Linux 系统下运行。

CALPUFF 各系统模块均采用静态分配内存方式，主要数组的维数等变量通过代码中的参数语句定义，对所有参数值的说明存储在一个参数文件中，如 CALPUFF 的参数文件为 PARAMS.PUF 中。对于某些项目，PARAMS.PUF 中某些参数值定义的较小，如离散受体个数的最大允许值，默认为 11 000 个，而模型设置时超过了 11 000 个，则可以修改该参数值并重新编译该可执行程序。官方发布的可执行程序采用 Lahey/Fujitsu FORTRAN 编译器编译（编译器版本为 7.10），也可以采用 Intel FORTRAN、GFORTRAN、PGI FORTRAN 等编译器编译。值得注意的是，即使是用同一品牌的 FORTRAN 编译器，如果编译器版本与官方版本相差较大，可执行程序运行的结果与官方版本略有差异也是有可能的。

操作系统语言中英文均可，但运行命令行、各输入输出文件名、路径、控制文件中相关命令行字段均只能采用英文字符。由于 CALPUFF 输入输出文件较大，一般建议留有 10 GB 以上硬盘空间。

7.6.2 运行方式

CALPUFF 系统各模块均采用控制文件（Control File）来定义模型所需要的控制参数、输入输出参数和其他参数。模型在 DOS 环境下的运行命令：

可执行程序路径及程序名+空格+控制文件路径及文件名

CALMET.exe CALMET.inp

CALPUFF.exe CALPUFF.inp

CALPOST.exe CALPOST.inp

输入输出文件路径及文件名均在控制文件中定义，某些程序自动生成可无须定义的文件会生成在程序所在目录下。

7.6.3　控制文件

控制文件可在一个模板上采用文本编辑器编辑，也可以采用界面版的 CALPUFF 软件创建及编辑。尽管完全可以在界面版 CALPUFF 软件中直接创建控制文件和运行模型，由于 CALMET/CALPUFF 等运行速度较慢，目前主流的界面设计还是会生成 CALMET.INP 控制文件，这样可以在一台电脑上创建好控制文件后，将控制文件及相关的数据传输到高性能工作站上进行更快的计算，也可以在 Unix/Linux 操作系统下进行运算。

控制文件中只有叹号分隔符中间的语句被程序处理，分隔符外的部分均被认为是用户备注，这些备注也会被输出到相应的列表文件中。

控制文件通常包括多个输入组和子组，将同类的参数放在一个输入组中便于查看参数设置，特别是在模型运行出现错误或警告信息时，容易快速地查找到出错参数的位置。输入组必须按顺序从小到大设置，但同一个输入组中参数可以不按特定顺序排列。每个输入组结束必须输入组结束符！END！。即使输入组中没有任何信息，也要以结束符！END！结束。

输入数据以一个分隔符开始，其后是变量名、等号、输入值以及最后的结束符（如！XX=12.5！）。变量可以是大写或小写，也可以大小写混合，（XX、xx 和 Xx 是等同的）。变量可以是实型、整型或逻辑数组/标量。允许针对字符数组使用重复因子（如！XARRAY=1.5，1.5，1.5！可以写为！XARRAY=3*1.5！）。各个值间需要以逗号来隔开。分隔符间的空格会被忽略。允许以指数方式表示实数，但可以省略加号（将+1.5E+10 输入为 1.5E10）。数据可以在多行中输入，但一定要在每行结束时输入逗号。起始分隔符一定要和结束分隔符成对。所有分隔符内部的文本都应该是数值，所以不允许在分隔符内部加入备注信息。逻辑变量应该是仅适用一个字符来表示的，即“T”或“F”。控制文件模块中含有各输入组每个变量名和数组大小的列表，并检查用户是否输入了合适的变量名称以及数组大小是否正确。如果出现了不能被识别的变量名或输入数据超过数组范围，那么将报告错误信息。

7.7　CALMET 控制文件

7.7.1　控制文件

CALMET.INP 控制文件包含 3 个标题行和 10 个输入组，分别为输入组 0 到输入组 9，输入组 0 中有 6 个子输入组。标题行中可输入英文字符作为对项目的备注，输入中文字符会出现乱码。输入组 7～9 中包含了四个字符的输入数据，每个数据行中的数据部分必须于第 9 列后开始。表 7-18 描述了 CALMET 控制文件中各输入组包括的内容。

表 7-18 CALMET 控制文件输入组概要

输入组	描述
	标题行（每行最多 80 个字符）
0	输入和输出文件（每行最多 70 个字符）
1	一般运行控制参数
2	投影和网格参数
3	输出选项
4	气象数据选项
5	风场选项和参数
6	混合层高度、温度及降水参数
7	地面气象站参数
8	高空气象站参数
9	降水气象站参数

7.7.2 输入组描述

输入组 0 定义 CALMET 的输入输出文件名及路径，分为 6 个子输入组，其中子输入组 a 和 f 必须以！END！结束符结束，子输入组 b、c、d、e 仅当子输入组 a 中参数 NUSTA、NOWSTA、NM3D、NIGF 大于 0 才会使用，且每个数据行必须以！END！结束符结束。输入组 0 中每行不超过 70 个字符（表 7-19）。

表 7-19 输入组 0——输入和输出文件

（a）一般文件			
变量	类型	描述	默认值
GEODAT	C*70	地理数据	GEO.DAT
SRFDAT	C*70	地面气象数据	SURF.DAT
CLDDAT	C*70	网格云量文件	CLOUD.DAT
PRCDAT	C*70	降水数据	PRECIP.DAT
WTDAT	C*70	地形权重因子数据	WT.DAT
METLST	C*70	CALMET 输出列表文件	CALMET.LST
METDAT	C*70	输出气象数据文件	CALMET.DAT
NUSTA	integer	高空气象站点数目	—
NOWSTA	integer	水面气象站点数目	—
NM3D	integer	MM4/MM5/3D.DAT 数据数目	—
NIGF	integer	IGF-CALMET.DAT 数据数目	—

（b）高空气象数据			
变量	类型	描述	默认值
UPDAT	C*70	高空气象数据（重复 NUSTA 次）	UPn.DAT
（c）水面气象数据			
变量	类型	描述	默认值
M3DDAT	C*70	中尺度气象预测数据	—
（d）中尺度气象预测数据			
变量	类型	描述	默认值
M3DDAT	C*70	中尺度气象预测数据	—
（e）粗分辨率的 CALMET 数据作为初始猜测场			
变量	类型	描述	默认值
IGFDAT	C*70	粗分辨率的 CALMET 数据	IGF-CALMET.DAT
（f）其他数据			
变量	类型	描述	默认值
DIADAT	C*70	预处理过的诊断文件	DIAG.DAT
PRGDAT	C*70	CSUMM 风场数据文件	PROG.DAT
TSTPRT	C*70	含有调试变量的测试文件	TEST.PRT
TSTOUT	C*70	含有最终风场的测试文件	TEST.OUT
TSTKIN	C*70	地形动力学效应调整后包含风场的测试文件	TEST.KIN
TSTFRD	C*70	弗雷德数效应调整后包含风场的测试文件	TEST.FRD
TSTSLP	C*70	坡流效应调整后包含风场的测试文件	TEST.SLP

输入组 1 定义了模型运行的时间、运行类型等一般控制参数（表 7-20）。当执行美国法规选项检查时，输入组 6 中对流混合层高度在陆上必须采用 Maul-Carson 算法，在水上采用 OCD 算法（IMIXH = –1），水上表面通量必须选用原始的 OCD 方法（ICORE = 0），在陆上支持对流混合层高度增长的浮力通量阈值必须设为 0.0 W/m^3（THRESHL = 0.0）。

表 7-20　输入组 1——一般运行控制参数

变量	类型	描述	默认值
IBYR	integer	起始年份（四位数）	—
IBMO	integer	起始月份	—
IBDY	integer	起始日	—
IBHR	integer	起始时间（00～23）	—
IBTZ	integer	时区（–8=北京时间）	—
IRLG	integer	运行时长（小时）	—
IRTYPE	integer	运行类型 （0=仅计算风场，1=计算风场和微气象变量） （运行 CALPUFF 或 CALGRID 时，IRTYPE 必须为 1）	1
LCALGRD	logical	计算 CALGRID 需要的额外数据场（垂直速度和温度三维场）	T
		（运行 CALGRID 或 CALPUFF 中 CTSG 时必须为 T）	
ITEST	integer	设置阶段结束后停止运行的标志	2
		（1=设置完后停止运行，2=继续运行）	
MREG	integer	是否执行美国法规选项检查（0=不检查，1=检查）	—

输入组 2 定义了模型的地图投影、水平和垂直网格参数，这些参数值必须与地理数据中相应的值保持一致（表 7-21）。对于建设项目环评，由于预测范围较小，一般采用 UTM 投影。对于某些预测较大的规划环评，可采用 LCC 投影以减小地球曲率带来的变形，采用 LCC 投影时参考点可选择项目中心点，也可以选择其他标志性的点，两条标准纬线可以在项目中心点纬度各增减几度，也可以采用我国在编制国内地理图集时的两条标准纬线 25°N 和 47°N。大地基准面我国一般都选 WGS-84。

表 7-21　输入组 2——投影和网格参数

变量	类型	描述	默认值
PMAP	char	地图投影（UTM、LCC、TTM、PS、EM、LAZA）	UTM
FEAST	real	参考点 *X* 坐标（km）（仅当 PMAP=TTM、LCC、LAZA 时设置）	0
FNORTH	real	参考点 *Y* 坐标（km）（仅当 PMAP=TTM、LCC、LAZA 时设置）	0
IUTMZN	integer	UTM 分区（仅当 PMAP=UTM 时设置）	—
UTMHEM	char	半球（仅当 PMAP=UTM 时设置，N=北半球，S=南半球）	N
RLAT0	real	参考点经度（°）（仅当 PMAP 不是 UTM 时设置）	0
RLON0	real	参考点纬度（°）（仅当 PMAP 不是 UTM 时设置）	0
XLAT1	real	标准纬线 1（°）（仅当 PMAP=LCC、PS 时设置）	—
XLAT2	real	标准纬线 2（°）（仅当 PMAP=LCC、PS 时设置）	—
DATUM	char	大地基准面	WGS-84
NX	integer	*X* 方向格点数	—
NY	integer	*Y* 方向格点数	—
DGRIDKM	real	格距（km）	—
XORIGKM	real	西南角 *X* 坐标（km）	—
YORIGKM	real	西南角 *Y* 坐标（km）	—
NZ	integer	垂直层数	—
ZFACE	real array	垂直层顶高度（m）（NZ+1 个值）	—

输入组 3 定义了 CALMET 的输出选项，包括输出气象场文件的格式，输出到列表文件中的参数选项，以及一些调试选项（表 7-22）。

表 7-22　输入组 3——输出选项

变量	类型	描述	默认值
LSAVE	logical	输出气象场选项	T
IFORMO	integer	输出气象场文件的格式（1=CALPUFF/CALGRID 格式，2=MESOPUFF-II 格式）	1
LPRINT	logical	输出气象场到列表文件	F
IPRINF	integer	输出到列表文件时间间隔	1
IUVOUT	integer array	指定 *U*、*V* 水平风场中的哪些层被输出到列表文件（0=不输出，1=输出）	NZ*0

变量	类型	描述	默认值
IWOUT	integer array	指定 *W* 垂直风场中的哪些层被输出到列表文件（0=不输出，1=输出）	NZ*0
ITOUT	integer array	指定温度场中哪些层将被输出到列表文件（0=不输出，1=输出）	NZ*0
STABLITY	integer	输出稳定度到列表文件（0=不输出，1=输出）	0
USTAR	integer	输出摩擦速率到列表文件（0=不输出，1=输出）	0
MONIN	integer	输出莫宁-奥布霍夫长度到列表文件（0=不输出，1=输出）	0
MIXHT	integer	输出混合层高度到列表文件（0=不输出，1=输出）	0
WSTAR	integer	输出对流速度长度到列表文件（0=不输出，1=输出）	0
PRECIP	integer	输出降水率到列表文件（0=不输出，1=输出）	0
SENSHEAT	integer	输出感热通量到列表文件（0=不输出，1=输出）	0
CONVZI	integer	输出对流混合层高度到列表文件（0=不输出，1=输出）	0
LDB	logical	输出输入气象数据和中间文件（该选项会产生非常大的文件）	F
NN1	integer	输出 LDB 选项控制的数据的开始时间步长（仅当 LDB=T 时使用，如果 NN1=NN2 且 LDB=T，那么仅输出与时间有关的数据）	0
NN2	integer	输出由 LDB 选项控制的数据的最后时间步长（仅当 LDB=T 时使用）	0
IOUTD	integer	将测试/调试风场数据写入磁盘（0=不写入，1=写入）	0
NZPRN2	integer	输出的层数（从地面开始）	1
IPR0	integer	输出插值的风组分（0=不输出，1=输出）	0
IPR1	integer	输出经地形调整后风的组分（0=不输出，1=输出）	0
IPR2	integer	输出平滑过的风组分和初始散度（0=不输出，1=输出）	0
IPR3	integer	输出最终风向和风速（0=不输出，1=输出）	0
IPR4	integer	输出最终散度（0=不输出，1=输出）	0
IPR5	integer	输出地形动力学效应后的风场（0=不输出，1=输出）	0
IPR6	integer	输出弗雷德数调整后的风场（0=不输出，1=输出）	0
IPR7	integer	输出坡流效应后的风场（0=不输出，1=输出）	0
IPR8	integer	输出最终风场组分（0=不输出，1=输出）	0

输入组 4 定义了 CALMET 输入气象数据选项，包括气象组合类型、气象站点个数、云量选项以及相关输入气象文件的格式（表 7-23）。

表 7-23 输入组 4——气象数据选项

变量	类型	描述	默认值
NOOBS	integer	输入气象数据组合 0 = 使用地面站、水面站和高空站监测数据 1 = 使用地面站、水面站监测数据，高空站（无监测数据）使用 MM4/MM5/3D 高空预测数据 2 = 地面站、水面站和高空站均无监测数据，使用 MM4/MM5/3D 预测数据	0
NSSTA	integer	地面气象文件中站点数	—
NPSTA	integer	降水文件中站点数（–1 表示使用中尺度预测数据降水）	—

变量	类型	描述	默认值
ICLOUD	integer	网格化云量数据文件选项 0=不使用网格化云量文件（使用地面气象数据中云量） 1=输出网格化云量文件 CLOUD.DAT 2=读取网格化云量文件 CLOUTD.DAT 作为输入 3=从中尺度预测数据中计算	0
IFORMS	integer	地面气象文件格式（1—无格式的，2—格式化的）	2
IFORMP	integer	降水文件格式（1—无格式的，2—格式化的）	2
IFORMC	integer	CLOUD.DAT 文件格式（1—无格式的，2—格式化的）	2

输入组 5 定义了 CALMET 风场相关选项和参数，包括风场模块选择、地面风外推、影响半径、屏障、湖面风等选项（表 7-24）。

表 7-24　输入组 5——风场选项和参数

变量	类型	描述	默认值
IWFCOD	integer	风场模块选择（0=仅进行客观分析，1=诊断风场模块）	1
IFRADJ	integer	计算弗雷德数效应调整（0=不计算，1=计算）	1
IKINE	integer	计算地形动力学效应（0=不计算，1=计算）	0
IOBR	integer	使用 O'Brien 过程调整垂直速度（0=不使用，1=使用）	0
ISLOPE	integer	计算坡流效应（0=不计算，1=计算）	1
IEXTRP	integer	地面风垂直外推到高空的方法 （1=不进行外推，2=幂函数法，3=自定义因子，4=相似理论） （–1，–2，–3，–4 与上述类似，但忽略高空观测气象数据的第一层）	–4
ICALM	integer	当地面风为静风时是否外推（0=不外推，1=外推）	0
BIAS	integer	地面与高空数据权重因子（NZ 个值，–1≤BIAS≤+1），负值将降低高空数据的权重（如–0.1=高空数据权重降低 10%），正值将降低地面数据权重（如 0.2=地面数据权重降低 20%）	NZ*0
RMIN2	real	允许地面风外推时高空站与地面站的最近距离（当 IEXTRP=4 时设为–1，表示所有地面数据都应外推）	4
IPROG	integer	使用中尺度预测风场（0=不使用） 1=使用 CASUMM 数据作为步骤一风场，IWFCOD=0 2=使用 CASUMM 数据作为初始猜测风场，IWFCOD=1 3=使用 MM4.DAT 数据作为步骤一风场 IWFCOD=1 4=使用 MM4.DAT 数据作为初始猜测风场，IWFCOD=1 5=使用 MM4.DAT 数据作为观测值，IWFCOD=0 或 1 13=使用 MM5/3D.DAT 数据作为步骤一风场，WFCOD=0 14=使用 MM5/3D.DAT 数据作为初始猜测风场，IWFCOD=1 15=使用 MM5/3D.DAT 数据作为观测值，IWFCOD=0 或 1	14
ISTEPPG	integer	中尺度预测数据中时间步长（小时）	1
IGFMET	integer	采用粗分辨率的 CALMET 数据作为初始猜测场（0=不采用，1=采用）	0

变量	类型	描述	默认值
LVARY	logical	使用变化的影响半径（当影响半径内没有有效数据站点，将采用最近的有效数据站点）	F
RMAX1	real	陆上地面层最大影响半径（km），该参数应该能反映地形效应对地面层的影响	—
RMAX2	real	陆上高空层最大影响半径（km），地形效应随着海拔的升高而降低，通常 RMAX2＞RMAX1	—
RMAX3	real	水面站最大影响半径（km），该数值应该能大到保证水面上各网格点能够被包含至少一个水面站的影响范围内	—
RMIN	real	风场插值过程中的最小影响半径(km)，赋予一个较小值(如＜1 km)，从而避免在距离反比平方加权中可能出现分明为 0 的错误	0.1
TERRAD	real	地形特征影响半径（km）	—
R1	real	初始猜测场与地面层观测数据的相对权重（km），该距离处两个数据的权重相等	—
R2	real	初始猜测场与高空层观测数据的相对权重（km），该距离处两个数据权重相等	—
RPROG	real	中尺度预测风场数据权重（km）	—
DIVLIM	real	散度最小化过程中的最小收敛值	5×10^{-6}
NITER	integer	散度最小化过程中最大迭代次数	50
NSMTH	integer array	各垂直层中平滑的次数（NZ 个值）	2，（NZ–1）×4
NINTR2	integer array	允许插值到某网格点的最大站点数（NZ 个值）	NZ×99
CRITFN	real	弗雷德数	1
ALPHA	real	地形动力学效应中的经验参数	0.1
FEXTR2	integer array	用户自定义的地面层观测数据外推到高空层的乘法因子	NZ×0
NBAR	integer	插入风场中的屏障数目	0
XBBAR	real array	屏障起点 *X* 坐标（km）	—
YBBAR	real array	屏障起点 *Y* 坐标（km）	—
XEBAR	real array	屏障终点 *X* 坐标（km）	—
YEBAR	real array	屏障终点 *Y* 坐标（km）	—
IDIOPT1	integer	诊断风场模块地面温度场输入 0=根据地面数据进行内部计算 1=从诊断文件 DIAG.DAT 中读取	0
ISURFT	integer	地面温度选用的地面站点序号（1～NSSTA）	—
IDIOPT2	integer	区域平均温度递减率 0=根据高空观测数据计算 1=从诊断文件 DIAG.DAT 中读取	0
IUPT	integer	计算区域温度递减率选用的高空站点序号（1～NUSTA）	—
ZUPT	real	计算区域温度递减率的起始高度（m）	200

变量	类型	描述	默认值
IDIOPT3	integer	初始猜测风场选项 0=根据高空观测数据计算 1=从诊断文件 DIAG.DAT 中读取	0
IUPWND	integer	计算高空猜测风场选用的高空站点序号（–1～NUSTA），–1 表示采用距离平方反比内插法来产生空间变化的初始猜测场	–1
ZUPWND	real array	初始猜测风场的底部和顶部高度（m）	1，1 000
IDIOPT4	integer	地面观测风场 0=根据地面数据内部计算 1=从诊断文件 DIAG.DAT 中读取	0
IDIOPT5	integer array	高空观测风场 0=根据高空数据内部计算 1=从诊断文件 DIAG.DAT 中读取	0
LLBREZE	logical	是否使用湖风模块选项	F
NBOX	integer	湖风区域数目	—
XG1	real array	湖风区域第一条 *X* 网格线	—
XG2	real array	湖风区域第二条 *X* 网格线	—
YG1	real array	湖风区域第一条 *Y* 网格线	—
YG2	real array	湖风区域第二条 *Y* 网格线	—
XBCST	real array	湖海岸线起始 *X* 坐标（km）	—
YBCST	real array	湖海岸线起始 *Y* 坐标（km）	—
XECST	real array	湖海岸线结束 *X* 坐标（km）	—
YECST	real array	湖海岸线结束 *Y* 坐标（km）	—
NLB	integer	湖风区域中的气象站点数目（地面+高空）	—
METBXID	integer	湖风区域中的气象站的编号	—

输入组 6 定义了混合层高度、温度和降水参数，包括混合层高度经验参数、空间平均、对流混合层高度选项、混合层高度最小最大范围、水上表面通量方法和参数、温度参数、降水插值参数等（表 7-25）。

表 7-25 输入组 6——混合层高度、温度和降水参数

变量	类型	描述	默认值
CONSTB	real	中性机械混合层高度常数	1.41
CONSTE	real	对流混合层高度常数	0.15
CONSTN	real	稳定混合层高度常数	2 400
CONSTW	real	水上混合层高度常数	0.16
FCORIOL	real	科氏力参数（1/s）	1.00×10^{-4}
IAVEZI	integer	是否进行空间平均（0=否，1=是）	1
MNMDAV	integer	最大搜索半径（单位为网格）	1
HAFANG	real	空间平均的逆风视角锥面半角（度）	30
ILEVZI	integer	逆风平均层（1～NZ）	1

变量	类型	描述	默认值
IMIXH	integer	对流混合层高度计算方法 1=陆上和水上网格均采用 Maul-Carson 方法 –1=陆上采用 Maul-Carson 方法，水上采用 OCD 法 1=陆上和水上网格均采用 Batchvarova 和 Gryning 方法 –2=陆上采用 Batchvarova 和 Gryning 方法，水上采用 OCD 法	1
THRESHL	real	陆上支持对流混合层高度发展的动力通量阈值（W/m^3）	0.05
THRESHW	real	水上支持对流混合层高度发展的动力通量阈值（W/m^3）	0.05
ITWPROG	integer	水上对流混合层高度发展的温度直减率选项 0=使用 SEA.DAT 中的直减率和温差 1=使用预测的直减率（仅当 IPROG＞2）和 SEA.DAT 中的温差 2=使用预测的直减率和温差（仅当 IPROG＞12 且 3D.DAT 版本＞2.0）	0
ILUOC3D	integer	3D.DAT 中海洋的用地类型类别（MM5/WRF 为 16，MM4 为 7）	16
DPTMIN	real	当前对流混合层上稳定层中的最小位温递减率（deg.K/m）	0.001
DZZI	real	用于温度直减率计算的当前对流混合层高度以上的垂直层厚度（m）	200
ZIMAX	real	最大陆上混合层高度（m）	3 000
ZIMIN	real	最小陆上混合层高度（m）	50
ZIMAXW	real	最大水上混合层高度（m），当采用了观测的混合层高度时该值无效	3 000
ZIMINW	real	最小水上混合层高度（m），当采用了观测的混合层高度时该值无效	50
ICOARE	integer	水域表面通量参数及计算方法 0=原始的 OCD 温差法 10=没有波浪的 Charnock 参数化方法 11=波浪选项为 Oost 海气耦合方法且波浪属性为默认值 –11=波浪选项为 Oost 海气耦合方法且波浪属性来自水面观测数据 12=波浪选项为 Taylor 和 Yelland 海气耦合方法且波浪属性为默认值 –12=波浪选项为 Taylor 和 Yelland 海气耦合方法且波浪属性来自水面观测数据	10
DSHELF	real	海岸/浅滩水体长度尺度（km）	0
IWARM	integer	暖表面层计算（0=不计算，1=计算）	0
ICOOL	integer	冷表面层计算（0=不计算，1=计算）	0
ITPROG	integer	三维温度场来源 0=来源于与地面和高空观测数据 1=地面采用地面观测数据，高空采用 MM5/3D.DAT 2=地面和高空均采用 MM5/3D.DAT	0
IRAD	integer	温度插值方法（1=距离反比，2=距离平方反比）	1
IAVET	integer	进行空间温度场平均（0=不进行，1=进行）	1
TRADKM	real	温度插值的影响半径（km）	500
MUMTS	integer	温度插值可使用的最大站点数	5
TGDEFB	real	水上混合层以下温度递减率的默认值（K/m）	–0.009 8
TGDEFA	real	水上混合层以上温度递减率的默认值（K/m）	–0.004 5
JWAT1	integers	水上温度插值算法的用地类型起始范围（大于用地类型范围则屏蔽该算法）	999
JWAT2			999
NFLAGP	integer	降水数据插值方法（1=距离反比法，2=距离平方反比法，3=距离平方反比指数法）	2
SIGMAP	real	如果 NFLAGP=1 或 2，SIGMAP 为降水的影响半径(km)；如果 NFLAGP=3，那么 SIGMAP 为 sigma 权重因子（km）；如果 NFLAGP=3 且 SIGMAP=0.0，那么 SIGMAP 将为非零降水站点和零降水站点最小距离的一半	100
CUTP	real	最小降水率（mm/h）如果值小于 CUTP，则被赋为 0.0 mm/h	0.01

输入组 7 定义了地面气象站参数，包括各地面气象站的站点名（4 个字符内）、站点号（不超过 6 位）、坐标、时区和风速计高度。站点名必须在第 9 列之后定义（表 7-26）。

表 7-26 输入组 7——地面气象站参数

变量	类型	描述
CSNAM	char*4	4 字符站点名，必须包含在单引号中
IDSSTA	integer	站点号
XSSTA	real	地面站点的 X 坐标（km）
YSSTA	real	地面站点的 Y 坐标（km）
XSTZ	real	站点时区（–8=北京时间）
ZANEM	real	风速计观测高度（m）

输入组 8 定义了高空气象站参数，包括各高空气象站的站点名（4 个字符内）、站点号（不超过 6 位）、坐标和时区（表 7-27）。站点名必须在第 9 列之后定义。

表 7-27 输入组 8——高空气象站参数

变量	类型	描述
CUNAM	char*4	4 字符站点名，必须包含在单引号中
IDUSTA	integer	站点号
XUSTA	real	高空站点的 X 坐标（km）
YUSTA	real	高空站点的 Y 坐标（km）
XUTZ	real	站点时区（–8=北京时间）

输入组 9 定义了降水气象站参数，包括各降水气象站的站点名（4 个字符内）、站点号（不超过 6 位）、坐标和时区（表 7-28）。站点名必须在第 9 列之后定义。

表 7-28 输入组 9——降水气象站参数

变量	类型	描述
CPNAM	char*4	4 字降水站名，必须包含在单引号中
IDPSTA	integer	站点号
XPSTA	real	降水站点的 X 坐标（km）
YPSTA	real	降水站点的 Y 坐标（km）

7.8 CALPUFF 控制文件

7.8.1 控制文件

CALPUFF 模型选项在控制文件 CALPUFF.INP 中定义。CALPUFF.INP 控制文件由 18 个主要输入组以及包含在一些主要输入组内数量可变的子输入组组成。主要的输入组由功能行定义（如技术选项、输出选项、次网格、复杂地形输入等）。每个子输入组中都包含了一系列的数据，如污染源变量，子网格尺度山体的描述或者离散受体信息。次组的数量随着模型运行中的源、山体等的数量变化而变化（表 7-29）。

表 7-29 ALPUFF 控制文件输入组概要

输入组	描述
	标题行（每行最多 80 个字符）
0	输入和输出文件（每行最多 70 个字符）
1	一般运行控制参数
2	技术选项
3	污染物定义
4	投影和网格参数
5	输出选项
6	次网格复杂地形输入
7	气沉降化学参数
8	颗粒物干沉降粒径参数
9	其他干沉降参数
10	湿沉降参数
11	化学参数
12	其他扩散和计算参数
13	点源参数
14	面源参数
15	线源参数
16	体源参数
17	离散受体参数

7.8.2 输入组描述

输入组 0 定义 CALPUFF 的输入输出文件名及路径，有一个子输入组 0a。仅当 NMETDAT＞1 时（CALMET 气象文件个数大于 1）时才使用子输入组 0a。输入组 0 中每行不超过 70 个字符（表 7-30）。

表 7-30 输入组 0——输入和输出文件

变量	类型	描述	默认值
MEDAT	char*70	CALMET 气象数据文件	CALMET.DAT
ISCDAT	char*70	ISC3 格式单站气象数据文件	ISCMET.DAT
PLMDAT	char*70	AUSPLUME 格式单站气象数据文件	PLMMET.DAT
PRFDAT	char*70	CTDM 格式气象数据廓线文件	PROFILE.DAT
SFCDAT	char*70	CTDM 格式地面气象数据文件	SURFACE.DAT
RSTARTB	char*70	读入的模型重启文件	RESTARTB.DAT
RSTARTE	char*70	输出的模型重启文件	RESTARTB.DAT
PUFLST	char*70	CALPUFF 列表文件	CALPUFF.LST
CONDAT	char*70	CALPUFF 浓度输出文件	CONC.DAT
DFDAT	char*70	CALPUFF 干沉降通量输出文件	DFLX.DAT
WFDAT	char*70	CALPUFF 湿沉降通量输出文件	WFLX.DAT
VISDAT	char*70	能见度计算需要的相对湿度输出文件	VISB.DAT
RHODAT	char*70	H_2O_2 背景浓度文件	RHO2.DAT
PTDAT	char*70	任意变化点源排放文件	PTEMARB.DAT
VOLDAT	char*70	任意变化体源排放文件	VOLEMARB.DAT
ARDAT	char*70	任意变化面源排放文件	BAEMARB.DAT
LNDAT	char*70	任意变化线源排放文件	LNEMARB.DAT
OZDAT	char*70	臭氧小时背景浓度文件	OZONE.DAT
VDDAT	char*70	用户自定义的沉降速度文件	VD.DAT
CHEMDAT	char*70	用户自定义的化学转化速率文件	CHEM.DAT
H2O2DAT	char*70	H_2O_2 背景浓度文件	H2O2.DAT
HILLDAT	char*70	CTDM 格式的次网格尺度地形文件	HILL.DAT
RCTDAT	char*70	CTDM 格式的次网格尺度复杂地形受体文件	HILLRCT.DAT
CSTDAT	char*70	次网格尺度的海岸边界文件	COASTLN.DAT
BDYDAT	char*70	质量通量边界文件	FLUXBDY.DAT
BCNDAT	char*70	边界源文件	BCON.DAT
DEBUG	char*70	烟团追踪数据调试文件	DEBUG.DAT
FLXDAT	char*70	质量通量输出文件	MASSFLX.DAT
BALDAT	char*70	质量守恒输出	MASSBAL.DAT
FOGDAT	char*70	水雾输出文件	FOG.DAT
NMETDAT	integer	CALMET.DAT 数据的个数	1
NPTDAT	integer	PTRMARB.DAT 数据的个数	0
NARDAT	integer	BAEMARB.DAT 数据的个数	0
NVOLDAT	integer	VOLEMARB.DAT 数据的个数	0

输入组 1 定义了模型运行的时间、重启选项、气象数据格式等一般控制参数（表 7-31）。

表 7-31 输入组 1——一般运行控制参数

变量	类型	描述	默认值
METRUN	integer	运行时段选项（0=用户自定义，1=气象文件中所有时段）	0
IBYR	integer	起始年	—
IBMO	integer	起始月	—
IBDY	integer	起始日	—
IBHR	integer	起始小时	—
XBTZ	real	基准时区	—
IRLG	integer	运行时长（h）	—
NSPEC	integer	模拟的污染物数量	—
NSE	integer	排放的污染物数量	—
ITEST	integer	运行标志（1=设置完后停止运行，2=运行）	2
MRESTART	integer	重启选项 0=不使用重启选项 1=运行前读取重启文件 2=运行中输出重启文件 3=同时执行 1 和 2	0
NRESPD	integer	重启文件保存的频率 0=仅在最后一个时段保存 1=每 NRESPD 保存一次	0
METFM	integer	气象数据文件格式 1=CALMET 气象文件 2=ISC3 气象文件 3=AUSPLUME 气象文件 4=CTDMPLUS 气象文件 5=AERMET 气象文件	1
MPRFFM	integer	气象廓线文件格式 1=CTDMPLUS 气象廓线文件 2=AERMET 气象廓线文件	1
AVET	real	平均时间（min）	60
PGTIME	real	稳定度平均时间（min）	60

输入组 2 定义了模型的相关扩散技术选项（表 7-32）。当执行美国长距离法规选项检查时，某些参数必须使用如下值：METFM = 1 或 2、AVET = 60 min、PGTUME = 60 min、MGAUSS = 1、MCTADJ = 3、MTRANS = 1、MTIP = 1、MCHEM = 1 或 3、MWET = 1、MDRY = 1、MDISP = 2 或 3、MPDF = 0（若 MDISP=3）或 1（若 MDISP=2）、MROUGH = 0、MPARTL = 1、SYTDEP = 550 m、MHFTSZ = 0、SVMIN = 0.5 m/s。

表 7-32 输入组 2——技术选项

变量	类型	描述	默认值
MGAUSS	integer	近场中采用的垂直分布（0=均匀分布，1=高斯分布）	1
MCTADJ	integer	地形调整方法 0=不调整 1=ISC 方式地形调整 2=简单的 CALPUFF 方式地形调整 3=部分烟羽路径调整	3
MCTSG	integer	是否考虑次网格复杂地形（0=不考虑 CTSG，1=考虑 CTSG）	0
MSLUG	integer	近场烟团是否按照拉长的烟片来模拟（0=否，1=是）	0
MTRANS	integer	过渡烟羽抬升（0=只计算最终抬升，1=计算过渡抬升）	1
MTIP	integer	是否模拟烟囱顶端下洗（0=否，1=是）	1
MBDW	integer	建筑物下洗方法（1=ISC，2=PRIME）	1
MSHEAR	integer	模拟烟囱顶部垂直风切变（0=否，1=是）	0
MSPLIT	integer	允许烟团分裂（0=否，1=是）	0
MCHEM	integer	化学转换机制 0=不考虑化学转换 1=采用 MESOPUFF II 化学转换方案 2=采用用户自定义的转换速率 3=采用 RIVAD/ARM3 化学转换方案 4=采用二次有机气溶胶 SOA 转换方案	1
MAQCHEM	integer	模拟水相转换（0=否，1=是）	0
MWET	integer	模拟湿清除（0=否，1=是）	1
MDRY	integer	模拟干沉降（0=否，1=是）	1
MTILT	integer	模拟重力沉降（0=否，1=是）	0
MDSIP	integer	计算扩散系数的方法 1=根据观测文件中的湍流σ_v和σ_w值计算 2=根据微气象变量（如 $u*$、$w*$、L 等）计算得到的σ_v和σ_w值计算 3=在乡村使用 PG 扩散系数，在城市使用 MP 系数 4=与 3 类似，但 PG 系数根据 MESOPUFF II 公式计算 5=CTDM σ用于稳定和中性条件，不稳定条件下与 3 相同	3
MTURBV	integer	是否使用σ_v/σ_θ、σ_w观测值（仅当 MDISP=1 或 5 时使用） 1=使用 PROFILE.DAT 中的σ_v或σ_θ观测值计算σ_y(在 METFM=1～5 时有效) 2=使用 PROFILE.DAT 中的σ_w观测值计算σ_z（在 METEM=1～5 时有效） 3=同时使用 PROFILE.DAT 中的σ_v/σ_θ和σ_w观测值计算σ_y和σ_z（在 METFM=1～5 时有效） 4=使用从 PLMMET.DAT 中的σ_θ观测值计算σ_y（仅当 METFM=3 时有效）	3
MDISP2	integer	当湍流数据观测值缺失时的扩散参数替代计算方法（仅在 MDISP=1 或 5 时使用） 2=从微气象学变量（如 $u*$、$w*$、L 等）计算得到的σ_v和σ_w的值计算 3=在乡村区域使用 PG 扩散系数，在城市区域使用 MP 系数 4=与 3 相同，除了 PG 系数采用 MESOPUFF II 公式来计算以外	3

变量	类型	描述	默认值
MTAULY	integer	计算σ_y拉格朗日时间尺度方法	0
MROUGH	integer	是否根据地表粗糙调整 PG σ_y和σ_z（0=否，1=是）	0
MPARTL	integer	是否考虑部分升高的逆温层烟羽穿透（0=否，1=是）	1
MTINV	integer	是否由 PROFILE.DAT 扩展数据提供逆温强度（0=否，由梯度来计算；1=是）	0
MPDF	integer	对流扩散条件下是否用概率分布函数方法（0=否，1=是）	0
MSGTIBL	integer	是否对海岸线使用子网格尺度 TIBL 模块（0=否，1=是）	0
MREG	integer	法规检查选项 0=不检查 1=技术选项必须符合 USEPA 法规值	0

输入组 3 定义了模型中的污染物，包含两个子输入组，即 3a 和 3b（图 7-26）。子输入组 3a 包括污染物名称和 4 个参数标记。污染物的名称不超过 12 个字符。标记依次为：是否模拟该污染物（0=否，1=是），该污染物是否排放（0=否，1=是），干沉降选项（0=不考虑干沉降，1=气沉降，2=颗粒物沉降，3=自定义沉降速率，采用沉降速率文件 VD.DAT）。当使用边界条件选项时（MBCON＞0），污染物名称中最后一个污染物一定为 BCON，且一般 BCON 模拟为惰性，即不考虑化学转换和沉降。

子输入组 3b 可以定义污染物组，可以将多个污染物合并输出。例如，可将 PM_{10} 模拟为多重不同粒径的颗粒物，每种粒径的颗粒物有自己的名称、排放速率、沉降参数等，在模拟输出结果时可以通过子输入组 3b 将这些颗粒物作为污染物组 PM_{10} 输出。

```
------------
Subgroup (3a)
------------

  The following species are modeled:

! CSPEC =          SO2 !          !END!
! CSPEC =          SO4 !          !END!
! CSPEC =          NOX !          !END!
! CSPEC =         HNO3 !          !END!
! CSPEC =          NO3 !          !END!
! CSPEC =        PM2.5 !          !END!
                                                          Dry                 OUTPUT GROUP
    SPECIES          MODELED           EMITTED          DEPOSITED               NUMBER
     NAME         (0=NO, 1=YES)     (0=NO, 1=YES)       (0=NO,                (0=NONE,
   (Limit: 12                                            1=COMPUTED-GAS        1=1st CGRUP,
    Characters                                           2=COMPUTED-PARTICLE   2=2nd CGRUP,
    in length)                                           3=USER-SPECIFIED)     3= etc.)

!          SO2  =         1,               1,              0,                  0   !
!          SO4  =         1,               0,              0,                  0   !
!          NOX  =         1,               1,              0,                  0   !
!         HNO3  =         1,               0,              0,                  0   !
!          NO3  =         1,               0,              0,                  0   !
!        PM2.5  =         1,               1,              0,                  0   !

!END!

------------
Subgroup (3b)
------------


! CGRUP =          PM10 !          !END!
```

图 7-26 输入组 3——污染物定义

例如，采用 MESOPUFF Ⅱ化学转换机制（MCHEM=1）模拟时，可以设置污染物 SO_2、SO_4、NO_x、HNO_3、NO_3 以及 $PM_{2.5}$ 6 种污染物，其中 SO_2、NO_x 和 $PM_{2.5}$ 为直接排放的污染物，SO_4、HNO_3 和 NO_3 为二次生成的污染物。

输入组 4 定义了模型的地图投影、水平和垂直网格参数（表 7-33）。投影和气象网格参数必须与 CALMET 中的一致。计算网格为气象网格的子区域，采样网格为计算网格的子区域，采样网格中还可以定义嵌套因子来加密网格。

表 7-33　输入组 4——投影和网格参数

变量	类型	描述	默认值
PMAP	char	地图投影	UTM
FEAST	real	参考点 *X* 坐标（km）（仅当 PMAP=TTM、LCC、LAZA 时设置）	0
FNORTH	real	参考点 *Y* 坐标（km）（仅当 PMAP=TTM、LCC、LAZA 时设置）	0
IUTMZN	integer	UTM 分区（仅当 PMAP=UTM 时设置）	—
UTMHEM	char	半球（仅当 PMAP=UTM 时设置，N=北半球，S=南半球）	N
RLAT0	real	参考点经度（°）（仅当 PMAP 不是 UTM 时设置）	0
RLON0	real	参考点纬度（°）（仅当 PMAP 不是 UTM 时设置）	0
XLAT1	real	标准纬线 1（°）（仅当 PMAP=LCC、PS 时设置）	—
XLAT2	real	标准纬线 2（°）（仅当 PMAP=LCC、PS 时设置）	—
DATUM	char	大地基准面	WGS-84
NX	integer	气象网格 *X* 方向格点数	—
NY	integer	气象网格 *Y* 方向格点数	—
NZ	integer	气象网格垂直层数	—
ZFACE	real	气象网格各垂直层的层顶高度（m），NZ+1 个值	—
DGRIDKM	real	气象网格格距（km）	—
XORIGKM	real	气象网格西南角格点 *X* 坐标（km）	—
YORICKM	real	气象网格西南角格点 *Y* 坐标（km）	—
IBCOMP	integer	计算网格左下角 *X* 指数（1≤IBCOMP≤NX）	—
JBCOMP	integer	计算网格左下角 *Y* 指数（1≤JBCOMP≤NY）	—
IECOMP	integer	计算网格右上角 *X* 指数（IBCOMP≤IECOMP≤NX）	—
JECOMP	integer	计算网格右上角 *Y* 指数（JBCOMP≤JECOMP≤NY）	—
LSAMP	integer	是否使用采样网格（T=是，F=否）	T
IBSAMP	integer	采样网格左下角 *X* 指数（IBCOMP≤IBSAMP≤IECOMP）	—
JBSAMP	integer	采样网格左下角 *Y* 指数（JBCOMP≤JBSAMP≤JECOMP）	—
IESAMP	integer	采样网格右上角 *X* 指数（IBCOMP≤IBSAMP≤IECOMP）	—
JESAMP	integer	采样网格右上角 *Y* 指数（JBCOMP≤JBSAMP≤JECOMP）	—
MESHDN	integer	采样网格嵌套因子，采样网格格距=DGRIDKM/MESHDN。采样网格点的数目是 NXSAM×NYSAM，其中： NXSAM=MESHDN×（IESAMP−IBSAMP）+1 NYSAM=MESHDN×（JESAMP−JBSAMP）+1	—

输入组 5 定义了模型的输出选项，包括输出何种文件、调试及诊断输出选项等（表 7-34）。注意该输入组中定义的浓度及沉降单位仅针对输出列表文件，输出浓度和沉降文件采用的是默认单位 g/m^3 和 g/（m^2·s）。

表 7-34 输入组 5——输出选项

<table>
<tr><th>变量</th><th>类型</th><th colspan="2">描述</th><th>默认值</th></tr>
<tr><td>ICON</td><td>integer</td><td colspan="2">是否输出浓度（CONC.DAT）文件（0=否，1=是）</td><td>1</td></tr>
<tr><td>IDRY</td><td>integer</td><td colspan="2">是否输出干沉降通量（DFLX.DAT）文件（0=否，1=是）</td><td>1</td></tr>
<tr><td>IWET</td><td>integer</td><td colspan="2">是否输出湿沉降通量（WFLX.DAT）文件（0=否，1=是）</td><td>1</td></tr>
<tr><td>IVIS</td><td>integer</td><td colspan="2">是否输出能见度分析中所需的相对湿度文件</td><td>1</td></tr>
<tr><td>LCOMPRS</td><td>logical</td><td colspan="2">输出文件是否压缩（0=否，1=是）</td><td>T</td></tr>
<tr><td>IQAPLOT</td><td>integer</td><td colspan="2">是否输出绘图文件（0=否，1=是），如污染源、受体、网格的位置</td><td>0</td></tr>
<tr><td>IMFLX</td><td>integer</td><td colspan="2">是否输出穿过区域边界的质量通量文件（0=否，1=是）</td><td>0</td></tr>
<tr><td>IMBAL</td><td>integer</td><td colspan="2">是否输出质量平衡文件（MASSBAL.DAT）（0=否，1=是）</td><td>0</td></tr>
<tr><td>ICPRT</td><td>integer</td><td colspan="2">是否将浓度输出到列表文件（0=否，1=是）</td><td>0</td></tr>
<tr><td>IDPRT</td><td>integer</td><td colspan="2">是否将干沉降通量输出到列表文件（0=否，1=是）</td><td>0</td></tr>
<tr><td>IWPRT</td><td>integer</td><td colspan="2">是否将湿沉降通量输出到列表文件（0=否，1=是）</td><td>0</td></tr>
<tr><td>ICFRQ</td><td>integer</td><td colspan="2">列表文件中浓度输出时间间隔（仅当 ICPRT=1 时使用）</td><td>1</td></tr>
<tr><td>IDFRQ</td><td>integer</td><td colspan="2">列表文件中干沉降通量输出时间间隔（仅当 IDPRT=1 时使用）</td><td>1</td></tr>
<tr><td>IWFRQ</td><td>integer</td><td colspan="2">列表文件中湿沉降通量输出时间间隔（仅当 IWPRT=1 时使用）</td><td>1</td></tr>
<tr><td>IMESG</td><td>integer</td><td colspan="2">是否将运行过程信息显示在 DOS 窗口（0=不显示，1=显示平流过程，2=显示日期、已有烟团数、排放烟团数）</td><td>2</td></tr>
<tr><td rowspan="7">IPRTU</td><td rowspan="7">integer</td><td colspan="2">列表文件中浓度和沉降通量单位</td><td rowspan="7">3</td></tr>
<tr><td>浓度</td><td>沉降</td></tr>
<tr><td>1=g/m^3</td><td>g/（m^2·s）</td></tr>
<tr><td>2=mg/m^3</td><td>mg/（m^2·s）</td></tr>
<tr><td>3=μg/m^3</td><td>μg/（m^2·s）</td></tr>
<tr><td>4=ng/m^3</td><td>ng/（m^2·s）</td></tr>
<tr><td>5=臭气单位</td><td></td></tr>
<tr><td>LDEBUG</td><td>logical</td><td>是否输出调试选项（F=否，T=是）</td><td></td><td>F</td></tr>
<tr><td>IPFDEB</td><td>integer</td><td>调试选项中开始追踪的烟团 ID 编号（仅当 LDEBUG=T 时使用）</td><td></td><td>1</td></tr>
<tr><td>NPFDEB</td><td>integer</td><td>调试选项中追踪的烟团数（仅当 LDEBUG=T 时使用）</td><td></td><td>1</td></tr>
<tr><td>NN1</td><td>integer</td><td>开始调试输出的时间（h）（仅当 LDEBUG=T 时使用）</td><td></td><td>1</td></tr>
<tr><td>NN2</td><td>integer</td><td>终止调试输出的时间（h）（仅当 LDEBUG=T 时使用）</td><td></td><td>10</td></tr>
</table>

输入组 6 定义了次网格复杂地形 CTSG 的相关输入，包括三个子输入组，即 6a、6b 和 6c（表 7-35）。子输入组 6a 定义了山体和复杂地形受体的个数及数据格式以及坐标和单位。仅当采用 OPTHILL 创建山体及复杂地形受体数据时，才使用子输入组 6b 和 6c 定义山体和受体数据。采用 CTDM 格式山体及受体数据时，直接在输入组 0 中调用外部文件。

表 7-35　输入组 6——次网格尺度复杂地形输入

（a）普通 CTSG 参数			
变量	类型	描述	默认值
NHILL	integer	山体的数量	0
NCTREC	integer	复杂地形受体点的数量	0
MHILL	integer	CTSG 山体和复杂地形受体是否以 CTDM 格式输入	—
		1=用 CTDM 处理器创建 HILL.DAT 和 HILLRCT.DAT 文件	
		2=用 OPTHILL 创建山体数据，并在 6b 和 6c 中输入	
XHILL2M	real	把水平方向上长度单位转化为米的系数（仅当 MHILL=1）	1
ZHILL2M	real	把垂直方向上长度单位转化为米的系数（仅当 MHILL=1）	1
XCTDMKM	real	CTDM 系统中的 *X* 坐标（km，相对于 CALPUFF 坐标系统，仅当 MHILL=1）	—
YCTDMKM	real	CTDM 系统中的 *Y* 坐标（km，相对于 CALPUFF 坐标系统，仅当 MHILL=1）	—
（b）山体参数			
变量	类型	描述	默认值
XC	real	山体中心的 *X* 坐标（km）	—
YC	real	山体中心的 *Y* 坐标（km）	—
THETAH	real	从北开始顺时针方向的山体主轴方位角（°）	—
ZGRID	real	平均海平面以上网格的“零平面”的高度（m）	—
RELIEF	real	网格平面海拔以上山顶的高度（m）	—
EXPO1	real	山体长轴的形状指数	—
EXPO2	real	山体短轴的形状指数	—
SCALE1	real	山体长轴方向的水平长度	—
SCALE2	real	山体短轴方向的水平长度	—
AMAX1	real	山体长轴的最大允许轴长	—
AMAX2	real	山体短轴的最大允许轴长	—
（c）复杂地形受体参数			
变量	类型	描述	默认值
XRCT	real	复杂地形受体的 *X* 坐标（km）	—
YRCT	real	复杂地形受体 *Y* 坐标（km）	—
ZRCT	real	复杂地形受体高度（m）	—
XHH	real	与复杂地形受体相关的山体编号	—

输入组 7 包括计算气沉降的五个化学参数：污染物扩散率（cm^2/s）、水相电离常数 α*、污染物反应性系数、叶肉阻力（s/cm）和亨利系数（无量纲）。气沉降化学参数如图 7-27 所示。

```
INPUT GROUP: 7 -- Chemical parameters for dry deposition of gases
--------------

     SPECIES     DIFFUSIVITY      ALPHA STAR      REACTIVITY     MESOPHYLL RESISTANCE       HENRY'S LAW COEFFICIENT
      NAME       (cm**2/s)                                               (s/cm)                  (dimensionless)
     -------     -----------      ----------      ----------     --------------------       -----------------------

!        SO2 =      .1509,         1000.0,           8.0,                 .0,                        .04 !
!         NO =      .1345,            1.0,           2.0,               25.0,                       18.0 !
!        NO2 =      .1656,            1.0,           8.0,                5.0,                        3.5 !
!       HNO3 =      .1628,            1.0,          18.0,                 .0,                   .0000001 !

!END!
```

图 7-27 输入组 7——气沉降化学参数

输入组 8 包括颗粒物干沉降的粒径参数：几何质量平均粒径（μm）和几何标准偏差（μm）。颗粒物干沉降粒径参数如图 7-28 所示。对于单个污染物，这两个参数用于计算输入组 9 中 NINT 定义各种粒径的沉降速率，然后取平均值；对于污染物组，需要明确定义粒径分布，且标准偏差定义为 0（表 7-36）。

```
INPUT GROUP: 8 -- Size parameters for dry deposition of particles
--------------

     For SINGLE SPECIES, the mean and standard deviation are used to
     compute a deposition velocity for NINT (see group 9) size-ranges,
     and these are then averaged to obtain a mean deposition velocity.

     For GROUPED SPECIES, the size distribution should be explicitly
     specified (by the 'species' in the group), and the standard deviation
     for each should be entered as 0.  The model will then use the
     deposition velocity for the stated mean diameter.

      SPECIES      GEOMETRIC MASS MEAN          GEOMETRIC STANDARD
       NAME             DIAMETER                    DEVIATION
                        (microns)                   (microns)
      -------      -------------------          ------------------
!        SO4 =            .48,                         2.0    !
!        NO3 =            .48,                         2.0    !
!       PM10 =            .48,                         2.0    !

!END!
```

图 7-28 输入组 8——颗粒物干沉降粒径参数

表 7-36 输入组 9——其他干沉降参数

变量	类型	描述	默认值
RCUTR	real	参考表皮阻力（s/cm）	30
RGR	real	参考地面阻力（s/cm）	10
REACTR	real	参考污染物反应性系数	8
NINT	integer	用于估算颗粒物沉降速率的颗粒物——粒径分布区间数量	9
IVEG	integer	在非灌溉区的植被状态 1=活性以及无应力下的植被 2=活性以及有应力下的植被 3=没有活性的植被	1

输入组 10 包括湿沉降的两个参数：液态和固态降水的清除系数（图 7-29）。

```
INPUT GROUP: 10 -- Wet Deposition Parameters
---------------


                    Scavenging Coefficient -- Units: (sec)**(-1)

          Pollutant        Liquid Precip.       Frozen Precip.
          ---------        --------------       --------------
!             SO2 =           3.0E-05,              0.0E00 !
!             SO4 =           1.0E-04,             3.0E-05 !
!            HNO3 =           6.0E-05,              0.0E00 !
!             NO3 =           1.0E-04,             3.0E-05 !
!            PM10 =           1.0E-04,             3.0E-05 !

!END!
```

图 7-29 输入组 10——湿沉降参数

输入组 11 定义了二次无机气溶胶（硫酸盐、硝酸盐）和二次有机气溶胶 SOA 预测的相关化学参数（表 7-37）。

表 7-37 输入组 11——化学参数

变量	类型	描述	默认值
MOZ	integer	臭氧数据输入选项（仅当 MCHEM=1，3 时使用） 0=使用臭氧月均背景值 1=使用小时臭氧文件 OZONE.DAT	0
BCKO3	real	月均臭氧背景浓度（10^{-9}）	12*80
BCKNH3	real	月均氨背景浓度（10^{-9}）	12*10
RNITE1	real	夜间 SO_2 损失率（%/h）	0.2
RNITE2	real	夜间 NO_x 损失率（%/h）	2
RNITE3	real	夜间 HNO_3 增加率（%/h）	2

变量	类型	描述	默认值
MH2O2	integer	H_2O_2 月均数据输入选项 0=使用月均值 1=使用小时 H_2O_2 文件 H_2O_2.DAT	1
BCKH2O2	real	H_2O_2 月均值（10^{-9}）	12*1
BCKPMF	real	细颗粒物浓度（μg/m^3）	—
OFRAC	real	细颗粒物中有机组分比例	—
BCKPMF	real	VOC/NO_x 比	—

输入组 12 定义了其他扩散和计算参数，包括单站气象数据站点参数、烟团分裂控制参数、积分控制参数、边界条件控制参数等（表 7-38）。

表 7-38　输入组 12——其他扩散和计算参数

（a）一般参数			
变量	类型	描述	默认值
SYTDEP	real	烟团的水平尺寸大于该值时采用时间相关的 Heffter 扩散公式计算σ_y和σ_z（m）	550
MHFTRZ	integer	是否使用 Heffter 扩散公式计算σ_z（0=否，1=是）	0
JSUP	integer	用来确定边界层以上烟羽增长速率的稳定度	5
CONK1	real	稳定条件下的垂直扩散常数 k_1	0.01
CONK2	real	中性条件或不稳定条件下的垂直扩散常数 k_2	0.1
TBD	real	建筑物下洗机制因子（SS 用于 Hs＜Hb+TBD×HL） TBD＜0，使用 Huber-Snyder TBD=1.5，使用 Schulman-Scire TBD=0.5，ISC 过渡点	0.5
IURB1/IURB2	integer	城市区域用地类型范围	10，19
（b）单站气象数据站点参数			
变量	类型	描述	默认值
ILANDUIN	integer	模拟范围内的用地类型	20
Z0IN	real	模拟范围的地表粗糙度（m）	0.25
XLAIN	real	模拟范围内的叶面积指数	3
ELEVIN	real	海平面以上的海拔（m）	0
XLATIN	real	站点的纬度（°）（北半球为正）	–999
XLONIN	real	站点的经度（°）（东半球为正）	–999
ANWMHT	real	风速计高度（m）	10
ISIGMAV	integer	PROFILE.DAT 文件中侧向湍流数据格式 0=读取σ_θ 1=读取σ_v	1
IMIXCTDM	integer	混合层高度选项（仅当 METFM=4 时使用） 0=读取预测的混合层高度 1=读取观测的混合层高度	0

变量	类型	描述	默认值
XMXLEN	real	烟片的最大尺寸（单位为气象格点）	1
XSAMLEN	real	烟片/烟团在一个采样步长里最大移动距离（单位为气象格点）	1
MXNEW	integer	在一个时间步长内单个源释放出的烟团或烟片数量的最大值（当XSAMLEN 值特别小时，以帽子的形式处理）	99
MXSAM	integer	同一个时间步长内烟团或烟片采样步长的最大值	99
NCOUNT	integer	考虑过渡烟羽逐步抬升的采样步长内，计算输送风的迭代次数	2
SYMIN	real	新烟团/烟片的最小σ_y值（m）	1
SZMIN	real	新烟团/烟片的最小σ_z值（m）	1
SVMIN	real	最小湍流值σ_v（m/s）	6*0.5
SWMIN	real	最小湍流值σ_w（m/s）	—
CDIV（2）	real	水平收敛初始调整的 d_w/d_z 散度标准	0.0，0.0
WSCALM	real	非静风条件下允许的最小风速，也常用作地面风速幂律指数外推时的最小风速	0.5
XMAXZI	real	最大混合高度（m）	3000
XMINZI	real	最小混合高度（m）	50
SL2PF	real	从烟片转化为烟团的标准（=σ_y/烟片长度）	10
WSCAT（5）	real array	风速分类（m/s），最后一个等级没有上限	—
PLX0（6）	real array	稳定度 A～F 的风速廓线指数	—
PTG0（6）	real array	稳定度 *E* 和 *F* 的位温梯度（K/m）	—
PPC（6）	real array	各稳定度下的烟羽路径系数	—

（c）烟团分裂控制参数

变量	类型	描述	默认值
NSPLIT	integer	每次每个烟团分裂后的数量（=3 表示一个烟团分裂成 3 个）	3
IRESPLIT	real array	一天内当分裂的烟团到达可以再次分裂条件的时间；一般每天设置一次，在入夜之前，日落左右设置。24 时制：0 是午夜（00：00），23 是下午 11 点（23：00）。0=不再次分裂；1=达到可以再次分裂的条件	17*0，1，6*0
ZISPLIT	real	只有当最后小时的混合层高度（m）超过这个最小值时，才允许分裂	100
ROLDMAX	real	当最后小时的混合层高度与烟团经历的最大混合层高度的比例比这个最大值还小时，才允许分裂（这就推迟了分裂，直到出现夜间层）	0.25

（d）积分控制参数

变量	类型	描述	默认值
EPSSLUG	real	用于数值烟片采样积分的分步收敛准则	1.0×10^{-4}
EPSAREA	real	用于数值面源积分的分步收敛准则	1.0×10^{-6}
DSRISE	real	数值抬升积分的轨道步长（m）	1

（e）边界条件烟团控制参数

变量	类型	描述	默认值
HTMINBC	real	边界烟团混合的最小高度（m）	500
RESAMPBC	real	受体点与采样边界烟团的搜索半径（km）	10
MDEPBC	real	边界烟团浓度廓线的近地面削减调整（m）	1

输入组 13 定义了点源排放参数，包括 4 个子输入组。子输入组 13a 定义了点源个数、排放速率单位等；子输入组 13b 定义了点源的不变参数，如坐标、烟囱高度等；子输入组 13c 定义了建筑物尺寸参数，仅在考虑建筑物下洗效应时使用；子输入组 13d 定义了点源的可变排放参数（表 7-39）。

表 7-39　输入组 13——点源参数

（a）普通参数			
变量	类型	描述	默认值
NPT1	integer	控制文件中点源的个数	—
IPTU	integer	点源排放速率单位 1=g/s 2=kg/h 3=lb/h 4=t/a 5=臭气单位*m^3/s 6=臭气单位*m^3/min 7=t/a	1
NSPT1	integer	13d 中的具有可变排放速率因子的污染物数量	0
NPT2	integer	可任意变化点源排放外部文件中点源的数量	—
（b）点源的不变参数			
变量	类型	描述	默认值
SRCNAM	char*12	点源名称（不超过 12 个字符）	—
XUTM	real	烟囱 *X* 坐标（km）	—
YUTM	real	烟囱 *Y* 坐标（km）	—
HSTAK	real	烟囱高度（m）	—
SELEV	real	烟囱底部海拔高度（m）	—
DLAM	real	烟囱内径（m）	—
EXITW	real	烟气出口速度（m/s）	—
EXITT	real	烟气出口温度（K）	—
BDOWN	real	建筑物下洗标记 0=不考虑建筑物下洗 1=考虑建筑物下洗 2=考虑建筑物下洗（当 ZPLTFM＞0）	—
EMS	real array	排放速率（g/s）	—
SIGMAYI	real	初始的σ_y（m）	0
SIGMAZI	real	初始的σ_z（m）	0
FMFAC	real	垂直动量通量因子	1
ZPLTFM	real	平台高度（m）	0

（c）建筑物尺寸参数			
变量	类型	描述	默认值
SRCNAM	Char*12	污染源名称	—
HEIGHT	real array	36 个指定方向建筑物的高度的数列（m），为 10°～360°，每 10°为一个向量	—
WIDTH	real array	36 个指定方向建筑物的宽度的数列（m），为 10°～360°，每 10°为一个向量	—

（d）点源可变排放参数			
变量	类型	描述	默认值
SRCNAM	Char*12	污染源名称	—
IVARY	integer	换算因子选项 0=常数 1=日变化（24 个值，小时 1～24） 2=月变化（12 个值，月份 1～12） 3=小时和季节变化（96 个值，分 4 组，每组 24 个值，第一组是冬季 12—2 月） 4=风速和稳定度（36 个值，分 6 组，每组 6 个值，第一组是稳定度 A） 5=温度变化（12 个值）	0
QFAC	real array	污染源和所指定污染物排放物换算因子的数列	—

输入组 14 定义了面源排放参数，包括 4 个子输入组。子输入组 14a 定义了面源个数、排放速率单位等；子输入组 14b 定义了面源的不变排放参数；子输入组 14c 定义了面源顶点的坐标；子输入组 14d 定义了面源的可变排放参数（表 7-40）。

表 7-40　输入组 14——面源参数

（a）一般参数			
变量	类型	描述	默认值
NAR1	integer	控制文件中面源的个数	—
IARU	integer	面源排放速率单位选项 1=g/m²/s 2=kg/m²/h 3=lb/m²/h 4=t/m²/a 5=臭气单位*m/s 6=臭氧单位*m/min 7=t/m²/a	
NSAR1	integer	14d 中提供的具有可变速率排放速率换算因子的污染物的数量	0
NAR2	integer	具有任意变化的排放参数的浮力面源的数量	—

(b) 面源排放参数			
变量	类型	描述	默认值
SRCNAM	Char*12	污染源名称	—
HTEFF	real	面源的有效高度（m）	—
AELEV	real	面源海拔高度（m）	—
SIGZI	real	面源的初始垂直扩散系数σ_z（m）	—
EMIS	real	排放速率［g/（s·m^2）］	—
(c) 面源顶点			
变量	类型	描述	默认值
SRCNAM	Char*12	污染源名称	—
XVERT	real	面源每一个顶点的 *X* 坐标（km）	—
YVERT	real	面源每一个顶点的 *Y* 坐标（km）	—
(d) 面源可变排放参数			
变量	类型	描述	默认值
SRCNAM	Char*12	污染源名称	—
IVARY	integer	换算因子选项 0=常数 1=日变化（24 个值，小时 1～24） 2=月变化（12 个值，月份 1～12） 3=小时和季节变化（96 个值，分 4 组，每组 24 个值，第一组是冬季 12—2 月） 4=风速和稳定度（36 个值，分 6 组，每组 6 个值，第一组是稳定度 A） 5=温度变化（12 个值）	0
QFAC	real array	污染源和所指定污染物排放物换算因子的数列	—

输入组 15 定义了线源排放参数，包括 3 个子输入组。子输入组 15a 定义了线源个数、排放速率单位等；子输入组 15b 定义了线源排放参数；子输入组 15c 定义了线源的可变排放参数（表 7-41）。

表 7-41　输入组 15——线源参数

(a) 一般参数			
变量	类型	描述	默认值
NKN2	integer	位置和排放参数均可变的浮力线源的个数（LNEMARB.DAT 文件提供所有参数数据）	0
NLINES	integer	浮力线源的数量	—
ILNU	integer	线源排放单位选项 1=g/s 2=kg/h 3=lb/h 4=t/h	1

（a）一般参数			
变量	类型	描述	默认值
ILNU	integer	5=臭气单位*m^3/s（化学物通量体积） 6=臭氧单位*m^3/min 7=t/a	1
NSLN1	integer	15c 中提供的具有可变排放速率换算因子的源物种的数量	0
MXNSEG	integer	每条线分成的线段的最大值（当 MSLUG=1）；代表每一条线的虚点的确切值（当 MSLUG=0）	7
NLRISE	integer	计算过渡抬升处的距离的数量	6
XL	real	平均建筑物长（m）	—
HBL	real	平均建筑物高（m）	—
WBL	real	平均建筑物宽（m）	—
WML	real	平均线源宽（m）	—
DXL	real	建筑物之间的平均间距（m）	—
FPRIMEL	real	平均浮力系数（m^4/s^3）	—
（b）线源排放参数			
变量	类型	描述	默认值
SRCNAM	Char*12	源的名称，常在子组 b、c、d 中配位输入	—
XBEGL	real	线源的起始 X 坐标（km）	—
YBEGL	real	线源的起始 Y 坐标（km）	—
XENDL	real	线源的结束 X 坐标（km）	—
YENDL	real	线源的结束 Y 坐标（km）	—
HTL	real	排放高度（m）	—
ELEVL	real	基准海拔高度（m）	—
QL	real	每种污染物的排放速率（g/s）	—
（c）可变参数			
变量	类型	描述	默认值
SRCNAM	Char*12	污染源名称	—
IVARY	integer	换算因子选项 0=常数 1=日变化（24 个值，小时 1～24） 2=月变化（12 个值，月份 1～12） 3=小时和季节变化（96 个值，分 4 组，每组 24 个值，第一组是冬季 12—2 月） 4=风速和稳定度（36 个值，分 6 组，每组 6 个值，第一组是稳定度 A） 5=温度变化（12 个值）	0
QFAC	real array	污染源和所指定污染物排放物换算因子的数列	—

输入组 16 定义了体源排放参数，包括 3 个子输入组。子输入组 16a 定义了体源个数、排放速率单位等；子输入组 16b 定义了体源排放参数；子输入组 16c 定义了体源的可变排放参数（表 7-42）。

表 7-42 输入组 16——体源参数

（a）一般参数			
变量	类型	描述	默认值
NVL1	integer	具有恒定参数或可变的排放换算因子的体源的数量	—
IVLU	integer	体源排放单位选项 1=g/s 2=kg/h 3=lb/h 4=t/a 5=臭气单位*m^3/s（化合物通量体积） 6=臭气单位*m^3/min 7=t/a	1
NSVL1	integer	16c 中提供的具有可变排放速率换算因子的源物种的数量	0
IGRDVL	integer	是否使用了网格化体源数据 （0=否，1=是，从文件 VOLEM.DAT 中读取）	—
VEFFHT	integer	网格化体源文件中的有效排放高度（m）	—
VSIGYI	real	网格化体源文件中初始的σ_y（m）	—
VSIGZI	real	网格化体源文件中初始的σ_z（m）	—
（b）体源排放参数			
变量	类型	描述	默认值
SRCNAM	Char*12	源的名称，常在子组 b、c、d 中配位输入	—
XVOL	real	体源中心的 X 坐标（km）	—
YVOL	real	体源中心的 Y 坐标（km）	—
HTVOL	real	体源的有效高度（m）	—
ELEVOL	real	体源的基准海拔高度（m）	—
SYVOL	real	体源的初始σ_y（m）	—
SZVOL	real	体源的初始σ_z（m）	—
QVOL	real	体源排放的每种污染物的排放速率（g/s）	—
（c）体源可变参数			
变量	类型	描述	默认值
SRCNAM	Char*12	污染源名称	—
IVARY	integer	换算因子选项 0=常数 1=日变化（24 个值，小时 1～24） 2=月变化（12 个值，月份 1～12） 3=小时和季节变化（96 个值，分 4 组，每组 24 个值，第一组是冬季 12—2 月） 4=风速和稳定度（36 个值，分 6 组，每组 6 个值，第一组是稳定度 A） 5=温度变化（12 个值）	0
QFAC	real array	污染源和所指定污染物排放物换算因子的数列	—

输入组 17 定义了离散受体数据，包括 2 个子输入组。子输入组 17a 定义了离散受体个数；子输入组 17b 定义了离散受体数据，包括坐标、海拔高度、离地高度（表 7-43）。

表 7-43 输入组 17——离散受体数据

（a）离散受体个数			
变量	类型	描述	默认值
NREC	integer	离散受体个数	—
（b）离散受体参数			
变量	类型	描述	默认值
XUTM	real	离散受体的 *X* 坐标（km）	—
YUTM	real	离散受体的 *Y* 坐标（km）	—
ELEV	real	受体的海拔高度（m）	—
ZREC	real	受体的离地高度（m）	—

7.9 CALPUFF 后处理程序

7.9.1 后处理操作流程

图 7-30 为 CALMET/CALPUFF 的后处理流程。

CALPOST 后处理程序用于对 CALPUFF 二进制输出文件的逐时数据值进行统计分析，如计算与环境质量标准相应平均时段的浓度平均值，超标分析、生成相关结果表和绘图文件等。当 CALPUFF 输入文件中含有用于评估能见度所需要的污染物浓度时，CALPOST 也可以用来计算能见度相关的消光系数分析。CALPOST 的功能和选项如下：

①用户自定义处理时长；

②用户自定义平均时段；

③用户选择污染物；

④用户选择输出浓度或沉降通量单位；

⑤网格受体、离散受体、复杂地形受体任意组合；

⑥选择网格受体和离散受体的子区域；

⑦指定平均时段的前 50 最大值输出表；

⑧用户指定输出各受体点第 *N* 高值；

⑨指定标准值后输出各受体点超标数；

⑩通过 y=ax+b 线形函数对浓度或沉降通量值数据进行缩放或叠加背景浓度；

⑪可叠加小时背景浓度；

⑫能见度分析。

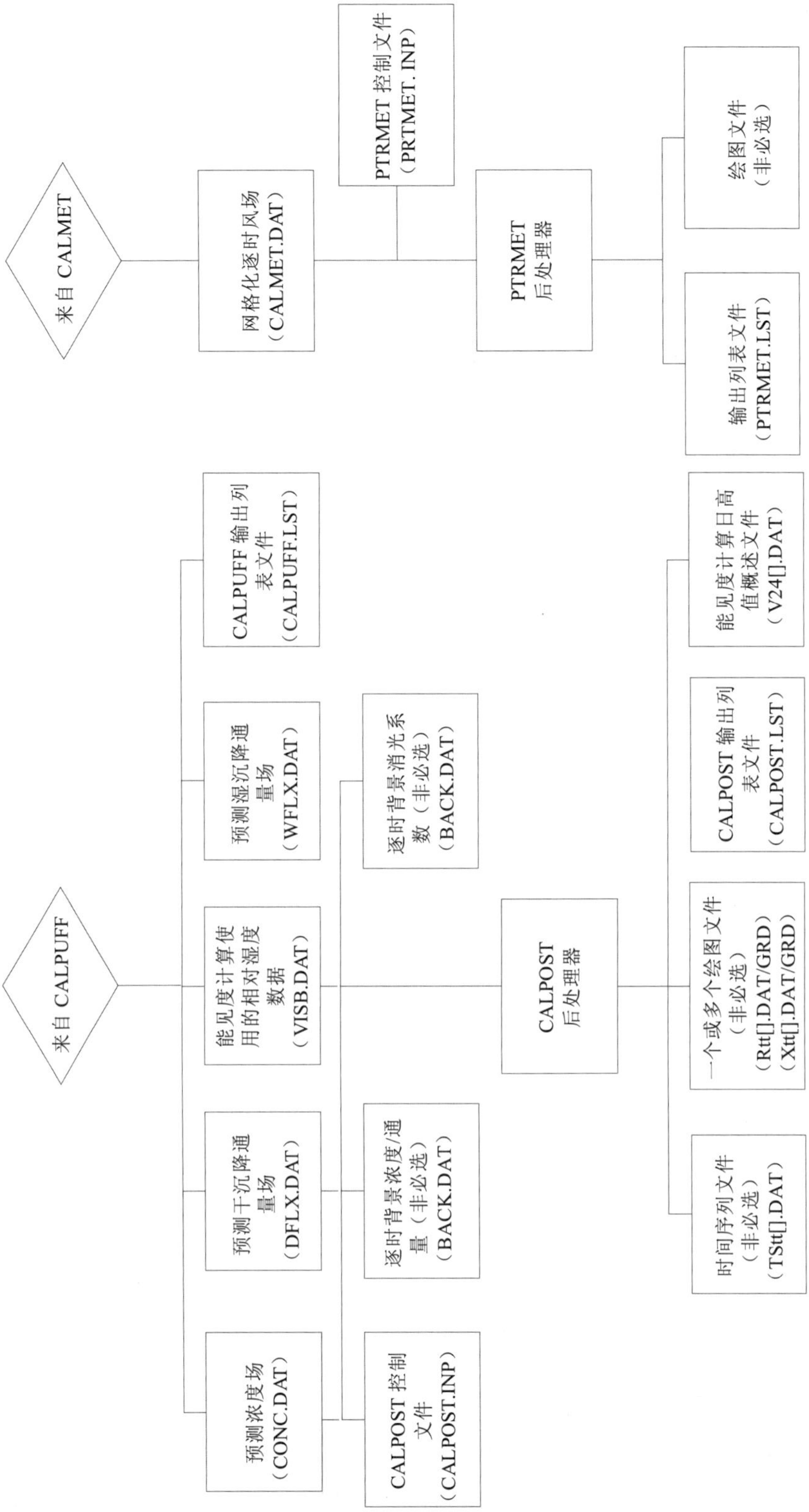

图 7-30　CALPOST/PRTMET 后处理流程

PRTMET 后处理程序用于从 CALMET 二进制格式的三维气象场数据中提取指定时间、区域、垂直层的风场、温度场，以及相关的二维场，如混合层高度、稳定度等。当只选择一个网格点时，PRTMET 可输出这个格点指定气象要素的时间序列文件，可用于分析与观测数据的相关性。当选择一个网格区域时，PRTMET 可输出能在 Surfer 绘图软件中打开的绘图文件，从而进行气象场分析。

7.9.2 CALPOST 输入文件

7.9.2.1 控制文件（CALPOST.INP）

CALPOST 控制文件 CALPOST.INP 定义各输入输出文件的路径和名称以及相关控制参数。控制文件的格式与前述的 CALMET/CALPUFF 控制文件格式相同。CALPOST 控制文件包括 3 个输入组。

输入组 0 定义了 CALPOST 输入和输出文件，输入和输出文件路径和名称不超过 132 个字符。部分输出的文件会自动命名，举例如下（表 7-44）。

时间序列文件：TSERIES_ASPEC_ttHR_CONC_TSUNAM.DAT

时间序列峰值文件：PEAKVAL_ASPEC_ttHR_CONC_TSUNAM.DAT

等级绘图文件（DAT 格式）：RANK（ALL）_ASPEC_ttHR_CONC_TUNAM.DAT

等级绘图文件（GRD 格式）：RANK（ii）_ASPEC_ttHR_CONC_TUNAM.GRD

超标数绘图文件（DAT 格式）：EXCEED_ASPEC_ttHR_CONC_XUNAM.DAT

超标数绘图文件（GRD 格式）：EXCEED_ASPEC_ttHR_CONC_XUNAM.GRD

其中：ASPEC = 污染物名称

CONC = CONC、WFLX、DFLX 或 TFLX

tt = 平均时段

hh = 小时

ii = 等级，如第几高

DAT= xyz 文件格式（如 *X* 坐标、*Y* 坐标、污染物浓度）

GRD=Surfer 绘图软件格式的绘图文件格式（仅当选择了网格受体才能生成该文件）

表 7-44 输入组 0——输入和输出文件

(a) 输入文件			
变量	类型	描述	默认名
MODDAT	char*132	CALPUFF 输出的浓度或沉降通量文件	MODEL.DAT
VISDAT	char*132	CALPUFF 输出的相对湿度因子文件，仅用于能见度分析	VISB.DAT
BACKDAT	char*132	小时背景文件	BACK.DAT
VSRDAT	char*132	小时背景消光系数文件	VSRN.DAT

(b) 输出文件

变量	类型	描述	默认名
PSTLST	char*132	CALPOST 输出列表文件	CALPOST.LST
PLPATH	char*132	绘图文件路径	—
TSPATH	char*132	时间序列文件路径	—
TSUNAM	char*8	时间序列文件标记字符	—
TUNAM	char*8	等级绘图文件标记字符	—
XUNAM	char*8	超标数文件标记字符	—
VUNAM	char*8	能见度绘图文件标记字符	—
DVISDAT	char*132	能见度变化文件	—

输入组 1 定义了 CALPOST 的一般运行控制参数，包括时间、污染物信息、受体点信息、背景值、缩放因子、受体点选择等。仅当污染物名称设为 VISIB 时，输入组 2 中的参数才会被使用（表 7-45）。

表 7-45　输入组 1——一般运行控制参数

变量	类型	描述	默认值
METRUN	integer	处理 CALPUFF 输出文件中的所有时长	0
		（0=否，用户明确定义处理时长，1=是）	
ISYR	integer	起始年份（四位数）	—
ISMO	integer	起始月份	—
ISDY	integer	起始日	—
ISHR	integer	起始小时	—
ISMIN	integer	起始分钟	—
ISSEC	integer	起始秒	—
IEYR	integer	结束年份（四位数）	—
IEMO	integer	结束月份	—
IEDY	integer	结束日	—
IEHR	integer	结束小时	—
IEMIN	integer	结束分钟	—
IESEC	integer	结束秒	—
BTZONE	real	时区	—
NREP	integer	处理步长	1
ASPEC	char*12	污染物名称（VISIB 表示能见度）	—
ILAYER	integer	浓度/沉降代码 （1=浓度，−1=干沉降通量，−2=湿沉降通量，−3=总沉降通量）	1
A	real	$y=ax+b$ 缩放因子 A（$A=B=0$ 表示不缩放）	0

变量	类型	描述	默认值
B	real	y=ax+b 缩放因子 B	0
LBACK	logical	是否使用小时背景文件（F=否，T=是）	F
NO2CALC	integer	NO_2 来源 1=直接使用 NO_2（CALPUFF 输出文件中必须包含 NO_2） 2=指定一个 NO_2/NO_x 比 RNO_2NO_xX 3=指定一系列 NO_2/NO_x 比值 TNO_2NO_xX	1
MSOURCE	integer	源贡献处理 0=处理总浓度/通量 1=将各个源的贡献值加和 2=单个受体点源贡献分析	0
LG	logical	是否处理网格受体	F
LD	logical	是否处理离散受体	F
LCT	logical	是否处理 CTSG 复杂地形受体	F
LDRING	logical	是否按离散受体环汇报结果	F
NDREC	integer array	选择离散受体 –1=处理所有离散受体 0=不处理离散受体 1=处理选定的离散受体	–1
IBGRID	integer	处理的网格受体子区域左下角 X 网格号（–1 表示处理所有网格受体）	–1
JBGRID	integer	处理的网格受体子区域左下角 Y 网格号	–1
IEGRID	integer	处理的网格受体子区域右上角 X 网格号	–1
JEGRID	integer	处理的网格受体子区域右上角 Y 网格号	–1
NGONOFF	integer	选择的网格受体的列	0
NGXRECP	integer array	是否处理选中的网格受体（0=否，1=是）	1

输入组 2 定义了能见度分析的相关参数，包括吸湿性颗粒物增长曲线方法选择、能见度相关物种选择、各物种消光系数、背景消光系数计算等。当选择了能见度法规选项检查时，必须设置 ASPEC=VISIB、LVNO2=T、NO2CALC=1、$RNO2NO_x$=1.0、MVISBK=8、M8_MODE=5（表 7-46）。

表 7-46　输入组 2——能见度参数

变量	类型	描述	默认
MVISCHECK	integer	是否遵循美国 FLAG2008 能见度法规选项（0=否，1=是）	1
AREANAME	char	美国 Class I 区域名称（用于选择背景值）	—

变量	类型	描述	默认
MFRH	integer	吸湿性颗粒物增长曲线 1=IWAQM（1998）f（RH）曲线 2-FLAG（2000）f（RH）曲线 3=EPA（2003）f（RH）曲线 4=IMPROVE（2006）f（RH）曲线	4
RHMAX	real	颗粒物增长曲线中的最大相对湿度（%）	98
LVSO4	logical	消光计算中是否包括硫酸盐	T
LVSO3	logical	消光计算中是否包括硝酸盐	T
LVOC	logical	消光计算中是否包括有机碳	T
LVPMC	logical	消光计算中是否包括粗颗粒物	T
LVPMF	logical	消光计算中是否包括细颗粒物	T
LVEC	logical	消光计算中是否包括元素碳	T
LVNO2	logical	消光计算中是否包括 NO_2 吸收	F
LVBK	logical	是否包括背景	T
SPECPMC	char*12	MODEL.DAT 中粗颗粒物名称	PMC
SPECPMF	char*12	MODEL.DAT 中细颗粒物名称	PMF
EEPMC	real	粗颗粒物消光效率（1/Mm per $\mu g/m^3$）	0.6
EEPMF	real	细颗粒消光效率	1
EEPMCBK	real	背景粗颗粒物消光效率	0.6
EESO4	real	硫酸铵消光效率	3
EENO3	real	硝酸铵消光效率	3
EEOC	real	有机碳消光效率	4
EESOIL	real	土壤消光效率	1
EEEC	real	元素碳消光效率	10
EENO2	real	NO_2 消光效率	10
MVISBK	integer	背景消光效率计算方法 1=提供单一干背景消光系数和吸湿部分比例 2=利用生成物种 PM 测量值计算消光值方法 A 3=通过生成物种 PM 测量值计算消光值方法 B 4=读取每小时大气透射计背景吸光度数据 5=读取每小时比浊计背景吸光度测量值 6=应用生成物种 PM 测量值计算吸光度 7=发生天气事件时采用观测信息计算，其他情况采用方法 2 8=分物种采用 IMPROVE2006 曲线计算	8
BEXTBK	real	背景消光系数（1/Mm）	—
RHFRAC	real	相对湿度影响的颗粒物百分比	—
RHFAC	integer array	用于校正吸湿物质消光系数的月均相对湿度	—
BKSO4	real	硫酸铵背景浓度（$\mu g/m^3$）	—
BKNO3	real	硝酸铵背景浓度（$\mu g/m^3$）	—
BKPMC	real	粗颗粒物背景浓度（$\mu g/m^3$）	—
BKOC	real	有机碳背景浓度（$\mu g/m^3$）	—

变量	类型	描述	默认
BKSOIL	real	土壤沙尘背景浓度（μg/m³）	—
BKEC	real	元素碳背景浓度（μg/m³）	—
BEXTRAY	real	瑞利散射作用产生的消光度	10
M8_MODE	integer	吸湿性物种消光系数计算（方法 8 子选项） 1=使用 VISB.DAT 中的逐时 RH、逐时模拟浓度、月均背景浓度计算 2=使用 RHFAC 和 EPA2003f（RH）曲线中的月均 RH、逐时模拟浓度、月均背景浓度计算 3=使用 RHFAC 和 EPA2003f（RH）曲线中的月均 RH、日均模拟浓度、月均背景浓度计算 4=采用月均 RHFSML、RHFLRG 和 RHFSEA、逐时模拟浓度、月均背景浓度计算 5=采用月均 RHFSML、RHFLRG 和 RHFSEA、日均模拟浓度、月均背景浓度计算	5
BKSALT	real	海盐粒子月均浓度的背景消光系数	—
RHFSML	real	小颗粒物月均相对湿度因子	—
RHFLRG	real	大颗粒物月均相对湿度因子	—
RHFSEA	real	海盐粒子月均相对湿度因子	—

输入组 3 定义了 CALPOST 的输出选项，包括单位、平均时段、日期选择、输出结果表和绘图文件的选择等（表 7-47）。

表 7-47　输入组 3——输出选项

变量	类型	描述		默认值
IPRTU	integer	浓度和沉降通量单位		1
		浓度	沉降	
		1=g/m³	g/（m²·s）	
		2=mg/m³	mg/（m²·s）	
		3=μg/m³	μg/（m²·s）	
		4=ng/m³	ng/（m²·s）	
		5=臭气单位		
L1PD	logical	1 步长平均值		F
L1HR	logical	1 h 平均值		T
L3HR	logical	3 h 平均值		T
L24HR	logical	24 h 平均值		T
LRUNL	logical	运行时长平均值		T
NAVGH	real	用户自定义平均时段（h）		0
NAVGM	real	用户自定义平均时段（min）		0

变量	类型	描述	默认值
NAVGS	real	用户自定义平均时段（s）	0
LT50	logical	是否生成前 50 高表格	T
LTOPN	logical	是否生成第 *N* 高（等级）表格	T
NTOP	integer	每个受体点的输出等级数目（必须≤4）	4
ITOP（4）	integer array	确定等级数	1，2，3，4
LEXCD	logical	是否生成超标数表格	F
THRESH1	real	1 h 平均值的标准	–1
THRESH3	real	3 h 平均值标准	–1
THRESH24	real	24 h 平均值标准	–1
THRESHN	real	用户自定义时段平均值标准	–1
NDAY	integer	累积周期（日）	0
NCOUNT	integer	单个 NDAT 周期内允许的超过数数目	1
LECHO	logical	选择日期	F
IECHO	integer array	输出选择的日期（0=否，1=是）	366*0
LTIME	logical	输出时间序列文件	F
LPEAK	logical	输出时间序列峰值文件	F
LPLT	logical	输出绘图文件	F
LGRD	logical	输出 GRD 格式绘图文件	F
LDEBUG	logical	输出调试信息	F

7.9.2.2　CALPUFF 输出文件（MODEL.DAT 或 VISB.DAT）

CALPOST 后处理程序可以读取 CALPUFF 输出的浓度/沉降通量数据（MODEL.DAT）。当采用 CALPOST 进行能见度分析时，部分计算方法还需调用 CALPUFF 输出的相对湿度因子文件（VISB.DAT）。

7.9.2.3　小时背景文件（BACK.DAT）

CALPOST 中的一个可选项，将一个空间上不变的小时背景值加入 CALPUFF 计算的逐时浓度/沉降通量上，再进行各平均时段的统计分析。小时背景文件为格式化的文本文件保存，包括文件头和数据行。文件头中定义了背景浓度/沉降通量转换成 CALPUFF 文件中默认单位［g/m^3 或 $g/(m^2 \cdot s)$］的系数，数据行定义了各个小时的背景值。表 7-48 描述了小时背景文件的格式，图 7-31 为小时背景文件的一个实例。

表 7-48 小时背景文件格式

（a）文件头				
数据行编号	变量	类型	描述	实例值
1	CONFACT	real	单位转换系数，将背景浓度值转换为 g/m³，或沉降通量背景值转换为 g/（m²·s）的系数	0.000001

（b）数据行（自由格式）				
变量编号	变量	类型	描述	实例值
1	NYR	integer	数据的年份（YYYY）	1994
2	NJDAY	integer	数据的儒略日（JJ）	210
3	NHR	integer	小时	130
4	XMHBU	real	背景浓度/沉降通量	32.8

```
0.000001
1994    2    1    23.57
1994    2    2    20.95
1994    2    3    20.95
1994    2    4    15.71
1994    2    5    23.57
1994    2    6    28.81
1994    2    7    28.81
1994    2    8    26.19
1994    2    9    31.43
1994    2   10    23.57
1994    2   11    20.95
1994    2   12    18.33
1994    2   13    15.71
1994    2   14    15.71
1994    2   15    13.09
1994    2   16    13.09
1994    2   17    13.09
1994    2   18    10.48
1994    2   19    13.09
1994    2   20    15.71
1994    2   21    13.09
1994    2   22    10.48
1994    2   23    10.48
1994    3    0    13.09
```

图 7-31 小时背景文件实例

7.9.2.4 能见度测量值（VSRN.DAT）

CALPOST 通过利用能见度测量值计算小时背景消光系数，从而评估污染源排放污染物导致的能见度变化。能见度测量值有两种数据格式，且都来源于环境能见度保护的综合观测（IMPROVE）。当采用方法 4 的背景消光方法时（MVISBK=4），数据为大气透射计格式，当采用方法 5 的背景消光方法时（MVISBK=5），数据为比浊计格式。图 7-32、图 7-33 列出了这两种文件的实例。CALPOST 根据这个文件头内容判定所提供的文件格式。对比浊计数据文件而言读取前 26 个字符，第 24～27 个字符必须是“INS”。后面的数据行根据以下说明读取，变量“meas”表示消光系数（Mm^{-1}）。

如果其他来源相似的测量值，格式化成某种格式，就可以用于 CALPOST 中。注意大气透射计测量方法假定提供全部的吸光度系数，而比浊计测量方法仅提供因颗粒分散所引起的吸光度系数。

```
SITE YYYYMMDD  JD HHMM BEXT  UC  #  #  UT  DT MAX V A   AT   U  C   RH   U  C  DV
YOSE 19890317  76    0   19   2  1  0 -99 -991105 0      0   1  0   78   5  0  64
YOSE 19890317  76  100   17   2  1  0 -99 -991105 0     -1   1  0   84   5  0  53
YOSE 19890317  76  200   16   2  1  0 -99 -991105 0      0   1  0   80   5  0  47
YOSE 19890317  76  300   14   2  1  0 -99 -991105 0      1   1  0   65   5  0  34
YOSE 19890317  76  400   18   2  1  0 -99 -991105 0     -1   1  0   76   5  0  59
YOSE 19890317  76  500   16   2  1  0 -99 -991105 0     -1   1  0   79   5  0  47
YOSE 19890317  76  600   12   2  1  0 -99 -991105 0     -1   1  0   71   5  0  18
YOSE 19890317  76  700   16   2  1  0 -99 -991105 0      1   1  0   67   5  0  47
YOSE 19890317  76  800   16   2  1  0 -99 -991105 0      4   1  0   48   5  0  47
YOSE 19890317  76  900   20   2  1  0 -99 -991105 0     11   1  0   34   5  0  69
YOSE 19890317  76 1000   21   2  1  0 -99 -991105 0      9   1  0   32   5  0  74
YOSE 19890317  76 1100   25   2  1  0 -99 -991105 0     10   1  0   30   5  0  92
YOSE 19890317  76 1200   33   2  1  0 -99 -991105 0      9   1  0   45   5  0 119
YOSE 19890317  76 1300   45   2  1  0 -99 -991105 0      9   1  0   51   5  0 150
YOSE 19890317  76 1400   55   2  1  0 -99 -991105 0     10   1  0   58   5  0 170
YOSE 19890317  76 1500   67   2  1  0 -99 -991105 0     10   1  0   62   5  0 190
YOSE 19890317  76 1600   99   2  1  0 -99 -991105 0      8   1  0   70   5  0 229
YOSE 19890317  76 1700   60   2  1  0 -99 -991105 0      9   1  0   74   5  0 179
YOSE 19890317  76 1800   42   2  1  0 -99 -991105 0      6   1  0   84   5  0 144
YOSE 19890317  76 1900   37   2  0  1 -99 -991105 1 A    5   1  0   92   5  0 131
YOSE 19890317  76 2000   33   2  1  0 -99 -991105 0      6   1  0   82   5  0 119
YOSE 19890317  76 2100   29   2  1  0 -99 -991105 0      6   1  0   82   5  0 106
YOSE 19890317  76 2200   32   2  1  0 -99 -991105 0      6   1  0   83   5  0 116
YOSE 19890317  76 2300   30   2  1  0 -99 -991105 0      6   1  0   83   5  0 110
YOSE 19890318  77    0   35   2  1  0 -99 -991105 0      7   1  0   80   5  0 125
```

Field	Description
SITE	Site abbreviation
YYYYMMDD	Date (4-digit year/month/day)
JD	Julian Date
HHMM	Time using a 24-hour clock in hour/minute format
BEXT	bext (Mm^{-1})
UC	bext uncertainty (Mm^{-1})
#	Number of readings in average
#	Number of readings not in average due to weather
UT	Uncertainty threshold (Mm^{-1})
DT	threshold (Mm^{-1})
MAX	Maximum threshold (Mm^{-1})
V	bext validity code (0=valid, 1=interference, 2=invalid, 9=suspect)
A	bext validity interference subcode
AT	Temperature (°C)
U	Temperature uncertainty (°C)
C	Temperature validity code
RH	Relative humidity (%)
U	Relative humidity uncertainty (%)
C	Relative humidity validity code (0=valid, 2=invalid, 9=suspect)
DV	Haziness (deciview x 10)

图 7-32 大气透射计文件实例（VSRN.DAT）

SITE	YYYYMMDD	JD	HHMM	INS	BSP	PREC	V	A	RAW-M	RAW-SD	#	N/A	SD/M	DEL	MAX	RH	0123456789mPMOT	YINTER	SLOPE	AT	AT-SD	#	AT-PR	CT	CT-SD	#	CT-PR	RH	RH-SD	#	RH-PR	N/A
MOZ2	19941009	282	0000	048	22	0.140	0		43.33	1.60	12	-99.0	10.0	50	5000	90	0C0000000000000	-18.9	1.12	-3.58	0.19	12	1.00	-3.01	0.14	12	1.00	85.17	1.06	12	2.00	XXXX
MOZ2	19941009	282	0100	048	17	0.140	0		38.87	1.36	12	-99.0	10.0	50	5000	90	0C0000000000000	-18.9	1.12	-3.67	0.23	12	1.00	-2.79	0.10	12	1.00	82.03	0.93	12	2.00	XXXX
MOZ2	19941009	282	0200	048	18	0.140	0		40.24	0.71	12	-99.0	10.0	50	5000	90	0C0000000000000	-18.8	1.12	-3.94	0.10	12	1.00	-2.94	0.05	12	1.00	84.49	0.72	12	2.00	XXXX
MOZ2	19941009	282	0300	048	19	0.140	0		40.54	1.47	12	-99.0	10.0	50	5000	90	0C0000000000000	-18.7	1.12	-4.07	0.07	12	1.00	-3.06	0.04	12	1.00	84.49	1.40	12	2.00	XXXX
MOZ2	19941009	282	0400	048	16	0.140	0		38.57	1.72	10	-99.0	10.0	50	5000	90	0A2000000000003	-18.7	1.12	-4.30	0.11	12	1.00	-3.19	0.09	9	1.00	82.56	0.84	12	2.00	XXXX
MOZ2	19941009	282	0500	048	18	0.140	0		39.50	1.40	12	-99.0	10.0	50	5000	90	0C0000000000000	-18.7	1.12	-4.40	0.21	12	1.00	-3.33	0.13	12	1.00	82.87	1.13	12	2.00	XXXX
MOZ2	19941009	282	0600	048	15	0.140	0		37.24	1.04	12	-99.0	10.0	50	5000	90	0C0000000000000	-18.7	1.12	-4.16	0.16	12	1.00	-3.05	0.20	12	1.00	79.12	1.44	12	2.00	XXXX
MOZ2	19941009	282	0700	048	13	0.140	0		35.60	1.34	12	-99.0	10.0	50	5000	90	0C0000000000000	-18.7	1.12	-3.62	0.43	12	1.00	-2.23	0.41	12	1.00	76.14	2.20	12	2.00	XXXX
MOZ2	19941009	282	0800	048	10	0.140	0		32.62	1.26	12	-99.0	10.0	50	5000	90	0C0000000000000	-18.7	1.12	-2.02	0.48	12	1.00	-0.29	0.63	11	1.00	69.82	1.82	12	2.00	XXXX
MOZ2	19941009	282	0900	048	10	0.140	0		32.75	1.42	12	-99.0	10.0	50	5000	90	0C0000000000000	-18.7	1.12	-0.69	0.31	12	1.00	1.32	0.33	12	1.00	65.75	1.18	12	2.00	XXXX
MOZ2	19941009	282	1000	048	10	0.140	0		32.94	1.73	10	-99.0	10.0	50	5000	90	0A2000000000003	-18.7	1.12	0.24	0.30	12	1.00	2.03	0.40	9	1.00	63.34	1.71	12	2.00	XXXX
MOZ2	19941009	282	1100	048	15	0.140	0		37.18	1.47	12	-99.0	10.0	50	5000	90	0C0000000000000	-18.8	1.12	1.23	0.29	12	1.00	3.13	0.28	12	1.00	66.90	1.48	12	2.00	XXXX
MOZ2	19941009	282	1200	048	15	0.140	0		37.44	1.76	12	-99.0	10.0	50	5000	90	0C0000000000000	-19.1	1.12	2.13	0.23	12	1.00	4.27	0.27	12	1.00	64.31	1.93	12	2.00	XXXX
MOZ2	19941009	282	1300	048	12	0.140	0		35.03	1.17	12	-99.0	10.0	50	5000	90	0C0000000000000	-19.3	1.12	2.74	0.32	12	1.00	4.74	0.35	12	1.00	57.82	4.01	10	2.00	XXXX
MOZ2	19941009	282	1400	048	9	0.140	0		32.69	0.83	12	-99.0	10.0	50	5000	90	0C0000000000000	-19.6	1.12	3.86	0.34	12	1.00	5.73	0.34	12	1.00	51.25	2.95	12	2.00	XXXX
MOZ2	19941009	282	1500	048	10	0.140	0		33.59	0.98	12	-99.0	10.0	50	5000	90	0C0000000000000	-19.8	1.12	4.35	0.17	12	1.00	5.94	0.20	12	1.00	50.14	1.11	12	2.00	XXXX
MOZ2	19941009	282	1600	048	10	0.140	0		34.10	1.64	12	-99.0	10.0	50	5000	90	0C0000000000001	-20.1	1.12	3.82	0.22	12	1.00	5.25	0.23	11	1.00	51.88	1.66	12	2.00	XXXX
MOZ2	19941009	282	1700	048	11	0.140	0		34.78	1.66	10	-99.0	10.0	50	5000	90	0A2000000000002	-20.3	1.12	2.18	0.75	12	1.00	3.46	0.93	10	1.00	57.44	2.77	12	2.00	XXXX
MOZ2	19941009	282	1800	048	11	0.140	0		35.13	0.73	12	-99.0	10.0	50	5000	90	0C0000000000000	-20.4	1.12	1.12	0.22	12	1.00	2.01	0.23	12	1.00	58.90	1.04	12	2.00	XXXX
MOZ2	19941009	282	1900	048	10	0.140	0		34.22	0.96	12	-99.0	10.0	50	5000	90	0C0000000000000	-20.4	1.12	0.71	0.13	12	1.00	1.56	0.11	12	1.00	56.36	1.23	12	2.00	XXXX
MOZ2	19941009	282	2000	048	10	0.140	0		34.27	1.51	12	-99.0	10.0	50	5000	90	0C0000000000000	-20.4	1.12	0.02	0.13	12	1.00	0.89	0.16	12	1.00	56.45	0.99	12	2.00	XXXX
MOZ2	19941009	282	2100	048	9	0.140	0		33.52	0.64	12	-99.0	10.0	50	5000	90	0C0000000000000	-20.4	1.12	-0.17	0.06	12	1.00	0.61	0.06	12	1.00	55.21	0.41	12	2.00	XXXX
MOZ2	19941009	282	2200	048	9	0.140	0		33.48	0.89	12	-99.0	10.0	50	5000	90	0C0000000000000	-20.5	1.12	-0.33	0.04	12	1.00	0.43	0.03	12	1.00	54.33	1.55	12	2.00	XXXX
MOZ2	19941009	282	2300	048	8	0.140	0		32.90	0.77	10	-99.0	10.0	50	5000	90	0A2000000000003	-20.5	1.12	-0.26	0.08	12	1.00	0.50	0.07	9	1.00	47.41	0.78	12	2.00	XXXX
MOZ2	19941010	283	0000	048	8	0.140	0		32.44	0.63	12	-99.0	10.0	50	5000	90	0C0000000000000	-20.4	1.12	-0.42	0.16	12	1.00	0.41	0.11	12	1.00	48.51	1.46	12	2.00	XXXX

Field	Description
SITE	Site Abbreviation
YYYYMMDD	Date (4-digit year/month/day)
JD	Julian Date
HHMM	Time using a 24-hour clock in hour/minute format
INS	Nephelometer Serial Number
BSP	bsp (Mm^{-1}) - Particle scattering coefficient - Total - Rayleigh
PREC	bsp Estimated Precision (%/100)
V	bsp Validity Code(0=valid, 1=interference, 2=invalid, 9=suspect)
A	bsp Interference Code
RAW-M	Raw Nephelometer Hourly Average (Counts)
RAW-SD	Standard Deviation of Raw Nephelometer Average (Counts)
#	Number of Data Points in Hourly Nephelometer Average
N/A	(Not Used)
SD/M	Standard Deviation/Mean Interference Threshold
DEL	bsp Rate of Change Interference Threshold
MAX	Maximum bsp Interference Threshold
RH	Relative Humidity Interference Threshold
0123456789mPMOT	Composite Nephelometer Code Summary
YINTER	Y-intercept of Calibration Line Used to Calculate bsp
SLOPE	Slope of Calibration Line Used to Calculate bsp
AT	Average Ambient Temperature (°C)
AT-SD	Standard Deviation of Hourly AT Average
#	Number of Data Points in Hourly AT Average
AT-PR	Estimated Precision of Ambient Temperature
CT	Average Nephelometer Chamber Temperature (°C)
CD-SD	Standard Deviation of Hourly CT Average
#	Number of Data Points in Hourly CT Average
CT-PR	Estimated Precision of Chamber Temperature
RH	Average Relative Humidity (%)
RH-SD	Standard Deviation of Hourly RH Average
#	Number of Data Points in Hourly RH Average
RH-PR	Estimated Precision of Relative Humidity

SITE	YYYYMMDD	JD	HHMM	INS	BSP	PREC	V	A	RAW-M	RAW-SD	#	N/A	SD/M	DEL	MAX	RH	0123456789mPMOT	YINTER	SLOPE	AT	AT-SD	#	AT-PR	CT	CT-SD	#	CT-PR	RH	RH-SD	#	RH-PR	N/A
MOZ2	19941009	282	0000	048	22	0.140	0		43.33	1.60	12	-99.0	10.0	50	5000	90	0C0000000000000	-18.9	1.12	-3.58	0.19	12	1.00	-3.01	0.14	12	1.00	85.17	1.06	12	2.00	XXXX
MOZ2	19941009	282	0100	048	17	0.140	0		38.87	1.36	12	-99.0	10.0	50	5000	90	0C0000000000000	-18.9	1.12	-3.67	0.23	12	1.00	-2.79	0.10	12	1.00	82.03	0.93	12	2.00	XXXX
MOZ2	19941009	282	0200	048	18	0.140	0		40.24	0.71	12	-99.0	10.0	50	5000	90	0C0000000000000	-18.8	1.12	-3.94	0.10	12	1.00	-2.94	0.05	12	1.00	84.49	0.72	12	2.00	XXXX
MOZ2	19941009	282	0300	048	19	0.140	0		40.54	1.47	12	-99.0	10.0	50	5000	90	0C0000000000000	-18.7	1.12	-4.07	0.07	12	1.00	-3.06	0.04	12	1.00	84.49	1.40	12	2.00	XXXX
MOZ2	19941009	282	0400	048	16	0.140	0		38.57	1.72	10	-99.0	10.0	50	5000	90	0A2000000000003	-18.7	1.12	-4.30	0.11	12	1.00	-3.19	0.09	9	1.00	82.56	0.84	12	2.00	XXXX
MOZ2	19941009	282	0500	048	18	0.140	0		39.50	1.40	12	-99.0	10.0	50	5000	90	0C0000000000000	-18.7	1.12	-4.40	0.21	12	1.00	-3.33	0.13	12	1.00	82.87	1.13	12	2.00	XXXX
MOZ2	19941009	282	0600	048	15	0.140	0		37.24	1.04	12	-99.0	10.0	50	5000	90	0C0000000000000	-18.7	1.12	-4.16	0.16	12	1.00	-3.05	0.20	12	1.00	79.12	1.44	12	2.00	XXXX
MOZ2	19941009	282	0700	048	13	0.140	0		35.60	1.34	12	-99.0	10.0	50	5000	90	0C0000000000000	-18.7	1.12	-3.62	0.43	12	1.00	-2.23	0.41	12	1.00	76.14	2.20	12	2.00	XXXX
MOZ2	19941009	282	0800	048	10	0.140	0		32.62	1.26	12	-99.0	10.0	50	5000	90	0C0000000000000	-18.7	1.12	-2.02	0.48	12	1.00	-0.29	0.63	11	1.00	69.82	1.82	12	2.00	XXXX
MOZ2	19941009	282	0900	048	10	0.140	0		32.75	1.42	12	-99.0	10.0	50	5000	90	0C0000000000000	-18.7	1.12	-0.69	0.31	12	1.00	1.32	0.33	12	1.00	65.75	1.18	12	2.00	XXXX
MOZ2	19941009	282	1000	048	10	0.140	0		32.94	1.73	10	-99.0	10.0	50	5000	90	0A2000000000003	-18.7	1.12	0.24	0.30	12	1.00	2.03	0.40	9	1.00	63.34	1.71	12	2.00	XXXX
MOZ2	19941009	282	1100	048	15	0.140	0		37.18	1.47	12	-99.0	10.0	50	5000	90	0C0000000000000	-18.8	1.12	1.23	0.29	12	1.00	3.13	0.28	12	1.00	66.90	1.48	12	2.00	XXXX
MOZ2	19941009	282	1200	048	15	0.140	0		37.44	1.76	12	-99.0	10.0	50	5000	90	0C0000000000000	-19.1	1.12	2.13	0.23	12	1.00	4.27	0.27	12	1.00	64.31	1.93	12	2.00	XXXX
MOZ2	19941009	282	1300	048	12	0.140	0		35.03	1.17	12	-99.0	10.0	50	5000	90	0C0000000000000	-19.3	1.12	2.74	0.32	12	1.00	4.74	0.35	12	1.00	57.82	4.01	10	2.00	XXXX
MOZ2	19941009	282	1400	048	9	0.140	0		32.69	0.83	12	-99.0	10.0	50	5000	90	0C0000000000000	-19.6	1.12	3.86	0.34	12	1.00	5.73	0.34	12	1.00	51.25	2.95	12	2.00	XXXX
MOZ2	19941009	282	1500	048	10	0.140	0		33.59	0.98	12	-99.0	10.0	50	5000	90	0C0000000000000	-19.8	1.12	4.35	0.17	12	1.00	5.94	0.20	12	1.00	50.14	1.11	12	2.00	XXXX
MOZ2	19941009	282	1600	048	10	0.140	0		34.10	1.64	12	-99.0	10.0	50	5000	90	0C0000000000001	-20.1	1.12	3.82	0.22	12	1.00	5.25	0.23	11	1.00	51.88	1.66	12	2.00	XXXX
MOZ2	19941009	282	1700	048	11	0.140	0		34.78	1.66	10	-99.0	10.0	50	5000	90	0A2000000000002	-20.3	1.12	2.18	0.75	12	1.00	3.46	0.93	10	1.00	57.44	2.77	12	2.00	XXXX
MOZ2	19941009	282	1800	048	11	0.140	0		35.13	0.73	12	-99.0	10.0	50	5000	90	0C0000000000000	-20.4	1.12	1.12	0.22	12	1.00	2.01	0.23	12	1.00	58.90	1.04	12	2.00	XXXX
MOZ2	19941009	282	1900	048	10	0.140	0		34.22	0.96	12	-99.0	10.0	50	5000	90	0C0000000000000	-20.4	1.12	0.71	0.13	12	1.00	1.56	0.11	12	1.00	56.36	1.23	12	2.00	XXXX
MOZ2	19941009	282	2000	048	10	0.140	0		34.27	1.51	12	-99.0	10.0	50	5000	90	0C0000000000000	-20.4	1.12	0.02	0.13	12	1.00	0.89	0.16	12	1.00	56.45	0.99	12	2.00	XXXX
MOZ2	19941009	282	2100	048	9	0.140	0		33.52	0.64	12	-99.0	10.0	50	5000	90	0C0000000000000	-20.4	1.12	-0.17	0.06	12	1.00	0.61	0.06	12	1.00	55.21	0.41	12	2.00	XXXX
MOZ2	19941009	282	2200	048	9	0.140	0		33.48	0.89	12	-99.0	10.0	50	5000	90	0C0000000000000	-20.5	1.12	-0.33	0.04	12	1.00	0.43	0.03	12	1.00	54.33	1.55	12	2.00	XXXX
MOZ2	19941009	282	2300	048	8	0.140	0		32.90	0.77	10	-99.0	10.0	50	5000	90	0A2000000000003	-20.5	1.12	-0.26	0.08	12	1.00	0.50	0.07	9	1.00	47.41	0.78	12	2.00	XXXX
MOZ2	19941010	283	0000	048	8	0.140	0		32.44	0.63	12	-99.0	10.0	50	5000	90	0C0000000000000	-20.4	1.12	-0.42	0.16	12	1.00	0.41	0.11	12	1.00	48.51	1.46	12	2.00	XXXX

Field	Description
SITE	Site Abbreviation
YYYYMMDD	Date (4-digit year/month/day)
JD	Julian Date
HHMM	Time using a 24-hour clock in hour/minute format
INS	Nephelometer Serial Number
BSP	bsp (Mm^{-1}) - Particle scattering coefficient = Total - Rayleigh
PREC	bsp Estimated Precision (%/100)
V	bsp Validity Code(0=valid, 1=interference, 2=invalid, 9=suspect)
A	bsp Interference Code
RAW-M	Raw Nephelometer Hourly Average (Counts)
RAW-SD	Standard Deviation of Raw Nephelometer Average (Counts)
#	Number of Data Points in Hourly Nephelometer Average
N/A	(Not Used)
SD/M	Standard Deviation/Mean Interference Threshold
DEL	bsp Rate of Change Interference Threshold
MAX	Maximum bsp Interference Threshold
RH	Relative Humidity Interference Threshold
0123456789mPMOT	Composite Nephelometer Code Summary
YINTER	Y-intercept of Calibration Line Used to Calculate bsp
SLOPE	Slope of Calibration Line Used to Calculate bsp
AT	Average Ambient Temperature (°C)
AT-SD	Standard Deviation of Hourly AT Average
#	Number of Data Points in Hourly AT Average
AT-PR	Estimated Precision of Ambient Temperature
CT	Average Nephelometer Chamber Temperature (°C)
CD-SD	Standard Deviation of Hourly CT Average
#	Number of Data Points in Hourly CT Average
CT-PR	Estimated Precision of Chamber Temperature
RH	Average Relative Humidity (%)
RH-SD	Standard Deviation of Hourly RH Average
#	Number of Data Points in Hourly RH Average
RH-PR	Estimated Precision of Relative Humidity

图 7-33　比浊计文件实例（VSRN.DAT）

7.9.3 CALPOST 输出文件

7.9.3.1 列表文件（CALPOST.LST）

CALPOST列表文件包含四个部分。第一部分包含CALPOST控制文件中的所有设置，包括备注；第二部分包含 CALPOST 控制文件中的控制参数概要和 CALPUFF 输出文件中文件头概要；第三部分包含用户指定平均时段的输出结果表；第四部分包含了指定平均时段的高值表概要。图 7-34 至图 7-36 为第二至第四部分的实例。第三部分结果表中包含了平均时段、污染物、输出类型、浓度/沉降通量单位、受体点坐标、日期等信息。

```
********************************************************************************************************************
                                        CALPOST  Version 6.221        Level 080724
********************************************************************************************************************


   CALPOST Control File Input Summary -------------------------

      Replace run data with data in Puff file 1=Y:     0
                      Run starting date -- year: 2011
                                           month:    1
                                             day:    1
                                      Julian day:    1
              Time at start of run  -  hour(0-23):    0
                                    -     minute:    0
                                    -     second:    0

                        Run ending date -- year: 2011
                                           month:    2
                                             day:    1
                                      Julian day:   32
                Time at end of run  -  hour(0-23):    0
                                    -     minute:    0
                                    -     second:    0
```

图 7-34　列表文件第二部分

```
********************************************************************************************************************
                                        CALPOST  Version 6.221        Level 080724
********************************************************************************************************************


                         SO2            1

             TOP-50     1   HOUR AVERAGE  CONCENTRATION VALUES  (ug/m**3)

     STARTING YEAR  DAY TIME(HHMM) RECEPTOR  TYPE   CONCENTRATION    COORDINATES (km)

             2011    8    0900    (  0,1033)  D      1.2076E+02      801.500  3373.000
             2011   22    0200    (  0, 465)  D      9.7331E+01      794.500  3376.000
             2011   11    1000    (  0,2092)  D      9.5696E+01      804.177  3373.771
             2011    8    0900    (  0,1075)  D      9.2679E+01      802.000  3373.500
             2011   22    0200    (  0, 506)  D      9.2546E+01      795.000  3376.000
             2011    8    0900    (  0, 992)  D      8.7406E+01      801.000  3373.000
             2011   22    0200    (  0, 425)  D      8.4253E+01      794.000  3376.500
             2011    8    0900    (  0,1034)  D      8.3056E+01      801.500  3373.500
             2011    8    1000    (  0, 949)  D      8.2378E+01      800.500  3372.000
             2011    8    1000    (  0, 866)  D      7.8768E+01      799.500  3371.500
             2011   12    1900    (  0,  18)  D      7.8711E+01      803.000  3374.500
             2011   22    0200    (  0, 424)  D      7.8066E+01      794.000  3376.000
```

图 7-35　列表文件第三部分

```
****************************************************************************************************************
                              CALPOST  Version 6.221        Level 080724
****************************************************************************************************************

                                            SUMMARY SECTION

                                            SO2           1

                                              (ug/m**3)

RECEPTOR     COORDINATES (km)     TYPE       PEAK (YEAR,DAY,START TIME)       FOR RANK     FOR AVERAGE PERIOD

  1033      801.500  3373.000  DISCRETE     1.2076E+02  (2011,008,0900)        RANK  1          1   HOUR

  1110      802.500  3370.500  DISCRETE     9.7615E+00  (2011,015,0000)        RANK  1         24   HOUR

  1111      802.500  3371.000  DISCRETE     2.1558E+00                         RANK  1        744   HOUR
```

图 7-36　列表文件第四部分

7.9.3.2　绘图文件

除在 CALPOST 列表文件中生成结果表之外，CALPOST 也可输出一系列绘图文件。绘图文件有两种格式：xyz 格式的 DAT 文件和 Surfer 绘图软件格式的 GRD 文件。

表 7-49 描述了 DAT 格式，包括 *X*、*Y* 坐标，数值 1，……，数值 4。DAT 格式数据适用于所有受体，可用文本编辑器打开。删掉文件头后，也可以在 Surfer 绘图软件中将其格点化成 GRD 格式用于绘图。图 7-37 为 DAT 格式数据的实例。

表 7-50 描述了 GRD 格式，仅当 CALPUFF 中设置了网格受体且 CALPOST 中使用网格受体才能输出该格式数据，该格式数据可直接用于绘图。图 7-38 为 GRD 格式的数据实例。

表 7-49　DAT 格式绘图文件

（a）文件头				
行	变量	类型	描述	
1	Line1	char	输出等级数、输出类型、平均时段等	
2	（blank）			
3	Line2	char	污染物名称及输出单位	
4	（blank）			
5	Line3	char	数据行的标题	
6	（blank）			
（b）数据行（自由格式）				
变量编号	变量	类型	描述	实例值
1	X	real	受体点的 X 坐标（km）	798.049
2	Y	real	受体的 Y 坐标（km）	3376.616
3	V_1	real	数值 1	—
4	V_2	real	数值 2（可选的）	—
5	V_3	real	数值 3（可选的）	—
6	V_4	real	数值 4（可选的）	—
……				

```
1 RANKED    24   HOUR AVERAGE  CONCENTRATION VALUES AT EACH RECEPTOR

      SO2          1      (ug/m**3)

   RECEPTOR (x,y) km         1 RANK

   798.049  3376.616      5.1420E+00
   808.806  3372.707      2.7848E+00
   803.000  3373.000      4.8173E+00
   803.000  3373.100      4.8673E+00
   803.000  3373.200      4.7752E+00
   803.000  3373.300      4.5229E+00
   803.000  3373.400      4.0937E+00
   803.000  3373.500      3.5473E+00
   803.000  3373.600      3.1296E+00
   803.000  3373.700      2.4707E+00
   803.000  3373.800      2.2432E+00
   803.000  3373.900      1.8693E+00
```

图 7-37 DAT 格式绘图文件实例

表 7-50 GRD 格式绘图文件

（a）文件头

数据行编号	变量编号	变量	类型	描述	实例值
1	1	ID	char	文件类型（ASCⅡ文件是“DSAA”）	DSAA
2	1	NX	integer	东西方向的受体点数	40
2	2	NY	integer	南北方向的受体数目	40
3	1	XBEG	real	西南角网格受体的 X 坐标（km）	784.5
3	2	YBEG	real	西南角网格受体的 Y 坐标（km）	823.5
4	1	XEND	real	东北角网格受体的 X 坐标（km）	3354.5
4	2	YEND	real	东北角网格受体的 Y 坐标（km）	3393.5
5	1	VMIN	real	网格中数据的最小值	0.00678
5	2	VMAX	real	网格中数据的最大值	95.92

（b）数据行（自由格式）

数据行编号	变量	类型	描述
1	V_1	real array	网格第一列的 NX 值（最南端一列）
2	V_2	real array	第二列网格的 NX 值
			……
NY	VNY	real array	最后一列网格的 NX 值（最北端一列）

（c）页脚数据行

数据行编号	变量	类型	描述
1～5	（blank）		
6	Line 1	char	平均时段、输出类型、单位
7	（blank）		
8	Line 2	char	污染物名称（随数据类型不同而不同）
9	（blank）		
10	Line 3	char	等级信息（随数据类型不同而不同）

```
DSAA
          40          40
     784.500     823.500
    3354.500    3393.500
  0.6780E-02  0.9592E+01
 1.1053E+00  1.3992E+00  1.7111E+00  1.8784E+00  1.8628E+00  1.8159E+00  1.9481E+00
 9.5657E-01  1.1515E+00  1.4448E+00  1.8433E+00  2.0113E+00  1.8830E+00  2.0007E+00
 7.7364E-01  1.0235E+00  1.2473E+00  1.5633E+00  1.9812E+00  2.1043E+00  1.8887E+00
 8.9867E-01  8.0028E-01  1.0801E+00  1.3260E+00  1.6657E+00  2.1106E+00  2.1644E+00
 1.0221E+00  9.3915E-01  8.3760E-01  1.1438E+00  1.4240E+00  1.8008E+00  2.2864E+00
 1.1714E+00  1.0833E+00  9.9713E-01  8.9090E-01  1.2221E+00  1.5549E+00  1.9855E+00
 1.3683E+00  1.2663E+00  1.1684E+00  1.0849E+00  9.7223E-01  1.2665E+00  1.6910E+00
 1.5583E+00  1.4960E+00  1.3816E+00  1.2797E+00  1.1962E+00  1.0919E+00  1.3430E+00
 1.6037E+00  1.6808E+00  1.6424E+00  1.5327E+00  1.4237E+00  1.3532E+00  1.2671E+00
 1.4107E+00  1.6437E+00  1.7959E+00  1.9306E+00  1.7702E+00  1.5980E+00  1.5418E+00
 1.2005E+00  1.3322E+00  1.6225E+00  1.8801E+00  2.0685E+00  1.9966E+00  1.7785E+00
 1.4900E+00  1.4475E+00  1.3346E+00  1.5214E+00  1.8729E+00  2.0884E+00  1.9953E+00
 1.5916E+00  1.6893E+00  1.7263E+00  1.6675E+00  1.5350E+00  1.8124E+00  2.0677E+00

 7.4349E-01  6.0060E-01  6.4171E-01  6.8586E-01  7.2047E-01  7.6176E-01  7.9388E-01
 5.7582E-01  6.2156E-01  6.6900E-01  7.1525E-01  7.5881E-01  7.9566E-01  8.3016E-01
 5.9571E-01  6.5513E-01  7.2151E-01  7.8685E-01  8.5115E-01  8.9294E-01  9.2377E-01
 6.0764E-01  6.7291E-01  7.3905E-01  8.1751E-01  8.8952E-01  9.4747E-01  9.7545E-01
 6.0769E-01  6.6955E-01  7.3711E-01  8.0588E-01  8.7139E-01  9.2824E-01  9.6254E-01
 5.9593E-01  6.5411E-01  7.1966E-01  7.7774E-01  8.3479E-01  8.8069E-01  9.0266E-01



      24   HOUR AVERAGE   CONCENTRATION VALUES AT EACH RECEPTOR   (ug/m**3)

        SO2             1

        RANK            1
```

图 7-38　GRD 绘图文件实例

7.9.3.3　时间序列文件

CALPOST 可以选择一部分受体生成一系列时间序列文件，每个平均时段生成一个时间序列文件。时间序列文件的日期由用户指定，如果没有指定日期，就不会产生时间序列文件。如果选择了所有日期，那么处理时长的所有时间都记录在时间序列文件。

表 7-51 描述了时间序列文件的结构。图 7-39 是两个离散受体中 24 h 平均的时间序列文件实例，图 7-40 是这两个受体点的时间序列峰值文件实例。在时间序列文件中，每个受体点一列数据，在时间序列峰值文件中，只保留每个时刻选中受体点中的浓度最大值，并输出该受体点的编号、类型、*X* 和 *Y* 坐标。

表 7-51　时间序列文件结构

（a）文件头

数据行编号	变量	类型	描述
1	Line1	char	文件类型、污染物名称、数据等级
2	（blank）		
3	Line2	char	平均时段、输出类型、单位
4	Line3	char	输出受体点的数目
5	（blank）		
6	Line4	char	处理受体点的类型
7	Line5	char	受体点的 *X* 格点号（离散受体点为其编号）
8	Line6	char	受体点的 *Y* 格点号（离散受体点为 0）
9	Line7	char	各受体点的 *X* 坐标（km）
10	Line8	char	各受体点的 *Y* 坐标（km）
11	（blank）		
12	Line9	char	年、日、时间的标题
13	（blank）		

（b）数据行（自由格式）

数据行编号	变量	类型	描述	实例值
1	IYR	integer	年（YYYY 格式）	2011
2	JDAY	integer	儒略日（JJJ 格式）	4
3	ITIME	integer	时间	0000
4 to NREC+3	V	real array	NREC 个受体的值	3.81×10^{-2}

```
TIME SERIES Output  --------  SO2            1

      24   HOUR Average  CONCENTRATION Values at Selected Receptors  (ug/m**3)
       2   Receptors are Included

         Type:           DISC          DISC
           ix:            465          1033
           iy:              0             0
        x(km):   7.945001E+02  8.015001E+02
        y(km):   3.376000E+03  3.373000E+03

YYYY JDY HHMM (START time)

2011   4 0000    3.807383E-02  1.599865E-01
2011   5 0000    1.404317E-04  9.601363E-04
2011   6 0000    0.000000E+00  0.000000E+00
2011   7 0000    1.595603E-01  2.101428E-02
2011   8 0000    2.837705E-01  5.966060E+00
2011   9 0000    0.000000E+00  0.000000E+00
2011  10 0000    0.000000E+00  0.000000E+00
2011  11 0000    0.000000E+00  0.000000E+00
2011  12 0000    2.633657E-01  8.237355E-04
2011  13 0000    5.150152E+00  1.022488E+00
2011  14 0000    0.000000E+00  4.698383E-03
2011  15 0000    0.000000E+00  0.000000E+00
2011  16 0000    0.000000E+00  4.311166E+00
2011  17 0000    0.000000E+00  1.060956E+00
2011  18 0000    0.000000E+00  0.000000E+00
2011  19 0000    0.000000E+00  0.000000E+00
2011  20 0000    0.000000E+00  0.000000E+00
2011  21 0000    4.498237E-01  2.193571E+00
2011  22 0000    6.189496E+00  1.257263E+00
2011  23 0000    0.000000E+00  0.000000E+00
2011  24 0000    9.149867E-01  2.807669E+00
2011  25 0000    4.579623E-01  1.427716E+00
2011  26 0000    6.218062E-02  4.587353E-01
2011  27 0000    1.683137E-01  1.054652E+00
2011  28 0000    0.000000E+00  0.000000E+00
2011  29 0000    0.000000E+00  0.000000E+00
2011  30 0000    0.000000E+00  9.913278E-04
2011  31 0000    1.116434E+00  9.076384E-02
```

图 7-39　时间序列文件实例

```
PEAK VALUE Output  --------  SO2         1

      24   HOUR Average  CONCENTRATION Values at Selected Receptors  (ug/m**3)
       2   Receptors are Included

PD START TIME
YYYY JDY HHMM   (I , J)  T      X(km)       Y(km)

2011   4 0000  1033   0  D     801.500    3373.000  1.599865E-01
2011   5 0000  1033   0  D     801.500    3373.000  9.601363E-04
2011   6 0000     0   0          0.000       0.000  0.000000E+00
2011   7 0000   465   0  D     794.500    3376.000  1.595603E-01
2011   8 0000  1033   0  D     801.500    3373.000  5.966060E+00
2011   9 0000     0   0          0.000       0.000  0.000000E+00
2011  10 0000     0   0          0.000       0.000  0.000000E+00
2011  11 0000     0   0          0.000       0.000  0.000000E+00
2011  12 0000   465   0  D     794.500    3376.000  2.633657E-01
2011  13 0000   465   0  D     794.500    3376.000  5.150152E+00
2011  14 0000  1033   0  D     801.500    3373.000  4.698383E-03
2011  15 0000     0   0          0.000       0.000  0.000000E+00
2011  16 0000  1033   0  D     801.500    3373.000  4.311166E+00
2011  17 0000  1033   0  D     801.500    3373.000  1.060956E+00
2011  18 0000     0   0          0.000       0.000  0.000000E+00
2011  19 0000     0   0          0.000       0.000  0.000000E+00
2011  20 0000     0   0          0.000       0.000  0.000000E+00
2011  21 0000  1033   0  D     801.500    3373.000  2.193571E+00
2011  22 0000   465   0  D     794.500    3376.000  6.189496E+00
2011  23 0000     0   0          0.000       0.000  0.000000E+00
2011  24 0000  1033   0  D     801.500    3373.000  2.807669E+00
2011  25 0000  1033   0  D     801.500    3373.000  1.427716E+00
2011  26 0000  1033   0  D     801.500    3373.000  4.587353E-01
2011  27 0000  1033   0  D     801.500    3373.000  1.054652E+00
2011  28 0000     0   0          0.000       0.000  0.000000E+00
2011  29 0000     0   0          0.000       0.000  0.000000E+00
2011  30 0000  1033   0  D     801.500    3373.000  9.913278E-04
2011  31 0000   465   0  D     794.500    3376.000  1.116434E+00
```

图 7-40　时间序列峰值文件实例

7.9.3.4　超标数文件

在 CALPOST 中定义各平均时段的浓度标准，开启超标分析选项，可以输出超标数文件，即各受体点浓度超过相应时段标准值的数量。该文件可用于绘制超标概率图等。

表 7-52 描述了超标数文件的结构。图 7-41 是一个超标数文件实例。

表 7-52 超标数文件结构

（a）文件头

数据行编号	变量	类型	描述
1	Line1	char	文件类型、平均时段、输出类型
2	（blank）		
3	Line2	char	标准值
4	（blank）		
5	Line3	char	污染物名称、等级
6	（blank）		
7	Line4	char	*X*、*Y* 坐标、超标数
8	（blank）		

（b）数据行（自由格式）

数据行编号	变量	类型	描述	实例值
1	X	real	*X* 坐标（km）	—
2	Y	real	*Y* 坐标（km）	—
3	COUNTS	real	超标数	—

```
COUNTS OF     1    HOUR AVERAGE   CONCENTRATION EXCEEDANCES AT EACH RECEPTOR

       NUMBER OF AVERAGES    >         8.0000E+01   (ug/m**3)

       SO2             1

    RECEPTOR (x,y) km           COUNTS

    794.500   3375.500              0
    794.500   3376.000              1
    794.500   3376.500              0
    795.000   3376.000              1
    795.000   3376.500              0
    801.500   3372.500              0
    801.500   3373.000              1
    801.500   3373.500              1
    801.500   3374.000              0
    802.000   3373.500              1
    802.000   3374.000              0
    802.000   3374.500              0
    804.003   3373.672              0
    803.959   3373.648              0
    803.935   3373.635              0
```

图 7-41 超标数文件实例

7.9.4 APPEND 后处理工具

APPEND 后处理工具可用于将两个或多个 CALPUFF 输出的浓度、沉降通量等文件在时间上连接成一个文件，再在 CALPOST 中进行处理分析。APPEND 工具应用的前提是 CALPUFF 输出文件中污染物、受体点设置应完全一样。在下列情况中可能用到：

①CALPUFF 运行时使用重启文件，且出现运行中断的情况，需要采用 APPEND 将中断的文件连接起来。

②CALPUFF 中污染源、受体点较多，运行速度较慢，在时间上拆分运行形成多个 CALPUFF 输出文件。注意时间上拆分时应保留一些重叠的时间，因为 CALPUFF 中烟团有个逐步扩散的过程，刚开始的时间内只有污染源附近有污染物。

③不同时间内污染源、污染物排放速率有较大差异。如采暖期、非采暖期并不一定就是从某个月的 1 日开始，从而采用污染物排放速率月变化系数不能真实反映某些日期的实际情况，此时分时段模拟可能更方便。

7.9.5 POSTUTIL 后处理工具

POSTUTIL 后处理工具可以将同一个 CALPUFF 输出文件中不同污染物的浓度、沉降通量等进行叠加，生成一个含新污染物的 CALPUFF 输出格式文件，然后再在 CALPOST 中处理。在下列情况中可能用到：

①总 $PM_{2.5}$ 浓度模拟。在 CALPUFF 运行时采用 MESOPUFF Ⅱ或 RIVAD/ARM3 化学机制，模拟生成 SO_4 和 NO_3 后，将 SO_4、NO_3 分别乘上系数 1.375、1.290 转换成硫酸铵、硝酸铵，再与一次 $PM_{2.5}$ 浓度进行叠加，即可以生成包含总 $PM_{2.5}$ 的浓度文件，再在 CALPOST 中进行处理分析。

②酸沉降。如计算氮沉降，可选择污染物 NO_x、HNO_3、NH_4NO_3、$(NH_3)_2SO_4$ 进行计算。

7.9.6 CALSUMM 后处理工具

CALSUM 后处理工具可用于将两个或多个时间上相同的 CALPUFF 输出的浓度、沉降通量等文件在空间上进行叠加，再在 CALPOST 中进行处理分析。CALSUM 工具应用的前提是 CALPUFF 输出文件中时间、污染物、受体点设置应完全一样。在下列情况中可能用到。

①有多种计算情景组合时。如情景组合为一些固定排放参数的污染源及少量变化排放参数的污染源，为了减小计算量，可以将固定排放参数污染源和变化排放参数污染源分开模拟，再采用 CALSUM 将输出的 CALPUFF 文件进行合并。

②有负源时。由于 CALPUFF 运行不支持采用负源，可以当正源处理，然后在 CALSUM 中进行相减。注意，采用 CALSUM 进行相减可能会出现负的浓度/沉降通量值，因此，相减时不能勾选压缩文件选项。

附　录

附录A　国内外主要环境空气质量模型列表

简称	全称
AERMOD	American Meteorological Society（AMS）/EPA Regulatory Model
CALINE3	CAlifornia LINE Source Dispersion Model
CAL3QHC	Screening Version of the CALINE3 Model
CAL3QHCR	Refined Version of the CALINE3 Model
CTDMPLUS	Complex Terrain Dispersion Model Plus Algorithms for Unstable Situations
OCD	Offshore and Coastal Dispersion Model
ADAM	Air Force Dispersion Assessment Model
AFTOX	The USAF Toxic Chemical Dispersion Model
BLP	Buoyant Line and Point Source Model
CALPUFF	California Puff Model
DEGADIS	Dense Gas Dispersion Model
HOTMAC	Higher Order Turbulence Model for Atmospheric Circulation
RAPTAD	Random Puff Transport and Diffusion
HYROAD	HYbrid ROADway Model
ISC	Industrial Source Complex Dispersion Model
ISC-PRIME	ISC-Plume Rise Model
OBODM	Open Burning and Detonation Model
OZIPP	Ozone Isopleth Plotting Program Model
PLUVUEII	Plume Visibility Model
SCIPUFF	Second-order Closure Integrated PUFF Model
SDM	Shoreline Dispersion Model
UAM-V	Urban Airshed Model Variable Grid
REMSAD	Regional Modeling System for Aerosols and Deposition
CMAQ	Community Multiscale Air Quality

简称	全称
CAMx	Comprehensive Air Quality Model with Extensions
AERSCREEN	Program to Run AERMOD in Screening Mode
RTDM3.2	Rough Terrain Diffusion Model
SCREEN3	A single source Gaussian plume model which provides maximum groundlevel concentrations for point，area，flare，and volume sources
CTSCREEN	Screening Version of CTDMPLUS
VISCREEN	Visual Impact Screening Model
TSCREEN	Toxics Screening Model
ADMS	Atmospheric Dispersion Modeling System
ADMS-STAR	ADMS Short-term Accidental Releases
LSMS	Liquid Spill Modelling System
ISCST3	Industrial Source Complex Short Term Model
TAPM	The Air Pollution Model
TPAQM	Trajectory Photochemical Air Quality Model
GTx	Gaussian Trajectory Transfer-coefficient Model
TAQM	Taiwan Air Quality Model
FDM	Fugitive Dust Model
PATH	Pollutants in the Atmosphere and Their Transport over Hongkong
EDMS	Emissions and Dispersion Modeling System
AEDT	Aviation Environmental Design Tool
ASPEN	Assessment System for Population Exposure Nationwide
HGSYSTEM	HGSYSTEM is a collection of computer programs designed to predict the source-term and subsequent dispersion of accidental chemical releases with an emphasis on denser-than-air（dense gas）behavior.
OZIPR	OZIPR is a one-dimensional photochemical box model that is an alternative version of the OZIP model that deals with air toxic pollutants.
Panache	Panache is an Eulerian（and Lagrangian for particulate matter），3-dimensional finite volume fluid mechanics model designed to simulate continuous and short-term pollutant dispersion in the atmosphere，in simple or complex terrain.
SLAB	The SLAB model treats denser-than-air releases by solving the one-dimensional equations of momentum，conservation of mass，species，and energy，and the equation of state.
VALLEY	VALLEY is a steady-state，complex terrain，univariate Gaussian plume dispersion algorithm designed for estimating either 24-hour or annual concentrations resulting from emissions from up to 50（total）point and area sources.
COMPLEX1	COMPLEX1 is a multiple point source screening technique with terrain adjustment that incorporates the plume impaction algorithm of the VALLEY model.

附录 B　AERMOD 常用命令及参数速查手册

本节介绍 AERMOD 常用命令。由于 AERMAP 中命令很少，而 AERMET 命令中有关档案文件提取及质量评估、现场 OS 站数据处理等命令，在本书应用指南篇中做过详细说明，这里不再列出。

类型说明：M 为必选，O 为可选；N 为不可重复，R 为可重复。

AERMOD 常用命令

命令字	模块	类型	说明
AREAVERT	SO	M - R	定义 AREAPOLY 类型面源顶点的坐标
AVERTIME	CO	M - N	定义预测的气象平均时间，包括短期时间小时数和 PERIOD、ANNUAL
BUILDHGT	SO	O - R	定义建筑下洗时每一风向的建筑高度
BUILDWID	SO	O - R	定义建筑下洗时每一风向的建筑宽度
DAYRANGE	ME	O - R	定义需要计算的气象的天（具体天数或范围），缺省为全部气象时间
DAYTABLE	OU	O - N	选项：输出每一天的各平均时间的汇总结果
DCAYCOEF	CO	O - N	定义指数衰减的衰减因子
DEBUGOPT	CO	O - N	选项：生成详细的结果和气象文件，用于调试
DISCCART	RE	O - R	定义直角坐标系的离散点坐标
DISCPOLR	RE	O - R	定义极坐标系下的离散点坐标
ELEVUNIT	SO	O - N	定义 SO 段中源高程输入单位
	RE	O - N	或 RE 段中预测点高程输入单位
EMISFACT	SO	O - R	变源强的变化因子
EMISUNIT	SO	O - N	源强单位和计算结果浓度单位之间的转换因子
ERRORFIL	CO	O - N	定义详细错误罗列文件（若 CO RUNORNOT NOT 设置，则此命令为必选）
EVALCART	RE	O - R	定义直角坐标系的离散点坐标，用于 EVALFILE 文件输出的按弧线分组的一系列点
EVALFILE	OU	O - R	选项：输出弧线分组最大值文件，用于模型评估研究
EVENTFIL	CO	O - N	定义是否为 EVENT 模块生成一个输入文件
EVENTLOC	EV	M - R	定义一个 EVENT 事件的测点坐标
EVENTOUT	OU	M - N	定义 EVENT 模块输出信息的等级
EVENTPER	EV	M - R	定义一个 EVENT 事件的日期和平均时间
FINISHED	ALL	M - N	标识一个功能模块的结束
FLAGPOLE	CO	O - N	是否要输入离地高及缺省值
GRIDCART	RE	O - R	定义一个直角网格
GRIDPOLR	RE	O - R	定义一个极坐标网格

命令字	模块	类型	说明
HALFLIFE	CO	O - N	指数衰减污染物的半衰期
HOUREMIS	SO	O - R	选项：在一个独立文件中定义逐时的排放源强
INCLUDED	SO，RE	O - R	选项：在输入流文件中，在 SO 或 RE 块中导入独立文件中的数据
INITFILE	CO	O - N	选项：从保存在 SAVEFILE 的中间结果文件中，初始化模型
LOCATION	SO	M - R	定义一个源的位置坐标
MAXIFILE	OU	O - R	选项：将超出某个给定阈值的 EVENT 列入文件中（若已采用 CO EVENTFIL 命令，则这些 EVENTS 将包含在 EVENT 模型生成的输入流文件中）
MAXTABLE	OU	O - R	选项：输出总体最大值
MODELOPT	CO	M - N	模型功能控制和命令选项
MULTYEAR	CO	O - N	定义运行为多年运行的一部分，比如 PM_{10} 中的 5 年气象的第 6 高值 H6H
PLOTFILE	OU	O - R	选项：输出结果到特定格式的文件中，用于绘图程序
POLLUTID	CO	M - N	污染物标识
POSTFILE	OU	O - R	选项：输出逐步计算结果到一个大的文件，以供后处理
PROFBASE	ME	M - N	定义气象站基底的海平面高程
PROFFILE	ME	M - N	定义廓线气象文件
RANKFILE	OU	O - R	选项：输出排序后的结果，用于绘制 Q-Q 图
RECTABLE	OU	O - R	输出各测点的高值
RUNORNOT	CO	M - N	是否要运行程序，还是仅检查运行流文件
SAVEFILE	CO	O - N	选项：存储中间结果数据于文件中，便于程序非正常中断后作为热启动的初始化文件
SCIMBYHR	ME	O - N	定义 SCIM 命令的取样参数
SITEDATA	ME	O - N	定义现场观测站的信息
SRCGROUP	SO	M - R	定义源组
SRCPARAM	SO	M - R	定义源参数
STARTEND	ME	O - N	定义气象文件中需要处理的起止时间（缺省为整个气象文件）
STARTING	ALL	M - N	标识一个功能段的开始
SURFDATA	ME	M - N	地面气象站信息
SURFFILE	ME	M - N	地面气象数据文件
TITLEONE	CO	M - N	第一行标题
TITLETWO	CO	O - N	可选的第二行标题
TOXXFILE	OU	O - R	生成可用于 TOXST 中的 TOXX 模型识别的格式的结果文件
UAIRDATA	ME	M - N	高空气象站信息
WDROTATE	ME	O - N	风向旋转调整角度
WINDCATS	ME	O - N	风速分段值

附录 C　CALPUFF 常用命令及参数速查手册

C.1　地理数据 GEO.DAT 文件格式

行	变量	类型	描述
1	TITLEGE	char*80	文件的标题（不超过 80 个字符）
5	PMAP	char	地图投影，常用 UTM 或 LCC
6	—	—	UTM 分区或 LCC 投影参数
7	DATUM	char	大地基准面
8	NXG	integer	*X* 方向格点数
8	NYG	integer	*Y* 方向格点数
8	XORG	real	西南角 *X* 坐标（km）
8	YORG	real	西南角 *Y* 坐标（km）
8	XGRIDKM	real	*X* 方向格距（km）
8	YGRIDKM	real	*Y* 方向格距（km）
10	IOPT1	integer	用地类型选项 0=采用默认的用地类型分类 1=指定新的用地类型
11*	NLU	integer	用地类型数目
11*	IWAT1/IWAT2	integer	与水体有关的用地类型范围
12*	ILUCAT	integer array	一组用户设定的新用地类型
下一个 NY 行	ILANDU	integer array	每个格点的用地类型（每行 NY 个值），采用以下语句来读取数据：Do 20 J=NY，1，–1 20 READ（iogeo，*）[ILANDU（n，j），n=1，NX]
下一行	HTFAC	real	利用尺度因子将海拔高度转化为米为单位（例如，用户输入单位为英尺，则 HTFAC=0.304 8；用户输入单位为米，则 HTFAC=1.0）
下一个 NY 行	ELEV	real array	每个格点的地形海拔高度（每行 NY 个值），采用以下语句来读取数据：Do 30 J=NY，1，–1 30 READ（iogeo，*）[ELEV（n，j），n=1，NX]
下一行	IOPT2	integer	地表粗糙度（z_0）输入选项标志 0=使用各网格用地类型相应的 z_0 默认值 1=使用用户指定的新 z_0 土地利用类型表计算网格 z_0 值 2=输入各网格的 z_0 值
下一个 NLU*1 行	ILU	integer	用地类型及相应的地表粗糙长度。每行两个参数，以下列方式读取：do 120 I=1，NLU 120 READ（iogeo，*）ILU，ZOLU（I）
	ZOLU	real array	

行	变量	类型	描述
下一个 NY*2 行	ZO	real array	每个格点的地表粗糙度（m）（每行 NX 个值），采用以下语句来读取数据：do 150 J=NY，1，-1 150 READ（iogeo，*）[ZO（n，j），n=1，NX]
下一行	IOPT3	integer	反照率输入的选项标记 0= 使用各网格用地类型相应的反照率默认值 1= 使用用户给定的新反射率——用地类型表计算反照率 2= 输入各网格的反照率
下一个 NLU*3 行	ILU	integer	用地类型及对应的反照率。每行两个参数，采用以下方式读取 do 120 I=1，NLU 120 READ（iogeo，*）ILU，ALBLU（I）
	ALBLU	real array	
下一个 NY*4 行	ALBEDO	real array	每个格点的反照率（每行 NX 个值），采用下列语句来读取数据：do 150 J=NY，1，-1 150 READ（iogeo，*）[ALBEDO（n，j），n=1，NX]
下一行	IOPT4	integer	波文比输入的选项标记 0= 使用各网格用地类型相应的默认波文比 1= 使用用户给定的新波文比——用地类型表计算波文比 2= 输入各格点的波文比
下一个 NLU*5 行	ILU	integer	用地类型及对应的波文比。每行两个参数，采用以下方式读取 do 120 I=1，NLU 120 READ（iogeo，*）ILU，BOWLU（I）
	BOWLU	real array	
下一个 NY*6 行	BOWEN	real array	每个格点波文比（每行 NX 个值），采用以下语句来读取数据：do 150 J=NY，1，-1 150 READ（iogeo，*）[BOWEN（n，j），n=1，NX]
下一行	IOPT5	integer	土壤热通量常数输入的选项标记 0= 使用各网格用地类型相应的默认土壤热通量 1= 使用用户给定的新土壤热通量——用地类型方式表计算土壤热通量 2= 输入各格点的土壤热通量
下一个 NLU*7 行	ILU HCGLU	integer real array	用地类型及对应的土壤热通量常数。每行两个参数，以下列方式读取 do 120 I=1，NLU 120 READ（iogeo，*）ILU，HCGLU（I）
下一个 NY*8 行	HCG	real array	每个网格点土壤热通量常数（每行 NX 个值），使用下列语句来读取数据：do 150 J=NY，1，-1 150 READ（iogeo，*）[HCGL（n，j），n=1，NX]
下一行	IOPT6	integer	人类活动热通量（W/m^2）输入的选项标记 0= 使用各网格用地类型相应的人类活动热通量默认值 1= 使用用户给定的新人类活动热通量——用地类型表计算人类活动热通量 2= 输入各格点的人类活动热通量

行	变量	类型	描述
下一个NLU[*9]行	ILU	integer	用地类型及对应的人类活动热通量（W/m^2）。每行两个参数，采用以下语句读取 do 120 I=1，NLU 120 READ（iogeo，*）ILU，QFLU（I）
	QFLU	real array	
下一个NY[*10]行	QF	real array	每个格点的人类活动热通量（每行NX个值），采用以下语句来读取数据：do 150 J=NY，1，−1 150 READ（iogeo，*）[QF（n，j），n=1，NX]
下一行	IOPT7	integer	叶面积指数输入的选项标记 0= 使用各网格用地类型相应的叶面积指数默认值 1= 使用用户给定的新叶面积指数——用地类型表计算叶面积指数 2= 输入各格点的叶面积指数
下一个NLU[*11]行	ILU XLAILU	integer real array	用地类型及对应的叶面积指数。每行两个参数，采用以下语句读取 do 120 I=1，NLU 120 READ（iogeo，*）ILU，XLAILU（I）
下一个NY[*12]行	XLAI	real array	每个格点的叶面积指数（每行NX个值），采用以下语句来读取数据：do 150 J=NY，1，−1 150 READ（iogeo，*）[XLAI（n，j），n=1，NX]

注：*1 仅在IOPT2=1时包含；
*2 仅在IOPT2=2时包含；
*3 仅在IOPT3=1时包含；
*4 仅在IOPT3=2时包含；
*5 仅在IOPT4=1时包含；
*6 仅在IOPT4=2时包含；
*7 仅在IOPT5=1时包含；
*8 仅在IOPT5=2时包含；
*9 仅在IOPT6=1时包含；
*10 仅在IOPT6=2时包含；
*11 仅在IOPT7=1时包含；
*12 仅在IOPT7=2时包含。

C.2 高空气象数据 UP.DAT 文件格式

文件标题行#1（实例中第 5 行）

列	格式	参数	描述
2～6	I5	IBYR	数据的开始年份
7～11	I5	IBDAY	数据开始的儒略日
12～16	I5	IBHR	数据的开始时间（GMT）
17～21	I5	IEYR	数据的结束年份
22～26	I5	IEDAY	数据结束的儒略日
27～31	I5	IEHR	数据的结束时间（GMT）
32～36	F5.0	PSTOP	数据的顶层气压（一般取 500 mbar，约 5 000 m 高度）
37～41	I5	JDAT	原始高空数据文件格式（1=TD-6201、2=NCDC FSL）
42～46	I5	IFMT	UP.DAT 文件中的分隔符（1=/；2=,）

文件标题行#2（实例中第 6 行）

列	格式	参数	描述
6	L1	LHT	如果高度数据缺失，清除该探空层？（T=是，F=不是）
11	L1	LTEMP	如果温度数据缺失，清除该探空层？（T=是，F=不是）
16	L1	LWD	如果风向数据缺失，清除该探空层？（T=是，F=不是）
21	L1	LWS	如果风速数据缺失，清除该探空层？（T=是，F=不是）

数据标题行（实例中第 7 行）

列	格式	参数	描述
4～7	I4	ITPDK	识别原始数据格式的标签 如 6201 为 NCDC 数据格式 9999 为非 NCDC 数据格式
13～17	A5	STNID	站点编号
23～24	I2	YEAR	年
25～26	I2	MONTH	月
27～28	I2	DAY	日
29～30	I2	HOUR	小时（GMT）
36～37	I2	MLEV	原始探空数据层数
69～70	I2	ISTOP	从原始探空数据中提取的探空层数

数据行（每行最多4层探空层数据）（实例中第8行）

列	格式	参数	描述
4～9	F6.1	PRES	气压（mbar）
11～15	F5.0	HEIGHT	海拔高度（m）
17～21	F5.1	TEMP	温度（K）
23～25	I3	WD	风向（°）
27～29	I3	WS	风速（m/s）
33～38	F6.1	PRES	气压（mbar）
40～44	F5.0	HEIGHT	海拔高度（m）
46～50	F5.1	TEMP	温度（K）
52～54	I3	WD	风向（°）
56～58	I3	WS	风速（m/s）
62～67	F6.1	PRES	气压（mbar）
69～73	F5.0	HEIGHT	海拔高度（m）
75～79	F5.1	TEMP	温度（K）
81～83	I3	WD	风向（°）
85～87	I3	WS	风速（m/s）
91～96	F6.1	PRES	气压（mbar）
98～102	F5.0	HEIGHT	海拔高度（m）
104～108	F5.1	TEMP	温度（K）
110～112	I3	WD	风向（°）
114～116	I3	WS	风速（m/s）

注：缺失值标志：压力-99.9，高度9999，温度999.9，风向999，风速999。

C.3 地面气象数据 SURF.DAT 文件格式

文件标题行#1（实例中第 5 行）

参数编号	参数名称	数据类型	描述
1	IBYR	integer	起始年
2	IBJUL	integer	起始儒略日
3	IBHR	integer	起始时间（当地标准时间 00～23）
4	IEYR	integer	结束年
5	IEJUL	integer	结束儒略日
6	IEHR	integer	结束时间（当地标准时间 00～23）
7	IBTZ	integer	时区（如–8=北京时间）
8	NSTA	integer	站点数目

文件标题行#2（实例中第 6～8 行）

参数编号	参数名称	数据类型	描述
1	IDSTA	integer array	各地面站点号

数据行（实例中）

参数编号	参数名称	数据类型	描述
1	IYR	integer	年份
2	IJUL	integer	儒略日
3	IHR	integer	时间（当地标准时间 00～23）
4	WS	real array	风速（m/s）
5	WD	real array	风向（°）
6	ICEIL	integer array	云底高度（100 ft）
7	ICC	integer array	云量（成）
8	TEMPK	real array	大气温度（K）
9	IRH	integer array	相对湿度（%）
10	PRES	real array	站点气压（mbar）
11	IPCODE	integer array	降水代码（0=没有降水，1～18=液态降水，19～45=固态降水）

C.4 水面气象数据 SEA.DAT 文件格式

参数编号	参数名称	数据类型	描述
1	XUTM	real	观测站点 *X* 坐标（km）
2	YUTM	real	观测站点 *Y* 坐标（km）
3	BANM	real	风速计观测高度（m）
4	RSAN	real	大气温度观测高度（m）
5	RWSN	real	水温观测深度（m）
6	I1YR	integer	起始年份
7	I1JUL	integer	起始儒略日
8	I1HR	integer	起始时间（当地标准时间 00～23）
9	I2HY	integer	结束年份
10	I2JUL	integer	该数据的结束儒略日
11	I2HR	integer	该数据的结束时间（当地标准时间 00～23）
12	DTOW	real	水-气温差（K）
13	TAIROW	real	大气温度（K）
14	RHOW	real	相对湿度（%）
15	ZIOW	real	水上混合层高度（m）
16	TGRADB	real	混合层高度以下温度递减率（K/m）
17	TGRADA	real	混合层高度以上温度递减率（K/m）
18	WSOW	real	风速（m/s）
19	WDOW	real	风向（°）

注：缺失数据标志为 9999。

C.5 降水数据 PRECIP.DAT 文件格式

文件标题行#1

参数编号	参数名称	数据类型	描述
1	IBYR	integer	起始年
2	IBJUL	integer	起始儒略日
3	IBHR	integer	起始时间（当地标准时间 0～23）
4	IEYR	integer	结束年
5	IEJUL	integer	结束儒略日
6	IEHR	integer	结束时间（当地标准时间 0～23）
7	IBTZ	integer	时区（如–8=北京时间）
8	NSTA	integer	降水站点数目

数据行

参数编号	参数名称	数据类型	描述
1	IYR	integer	数据年份
2	IJUL	integer	儒略日
3	IHR	integer	时间（当地标准时间 0～23）
4	XPREC	integer	按站点顺序记录的各降水站点的降水率（mm/h）

注：缺失数据标志为 9999。

C.6 诊断文件 DIAG.DAT 格式

（每小时报告的 6 组数据集）

数据组	参数编号	参数名称	数据类型	描述
1	1	TINF	real	区域平均地面温度（K） 输入格式：（10X，F6.2）
2	1	GAMMA	real	区域平均温度递减率（K/km） 输入格式：（10X，F5.1）
3	1	UM	real	区域平均风场 *U* 分量（m/s） 输入格式：（10X，F5.1）
4	1	VM	real	区域平均风场 *V* 分量（m/s） 输入格式：（10X，F5.1）
5	1	CNAM	char*4	四个字符表示的地面站名称（LAST 表示站点数据结束）
5	2	WT	real	数据权重因子（通常设为 1.0）
5	3	US	real	地面风场 *U* 分量（m/s）
5	4	VS	real	地面风场 *V* 分量（m/s） 输入格式：（15X，A4，1X，3F5.1）
6	1	CUNAM	char*4	四个字符表示的高空站名称（LAST 表示站点数据结束）
6	2	WTU	real	数据权重因子（通常设为 1.0）
6	3	ULEV1	real	高空气象站在 CALMET 第一层风场的 *U* 分量（m/s）
6	4	VELV1	real	高空气象站在 CALMET 第一层风场的 *V* 分量（m/s）
6	5	ULEV2	real	高空气象站在 CALMET 第二层风场的 *U* 分量（m/s）
6	6	VELV2	real	高空气象站在 CALMET 第一层风场的 *V* 分量（m/s）

C.7 中尺度预测数据 3D.DAT 文件格式

第 1～3 行

参数编号	参数	数据类型	描述
1	HEADER	char	文件描述

第 4 行

参数编号	参数	数据类型	描述
1	IOUTW	integer	标志，指示垂直速度是否已经被记录
2	IOUTQ	integer	标志，指示相对湿度和水气混合比是否已经被记录
3	IOUTC	integer	标志，指示云和雨混合比是否已经被记录
4	IOUTI	integer	标志，指示冰雪混合比是否已经被记录
5	IOUTG	integer	标志，指示霰混合比是否已经被记录
6	IOSRF	integer	标志，指示地面二维参数是否被记录

第 5 行

参数编号	参数	数据类型	描述
1	MAPTXT	char	地图投影及参数，如例子中为 LCC 投影参数

第 6 行为 WRF 中尺度气象模式的物理选项

第 7 行

参数编号	参数	数据类型	描述
1	IBYRM	integer	数据的起始年
2	IBMOM	integer	数据的起始月
3	IBDYM	integer	数据的起始日
4	IBHRM	integer	数据的起始时间（GMT）
5	NHRSMM5	integer	数据的时段长度（h）
6	NXP	integer	提取的子区域 *X* 方向上的格点数
7	NYP	integer	提取的子区域 *Y* 方向上的格点数
8	NZP	integer	提取的垂直层数

第 8 行

参数编号	参数	数据类型	描述
1	NX1	integer	提取的子区域左下角 *X* 方向格点号
2	NY1	integer	提取的子区域左下角 *Y* 方向格点号
3	NX2	integer	提取的子区域右上角 *X* 方向格点号
4	NY2	integer	提取的子区域右上角 *Y* 方向格点号
5	NY2	integer	提取的子区域右上角 *Y* 方向格点号
6	NY2	integer	提取的子区域右上角 *Y* 方向格点号
7	RXMIN	integer	子区域最西端经度
8	RXMAX	integer	子区域最东端经度
9	RYMIN	integer	子区域最南端纬度
10	RYMAX	integer	子区域最北端纬度

下一个 NZP 行数据

参数编号	参数	数据类型	描述
1	SIGMA	real array	每个垂直层时使用的 Sigma-p 值 以下列方式读取：do 10 I=1，NZP 10　READ（iomm4，20）SIGMA（I） 20　FORMAT（F6.3）

下一个 NXP*NYP 数据组

参数编号	参数	数据类型	描述
1	IINDEX	integer	提取的子区域 *X* 格点号
2	JINDEX	integer	提取的子区域 *Y* 格点号
3	XLATDOT	real array	提取的子区域格点纬度
4	XLONGDOT	real array	提取的子区域格点经度
5	IELEVDOT	integer array	提取的子区域格点的海拔高程（m MSL）
6	ILAND	integer array	交叉点的用地类型
7	XLATCRS	real array	同 XLATDOT，但位于交叉点
8	XLONGCRS	real array	同 XLONGDOT，但位于交叉点

数据行（在提取的子区域的每个网格单元上其格式一样）

参数编号	参数	数据类型	描述
1	MYR	integer	数据年份
2	MMO	integer	数据月份
3	MDAY	integer	数据日期
4	MHR	integer	场数据时间（GMT）
5	IX	integer	*X* 格点号
6	JX	integer	*Y* 格点号
7	PRES	real	海平面气压（hPa）
8	RAIN	real	过去 1 h 内地表降水总量（cm）
9	SC	integer	雪覆盖度指示值（0 或 1，其中 1 表示模拟时有雪覆盖度）

NZP 数据行

参数编号	参数	数据类型	描述
1	PRES	integer	气压（mbar）
2	Z	integer	高程（m）
3	TEMPK	integer	温度（K）
4	WD	integer	风向（°）
5	WS	real	风速（m/s）
6	W	real	垂直速度（m/s）
7	RH	integer	相对湿度（%）
8	VAPMR	real	水汽混合比（g/kg）
9	CLDMR	real	云混合比（g/kg）
10	RAINMR	real	雨混合比（g/kg）
11	ICEMR	real	冰混合比（g/kg）
12	SNOWMR	real	雪混合比（g/kg）
13	GRPMR	real	霰混合比（g/kg）

C.8 地形权重因子数据 WT.DAT 文件格式

标题行#1

参数编号	参数	数据类型	描述
1	C1	char*42	Wzi 的文件记录

标题行#2

参数编号	参数	数据类型	描述
1	C2	char*42	Ws 的文件记录

标题行#3

参数编号	参数	数据类型	描述
1	C3	char*42	RMSo 的文件记录

标题行#4

参数编号	参数	数据类型	描述
1	X0FIN	real	细网格原点的 *X* 坐标（km），即 CALMET 网格原点
2	Y0FIN	real	细网格原点的 *Y* 坐标（km）
3	NXFIN	integer	细网格区域的列数
4	NYFIN	integer	细网格区域的行数
5	DFIN	real	细网格区域的水平网格步长（km）

标题行#5

参数编号	参数	数据类型	描述
1	X0CRS	real	粗网格原点的 *X* 坐标（km），即 MM4 网格远点
2	Y0CRS	real	粗网格原点的 *Y* 坐标（km）
3	NXCRS	integer	粗网格区域的列数
4	NYCRS	integer	粗网格区域的行数
5	DCRS	real	粗网格区域的水平网格步长（km）

数据行

数据组	参数编号	参数	数据类型	描述
1	1	HT	real	CALMET 层的网格点高度，格式（12x,f12.4/）
2	—	—	—	包含 *i* 指数的文本行
下一个 NY 行	1	WO	real array	地形权重因子。读取 WO 数组时采用下列语句 do 15 JJ= NYFIN，1，–1 15 READ（io99，113）（WO（i，ij，k），i=j，nxfin） 113 FORMAT（6x，150（1x，f3.2）/）
NY+3	—	—	—	包含 *i* 指数的文本行

C.9 CALMET.DAT 文件格式

文件头

标题行编号	变量编号	变量	类型	描述
1	1	TITLE	char*80	三个标题行（每行不超过 80 个字符）
2	1	VER	char*8	CALMET 模型版本号
2	2	LEVEL	integer	CALMET 模型发布时间
2	3	IBYR	integer	起始年份
2	4	IBMO	integer	起始月份
2	5	IBDY	integer	起始日期
2	6	IBHR	integer	起始小时
2	7	IBTZ	integer	时区（–8=北京时区）
2	8	IRLG	integer	运行时长（h）
2	9	IRTYPE	integer	运行类型 （0=只考虑风场，1=风场和微气象场）
2	10	NX	integer	*X* 方向格点数
2	11	NY	integer	*Y* 方向格点数
2	12	NZ	integer	垂直层数
2	13	DGRID	real	格距
2	14	XORIGR	real	西南角 *X* 坐标
2	15	YORIGR	real	西南角 *Y* 坐标
2	16	IUTMZN	integer	UTM 分区
2	17	IWFCOD	integer	风场模块的选择（0 客观分析，1 诊断风场）
2	18	NSSTA	integer	地面气象站个数
2	19	NSSTA	integer	探空气象站个数
2	20	NPSTA	integer	降水气象站个数
2	21	NOWSTA	integer	水上气象站个数
2	22	NLU	integer	用地类型种类数
2	23	IWAT1	integer	水体用地类型的起始范围
2	24	IWAT2	integer	水体用地类型结束范围
2	25	LCALGRD	Logic	是否包含了 CALGRID 所要求的气象数据参数
3	1	XLAT0	real	西南角的纬度
3	2	XLON0	real	西南角的经度
3	3	LLCONF	logical	是否使用 LCC 投影坐标
3	4	CONEC	real	LCC 投影锥形常数
3	5	XLAT1	real	LCC 投影标准纬线 1
3	6	XLAT2	real	LCC 投影标准纬线 2
3	7	RLAT0	real	LCC 投影中参考点纬度
3	8	RLON0	real	LCC 投影中参考点经度
4	1	CLAB1	char*8	变量标记（＜ZFACE'）
4	2	IDUM	integer	不使用的变量
4	3	ZFACEM	real array	层顶高度（NZ+1 个值）
5	1	CLAB2	char*8	变量标记（＜XSSTA'）
5	2	IDUM	integer	不使用的变量

标题行编号	变量编号	变量	类型	描述
5	3	XSSTA	real array	各地面站 *X* 坐标
6	1	CLAB3	char*8	变量标记（<YSSTA'）
6	2	IDUM	integer	不使用的变量
6	3	YSSTA	real array	各地面站 *Y* 坐标
7	1	CLAB4	char*8	变量标记（<XUSTA'）
7	2	IDUM	integer	不使用的变量
7	3	XUSTA	real array	各高空站 *X* 轴坐标
8	1	CLAB5	char*8	变量标记（<YUSTA'）
8	2	IDUM	integer	不使用的变量
8	3	YUSTA	real array	各高空站 *Y* 轴坐标
9	1	CLAB6	char*8	变量标记（<XPSTA'）
9	2	IDUM	integer	不使用的变量
9	3	XPSTA	real array	各降水站 *X* 坐标
10	1	CLAB7	char*8	变量标记（<YPSTA'）
10	2	IDUM	integer	不使用的变量
10	3	YPSTA	real array	各降水站 *Y* 坐标
11	1	CLAB8	char*8	变量标记（<Z0'）
11	2	IDUM	integer	不使用的变量
11	3	Z0	real array	地表粗糙度（m）
12	1	CLAB9	char*8	变量标记（<ILANDU'）
12	2	IDUM	integer	不使用的变量
12	3	ILANDU	real array	各网格的用地类型
13	1	CLAB10	char*8	变量标记（<ELEV'）
13	2	IDUM	integer	不使用的变量
13	3	ELEV	real array	各网格的海拔高度
14	1	CLAB11	char*8	变量标记（<XLAI'）
14	2	IDUM	integer	不使用的变量
14	3	XLAI	real array	各网格的叶面积指数
15	1	CLAB12	char*8	变量标记（<NEARS'）
15	2	IDUM	integer	不使用的变量
15	3	NEARS	real array	距离各网格点最近的地面气象站

数据行

数据行类型	变量编号	变量名	类型	描述
1	1	CLABU	char*8	变量标记（<U-LEVxxx'，其中 xxx 表示层数）
1	2	NDATHR	integer	年、儒略日和时（YYYYJJJHH）
1	3	U	real array	各网格点风场 *U* 分量（m/s）
2	1	CLABV	char*8	变量标记（<V-LEVxxx'，其中 xxx 表示层数）
2	2	NDATHR	integer	年、儒略日和时（YYYYJJJHH）
2	3	V	real array	各网格点风场 *V* 分量（m/s）
3	1	CLABW	char*8	变量标记（<WFACExxx"，其中 xxx 表示层数）
3	2	NDATHR	integer	年、儒略日和时（YYYYJJJHH）

数据行类型	变量编号	变量名	类型	描述
3	3	W	real array	各网格点风的 *W* 分量（m/s）
数据行类型 1，2，3 重复 NZ 次（每层一次）一组				
4	1	CLABT	char*8	变量标记（<T-LEVxxx"，其中 xxx 表示层数）
4	2	NDATHR	integer	年、儒略日和时（YYYYJJJHH）
4	3	ZTEMP	real array	各网格点上的温度（K）
数据行类型 4 重复 NZM 次（每层一次）				
5	1	CLABSC	char*8	变量标记（<IPGT'）
5	2	NDATHR	integer	年、儒略日和时（YYYYJJJHH）
5	3	IPGT	real array	各网格点上的 PGT 稳定性
6	1	CLABUS	char*8	变量标记（<USTAR'）
6	2	NDATHR	integer	年、儒略日和时（YYYYJJJHH）
6	3	USTAR	real array	地表摩擦率（m/s）
7	1	CLABZI	char*8	变量标记（<ZI'）
7	2	NDATHR	integer	年、儒略日和时（YYYYJJJHH）
7	3	ZI	real array	混合层高度（m）
8	1	CLABL	char*8	变量标记（<EL'）
8	2	NDATHR	integer	年、儒略日和时（YYYYJJJHH）
8	3	EL	real array	莫宁-奥布霍夫长度（m）
9	1	CLABWS	char*8	变量标记（<WSTAR'）
9	2	NDATHR	integer	年、儒略日和时（YYYYJJJHH）
9	3	WSTAR	real array	对流速度尺度（m/s）
10	1	CLABRMM	char*8	变量标记（<RMM'）
10	2	NDATHR	integer	年、儒略日和时（YYYYJJJHH）
10	3	RMM	real array	降水速率（mm/h）（CALGRID 不采用）
数据行类型	变量编号	变量名	类型 [a]	描述
11	1	CLABTK	char*8	变量标记（<TEMPK'）
11	2	NDATHR	integer	年、儒略日和时（YYYYJJJHH）
11	3	TEMPK	real array	各地面气象站温度
12	1	CLABD	char*8	变量标记（<RHO'）
12	2	NDATHR	integer	年、儒略日和时（YYYYJJJHH）
12	3	RHO	real array	各地面气象站空气密度（kg/m^3）
13	1	CLABQ	char*8	变量标记（<QSW'）
13	2	NDATHR	integer	年、儒略日和时（YYYYJJJHH）
13	3	QSW	real array	各地面气象站太阳短波辐射（W/m^2）
14	1	CLABRH	char*8	变量标记（<IRH'）
14	2	NDATHR	integer	年、儒略日和时（YYYYJJJHH）
14	3	IRH	real array	各地面气象站的相对湿度（%）
15	1	CLABPC	char*8	变量标记（<IPCODE'）
15	2	NDATHR	integer	年、儒略日和时（YYYYJJJHH）
15	3	IPCODE	real array	降水类型的代码（CALGRID 不采用）

附录 D ADMS 常用命令及参数速查手册

D.1 ADMS 模型常用参数列表

D.1.1 污染源参数

D.1.1.1 工业源

（1）排放物质参数

	排放物质热容（C_P）	排放物质分子量（g）	排放物质密度/（kg/m^3）	排放物质密度（RHO）或温度（*T*）已知	排放物质现状或标准态	排放物质出口速度或容量
参数说明	默认 1012	默认 28.96（空气值）	默认 1.225	默认 *T*	默认现状	默认容量（Vol）

（2）污染源参数

	主要建筑物	高度/m	直径/m	出口速度/（m/s）	出口容量/（m^3/s）（速度或容量二选一）	温度/℃	L_1/m	几何尺寸/m	污染物排放速率
点源	模拟建筑物影响时选择	√	内径	√	√	√	—	中心点坐标	g/s
线源	—	√	—	√	√	√	宽度	2～50 个拐点	g/（m·s）
面源	—	√	—	√	√	√	—	各个顶点坐标（顶点数 3～50 个，必须为凸多边形）	g/（m^2·s）
体源	—	√	—	—	—	—	垂直距离	水平截面顶点坐标（3～50 个顶点凸多边形）	g/（m^2·s）

D.1.1.2 道路源

（1）排放物质参数

	道路高程/m	道路宽度/m	街谷高度/m	道路几何尺寸/m	污染源强					
					通过排放因子计算					用户自定义计算
道路源	道路地面高度	不考虑街谷时为机动车道宽度，考虑基础街谷时为道路红线宽度，考虑高级街谷时为道路机动车道宽度	道路两旁建筑物高度	各拐点坐标（2～50个点）	排放因子数据库（共有5套排放因子，详见用户手册）	车辆种类	平均车速/（km/h）	排放年份	道路类型或排放标准类型	污染物排放速率/[g/（km·s）]

（2）道路隔声屏参数

sName	Xref，yref	HB1	HB2	d1	d2
道路名称	参照点 *x*、*y* 坐标	参照点一侧隔声屏高度	另一侧隔声屏高度	高度为HB1隔声屏与道路中心线距离	高度为HB2隔声屏与道路中心线距离

D.1.1.3 网格源

①起始点坐标（*X*，*Y*）；

②单元格尺寸（m）；

③网格源深度（m）；

④网格源在 *x* 与 *y* 方向的数量（个）；

⑤污染物排放强度［g/（m^2·s）］。

D.1.2 污染物参数

	污染物名称	转换因子/（μg/m^3）	污染物类型	清洗率			污染物沉降参数（模拟干沉降时输入）		
				清洗率A	清洗率B	清洗率	沉降速度/（m/s）	终端速度/（m/s）	质量分数
气态污染物	√	√	气体	模拟湿沉降时输入			√	—	—
颗粒物	√	—	颗粒物				√	√	√

D.1.3 气象输入参数

说明	缩写	单位
风速	U	m/s
地转风速/摩擦风速	UGSTAR	—
风向	PHI	°
地转风与地表风风向差	DELTAPHI	°
感热通量	FTHETA0	W/m^2
1/莫宁-奥布霍夫长度	RECIPLMO	m^{-1}
边界层高度	H	m
云量	CL	oktas
入射太阳辐射	SOLAR RAD	W/m^2
温度	T0C	℃
边界层上浮力频率	NU	s^{-1}
边界层顶部温度跳跃	DELTATHETA	℃
降雨速率	P	mm/h
海平面温度	TSEA	℃
陆地与海平面温差	DELTAT	℃
平均风向的标准偏差σ_θ（°）	SIGMATHETA	°
比湿	S HUMIDITY	kg/kg
相对湿度	RHUM	%
边界层上相对湿度	RH ABOVE BL	%
相对湿度/边界层上高度	DRH/DZ	%/m
潜热通量	LAT HT FLUX	W/m^2
测风高度	WIND HEIGHT	m
地表粗糙度长度（气象场地）	Z0（M）	m
地表粗糙度长度（扩散场地）	Z0（D）	m
反射率（气象场地）	R	—
反射率（扩散场地）	ALBEDO（D）	—
RIESTLEY-TAYLOR 参数（气象场地）	ALPHA	—
RIESTLEY-TAYLOR 参数（扩散场地）	ALPHA（D）	—
小时	THOUR	—
日	TDAY	—
年	YEAR	—
频率	FR	—
FREQUENCY FOR MONTHS xx TO xx，HOURS xxxxx TO xxxxx（GMT＋xxxxx）	MONTHS xx TO xx，HOURS xx TO xx	—

D.1.4 建筑物参数

①是否为主要建筑物；

②名称；

③形状：长方形或圆形；

④建筑物平面中心点 x、y 坐标值；

⑤高度（m）；

⑥长度/直径（m）；

⑦宽度（m）；

⑧角度：长度与正北方向的夹角。

D.2 ADMS 主要参数文件格式说明及示例

D.2.1 气象文件*.met

（1）文件说明

气象文件为逗号分隔格式，文件开始包含注解，之后为第 1 行，关键词是“VARIABLES:”。第 2 行为参数的个数。随后各行分别为各参数的名称（每行一个名称），说明.met 文件中输入的参数。之后可加入进一步的数据备注与说明，与计算无关。接下来为数据部分，包含各气象参数值，以关键词“DATA:”开始，每一列气象数据值的顺序应与之前每行参数名称排列相同。除第一部分“VARIABLES:”之前和“VARIABLES:”与第二部分“DATA:”之间外，两个部分中均不能有空行。

（2）文件示例

VARIABLES:

9

STATION DCNN

YEAR

TDAY

THOUR

T0C

U

PHI

P

CL

DATA:
4238.0,2006,247.0,0.0,15.2,3.1,180.0,0.0,8.0,
4238.0,2006,247.0,1.0,14.9,3.1,180.0,0.0,8.0,
4238.0,2006,247.0,2.0,14.8,2.6,170.0,0.0,8.0,
4238.0,2006,247.0,3.0,14.7,2.6,180.0,0.0,8.0,
4238.0,2006,247.0,4.0,14.7,3.1,200.0,0.0,8.0,

D.2.2 背景浓度文件*.bgd

（1）文件说明

背景数据文件为逗号分隔格式，第 1 行为文件版本号，当前版本号为“BackgroundVersion2”。第 2 行为背景数据包含的污染物数目，并列出各污染物的名称。所列出的污染物与“污染物定义”界面中的污染物一致。文件中未列出的污染物的背景浓度视为 0。污染物名称后为关键词“UNITS:”，其后为各污染物的单位，与污染物名顺序一致。污染物数据在关键词“DATA:”后列出，格式如下：

Year，Day number，Hour，Pollutant data

（2）文件示例

BackgroundVersion2
5
NO_x
NO_2
O_3
PM_{10}
SO_2

UNITS:
ppb
ppb
ppb
μg/m^3
ppb
DATA:
2006,247,0,6,4,21,9,7
2006,247,1,6,4,16,9,8

2006,247,2,6,4,16,9,7

2006,247,3,6,4,19,9,8

2006,247,4,6,4,18,9,8

2006,247,5,6,4,23,9,7

D.2.3 时间不同排放因子文件*.fac

（1）文件格式

时间不同排放因子文件*.fac 文件为逗号分隔格式，第 1 行为文件版本号，当前版本号为 “FacVersion2”。之后为日变化数据部分，第 1 行是因子文件包含的日变化因子数目（最大值 500）（注意：即使文件中没有日变化，此行数据也必不可少）；第 2 行是日变化名称，最多 20 个字符；第 3 行是工作日 24 h 排放系数，从 1～24 时；第 4 行是周六 24 h 排放系数，从 1～24 时；第 5 行是周日 24 h 排放系数，从 1～24 时。第 2～5 行数据按每组数据重复。

日变化数据部分后空 1 行为月变化数据，第 1 行是文件中包含的月变化的数目（最大值 500），即使文件中没有月变化，此行数据也必不可少；第 2 行是月变化名称，最多 20 个字符；第 3 行是 12 个月排放系数，从 1—12 月。第 2～3 行数据按每组月变化数据重复。

月变化数据部分后空 1 行为具体污染源数据，第 1 行是 SrcName，HourlyFlag，MonthlyFlag，WindFlag；第 2 行是应用于此污染源的日变化名称（只在 HourlyFlag=1 时应用）；第 3 行是应用于此污染源的月变化名称（只在 MonthlyFlag=1 时应用）；第 4 行是 PhiStart，PhiEnd（只在 WindFlag=1 时应用）。其中 SrcName 代表污染源名称（网格源必须为 grid）；HourlyFlag=1 表示对此污染源应用日变化，为 0 不应用；MonthlyFlag=1 表示对此污染源应用月变化，为 0 不应用；WindFlag=1 表示污染源只在一定风向范围排放，为 0 代表所有风向均排放；PhiStart 表示污染源开始排放的风向，从正北向顺时针算起，单位为度；PhiEnd 表示结束排放的风向（包含在内），从正北向顺时针算起，单位度。注意，每个污染源应包括第 1 行数据，如果需要也应包括第 2～4 行数据。

（2）文件示例

2

profile1

0.0,0.0,0.0,0.0,0.0,0.0,0.0,0.0,0.5,2.0,1.0,1.0,1.0,1.0,1.0,1.0,1.0,1.0,1.0,1.0,0.0,0.0,0.0,0.0,

0.0,0.0,0.0,0.0,0.0,0.0,0.0,0.0,0.5,2.0,1.0,1.0,1.0,0.0,0.0,0.0,0.0,0.0,0.0,0.0,0.0,0.0,0.0,0.0,

0.0,0.0,0.0,0.0,0.0,0.0,0.0,0.0,0.0,0.0,0.0,0.0,0.0,0.0,0.0,0.0,0.0,0.0,0.0,0.0,0.0,0.0,0.0,0.0,

profile2

0.0,0.0,0.0,0.0,0.0,0.0,0.0,0.0,1.0,1.0,1.0,1.0,1.0,1.0,1.0,1.0,1.0,1.0,1.0,1.0,1.0,0.0,0.0,0.0,

0.0,0.0,0.0,0.0,0.0,0.0,0.0,0.0,1.0,1.0,1.0,1.0,1.0,1.0,1.0,1.0,1.0,1.0,1.0,1.0,1.0,0.0,0.0,0.0,
0.0,0.0,0.0,0.0,0.0,0.0,0.0,0.0,1.0,1.0,1.0,1.0,1.0,1.0,1.0,1.0,1.0,1.0,1.0,1.0,1.0,0.0,0.0,0.0,

1
monthly1
1.0,1.0,1.0,1.0,0.5,0.0,0.0,0.0,0.0,0.5,1.0,1.0,

point1,1,1,1,
profile2
monthly1
30,180,
point2,1,0,1,
profile1
350,10,
road1,1,0,0,
profile2
grid,1,0,0,
profile1

示例中，污染源 point1 排放既有日变化又有月变化。Point2 使用日变化 profile1，且仅在风向位于 350°～10°时排放。道路源 road1 排放使用日变化 profile1，所有道路源（default road）使用日变化 profile3。网格源使用日变化 profile2。

D.2.4 时间不同排放因子文件*.hfc

（1）文件格式

时间不同排放因子文件*.hfc 文件为逗号分隔文件，文件分为两部分。第一部分（上方）列出每条气象数据时间及对应的小时排放因子，这部分数据通常为 8 761 行（一年 8 760 h 加上参数名称行）。第二部分指出需要应用变化因子的污染源，以及使用的变化因子。

第一部分格式：

Year，day，hour，Profile name 1，Profile name 2，……

其中第一行 Profile name 1，Profile name 2，……为清单或变化因子名称，在之后数据行中输入变化因子在此行气象数据的因子。排放因子定义完成后需保留一行空白。

第二部分每行污染源数据格式：

SourceName，–999，Profile name

其中 profile name 是该污染源使用的变化因子名称，每个需要定义时间变化因子的污染源均按此格式进行。

（2）文件示例

```
Year,Day,Hour,Profile1,Profile2,Profile3
2006,247,0,0,0,0.5
2006,247,1,0,0,0.5
2006,247,2,0,0,0.5
2006,247,3,0,0,0.5
2006,247,4,0,0,0.5
2006,247,5,0,0,0.5
2006,247,6,2,0,0.5
2006,247,7,2,2,1.5
2006,247,8,2,2,1.5
2006,247,9,2,2,1.5
2006,247,10,2,2,1.5
2006,247,11,2,2,1.5
2006,247,12,2,2,1.5
2006,247,13,2,2,1.5
2006,247,14,2,2,1.5
2006,247,15,2,2,1.5
2006,247,16,2,2,1.5
2006,247,17,2,2,1.5
2006,247,18,0,2,1.5
2006,247,19,0,0,0.5
2006,247,20,0,0,0.5
2006,247,21,0,0,0.5
2006,247,22,0,0,0.5
2006,247,23,0,0,0.5

Source1,-999,Profile1
Source2,-999,Profile2
Source3,-999,Profile3
```

D.2.5 地形数据文件*.ter

（1）文件格式

表示地形高度和地表粗糙度变化的.ter 和.ruf 文件格式相同。文件每行格式如下：

N，X，Y，Z

其中，N 为该行序号，X 为数据点的 X 坐标，Y 为 Y 坐标，Z 为 Z 坐标。

（2）文件示例

1,–3000,–3000,8.04E-12

2,–2750,–3000,4.36E-10

3,–2500,–3000,1.67E-08

4,–2250,–3000,4.52E-07

5,–2000,–3000,8.66E-06

6,–1750,–3000,1.17E-04

7,–1500,–3000,1.12E-03

8,–1250,–3000,7.55E-03

9,–1000,–3000,3.60E-02

10,–750,–3000,1.21E-01

11,–500,–3000,2.89E-01

D.2.6 智能网格设置文件*.igp

（1）文件格式

*.igp 文件第一行为“&INTELLI_PARAMS”，之后为文件控制智能网格使用的参数。每个参数左侧为参数名称和相应数值，右侧“!”后是对参数的说明。下面对各参数进行逐一介绍。

①LimitPointsRoads，在第一步中可添加的沿道路源的额外智能网格点最大数，最小为 0，最大为 10 000，默认值为 5 000。

②LimitPointsLines，在第一步中可添加的沿线源的额外智能网格点最大数，最小为 0，最大为 1 000，默认值为 1 000。

③PercentageSpacing，额外的智能网格点沿道路方向的最小距离与输出网格点间距的比例，最小值为 0.1，最大值为 5.0，默认值为 0.5。

④ActualSpacing，第一步中添加的额外输出点间沿道路方向的实际距离（单位为 m），与上述两项不违背时使用该值。

⑤InterpolatePoints，如果为 0 不进行第二步插值，如果为 1 进行插值。建议使用插

值功能，这样可以输出效果更好的等值浓度图。

⑥SpecifyRoadSrcs，如果为 0，智能网格应用于所有道路，如果为 1，仅针对在.igp文件中列出的道路源。通过该选项用户可使某些道路的输出分辨率更高。

⑦NumberRoadSrcsForIGP，如果 SpecifyRoadSrcs 设置为 1，此处列出需要添加智能网格的道路源数量，道路源名称在.igp 文件最后列出，此部分与参数部分使用“/”行隔开。

（2）文件示例

```
&INTELLI_PARAMS
LimitPointsRoads        = 5000
LimitPointsLines        = 1000
PercentageSpacing       = 0.5
ActualSpacing           = 0.0
InterpolatePoints       = 1
SpecifyRoadSrcs         = 0
NumberRoadSrcsForIGP    = 0
```

D.2.7 道路隔声屏设置文件*.nbr

（1）文件格式

隔声屏文件为逗号分隔文件，由一行数据说明每条需要模拟隔声屏的道路的情况。每行数据格式如下：

sName，xref，yref，HB1，HB2，d1，d2

①sName，道路源名称，必须与界面中定义名称一致；

②（xref，yref），道路外侧参照点的坐标，靠近一侧隔声屏；

③HB1，参照点一侧隔声屏的高度；

④HB2，另一侧隔声屏的高度；

⑤d1，高度为 HB1 的隔声屏到道路中线的距离；

⑥d2，高度为 HB2 的隔声屏到道路中线的距离。

（2）文件示例

```
A14,513800,276600,5,3,15,20
A428,532200,263200,3,4,10,10
LongStreet,522200,273200,3,0,10,0
```

D.2.8 额外输出点文件*.asp

（1）文件格式

额外输出点文件为逗号分隔文件，每行数据表示一个点，包括点的名称（无重复），*X*、*Y*、*Z* 坐标值。

（2）文件示例

Point_1, 544400.0, 158900.0, 0.0

School, 544420.0, 158921.0, 0.0

Monitor A, 544778.0, 159345.0, 0.0

Monitor B, 544900.0, 159100.0, 0.0

Centre, 545000.0, 159200.0, 0.0

Park, 545000.0, 159300.0, 0.0

D.3 ADMS 主要输出文件格式说明及示例

D.3.1 *.glt 文件

（1）文件说明

文件包括所有选定污染源组最低层网格点的长期平均计算结果，包括浓度、百分位值、超标量以及沉降值。如果选择了污染源加密网格，文件中还包括这些网格点的值。文件第一部分为模型计算结果的名称，第二部分为对应数据行。

（2）文件示例

X(m),Y(m),Z(m),Conc|μg/m^3|NO_x|<All sources>|-| 1hr,P 99.80|μg/m^3|NO_x|<All sources>|-| 1hr,Conc|μg/m^3|PM_{10}|<All sources>|-|24hrs

544317.00, 158547.00, 0.00, 0.115385E+02, 0.115385E+02, 0.900000E+01

544364.25, 158547.00, 0.00, 0.115385E+02, 0.115385E+02, 0.900000E+01

544411.44, 158547.00, 0.00, 0.115385E+02, 0.115385E+02, 0.900000E+01

544458.69, 158547.00, 0.00, 0.115385E+02, 0.115385E+02, 0.900000E+01

544505.94, 158547.00, 0.00, 0.115385E+02, 0.115385E+02, 0.900000E+01

544553.19, 158547.00, 0.00, 0.115385E+02, 0.115385E+02, 0.900000E+01

544600.38, 158547.00, 0.00, 0.115385E+02, 0.115385E+02, 0.900000E+01

544647.62, 158547.00, 0.00, 0.115385E+02, 0.115389E+02, 0.900000E+01

544694.88, 158547.00, 0.00, 0.115387E+02, 0.115400E+02, 0.900001E+01

示例文件中列出了模型计算的两项污染物（NO_x 和 PM_{10}）的结果，模型中所有计算污染源排放 NO_x 的长期平均浓度值和百分位数为 99.80 的长期平均浓度值，以及所有计算污染源排放的 PM_{10} 长期平均浓度值。

D.3.2 *.levels.glt 文件

（1）文件说明

.levels.glt 文件包括各个高度层上所有选定污染源组的长期平均计算结果，在输出网格中设置多个高度时输出。文件第一部分为模型计算结果的名称，第二部分为对应数据行。

（2）文件示例

X(m),Y(m),Z(m),Conc|μg/m^3|SO_2|<All sour Z=.0m |-| 1hr,P 98.00|μg/m^3|SO_2|<All sour

Z=.0m |-| 1hr,Conc|μg/m^3|SO_2|<All sour Z=20.0m |-| 1hr,P 98.00|μg/m^3|SO_2|<All sour

Z=20.0m |-| 1hr,Conc|μg/m^3|SO_2|<All sour

0.00,	0.00,	–999.00,	0.000000E+00,	0.000000E+00,	0.000000E+00,	0.000000E+00
55.56,	0.00,	–999.00,	0.207172E-04,	0.194690E-03,	0.296682E-03,	0.375597E-02
111.11,	0.00,	–999.00,	0.373694E-01,	0.158267E+00,	0.804299E-01,	0.445923E+00
166.67,	0.00,	–999.00,	0.466928E-01,	0.204627E+00,	0.112810E+00,	0.549666E+00
222.22,	0.00,	–999.00,	0.558888E-01,	0.225281E+00,	0.110550E+00,	0.473148E+00
277.78,	0.00,	–999.00,	0.622660E-01,	0.225496E+00,	0.100701E+00,	0.388926E+00
333.33,	0.00,	–999.00,	0.647895E-01,	0.235266E+00,	0.905924E-01,	0.323194E+00
388.89,	0.00,	–999.00,	0.642809E-01,	0.238853E+00,	0.815890E-01,	0.290776E+00
444.44,	0.00,	–999.00,	0.620253E-01,	0.235113E+00,	0.738121E-01,	0.267610E+00

示例文件中列出了模型计算两个高度的（0 m 和 20 m）结果，每个高度计算了全部污染源排放 SO_2 的长期平均浓度值和百分位数为 98.00 的长期平均浓度值。

D.3.3 *.plt 文件

（1）文件说明

文件为特定点的长期平均输出文件。文件第一部分为模型计算特定点结果的名称，第二部分为对应数据行。

（2）文件示例

Receptor name,X(m),Y(m),Z(m),Conc|μg/m^3|SO_2|<All sources>|-| 1hr,P 98.00|μg/m^3|SO_2|<All sources>|-| 1hr

学校, 100.00, 100.00, 0.00, 0.221583E-01, 0.991716E-01

示例文件中列出了模型计算的全部污染源排放 SO_2 对特定点（学校）所在位置的长期平均浓度值和百分位数为 98.00 的长期平均浓度值。

D.3.4 *.gst 文件

（1）文件说明

文件包括所有选定污染源组最低层网格点每条气象数据的短期输出结果。如果选择了污染源加密网格，文件还会包括此类网格点的输出结果。文件第一部分为模型计算结果的名称，第二部分为对应数据行。

（2）文件示例

Year,Day,Hour,Time(s),X(m),Y(m),Z(m),Conc|ppb|Methane|<Allsources>|-|1hr,Conc|ppb|Methane|IndustrialEstate|-| 1hr,Conc|ppb|Methane|Refinery|-| 1hr

2002, 137, 14, –999, 271201.00, 194190.00, 0.00, 0.000000E+00, 0.000000E+00, 0.000000E+00

2002, 137, 14, –999, 271352.81, 194190.00, 0.00, 0.000000E+00, 0.000000E+00, 0.000000E+00

2002, 137, 14, –999, 271504.59, 194190.00, 0.00, 0.000000E+00, 0.000000E+00, 0.000000E+00

2002, 137, 14, –999, 271656.41, 194190.00, 0.00, 0.000000E+00, 0.000000E+00, 0.000000E+00

2002, 137, 14, –999, 271808.19, 194190.00, 0.00, 0.000000E+00, 0.000000E+00, 0.000000E+00

2002, 137, 14, –999, 271960.00, 194190.00, 0.00, 0.000000E+00, 0.000000E+00, 0.000000E+00

2002, 137, 14, –999, 272111.81, 194190.00, 0.00, 0.000000E+00, 0.000000E+00, 0.000000E+00

2002, 137, 14, –999, 272263.59, 194190.00, 0.00, 0.000000E+00, 0.000000E+00, 0.000000E+00

2002, 137, 14, –999, 272415.41, 194190.00, 0.00, 0.000000E+00, 0.000000E+00, 0.000000E+00

2002, 137, 14, –999, 272567.19, 194190.00, 0.00, 0.000000E+00, 0.000000E+00, 0.000000E+00

示例文件中列出了模型计算的污染物 Methane 的结果，所有污染源排放 Methane 的 1 h 平均浓度值，以及 IndustrialEstate、Refinery 污染源排放 Methane 的 1 h 平均浓度值。

D.3.5 *.levels.gst 文件

（1）文件说明

文件包括各个高度层上所有选定污染源组的短期平均计算结果，在输出网格设置多个高度时输出。文件第一部分为模型计算结果的名称，第二部分为对应数据行。

（2）文件示例

Year,Day,Hour,Time(s),X(m),Y(m),Z(m),Conc|μg/m³|SO2|point sou Z=.0m |-| 1hr, Conc|μg/m³ SO2|point sou Z=20.0m |-| 1hr

2011,	247,	1,	–999,	0.00,	0.00,	–999.00,	0.000000E+00,	0.000000E+00
2011,	247,	1,	–999,	55.56,	0.00,	–999.00,	0.000000E+00,	0.000000E+00
2011,	247,	1,	–999,	111.11,	0.00,	–999.00,	0.000000E+00,	0.000000E+00
2011,	247,	1,	–999,	166.67,	0.00,	–999.00,	0.000000E+00,	0.000000E+00
2011,	247,	1,	–999,	222.22,	0.00,	–999.00,	0.000000E+00,	0.000000E+00
2011,	247,	1,	–999,	277.78,	0.00,	–999.00,	0.000000E+00,	0.000000E+00
2011,	247,	1,	–999,	333.33,	0.00,	–999.00,	0.000000E+00,	0.000000E+00
2011,	247,	1,	–999,	388.89,	0.00,	–999.00,	0.000000E+00,	0.000000E+00
2011,	247,	1,	–999,	444.44,	0.00,	–999.00,	0.000000E+00,	0.000000E+00
2011,	247,	1,	–999,	500.00,	0.00,	–999.00,	0.000000E+00,	0.000000E+00

示例文件中列出了模型计算两个高度（0 m 和 20 m）的短期计算结果，每个高度计算了点源排放 SO_2 的 1 h 平均浓度值。

D.3.6 *.pst 文件

（1）文件说明

文件为特定点的短期平均输出文件。文件第一部分为模型计算特定点结果的名称，第二部分为对应数据行。

（2）文件示例

Year,Day,Hour,Time(s),Receptor name,X(m),Y(m),Z(m),Conc|μg/m³|SO2|point source|-| 1hr

2011,	247,	1,	–999,学校,	100.00,	100.00,	0.00,	0.279751E-03
2011,	247,	2,	–999,学校,	100.00,	100.00,	0.00,	0.278962E-03
2011,	247,	3,	–999,学校,	100.00,	100.00,	0.00,	0.816330E-05
2011,	247,	4,	–999,学校,	100.00,	100.00,	0.00,	0.170875E-03
2011,	247,	5,	–999,学校,	100.00,	100.00,	0.00,	0.100725E-01
2011,	247,	6,	–999,学校,	100.00,	100.00,	0.00,	0.261794E-02

2011, 247, 7, –999,学校, 100.00, 100.00, 0.00, 0.416665E-02

2011, 247, 8, –999,学校, 100.00, 100.00, 0.00, 0.531191E-03

示例文件中列出了模型计算的点源排放 SO_2 对特定点（学校）所在位置的不同的时间短期平均浓度值。

D.3.7 *.max 文件

（1）文件说明

文件为浓度最大值文件，包含每个选定的百分位平均浓度的最大值、最大值出现位置，以及对应的气象数据。

（2）文件示例

Maximum long term average concentrations

Group,Pollutant,Averaging time,Units,X(m),Y(m),Z(m),Maximum value

<All sources>,NO_x, 1hr -,μg/m^3, 544605.75, 159051.86, 0.00, 0.44179E+03

<All sources>,PM_{10}, 24hrs -,μg/m^3, 544605.75, 159051.86, 0.00, 0.29636E+02

<All sources>,CO, 8hrs R,μg/m^3, 544605.75, 159051.86, 0.00, 0.33738E+03

示例文件中列出了全部污染源排放的 NO_x、PM_{10}、CO 最大浓度，以及对应的位置和气象数据行。

D.3.8 *.mop 文件

（1）文件说明

气象输入、输出参数文件，包括气象输入数据以及每行气象数据的计算输出值。

（2）文件示例

LINE,RUN,FR,INPUT_DATA:,TYEAR,TDAY,THOUR,U,UGSTAR,PHI,DELTAPHI,FTHETA0,K,1/LMO,H,NU,DELTATHETA,T0C,P,CL,ALBEDO(MET),ALBEDO(DISP),ALPHA(MET),ALPHA(DISP),TSEA,DELTAT,SIGMATHETA,RHUM,Q0,LAMBDAE,RHU,DRHDZU,PROCESSED_DATA:,USTAR,UG,UGSTAR,PHI0,PHIG,DELTAPHI,PHISEC,WSTAR,FTHETA0,K,1/LMO,H,NU,DELTATHETA,T0C,P,DELTAT,SIGMATHETA,Q0,LAMBDAE,RHU,DRHDZU,Z0(MET),Z0(DISP)

1,1,1.0000,----,2011,247,1,3.1000,–999.0000,180.0000,–999.0000,–999.0000,–999.0000,–999.0000,–999.0000,–999.0000,–999.0000,15.2000,.0000,8.0000,.2300,.2300,1.0000,1.0000,–999.0000,–999.0000,–999.0000,–999.0000,–999.0000,–999.0000,–999.0000,–999.0000,----,.3800,10.7286,28.2328,180.0000,213.9469,33.9469,180.0000,.0000,–21.1992,.0000,.0042,294.7734,.0130,.0000,15.2000,.0000,–999.0000,5.5963,–999.0000,.0000,65.0000,.0000,.5000000,.5000000,

2,2,1.0000,----,2011,247,2,3.1000,–999.0000,180.0000,–999.0000,–999.0000,–999.0000,–999.0000,–999.0000,–999.0000,–999.0000,14.9000,.0000,8.0000,.2300,.2300,1.0000,1.0000,–999.0000,–999.0000,–999.0000,–999.0000,–999.0000,–999.0000,–999.0000,–999.0000,----,.3800,10.7303,28.2396,180.0000,213.9555,33.9555,180.0000,.0000,–21.1975,.0000,.0042,294.6134,.0130,.0000,14.9000,.0000,–999.0000,5.5963,–999.0000,.0000,65.0000,.0000,.5000000,.5000000,

D.3.9 *.out.met 文件

（1）文件说明

复制的气象输入数据文件。

（2）文件示例

```
File created automatically based on c:\program files\cerc\adms-urb\data\oneday.met

VARIABLES:
9
STATION DCNN
YEAR
TDAY
THOUR
T0C
U
PHI
P
CL
DATA:
4238.0,2011, 247.0,    1.0,   15.2,    3.1,180.00,    0.0,    8.0
4238.0,2011, 247.0,    2.0,   14.9,    3.1,183.33,    0.0,    8.0
4238.0,2011, 247.0,    3.0,   14.8,    2.6,170.00,    0.0,    8.0
4238.0,2011, 247.0,    4.0,   14.7,    2.6,176.67,    0.0,    8.0
4238.0,2011, 247.0,    5.0,   14.7,    3.1,200.00,    0.0,    8.0
```

D.3.10 *.bef、*.bld 和*.bwk 文件

（1）文件说明

这些文件是建筑物模块相关文件。

.bef 文件是有效建筑物文件，包括每个源和每行气象数据的有效建筑物的坐标。

.bld 文件是建筑物文件，包括输入建筑物的尺寸和计算中使用的参数（包括建筑物的影响区域、空腔区和空腔区浓度）。

（2）文件示例

①.bef 文件示例。

Met. line,Year,Day,Hour,Source name,Src X(m),Src Y(m),Bld X1(m),Bld Y1(m),Bld X2(m),Bld Y2(m),Bld X3(m),Bld Y3(m),Bld X4(m),Bld Y4(m)

5, 2011., 247., 5.00,point source, 50.00, 50.00, 7.06, 41.71, 32.63, 32.40, 12.94, –21.71, –12.63, –12.40,

9, 2011., 247., 9.00,point source, 50.00, 50.00, –1.57, 33.56, 36.19, 11.76, 21.57, –13.56, –16.19, 8.24,

10, 2011., 247., 10.00,point source, 50.00, 50.00, –6.04, 36.51, 38.90, –1.19, 26.04, –16.51, –18.90, 21.19,

11, 2011., 247., 11.00,point source, 50.00, 50.00, –5.11, 49.22, 36.41,–22.69, 25.11, –29.22, –16.41, 42.69,

12, 2011., 247., 12.00,point source, 50.00, 50.00, –5.11, 49.22, 36.41,–22.69, 25.11, –29.22, –16.41, 42.69,

13, 2011., 247., 13.00,point source, 50.00, 50.00, 15.08, 60.11, 15.08,–40.11, 4.92,–40.11, 4.92, 60.11,

14, 2011., 247., 14.00,point source, 50.00, 50.00, 15.08, 60.11, 15.08,–40.11, 4.92,–40.11, 4.92, 60.11,

15, 2011., 247., 15.00,point source, 50.00, 50.00, 15.08, 60.11, 15.08,–40.11, 4.92,–40.11, 4.92, 60.11,

16, 2011., 247., 16.00,point source, 50.00, 50.00, 15.08, 60.11, 15.08,–40.11, 4.92,–40.11, 4.92, 60.11,

17, 2011., 247., 17.00,point source, 50.00, 50.00, 23.61, 58.37, 6.24,–40.11, –3.61,–38.37, 13.76, 60.11,

18, 2011., 247., 18.00,point source, 50.00, 50.00, 15.08, 60.11, 15.08,–40.11, 4.92,–40.11, 4.92, 60.11,

示例文件说明有效建筑物为方形建筑物，此建筑物影响了点源排放的污染物扩散。

②.bld 文件示例。

SUMMARY OF BUILDINGS DATA:

Summary of input data:

Building number, Building type, Location X(m),Location Y(m),Height HB(m),Width(m) ,Length(m),Roof orient.(deg.) ,Diameter(m),

1,Rectangular, 10.00, 10.00, 10.00, 10.00, 100.00, 10.00, --- ,

Summary of output data:

Met hour/line,Source,Pollutant,Main building,Coords of idealised building centre ,,Geom. of idealised building(WB=crosswind;LB=alongwind) ,,,Region (X;Y;Zcoord) affected by presence of buildings ,,,Approach wind ,Cavity length(m) ,Residence time,Fraction entrained ,Cavity conc ,Description of,

,,,,X(m),Y(m),Height HB(m) ,Width WB(m) ,Length LB(m) ,XMIN(m) ,YMAX(m) ,ZMAX(m) ,speed at HB(m/s) , ,in cavity(s) ,into cavity ,(ug/m3) ,flow,,

1,point source ,SO_2 ,Source outside building effects region;

2,point source ,SO_2 ,Source outside building effects region;

3,point source ,SO_2 ,Source outside building effects region;

4,point source ,SO_2 ,Source outside building effects region;

5,point source ,SO_2 ,建筑物 001 , 10.00, 10.00, 10.00, 27.21, 57.59, –67.27, 40.82, 30.00,3.10, 21.31, 43.13, 0.00E+00, 0.00E+00,Source downwind of recirculating flow; Roof flow reattaches;

6,point source ,SO_2 ,Source outside building effects region;

7,point source ,SO_2 ,Source outside building effects region;

8,point source ,SO_2 ,Source outside building effects region;

9,point source ,SO_2 ,建筑物 001 , 10.00, 10.00, 10.00, 43.60, 29.24, –101.28, 65.40, 30.00,3.60, 27.80, 43.05, 0.00E+00, 0.00E+00,Source downwind of recirculating flow; Roof flow reattaches;

10,point source ,SO_2 ,建筑物 001 , 10.00, 10.00, 10.00, 58.66, 20.00, –141.74, 87.99, 30.00,3.60, 35.62, 45.58, 0.00E+00, 0.00E+00,Source downwind of recirculating flow; Roof flow reattaches; Two-dimensional main wake

11,point source ,SO_2 ,建筑物 001 , 10.00, 10.00, 10.00, 83.03, 13.05, –175.22, 124.55, 30.00,3.60, 46.10, 15.43, 0.00E+00, 0.00E+00,Source downwind of recirculating flow; Roof flow reattaches; Two-dimensional main wake

12,point source ,SO_2 ,建筑物 001 , 10.00, 10.00, 10.00, 83.03, 13.05, –172.79, 124.55, 30.00,3.60, 46.10, 14.96, 0.00E+00, 0.00E+00,Source downwind of recirculating flow, Roof flow reattaches; Two-dimensional main wake

13,point source ,SO_2 ,建筑物 001 , 10.00, 10.00, 10.00, 100.22, 10.15, –157.27, 150.33, 30.00,2.60, 52.73, 11.78, 0.33E-01, 0.25E+01,Release not fully entrained; Roof flow reattaches; Two-dimensional main wake

14,point source ,SO_2 ,建筑物 001 , 10.00, 10.00, 10.00, 100.22, 10.15, –181.33, 150.33, 30.00,3.10, 52.73, 12.40, 0.30E-01, 0.24E+01,Release not fully entrained; Roof flow reattaches; Two-dimensional main wake

15,point source ,SO_2 ,建筑物 001 , 10.00, 10.00, 10.00, 100.22, 10.15, –202.14, 150.33, 30.00,3.60, 52.73, 13.14, 0.28E-01, 0.24E+01,Release not fully entrained; Roof flow reattaches; Two-dimensional main wake

示例文件说明了输入建筑物的参数和建筑物对污染源排放污染物的影响。

③.bwk 文件示例。

5, 2011., 247., 5.00

0.80062E+02, –0.23907E+02, 0.75000E+00

Building cavity and wake height

Height (m)

37

0.00000E+00, 0.52599E+01, 0.10520E+02, 0.15780E+02, 0.21040E+02,
0.26300E+02, 0.31560E+02, 0.36820E+02, 0.42079E+02, 0.47339E+02,
0.52599E+02, 0.57859E+02, 0.63119E+02, 0.68379E+02, 0.73639E+02,
0.78899E+02, 0.78899E+02, 0.11036E+03, 0.14182E+03, 0.17328E+03,
0.20474E+03, 0.23620E+03, 0.26766E+03, 0.29912E+03, 0.33058E+03,
0.36204E+03, 0.39350E+03, 0.42496E+03, 0.45642E+03, 0.48788E+03,
0.51934E+03, 0.55080E+03, 0.58226E+03, 0.61372E+03, 0.64518E+03,
0.67664E+03, 0.70810E+03,
0.10000E+02, 0.10000E+02, 0.10000E+02, 0.10000E+02, 0.10000E+02,
0.10000E+02, 0.10000E+02, 0.10000E+02, 0.10000E+02, 0.10000E+02,
0.10000E+02, 0.99992E+01, 0.96573E+01, 0.86232E+01, 0.65781E+01,
0.00000E+00, 0.18582E+02, 0.24333E+02, 0.28963E+02, 0.30000E+02,
0.30000E+02, 0.30000E+02, 0.30000E+02, 0.30000E+02, 0.30000E+02,
0.30000E+02, 0.30000E+02, 0.30000E+02, 0.30000E+02, 0.30000E+02,

0.30000E+02, 0.30000E+02, 0.30000E+02, 0.30000E+02, 0.30000E+02,
0.30000E+02, 0.30000E+02,

9, 2011., 247., 9.00
0.69260E+02, –0.14641E+02, 0.75000E+00
Building cavity and wake height
Height (m)
37
0.00000E+00, 0.38023E+01, 0.76045E+01, 0.11407E+02, 0.15209E+02,
0.19011E+02, 0.22814E+02, 0.26616E+02, 0.30418E+02, 0.34220E+02,
0.38023E+02, 0.41825E+02, 0.45627E+02, 0.49429E+02, 0.53232E+02,
0.57034E+02, 0.57034E+02, 0.91113E+02, 0.12519E+03, 0.15927E+03,
0.19335E+03, 0.22743E+03, 0.26151E+03, 0.29559E+03, 0.32967E+03,
0.36374E+03, 0.39782E+03, 0.43190E+03, 0.46598E+03, 0.50006E+03,
0.53414E+03, 0.56822E+03, 0.60230E+03, 0.63638E+03, 0.67045E+03,
0.70453E+03, 0.73861E+03,
0.10000E+02, 0.10000E+02, 0.10000E+02, 0.10000E+02, 0.10000E+02,
0.10000E+02, 0.10000E+02, 0.10000E+02, 0.99910E+01, 0.98380E+01,
0.94875E+01, 0.89160E+01, 0.80768E+01, 0.68726E+01, 0.50485E+01,
0.00000E+00, 0.21858E+02, 0.27649E+02, 0.30000E+02, 0.30000E+02,
0.30000E+02, 0.30000E+02, 0.30000E+02, 0.30000E+02, 0.30000E+02,
0.30000E+02, 0.30000E+02, 0.30000E+02, 0.30000E+02, 0.30000E+02,
0.30000E+02, 0.30000E+02, 0.30000E+02, 0.30000E+02, 0.30000E+02,
0.30000E+02, 0.30000E+02,

D.3.11 *.dep 文件

（1）文件说明

文件与沉降选项相关，包含沉降相关的输入参数值（如终端沉降速度）以及运行过程中的计算值。

（2）文件示例

SUMMARY OF DEPOSITION DATA:

Input data:

Pollutant,Particle species,Pollutant type,Dep. vel.(m/s),Terminal vel.(m/s) ,Nature of gas,Surface res.(s/m),Particle diam.(m),Part. dens.(kg/m^3) ,Mass fraction,Washout coeff.,Wash. coeff. A(/s) ,Wash. coeff. B(/s) ,

SO_2,--,Gas , 0.1000E+02,----- ,----- ,-----,-----,-----,-----, 0.0000E+00 ,----- ,----- ,

Output data:

Met line/hour ,Pollutant ,Particle species,Pollutant type,Dep. vel.(m/s),Terminal vel.(m/s) ,Total dep.vel.(m/s) ,Washout coeff.,

1 ,SO_2 ,--,Gas ,0.1000E+02,----- ,0.1000E+02,0.0000E+00,

2 ,SO_2 ,--,Gas ,0.1000E+02,----- ,0.1000E+02,0.0000E+00,

示例文件中第一部分为沉降计算的输入数据，第二部分为运算过程中的计算值。

参考文献

ADMLC/2004/3. 2004. Guidelines for the preparation of dispersion modelling assessments for compliance with regulatory requirements.

ADMLC-R12. 2021. Guidelines for the preparation of short range dispersion modelling assessments for compliance with regulatory requirements.

Alan J Cimorelli, Steven G Perry, Akula Venkatram, et al. 2004. AERMOD: Description of model formulation. Research Triangle Park, North Carolina. U.S. Environmental Protection Agency.

Allwine K J and Whiteman C D. 1985. MELSAR: A mesoscale air quality model for complex terrain: Volume 1--Overview, technical description and user's guide. Pacific Northwest Laboratory, Richland, Washington.

Anon. 1998. User's guide for the AERMOD terrain preprocessor(AERMAP). Research Triangle Park, North Carolina. U.S. Environmental Protection Agency.

Anon. 2015a. AERMOD Implementation guide. Research Triangle Park, North Carolina. U.S. Environmental Protection Agency.

Anon. 2015b. AERSCREEN user's guide. Research Triangle Park, North Carolina. U.S. Environmental Protection Agency.

Anon. 2016a. User's guide for the AMS/EPA regulatory model (AERMOD). Air Quality Modeling Group. Research Triangle Park, North Carolina. U.S. Environmental Protection Agency.

Anon. 2016b. User's guide for the AERMOD meteorological preprocessor (AERMET). Research Triangle Park, North Carolina. U.S. Environmental Protection Agency.

Anon. 2019. AERMOD implementation guide. Research Triangle Park, NC. U.S. Environmental Protection Agency.

Atkinson R, Lloyd A C, Winges L. 1982. An updated chemical mechanism for hydrocarbon/NO_x/SO_x photo oxidation suitable for inclusion in atmospheric simulation models. Atmospheric Environ., 16: 1341.

Azzi M, Johnson G, Cope M E. 1992. An introduction to the generic reaction set photochemical smog mechanism. In Proceedings of the 11th International Conference of the Clean Air Society of Australia and New Zealand, Brisbane, Australia, 2: 451-462.

Belcher S E, Coceal O, Hunt J C R, et al. 2013. A review of urban dispersion modelling. ADMLC report, available at https://admlc.com/wp-content/uploads/2014/05/maintextadmlc-r7.pdf.

Beljaars A C M. 1994. The parameterisation of surface fluxes in large-scale models under free convection. Quart. J. R. Met. Soc., 121: 255-270.

Benkley C W and Bass A. 1979. Development of Mesoscale Air Quality Simulation Models. Volume 3. User's Guide to MESOPUFF (Mesoscale Puff) Model. EPA 600/7-79-XXX, Environmental Protection Agency, Research Triangle Park, NC: 124.

Bevilaqua P M, Lykoudis P S. 1978. Turbulence memory in self-preserving wakes. J. Fluid Mech., 89: 589-606.

Bornstein R D. 1968. Observations of urban heat island effects in New York City. J.Appl.Meteor., 7: 575-582.

Bowers J F and Anderson A J. 1981. An evaluation study for the Industrial Source Complex (ISC) dispersion model. EPA 450/4-81-002, U.S. Environmental Protection Agency, Research Triangle Park, NC.

Briggs G A. 1969. Plume rise. U.S. Atomic Energy Commission Div. Tech. Inf.

Briggs G A. 1973. Diffusion estimation for small emissions. 1973 Annual Report, ATDL-106, Air Resources Atmospheric Turbulence and Diffusion Laboratory, Environmental Res. Lab., NOAA, Oak Ridge, TN.

Briggs G A. 1975. Plume rise predictions.//Lectures on Air Pollution and Environmental Impact Analyses. American Meteorological Society, Boston, MA: 59-111.

Briggs G A. 1979. Analytic Modeling of drainage flows, Draft document, Atmospheric Turbulence and Diffusion Laboratory, NOAA.

Briggs G A. 1981. Canopy effects on predicted drainage flow characteristics and comparison with observations. Proceedings, Fifth AMS Symposium on Turbulence and Diffusion, American Meteorological Society, Boston, MA.

Briggs G A. 1982. Simple substitutes for the Obukhov length. Proceeding, 3rd Joint Conference on Applic. of Air Poll. Meteor., American Meteorological Society, Boston, MA: 68-71.

Briggs G A. 1985. Analytical parameterizations of diffusion - the convective boundary layer. J. Clim. Appl. Met., 14: 1167-1186.

Britter R E, Hunt J C R, Richards K J. 1981. Airflow over a two-dimensional hill: Studies of velocity speed-up, roughness effects and turbulence. Quart. J.R. Met. Soc., 107: 92-110.

Brost R A and Wyngaard J C. 1978. A model study of the stably stratified planetary boundary layer. J. Atmos. Sci., 35: 1427-1400.

Brost R A, Wyngaard J C, Lenschow D H. 1982. Marine stratocumulus layers: Part II: Turbulence budgets. J.Atmos.Sci., 39: 818-836.

Businger J A, Wyngaard J C, Izumi Y, et al. 1971. Flux-profile relationships in the atmospheric surface layer.

J.Atmos.Sci., 28: 181-189.

Cambridge Environmental Research Consultants Ltd. 2013. ADMS 5 technical specification index.

Cambridge Environmental Research Consultants Ltd. 2016. ADMS 5 user guide version 5.2.

Cambridge Environmental Research Consultants Ltd. 2020a. ADMS-Urban user guide version 5.0.

Cambridge Environmental Research Consultants Ltd. 2020b. ADMS-Airport user guide version 5.0.

Cambridge Environmental Research Consultants Ltd. 2020c. ADMS comprehensive output file processor user guide version 4.0.

Carruthers D J, Hunt J C R, Weng W S. 1988. A computational model of stratified turbulent airflow over hills - FLOWSTAR I.//Zanetti P. Computer Techniques in Environmental Studies. Springer-Verlag: 481-492.

Carson D J. 1973. The development of a dry, inversion-capped, convectively unstable boundary layer. Quart. J. Roy. Meteor. Soc., 99: 450-467.

Caughey S J, Palmer S G. 1979. Some aspects of turbulence structure through the depth of the convective boundary layer. Q. J. Roy. Meteor. Soc., 105: 811-827.

Ching J K S, Godowitch J M, Clarke J F, et al. 1983. Urban scale variations of turbulence parameters and fluxes. AMS Specialty Conference on Air Quality Modeling of the Urban Boundary Layer, Baltimore, MD.

Cimorelli A J, Perry S G, Venkatram A, et al. 2004. AERMOD description of model formulation. United States Environmental Protection Agency, Office of Air Quality Planning and Standards, Emissions Monitoring and Analysis Division, Research Triangle Park, EPA-454/R-03-004.

CLAG. 1994. Critical load of acidity in the United Kingdom. Summary Report of the Critical Loads Advisory Group, Institute of Terrestrial Ecology, Penicuik, Midlothian.

Clarke R H. 1979. A model for short and medium range dispersion of radionuclides released into the atmosphere. NRPB Report NRPB-R91.

Davies B M, Jones C D, Manning A J, et al. 2000. Some field experiments on the interaction of plumes from two sources. Q. J. Roy. Meteor. Soc., 126: 1343-1366.

Dean J D, Snyder W M. 1977. Temporally and areally distributed fainfall. J. Irrigation and Drainage Div., American Society of Civil Engineers, 103: 221-229.

Deardorff J W. 1970. Convective velocity and temperature scales for the unstable boundary layer for Rayleigh convection. J. Atmos. Sci., 27: 1211-1213.

Deardorff J W. 1979. Prediction of convective mixed-layer entrainment for realistic capping inversion structure. J. Atmos. Sci., 36: 424-436.

Deardorff J W. 1980. Progress in Understanding Entrainment at the Top of a Mixed Layer. Preprints,

Workshop on the Planetary Boundary Layer, American Meteorological Society, Boston, MA.

Deardorff J W and Willis G E. 1975. A parameterization of diffusion into the mixed layer. J. Appl. Meteor., 14: 1451 1458.

Deardorff J W and Willis G E. 1982. Ground-level concentrations due to fumigation into an entraining mixed-layer. Atmospheric Environ., 16: 1159-1170.

Derwent R G, Middleton D R. 1996. An empirical function for the ratio NO_2: NO_x. Clean Air, 26: 57-60.

Douglas S and R Kessler. 1988. User's guide to the diagnostic wind field model (Version 1.0). Systems Applications, Inc., San Rafael, CA: 48.

Drysdale D. 1999. An Introduction to Fire Dynamics. Second edition. New York: John Wiley & Sons.

Dyer A J. 1974. A review of flux-profile relationships. Bound.Layer Meteor., 7: 363-372.

Dyer A J and Hicks B B. 1970. Flux-gradient relationships in the constant flux layer. Quart. J. Roy. Meteor. Soc., 96: 715-721.

Dzhelepov B S, Peker L K. 1961. Decay schemes of radioactive nuclei. New York: Pergamon Press.

EFT v4.2.2. 2010 Defra and the Devolved Administrations emission factors release（Version 4.2.2）.

EFT v5.1.3. 2012 Defra and the Devolved Administrations emission factors release（Version 5.1.3）. http://laqm.defra.gov.uk/documents/EFT2012_v5.1.3.zip.

EFT v6.0.1. 2014 Defra and the Devolved Administrations emission factors release（Version 6.0.1）. http://laqm.defra.gov.uk/documents/EFT2014_v6.0.1.xls.zip.

EN 13725: 2003. Air quality – Determination of odour concentration by dynamic olfactometry.

Fannelöp T K. 1994. Fluid mechanics for industrial safety and environmental protection. Elsevier, Industrial Safety Series, 3.

Fischer H B, List E J, Koh R C Y, et al. 1979. Mixing in inland and coastal waters. New York: Academic Press.

Forrest J, Garber R W, Newman L. 1981. Conversion rates in power plant plumes based on filter pack data: The coal-fired cumberland plume. Atmospheric Environ., 15: 2273.

Fowler D, Unsworth M H. 1979. Turbulent transfer of sulphur dioxide to a wheat crop. Quart. J.R. Meteor. Soc., 105: 767-784.

Garratt F R. 1992. The Atmospheric Boundary Layer. Cambridge: Cambridge University Press: 334.

Garratt J R. 1977. Review of drag coefficients over oceans and continents. Mon. Wea. Rev., 105: 915-929.

Garratt J R. 1992. The Atmospheric Boundary Layer. Cambridge: Cambridge University Press.

Geller M and Ng E. 1971. Tables of Integrals of the Error Functions — II: Additions and Corrections. J. Research of the National Bureau of Standards, Part B, Mathematical Sciences, 75B: 149-163.

Gill A E. 1982. Atmospheric-ocean dynamics. New York: Academic Press.

Ginzburg H, Schattanek G. 1997. Analytical approach to estimate pollutant concentrations from a tunnel portal exit plume. A&WMA 90th Annual Meeting, Toronto, Canada.

Goodin W R, McRae G J, Seinfeld J H. 1980. An objective analysis technique for constructing three-dimensional urban scale wind fields. J. Appl. Meteorol., 19: 98-108.

Gray D E. 1972. American institute of physics handbook. Third edition. New York: McGraw-Hill.

Griffiths R F. 1991. The use of probit expressions in the assessment of acute population impact of toxic releases. In J. Loss Prev. Process Ind., 4: 49-57.

Hales J M, Powell D C, Fox T D. 1977. STRAM--An Air Pollution Model Incorporating Nonlinear Chemistry, Variable Trajectories, and Plume Segment Diffusion. EPA 450/3-77-012. Environmental Protection Agency, Research Triangle Park, NC: 147.

Hanna S R, Briggs G A, Hosker R P. 1982. Handbook of atmospheric diffusion. US Dept of Energy office of Scientific and Technical Information Publication DOE/TIC-22800.

Hanna S R and Chang J S. 1991. Modification of the Hybrid Plume Dispersion Model (HPDM) for urban conditions and its evaluation using the Indianapolis data set, Volume III: Analysis of urban boundary layer data. EPRI Project No. RP-02736-1, Electric Power Research Institute, Palo Alto, CA.

Hanna S R，Egan B A，Purdum J，et al. 1999. Evaluation of ISC3，AERMOD and ADMS dispersion models with observations from five field sites. Hanna Consultants Report P020. Fairfax, VA.

Hanna S R, Paine R J. 1989. Hybrid plume dispersion model(HPDM) development and evaluation. J. Appl. Meteorol., 28: 206-224.

Hanna S R, Schulman L L, Paine R J, et al. 1985. Development and evaluation of the Offshore and Coastal Dispersion Model. JAPCA, 35: 1039-1047.

Hanna S R, Weil J C, Paine R J. 1986. Plume model development and evaluation. Report Number D034-500. Electric Power Research Institute, Palo Alto, CA.

Hansen M O L. 2008. Aerodynamics of wind turbines. Second edition. London: Taylor and Francis.

Heffter J L. 1965. The variations of horizontal diffusion parameters with time for travel periods of one hour or longer. J. Appl. Meteor., 4: 153-156.

Hertel O, Berkowicz R. 1989a. Modelling pollution from traffic in a street canyon. Evolution of data and model development, DMU Luft A-129: 77.

Hertel O, Berkowicz R. 1989b. Modelling NO_2 concentrations in a street canyon. DMU Luft A-131: 31.

Hertel O, Berkowicz R. 1989c. Operational Street Pollution Model(OSPM). Evaluation of model on data from St Olavs Street in Oslo. DMU Luft A-135.

Hertel O, Berkowicz R, Larssen S. 1990. The Operational Street Pollution Model. OSPM. 18 th international meeting of NATO/CCMS on air pollution modelling and its application, Vancouver, Canada: 741-749.

Hicks B B. 1985. Behavior of turbulent statistics in the convective boundary layer. J.Appl.Meteor., 24: 607-614.

Highways Agency. 1999. Design manual for roads and bridges, 11: 3.

HMIP. 1993. Guidelines on discharge stack heights for polluting emissions. Environmental Protection Act 1990, Technical Guidance Note（Dispersion）D1, HMSO.

Holtslag A A M. 1984. Estimates of diabatic wind speed profiles from near-surface weather observations. Bound.Layer Meteor., 29: 225-250.

Holtslag A A M, van Ulden A P. 1983. A simple scheme for daytime estimates of the surface fluxes from routine weather data. In J. Clim. Appl. Met., 22: 517-529.

Horst T W and Doran J C. 1986. Nocturnal drainage flow on simple slopes. Bound. Layer Meteor., 34: 263-286.

Hosker R P. 1974. A comparison of estimation procedures for overwater plume dispersion. Proceedings, Symposium on Atmospheric Diffusion and Air Pollution. American Meteorological Society, Boston, MA.

Hosker R P. 1984. Flow and diffusion near obstacles.//Randerson R. Atmospheric Science and Power Production. DOE/TIC-27601, National Technical Information Service, Springfield, VA.

Huber A H and Snyder W H. 1982. Wind tunnel investigation of the effects of a rectangular-shaped building on dispersion of effluents from short adjacent stacks. Atmospheric Environ., 17: 2837-2848.

Hunt J C R. 1985. Turbulent diffusion from sources in complex flows. In Ann. Rev. Fluid Mech., 17: 447-458.

Hunt J C R, Holroyd R J, Carruthers D J. 1988a. Preparatory studies for a complex dispersion model. CERC Report HB9/88.

Hunt J C R, Leibovich S, Richards K J. 1988b. Turbulent shear flow over hills. Quart. J. R. Met. Soc., 114: 1435-1470.

Hunt J C R, Richards K J, Brighton P W M. 1988c. Stably stratified flow over low hills. Q. J. Roy. Meteor. Soc., 114: 859-886.

Hunt J C R, Stretch D D, Britter R E. 1988d. Length scales in stably stratified turbulent flows and their use in turbulence models.//Puttock J S. Proceedings IMA Conference on Stably Stratified Flow and Dense Gas Dispersion. Oxford: Clarendon Press: 285-322.

Karen Wesson. 2018. AERSURFACE User's guide. Research Triangle Park, North Carolina. U.S. Environmental Protection Agency.

Lakes Environmental Consultants Inc. 2003. Flare sources. In Proposed guidance for air dispersion modelling, 22. Ontario Ministry of the environment.

Lamb R G. 1982. Diffusion in the convective boundary layer.//F T M Nieuwstadt and H van Dop D Reidel Dordrecht. Atmospheric turbulence and air pollution modelling: 159-230.

Lawson R E, Snyder W H, Thompson R S. 1989. Estimation of maximum surface concentrations from sources near complex terrain in neutral flow. Atmospheric Environment, 23: 321-331.

Lederer C M, Hollander J M, Perlman I. 1968. Table of isotopes. Sixth edition. New York: Wiley.

LeMone M. 1978. The marine boundary layer.//Proceedings of Workshop on the Planetary Boundary Layer. American Meteorological Society, Boston, MA: 182-234.

Levine S Z and Schwartz S E. 1982. In-cloud and below-cloud of scavenging of nitric acid vapor. Atmospheric Environ., 16: 1725-1734.

Liu M K and Yocke M A. 1980. Siting of wind turbine generators in complex terrain. J. Energy, 4(10): 16.

Lorimer G. 1986. The AUSPLUME Gaussian plume dispersion model. Environmental Protection Authority of Victoria, Melbourne, Victoria, Australia.

Ludwig F L, Gasiorek L S and Ruff R E.1977. Simplification of a Gaussian puff model for real-time minicomputer use. Atmospheric Environ., 11: 431-436.

Lyons W and Cole H. 1973. Fumigation and plume trapping on the shores of Lake Michigan during stable onshore flow. J. Appl. Meteor., 12: 494-510.

MacDonald R W，Griffiths R F，Hall D J. 1998. An improved method for estimation of surface roughness of obstacle arrays. Atmos Environ., 32: 1857-1864.

Mahrt L. 1982. Momentum balance of gravity flows. J. of Atmos. Sci., 39: 2701-2711.

Manins P C. 1979. Partial penetration of an elevated inversion layer by chimney plumes. Atmospheric Environ., 13, 733-741.

Manins P C. 1984. Chimney plume penetration of the sea-breeze inversion. Atmospheric Environ., 18: 2339-2344.

Maul P R. 1980. Atmospheric transport of sulfur compound pollutants. Central Electricity Generating Bureau MID/SSD/80/0026/R. Nottingham, England.

Misra P K. 1980. Dispersion from tall stacks into a shoreline environment. Atmospheric Environ., 14: 397-400.

Moore D J, Lee B Y. 1982. An asymmetrical Gaussian plume model. Central Electricity Generating Board Report RD/L/2224N81.

Morris R E, Kessler R C, Douglas S G, et al. 1988. Rocky Mountain Acid Deposition Model Assessment: Acid Rain Mountain Mesoscale Model (ARM3). U.S. Environmental Protection Agency, Atmospheric Sciences Research Laboratory, Research Triangle Park, NC.

Morton B R, Taylor G I, Turner J S. 1956. Turbulent gravitational convection from maintained and instantaneous sources. Proc. Roy. Soc. London, A234: 1-23.

Nieuwstadt F T M. 1977. The dispersion of pollutants over a water surface. Eighth International Technical Meeting on Air Pollution, Modeling, and It's Application, NATO/CCMS Doc. , 80: 337-359.

Nieuwstadt F T M. 1984. Some aspects of the turbulent stable boundary layer. Bound. Layer Meteor., 30: 31-55.

Nuffield Science Foundation. 1984. Nuffield advanced science - book of data.

O'Dell R A, Taheri M, Kabel R L. 1977. A model for uptake of pollutants by vegetation. JAPCA, 27: 1104-1109.

Oke T R. 1973. City size and the urban heat island. Atmos. Environ., 7: 769-779.

Oke T R. 1978. Boundary Layer Climates. New York: John Wiley & Sons.

Oke T R. 1982. The energetic basis of the urban heat island. Quart. J. Roy. Meteor. Soc., 108: 1-24.

Oke T R. 1987. Boundary layer climates. Second edition. Methuen. London: Methuen and Co..

Oke T R. 1998. An algorithmic scheme to estimate hourly heat island magnitude. Preprints, 2nd Urban Environment Symposium, American Meteorological Society, Boston, MA: 80-83.

Padro J, Hartog G D, Neumann H H. 1991. An investigation of the ADOM dry deposition module using summertime O_3 measurements above a deciduous forest. Atmospheric Environ., 25A: 1689-1704.

Panofsky H A, Dutton J A. 1984. Atmospheric turbulence, models and methods for engineers and scientists. New York: John Wiley and Sons.

Panofsky H A, Tennekes H, Lenschow D H, et al. 1977. The characteristics of turbulent velocity components in the surface layer under convective conditions. Bound. Layer Meteor., 11: 355-361.

Pasquill F. 1976. Atmospheric dispersion parameters in Gaussian plume modeling - Part III: Possible requirements for change in the Turner's Workbook values. EPA-600/4-76-030B, U.S. Environmental Protection Agency, Research Triangle Park, NC.

Perry S G. 1992. CTDMPLUS: A dispersion model for sources in complex topography. Part I: Technical formulations. J. Appl. Meteor., 31: 633-645.

Perry S G, Burns D J, Adams R J, et al. 1989. User's Guide to the Complex Terrain Dispersion Model Plus Algorithms for Unstable Situations (CTDMPLUS) Volume 1: Model Description and User Instructions. EPA/600/8-89/041, U.S. Environmental Protection Agency, RTP, NC: 196.

Pleim J, Venkatram A, R J Yamartino. 1984. ADOM/TADAP model development program. Volume 4. The dry deposition model. Ontario Ministry of the Environment, Rexdale, Ontario,Canada.

Schulman L L and Scire J S. 1980. Buoyant Line and Point Source (BLP) dispersion model user's guide. Document P-7304-B, Environmental Research & Technology, Inc., Concord, MA.

Schulman L L and Scire J S. 1981. The development and capabilities of the BLP Model.//Proceedings APCA Specialty Conference on Dispersion Modeling from Complex Sources. St. Louis, MO.

Scire J S, Lurmann F W, Bass A, et al. 1984a. Development of the MESOPUFF II dispersion model. EPA-600/3-84-057, U.S. Environmental Protection Agency, Research Triangle Park, NC.

Scire J S, Lurmann F W, Bass A, et al. 1984b. User's guide to the MESOPUFF II model and related processor programs. EPA-600/8-84-013, U.S. Environmental Protection Agency, Research Triangle Park, NC.

Scire J S, Robe F R, Fernau M E, et al. 1998. A User's Guide for the CALMET Meteorological Model (Version 5.0). Earth Tech, Inc., Concord, MA.

Scire J S and Schulman L L. 1980. Modeling plume rise from low-level buoyant line and point sources. Proceedings Second Point Conference on Applications of Air Pollution Meteorology, 24-28 March, New Orleans, LA: 133-139.

Scire J S and Venkatram A. 1985. The contribution of in-cloud oxidation of SO_2 to wet scavenging of sulfur in convective clouds. Atmospheric Environ., 19: 637-650.

Scire J S, Yamartino R J, Carmichael G R, et al. 1989. CALGRID: A mesoscale photochemical grid model. Volume II: User's guide. Sigma Research Corp., Concord, MA.

Sehmel G A. 1980. Particle and gas dry deposition: A review. Atmospheric Environment, 14: 983-1011.

Shepherd J G. 1974. Measurements of the direct deposition of sulphur dioxide onto grass and water by the profile method. Atmospheric Environ., 8: 69-74.

Singles R J, Sutton M A, Weston K J. 1998. A multi-layer model to describe the atmospheric transport and deposition of ammonia in Great Britain.//Sutton M A, Lee D S, Dollard G J, et al. Atmospheric Ammonia Special Issue Atmos. Environ., 32: 393-399.

Slinn S A and Slinn W G N. 1980. Predictions for particle deposition on natural waters. Atmospheric Environ., 14: 1013-1016.

Slinn W G N, Hasse L, Hicks B B, et al. 1978. Some aspects of the transfer of atmospheric trace constituents past the air-sea interface. Atmospheric Environ., 12: 2055-2087.

Smith F B. 1972. A scheme for estimating the vertical dispersion of a plume from a source near ground level. Proceedings of the NATO Expert Panel on Air Pollution Modelling, Oct. 1972. Report NATO-CCMS-14. North Atlantic Treaty Organization: Brussels.

Snyder W H, Lawson R E, Jr. 1991. Fluid modelling simulation of stack-tip downwash for neutrally buoyant plumes. Atmospheric Environment, 25A: 2837-2850.

Steyn D G and Oke T R. 1982. The depth of the daytime mixed layer at two coastal locations: A model and its validation. Bound. Layer Meteor., 24: 161-180.

Strimaitis D G, Yamartino R J, Insley E M, et al. 1995. A User's Guide for the Kinematic Simulation Particle (KSP) Model. Prepared for Institut fuer Meteorologie, Freie Universitaet Berlin, Germany, and Umwelbundesamt, Berlin, Germany, Document No. 1274-2, by Earth Tech, Inc., Concord, MA.

Stull R B. 1983. A heat flux history length scale for the nocturnal boundary layer. Tulles, 35A: 219-230.

Tesche T W, Wilkinson J G, McNally D E, et al. 1988. Photochemical modeling of two SCCCAMP-1984 oxidant episodes. Volume II--Modeling procedures and evaluation results. Prepared for the U.S. Environmental Protection Agency, Region IX by Radian Corporation, Sacramento, CA.

Tsyro S G. 2001. Description of the Lagrangian Acid Deposition Model，http://www.emep.int/ acid/ladm.html.

Turner D B. 1964. A diffusion model for an urban area. J. Appl. Meteor., 3: 83-91.

Turner D B. 1970. Workbook of Atmospheric Dispersion Estimates. U.S. EPA Office of Air Programs Publication No. AP-26. Research Triangle Park, NC.

USEPA. 1995a. User's guide for the Industrial Source Complex (ISC3) Models. Volume I: User instructions (Report EPA-454/B-95-003a). USEPA, Office of Air Quality Planning and Standards, Emissions Monitoring and Analysis Division, Research Triangle Park, NC 27711.

USEPA. 1995b. User's guide for the Industrial Source Complex (ISC3) Models. Volume II: Description of model algorithms(Report EPA-454/B-95-003b). USEPA, Office of Air Quality Planning and Standards, Emissions Monitoring and Analysis Division, Research Triangle Park, NC 27711.

U.S. Environmental Protection Agency. 1995c. User's Guide for the Industrial Source Complex (ISC3) Dispersion Models (revised) Volume I - User Instructions. EPA-454/b-95-003a, U.S. Environmental Protection Agency, Research Triangle Park, NC.

van Egmond N D and Kesseboom H. 1983. Mesoscale air pollution dispersion models - II. Lagrangian Puff model and comparison with Eulerian grid model. Atmospheric Environ., 17: 267-274.

van Ulden A P, Holtslag A A M. 1985. Estimation of atmospheric boundary layer parameters for diffusion applications. J. Clim. Appl. Meteorol., 24: 1194-1207.

Venkatram A. 1977. Internal boundary-layer development and fumigation. Atmospheric Environment, 11: 479-482.

Venkatram A. 1978. Estimating the convective velocity scale for diffusion applications. Bound. Layer Meteor., 15: 447-452.

Venkatram A. 1980a. Estimating the Monin-Obukhov length in the stable boundary layer for dispersion calculations. Boundary Layer Meteorology, 19: 481-485.

Venkatram A. 1980b. Estimation of turbulence velocity scales in the stable and the unstable boundary layer for dispersion applications.//Eleventh NATO-CCMS International Technical Meeting on Air Pollution Modeling and its Application: 54-56.

Venkatram A. 1982. A semi-empirical method to compute concentration associated with surface releases in the stable boundary layer. Atmos. Environ., 16: 245-248.

Venkatram A. 1992. Vertical dispersion of ground-level releases in the surface boundary layer. Atmos. Environ., 26A: 947-949.

Venkatram A, Brode R, Cimorelli A, et al. 2001. A complex terrain dispersion model for regulatory applications. Atmospheric Environment, 35: 4211-4221.

Venkatram A，Karamchandani P，Pai P，et al. 1994. The development and application of a Simplified Ozone Modelling System (SOMS). Atmospheric Environment, 28: 3665-3678.

Venkatram A, Strimaitis D G, Dicristofaro D. 1984. A semiemperical model to estimate vertical dispersion of elevated releases in the stable boundary layer. Atmos. Environ., 18: 923-928.

Weil J C. 1985. Updating applied diffusion models. J. Clim. Appl. Meteorol., 24(11): 1111-1130.

Weil J C. 1988a. Dispersion in the convective boundary layer.//Venkatram A and Wyngaard J C. Lectures on Air Pollution Modeling. American Meteor. Soc.: 167-227.

Weil J C. 1988b. Plume rise. Lectures on Air Pollution Modeling.//Venkatram A and Wyngaard J C. Lectures on Air Pollution Modeling. American Meteor. Soc.: 119-166.

Weil J C. 1990. A diagnosis of the asymmetry in top-down and bottom-up diffusion using a Lagrangian stochastic model. J. Atmos. Sci., 47: 501-515.

Weil J C and Brower R P. 1983. Estimating convective boundary layer parameters for diffusion application. Draft Report Prepared by Environmental Center, Martin Marietta Corp. for Maryland Dept. of Natural Resources.

Weil J C and Brower R P. 1984. An updated Gaussian plume model for tall stacks. J. Air Pollut. Control Assoc., 34: 818-827.

Weil J C, Corio L A, Brower R P. 1997. A PDF dispersion model for buoyant plumes in the convective boundary layer. J. Appl. Meteor., 36: 982-1003.

Wesely M L and Hicks B B. 1977. Some factors that affect the deposition rates of sulfur dioxide and similar gases on vegetation. J. Air Poll. Control Assoc., 27: 1110-1116.

Wesseling J, Visser G. 2003. Measuring and modelling of the A13 motorway near Overschie. ArenA: een uitg. van de Vereniging van Milieukundigen, 9: 159-162.

Wexler A. 1976. Vapour pressure formulation for water in the range 0 to 100. A revision. J. Res. Nat. Bur. Stand., 80A: 775-785.

Wheeler N. 1990. Modeling of mixing depths during a southern California air quality study ozone episode. Proceedings of the AWMA International Specialty Conference on Tropospheric Ozone and the Environment. March 19-22, Los Angeles, CA.

Wilson W E. 1981. Sulfate formation in point source plumes: A review of recent field studies. Atmospheric Environ., 15: 2573.

Yamartino R J, Scire J S, Hanna S R, et al. 1989. CALGRID: A Mesoscale Photochemical Grid Model. Volume I: Model Formulation Document. California Air Resources Board, Sacramento, CA.

Yamartino R J, Scire J S, Hanna S R, et al. 1992. The CALGRID mesoscale photochemical grid model - I.

Model formulation. Atmospheric Environ., 26A: 1493-1512.

Yamartino R J, Strimaitis D G, Scire J S, et al. 1996. Final Report on the Phase I Development of the Kinematic Simulation Particle (KSP) Atmospheric Dispersion Model, prepared for Institute fuer Meteorologie, Freie Universitaet Berlin, Germany, and Umwelbundesamt, Berlin, Germany, Document No. 1274-3m, by Earth Tech, Inc, Concord, MA.

Zilitinkevich S S. 1972. On the determination of the height of the Ekman boundary layer.Bound.Layer Meteor., 3: 141-145.